致女孩的成长

女儿，你要学会保护自己

张海清◎著

北京时代华文书局

图书在版编目（CIP）数据

致女孩的成长书. 女儿，你要学会保护自己 / 张海清著. -- 北京 : 北京时代华文书局，2021.8

ISBN 978-7-5699-4247-7

Ⅰ. ①致… Ⅱ. ①张… Ⅲ. ①女性－成功心理－青少年读物 Ⅳ. ①B848.4-49

中国版本图书馆 CIP 数据核字（2021）第 134669 号

致女孩的成长书. 女儿，你要学会自我保护

ZHI NÜHAI DE CHENGZHANG SHU. NÜER，NI YAO XUEHUI ZIWO BAOHU

著　　者 | 张海清

出 版 人 | 陈　涛
选题策划 | 王　生
责任编辑 | 周连杰
封面设计 | 乔景香
责任印制 | 刘　银

出版发行 | 北京时代华文书局 http://www.bjsdsj.com.cn
北京市东城区安定门外大街136号皇城国际大厦A座8楼
邮编：100011　电话：010－64267955　64267677
印　　刷 | 三河市金泰源印务有限公司　电话：0316-3223899
（如发现印装质量问题，请与印刷厂联系调换）
开　　本 | 889mm×1194mm　1/32　印　张 | 6　字　数 | 118千字
版　　次 | 2022 年 1 月第 1 版　印　次 | 2022 年 1 月第 1 次印刷
书　　号 | ISBN 978-7-5699-4247-7
定　　价 | 168.00元（全 5 册）

目录

第1章 女儿，你是最重要的

002 生命是最宝贵的

007 你这一生最重要的是保护自己

013 永远保持健康的心理状态

020 女孩子在成长过程中要远离哪些伤害

027 父母永远是你的坚强后盾

第2章 保护好自己，校园生活才更美好

034 对校园霸凌说“NO”

040 学会拒绝也是一门艺术

046 不攀比、不炫耀，低调做人

053 结交好友，远离损友、佞友

059 学会处理与老师、同学间的关系

第3章　做你自己的防卫武器

068　做一个内心强大的孩子
075　女孩子一定要掌握的自救技巧
080　培养自己解决问题的能力
086　不要随便向他人泄露自己及家人的信息
093　有必要了解一下法律意义上的“正当防卫”

第4章　远离社会上的各种诱惑

102　不要贪小便宜以免吃大亏
109　珍爱生命，远离毒品
116　警惕身边熟悉的“陌生人”
122　任何情况下都不要做酒精的奴隶

第5章 不得不说的早恋

130 青春期的爱情萌动很正常，不必有负罪感
139 如何正确地与异性相处
146 师生恋并不浪漫
154 如何度过青春期

第6章 坚持原则、守住底线、爱惜自己

160 学会取悦与接纳自己
167 言谈举止要自重自爱
173 不盲目崇拜所谓的性自由
179 真正的爱情不需要用性关系来证明

第1章

女儿，你是最重要的

生命是最宝贵的

人生最宝贵的就是生命，因为生命只有一次，失去了便无法再拥有。父母给予我们生命，是希望我们能在短暂的几十年中活得精彩，活得有价值，能为家庭、社会和国家贡献自己的一份力量，将来回首自己的一生时才能无怨无悔。

生命是脆弱的，我们要懂得“身体发肤，受之父母”的道理，如果我们因为一时冲动或不爱惜自己而让自己的身体受到伤害甚至失去生命，那么想象一下，这对父母是多么大的打击，而我们的人生又有何意义。

人的一生总会经历顺境和逆境，也会体验成功或失败的滋味；有悲伤，也有欢乐。没有人总是一帆风顺，也没有人总是茫然失意，风雨之后总会看见彩虹。所以，当我们面对人生中的困境时，一定要保持积极的心态，不要消极懊恼，要相信时间会帮助我们淡化一切，当我们通过自己的努力迈过了那道坎儿，迎来了新的人生篇章时，回首过往，便会觉得那些曾经以为过不去的沟沟坎坎是多么微不足道，自己竟然还曾为此深受其害、寻死觅活，当时的自己是多么幼稚。

小雨班里有一个人人称赞的同学，名字叫李芳，大家之所以都喜欢李芳，是因为她不仅乐观开朗，而且学习好、有爱心。当同学遇到困难时，她总是第一个伸出援助之手；当同学伤心时，她总是第一个给予安慰。班级里大大小小的事情，李芳都会积极参与。

小雨和李芳是好朋友，有一次，小雨带李芳来家中一起玩，我才知道李芳右腿残疾，走起路来一瘸一拐。对于我的惊讶，李芳一点儿都不介意，她笑着说："阿姨，没想到我是一个残疾人吧？"我虽然惊讶，但很快淡定下来，说："小雨总是和阿姨说起你，大家都很喜欢你。阿姨相信，你肯定有你自己独特的地方。"李芳笑着说："是的，阿姨，因为我活泼开朗呀。"通过交谈我才知道，李芳十岁时因一场车祸而导致右腿残疾，曾经的她也很沮丧，对学习提不起兴趣，对生活看不到希望，但是，当她看过很多名人传记后，她才知道有很多比她更不幸的人都取得了伟大的成绩，她觉得自己应该向他们学习，不能让自己被不幸打倒。

和李芳接触后，我发现，她的确值得大家喜欢，我能从她身上看到所有美好的品质：乐观、活泼、热心、善良、坚持，我相信还有一些是我没看到的，诸如勇敢、坚强，她也一定都具备。这些美好的品质足以让她闪闪发光，让人们发现她，并喜欢她。

在挫折面前一蹶不振甚至寻死觅活的人一定是脆弱的、输不起的、悲观消极的、不懂感恩的人，想想看，有多少人身患重病却依然咬紧牙关与之抗争；有多少人在一次次的失败后依然昂起头往前走；又有多少人出生于不幸的家庭，却依然乐观开朗……那么多人都在努力地活下去，我们又有什么理由不珍惜生命呢？

当我们遇到烦恼、挫折时，可以用以下几种方式调整自己的心态。

1. 学会找人倾诉，不要把烦恼积压在心中。当我们遇到挫折时，要先将内心的压抑情绪释放出来，可以找一处无人之地放声大哭，也可以找一处僻静之地大声呐喊，不用担心会丢面子。宣泄完之后，我们可以找自己信得过的同学、朋友或家长，倾诉自己的内心，寻求他们的帮助，并一起找到解决问题的方法。

2. 心情烦闷的时候，可以听一些轻松、欢快的音乐，让自己烦闷的情绪在优美的音乐中得以释放，也可以看看喜剧、小品，转移自己的注意力。平时，也可以多看书，多看电影，让自己从中感悟人生。

3. 经常拥抱大自然。我们每天过着学校、家庭两点一线的生活，难免会有枯燥、烦闷的情绪产生，这是完全可以理解的，面对这种情绪，我们不能躲避，更不能破罐子破摔，我们要学会调整自己的心态，可以利用节假日让家长带我们一起去郊游，去野外感受大自然的美好。当你走进大自然时，你的心情会是平静的，心灵也会受到大自然的洗礼。

4. 要学会接纳自己。世界上没有十全十美的人，也没有完美的性格，每个人都有优缺点，每一种性格都有成功的可能。所以，我们要认清自己，接纳自己的优缺点，管理好自己的情绪，让自己成为更优秀的人。

5. 学会取悦自己。你是否很在意别人的看法？是否会因为别人的一句话而耿耿于怀？是否会因为别人的批评而偷偷抹眼泪？是否会因为别人的一个眼神而感觉浑身不自在……从小父母就教育我们要“先己及人”，我们从小就听过“孔融让梨”的故事，其目的都是教育我们要做一个谦卑有礼的人。其实，所有谦让的前提只有一个，那就是你自己是否愿意，不要违背自己的意愿，也不要养成“讨好型性格”，我们只有先学会取悦自己，才能活成自己想要的样子。

6. 学会体验爱。我们伤心的时候总是会悲观消极，感觉不被人理解，也没有人关心。试想一下，当我们每天睡眼惺忪地醒来，是谁给我们做好了早餐？当我们在学校里被老师批评后，是谁安慰我们？当我们行走在干净的大街上时，又是谁不舍昼夜为我们创造干净、整洁的环境……生活中有太多值得我们感动和感恩的人或事，我们要学会发现这些美好，做一个心中充满爱的人，然后再将这份爱传递给周围的人。

7. 懂得珍惜和别人在一起的时光。小时候，我们会因为妈妈去上班而哭泣；上幼儿园时，我们会因为离开家而哭泣；小学毕业后，我们会因为和好朋友分别而哭泣……人生中，会经历各种各样的分别，每一次的分别，都会令我们感到心情失落甚至悲痛欲绝。所以，我们要懂得珍惜身边的人，更要懂得珍惜自己的生命和时间。

我们来到这个世界上，就要懂得生命的意义，懂得生命的难得。其实，生远比死要难，因为，死只需要一时的勇气，而生需要一辈子的勇气。只有热爱生命的人，才不会浪费生命中的每一分每一秒，才会想方设法让自己活得精彩，才会更加热爱生活、热爱他人。

你这一生最重要的是保护自己

女孩子的一生，注定潜伏着很多的危险。俗话说，有人的地方就有江湖，有江湖就有善恶。将来我们总要独自面对社会，早晚都会离开父母温暖的羽翼，没有人会永远地陪伴和帮助我们。所以，学会保护自己，是每个人成长过程中必学的课程。

我们现在正处于青少年时期，对社会上存在的各种危险和不安定因素还不太了解，辨别是非的能力差，心理、生理都不够成熟，社会经验不足，再加上社会上不良风气的盛行，以及青少年时期的依赖心理和叛逆心理过重，导致我们不管是在心理方面还是在生理方面都很容易受到伤害。为了防范身边各种各样的伤害，我们一定要增强自我保护意识，提高自我保护能力。

随着科技的进步，生活也越来越丰富化，虽然我们生活在法治社会，但身边依然存在各种危险，这些危险正是由于我们疏于防范才被不法分子钻了空子。我们经常会在网上或电视上看到“绑架”“入室抢劫”“拐卖”“性侵”“被迫害”等未成年人受伤害的新闻，在同情受害者、痛恨坏人之余，我们唯一能做的就是从这些案例中吸取教训，不要让同样的危险发生在自己身上。

12 岁的小严和其他小女孩一样，热情、善良、活泼、爱撒娇、爱美，但不同的是，小严更多了一份成熟和心思缜密，这或许跟她的经历有关。

小严的父母都很忙，经常会加班。有一天，父母又要加班，小严独自在家里写作业。忽然她听到一阵敲门声，小严从猫眼里往外一看，发现门外站着一个陌生人，便问："你是谁？"

门外的人说："我是你爸爸的同事，你爸爸还有点工作没忙完，让我来接你一起去吃饭。"小严刚要开门，又想起来爸爸妈妈的叮嘱，便接着问："那你知道我爸爸叫什么吗？"

门外的人显然有备而来，便说："当然知道了，你爸爸叫XXX。"虽然门外的人能回答出来，但小严仍然觉得有必要给爸爸打个电话。电话接通后，小严小声地把事情跟爸爸说了一遍，爸爸立刻紧张起来，说："好孩子，你做得很对，千万别开门，爸爸这就赶回家。"

小严挂掉电话后，明白了门外的人不是好人，正当她惊慌失措时，门外的人又催促道："小严，快点啦，再不去你爸爸该等着急了。"小严硬着头皮说："好的，稍等一下。"小严努力让自己镇定下来，思考了几秒后，小严大声说："哥哥，快出来，爸爸让人来接我们去吃饭啦。"几秒之后，小严继续说："哎呀，你这么大的人了，怎么还这么磨蹭呢。"话音刚落，小严便听到门外传来一阵脚步声，当她从猫眼里望出去时，发现那个陌生人已经走了。小严紧张的心情顿时放松下来，心想，看来这个虚拟的"哥哥"很有用啊。

还有一次，小严放学时遇到一位老奶奶，老奶奶面目慈祥，但是腿脚看着不太灵便。老奶奶请求小严扶自己回家，善良的小严爽快地答应了。可是，小严扶着老奶奶越走越忐忑，因为老奶奶回家的路明明有一条宽敞平坦的大路可以直达，老奶奶却坚持要走小路。小严感觉越走越偏僻，路也越来越难走，刚刚路上还有零星几个人，现在几乎看不到人。小严不想丢下老奶奶，但她越来越害怕。小严忽然想到爸爸妈妈之前告诉过她，在感觉事情不妙的情况下，可以不用遵守规则或约定，甚至可以自私一点，只要保证自己的人身安全就可以。小严赶紧找了一个借口，说："奶奶，您自己慢慢回家吧，我有东西忘在学校里了，我要回去拿。"说完，小严赶紧往回跑。此时，她发现行动不便的老奶奶却健步如飞，小严顾不上思考，拼命跑向了学校大门。

也许是父母忙于工作，让小严有机会得到锻炼，但是这两件事也让小严的父母感到后怕，让学校引起了重视。从那以后，学校加强了周边的管理，小严的父母也尽可能地调整工作时间，尽量多陪着小严，不再让小严单独处于危险中。

人的生命只有一次，我们要懂得珍惜。而想要实现自己的梦想，想要活出自我，首先就要学会保护自己，把安全和健康放在第一位，其他一切都是建立在这个基础之上的，如果没有安全和健康，一切就都不存在了。

那么，我们应该如何保护自己呢？

1. 你的善良要带点锋芒。从小父母就教育我们要善良，不能伤害别人，不能欺凌弱小，做什么事都要保持善良的本性，坚守善良的底线，这是做人的基本品质。但是，善良的底线是要先保证自己的人身安全，要明辨是非，有选择地去帮助别人，帮助别人的同时保证自己不受伤害。没有底线的善良，是愚蠢的表现；有选择的善良并不代表自私冷漠，而是一种聪明理智的表现。

2. 提高自己的安全意识。随着竞争压力的增大，学习和生活压力也越来越繁重，面对家长和老师的期盼，我们把精力全部放在了学习上，而忽视了最重要的安全意识。人的一生最重要的就是保护自己，其他都是建立在此基础之上的，我们可以把身体健康看作数字 1，把成绩、家庭、荣誉等看作数字 0，在保证“1”的前提下，后面的“0”越多越好；相反，如果不能保证“1”，那么再多的“0”也没用。所以，无论做什么事情，做什么决定，都要保证自身的安全，都要在不伤害自己、不伤害他人的基础上完成。

还有一些我们在平时要注意的事项，比如，注意饮食安全，不随便给陌生人开门，不随便接受陌生人的东西，更不要随便跟陌生人走，熟记报警、救援电话，遵守交通规则，公众场所不起哄、避免发生踩踏事件，不随便在他人家中留宿，再生气也不要离家出走，不接触烟酒等不健康物品……

3. 学习安全知识。父母不可能时时刻刻陪伴我们，因此，学习一些安全知识是非常重要也是十分必要的，充分的安全知识可以让我们在遇到危险时保持镇定，也可以灵活运用所学知识进行应对。比如，如何预防火灾，如何应对自然灾害，如何正确使用电器，等等。

4. 学会向他人求助。生活中，我们会遇到各种各样的危险，有的人觉得向他人求助是有失颜面的事情，其实，学会向他人求助，是一种生存能力。一个人再优秀，也不可能独自解决所有的困难和危险。当我们遇到危险时，不要慌张，要第一时间拨打救援电话，清晰具体地说明情况，牢记自救办法。如果救援部门不能及时给予帮助，我们要学会观察周围环境，向一切可以帮助我们的人发出求助信号。危险来临时，可以不用遵守规则，可以利用破坏他人物品的方式引起周围人的注意，从而帮助自己脱身。

5. 见义勇为也要量力而行。现在的我们身心发育还不成熟，对于危险的认识也不全面，对见义勇为的概念并不清晰，即便想见义勇为也意识不到自己并没有足够的经验和体力做支撑。所以，见义勇为需要量力而行，超出自身能力的事情要及时报警或向周围的人发出求助信号，若是不考虑自身安全盲目地见义勇为，有可能会带来严重的后果。对于自身能力范围内的见义勇为，我们也要观察周围是否有目击证人，以免碰上“糊涂”的当事人，让我们有理也说不清。每个人的生命都是宝贵的，我们在见义勇为时一定要先考虑自身安全，不然可能会导致双方受伤，得不偿失。

6. 与家长及时沟通，共同提高自我保护能力。我们现在还小，很多事情不能独当一面，也不能明确地分辨是非。父母是最爱我们的人，也是我们最信任的人，但是父母忙于生活也会有疏忽的时候。所以，当我们遇到不确定的事情或察觉到身边的不安全因素时，一定要第一时间告诉家长，让家长帮助我们分析事情，分辨是非，从而找到解决问题的方式。

我们正处于人生的萌芽期，心理和生理都还不成熟，在面对自然灾害、意外伤害和人为侵害时，往往会因为能力、体力和意识上的不足而受到伤害。面对危险时，一定要积极争取家庭、学校和社会上的帮助和保护，如果不能及时得到保护，我们就要依靠自己的力量，尽自己所能，用智慧和法律来保护自己。健康和安全是一切的起点，保护好自己才是最重要的事情。

永远保持健康的心理状态

现在的社会竞争越来越激烈，给我们的压力越来越大，对我们的要求也越来越高。在素质教育的推动下，国家更加重视青少年德智体美劳的全面发展，但家庭、学校、社会带给我们的压力却有增无减，这就导致很多青少年出现了各种各样的心理问题。

一个心理不健康的人，如果长期处于消极低沉的状态中，遇到事情总是往坏处想，感受不到生活中的美好，体验不到真正的快乐，长此以往，就无法从生活中获取积极向上的动力，也很难在学习和生活中取得进步。如果不能及时从这种不健康的心理状态中走出来，就会出现一些心理状况。例如，悲观消极、自卑、自闭、承受能力差、抗压能力差、厌学、急躁、暴力、逃学、爱撒谎、自私任性、自暴自弃等，严重的还会出现抑郁、焦虑等心理疾病，甚至出现过激行为。

拥有健康的心理状态，对人的一生有着十分重要的意义。一个心理健康的人可以在学习、生活中不断地取得进步，面对生活中的挫折和困难时，可以用坚强的意志力和乐观的心态去战胜挫折、克服困难，可以在顺境中一路领先，也可以在逆境中奋勇前行。

林笑笑从小到大一直是尖子生，尤其是进入初中以后，每次考试成绩都是全班第一。

林笑笑是很多同学羡慕的对象，因为她学习好、人美心善、团结同学，大家都喜欢和她做朋友。可是，只有林笑笑自己知道，她内心的压力很大，因为她要时刻保持自己在他人眼中的优等生形象，还要保证自己的成绩优秀。

前段时间，学校刚进行了一次摸底考试，林笑笑没有发挥好，成绩排名居全班第三、全年级第十二。全年级排名从没掉下前五名的林笑笑一时间难以接受，成绩刚出来的时候她趴在书桌上偷偷哭了一场。

连续几天林笑笑都不愿与人说话，脑子里总是胡思乱想：为什么我明明这么努力，成绩却下降了？为什么别人看我的眼神都不一样了？大家一定都在背后偷偷议论我了吧？如果下次考试成绩依然不理想怎么办……

林笑笑已经失眠好几天了，晚上睡不着，白天上课也没精神，她的心情实在是坏透了。

也许是因为经常发呆，也许是因为早晨迟到，也许是因为没按时完成作业，总之，班主任魏老师觉得林笑笑很不对劲。魏老师知道林笑笑这次的考试成绩肯定会影响她的心情，但让魏老师没想到的是，林笑笑的反应比自己想象的要严重得多。

这一天，魏老师把林笑笑叫到办公室，打算好好地和林笑笑聊一聊。

“笑笑，关于这次的考试成绩，你是怎么想的？”魏老师开门见山地说。

“对不起，老师，我下次一定努力。”林笑笑有点无力地说。

“嗯，好，那就看你下次考试的成绩吧。”魏老师严肃地说。

林笑笑听魏老师这么一说，心里的压力更大了。她呆呆地站在老师面前，不知道该说什么，她不敢承诺自己是否能重新取得第一名，因为她不知道自己还有没有那个能力。

“林笑笑，你觉得老师只会看你们的成绩吗？”魏老师忽然转变态度，温和地说。

林笑笑抬起头，有点不敢相信地看着老师。

“当然了，老师希望你们好好学习，都能考个好成绩，但是老师更重视的是你们的全面发展。好的成绩、好的身体都很重要，但好的心理状态更重要，一个人如果没有积极乐观的心态，遇到一点小失利就垂头丧气、无精打采的，你觉得他能面对将来更大的挑战吗？你觉得这样的人将来步入社会后能立足吗？”老师耐心地开导道。

林笑笑认真地听着，没有说话。

“老师知道你这次考试成绩不理想，心情不好。我们可以让自己适当地发泄一下情绪，有个短暂的低沉期，但是，我们不能因此而丧失斗志，过去的已经过去了，你再追悔莫及都没有用，我们能做的就是把握现在、迎接未来，明白吗？”魏老师说。

“可是，即便我不去想这次的成绩，全身心地投入学习，下次考试也不一定能重获第一名呀。”林笑笑难过地说。

“第一名很重要吗？”魏老师问。

“您不希望我考第一名吗？”林笑笑满脸疑惑地问。

“当然不是。你是老师很喜欢的学生，老师当然希望你考得好，但是我们不能给自己太大的压力，不要过于在意名次，与名次相比，老师更希望你能开心一点。”魏老师说。

林笑笑认真地听着，依然没说话。

“咱们都知道，人外有人，山外有山。这个世界很大，我们没有办法事事争第一，其实，我们也没必要事事争第一，只要我们努力了，朝自己的目标拼搏了，不管结果如何，只要我们问心无愧就好。当然了，竞争是必然的，没有人在竞争中能永远第一，也并不是只有第一名才能有所成就，只要我们保持积极乐观的心态，有不怕输、不放弃的勇气，就一定能实现心中的目标。”魏老师说。

“嗯，我明白了。”林笑笑抬起头，认真地看着魏老师说。

“其实没什么大不了的，想开点，落后了就加油追上去，失败了就鼓起勇气重来一次，老师相信你！”魏老师笑着说。

“嗯！老师，我一定不辜负您的期望！”林笑笑目光坚定地说。

林笑笑幡然醒悟，觉得这些日子自己太幼稚了，她瞬间轻松了很多。林笑笑暗暗地想：一定要调整好心态，努力学习，把落

下的功课补上来，把虚度的时间找回来。

正处于成长阶段的我们，自我意识薄弱，自我分析和判断能力远远不够，独立性不够，依赖性偏强，自控能力差，模仿能力强，经不起外界的诱惑，抗打击能力差，稍不注意就会偏离正轨。所以，我们一定要重视自己的心理健康问题。那么，我们应该如何保持心理健康呢?

1. 相信自己。如果我们不能做到相信自己，那么无论做什么事都不可能获得成功。只要确定了目标，就要坚定信念，勇敢无畏地坚持下去，相信自己有足够的勇气和能力，相信自己一定行。对于自己不能达到的目标，不要着急否定自己，也不要自暴自弃、萎靡不振，更不要不分昼夜地空想而没有实际行动，要端正态度，找到原因，继续学习、努力改进。

2. 培养良好的习惯。我们身边总有这样的人，经常说“我要努力学习”“我要拒绝偶像剧”“我要早睡早起”，但我们总是看不到他们有丝毫的变化，或许他们也坚持过，最终却无疾而终，因为很多习惯都是从小养成的。这些习惯伴随了我们很多年，想要忽然改变自然不简单，但好在我们年龄还小，正是养成好习惯的最佳时期。我们可以从生活中的一点一滴做起，严格要求自己，经常反省，及时纠正自己的行为。

3. 培养自己的兴趣爱好。我们可以多给自己一些时间来探索自己到底喜欢做什么，学习累了的时候可以看看书、画一幅画、运动一下、做做家务、散散步、逛逛街等，我们可以尝试做一切有利于身心健康的事情，从中发现自己的爱好并坚持下去。兴趣爱好可以帮助我们在遇到挫折和烦恼时及时地调节情绪，从而更快地从消极情绪中挣脱出来。

4. 适当地发泄情绪。当我们遇到烦恼、感到压力时，我们不能一直忍着，应适当地把坏情绪发泄出来，但是一定要选择正确的方式，不要干扰他人，更不能危害他人的安全。我们可以通过运动出汗的方式让自己的身心得到放松，也可以找到自己信赖的家人或朋友，向他们倾诉自己的烦恼。总之，心情不好时要想方设法进行调节，不要任由自己长期处于消极情绪中。

5. 多结交朋友。随着年龄的增长，我们的生活重心逐渐从家庭转移到学校，我们接触最多的人就是身边的同学和朋友。我们可以多结交一些相同爱好和相似性格的朋友，同龄人在一起更容易交流，对于一些事情的看法也更容易产生共鸣。

6. 偶尔让自己“放纵”一下。当我们经历挫折时，有的人喜欢暴饮暴食，有的人喜欢睡一觉，还有的人喜欢用熬夜追剧的方式来转移注意力，其实，只要在不破坏自己的底线，不影响他人的前提下，偶尔放纵一下是很好的减压方式。情绪低沉的时候，我们可以吃一些平时父母不允许自己吃的垃圾食品，玩一下刺激性的游乐项目。总之，只有让自己的坏情绪得到释放，才能更快地迎接新的挑战。

当前，我们正处于人生中最重要的阶段，身心都在快速地成长，此阶段是我们建立人生观、世界观、价值观的关键时期，也是我们提高自身智商、情商的重要阶段。因此，我们一定要保持积极乐观的心理状态，让自己在人生的道路上不迷失方向、不虚度年华。

女孩子在成长过程中要远离哪些伤害

每当我们看到新闻上一个个触目惊心的案例时，总会心存侥幸地想：这种事应该不会发生在自己身上。那么，谁能保证这一点呢？危险到底离我们有多远呢？当危险悄悄来到我们身边时，我们是否做好了万全的准备，让自己远离伤害。我们不能亲身去试验自己与危险之间的距离，当危险没发生时，我们感觉它离我们很远，一定不会伤害到自己，但当危险来临时，就会让我们措手不及。其实，危险一直存在于我们周围，我们只有提高安全意识，了解生活中需要远离的伤害，才能有效地与危险保持距离，不让自己受到伤害。

在人生的道路上，我们总要经历各种各样的伤害，有些伤害可以锻炼我们的意志，提高我们的能力，让我们获取正能量，比如我们小时候，要学会走路就要经历无数次的跌倒，而且只有经过不断地跌倒，才能学会走路；而有些伤害会阻碍我们的身体和心理的正常发展，严重的伤害还会以付出生命为代价。

我们每天生活在家庭和学校的庇护下，身边好像处处都是安全的，但安全隐患就像一个隐形杀手一样潜伏在我们周围，一不小心就会造成不可逆转的伤害。女孩子尤其要提高安全意识，因为女性身体和心理的特殊性，更容易受到伤害。在日常生活中，我们要尽量注意自己的言行，不乱摸乱碰，谨防触电、火灾的发生；在外面，要遵守交通规则，注意交通安全；运动时要正确使用运动器械，量力而行；注意饮食安全，养成良好的饮食习惯；说话要注意言辞，不能攻击别人和嘲笑别人，不要在无形中冒犯别人，谨防“祸从口出”；一个人居家或外出时，一定要提防陌生人，不给陌生人开门，不接受陌生人给的食物或礼物；不要单独和异性同处一室，处理好和异性同学、老师的关系；了解一些自然灾害，学习如何应对自然灾害……

居家伤害、交通伤害、饮食伤害、自然伤害、校园伤害、社会伤害等等，各种各样的伤害就潜伏在我们身边，而且很多伤害就发生在一瞬间，如果我们没有足够的安全意识和丰富的自救经验，又怎能躲避这些伤害呢？生命是最宝贵的，拥有生命才能拥有亲人、朋友，才能拥有理想，才能拥抱未来。在现实生活中，很多人因为没有及时躲避危险而失去生命，所以，我们一定要从中吸取教训，树立自我安全意识，远离身边的各种伤害。

小爽是个热情大方的女孩，喜欢帮助别人，喜欢打抱不平，但小爽是个直肠子，说话往往不经大脑，因此总是在无意间得罪同学。熟悉她的同学都不计较这一点，但有的同学对于小爽的“心直口快”一直耿耿于怀。

前几天，学校举行了春季运动会，小爽报名参加了一千米、三千米的比赛。对于热爱运动，每年都参加运动会并夺冠的小爽来说，她是抱着十足的把握想要为班级夺得荣誉的，可惜，一千米刚跑了一圈，小爽就被扶去了校医务室，原因是她在奔跑的时候被同学小敏绊了一跤，摔倒在地上，造成右手肘关节轻微骨裂，需要休养一段时间。

校医给小爽进行了简单的医治，班主任便扶着小爽回教室休息了。小爽疼得额头直冒汗，但她没有哭，而是直勾勾地盯着小敏，问：“你为什么要绊倒我？”小敏惊慌地说：“我不是故意的。”小爽冷笑一声，说：“我相信自己的直觉，你就是故意的。”

此时，班主任和同学们都觉得气氛有些紧张，便劝小爽放松一下，别误会了小敏，先好好休息。可是，小爽咽不下这口气，必须要当着老师和同学的面说个明白：“我真不明白你为什么要这样做，难道你不希望我跑赢？不希望我为班级争光？你到底是什么意思？”小敏被逼问得满脸通红，不住地说：“对不起，对不起。”小爽继续说：“我不想听对不起，我就想知道为什么。我真不明白，我是哪里得罪你了吗？”

小敏的情绪也很激动，两眼通红，班主任见场面一发不可收拾便对小爽说：“你们都先冷静一下，咱们接下来再具体聊聊好吗？”

小爽直截了当地说：“不好，我就要现在问清楚。老师，她故意伤害我，因为她我不能为班级争光，您难道坐视不管吗？”说着，小爽转向小敏：“李小敏，我今天就要问明白为什么！”

小敏忽然哭了起来，边哭边说："我没想到这么严重，我只是想让你摔一下，出点儿丑，得到点儿教训而已。我也没想到后果这么严重，对不起。"小爽很意外，便问："我哪里得罪你了，你为什么要让我出丑？"小敏哭着说："是，你是大大咧咧，可是你有没有想过，你说过的自认为是开玩笑的话，对别人是什么样的伤害。如果我计较就显得我小气，如果我不计较，可我心里又没办法当作一个笑话来对待。我也很难受，我也不想计较你说的话，可那些话总是跑到我脑海里，我能怎么办？你一次次地笑话我黑，笑话我矮，笑话我不爱说话，肤色和身高是我能决定的吗？不爱说话是我的性格，你为什么不能尊重下别人的性格？别人不跟你计较，说你是心直口快，其实那是别人大度，而你所谓的心直口快，完全是没有教养、没有素质的表现！"

小爽呆住了，她不知道自己什么时候伤害了小敏，更不知道具体是哪句话伤害了小敏。小敏好像冤枉了自己，又好像说得句句在理，同学们都在安慰小敏，带着哭泣的小敏走出了教室。班主任对小爽说："小爽，你知道吗？可能你无心的一句话就会给对方造成极大的伤害，也为你自己埋下祸根。所以，以后说话要注意，说出让别人感觉舒服的话是一门学问。当然，你现在还小，可以好好学习这门学问。老师相信你，将来肯定能和同学好好沟通的。"小爽思考了一下，认真地点了点头。

小爽思考了一晚上，想明白了很多。第二天，小爽当着同学和班主任的面对小敏说："对不起，我为我以前说过的伤害你的话道歉，以后我保证谨言慎行，请大家监督我。”小敏说：“我也应该向你说声对不起，因为我让你受了伤，班级也因此无法获奖，对不起。以后我也要改正，有事多沟通交流，不做伤害别人的事情。”班里顿时响起了热烈的掌声。

我们正处于人生中最美好的年华，我们渴望长大，向往理想的生活。所以，在成长的道路上，我们要学会保护自己，同时学会关爱他人，让自己置身于温暖、快乐的环境里。

那么，我们在生活中应该如何保护自己，远离伤害呢？

1. 提高警惕，认清社会现实。很多被伤害的女孩子都是因为社会经验不足，辨别是非、善恶的能力不足，没有自我保护意识，从而使自己受到伤害。我们可以听一听身边或社会上发生的女孩子受伤害的案例，比如，对陌生人没有警觉性，导致被陌生人欺骗或伤害；随便跟他人单独外出，导致被伤害；追求所谓的“自由”，从而结交一些社会上的朋友，给自己埋下祸根等。平时多看一些法制新闻，有助于我们了解社会的真实性，从而提高自己的危险意识，进而远离伤害。

2. 培养温良恭俭让的美德。温良恭俭让是指温和、善良、恭敬、节俭、谦让这五种美德。女孩子品行端正，性格温和善良，不惹是生非，危险也就相对少一点，因为这样的女孩很少接触到社会上的不良分子，也就减少了被坏人伤害的机会。我们平时应该注意自己的言行，穿着打扮要端庄大方，不要过于暴露身体，不追求奇装异服，不过于追求个性自我，要保持青少年特有的自然、纯洁的一面；与人接触要懂礼貌、讲道理，不无理取闹、肆意妄为。

3. 学会与异性相处。步入青春期后，我们会逐渐发现自己与男孩子的不同之处，此时，我们要注意与异性交往的尺度，要适当地和异性同学保持距离，要自尊自爱，不与异性同学嬉笑打闹，不单独和异性出门，不去荒僻无人的地方，不去电子厅、网吧等娱乐场所，更不能在异性同学家中留宿。告诉自己，不管什么情况，不管异性给予我们多少帮助或温暖，都要守住自己的底线，都不能以身体作为交换条件。

4. 需要注意的安全隐患。我们周边存在很多的安全隐患，只有充分了解了这些隐患，才能防患于未然。比如，居家时，不要随便给陌生人开门，正确用电，不乱插、乱接电源，不用湿手去插插头，不玩火，使用燃气或煤气时，用完及时关上阀门；饮食方面，一日三餐要有规律，不随便吃不卫生的食品，不买没有安全保证的食品，拒绝食用陌生人给的食物，不喝陌生人给的水；外出时，严格遵守交通规则，不闯红灯，躲避人群拥挤的地方，尽量走人多、安全的大路，不抄小道，上下学与同学结伴而行，不随便去别人家，更不能在别人家过夜，回家晚要及时告知父母，不随便坐别人的车，乘坐交通工具也要注意安全；不去网吧、游戏厅等人员复杂的地方，不随便和陌生人说话，不和陌生人到偏僻、陌生的地方；不登梯爬高，不在路上或楼道里追逐打闹，谨防意外伤害的发生；极端天气不出门，学习一些自然灾害的应对技巧……

我们是即将绽放的鲜花，是社会的希望和未来。家庭、学校和国家为我们的健康成长保驾护航，在这些保护下，我们也要提高自身的安全意识和自我保护能力，远离伤害，让自己的人生之路更顺利、更长久。

父母永远是你的坚强后盾

很多时候，我们都会有这样的想法：自己做出某个决定或者说出某个想法时，支持我们的总是朋友或陌生人，阻拦或给我们泼冷水的却总是父母，为什么？或许这就是他们表达爱的方式，他们希望我们变得更好，希望我们在人生的道路上少走弯路。所以，他们会给我们摆事实、讲道理，把他们认为最正确的道路指给我们。我们应该试着理解父母的良苦用心，因为父母是这个世界上最爱我们的人，是最值得我们信任的人，是我们遇到困难时，永远坚定不移地站在我们身后的最坚强的后盾。

试想一下，每天早晨是谁轻声唤醒我们，给我们准备好热腾腾的早餐？当我们感到疲惫时，是谁陪我们散步，活动筋骨？当我们生病时，是谁寸步不离地精心照顾我们？当我们取得小小的进步时，是谁和我们一起分享那份喜悦？当我们做错事情时，是谁毫不犹豫地原谅我们并不计前嫌地给我们提供帮助和指导？当我们秉烛夜读时，是谁一直陪伴着我们并送上一杯暖心的牛奶？是我们平凡却又伟大的父母，是他们，让我们在枯燥繁忙的学习生活中，在处于崩溃无助的边缘时，给我们带来了温暖，让我们感受到“家是避风的港湾”的意义。

父母永远是最牵挂我们的人，无论我们是平凡的还是不凡的，在父母眼里我们都是独一无二、不可替代的，也只有父母视我们如生命，是我们永远的“避风港”。所以，当我们经受烦恼、遇到困难时，要记得，父母永远是我们最坚强的后盾。与其独自困扰，独自做出不合理的决定，不如多和父母进行交流，说出自己的烦恼，从父母那里得到启发和指引。

张辉刚上初二就已经是一个一米七的大姑娘了，因为个子高，性格积极阳光、乐于助人，在班级里颇有“大姐大”的风范，很多同学都愿意听她的话，都喜欢在她的领导下参加集体活动。

随着初三的到来，学习任务越来越繁重，张辉的心情也越来越紧张。想到已经提上日程的中考，再看看成绩平平的自己，她越发觉得忐忑无助。

这一天，张辉像往日一样放学回到家，父母正在聊她将来上高中上大学的事，见张辉回来，便邀请张辉一起“畅想未来”。张辉听了一会儿便听不下去了，表示要回屋学习。父母正聊得起兴，便说：“学习不在这一会儿，坐下来谈谈你的规划嘛。”张辉还是不想聊，便起身回屋了，留下面面相觑的父母。

过了一会儿，张辉的妈妈轻轻敲响了她的房门，打开门进去后，看到张辉正坐在书桌前发呆。妈妈试探着问：“小辉，是不是有什么不愉快的事？”张辉摇了摇头，妈妈继续问：“以前回来都是笑嘻嘻的，最近怎么变得这么安静了？”张辉说：“没什么，就是不想说话。”妈妈关切地说：“你现在是初三的学生了，每天心事重重的可不行，要赶紧调整好心态。”

张辉看了看妈妈，叹了口气，说：“妈妈，您觉得我的成绩还有救吗？我现在很忐忑，也很迷茫，我怕成绩提不上去，怕让您失望。”妈妈明白了张辉的烦恼，想了想，说：“小辉，你知道吗？积极良好的心态可以创造奇迹，首先你要调整好心态，找回以前那个积极阳光的你，然后只管努力就行了。相信自己，让自己心无旁骛地投入学习，不要想成绩，也不要想中考，剩下的就交给时间吧。”张辉好像找回了一点儿自信，但仍然不太确定地说：“可是，如果我的付出还是没有得到想要的回报怎么办？如果我的学习成绩一直上不去又怎么办？”妈妈看着张辉的眼睛，认真地说：“虽然付出不一定会有回报，但不付出一定会没有回报，与其每天愁眉不展，不如先改变。如果真的付出没有得到回报，也不用怕，天生我材必有用嘛，我们还有很多优势啊。”

张辉有点儿疑惑地问：“优势？我还有优势呢？”妈妈笑着说：“那可多了，你的组织能力、领导能力都很强，将来没准儿能当领导呢。而且，你的体育成绩不是很好吗，我们也可以着重培养这方面，没准儿将来你就是某个运动项目的冠军呢。还有，你的美术功底也很扎实，多多练习，没准儿将来是个大画家呢，还有……”张辉有点儿不好意思地打断了妈妈：“好了，妈妈，您夸得我都要骄傲了。”妈妈说：“你本来就是爸爸妈妈的骄傲呀。”张辉眼里充满了光芒，困扰自己多日的烦恼终于消散，她知道自己该怎么做了。

一年后，张辉凭借优异的体育成绩被市重点高中录取了。同时，她的文化课成绩也得到了明显的提高，她依然是那么积极阳光、乐于助人。

父母永远是我们坚强的后盾，当我们高兴时，他们更高兴；当我们难过时，他们更难过。他们的情感变化往往跟随我们而波动，我们应该学会理解父母，懂得父母的爱。那么，我们应该如何做呢？

1. 了解父母。我们可以多了解父母的工作情况、身体状况、兴趣爱好，以及让他们快乐或烦恼的事情，可以利用吃饭、散步、上下学的时间和父母进行沟通交流，听听他们每天的经历，也可以让父母说一些他们的童年趣事，然后结合自己的经历和感受，和父母一起交流成长过程中遇到的各种烦心事。

2. 理解父母。当父母抱怨生活艰辛、工作压力大时，我们要试着理解父母，不要不以为意，更不要嗤之以鼻。他们不是机器人，更不是万能的，他们也想要轻松地过自己的一生，可他们肩负着家庭的重担，他们忙和累无非是想让我们拥有更优质的生活，让我们在学习之余没有任何后顾之忧。我们无法分担他们肩上的重担，但我们可以给予理解，让他们的心情变好，感受到来自亲人的关心。

3. 关爱父母。从我们来到这个世界上，就一直无条件地享受着父母的关爱。大多数的父母对孩子的爱都是不计回报的，我们一句关心的话或者一个小小的爱心举动，他们就能高兴很久，就能驱散心中的忧愁和烦恼。虽然，现在的我们还不能帮他们分担肩上的重任，但我们可以做些力所能及的事，比如收拾家务、为他们做一顿爱心晚餐、给他们递上一杯解乏茶、说一句关心的话等，让父母也感受到我们的关爱。

4. 感恩父母。我们要学会感恩，感恩父母给我们生命，感恩父母辛勤地抚养我们长大，感恩父母深切的教育，让我们学会如何做人，感恩父母为我们无怨无悔的付出……家庭是我们感受到温暖的第一个场所，亲情是我们体验到的第一种感情，我们要感恩父母让我们感受到这些。我们现在还小，唯有好好学习，努力奋斗，用实际行动来感恩父母，才能对得起父母的付出。

5. 学会独立。当我们一天天长大时，父母也在一天天老去，我们不可能永远生活在家庭和学校的象牙塔里，早晚都要步入社会，独自经风雨、见世面。所以，从现在开始，我们要锻炼自己的独立能力，学会基本的自理技能，独自安排自己的生活，自觉地学习，自主地解决生活中遇到的各种困难，抛弃懒惰心理、拖延心理、依赖心理，相信自己的事情可以自己独立完成。

我们总是渴望长大，渴望摆脱父母的管束，但随着年龄的增长，我们才渐渐懂得父母的良苦用心，才明白一个道理：在我们无助、迷茫、失落、伤心时，父母一直关注、庇护着我们，一直帮我们排忧解难，他们总会在第一时间伸出援手，给予我们精神上的鼓舞和物质上的保证，父母一直是我们的坚强后盾。

第2章

保护好自己，校园生活才更美好

对校园霸凌说“NO”

校园霸凌通常发生在学生之间，霸凌者通过语言、肢体动作、网络等方式，对受害者进行欺负、侮辱、攻击、孤立等行为，这些行为会对受害者造成身体、精神和经济上的伤害。

校园霸凌对我们的学习成绩和身心健康都有着严重的负面影响，长期受到校园霸凌的同学，很容易变得胆小、自卑、孤僻、思想极端，如果长期不被重视或者不能及时给予引导，就会形成反社会人格，将来很有可能走上犯罪的道路。对于施暴者而言，给他人造成了伤害，就要承担相应的责任和惩罚，也要承担一定的赔偿费用，更要接受社会和学校的批评与指正，严重的可能会影响学业，甚至承担法律责任。

琳琳是某重点中学初一年级的一名学生，性格温和善良，学习成绩好，但是琳琳的胆子特别小，遇事不敢声张。

最近一个月，琳琳总是不开心，不喜欢去上学，而且最反常的是总问妈妈要钱买东西，虽然理由听起来很合理，但是妈妈总感觉不对劲。

这天，琳琳放学回家，依然一副情绪低落的样子。琳琳简单地和妈妈打了一声招呼，便回自己房间了，妈妈看到女儿这样，决定好好和女儿沟通一番。

妈妈敲了敲房门走进去，见琳琳正坐在书桌前发着呆，便走过去摸了摸琳琳的小脸，说:“我的乖女儿，你最近是不是发生什么事了?”

“没有。”琳琳蔫蔫地摇摇头说。

“妈妈觉得你最近都不开心呢，是不是和同学之间闹矛盾了?”妈妈继续问。

琳琳抬头看了看妈妈，又轻轻摇摇头。

妈妈见琳琳不说话，继续说:“到底怎么了?你可以告诉妈妈的，妈妈听听看，也许我可以给你一些指引和帮助呢?”

听妈妈这样说，琳琳顿时红了眼眶，两行眼泪流了出来。

妈妈见此情况，顿时有点儿慌，赶紧抱了抱女儿，说:“乖女儿，到底怎么了?”

琳琳调整了一下情绪，说:“前段时间，我上学忘记带跳绳了，课间休息的时候我就借晓涵的跳绳用。不知道怎么回事，我把她的跳绳用坏了。一开始晓涵说没关系，她家里还有备用的跳绳，我就没赔给她新跳绳。我以为这件事就这样结束了，结果过了两天，晓涵就问我要钱，说要买跳绳。我便给了她，可是过了两天她又问我要钱，说之前给的钱不够，我自觉理亏就再次给了她。可是从那之后，她便三天两头地问我要钱。我不想给她，可是她说如果我不给的话，就告诉全班同学我用坏她的跳绳不赔。没办法，我只好硬着头皮想出各种理由问您要钱，然后再给她。我知道这样不对，好几次都想告诉您，可是话到嘴边又犹豫了。事情就是这样，我真恨我自己，当初怎么没有赶紧赔她跳绳呢！”

琳琳一边说一边拍自己的脑袋，让自己好好记住这次教训。妈妈握住琳琳的手，说：“乖女儿，都怪妈妈疏忽了，妈妈应该早点儿察觉到你的不对劲，早点儿和你沟通的。”琳琳听到妈妈这么温柔的话，再次红了眼眶，轻轻地摇摇头。

妈妈帮琳琳擦了擦眼泪，继续说：“女儿，你这是遭受了校园霸凌。”

“校园霸凌？没有这么严重吧，晓涵并没有对我动手。”琳琳疑惑地说。

“校园霸凌并一定要身体受伤，有时候，心灵上的伤害比身体上的伤害更难愈合。晓涵的这种行为很明显是错的，是借机勒索，如果你一直这样不敢声张，一方面会让自己长期处于烦恼、压抑和痛苦中；另一方也助长了晓涵的气焰，让晓涵在犯错的道路上越走越远。长期这样下去，她的人格就会发生改变，现在她小小年纪就学会了勒索同学，将来长大后没准儿就会做出犯法的事情。所以，在面对这种校园霸凌时，你一定不要慌，把理应的赔偿补上，然后勇敢地拒绝晓涵的其他无理要求，如果她依然不改，就告诉爸爸、妈妈或老师，让我们来帮助你。”

琳琳点点头，妈妈摸了摸琳琳的小脑袋，继续说：“无论什么时候，无论你做了什么，你要知道，爸爸妈妈永远是你最坚强的后盾。即使你做错了，我们也不会气你怨你，我们会和你一起面对问题，找到解决问题的方法。所以，以后不管发生什么事情，都要第一时间告诉我们，好不好？”

琳琳看着妈妈，认真地点点头，说：“嗯，妈妈，我知道了，我保证以后再也不会发生这样的事情了。可是，现在我应该怎么做呢？”

妈妈说：“接下来就交给妈妈吧，如果晓涵向你承认错误并改正，你愿意原谅她吗？”

“当然愿意。”琳琳回答。

聊完后，妈妈起身出去了，琳琳听到妈妈好像在给晓涵妈妈打电话。

第二天，琳琳像往常一样去上学，刚走进教室，晓涵就迎了上来，当着全班同学的面，对琳琳说：“对不起，琳琳，这段时间因为我让你伤心了。我当着全班同学的面向你保证，以后我再也不那样了，你能原谅我吗？”

“当然能啊。”琳琳再次红了眼眶。

两人手拉手回到了各自的座位上，全班响起了热烈的欢呼声。

校园霸凌存在于每个学校中，因为校园霸凌而导致学生受伤、退学、自杀等事件时有发生，我们要拒绝成为校园霸凌的施暴者和旁观者，更不能成为受害者。那么，面对校园霸凌，我们应该如何做呢？

1. 树立积极正确的人生观、价值观、世界观。我们一定要明白什么事情该做什么事情不该做，要学会分辨是非黑白，拒绝成为自私自利的人，懂得换位思考，做事情之前能够顾及别人的感受，每天认真学习，坚持读书，有计划地做事，培养高尚的情操，做有理想、有道德、有文化、有纪律的四有新人。

2. 父母永远是我们最坚强的后盾。父母是当我们高兴时比我们更高兴，当我们难过时比我们更难过的人，所以，不管我们遇到什么事，都要在第一时间告诉父母。他们可能会指责我们，也可能会情绪激动，但他们是最值得我们信任而且可以毫无保留地帮助我们的人。要永远记住，面对困难时，我们不是孤独的，我们的身后有着最有力的靠山。

3. 勇敢地向校园霸凌说“NO”。当我们遇到校园霸凌时，一定要冷静，不要害怕，也不要忍气吞声，我们自以为的谦卑忍让只会让施暴者更得寸进尺，我们越忍让，施暴者就会越嚣张。所以，我们要拿出勇气，态度坚决地拒绝施暴者，如果校园霸凌行为危害到了我们的人身安全，就要学会如何脱身，千万不要意气用事，更不要单打与其独斗，要学会寻求他人的帮助。永远要记住，我们的人身安全是最重要的，只要能保证自身安全，寻求帮助和狼狈逃脱都是聪明的表现，并不可耻。

4. 加强体育锻炼。适度的体育锻炼，不仅可以激发神经系统的发育，还可以增强我们的反应能力，让自己得到全面的发展。

面对校园霸凌，只有我们自身足够强大，心里有底气，才不会被施暴者盯上，即便被盯上，也不会轻而易举地被伤害。此外，经常进行体育锻炼也有助于我们结交一些有相同爱好的朋友，朋友多了路好走，这样就更不容易被欺负了。

5. 提高自己的处世经验和能力。善于交朋友的学生最不容易被校园霸凌。我们平时一定要与人友善、为人谦和，说话做事谨言慎行，和同学们团结互助，多交益友，不交损友、佞友，在学校里不攀比、不炫耀、不背后议论他人。

6. 了解相关法律条文。我们可以多了解青少年保护方面的相关法律，多参加一些思想道德教育活动，多参加公益活动和学校的团体活动，多读书，把时间和精力多放在学习上。知识的力量是无穷的，关键时刻，知识是可以保护我们的。

校园霸凌并不是某个学校或某个地区独有的现象，而是普遍存在于各个学校之中。随着时间的推移，我们会发现，霸凌一直潜藏在我们身边，长大之后还会有很多其他类型的霸凌现象。我们无法永远生活在父母的庇护下，因此，我们必须提高自己的应变能力和处世经验，从自身做起，从小事做起，拒绝校园霸凌，做一个思想积极、品行高尚，讲文明、懂礼貌，有团结意识，有爱心，遵守学生准则和校纪校规的学生，绝不做违反公众道德和社会准则的事情。

学会拒绝也是一门艺术

我们从小受到的教育就是与人相处时要懂得互帮互助，本来这是一件很好的事情，但是如果在交往过程中，有人向我们提出一些过分的或者我们很难做到的要求，就会令自己陷入纠结，如果我们选择帮忙，就会违背自己的原则，损失自己的利益；如果我们拒绝帮忙，就会驳了别人的面子，让双方处于尴尬的境地。其实，我们应该根据实际情况，该拒绝的时候果断拒绝，不要觉得没面子，如果硬着头皮帮忙，那么到头来委屈的只有自己，“死要面死活受罪”说的就是这个道理。

不懂得拒绝别人是过度友善的表现，我们总是把面子看得很重要，碍于情面不敢拒绝别人，怕别人失望，怕别人记恨，怕失去朋友。其实，这是内心脆弱、胆小自卑的表现，我们完全没有必要这样想，因为我们不必委屈自己去取悦任何人。

事实上，拒绝并没有我们想象的那么难，拒绝之前先认真地想一想自己是否能做到，做到之后又是否会对自己产生不利影响，想明白了也就有了拒绝别人的理由，然后简单明了地拒绝别人。拒绝后不要想太多，不要琢磨别人的神情或语言，更不要怕得罪别人或伤害别人。很多时候，我们不敢拒绝就是怕伤害别人。不随意承诺，对于自己做不到的事情不给别人留希望才是真正的友善。学会拒绝，是尊重自己的内心，也是尊重他人的表现。

果果是个善良心细的姑娘，不仅很热情，还总喜欢帮助别人。同学们都很喜欢她，有什么困难都喜欢找她帮忙。

这天，果果放学回家，一进门就耷拉着小脑袋。妈妈见此情况，便问："果果今天怎么了？往常回家都是未见其人先闻其声，今天怎么垂头丧气的？"

"唉……"果果没有说话，只是不停地叹气。

"看来果果遇到难题了，要不说出来让妈妈听听，看我能不能帮你分析分析？"妈妈柔声说。

"晚上丁淑慧要来找我一起写作业。"果果有点无奈地说。

"一起写作业很好啊，可以相互学习、共同进步嘛！再说了，你不是一向和淑慧很要好吗？"妈妈有点儿疑惑地问。

"是，我们的确是很好的朋友，平时我们也经常一起玩游戏，但我就是不喜欢和她一起写作业。"果果说。

"为什么呢？既然是好朋友，就应该喜欢和她在一起呀。"妈妈继续问。

"反正我就是不喜欢和她一起学习，"果果噘着小嘴看向妈妈，妈妈温和地看着她，果果想了想，决定告诉妈妈，"淑慧的数学成绩一直不好，我总是给她讲解数学题。一开始她的态度还不错，我给她讲，她就认真听，然后自己完成数学作业。可是，慢慢地她就变了，我给她讲她也不听，每次跟我一起写作业，就抄我的数学作业。我们不在一起写作业的时候，第二天早晨我一到学校，她就赶紧问我要数学作业，要走就抄。有好几次她抄得太慢，都耽误我交作业了，为此还受到了数学老师的批评。明明我认真完成作业了，却和她一起承受老师的批评，真是烦死了。”

“原来是这样啊！那你为什么不直接拒绝她呢？”妈妈问。

“我怕我拒绝了，她写不完作业就会被老师批评。而且，我也有点儿不好意思拒绝她，毕竟我们是好朋友嘛，她有困难我理应伸出援助之手啊。”果果有点儿难为情地说。

“如果她真的有困难，你的确应该帮助她，可是现在这种情况，如果你选择帮助她就是在害她呀。果果，你想想妈妈说得对不对，如果你总是这样帮助她，她就会产生依赖性，在往后的学习中，就更不愿动脑思考了，因为她知道不管自己会不会都能把作业应付过去，你能一直帮她吗？现在可以让她抄作业，考试的时候你也能让她抄吗？你是淑慧的好朋友，你肯定希望她越来越好吧？”妈妈看向果果，见她点了点头，便继续说，“是呀，我们希望她越来越好，就要做出改变，不能再错下去。趁现在落下的课业还不多，只要她努力，是完全可以追赶上来的。”

“嗯，妈妈，您说得对，我不能再让她抄我的作业了。可是，我不好意思拒绝她，我怕她一生气就不跟我玩了。”果果担心地说。

“你好好地跟她说，把道理讲出来，坚定地拒绝她，让她断了抄作业的念头，不要害怕她丢面子，也不要怕得罪她。淑慧也是个很懂事的孩子，妈妈相信，只要她明白其中的道理，一定不会生气的。”妈妈肯定地说。

“好吧，我试试。”果果有点儿忐忑地说。

此时，门铃响了，淑慧来了。果果一边去开门一边看向妈妈，妈妈笑着说：“加油！妈妈相信你能勇敢地拒绝她，也相信她能坦然地接受。”

果果和淑慧回屋写作业去了，妈妈在外面忙着做晚饭。一个多小时之后，淑慧写完作业高兴地回家了，果果告诉妈妈：“今天是淑慧自己独立完成的作业，原来拒绝别人的请求这么简单，我早就应该拒绝她了。我们说好了，以后我会尽力帮助丁淑慧补习数学，丁淑慧也一定会努力学习的。”

妈妈看着果果朝她伸出了一个大拇指，俩人一起哈哈大笑起来。

对于别人不合理的请求，我们从一开始就应该果断拒绝，让对方断了念头，不要给对方留一丝希望。那么，我们应该如何拒绝别人的不合理请求呢？

1. 明白哪些事是自己不能接受的。每个人都有自己的底线，对于超出自己底线的请求我们就要拒绝。我们有权拒绝任何人的任何请求，所以不必有负疚感。在日常生活中，我们可以思考一下别人曾向我们提出的各种不合理请求，将其罗列出来，下次遇到同样的请求时，试着平静且有力地说出拒绝别人的理由。

2. 尊重自己的感受。我们从小受到的教育是换位思考，多考虑别人的感受，在这种思想的影响下，考虑自己的感受就显得尤为自私。其实，我们应该明白的一点是，只有先爱自己才能爱别人，只有先尊重自己内心的感受，才能学会尊重别人，如果只是一味地讨好别人，顾虑别人的感受，到头来委屈了自己，别人也不会真正地喜欢和尊重我们。

3. 承认对方的处境。被拒绝的滋味肯定是不舒适的，所以当我们要拒绝别人时，一定要明白这一点，我们可以试着站在对方的角度上来表达自己的理解和支持，然后再说“但是……”，一定要让对方感受到我们是为他着想的。比如，考试时别人想抄我们的答案，我们可以这样说：“我是什么关系，但是被老师抓到的话，你可能就会受处分，那样就得不偿失了。”

4. 三思而后行。当别人向我们提出不合理的请求时，我们总是一时意气用事，或苦于没有合适的理由开口拒绝，便匆忙应允下来。为避免这种情况出现，我们可以承诺对方在什么时间内给予答复，这样，我们就可以利用这个时间来思考其中的利害关系，判断这个请求是否合理，以及如果我们答应的话会付出什么样的代价等，再根据思考的结果做出正确的选择。

5. 拒绝后就绝不动摇。很多时候，别人向我们求助也是出于对我们的信任。所以，当我们拒绝别人的请求时就会心生愧疚，会向对方致歉，以至于最终可能说服自己答应别人的请求。其实，我们不需要为自己的拒绝而道歉，我们只需要明确自己的想法，不管别人被拒绝后是苦苦哀求还是勃然大怒，我们都不能妥协，而是要冷静地阐述自己的立场和拒绝的理由，把该说的都说出来，明确表明态度。

6. 学会观察，先下手为强。生活中，总有人不停地向我们提出各种不合理的请求。对于同样的人同样的请求，我们要学会观察并记住，当下次面对这些人时，就可以先发制人，直截了当地说出我们当前要做的事，让别人无法开口。

每个人都会被人拒绝，也拒绝过他人。拒绝的确是一门艺术，如果我们拒绝得过于强硬，就会遭人记恨；如果我们不会拒绝，就会被烦得苦不堪言。我们应该明白什么事可以应允，什么事应该拒绝，心中要有自己的主见。拒绝别人时要讲究技巧，要真诚，要有信心，更要本着对自己、对他人负责的态度。总之，拒绝是一门艺术，如果我们学会了这门艺术，不仅可以减少生活上的困扰、心理上的压力，还能培养自己的独立人格。虽然拒绝别人很不容易，但人无完人，我们不可能做到事事周全，所以，该拒绝时就勇敢地说出来吧！

不攀比、不炫耀，低调做人

从小我们就是在各种各样的攀比和炫耀中长大的。比如，父母给我们买了新衣服，我们会赶紧穿上向别人展示；和同学在一起时，我们总喜欢攀比谁的文具更好看，谁的书包更漂亮，谁穿了最潮的鞋，谁戴了最新款的发饰等。随着经济的发展，我们的物质生活也得到了很大的提高和满足，即便如此，我们攀比和炫耀的心理却没有减少和杜绝的迹象。

其实，我们有攀比和炫耀的心理是很正常的，爱美之心人皆有之，爱攀比是向往美好的一种体现。如果我们没有攀比心，就会对比自己强的人、考得比自己好的人、有特殊荣誉的人毫不在意，这种不思进取、无所谓的生活态度是不提倡的。同样，如果我们攀比心过重，做什么都要力争第一，一旦达不到自己的要求，就会产生急躁、愤怒、自暴自弃等消极情绪，甚至给自己和家人带来很大的压力，这也是不可取的。所以，我们要客观地看待攀比和炫耀的心理，培养积极健康的生活态度。

在与人攀比的过程中，一旦内心需求得不到满足，我们就会产生挫败感和自卑情绪，就会认为自己处处不如别人。这种消极情绪必然会给我们的学习、生活及身心发展带来负面影响。盲目地跟风攀比还会使我们迷失自我，变得没有主见，不仅浪费金钱、时间和精力，而且会影响我们的身心健康。每个人的生活不同，其人生观、价值观、世界观也就不同，所以，人与人之间没有任何的可比性，与其盲目地攀比别人，不如努力做好自己，让自己变得更优秀。鲜花盛开，蝴蝶自来；你若精彩，天自安排。

喜欢炫耀的人往往自卑、虚荣，缺乏安全感和幸福感，希望通过炫耀来引起别人的关注，博得别人的喜欢。其实，我们应该明白，没有什么是值得炫耀的，人外有人，天外有天，当我们在强者面前炫耀时，换来的一定是嘲笑和不屑；当我们在弱者面前炫耀时，可能会招来嫉妒和恨，甚至会惹祸上身。这个世界每天都在变化，每个人也都在不停地改变，谁也不知道自己将来会怎样。所以，我们一定要为人谦和，与人友善，做到不猖狂、不炫耀。

科技的提高、社会的进步，让这个世界变得越来越丰富化，很多人也因此变得不踏实、不务实，喜欢攀比、炫耀，总是高调做人、低调做事，甚至把这当成是有能力、高情商的表现。其实不然，我们只有不攀比、不炫耀，低调做人、高调做事，才能提高自己，成就未来。

12 岁的潘一刚刚升入初中，从小学生转变成初中生让潘一忽然成熟了许多，成熟的同时，潘一也有了一些小心思，其中爱美、爱攀比是最为明显的。

有一天，潘一和妈妈一起去商场买衣服。妈妈看到好几件很不错的衣服，问潘一喜不喜欢，潘一都摇摇头表示不喜欢。妈妈很是疑惑，便问："一一，你不是最喜欢这种类型的裙子吗？"

"我现在都是初中生了，不能再穿这么幼稚的裙子了。"潘一噘着小嘴说。

"哈哈哈，原来如此啊，那你说说，你现在应该穿什么样的衣服？"妈妈问。

潘一看了看周围，说："妈妈，我们去三楼逛逛吧？"

"三楼的衣服好像都不太适合你呢。"妈妈说。

"妈妈，我们去看看嘛。"潘一恳求道。

"好吧，咱们先去看看，没有合适的再回来。"妈妈笑着说。

她们来到了三楼，三楼都是品牌店，价格相对来说偏贵，而且款式新潮。她们逛了几家店，妈妈说："我觉得都不太适合你呢。"

"我觉得很好呀，妈妈，您看这件，多好看呀。"潘一一边说一边拿起一件衣服。

"嗯，还不错，但是妈妈觉得不太适合你，这件太夸张了。"妈妈建议道。

"哎呀，妈妈，您太不懂时尚了，我同学有好几个都穿这种款式的。而且，您看看这个牌子，我同学好多都穿这个牌子的衣服，时尚又有范儿。”潘一有点儿小骄傲地说道。

妈妈听后有些惊讶，她意识到女儿已经有了攀比心理，但她很快调整好了心态，说：“妈妈感觉好开心，因为我的女儿长大了，有了自己的审美眼光。”

“嘿嘿嘿。”潘一不好意思地笑了笑。

“女儿，妈妈很欣赏你的眼光，也觉得这个牌子的衣服很独特、很新颖，很有诱惑力。但是，我们现在还是初中生，不一定非要穿名牌，只要样式好看，质量好，穿着舒服就好。如今衣服款式变化很快，今年流行的，明年不一定流行。相比来说，我们不如买款式简洁大方的，既经济实惠又不会很快过时，而且，你看这个牌子的衣服这么贵，穿上舒适度也不一定高。我们与其花大价钱买这一件，倒不如用同样的钱多买几件合适、舒适的衣服，你觉得呢？”妈妈耐心地解释道。

“可是，我同学们都说这个品牌高大上，如果我也能穿这个品牌的衣服，那我肯定更受同学们的喜欢。”潘一再次噘着小嘴说。

妈妈摸了摸潘一的小脑袋，说：“我们一一人缘那么好，同学们都喜欢你，老师也喜欢你，你觉得是因为什么呢？”

潘一开玩笑地说：“可能是我人美心善吧。”

“哈哈哈，对呀，我们一一热情活泼，又乐于助人，而且学习也好，又尊敬师长，所以大家都很喜欢你呀。你看，只要你心地善良，热爱学习，团结同学，不攀比、不炫耀，自尊自爱，你本身就是名牌呀。”妈妈说。

“好像也对。”潘一若有所思地点点头。

“对吧？那我的名牌女儿，你还需要其他所谓的‘名牌’点缀吗？”妈妈笑着问。

“不用啦，哈哈哈。”潘一高兴地回答。

说完，母女两人继续高兴地去逛街了。

适当地攀比并没有坏处，它反而可以激发人的斗志。但如果生活中习惯于攀比，就会对我们的身心发展产生不利的影响。那么，我们应该如何培养自己不攀比、不炫耀，低调做人的品性呢？

1. 了解真实的家庭情况。父母对我们的爱是无言的、无私的，从小我们想要什么他们就给我们买什么，只要我们流露出渴望的小眼神，哪怕苦了自己，他们也会竭尽全力实现我们的愿望。其实，我们大多数都出生于普通家庭，我们应该了解家庭的真实经济状况，了解父母工作的艰辛，明白他们挣钱的不容易，要尽可能地体谅父母，让自己养成正确合理的消费观念。

2. 有攀比心不可耻。人们对美好的事物有向往才会产生攀比心理，当我们发现自己有攀比心理的时候，不必小题大做，更不用觉得羞愧，只要端正态度，就可以把攀比心转变成上进心、进取心，转变成学习上的动力，激发自己无限的潜力和斗志。学会接受攀比心，如果我们一直逃避或者与之抗衡，攀比心就会变得越来越强；如果我们平静地接受攀比心，并正确地加以利用，攀比心就会朝着积极的方向发展。

3.学会分析事情。对于我们合理的需求，父母想尽办法也会给予满足，但大多数时候，我们总是别人有什么我们就要有什么，看见什么就想要什么，把这些无法控制的物欲当成合理的需求，不明白什么是真正合理的需求。所以，我们要学会分析事情，试想一下，如果我们一直盲目地追求名牌、追求最新款，那么我们的生活水平就会降低，我们的零花钱就会减少，想报的兴趣班就没法儿报，想看的课外书也不能买。只要我们权衡其中的利弊，就可以做出正确的选择。

4.树立正确的三观。我们要知道，帮助他人、为国家和社会尽职尽责做贡献，是衡量一个人是否拥有崇高的人生观、价值观的重要标准。不管将来我们从事什么工作，过什么样的生活，只要我们认真生活、努力工作，实际上就是在为社会、为家庭做贡献。我们要树立正确的人生观、价值观，要懂得人生的意义，知道如何积极地面对生活，这样才能获得真正的快乐。

5.明白自己的首要任务。我们现在正处于学生时期，首要任务就是努力学习科学文化知识。“腹有诗书气自华”，学习是让我们提高自身修养、气质、品行的一条捷径，所学的知识越多视野就会越开阔，眼光就不会只局限于当下及周围的事物，我们会渐渐地明白：人生的意义不在于拥有多少金银财宝，而在于拥有多少知识，具有什么样的品行。

时光在我们的指间流逝，生活会让我们渐渐懂得一个道理：

得失并不重要，只要对得起自己，对得起良心就好。只要我们勤奋努力，时间就会给我们带来最好的结局，不必攀比，无须炫耀，心平气和，智慧地领略世间的一切美好，这才是最重要的。

结交好友，远离损友、佞友

朋友，是我们人生中不可或缺的重要角色，在我们得意时，朋友可以分享我们的得意；在我们失意时，朋友可以对我们不离不弃，做我们强有力的后盾。但并不是所有的朋友都是真正的朋友，真正的朋友应该建立在志同道合的基础之上，源于真诚的情感交流，也是互帮互助、取长补短、共同进步的同行者。

对于交友，孔子说过一句话："益者三友，损者三友。"意思就是：有益的朋友有三种，即正直的朋友、诚信的朋友、知识广博的朋友；有害的朋友也有三种，即阿谀奉承的朋友、表面一套背后一套的朋友，以及善于花言巧语的朋友。

有的人做任何事情都极其专注，内心纯真，没有世俗和功利之心，能感受世间万物的趣味，和这样的人结交可以让我们内心纯粹、向往美好；有的人喜欢依着自己的性子做事，没有理智，不能发现事情的本质，只遵从自己内心的偏执，和这样的人结交会让我们变得执拗，没有正常的判断力；有的人能在困难中砥砺前行，于权色中不沉不迷、独善其身，和这样的人结交可以让我们不惧困难、永葆初心；有的人天天碌碌无为，沉迷于吃喝玩乐，与这样的人结交会让我们毫无作为甚至误入歧途。

莉莉家和珊妮家住在同一幢楼上，莉莉和珊妮是从小一起长大的好朋友。

周末，莉莉和珊妮相约一起去健身场玩。可是，刚出去没多久莉莉就气呼呼地回家了，妈妈看到生气的莉莉，立马走过来问："谁把我们莉莉气成这样了？"

"珊妮。"莉莉生气地说。

"你们不是一起去健身场了嘛，难道吵架了？"妈妈疑惑地问。

"我再也不和她做好朋友了！"莉莉忽然大声说道。

妈妈愣了一下。莉莉和珊妮从小一起玩到大，虽然两个人的性格完全不同，莉莉温和细心，珊妮大大咧咧，而且两人总是意见不一致，但是两人从来没闹过矛盾。这次莉莉这么生气，事情肯定不简单。妈妈想了想，安慰道："不要这样说嘛，你和珊妮做朋友这么久，哪能说不做朋友就不做朋友了呢，对不对？"

莉莉低着头不说话，眼泪在眼眶里打转。不过很快，她抬起头对妈妈说："妈妈，不知道是我爱计较还是莉莉太过分，我就是觉得很生气、很难过。"

"到底发生了什么事？"妈妈轻轻擦了擦莉莉的眼角说。

"今天我和珊妮一起去健身场玩，我们想玩秋千，可是有好几个小朋友都在排队，而且他们都比我俩小，我想说算了，去玩其他的吧。可是我还没说出口，珊妮就趁别人下秋千的时候一把抓住了秋千并坐了上去，还喊我一起坐。我说不行，咱们要排队。珊妮不但不听我的，还说我太死板，我一气之下就回来了，让她自己在那玩吧。”莉莉说着，心中的怒火再次涌上来。

“嗯，这件事的确是珊妮做得不对，不但不让着弟弟妹妹，还随便插队。但是，我觉得你不应该一走了之，你可以好好跟她说说嘛，你们都是懂事的孩子，妈妈觉得她会认识到错误的。”妈妈说。

“我觉得不会，如果只是今天这一件事，我肯定不会生气的。主要是珊妮总是这样，在学校里不管干什么她都爱插队，如果我说她，她就说我呆板；还有几次，我们一起过马路，我说要等绿灯亮了才能走，可是珊妮就是不听，一看两边没车，不管红灯绿灯就随意过马路，我说她，她就说我愚笨；还有，她特别爱给我的好朋友起外号，因为小 A 牙齿不整齐就叫人家大龅牙，因为小 B 个子矮就叫人家小矮子，因为小 C 长得黑就叫人家黑珍珠，因为小 D 长得又高又瘦就叫人家豆芽菜，还有好多，我一次次地告诉她别人的名字，她就是不听，只叫外号。哼，我真是再也不想理她了。”莉莉火冒三丈地说着。

妈妈听了觉得有点儿诧异，她想了想，说：“珊妮的确不对，但是你真的决定不理她了吗？”

莉莉虽然很生气，但内心还是很在意珊妮的。听到妈妈这样问，莉莉便不知道如何回答了。妈妈看出了莉莉的纠结，便说：“珊妮虽然有这些缺点，但是也有很多优点，对不对？”莉莉点点头，妈妈继续说，“真正的好朋友是互帮互助、取长补短、共同进步的，你们是好朋友吗？”莉莉想了想，依然点点头，妈妈继续说，“既然你们是好朋友，就要对彼此负责，你发现了你好朋友身上的这些缺点，是不是应该告诉她，并督促她改正呢？”

“可是，她不会改的。”莉莉苦恼地说。

“你试过了吗？”妈妈问。

“每次我说她，她就说我死板，我就懒得搭理她了。”莉莉说。

“之前你说她，她立刻说你死板，我想或许是她觉得被人说，面子上挂不住，只能用嘲讽你来掩盖她内心的慌张。我觉得你们需要进一步聊聊，好好地把这些事情摆到台面来说说，告诉珊妮这样做会带来哪些不良的影响，会对别人造成什么样的伤害。你耐心并委婉地告诉她，她应该会接受的。”

“如果她不听怎么办？”莉莉还是很苦恼。

“一次不听就说两次，两次不听就说三次，你一次次地告诉她，她就会有所动摇。如果她还是不听，你就发动身边的朋友一起假装生气，不理她，她应该就能意识到事情的严重性了。”妈妈建议道。

“好，现在她应该还在健身场，我去请她吃冰激凌，顺便谈谈心。”莉莉朝妈妈挤了一下眼睛，立刻朝门口走去。

“哈哈哈，我女儿行动力就是强，加油！妈妈看好你哦！”妈妈笑着为莉莉加油打气。

莉莉开心地跑向了健身场。

真正的朋友是在我们遇到困难时可以协助我们，甘愿为我们两肋插刀，在我们迷茫时给我们指引道路，在我们走错道路时及时纠正我们的人。我们要学会分辨谁才是真正的朋友，结交好友，远离损友、佞友。

那么，我们应该如何结交好友，远离损友、佞友呢？

1. 谨慎交友。我们在与人接触的过程中，要明白什么话能说什么话不能说，什么事可以做什么事不可以做，要保护好自己的隐私，学会观察，用心感受每一个细节。要分辨别人是否真心对待我们，如果是让我们感觉心情放松、谈吐自如的人，我们就可以与这个人保持联系；如果是让我们感觉压抑、不舒服、颠覆三观的人，就果断与之保持距离。

2. 诤友是难得的益友。诤友是指敢于纠正我们的错误，直言劝谏的朋友。我们在人生的道路上，想要获得进步，诤友是必不可少的。诤友会在适当的时候指出我们的错误，会在我们头脑发热时给予阻拦，帮我们不断地改正自己、提高自己。俗话说“忠言逆耳利于行”，诤友就是我们人生道路上的指明灯。真正的友谊，是共患难共进退的。所以，我们要格外珍惜那些可以与我们分享欢乐，为我们排忧解难，又能当我们在言论、行为上有了缺点和错误时，真诚地提出批评，诚恳地提出忠告的朋友。

3. 远离损友、佞友。损友，就是对我们有害，经常损我们的朋友。佞友，就是惯会花言巧语的朋友。有的人看起来是在和我们开玩笑，但是没有把握好尺度，让我们在身体上或心理上受到了伤害；有的人经常会为了一己私利毫不在乎他人的感受；有的人在需要我们帮助的时候笑脸相迎，在不需要我们帮助的时候就置之不理……

4. 听听父母的意见。现在我们还小，对事情的看法还没那么全面，对人的分辨能力也不成熟；相反，父母已经在社会上摸爬滚打了许多年，接触了各式各样的人，很多我们无法分辨的人他们可能一眼就能看穿。所以，当我们困惑时，我们可以适当地听取父母的意见，毕竟他们更希望我们多结交好友。

“在家靠父母，出门靠朋友。”父母不可能永远陪伴我们，我们要增强自我保护能力和生存能力，其中一个非常重要的因素就是交朋友。生活中，如果我们想要变得更强大，就要学会提升自己，首先就要多与善良的、乐观积极的、拥有正能量的人接触，让自己变得更好，自己得到了提升，周围的朋友就会越来越多，朋友越多，人生的道路就不会孤单，路也就更好走。

学会处理与老师、同学间的关系

人际关系有很多种，对于现阶段的我们来说，处理好与老师、同学之间的关系是生活中一个重要的组成部分。与老师、同学之间的关系会伴随我们的整个学生时代，如果处理不好，对我们的学习、生活及身心发展都会产生消极影响。

同学之间产生矛盾多数是因为彼此之间个性、喜好、信念的不同而导致的，其实很多冲突都源于一些鸡毛蒜皮的小事。如果我们及时、冷静地处理，就可以避免产生这些冲突；如果我们处理得不及时，就会让矛盾加深；如果处理过程中无法控制自己的情绪，就会因为冲动而产生无法想象的后果。如果我们因为和同学、老师之间的关系处理不当而导致心情低沉，就会影响我们的学习和生活，这是很不值得的。所以，我们一定要学会处理与老师、同学的关系，用积极、理智的态度去化解矛盾，保持融洽的气氛，在这种气氛里安心地学习。

张晓和刘慧不仅是好朋友，而且是同一个班级的前后桌。

这天，张晓因为早晨起床晚被妈妈训了一顿而心情低落，来到学校后依然闷闷不乐，也不和同学们打招呼。刘慧坐在张晓的后面一排，见张晓不开心，便伸手拍了一下张晓的脑袋，想跟张晓开个玩笑，让张晓打起精神来。可是，张晓因为心情不好，又赶上上课铃声响起，便没搭理刘慧。

张晓向来活泼开朗，今天如此反常，让刘慧很不放心。上课没多久，刘慧趁老师不注意，又拍了一下张晓的脑袋，张晓回头看了她一眼，依然没搭理刘慧。过了一会儿，刘慧趁老师在黑板上写字的时候，再次拍了一下张晓的脑袋，张晓忽然火了，站起来就说："老师，刘慧不好好上课，总拍我的脑袋！"

老师看向刘慧，问："刘慧，怎么回事？"

刘慧被张晓的这一举动吓了一跳，此时她又被老师点名，顿时紧张地站了起来，支支吾吾地说："不……不是我……"

"不是你还会是谁？"张晓生气地说。

"你们俩，跟我出来。"老师严厉地说。

两人一前一后地走出了教室，和老师一起站在教室外面的走廊里。

"你们俩怎么回事？平时那么要好，又都是懂事、爱学习的学生，今天怎么了？刚一上课就破坏课堂秩序！"老师微微有些发怒。

"老师，我也不知道怎么回事，从我一进教室刘慧就拍我脑袋，一次两次我都没搭理她，可是事不过三，我才向您告状的。"张晓理直气壮地说。

“我……我……对不起，老师，我以后再也不会影响课堂纪律了。”面对目光如炬的张晓和脸色严厉的老师，一向安静胆小的刘慧虽然内心感到委屈，但为了尽快结束对话，以及不继续影响上课，就赶紧表示了歉意。

两人回到教室，坐回各自的位置开始听课。可是，这一节课她们谁也没有听进去，刘慧心中委屈，她觉得张晓太不近人情了，因为这点小事就当着全班同学的面让自己难堪，太不顾及昔日的友谊了。冷静下来的张晓虽然不明白刘慧为什么一再地拍自己，但内心感觉自己这样处理事情确实有失风度。

一天的课程结束了，张晓和刘慧一直没说话。放学的时候，张晓再也忍不住了，她叫住刘慧，问出了自己的疑问："那个，早晨你到底为什么拍我脑袋？"

刘慧不想理她，头也不抬地整理着书包，张晓等了几秒见刘慧不回答，便说："嗯……那个……早晨我不知道你为什么一再地拍我脑袋，但后来我想过了，这点小事我不应该当众向老师告状的。"

刘慧抬起头，看了看张晓，然后又低下头整理书包。张晓继续说："想想真是不应该，你拍我又不疼，我干吗要告状呢，其实我挺后悔的，我们……和好吧？"

刘慧的身体顿了一下，再次抬起头，认真地说："你早晨为什么不开心？"

“啊！你……你怎么知道我不开心的？”张晓有点儿惊讶地说。

“你天天什么心情都写在脸上，我能看不出来？我就是看你不开心才想着开玩笑逗逗你呢，没想到你竟然这样！”刘慧假装生气地说。

张晓的心里顿时觉得暖暖的，同时她的愧疚感更强烈了：“对不起，小慧，早晨我因为自己心情不好连累你被老师说，真是对不起，原谅我好吗？”

“其实，我也不对，我不应该在上课时间打扰你的……好啦，咱们握手言和啦！”刘慧笑着说，并伸出了手。

张晓也高兴地伸出了手。

那么，我们要如何处理与同学之间的关系呢？

1. 用真心对待别人。与人交往时要用真心对待他人，在日常生活中，我们可以多和同学交流谈心，多帮助别人。例如，同学学习跟不上，我们可以帮忙补课；同学生病了，我们主动送上问候；同学有困难，我们及时地伸出援助之手……总之，要让同学感受到我们的关心，体会到我们的真诚。久而久之，同学就愿意跟我们分享喜怒哀乐，我们也能收获更多的友谊。

2. 学会宽容理解。我们和同学之间产生矛盾，其实多数都没有恶意，有时是逞一时口舌之快，有时是一时失言，如果我们以包容的心态看待这些矛盾，矛盾就很容易被化解。同学之间能否友好相处，其实很大程度上取决于相互之间的包容程度，对于我们喜欢的同学，我们可能会很容易地包容他，但是，对于自己不太喜欢的同学，我们也要试着去包容他，因为每个人都有自己的优缺点，虽然有些同学并不合我们的“胃口”，但我们不能否定其身上的优点。所以，要用包容理解的心态对待所有同学。

3. 学会相互尊重。每个人都是与众不同的，都有自己独特的个性，我们要学会尊重别人的个性和爱好，接受彼此之间存在的差异，不要随意地嘲笑同学的某个特点，更不能对同学的个人爱好、穿衣打扮等指手画脚。我们一方面要严格要求自己，注意自己的言行举止，尽量不要给别人带来烦恼；另一方面，要学会尊重别人，理解别人，不要把自己的意愿强加给别人。

4. 学会赞美。人人都希望被赞美，人人都喜欢被夸奖，“良言一句三冬暖，恶语伤人六月寒”，发自内心地赞美别人，不仅能让别人开心，更能让自己被别人尊重。适当地赞美别人，不代表贬低自己，更不是阿谀奉承的表现。赞美别人要发自内心，要真情实意，不要无原则地恭维，更不要说反话讽刺挖苦别人。赞美的话通常很容易说出来，因为每个人都有自己的闪光点，只要我们善于发现。

5. 保持冷静。很多时候，我们和同学之间的矛盾都是因为一些小事，甚至一个眼神或一句不经意的话而引起的，如果不能保持冷静，冲动下做出的举动很容易激化矛盾，让事情向无法控制的方向发展。所以，我们要保持良好的心态，遇事首先让自己冷静下来，理智地分析事情，然后说出事情的原委，澄清事实；如果对方不肯接受，我们可以试着忍耐，忍耐并不等于放弃原则，而是等待合适的时机说服对方，或者让时间说话，让事情的发展来说话，有时候时间到了，很多误解就会不辩自清了。

6. 反省自己。俗话说“孤掌难鸣”，很多矛盾都不是一个人的事，而是双方共同的责任。作为当事人，我们首先应该考虑自己哪里做得不对，自觉地反省自己的言行，然后换位思考，站在对方的立场上，想想对方的感受和受到的伤害，当我们察觉到自己言行有失时，很多矛盾也就迎刃而解了。

7. 低调做人。在日常生活中，我们要学会低调做人，尤其是在同学面前，要做到不炫耀、不吹牛、不自以为是、不逞强称能，很多我们自以为扬扬得意的时候，其实都是别人最讨厌我们的时候。所以，我们绝对不要做目中无人、唯我独尊的人，这样的人往往很难靠近别人。

8. 敢于承认错误。当我们反省自己、发现自己的言行对别人造成伤害的时候，一定要勇敢、主动地承认错误，向对方赔礼道歉，并及时地纠正自己的错误。对于已经无法承担的错误，我们也要真诚地接受对方的惩罚或责难；如果对方还是不予理睬或无法释怀，我们除了耐心等待之外，还可以求助于老师或其他同学。

如何处理与老师之间的关系?

1. 尊重老师。老师对我们的教育是无怨无悔、毫无保留的，为了给我们上好每一节课，老师都要花费大量的精力和心血。所以，我们要从内心尊重老师，见到老师要有礼貌地打招呼，上课时要集中精力认真听课，不违反校纪校规，不破坏课堂秩序，老师布置的作业要按时完成，用最饱满的精神和最真诚的态度回报老师辛勤的付出。

2. 虚心好学。有时候，我们会对老师的教育嗤之以鼻，觉得他们也不过如此。其实，老师不管是在年龄、阅历还是学识方面，都远远地超出我们的水平。所以，我们要虚心地向老师求教，好学不仅可以使我们增长知识，提高成绩，还能拉近我们和老师之间的距离，增加彼此之间的交流，加深师生情。

3. 委婉地向老师提建议。每个人都不是完美的，老师同样如此。如果老师的观点不正确或教育教学方法过于老旧、迂腐，我们首先要持理解态度，然后适时地、委婉地向老师提出建议；如果老师不接受，我们千万不能直言顶撞，要给老师留情面，要学会忍耐，再选择合适的机会。

4. 有错就改。有时候，我们明知自己错了，但自尊心作怪，就会嘴上顶撞，内心不服气。其实，老师做的一切都是希望我们更好，如果我们错了，就要主动向老师认错，并及时纠正错误。对于老师来说，知错就改的学生就是好学生，他们不会因为我们一时的无知或冲动就对我们有成见。

与同学、老师的关系融洽既可以促进学习，又可以学到很多做人的道理，会让我们一生受益无穷。

第3章

做你自己的防卫武器

做一个内心强大的孩子

现代社会竞争日益激烈，学习压力不断增大，导致很多人心理素质差，抗压能力弱，常常遇到一点小困难就会不知所措，遇到一点小挫折就会自暴自弃。然而，立足于这个瞬息万变的社会，只进行文化素质的培养是远远不够的，心理素质的建设也十分重要。所以，我们在努力学习的同时，还要培养一种坚韧不拔的精神。

人的一生要经历很多的困难和挫折，这是我们无法避免的。面对挫折时，不同的人有不同的表现方式，有的人勇敢坚强，向困难发起挑战；有的人则悲观消极，无法直面困难。

当我们遇到挫折时，可能会心情低沉、抱头痛哭，这是很正常的表现。只有及时地发泄自己的情绪，才能更快地接受挫折、认识挫折，然后找到问题的根源，正确对待，就能解决问题。

有时候，我们以为不哭不闹就是抗压能力强，其实不然，把委屈、难过咽进肚子里，一个人默默地承担，长久下去，情绪得不到宣泄，只会在心里越积越多，慢慢地我们就会变得孤僻、压抑、不自信、逆来顺受等。

还有一些人在面对别人的批评或意见时，表面上会微笑着接受别人的意见，私下里却从不想改掉自己的缺点。其实，这也是内心不强大的表现，真正内心强大的人，能够坦然接受别人的意见或批评，然后认真地进行反思，从而让自己变得更优秀。

王佳佳是个爱跳舞的小姑娘，她从五岁就开始学习舞蹈，一直坚持到现在。

这天放学后，王佳佳刚走出校门就看到表姐在跟自己招手。王佳佳高兴地奔向表姐，因为她已经很久没有见过表姐了，她的表姐现在正在读大四。

“姐，你什么时候回来的？”王佳佳高兴地说。

“刚回来，在家还没坐稳就来接你了。”表姐一脸宠溺地笑着说。

“我姐真好！”说着，王佳佳挎着表姐的胳膊，一边蹦蹦跳跳一边和表姐一起往家的方向走去。她们边走边聊这段时间身边发生的趣事，忽然，王佳佳停下来，噘起小嘴说：“我最不喜欢的同学是徐苗苗，她最喜欢找我的碴儿了。”

“找你碴儿？怎么回事？跟姐说说。”表姐忽然表情严肃起来。

“我们俩在同一个培训班学习舞蹈，她那个人特别没趣，对什么都特别挑剔，看上去好像一丝不苟，其实我觉得就是强迫症。

学舞蹈的时间还不如我长呢，却天天挑我的毛病，有时候说我身体不协调，有时候说我不放松，有时候说我的动作不自然，真讨厌。”王佳佳愤愤地说。

“那你怎么回复她的呢？”表姐询问。

“我才懒得理她呢。”王佳佳不屑地说。

“那她指出的问题是不是你真实存在的问题呢？”表姐继续询问。

王佳佳忽然不说话了，低着头看着路边。表姐见此情况，说：“姐觉得呢，如果她指出的都是你真实存在的问题，你应该虚心接受并改正。我们只有接受不同的意见，然后反省自己，才能提高自己嘛，对不对？”

“嗯，对，可是，我就是觉得她很讨厌，明明自己学的时间不长，还一副趾高气扬的样子。更气人的是，老师还总是那么认可她，哼！”王佳佳说着，再次噘起小嘴。

“哈哈哈，你这是在羡慕人家哦。”表姐直截了当地说。

“我才不羡慕呢，哼！”王佳佳还是一脸不屑的样子。

“你看，她学舞蹈的时间并不长，却能发现你练习时出现的问题，说明她是一个严谨、认真、细心的人，而且她有什么说什么，不藏着掖着、不拐弯抹角，我觉得这个同学值得一交。”

王佳佳的表情变得认真起来，她在认真地思考表姐的话，表姐见王佳佳不说话，便继续说：“其实，姐刚上大学时跟你一样。你知道的，在高中我一直是全校第一，是学校和老师的宠儿，但是上大学之后，各个地方各个学校的尖子生都聚在一起，我开始受到打击，因为我发现很多事情我都不如别人，很多问题都是别人给我提出或纠正的，我以往所有的骄傲都消失不见了。那时的我内心很脆弱，觉得别人给我提建议就是找碴儿，就是看不起我。一开始，我也无视别人给我提出的建议，但是后来多次的失败和落后告诉我，无视是不对的，我必须正视自己的问题，接受别人的建议，那样才能提高自己。后来，在别人的帮助和我自己的努力下，我越来越顺，学习成绩大幅提升，在这个过程中，我还收获了很多真心对我的好朋友。我发现，我再也不是那个刚上大一的脆弱的小女生了，现在我的内心已经变得很强大，不管遇到什么问题都不会害怕，不会迷茫，因为我知道，只要我勇敢地面对，就一定能解决问题。”

“哇，姐，你真不愧是我的偶像，现在我更加崇拜你了。”王佳佳一脸崇拜地说。

“哈哈哈，姐相信，你会比我更棒的！”表姐笑着说。

“那我从现在开始就要向你学习，虚心接受别人的意见，好好提升自己，做一个内心强大的人！”王佳佳一脸认真地说。

“你一定能的！还有，你那个同学的确不错，多和她接触接触吧。”表姐说。

“嗯，其实仔细想想，她认真的样子还挺可爱的，哈哈哈。”王佳佳笑着说。

两人边走边笑，不一会儿就到家了。

拥有强大的内心，才能让我们在挫折中立于不败之地。那么，我们该如何培养自己强大的内心呢？

1. 要输得起。每个人的一生都是有起有落、有输有赢的，我们要培养自己输得起的精神，不管遇到什么困难，无论输到什么地步，都要勇敢地面对，不能一蹶不振，更不能自暴自弃，要学会调整自己，向新的机遇发起挑战，即便最后我们没有达到心中的目标，最起码也会无怨无悔。虽然输得起并不代表将来一定能成功，但输得起一定是通往成功的必经之路。我们要懂得“不经历风雨怎能见彩虹”的意义，更要明白“不是所有的付出都能有回报”的含义，我们只需努力，其他的就交给时间吧。

2. 明确是非观念，坚定自己的理念。我们从小就被灌输什么该做什么不该做，什么是对的什么是错的，要做遵规守纪的人。可是，当我们面对生活时，很多人就会动摇。比如，我们从小就知道过马路时要坚持“红灯停，绿灯行”的交通规则，但是生活中真正去实践时，往往看别人闯红灯我们也会盲目跟随。一个拥有强大内心的人，是不会随波逐流的，而是有着自己坚定的是非观念，对就是对，错就是错，言行一致，不会因为外界因素而变得不坚定、不自信，甚至自我否定。

3. 培养独立思考能力。我们要培养自己独立思考的能力，就要多读书、多观察、多思考。读书可以开阔视野，提高思想境界，对我们的言行举止、处世方式都有益处。在读书的过程中我们要多思考书中的意义。其实，读书就是一种收集信息的方式，信息收集来之后，经过大脑的整理、提炼、总结，我们就有了自己独特的见解；而信息收集来之后，如果没有经过思考、过滤，只是一味地接收，那么这种收集是没有意义的。

4. 学会释放负面情绪。当我们伤心难过时，我们可以选择独处，也可以选择找朋友或家长倾诉。倾诉不是向别人发牢骚或者表达自己的无能为力，而是让别人帮助我们分析事情，和别人商讨我们应该怎么做。对于不愿与人倾诉的烦恼，我们可以自己寻找方式释放负面情绪，如跑步、打球、爬山、画画、读书、唱歌等。我们可以培养一个兴趣爱好，让自己无处释放的负面情绪找到出口。

5. 不要想太多。我们的生命是有限的，我们不应该把有限的生命浪费在没用的事情上。对于很多事不要想太多，想得太多只会给我们增加烦恼，而且还会导致发生误解；想太多就会把事情复杂化，让自己情绪化，从而无法做出正确的判断和决定。与其花时间去想那些没用的事情，不如把宝贵的时间用在学习和生活上，做一些更有意义的事情，从而让自己更充实、更快乐。

当我们遇到挫折时，可以选择关上门来大哭一场，但是，哭过之后一定要擦干泪水，抬起头来勇敢面对。在人生的道路上，真正阻碍我们前行的并不是我们面前的挫折，而是我们面对挫折时的心态，以及是否拥有强大的内心。真正坚强的人，虽然怀揣着痛苦和悲伤，但仍然能微笑着前行。总有一天，我们会成为那个内心强大的人，积极乐观、处变不惊，勇敢地面对一切困难，我们要相信未来可期，不负韶华！

女孩子一定要掌握的自救技巧

由于身体上的差异，女孩子经常会遇到一些男孩子遇不到的麻烦，往往因为力气小、胆子小、行动力差而受到伤害。面对危险时，如果不能正确地应对，轻则影响情绪，重则影响人生的发展轨道，甚至会有生命危险。

林思和李菲儿住在同一个小区，都是某重点中学的初二的学生。

星期六，林思和李菲儿相约一起去图书馆看书。图书馆离她们小区不算远，坐公交车只需要六站。她们早早地就去了图书馆，在图书馆看了一上午的书，各自买了自己需要的书籍，然后去了图书馆旁边的肯德基，打算在肯德基吃完午餐后再回家。

在林思和李菲儿等餐的时候，她们发现旁边的位置上坐着一个男人，三十多岁的样子。这个男人正直勾勾地盯着林思和李菲儿，让她俩感觉很不舒服，她俩不想和这个男人挨着坐，于是在取餐的时候改选了其他位置坐下。正当她们边说边吃的时候，林思发现刚才那个男人又坐到了离她们很近的位置。林思看见他的时候，他还对林思笑了一下，虽然是笑，但林思总感觉怪怪的，心里有一丝不安。林思小声对李菲儿说：“赶紧吃，吃完赶紧回家。”李菲儿察觉出了林思的不安，于是点点头，大口大口地吃起来。接下来，那个男人突然坐在了她们旁边，对她们笑了一下，同样的笑容，让林思和李菲儿感觉浑身不自在。

这时，他忽然问：“两个小妹妹是单独出来的吧？”林思和李菲儿都没有说话，那个男人又问：“你们家在哪里？这么小单独出来不安全，大哥哥可以送你们回家的。”林思和李菲儿吓得汗毛都竖起来了，她们顾不上吃了，赶紧拿起书包，向那个男人说：“不用了，谢谢你的好意。”然后走出了肯德基。

两个人走了一段路后，林思回头看了一眼，发现那个男人仍然在直勾勾地盯着她们。林思赶紧拉上李菲儿，飞一般地跑到了公交站。

正当林思和李菲儿焦急地等待公交车时，林思忽然感觉被人碰了一下，回头一看，吓得冷汗都流下来了，那个男人就在她们身后，脸上还是那种让人很不舒服的笑容。林思和李菲儿赶紧走到另一边人多的地方，李菲儿小声说：“咱们报警吧？”林思看了那个男人一眼，想了想说：“报警没用，他没对我们做什么，也没说什么，报警警察也会说是我们想多了。”

正当她们议论对策时，她们要坐的公交车来了，李菲儿说：“林思，车来了，咱们赶紧上车。”李菲儿一边说一边就要跨出去，林思赶紧拉住李菲儿，说：“不行，如果他也上车了怎么办？

如果他一直尾随我们回家，就知道我们住在哪里了，我们要想办法甩掉他。”她们站在人多的地方，耐心地等着，发现站牌上的所有公交车都来了一遍，那个男人一直没上车。她们更加坚定了内心的想法，这个男人就是要跟随她们。李菲儿略带绝望地问林思：“咱们怎么办？我好怕。”林思内心也有点儿慌乱，但她很快让自己镇静下来，说：“这样吧，你给你爸爸打电话，我给我爸爸打电话，让他们来接我们。我们就先耐心地在这里等着爸爸妈妈，反正现在人多，他也不敢轻举妄动。”

林思和李菲儿各自打通了电话，把男子尾随她们的事情告诉了父母，然后继续与父母通电话，一直没有挂断。很快，她们的父母赶来了，父母把她们围了起来。林思的爸爸和李菲儿的爸爸死死地盯着那个男人，那个男人见此情况，便扭过头去，此时正好来了一辆公交车，那个男人赶紧上车走了。

看着那个男人所上的公交车渐渐走远，林思和李菲儿紧绷的神经才渐渐放松下来。

当我们面对危险时，应该如何自救呢？

1. 心态很重要。当我们意识到被人尾随或有人意图不轨时，我们一定要保持冷静，如果我们过于紧张，让坏人察觉到自己已经暴露，可能就会提前对我们实施伤害。我们可以观察周围的环境，尽量往人多的方向走，走到人多的地方就加快脚步争取甩掉坏人。如果不能甩掉坏人，我们可以向路人求助或装作和路人很熟的样子，还可以去附近的超市或商店，寻求店员或保安的帮助。

2. 一切以自身安全为重。当危险来临时，我们不要犹豫，要立刻向亲朋好友寻求帮助，让他们来接我们。如果时间不允许，我们可以做一些引人注意的行为。比如，抢夺或打掉路人的手机，破坏摊位上的物品，总之，要想尽办法让别人注意到我们，吸引人来围观，然后报警或叫家人来。如果我们不幸被坏人控制住，不要硬碰硬，也不要傻傻地一直喊救命，我们可以转动小脑筋，喊“谁的钱掉了”“谁的手机丢了”等，那样就会引起路人的注意。当危险来临时，不要在乎面子，也不要在乎金钱的损失，更不要在乎别人的指责，一切都要以自身安全为重，只要可以逃脱，一切的原则都可以忽略。

3. 不给危险制造机会。我们要躲避危险，就要从身边的小事做起。例如，不独自去人烟稀少的地方，不抄小道，宁可绕远路也不要心存侥幸；尽量避免单独外出，结伴出行遇到危险的可能性要小很多；出门一定要告知家人，让家人知道自己的准确位置；出门在外要保持手机电量充足，察觉到不对劲时，要立刻给亲朋好友打电话；平时穿着不要过于暴露，因为奇装异服容易引起坏人的注意；说话做事要谦虚谨慎，避免言行举止上得罪有心人；出门时不露财，不炫耀、不张扬，尽量低调行事；出门在外要乘坐正规交通工具，不坐黑车，打车时要记下车牌号并发送给亲人或朋友；网络上的朋友尽量不要见面，如果非要见面，可以让对方来见我们，选择安全人多的地方见面，而且见面时叫上几个朋友一起去……

4. 增强自我保护能力。除了寻求别人的帮助之外，最重要的还是要增强自我保护能力。我们可以准备一些自我保护的物品，如防狼喷雾、防狼棒，在使用时要确保自身的安全，避免误伤自己；如果使用后逃脱机会仍然不大，就尽量不要使用了，以免激怒坏人做出对我们更不利的事情。除了携带自我保护的物品，我们还可以学习一些防身之术，或者懂得打击对方的痛点，比如戳对方的眼睛，用头顶对方的下巴，用力踢对方的胯下，狠狠地踩对方的脚指头等。有时候，即便不会防身之术，只要打对了地方，也能为自己争取到一些逃脱的时间和机会。

5. 学会报警。现在的科技发达，手机上都有紧急求救的软件，有的还可以一键求救，我们可以提前下载下来，以备不时之需。在遇到劫财尤其是劫色时，有的人往往忍气吞声、不敢声张，这是很不明智的做法，是在助长坏人的气焰。所以，不管遇到哪种危险，不管有没有受到伤害，我们都要及时地报警，勇敢地拿起法律武器来保护自己，不让坏人逍遥法外。

不可否认，女孩子在成长的道路上，遇到的危险要比男孩子多。在纷乱复杂的社会上，我们只有让自己强大，才能得以生存；只有掌握自救的能力，才能让自己临危不乱、披荆斩棘。

培养自己解决问题的能力

从小我们就在父母的关爱下成长，好像什么事都不需要我们解决，只要乖乖地站在父母的身后就可以享受平静、安宁的生活。可是，没有任何一个人可以永远地陪在我们身边，也没有任何一个人能时时刻刻地保护我们，我们唯有增强自己的能力，培养自己的独立性，让自己拥有解决问题的能力。

拥有独立解决问题的能力就好像拥有一把人生的万能钥匙，不管在学校还是将来进入社会，都能独立生存，实现自我保护。生活中我们经常发现，那些能够独立解决问题的人总能逢凶化吉、柳暗花明；那些无法独立解决问题的人，则处处碰壁、寸步难行。

不能独立解决问题的人，遇到事情容易人云亦云、没有主见，也容易缺乏个性和自我，习惯于依赖家长和朋友，遇到事情不去想办法解决，而是选择逆来顺受、顺其自然。这样的人认识不到自己的问题，认为自己的心态是一种“豁达”的表现，总是自欺欺人，麻痹自己，长此以往，在生活和学习上就很难有所进步。所以，从小培养自己解决问题的能力，让自己拥有独立的思想、行为和人格，对我们的学习和生活都会有深远的影响。

这一天放学后，丽莎高高兴兴地回家了。

“今天怎么这么高兴呀？”丽莎一进门，就听到妈妈问她。

“我最好的朋友李木子当上我们班的班长了，我当然高兴啦！”丽莎一边说一边蹦跶着来到妈妈身边。

“是吗，那祝贺你的好朋友呀。”妈妈笑着说。

“妈妈，您不知道，木子太厉害了，她是我们班全票通过的班长呢！”丽莎高兴地说。

“真厉害！瞧你高兴的，好像自己当了班长似的。”妈妈说。

“比我自己当班长还高兴呢。”丽莎有点儿骄傲地说。

“哈哈哈，看来你很喜欢你这位好朋友呀！”妈妈说。

“当然啦！妈妈，您不知道，木子简直就是我的偶像。她真的太好了，我们全班同学都喜欢她，都拿她当偶像。”丽莎激动地说。

“快给妈妈说说，这个李木子到底有多好？”妈妈听丽莎这么说，不禁对李木子产生了很大的兴趣。

“您知道的，木子的爸爸妈妈在外打工，她跟着爷爷奶奶一起生活，就是人们常说的留守儿童。如果我是留守儿童，我真不知道自己会怎么样，我觉得自己肯定会特别绝望，特别难过。但木子不是，她给人的感觉一直都是乐观开朗的，她的爷爷奶奶年纪都很大了，她每天白天上学，放学回家还要照顾爷爷奶奶。她从七岁就会自己做饭了，现在都可以做一大桌子菜了。她就像一个小大人一样，一边努力学习一边还要分担家务，就算这样，她的成绩在我们班一直名列前茅呢。”丽莎骄傲地说。

“嗯，和你们同龄人相比，李木子独立性很强，不但可以自己的事情自己做，还能帮助家人分担事情，的确值得你们学习。”妈妈认真地说。

“她不仅学习优秀，而且心地善良，很有亲和力，也乐于助人。每次班级有活动她都积极地参与，每次大扫除时，她都不怕脏不怕累，总是冲在最前面。同学们遇到麻烦或者心情不好时，她总是第一时间给予帮助，有好几次班里同学发生矛盾，都是在木子的调解下握手言和的。有一次运动会上，我们班有个同学忽然感到一阵眩晕，木子得知后，认为那个同学应该是低血糖导致的，于是赶紧让那位同学喝了一杯糖水，吃了一些饼干。那位同学很快就感觉不晕了，后来经过校医检查，那位同学的确是低血糖。像这样的事情还有很多，木子的能力我们有目共睹，就连我们班主任都说木子是他见过的最有解决问题能力的学生呢！她总是能在大家着急、无助的时候找到解决问题的办法。”丽莎满脸崇拜地说。

“李木子果然是个不错的学生，有处事能力，有领导风范，将来肯定错不了！”妈妈也夸赞道。

“那当然，我的朋友嘛肯定错不了，嘻嘻嘻！”丽莎高兴地说。

“嗯，你也很不错，不过在独立方面、解决问题的能力方面还是应该多向李木子同学学习哦！”妈妈摸了摸丽莎的小脑袋说。

“嗯，我一定向她学习，让自己也成为她那样优秀的人！”丽莎认真地说。

“加油！”妈妈笑着说。

丽莎伸出手，和妈妈击掌为约。

那么，我们应该如何培养自己解决问题的能力呢？

1. 学会肯定自己。世界上没有十全十美的人，我们要接受自己的平凡，允许自己有犯错和失败的权利，但这并不意味着我们可以随波逐流、自暴自弃。我们要学会肯定自己，即便自己是平凡的，即便自己总是失败，我们依然要找到自己的优点，发现自己的进步，肯定自己的努力。我们只有肯定自己，才能不放弃、不抛弃，才能在面对挫折时勇敢地爬起来继续拼搏。

2. 培养自信心。生活中的小困惑、学习上的小退步，都可能让我们内心受挫，但我们不能因为一时的落后而对自己的能力产生怀疑。我们应该勇敢地面对现实，冷静地分析原因，然后找到解决问题的方法，不要急着打击自己的自信心。我们要相信，没有永远的落后，也没有解决不了的问题，只是时间长短的区别而已。不会做的事情可以慢慢学，不懂的问题可以慢慢攻克，只要我们有信心，只要我们肯下功夫，就一定能实现自己的目标。

3. 不要过多地依赖家人。有的人父母不在家连饭都吃不上；有的人学习成绩很好，却不能烧一壶开水；有的人没有父母陪伴哪里都不敢去……很多人都是学习上的巨人、生活中的矮子，这是因为我们从小就受到父母无微不至的照顾，不管我们遇到什么麻烦，都是家人在帮我们解决，造成我们越来越依赖家人，无法独立解决问题。那么，从现在开始，我们要从小事做起，自己的事情自己做。比如，随着季节的变化，我们要及时增加或减少衣服；学会分类摆放物品，保持干净整洁的环境；感冒了，我们要正确地服用药物；学习做饭，能正确使用刀具、锅具及各种调料……总之，只有让自己先拥有生活上独立解决问题的能力，才不会事事依赖家人。

4. 拒绝拖延症。我们都有这样的体验，那就是明知自己有很重要的事情要做，却不拖到最后一刻就不行动。其实，很多事情不能及时地解决就是因为拖延症导致错失时机，让事情从可以轻松解决变成无法解决。所以，当我们认为一件事必须做的时候，不要给自己找借口，也不要给自己找借口的时间，而是要把握好时机，身体力行，争取一次就把这件事情圆满地解决好。

5. 学会换个角度看问题。一件事情，如果我们可以换个角度去观察和思考，就会有不一样的收获，乐观的心态可以看到事情积极的一面，悲观的心态只能看到事情消极的一面。其实，生活和学习是否快乐完全取决于我们的看法，当我们考试成绩不理想时，不要气馁，不要自我放弃，尝试换个角度，和自己的过去比较一下，或许就能发现我们比以前进步了很多；当我们和朋友产生矛盾时，不要一直纠结于自己有理，要学会换位思考，或许我们就能理解对方；面对家长的训斥、唠叨时，不要反感，要学会换位思考，或许就能感受到他们对我们的那份无私的爱……

当生活中遇到问题时，不要悲观，不要急躁，解决问题的能力是在不断解决各种问题的过程中慢慢积累起来的。所以，遇到问题不要怕，只要我们端正态度、积极应对，从失败中总结经验，从教训中反省自我，就能实现全方位的成长。

不要随便向他人泄露自己及家人的信息

个人信息主要是指存储在个人手机、电脑或网络上的与个人及家庭有关的信息，包括个人或家人的姓名、性别、身份证号、电话、家庭住址、邮箱号、QQ 号、微信号等基本信息。还有一些涉及资金安全的信息，包括银行卡信息、支付宝信息等，以及一些不愿让他人知道的照片、视频、音频、网页浏览记录、聊天记录、文档等个人隐私信息。

随着大数据时代的到来，网络和信息化的不断发展，使得我们的日常生活和网络渐渐地紧密连接在一起。我们在使用网络进行日常沟通、娱乐消费，使用各种 APP 进行学习或查资料时，一般都要先进行注册，注册时就需要填写个人信息。个人信息存储在网络上，就会为我们的信息安全带来一定的隐患，一旦个人信息遭到泄露，轻则不停地接收到各种各样的骚扰电话和无用短信，给生活带来极大的烦扰；重则影响到个人及家庭的人身财产安全，严重的还会威胁到国家的利益和安全。

目前，个人信息的安全问题越来越受到人们的重视，尤其是近两年以来，受疫情影响，各种各样的线上教育应运而生，我们每天面对网络的时间和机会就会相应增加，这就导致利用我们来获取信息以便谋取利益的案例越来越多。所以，我们一定要注意个人信息的保护，千万不要麻痹大意，不让不法分子有机可乘。

囡囡和班里的几个女同学相约周末一起去图书馆看书。

星期天，囡囡早早地起床，吃完饭便出门了。出门之前，妈妈一再叮嘱囡囡："注意安全，注意车辆，别一个人乱跑，要和同学们一起，千万要小心……"

囡囡很听话，过马路时看红绿灯，有序地上下公交车，在路上不随便和陌生人说话。

很快，囡囡按约定的时间到达图书馆，和同学们碰面了。

她们有说有笑地走进图书馆，找到各自喜欢的书后安静地看了起来。不知不觉到了中午，她们各自买了自己喜欢的书就走出了图书馆，打算去对面的商场逛一逛，刚走几步，她们的面前就出现了两个人。那两个人手里拿着很多漂亮的毛绒玩具，对囡囡她们说："同学们，帮我们填几张调查问卷吧？"同学们觉得没意思，便摇摇头，那人又说："不会耽误大家太多时间的，就填一下基本信息就好。"同学们还是不太情愿，但不像一开始那么坚定了，那人一看有机会便接着说："拜托大家了，填完信息每个人都可以领一个毛绒玩具的。"这时，其中的一位同学小声地说："那毛绒玩具还挺可爱的，咱们就填一下吧，反正也没什么损失。"然后，大家一人拿了一张表，填上了个人信息，并一人领了一个毛绒玩具，高高兴兴地走了。

囡囡的妈妈正在家里做饭，这时，门铃响了，妈妈打开门，是一个陌生男子，手里拿着一个写着“某某教育”的盒子。妈妈还没说话，那个人就笑着打招呼，说：“您好，是囡囡的妈妈吧？”

妈妈点头说：“是的是的，您好，您是？”

“您好，我是某某教育的王老师，刚才囡囡不是去图书馆了吗？她在我们这里买了一份学习资料，我现在把学习资料给您送来了”。陌生男子笑着说。

“哦，好的，有劳您了，谢谢啊！”妈妈说。

“是这样的，囡囡说她马上要升初三了，想要全方位提高一下自己的学习成绩，所以，各科的资料都买了一份，但是她没带多少钱，让我把学习资料送到家里来，让您把钱支付了。”陌生男子说。

“这孩子，这么爱学习了呢，好的，多少钱呢？”妈妈笑着问。

“总共 1280 元。”陌生男子淡定地说。

“啊，这么多！这是什么学习资料，怎么这么贵？这孩子，看见什么要什么，也不知道有没有用啊。”妈妈十分惊讶，有点儿生气地说。

“囡囡妈妈，是这样的，您可以搜一下我们这个教育机构，我们专业做培训已经二十年了，很多孩子学习我们的资料突击中考、高考，都取得了理想的成绩。俗话说，一分价钱一分货，只要囡囡用了我们的学习资料，您一定不会觉得贵的，我们都是根据历届考上清华北大的学子的成功经验研究出来的教材。”说着，陌生男子拿出自己的手机，输入了一些字，然后打开某某教育的网页，让囡囡妈妈看了看，见囡囡妈妈很是信服，便接着说，“在培养孩子的道路上，别说这1280元了，只要孩子能成才，就算12800元，甚至更多，咱们也必须给孩子投资，您说是吧？”

囡囡妈妈看着那个某某教育的网页，点点头。但为了安全起见，她还是决定先问问女儿，她对陌生男子说：“你先等一下啊，我去屋里拿手机。”

“好的。”陌生男子笑着说。

囡囡妈妈赶紧走到卧室，拿起手机给女儿拨打电话，但是囡囡此时正在热闹的商场里玩，根本没有听见手机响。妈妈觉得可能是自己多想了，刚要走出去付款，手机上就来了一条微信通知，原来是囡囡班级群里一位同学的妈妈发来的信息：各位家长知不知道某某教育？这个教育机构的学习资料怎么样？囡囡妈妈一看，正是女儿要报的这个。正当她也想跟着问问的时候，另一位同学家长发来了微信：千万别买，我前段时间买了，根本什么都没有，那个教育就是骗子机构，你们可以上网查一下。囡囡妈妈赶紧上网查了一下某某教育，结果查出来的全是关于骗子、诈骗之类的信息，而那个陌生男子打开的网页，在网站上根本就找不到。

囡囡妈妈平复了一下心情，走出去，态度温和地说：“实在抱歉啊，我家先生不在家，我卡里的钱不够。要不然您给我说一下你们培训学校的地址，回头我带着我家先生和孩子一起过去交钱。”

陌生男子见此情况，也明白了一大半，便生气地说：“算了，我们的学习资料有限，并不是谁想买就能买的，既然你没有诚心买就算了吧，还有很多孩子抢都抢不到呢。”

说完，陌生男子“哼”了一声就匆匆忙忙地走了。

过了一会儿，囡囡打来电话：“妈妈，您给我打电话了？怎么了？”

“囡囡，你有没有买某某教育的学习资料？刚才有人来咱们家了，说你要买。”妈妈说。

“没有啊，妈妈，您还不了解我嘛，怎么可能主动给自己增加学习量呢！哈哈哈。”囡囡大笑起来。

“也对，妈妈还纳闷呢，我的女儿啥时候这么刻苦了呢！”妈妈也哈哈大笑起来。

囡囡回家之后和妈妈说起了今天的事情，妈妈听完后便明白了那个陌生男子为什么能说得毫无破绽，问题应该就出在囡囡填的那份调查问卷上。

囡囡听妈妈分析完，赶紧联系了其他几位同学，幸好，其他同学的家长没遇到这种情况。囡囡心里暗暗地想：以后一定要保护好自己的信息，不让坏人有机可乘。

生活中，我们经常会遇到一些问卷调查或抽奖活动，这就需要填写个人信息，从而导致个人信息的泄露，再加上有些公司或商家信息安全管理措施不到位，管理意识淡薄，造成客户信息泄露或被有心人倒卖。目前，针对个人信息保护的相关法律法规还不够完善，往往个人信息泄露之后，被害者也难以追究责任。所以，我们一定要提高警惕，保护好个人及家人的信息安全。

那么，我们应该如何保护自己的个人信息呢？

1. 加强个人信息安全保护的意识。每年因为个人信息泄露而遭到诈骗、抢劫的案例比比皆是，因此，我们一定要牢记，姓名、电话、家庭住址、家庭成员信息、各种账号、密码等都是我们需要保护的信息。如果我们不小心把这些信息泄露出去，就很容易受到不法分子的骚扰，给自己和家人的生活带来烦恼，严重的时候还会危及我们的人身和财产安全。

2. 养成良好的信息管理习惯。现在的人们都离不开网络，随着年龄的增长，我们接触网络的机会变得越来越多，然而在上网时，我们一定要养成良好的习惯，以免泄露个人信息。比如，浏览各种网页时不随意填写个人信息，不随便注册账号；不访问不安全、不文明的网站，不随便登录各种社交平台；不跟不认识的人分享自己的信息和隐私；尽量不在 QQ、微信上发布个人的视频、图片等涉及个人隐私的信息。在生活中，我们也要注意不贪小便宜，对一些填写个人信息就能“抽奖”或者给小礼品的“调查问卷”都要保持警惕，尽量不去“凑热闹”。我们要明白，世上没有免费的午餐，只有靠自己的努力得到的东西，我们才能踏实地拥有。

3. 警惕生活中的小细节。不法分子窃取信息的方式是多种多样的，虽然我们无法得知，但我们可以做到“事无巨细”，让不法分子没有可乘之机。比如，收到快递之后把单据撕毁再丢弃；不用的手机号要注销，把卡剪坏再丢弃；不用的银行卡也要剪坏后再丢弃；不用的含有个人信息的纸张、报名表等也要撕毁后再丢弃；在外使用公共网络时，下线要先清理痕迹，或者开启隐私模式；在网络上留电话号码时，数字之间用一些符号隔开，避免被轻易搜到；注册各种社交或网购 APP 时，尽量使用较复杂的密码……除此之外，我们还要注意身份证、学生证、借书卡等含有个人信息的证件的保护，不要乱丢乱放，凡事多长个心眼，做个有心人。

在这个信息化、网络化的时代，层出不穷的新鲜事物让人们目不暇接，网络的高速发展为我们带来便利的同时也带来了很多隐患。现在的不法分子不再是传统概念上无知的不法分子，他们很多人都拥有高学历、高智商，特别是那些精通网络、掌握高科技的人，对我们来说，这种不法分子更加危险。只要他们想挖掘，就能得到我们的个人信息，但是我们也不必过于担心，因为国家为我们创造的网络安全系数也是很高的，只要我们加强自身信息安全意识，从生活中的小事做起，提高警惕，不法分子就没有空子可钻。

有必要了解一下法律意义上的“正当防卫”

正当防卫是指对正在进行或已经进行的侵害行为的人，采取制止该不法侵害的行为，对侵害人造成了一定的损害，但不负刑事责任。简单来说，如果有人正在伤害或已经伤害了我们，我们可以采取行为制止，如果在制止过程中对侵害人造成了一些伤害，我们是不用负刑事责任的。

我们遭遇高年级同学或者不法分子伤害时，要勇敢地进行反抗，以保证自己的生命安全。如果对方势力过于强大，我们可以先想办法脱身，然后找老师、父母或警察来维护自己的安全。不管是正面对抗，还是事后寻求他人帮助，这都属于正当防卫。

唐昕从六岁就开始练钢琴，到现在已经练了整整七年。在这七年当中，唐昕每天都要抽出两个小时来弹钢琴，小时候课余时间多，唐昕还不觉得有什么，可是最近一年来，唐昕的学业越来越繁重，每天放学回家弹完钢琴再做完功课都快半夜了。为此，唐昕白天上课总是哈欠不断，晚上弹钢琴也是频频出错。

唐昕并不是自愿学钢琴的，从妈妈给她报名的那一刻开始，她就踏上了痛苦的学钢琴之路。小时候，每当听到外面小朋友们玩耍的声音，听到隔壁邻居家孩子看动画片的声音时，她都羡慕得不行，但是她只能偷偷地羡慕别人，因为如果自己表现出不想弹钢琴的样子，就会遭到妈妈的训斥、责罚甚至打骂。唐昕知道妈妈这样做都是为她着想，她不想让妈妈失望，所以只能一次次地顺从、努力。

可是，最近一段时间，唐昕感觉越来越力不从心了，每天都有做不完的功课和学不完的新曲子，让她总是产生放弃弹钢琴的念头。她想从妈妈那里得到点支持，但每次得到的都是妈妈的冷言冷语——“这点苦都吃不了！”“有那么累吗？”“别说没用的，抓紧时间练习”……

前几天期末考试，成绩出来后，唐昕的心情更烦躁了，自己明明很努力，可成绩为什么不升反降了。唐昕一边难过一边担心回家之后如何跟妈妈解释这个让人失望的成绩。

唐昕刚走进家门，妈妈的声音就传来了：“唐昕，你过来！”

唐昕一听妈妈的语气，以为妈妈已经知道了她的成绩，便赶紧走到妈妈跟前。妈妈看了唐昕一眼，说：“钢琴老师说你上周学的曲子，到现在还没弹出来，怎么回事？”

唐昕愣了一下，真是倒霉呀，怎么处处不顺心。妈妈见唐昕不说话，便继续说：“是不是因为前段时间准备期末考试而忽略了钢琴？你以前怎么跟我保证的，既要保证学习成绩，又不能影响钢琴训练，你难道忘了吗？”

唐昕没办法回答妈妈，因为她知道自己一样都没做好。妈妈见唐昕不说话，想了想，忽然眉头紧皱，说：“是不是成绩出来了？考得怎么样？”

“不……不太好……”唐昕支支吾吾地说。

“不太好是什么意思？赶紧告诉我。”妈妈着急地问。

唐昕把成绩拿给妈妈看，然后默默地后退了两步，她在等待妈妈爆发。果然如她所料，妈妈看完成绩顿时火冒三丈，怒气之下举起手中的擀面杖就朝唐昕打去。唐昕躲闪不及，胳膊上被狠狠地打了一下，紧接着妈妈又打了两下，但都被唐昕躲开了。这下妈妈火气更大了，她抬起腿朝唐昕踢了一脚。唐昕被踢得站不住脚，朝身旁的茶几摔了下去，头狠狠地砸在茶几角上，唐昕只觉得一阵眩晕，身体好像在云端上飘着。妈妈见此情况，心头的气也消了一大半，片刻后，唐昕晕晕乎乎地站了起来，默默地往门口走去。

“你去干什么？”妈妈问。

“出去走走。”唐昕回答。

“你……算了……玩一会儿赶紧回来写作业！”妈妈想要关心一下唐昕却又觉得生气。

唐昕在小区里慢慢地走着，她的头虽然不晕了，但是开始疼了。她感觉又伤心又可笑，自己都这样了，妈妈还在强调写作业。

走着走着，她遇到了王奶奶。王奶奶是居委会主任，和唐昕家住在一个小区。王奶奶看唐昕蔫头耷脑的样子，赶紧问："昕昕，怎么不高兴了？"

"王奶奶，您好，我出来散散步。"唐昕低着头说，生怕王奶奶看见自己的额头。

"平时这个时间你不是在弹钢琴吗？"王奶奶问。

"嗯，今天不想弹了。"唐昕说着就想继续往前走。

"昕昕，你妈妈没在家吗？哎哟，头上这是怎么了？鼓了这么大一个包！快让奶奶看看。"王奶奶关心地说。

唐昕看着王奶奶慈祥的面孔，心头一暖，眼泪顿时涌了出来。

"哎呀，小乖乖，这怎么还哭了？快告诉奶奶，谁欺负你了？"王奶奶急切地问。

唐昕擦了擦眼泪，把事情的原委告诉了王奶奶，说："王奶奶，其实我真的不想学钢琴，我每天都很累，但我又害怕妈妈失望。"

"好孩子，别难过了，你现在虽然是孩子，但是仍然有自己的选择权利。而且，对于家暴、冷暴力，你都可以正当防卫。这并不是说让你用暴力对妈妈，而是对于妈妈不合理的做法要学会寻求帮助，比如找我，我就是维护咱们整个社区幸福安定的。你应该早点儿告诉奶奶的，相信奶奶，一定会帮你解决困难的。"王奶奶认真地说。

"可是，您怎么解决？如果妈妈知道了我告诉您的这些话，她肯定会生气的。"唐昕担心地说。

“别害怕，孩子，你这是正当防卫，我们要拒绝一切伤害我们的行为。你妈妈不会生气的，因为你这样做是学会了自我保护。别担心了，先回家吧，天要黑了，剩下的交给奶奶，好吗？”王奶奶笑着说。

唐昕点点头，和王奶奶分开后便回家了。

第二天，唐昕放学后刚走出校门便看到了妈妈。唐昕心头一紧，硬着头皮走了过去。

“今天妈妈带你去吃大餐，好不好？”妈妈笑着说。

唐昕很是惊讶，妈妈这是唱的哪一出戏？

“瞧你这样，怎么？受不了这么温柔的妈妈？”妈妈说。

“不是……只是，有点儿纳闷。”唐昕仍然放松不了。

“昕昕，以前都是妈妈逼迫得太紧了，让你小小年纪背负着这么大的压力。妈妈想明白了，只要你健康快乐就好，其他都是锦上添花，以后你不愿弹钢琴就不弹了，没关系的。条条大路通罗马，我女儿这么棒，将来不管在哪个领域肯定都能做出成绩的！”妈妈说。

唐昕虽然不知道王奶奶用了什么办法，但她已经感受到了，妈妈好像换了一个人。唐昕心里彻底放松下来，她挽着妈妈的胳膊，靠在妈妈的肩膀上，和妈妈一起说说笑笑地走了。

那么，我们应该如何进行正当防卫？

1. 用法律保护自己。了解法律知识，懂得法律常识，用法律保护自己，是我们每个人都可以做到的。当今社会法治日趋完善，法律是保护我们的最佳武器，因为只有法律可以保护我们的合法权益不受他人侵害，可以为我们提供稳定、健康、和谐的社会环境，让我们和家人能健康快乐地生活。

2. 增强明辨是非和自我保护的能力。我们要好好学习科学文化知识，丰富自己的生活经验和社会阅历，这样才能明辨是非善恶，才能对违法犯罪行为有明确的认知。此外，我们还要加强自身的锻炼，增强防护能力，也可以学一些防身之术。这样，当我们在遇到暴力伤害或者看到别人受伤害时，就可以运用自己所学及时逃脱或者进行正当防卫。

3. 学会为人处世。为人处世的经验是慢慢积累的，我们可以多看一些相关书籍，在家长的督导下多接触一些人，从一些小故事中学习大智慧，从生活的方方面面学习礼仪、信任、谦让、低调等品德。这些品质在我们的大脑里慢慢沉淀，影响我们的思想，思想再改变我们的行为，慢慢地我们就懂得了处理事情的最佳方式。

4. 树立自信。很多人面对伤害时没有选择正当防卫，并不是能力不足，也不是没有这个意识，而是胆小懦弱的性格决定的。平时，我们要积极地看待自己，经常给自己一些积极的心理暗示，比如“我能行”“我不怕”“我最棒”等。切实地分析自己的情况，根据情况给自己制定目标，当我们达成这个目标时，我们的自信心就会得到很大提升。同时，多与人交流，越善于交流的人自信心就越强，遇到危险时就越能保持淡定。

5. 勇敢地说出来。很多同学在遭到他人伤害后，并没有及时地向家长、老师报告，而是选择自己默默承受，甚至有部分同学选择错误的方式，那就是找人进行报复。其实这都是不对的，默默承受对自己的身心发展十分不利，而报复伤人则是违法行为，后果严重的话还会构成犯罪。当我们遇到伤害行为时，不要害怕，要勇敢地说出来，积极同不法行为做斗争，保护自己的权益。

6. 自觉抵制不法行为。在日常生活中，不管何时何地，我们都要遵守国家法律法规，遵守社会准则，维护社会秩序。我们要从小养成良好的习惯，加强自身修养，讲文明、有礼貌、有公德心，坚持自我完善，认真学习科学文化知识，团结同学，尊敬师长，不让自己遭受不法伤害，并坚决抵制不法行为的引诱。

在当今社会治安良好、公民素质提升的情况下，我们要勇敢地运用正当防卫的法律武器和不法分子做斗争，不能让不法分子逍遥法外，用法律为自己建造一片蓝天。

第4章

远离社会上的各种诱惑

不要贪小便宜以免吃大亏

俗话说“贪小便宜吃大亏”。但在现实生活中，很多人看到“天上掉馅饼”后，往往第一时间失去理智，将这句话抛在脑后。

我们总是告诫别人“贪小便宜吃大亏”，当看到别人贪便宜时总是会嘲笑、鄙视，其实，我们扪心自问，当诱人的金钱、权力、物品等摆在我们前面时，我们真的可以做到置身事外吗？如果我们不能置身事外，就会掉入陷阱中。生活就是这样，我们做出什么样的选择，生活就会给予我们什么样的回馈。当诱惑来临时，如果我们只看到短期的利益，而没有考虑到长远的目标，就会吃大亏，要想实现远大的目标，就得学会放下眼前的小便宜。

不贪小便宜从某种意义上来说其实是自保的行为，当别人向我们伸出诱惑之手时，就像用鱼饵引诱小鱼一样。这个小便宜就是鱼饵，如果我们不上钩，就能逃过一劫。

文文和乔乔是一对好朋友，文文安静谦和有礼貌，乔乔活泼开朗又热情。她们两家住的小区离得很近，两人又在同一个班级，所以经常一起上下学。

这天，文文放学后气呼呼地回家了，小脸因为生气而涨得通红。妈妈见此情况便问：“文文，怎么了？谁惹你不开心了。”

“是乔乔！”文文生气地说。

“乔乔不是你最好的朋友吗？你们吵架了？”妈妈走到女儿身边，关切地问。

“没有吵架，但是比吵架还让我生气。”文文还是一副气呼呼的样子。

“可以跟妈妈聊聊吗？乔乔怎么了？”妈妈一边说一边拉着女儿坐到沙发上。

“其实，乔乔挺好的，她有很多我羡慕的优点。她很活泼，经常可以带动班级气氛；她很热情，总是能交到很多朋友；她是大家的开心果，总是逗得大家捧腹大笑，”文文停顿了一下继续说，“可是，她有一个缺点，就是爱贪小便宜，而且她总是不以为耻反以为荣。

“爱贪小便宜？乔乔平时看上去大大咧咧的，你是不是误会她了？”妈妈表示疑惑。

“没有，她贪小便宜不是一次两次了。有一次，我们放学时路过一个书摊，书摊上正好有我们老师让我们买的书，老师说过那本书差不多 135 元一本，让我们买正版的，可是乔乔看书摊上有，非拉着我过去看看，当老板说只要 39 元时，她立马就要买。我阻止她，她还说我傻，有便宜的非要买贵的。我拦不住就任由她买了，可是第二天她告诉我，那本书里面有很多明显的错字，而且有的地方前言不搭后语，完全不能看。后来，放学的时候我们又跑去那个书摊想要退掉那本书，结果书摊老板死活不承认是从他那里买的。妈妈，您说这不是贪小便宜吃大亏吗？”文文说。

“乔乔这样的确是吃亏了，不过乔乔的初衷是好的呀。她想为家里省点钱，我们也不能说她就是贪小便宜的人嘛。”妈妈说。

“是，这样的确可以解释过去。还有一次，我们一起去超市，您知道的，超市里有很多试吃的食品，那些试吃的都是给真正需要购买的人准备的。可是乔乔就不一样了，她什么都不买却什么都要尝一尝，遇到好吃的就在那儿一直吃。我说她，她又说我傻，有免费的还不赶紧吃，我还是拦不住她，结果第二天上学时她告诉我一晚上拉了好几次肚子，您说这是不是得不偿失？”文文继续说。

“嗯，这样的行为的确很不文明，不过乔乔也吃亏了，以后去超市应该就不会那样了吧。”妈妈说。

“但愿如此。”文文有点儿不相信地说。

“不过，今天又发生了什么事？让你这么生气。”妈妈试探着问。

“今天放学后，本来我和乔乔正高高兴兴地走着，忽然看见前面有一辆拉满苹果的三轮车翻车了，苹果瞬间掉了一地，路过的人都跑过去捡，我们也赶紧走上前去帮忙。我正要感慨‘人间有温情’呢，结果发现很多人捡了苹果都自己拿走了，卖苹果的人又鞠躬又乞求地请大家归还苹果，可是很多人还是不理不顾。正当我生气时，我发现乔乔也在往自己的书包里捡苹果，书包里捡完还拿出一个小口袋继续捡。我阻止她，她说大家都这样。我说她这样就是强盗、小偷，她一听这话也有点儿生气，说我自命清高。我真是不想跟她掰扯，于是赶紧捡苹果，把捡到的苹果都归还给了卖家，也没再搭理乔乔就直接回来了。”文文越说越气，说完又开始火冒三丈。

“这件事的确是乔乔做得不对，那些捡走苹果的人也是不对的。你做得很棒，妈妈为你的行为感到骄傲！”妈妈满眼感动地看着女儿说。

“妈妈，我知道，就算能占一时的便宜，但丢失的可是自己的品德。”文文一脸坚定地说。

“真是妈妈的好女儿，不过，我们既然发现了乔乔这一缺点，作为她的好朋友，妈妈觉得你应该帮助她改正，而不是任由她的缺点继续发展下去。”妈妈温和地说。

“她根本不可理喻。”文文还在生气。

“我想，她或许并没有意识到自己的问题。她觉得别人都那样做，自己便跟着做，还有以往那些贪小便宜的事情，因为她本身就是那种大大咧咧的人，所以可能没有想那么多，觉得都是不值一提的小事情。但是你应该告诉她，贪小便宜是会吃大亏的，以往吃的亏还不够吗？你帮她分析分析，我想她会明白的。”妈妈说。

文文若有所思地点点头。这时，门铃响了，妈妈走过去开门，门外正是乔乔。乔乔两眼通红，分明是哭过了，文文妈妈赶紧问:“乔乔，怎么哭了？快进来。”

文文听到妈妈的话，也赶紧走过来，没等文文开口问，乔乔就带着哭腔说:“阿姨，我的电子手表丢了，那是妈妈刚给我买的，妈妈肯定会特别生气的。”

“怎么丢了？你什么时候发现丢的？”文文妈妈问。

“可能是刚才捡苹果的时候丢的，我当时其实有点儿感觉的，只是……当时只顾着捡苹果，也没有理会。”乔乔有点儿脸红地说。

文文和妈妈互相看了彼此一眼，觉得此时正是跟乔乔好好聊聊的最佳时机。文文妈妈赶紧说:“乖孩子，不哭了啊，你和文文先回屋聊聊天。至于手表的事，阿姨帮你向你妈妈说说，保证你妈妈不会生气，好吗?”

乔乔点点头，跟着文文进了屋里。

文文妈妈给乔乔妈妈打了一个电话，说了乔乔的事情。乔乔妈妈表示不会责备女儿，而且会帮助乔乔改掉贪小便宜的缺点。

一个多小时后，文文和乔乔从房间里出来了。文文笑着向妈妈挤了一下眼睛，妈妈明白文文肯定是说服乔乔了。

勤俭节约是中华民族的传统美德，可是，在勤俭节约的同时，我们不能什么小便宜都占，也不能把公共资源占为己有，更不能失去自己的品德、降低做人的底线，那样只会被人看不起。

那么，我们应该如何做到不贪小便宜呢？

1. 坚定自己的信念。我们从小就被灌输什么事情该做什么事情不该做，生活中，我们也的确这样去做了，但是很多人往往因为意志不坚定，看到别人去凑热闹或者看到别人贪小便宜，就盲目跟随。我们一定要坚定自己的信念，明确自己的目标，不能因为暂时的利益，也不能因为别人那样做了，我们也跟着做，迷失了自己的方向，抛弃了自己的信念。

2. 不劳而获是可耻的。人生获取幸福的必要条件不是不劳而获，而是辛勤拼搏，只有靠自己的努力获取的成绩才是属于自己的真实本领，只有靠辛勤付出得到的回报才是最踏实的。我们要想获取优异的成绩就要付出辛勤的汗水，要想实现伟大的理想，就要一步一个脚印，踏踏实实地为之奋斗，而不是想着如何贪便宜、走捷径。那些在生活中贪便宜的人多数都吃了大亏，那些在人生道路上走捷径的人也多数都进了死胡同。

3. 在生活中要做到拾金不昧。我们从小就听过很多关于“拾金不昧”的故事，小时候，我们总是唱着“我在马路边捡到一分钱，交到警察叔叔手里边”，也的确这样做着，虽然并不见得都要交给警察叔叔，但我们的内心坚定地认为捡到的东西就要物归原主。可是，随着长大，我们开始嘲笑儿时的行为，觉得那是一种十分幼稚又可笑的行为。我们长大不是不断降低自己底线的过程，而是不断升华自己的过程，所以，我们要永远不忘初心，不让自己迷失在成长的道路上。

公共厕所的纸总是没有，餐厅里漂亮的勺子总是丢，超市里总有一些爱“试吃”的人，扫码领小礼品的地方总围着很多人，“买一送一”活动总是更能吸引人们的注意力……很多人贪小便宜，并不是因为资金或物资匮乏，也不是缺那一点儿纸或缺那几口吃的，而是他们的贪心在作怪，白白贪了便宜就会让人有满足感和愉悦感。其实，这是一种自我迷失的表现，也是不能正确分辨是非、无法权衡利弊的表现。人的贪心都是与生俱来的，但在小便宜面前，我们还是应该把控好自己，不要丢失尊严，不要降低做人的品格，更不要为了小便宜而毁了自己的人生。

珍爱生命，远离毒品

毒品是指能让人上瘾的药物，虽说是药物，但它和医疗用药是完全不同的概念。毒品主要包括鸦片、冰毒、海洛因、吗啡、大麻、可卡因等可以让人形成瘾癖的麻醉药品和精神药品。

毒品对人类的危害极大，它不仅可以摧毁人的身体、意志、人格和品德，而且极其容易让人犯罪，是社会不安定的重要因素。

毒品对人体的神经、内分泌和免疫力都会造成严重的损伤。吸毒会抑制中枢神经系统的发展，降低肺功能，导致人体缺氧，最终因呼吸衰竭而死；吸毒会影响人体的神经功能，导致神经系统紊乱、智力衰退、脑部反应迟钝、血液循环障碍、运动失调等，从而出现头疼头晕、嗜睡、抽搐、出现幻觉、妄想等症状；吸毒会损害人体的免疫系统，使人容易生病，人体经不住病毒的侵害，就会出现各种各样的并发症；吸毒对女性的伤害尤其大，会产生月经紊乱、痛经、闭经和停止排卵等危险。同时，由于一些毒品采用的是静脉注射的方式，很多吸毒者共用未经消毒的针头，导致乙肝、艾滋病的广泛传播。

毒品对家庭、社会的影响都很大，吸毒会让人性情大变、道德沦丧，变得没有责任感，也不顾及家庭。由于吸毒需要庞大的资金来维持，吸毒者往往为了获取金钱，不惜破坏自己原本和谐的家庭，逐渐走向亲人离散、家破人亡的境地。而且，吸毒者为了获取毒品，做出抢劫、诈骗、卖淫、偷盗等违法行为，不仅扰乱社会治安，还给社会安定带来了巨大的威胁。

夏初放学回来蔫头蔫脑的，很是沮丧，她对妈妈说："妈妈，李晓晓要转学了，我好难过。"

妈妈知道李晓晓是女儿最好的朋友，她们从一年级开始就是同学，直到现在，两个人好得跟亲姐妹一样，每天都形影不离。

"晓晓好端端的为什么要转学？"妈妈有点儿疑惑。

"她不仅要转学，还要被送去老家，以后就跟着爷爷奶奶一起生活了。她要做留守儿童了。"夏初难过地说。

"啊，为什么啊？"妈妈继续问。

"都怪她哥哥！"说到这里，夏初脸上的表情从难过变成愤怒。

"她哥哥不是马上要考大学了吗？我记得你以前总说他学习好、聪明、懂事啊，怎么回事？"妈妈更加疑惑了。

"是，她哥哥从上学开始一直成绩优秀，深得老师和同学们的喜欢，而且，她哥哥对她很疼爱。您知道的，我很羡慕她家的氛围，总是充满欢声笑语，很是温馨。但是，晓晓说，去年她哥哥过生日的时候，很多朋友都为他庆祝生日，有一个校外的朋友拿出一支烟引诱他。他明知道不应该吸，但是为了面子，为了所谓的男子汉气概，就吸了。可谁知道那不是一支普通的香烟，其中掺杂了毒品。从那时开始，他就染上了毒瘾。他知道这样下去不行，但还是控制不住自己。后来他就彻底沦陷了，一开始是变着法儿地问家里要钱，再后来问家里要钱也难以满足他的毒瘾了。前段时间，他走了最不该走的一条路，他去抢劫了，但是受害者并没有什么钱，他可能太失望了，情绪失控，拿刀子捅了受害者一刀，然后他被警察叔叔抓走了。直到这时，晓晓和她的家人才知道哥哥的这些事，晓晓妈妈又悲伤又生气，都病倒了。”夏初一边说一边抹眼泪。

“天呀，太震惊了！可是，即便如此，为什么要让晓晓回老家上学呢？”妈妈还是疑惑。

“因为要赔偿受害者很大一笔钱，而且他哥哥之前因为吸毒在外面借了很多钱，晓晓的爸爸妈妈在万般无奈之下把房子卖掉了，打算用卖房子的钱先还上账，这样，她们只能租房子住，而且晓晓因为哥哥的事情，在我们班很受气，很多同学都故意远离她，有的还对她冷嘲热讽，好像犯错误的是她一样。她都已经两三天没来学校了，今天她来学校办了转学手续，往后，晓晓就再也不是我的同学了。”说到这里，夏初难过地哭起来。

妈妈走过来抱了抱夏初，轻轻地拍着女儿的后背，说：“晓晓真是不幸，她们整个家庭都很不幸，谁能想到原本其乐融融的家庭会变成现在这样。毒品果然是能摧毁一切的，看来，危险就在我们身边，我们一定要擦亮眼睛，不结交“不三不四”的朋友，觉察到不对劲时一定要先向父母求助。如果晓晓哥哥从一开始就告诉父母，事情就不会发展到这个地步。唉，真是可惜了，曾经那么优秀的少年。”

夏初听妈妈这样说，心里更难过了。

“不过，晓晓的哥哥现在还小，以后只要认真戒毒、洗心革面，妈妈相信将来他还会过好自己的人生的。”妈妈安慰道。

“可是，晓晓多可怜，自己什么错都没有，反而要承受这些，还要成为一个留守儿童。”夏初依然难过地说。

“我们要相信，晓晓家的困难是暂时的，晓晓的爸爸妈妈解了燃眉之急后，一定会重新让自己的家庭恢复平静的。你要多鼓励晓晓，让她一定要坚强，不管在哪里都要好好学习，千万不要悲观消极，不要自暴自弃，将来早晚还会回来的。你们永远都是好朋友，虽然往后你们不能天天见面了，但是你们可以网上视频或者写信呀，对不对？”妈妈继续安慰着女儿。

听到妈妈这番话，夏初心里终于好过了些，她擦干眼泪，认真地点头说：“嗯！”

毒品是可以摧毁一切的祸害，我们一定要为了自身健康，为了家庭幸福，为了社会和谐，远离毒品，做一个勇敢的禁毒小战士。那么，我们应该如何做到远离毒品呢？

1. 认识毒品，了解毒品的危害。我们可以多学习一些有关毒品的知识，接受禁毒的法律法规教育，知道毒品是可以让人上瘾的物品。毒品有液体的也有固体的，毒品还可以伪装成各种各样的糖果、饮品等。所以，对于陌生人给予的东西，我们一定不要食用；对于认识的人给予的不明确的东西，我们也要谨慎对待，要懂得“吸毒一口，掉入虎口”的道理，不要随便听信别人有关“毒品可以治病”“毒品可以让人快乐”等言语。

2. 结交朋友要当心。我们在结交朋友时，一定要选择三观正、作风好的朋友，对于吸烟、喝酒，有吸毒、贩毒行为的人一定要远离。如果发现身边的同学、朋友、亲戚有吸毒或贩毒行为，一定要进行劝告，不管对方是否听劝，我们都要报警，让其及时戒毒，步入正轨。

3. 远离“是非之地”。很多人染上毒品都是在一些歌厅、舞厅、酒吧等娱乐场所，接受了陌生人赠予的香烟或饮品导致的，吸一次就会上瘾，上瘾后又不敢告知家人，然后事情就会越来越糟，最终变得无法收场。所以，我们最好不要去那些娱乐场所，不给毒品可乘之机。

4. 树立正确的三观。我们现在处于学生时期，社会阅历少，甚至几乎没有社会阅历，辨别是非、衡量利弊的能力也比较差，对于同龄人的一些行为总是盲目地崇拜和追从。我们应该树立积极的人生观、价值观，保持健康的心态，不追求刺激、享受，不盲目跟风，不追赶所谓的潮流，提高警惕，经得起诱惑，不陷入他人的圈套，做洁身自好的人。

5. 学会应对挫折。人生难免会遇到挫折，正确地面对挫折，可以让人变得成熟、取得成就；错误地面对挫折，就会破坏个人的前途，甚至破坏家庭和社会的和谐。当挫折来临时，我们应该以理智、积极、健康的心态去面对，永不言弃、誓不低头。我们要在挫折中总结经验，吸取失败的教训，为成功做好铺垫，千万不能在挫折面前自暴自弃、沉迷玩乐、迷失自我。

6. 好奇害死猫。好奇心是创造力的表现，是人人具备的，人对美好的事物都有好奇心，可以激发内心的探知欲，保持热情，从而向美好的事物靠近。但好奇心要有一定的限度，否则就会让自己处于危险的境地。对于毒品的好奇心就像我们想要尝试从高楼上跳下去一样，虽然可以享受到短暂的飞翔的刺激，但后果是无法挽回的。

7. 认真学习，培养兴趣爱好。当我们消极低沉时，其实有很多种方式可以让我们转移注意力，比如学习、读书、跑步、聊天、玩游戏、看电影、爬山等。人生中有很多积极的事情都可以帮助我们打消消极想法，有很多美好的事情等着我们去做。我们千万不要为了追求一时的快感而走上歧途，多寻找其他的乐趣，或许那些乐趣还能帮我们找到新的人生意义。

历史上，我们曾受到鸦片的侵害，让国家和人民陷入水深火热中，被外国人称为“东亚病夫”。如今，我们国人站了起来，就绝不能再遭受毒品的摧残。我们要积极地宣传毒品的危害，珍爱生命，自觉地远离毒品，与吸毒、贩毒行为做斗争！

我们是祖国的未来，是决定国家发展的重要因素，我们要明确，什么路可以走，什么路永远不能走！什么错可以改正，什么错永远都不能犯！

警惕身边熟悉的“陌生人”

我们从小就知道要警惕陌生人，不跟陌生人走，不给陌生人开门，不吃陌生人给的食物，不拿陌生人给的小礼物，不相信陌生人说的话……但很多案例显示，真正可怕的并不是陌生人，而是那些我们以为安全的人。

大多数陌生人并不是坏人，而坏人也并不全是陌生人。我们从小受到的警惕陌生人的教育，让我们渐渐地形成一种“陌生人是坏人，身边熟悉的人是好人”的概念，其实，我们可以想一下，谁是陌生人？街上的警察是陌生人吗？医院里救死扶伤的医生、护士是陌生人吗？是，他们都是陌生人，都是我们不认识的人，那他们就是坏人吗？答案当然是否定的，所以，我们不能完全地否定陌生人，也不能毫无条件地相信熟悉的人。

当然，熟人并不都是可怕的，熟人大多是真正爱护我们的人，但如果我们防范意识差，一旦遭到熟人的侵害，后果往往是不堪设想的。因为我们对熟人不设防，而且我们的各种情况、信息，熟人都了解，这样，熟人作案时就会有充足的准备，更可怕的是，熟人作案往往具有隐蔽性，而且很难找到证据。比如，熟人可以利用“做游戏”的方式实施性侵，受害者往往受到伤害后还不明所以。由于我们现在心智尚不成熟，又缺乏应对危机的能力，一旦熟人动了坏心思，后果是难以挽救的。

妍妍和小丽住在同一幢楼上，妍妍家是三楼，小丽家是六楼。两人从小就经常一起玩，双方的父母也都认识，尤其是双方的妈妈，由于经常一起陪孩子，所以也成了好朋友。

星期天，妍妍写完作业，像往常一样去小丽家玩，开门的是小丽的爸爸。

“叔叔，您好，我来找小丽玩。”妍妍有礼貌地打招呼。

“好，快进来吧。”小丽爸爸说。

妍妍走进屋里，环顾四周并没有看见小丽，正想开口询问时，小丽爸爸说：“小丽和她妈妈一起出去了，一会儿就回来，你先坐下等会儿吧。”

“好的，叔叔。”妍妍说完便坐在沙发上。

小丽爸爸在沙发前的茶几上摆放了一些水果和零食，招呼妍妍吃。往常妍妍在小丽家就像在自己家一样随意自在，但是今天只有叔叔一人在家，妍妍有点儿拘束。

“来我们家还客气什么，想吃什么就吃什么。”小丽爸爸温和地说。

“嗯嗯。”妍妍一边回应一边拿起一颗草莓放在嘴里。

等了一会儿小丽还是没有回来，小丽爸爸看妍妍有点儿坐不住了，便说：“要不然你去书房玩吧，里面有玩具有书，你想干什么就干什么。”

“好的，叔叔，您忙您的吧，不用管我。”妍妍笑着说。

妍妍走进书房，看到之前和小丽一起搭建的城堡积木还没有搭建完，便坐下来继续搭积木。不一会儿，小丽爸爸拿着一条红色的裙子走进来，说：“妍妍，你看这是我刚给小丽买的裙子，打算在她生日时送给她，漂亮吗？”

“漂亮。”妍妍说。

“不知道小丽穿上会是什么样子，要不然这样，你先帮小丽试试，让叔叔看看合不合适。”小丽爸爸说。

妍妍虽然觉得这条裙子很漂亮，也认为自己穿上一定很美，但是妍妍不想在别人家里换衣服，尤其是现在只有小丽爸爸一个人在家的情况下。妍妍说不出哪里不对劲，但就是感觉不好。

“不了吧，叔叔，小丽不是很快就回来了吗？一会儿让她自己试吧。”妍妍表示了拒绝。

“你先试试，你们两个人的个头和身材都差不多，如果你穿上合适，小丽穿肯定也没问题；如果你穿不合适，那我就先不让她知道，换了合适的尺码再给她。”小丽爸爸说。

“这是小丽的生日礼物，她肯定不希望自己的裙子先让别人穿的，还是等等吧。”妍妍继续找理由拒绝。

“没关系，你知道小丽的性格，她是不会计较这些的。”小丽爸爸依然坚持。

妍妍感觉有点儿手足无措，一时间不知道如何继续拒绝了。

“快试试吧，如果你穿上好看，叔叔也给你买一件。”小丽爸爸说。

“谢谢叔叔，不用，我家里有很多裙子。”妍妍说。

“来，叔叔帮你换上吧。”小丽爸爸竟然走上前，一边说一边就要伸手给妍妍换。

“不用不用。”妍妍往后退了两步。小丽爸爸越是这样热情，妍妍越觉得不对劲，妍妍慌乱间往窗外望了一下，忽然灵机一动，说，“哎呀，我妈妈回来了，我要赶紧回家了。叔叔再见。”

说完，妍妍飞一般地冲出房间，打开门下楼了。她飞快地跑回家，扑进妈妈的怀抱。

“怎么这么慌张，发生什么事了？”妈妈关切地问。

妍妍把刚才的事情完整地向妈妈叙述了一遍，妈妈听后有点儿惊讶也有点儿生气，但她很快平静下来，对妍妍说：“乖女儿，你做得很对，不管是熟悉的人还是陌生人，都不可以看或者触碰我们的身体，也不可以强行让我们做我们不愿意做的事情。任何让我们觉得不对劲的情况，都要像今天一样及时逃脱，并告诉妈妈，知道吗？”

妍妍点点头，妈妈继续说：“今天这种情况，也许是我们想多了，妈妈会去了解的。不管是不是我们想多了，你的做法都是对的，以后再有这种情况，一定要像今天一样，勇敢地拒绝。”

“嗯嗯。”妍妍认真地点点头。

生活中有很多让我们意想不到的人和事，我们一定要增强自身的防范意识，把握好自己的底线，遵守基本原则，学会判断是非善恶，警惕陌生人，更要警惕身边熟悉的“陌生人”。那么，我们应该如何做呢？

1. 相信自己的直觉。当我们感到不对劲的时候，不要心存侥幸地相信对方，而是果断地相信自己的直觉，哪怕会造成误会，哪怕会伤害到对方的感受，也要以保证自身安全为原则。我们从小受到的教育，就是不让别人看或触碰自己的隐私部位，不随便跟人回家，不跟人去偏僻荒凉的地方，不去歌舞厅、网吧等是非多的地方……不管他人以哪种方式要求我们打破这些底线，我们都要果断地拒绝，并设法脱离，然后及时地告知父母。

2. 增强防范意识。我们现在年龄还小，思想单纯，容易相信他人，对社会的认知也比较肤浅，所以很容易受到他人的侵害。在日常生活中，我们接触到的也多是一些真善美的教育，我们可以适当地了解下社会的复杂性，从网络或新闻上看一些“假恶丑”的事件，培养自己客观全面看待事物、明辨是非善恶的能力。增强防范的意识要渗透在生活中的一点一滴，不要贪小便宜，要相信，除了家人，任何人都不会无缘无故地给我们好处；与人交流时，不要轻易地泄露个人信息和家庭情况，不要单独和家人之外的熟人独处一室，更不要随便跟人外出；即便是熟人，也不可以对我们有亲昵的动作，更不可以触碰我们的隐私部位……

3. 勇敢地拒绝别人。一个不懂得拒绝、不敢拒绝的人，不但得不到别人的尊重，还会让自己身处险境，无法保证自己的人身安全。我们在面对一个人或一件事时，不一定要遵守规定、顺从他人，我们应该遵从自己的内心；对于与自己内心相违背的人和事要敢于拒绝，不要害怕起冲突，更不要害怕别人不高兴。要知道，别人向我们提出无理要求时，也并没有考虑我们的感受。

4. 学会向他人求救。我们都知道，遇到危险可以找警察，如果短时间内找不到警察，我们也可以向周围的人求救，如商场里的售货员、超市里的工作人员、小区里的保安、公园里的清洁工等；即便是大街上的陌生人，只要我们进行呼救，他们也会及时伸出援助之手。

5. 父母永远是我们最坚强的后盾。父母对我们的爱是无言的，在平时，父母可能对我们十分严格，或者在某些事情上持强硬的态度，但是在我们的人身安全问题上，没有人比父母更希望我们健康、安全地成长。所以，无论发生什么事，我们都要及时地告知父母，让父母帮助我们分析问题，并找到解决问题的方法。我们现在还小，很多事我们依然可以寻求父母的庇护。

陌生人可能是危险的，但是熟悉的“陌生人”更不安全。我们一定要加强自身的防范意识，不管是熟人还是陌生人，只要涉及我们的人身安全，我们完全可以“六亲不认”！

任何情况下都不要做酒精的奴隶

中华民族五千年的历史长河中，酒和酒文化一直占据着重要的地位。酒作为一种客观物质，更多的是一种文化的象征，自古以来，不同时期的文人墨客都赋予了酒一种特殊的意义。酒文化源远流长，已经渗入我们生活的各个领域，是中国传统文化中不可或缺的一部分。但是，对于青少年来说，尤其是对于女孩子来说，我们是不提倡饮酒的，因为我们现在正处于身体和心理发育的关键时期，饮酒对我们的身心发展是十分不利的。

我们经常会听到或看到一些由于饮酒过量导致严重后果的案例，为了不让自己和家人受到酒精的伤害，我们一定要多了解酒精的危害。

酒精对身体的伤害十分严重。酒精容易破坏骨细胞，抑制骨骼生长的速度，对于正在发育的青少年来说，即便饮用少量的酒也会影响骨骼的生长；酒精会影响神经系统，破坏神经之间的联系，让人产生头晕、头痛、精神恍惚、嗜睡、记忆力衰退、反应迟钝、运动失调等症状；酒精会刺激肠胃，引发胃炎或胃溃疡；酒精进入人体后，需要肝脏来解毒，这就加重了肝脏的负担，影响肝功能；酒精对生殖器官的影响也很严重，会使生殖器官的正常机能衰退，经常饮酒还会推迟性成熟的年龄；饮酒对女性的伤害尤其大，会导致女性出现月经紊乱、痛经等症状；酒精会破坏自身的免疫力，导致免疫力低下，抵抗力差就会容易引发感冒、肺炎等疾病。过度饮酒还会导致酒精中毒，使人出现神志不清、脉搏加快等反应，如果得不到及时的救治，后果将不堪设想。

酒精对家庭、社会的影响也很恶劣，过度饮酒后很多人会性情大变，往往因无法自控而产生攻击性、自伤性等暴力行为，使家庭氛围遭到破坏，有些人甚至因为喝酒导致家庭破裂、妻离子散。除此之外，醉酒还会扰乱社会治安，给社会安定带来威胁。

周日是陌陌的生日，她想在家里举办生日 Party，便向要好的同学发出了生日邀请，其中就有耿爽。耿爽人如其名，是她们班里最直爽热情的女孩。

周日到了，爸爸妈妈一大早就起来为陌陌的生日 Party 做准备，爸爸用气球做了很多造型，妈妈在桌子上摆放了很多好吃的点心、水果、饮料和零食等。为了不影响同学们的兴致，爸爸妈妈在做好这一切之后，就出门逛街去了。

同学们陆陆续续地来了，他们纷纷为陌陌送上生日祝福，大家在一起谈天说地、欢声笑语。不知不觉间就到了中午，正当他们感觉有点儿饿的时候，门铃响了，原来是陌陌的爸爸妈妈为同学们叫来了外卖，有炸鸡、汉堡、烤串、比萨等，于是，大家高高兴兴地吃了起来。

忽然，同学甲说：“咦，怎么还有啤酒？”

“饮料吧？”同学乙说。

“不是，你看看，这不写着呢，就是啤酒。”同学甲一边说着一边把啤酒递给同学乙。

“真是啤酒，陌陌，你爸爸妈妈怎么还会给咱们买啤酒？”同学乙看了看说。

“肯定不是我爸爸妈妈买的，这是炸鸡店送的，之前我爸爸买过这家的炸鸡，当时就送过啤酒。”陌陌解释道。

“那……咱们……要不要尝一尝？”同学乙试探着问。

“哎呀，不行不行，咱们都是小孩儿，而且又是女孩子，可千万不能喝酒。”陌陌说。

“我听说啤酒没事，就跟饮料一样。”同学乙说。

“对对对，啤酒度数低，有一次我看我爸爸喝了十瓶都没事。”同学丙说。

“还是别了吧。”陌陌有点儿难为情地说。

“没事的，咱们就尝尝呗。总共才四瓶，就算都喝了肯定也没事，放心吧。”同学乙说。

“就是就是，咱们打开尝尝吧？”同学甲也附和着。

“哎呀，随便你们吧，但是，只能尝尝哦。”陌陌一边说着一边走到厨房拿出开瓶器，打开了啤酒。

陌陌为每个人的杯子里都倒了点儿，虽然啤酒倒上了，但是还有几个同学表示不想尝试，这时同学甲说："耿爽，你是咱们这些同学中最爽快的，你起个头吧。"

"这怎么好，今天陌陌是小寿星，让陌陌起头吧。"耿爽说。

"耿爽，你就起头吧。我实在是不想喝，而且，我也喝不出好喝还是难喝。"陌陌为难地说。

由于大家都在起哄，耿爽便说："好吧，让姐先帮你们尝尝。"说完，耿爽就端起酒杯喝了一大口。耿爽先是皱了一下眉，然后眉头慢慢舒展开，看着大家好奇的眼神，耿爽故意清了清嗓子，说："刚喝的时候有点儿苦涩，感觉不太好，但是喝下去又有一丝甘甜，尤其是在吃过炸鸡和烤串之后喝，就感觉很清爽，怪不得都说炸鸡配啤酒呢，果然好，解腻！"

大家一听耿爽这样说，赶紧端起酒杯尝了尝，有的同学眉头一皱，有的同学撇着嘴，还有的同学干脆吐了出来。除了同学乙之外，都表示啤酒太难喝了，还是饮料好喝。与此同时，大家都佩服耿爽，觉得她能喝酒，真是太牛了！

在大家崇拜的眼神中，耿爽端起酒杯又喝了两口，虽然她自己也感觉不如饮料好喝，但碍于面子，她还是装作一副好喝的样子。就这样，在大家的崇拜和鼓动下，耿爽把剩下的啤酒都喝完了，不知道是受朋友们崇拜的原因还是酒的原因，耿爽感觉一阵飘飘然。

时间过得很快，到了该回家的时间了。同学们和陌陌道别，正要出门时，默默发现耿爽有点儿不对劲，便问："耿爽，你没事吧？不会是喝酒喝醉了吧？”

耿爽感觉头有一点点晕，但她觉得问题不大，便说：“没有没有，一点儿事也没有。”

原本同学们想先送耿爽回家的，但被耿爽拒绝了。耿爽家离陌陌家就隔着两个路口，她觉得自己完全没问题，同学们一起走了一段路后便分开了。

耿爽感觉回家的路越走越远，她的脚步也越走越轻飘。她想赶紧走回家睡觉，但看着路口一直在打转，她分不清方向了。忽然，她看到一辆车朝自己奔驰而来，她想躲开，却怎么也迈不动双腿，她的脑子清醒了一大半，但身体却不听使唤。正当耿爽感到绝望的时候，她被好心人拉了一把，即便如此，她的胳膊还是被车碰了一下，车主赶紧下来询问情况。这时，耿爽彻底清醒了，她吓得出了一身冷汗，赶紧打电话让妈妈过来接她。

妈妈来了，她们检查了耿爽的伤情，幸好只是皮外伤，于是车主走了。耿爽和妈妈一起谢过了那位好心人，也回家了。

回到家之后，耿爽回想起那惊魂一刻仍然心有余悸，她想：以后再也不喝酒了，绝不能因为逞强或好面子而给自己带来危险。

那么，我们应该如何远离酒精呢？

1. 提高自己的心理素质和抗压能力。很多饮酒的人都是因为心理承受能力差、抗压能力弱，在困难和挫折来临时，无法正确地面对，选择通过饮酒来寻求一时的解脱。其实这是逃避现实的表现，不但无济于事，很多时候还会让事情变得更糟糕。在学习和生活中，我们要学会劳逸结合，学会拿得起放得下，学习的时候就要认真地学习，玩乐的时候就要尽情地玩乐，不要让自己太累，也不要让自己空虚。当我们无聊或者烦恼时，可以听听音乐、看场电影，或者出门走走。生活中不只有学习，我们还要学会欣赏，用心欣赏周围的人和物，感悟生活中的小美好。

2.结交好友、远离烟酒。随着年龄的增长及独立意识的不断增强，家庭对我们的影响开始减弱，而同学、朋友对我们的影响逐渐增强。所以，我们要多与三观正、品行好、正能量的朋友进行交往，好的朋友可以帮助我们成长，让我们积极向上；相反，不好的朋友可能会让我们坠入万丈深渊。很多青少年饮酒就是因为年少无知，被那些“不三不四”的朋友利用或引诱而误入歧途的。

3.独立思考，不要盲从。当我们面对一些人或一件事时，一定要有独立思考的能力，不要害怕因意见不同而被他人嘲笑，也不要害怕拒绝别人，因为每个人都有表达自己想法和维护自己意愿的权利。对于我们不愿做的事情，我们要调动自己的思维能力，用合适的方法、恰当的语言，将自己的想法告知他人，千万不可违背自己的意愿去迎合别人，尤其是明知这件事不该做。

4.克制自己的好奇心。我们不要对生活中的每一件事都感到好奇，对于不该做的、不该问的，我们都要克制住自己的好奇心，以免给自己带来麻烦。在喝酒这件事上，我们了解了喝酒对青少年的危害，也知道这件事是不能做的，因此，我们不要因为一时的好奇心，而放任自己的欲念。

5. 不要心存侥幸。有的人喝酒后抱着侥幸心理开车回家，结果在回家的路上发生了车祸；有的人喝酒后抱着侥幸心理去游泳，结果差点儿溺水；还有的人抱着侥幸心理，觉得小酒怡情，结果误了大事……在面对不该做的事情时，我们一定不要心存侥幸，生命只有一次，我们一定要为自己负责。

对于我们来说，不管是喝酒还是吸烟，都是不好的行为，长期吸烟、喝酒都会产生依赖性，而且喝酒、吸烟容易引来不正当的“朋友”，让自己陷入“是非之地”。为了我们的健康，我们一定要远离烟酒，也要尽量劝阻身边的人远离烟酒，让自己在温馨、和谐的家庭和社会中健康成长。

第5章

不得不说的早恋

青春期的爱情萌动很正常，不必有负罪感

进入青春期后，由于男女生理上的差异越来越明显，导致异性交往时会产生害羞、紧张等情绪。一开始，异性之间交往会出现短暂的疏远，但是，随着身体的发育，性意识也开始出现，异性之间就会产生相互吸引的心理，从开始的疏远到逐渐愿意接近，然后产生好感，甚至依恋，这些都是很正常的心理变化。当我们发现自己对男生产生这种心理变化时，不必慌张，更不要有负罪感，这是我们成长道路上的必经之路。

每个人都是有思想、有感情的，当我们察觉自己被异性吸引时，不管对方是什么样的人，其身上必然有闪光点，因为人都是向往美好的，我们之所以被异性吸引，就是因为对方身上有吸引我们的那些美好。所以，当我们被异性吸引时，不要介怀，我们内心的出发点其实是追求美好。

处于懵懂时期的我们，可能并不明白什么是真正的爱情，有时候对方一句温暖的话语或一个绅士的行为，就会让我们怦然心动，随之而来的就是那个人占据了我们的所有注意力，充斥着我们的整个心房，控制住了我们的所有情绪。这种情况对我们的学

习和生活都会产生消极影响，如果不能及时地清醒过来，后果将难以想象。

青少年时期的我们正是学知识、长才干、树立远大目标、塑造美好心灵的关键时期，这一时期的我们可以有小小的爱情萌动，但千万不能将注意力全部集中在这上面。我们可以把这份小小的心思埋藏在心底，然后学习对方身上的优点，好好学习，努力提高自己，让自己成为可以与之比肩的人。

今年王然然的生日正好赶上星期六。

生日的前一天，王然然正要去上学，妈妈喊住她说："然然，明天就是你的生日了，你打算在家里过还是去外面？"

"在家里。"王然然笑着说。

"好，那就把你的好朋友都邀请到家里来吧。"妈妈说。

"好呀，那个……妈妈，可不可以邀请男同学？"王然然有点儿害羞地问。

"当然可以啦，只要是你的朋友，咱们家都欢迎。"妈妈说。

"妈妈最好啦！"王然然一边说，一边抱了抱妈妈，然后开心地去上学了。妈妈扭过头冲爸爸挤了一下眼，爸爸有点儿无奈地说："你呀你，别人家的妈妈生怕自己的女儿和男同学接触，你倒好，支持上了！"

"这你就不懂了吧，知己知彼才能给孩子更好的指导呀。"妈妈笑着说，爸爸无奈地摇了摇头。

星期六，王然然的爸爸妈妈一大早就忙乎起来，爸爸用气球和鲜花装饰了整个房间，妈妈做了很多好吃的点心、饮品，桌子上还摆着各种水果、零食等，王然然很是感动和惊喜。

上午十点多，同学们陆陆续续地来了，他们纷纷向王然然送上生日祝福，然后大家一起吃吃喝喝谈天说地。中午，王然然的妈妈为大家精心准备了一顿丰盛的午餐，王然然的爸爸妈妈丝毫没有长辈的架子，和同学们聊得很开心，他们非常愉快地度过了半天。

送走同学们之后，爸爸回卧室休息了，王然然和妈妈一起坐在沙发上聊天。

“然然，今天开心吗？”妈妈问。

“开心，很开心，谢谢爸爸妈妈的付出，我的同学们都夸你们呢！”王然然高兴地说。

“是吗？夸我们什么啊？”妈妈问。

“夸你们很温和，很善解人意，是开明的父母，就是他们都想要的那种父母！”然然有点儿骄傲地说。

“哈哈哈。”妈妈笑了起来。

“妈妈，您觉得我的同学怎么样？”王然然问。

“挺好的呀，我女儿的朋友自然是没得说，尤其是那个梁冰，他是你们的班长吧？一看就有领导能力，而且还挺贴心，很有大哥哥的范儿呢！”妈妈故意把话题引到梁冰身上。

“嗯……他是我们的班长……性格的确很好。”王然然忽然脸红了，小声地说。

“咦，小妮子今天很不一样呀？怎么还脸红了？”妈妈故意坏笑着说。

“妈妈……”王然然被妈妈说得有点儿不知所措，脸色更红了。

“哈哈哈，快跟妈妈说说，你是不是对这个梁冰挺有好感的？”妈妈试探着问。

王然然没有说话，但是越来越红的脸色和越来越低的头让妈妈看出了她的心思。

“快说说嘛！”妈妈着急地说。

“妈妈，如果我真的对梁冰有好感，您不生气吗？”王然然低声问道。

“当然不会呀，都这么大了，对男孩子产生不一样的感觉是很正常的。妈妈像你这么大的时候也和你一样呀，看到喜欢的男孩子就会紧张、脸红、心跳加快，你是不是也这样？”妈妈笑着说。

“嗯。”王然然点点头说。

“这是青春期的正常表现，不要害怕家长责备，也不要有内疚感，知道吗？这种小心思你可以跟妈妈分享的，不要一个人憋着。”妈妈诚恳地说。

“嗯，我的确挺喜欢梁冰的。”王然然终于放下心来，坦诚地对妈妈说。

“梁冰身上肯定有别人没有的优点，不然怎么会吸引到我的女儿呢，是吧？”妈妈说。

“他是我们班班长，人很善良，又热心肠，团结同学，学习也很好，勤奋踏实，长得也帅气，打篮球的时候特别帅。我觉得在他身上找不到缺点。”王然然一边说一边不自觉地嘴角微微上扬。

“妈妈也觉得他很好，今天接触了一下，他真是很懂事的孩子，他知道你的这份心意吗？”妈妈问。

“不知道。”王然然有点儿失落地摇摇头说。

“那你想让他知道吗？”妈妈继续问。

“我觉得自己有很多缺点，和他差距太大了。”王然然沮丧地说。

“那你要不要听听妈妈的意见？”妈妈说。

王然然看着妈妈，认真地点点头。

“妈妈觉得呢，你们现在这种关系很好。学生时代嘛，最珍贵的就是同学之间纯洁的友谊，如果你捅破这层窗户纸，最坏的结果就是被他拒绝，然后你们渐渐疏远、陌生，你能接受这样的结果吗？”妈妈分析道。

王然然使劲儿地摇摇头。

“妈妈觉得既然他在你心中那么完美，而你又觉得自己和他差距很大，那么，你不妨先提高自己，以他为榜样，向他学习，努力做一个可以和他并肩的人。那样，你们之间就没有差距了。以后，如果他依然是你内心向往的那个人，你们再交往，不是更好吗？”妈妈认真地分析道。

“可是，我真的能成为那样优秀的人吗？”王然然忐忑地问。

“当然啦，你本来就不差嘛，以后你把这份喜欢化成前进的动力，妈妈相信你，一定会更棒的！”妈妈笑着说。

“嗯，我一定加油，做一个和梁冰不相上下的人！”王然然站起来，十分认真地说。

王然然看向妈妈，妈妈向她做出加油的姿势，两个人都轻松地笑了起来。

面对青春期的爱情萌动，我们应该如何做呢？

1. 正视自己的情感变化。青春期的我们容易对外界事物充满兴趣，尤其是对异性，我们总会产生莫名的好感。生活中手拉手的年轻情侣，以及电视和网络上有关爱情的美好画面，都会对我们的心理产生某些影响。青少年时期是一个人性格塑造的关键时期，我们要正视自身的心理变化，不要回避，也不要感觉羞愧，要正确认识，坦然面对，因为这是每个人必经的阶段。

2. 学会克制自己的感情。情感是我们生活中必不可少的一部分，感情虽然重要，但生活中还有更重要的事情等着我们去做。现在正是打基础的阶段，我们一定要分清主次，做当下应该做的事情。即便我们对对方的感情真的很深，我们也要学会克制住自己，遇到一个真正能够和自己相处好的朋友，不是一件容易的事情，如果因为无法控制感情而导致这份珍贵的友谊破裂，那么等到失去后我们一定会追悔莫及。学生时代最美好的感情状态就是互帮互助、共同进步，而不随意跨越那条隐形的界线。

3. 多和家长沟通。很多时候，我们被异性吸引可能是因为对方一句关心的话语或一个温暖的举动，也有可能是因为我们满腔的情绪无处倾诉。其实，找到一个关心、包容、懂我们又愿意倾听我们的人并不难，他们一直在我们身后，那就是我们的父母。当我们遇到情感问题时，最好的选择还是和父母进行沟通。每个人都有青春期，都会经历爱情萌动期，父母作为过来人，他们有很多经验和阅历值得我们参考，他们可以给我们最中肯的建议，他们不仅是我们的父母，更是我们生活上的老师，他们是最爱我们的人，他们永远都会引导我们做出对自身最有利的选择。

3. 在合适的年龄做合适的事。我们要在合适的年龄做合适的事，一步一个脚印，把根基打牢。我们可以利用业余时间多读书、多看新闻，坚持锻炼身体，发展一些兴趣爱好。经过不懈的努力，我们一定能实现自己的目标，朝着更长远、更宽阔的道路发展。在日常生活中，我们要少读言情小说，少看偶像剧，爱情故事中所描绘的美好感情多数都是编者虚构出来的，与现实生活有很大出入，我们可以偶尔拿来消遣，但一定不要模仿，更不要沉迷。

4. 我和未来有个约定。青春期的爱情萌动一般发生在初中、高中阶段，这个时期正是我们学习和冲刺的最关键时期，如果我们对异性产生了好感，并无法控制地“早恋”了，我们就要正确地对待，化“早恋”为动力，相互鼓舞，相互督促，共同成长，这也是对自己、对对方负责的最好方式。但是，生活中我们所听到、看到的“早恋”案例，结果大多是不尽如人意的，很多人陷入感情中，整日追求所谓的浪漫和自由，一起吃喝玩乐，荒废学业，置自己和对方的学习于不顾，对未来的人生更是极其不负责任。所以，面对青春期的爱情萌动，我们不妨和未来做个约定，等我们足够优秀，可以匹配更优秀的那个人时，再去寻那位君子，可好？

5. 对自己狠一点儿。爱情是感性的、不理智的，我们不能没有理性，不能失去理智，不能因为自以为是的“爱情”就把其他事情都抛在脑后，更不能因为自以为是的“相爱”就不管不顾，在冲动下做出不可挽回的事情。即便内心真的很喜欢对方，我们也要面对现实，把学习、生活、道德、理智放在首位，对自己狠一点儿，让自己冷静下来，不对的事情就是不对，不该尝试的就不要尝试，该断的感情就要果断地断掉。

当“心动”产生后，有的人会把那份心动默默地埋在心底，在别人不经意间多注意一下那个“意中人”；有的人会把对方当成偶像，时时刻刻向对方学习，督促自己向着美好的方向发展；还有的人会把这份爱慕之情明确地表达出来，如果对方有意，双方很容易陷入“早恋”，如果对方无意，可能就会损失一份宝贵的友谊。其实，很多青春期的爱情萌动都是一时兴起的，是对成年人恋爱的好奇和模仿，随着时间的推移和心理的变化，这种对异性莫名的“心动”就会渐渐消失得无影无踪。因此，我们一定要端正态度、权衡利弊、正确处理，不让自己的生活和学习受到影响。

如何正确地与异性相处

步入青春期后，我们的身体和心理都会发生很大的改变，因为身体上的某些变化，我们往往会对异性产生好奇心。这种心理是很正常的，只要我们把握好与异性之间的尺度，对自己的人际关系培养是十分有利的。

由于男女生之间很多方面存在差异，适度地交往对彼此的性格养成有一定的互补作用。男生可以在女生身上学到体贴、耐心、细心、稳重等优点，女生则可以从男生身上学到大胆、勇敢、刚强、自信等优点。异性之间的交往不仅可以增强我们的交往能力、沟通能力，促进我们对异性的了解，还对我们的情感、性格等方面的发展起到积极作用。善于与异性交往的人往往性格更外向，表达能力更强。但是，与异性交往时，我们一定要区分友情和爱情，否则会给我们的学习和生活带来诸多烦恼。

青少年之间的异性交往通常是单纯而美好的，对于这种异性之间的纯友谊，我们应该好好珍惜。在与异性交往时，我们不必过于敏感，也不要过于紧张和激动，要用平常心去对待异性朋友，不要因为自己愿意与之接触和交流就误以为这是所谓的“爱情”。我们要端正对异性朋友的态度，把握好与异性朋友交往的尺度，培养自己健康的人格。

潘阳、苗苗和朱一波都是从小一起长大的好朋友，现在都在同一个班级。潘阳、苗苗是女生，朱一波是男生。

星期天，潘阳约苗苗一起去学校附近的公园玩。

她们在公园里慢悠悠地走着，一会儿聊聊班级里某个同学的糗事，一会儿聊聊某个电视剧的剧情，不知不觉间，她们来到一张长椅旁。

“咱们坐下聊会儿吧。”潘阳坐在长椅上，招呼苗苗也坐下。

“好。”苗苗一边答应着一边坐到潘阳身边。

“今天天气真好呀，这么好的天气就应该和好朋友一起出来散散步、聊聊天。”潘阳看着天空，满脸惬意地说。

“是呀，天气真好，咦，我们好像忘了一波了，应该把他也叫出来的。”苗苗说。

“嗯，确实，把他忘了。”潘阳说。

两个人相互看了一眼，都哈哈大笑起来。

“苗苗，问你个问题哈，你是怎么看待一波的？”潘阳忽然神秘兮兮地问。

“什么怎么看待？什么意思？你怎么笑得一脸诡异？”苗苗不解地说。

“就是……怎么说呢？你是把他当成好朋友，还是那种朋友？”潘阳有点儿不好意思地问。

“不就是好朋友嘛，你问得怎么这么奇怪。”苗苗有点儿疑惑地看着潘阳说。

“嗯……那我就实话实说吧。”潘阳忽然变得一本正经起来。

“什么意思？你这么正经我很不适应呀。”苗苗更加疑惑了。

“难道你没听过咱们班同学背地里说的话吗？关于你和一波的。”潘阳说。

“什么话？快告诉我。”苗苗有点儿着急地问。

“嗯……同学们说你们俩是青梅竹马，天天一起上下学，关系很亲密，更有人说，你们俩已经谈恋爱了。”潘阳小声地说。

“青梅竹马？关系亲密？为什么这么说，咱们三个不是形影不离的三剑客吗，为什么不说你俩，而说我俩？”苗苗有点儿生气地说。

“你别生气嘛！其实，今天我就是为了这件事才约你出来的，一开始我听到这些话时也很生气，不过后来我观察了一下，我觉得可能你们俩之间没有把握好距离，才让人产生了误会。我们从小就在一起玩，彼此就像亲兄妹一样互帮互助，但是，我们现在都长大了，应该把握好与对方之间的距离了，可能你自己没有在意的一句话或一个小小的举动，就会让同学们产生误会。我们小时候可以手拉手、肩并肩，可以追逐打闹，但是往后要注意了哦。”

“这样说的话，好像的确是，我们经常勾肩搭背地一起走路。

之前我妈妈也说过我，但我觉得自己身正不怕影子斜，没什么可避讳的。”苗苗说。

“小时候是不需要避讳，可是我们渐渐长大了，而且身边也没有太多异性朋友，只和一波有身体接触，难免会让同学们误会的。同学们误会也就罢了，万一被老师或家长误会了，我们才是百口难辩呢。”潘阳说。

“那我以后还是尽量不和一波来往了吧。”苗苗有点儿害怕地说。

“你个小傻瓜！”潘阳敲了敲苗苗的小脑袋，继续说，“人生难得遇到知己，更何况我们三个是从小一起长大的情谊，因为别人莫须有的谣言，你说放弃好朋友就放弃啦？”

“那怎么办啊？”苗苗为难地说。

“掌握好分寸不就行啦。你别太往心里去，就像你说的，咱们身正不怕影子斜，以后只要保持安全距离，别人就不会说三道四了。”潘阳说。

“嗯，我明白了，谢谢你呀，阳阳，你果然是我的好朋友。”苗苗好像知道自己该怎么做了，心里轻松了不少。

“不许跟我说‘谢谢’。”潘阳故作生气地说。

两人相视一笑，继续漫步在公园的小路上。

与异性交往的能力是我们适应社会的能力之一，与异性交往并不是步入社会之后的事情，而是从小就要学习的。一个不懂得把握分寸的人，是很难有一个良好的人际关系的。

那么，我们应该如何正确地与异性相处呢？

1. 广泛交友。广泛交友不仅有利于我们自身的成长，还会对我们的学习、思想、性格的培养产生影响。广泛地与异性交往，有利于我们了解更多的异性，可以帮助我们消除对异性的神秘感，端正跟异性交往时的态度。一个人可以结交很多异性朋友，我们不能阻拦某个异性朋友与他人交往。如果与异性交往时太过专一，双方在言谈举止上就会渐渐地由普通朋友变成特殊朋友，这样很容易步入“早恋”的行列。我们可以多参加一些群体活动，同时与多个异性同学一起交流。在与异性交往时，如果做到交流时间短一些，范围广一些，就可以减少一些不必要的烦恼。

2. 保持平常心。在与异性交往时，我们不要过于紧张或激动，要保持平常心。对普通朋友故作亲密，对好朋友却故作冷漠，都是行为不淡定的表现。我们可以多留意周围与异性相处得比较好的同学，看看他们是如何与异性交流并把握与异性之间的尺度的。

3. 君子之交淡如水。有异性朋友是很正常的，但我们不要把过多的注意力放在这上面。男女生身心都有差异，很多潜意识的东西是在与异性的交往中被激发出来的，与异性密切交往容易激发人的热情和欲望。与异性交往时要做到互相尊重，因为性别之差，很多玩笑是不可以随便开的。我们也要学会避免谈论敏感的话题，如果总是言行轻佻，不仅会引起对方的反感，还会给对方留下品行不端的印象。

4. 保持安全距离。如果我们想要与异性朋友保持纯洁的友谊，首先就要端正自己的态度，把对方放在朋友的位置上，不说过于亲密的话，也不发过于暧昧的信息，而是要保持一定的安全距离，避免与异性有身体上的接触。即使与异性朋友的关系再好，我们也要清楚对方是异性，不能因为关系好就肆无忌惮。友情和爱情最大的区别就在于是否有身体上的亲密接触。异性朋友之间的举止过于亲密，不仅会让别人产生误会，还会让自己迷惑，久而久之，彼此间的友谊也会发生改变，甚至会破坏彼此的友谊。

5. 明确自己的态度。对于异性的邀约，比如，一起去图书馆、电影院、艺术馆等公开场合，我们完全可以赴约。在赴约过程中，我们应端庄大方，不扭捏，不故作姿态，不让对方有非分之想，但是这种约会最好是多个朋友一起参加。如果是单独的且与学习无关的邀请，我们最好婉言拒绝，让对方明白自己的想法，放弃不现实的幻想。拒绝异性也要讲究方式、方法，不要言语过激，以免伤了异性的自尊心。如果有异性对我们纠缠不休甚至威逼恐吓，我们一定要第一时间告诉家长或老师，寻求他们的帮助。

我们结交朋友时，往往只以考试成绩、性别差异作为评判标准，而忽略了道德品质、性格特点等方面的因素。很多同学从小就被家长要求多与成绩优异的同性同学接触，远离那些成绩差尤其是异性的同学。其实，这样是不利于我们的全方位发展的，只要是品行端正，对我们的思想、学习、生活都能有所帮助和提高的朋友，我们都应该与之接触，这其中当然包括异性朋友。

在与异性交往的过程中，我们要保持平常心，要大方得体、自尊自重、热情坦诚，更要端正自己的心态，便能处理好与异性之间的关系，用自己良好的个性和品德赢得异性的喜爱和尊重。

师生恋并不浪漫

中国的思想是传统的、文明的，老师是传道授业解惑者，而学生上学是为了学习科学文化知识的，无论是老师还是学生，一旦两者之间互相爱慕，就会对双方产生巨大的负面影响。老师可能会影响自己的职业生涯，学生则会无心学业，自控力较差的学生更是会葬送自己的青春和未来。

校园对于我们来说并不陌生，校园是美好的，因为那里充满学生的青春气息和老师的辛勤耕耘，但是由于老师和学生长期在一个相对封闭的空间朝夕相处，再加上现在学生普遍成熟早，而老师普遍年轻化，相互产生爱慕之情也是在所难免的。但一个个师生恋的真实例子告诉我们，师生恋并不浪漫，绝大多数都以失败告终。所以，千万不要抱有侥幸心理，无论师生恋是否出于真情实意，我们都要克制住自己。

很多老师年轻有为、温文儒雅，有知识、有修养，也比较成熟，再加上对学生们循循善诱、热情帮助，这很容易让情窦初开、不谙世事的女生为之倾心。但我们一定要有一个清醒的认知，真正的老师是有严格的道德操守的，是不会借自己的职业之便对女学生产生非分之想的，如果是真心爱慕学生的老师，一定会为学生的未来着想。那些以满足自己的欲望为目的，利用职业之便骗取女学生的感情进而达到不轨企图的老师，是不配为人师表的，更是欺骗感情的行为。作为学生，我们一定要明确自己的首要任务是学习，更要自觉地抵制一切的外界诱惑。

这半年来，玲玲的学习成绩下降得很厉害，人也变得越来越沉默寡言，究其原因，只有她自己知道。

一年前，她们班换了班主任。新来的班主任是某师范大学刚毕业的应届生，叫高飞，长得十分高大帅气，和学生们站在一起就像大哥哥一样阳光、热情、有亲和力。因此，同学们都很喜欢这位新来的班主任。

新来的班主任教语文，而玲玲正好是语文课代表。玲玲做事认真负责，高飞老师经常夸奖她，并说玲玲长得很像自己的妹妹。从那之后，玲玲每天都盼着去上学，脑子里都是高飞老师的影子。上课时，她只要一看到老师的眼睛，就会面红心跳，有种触电般的感觉。下课后，她总想制造一些机会去见高飞老师。玲玲感觉越来越管不住自己的心思了，她越警告自己不要有非分之想，心里就越蠢蠢欲动。渐渐地，玲玲开始对任何事都提不起精神，只想关注高飞老师的一点一滴，如果哪天高飞老师给自己一个赞赏的眼神或者一句表扬的话语，玲玲就可以开心一整天；如果好几天都和高飞老师没有什么交集，玲玲就会无精打采、胡思乱想。

玲玲有时候感觉高飞老师待自己跟别的同学是不一样的，有时候又觉得没什么区别。玲玲整天处于患得患失的状态，成绩下降了不少，心情也变得难以捉摸。终于，她决定勇敢一回，她想要做点儿什么，她想看看高飞老师的回应。有一次，玲玲在自己的语文作业本上画了一颗红红的爱心，她把作业本交给高飞老师之后就开始了憧憬。可是，一天下来，高飞老师和往常一样，作业本发下来也还是原来的样子。玲玲更郁闷了，她想，或许是高飞老师没有看见，又或许是高飞老师没明白她的意思，她决定再试一次。第二天，她在语文作业本上写了四个字——“我喜欢您”，但是，她依然没有得到任何回应。

“高飞老师不可能看不见的，在学校里，这四个字是多么敏感的词语，哪怕高飞老师不知道是写给他的，他也应该来问问情况吧？”玲玲默默地想着，“不行，我真是受够了这种状态，不管什么结果，我都要去问个明白，哪怕最终得到的是高飞老师的训斥和厌恶。”

来到高飞老师的办公室门前，玲玲敲了敲门，得到许可后走了进去。

“玲玲，有事吗？”高飞老师问。

“嗯……没什么事。”玲玲虽然鼓足了勇气，但面对高飞老师时，她忽然就像泄了气的皮球一样。

“没事？确定吗？”高飞老师再次问道。

“嗯……”玲玲紧张到说不出话。

“怎么了？有什么事都可以告诉老师的。”高飞老师温和地说。

“老师，您看到我作业本上的字了吗？”玲玲咬咬牙，问出了这句话。

高飞老师愣了一下，他立刻明白了。原本看到作业本上的字时，他还有些不知所措，正想找个机会问问这个学生到底怎么回事，没想到自己还没找她谈话，她倒先找来了。高飞老师惊讶之余，反而对眼前的这位学生有点儿佩服，小小年纪竟表现得如此勇敢、果断，是个不错的学生。

“老师，您没有看到吗？”玲玲见老师半天没有说话，便又开口问道。

“嗯……那个，老师看到了。”高飞老师有点儿尴尬地说。

“那您为什么不给我回复？”玲玲再次鼓起勇气问。

高飞老师没想到玲玲这么直接，他想了想，说：“老师看到了你写的字，也看到了你的画，老师大概明白了你的意思。但是，我想问问，老师是哪一点引起你的关注的？或者说，你喜欢我什么？”

“您又高又帅，知识渊博，浑身散发着自信和阳光，很有亲和力，对我们又关爱有加，我觉得您太完美了。我们大家都很喜欢您，我找不到您有什么地方是不值得我们喜欢的。”玲玲满眼放光地说道。

“哈哈哈哈，想不到我在你们这帮小屁孩眼中这么优秀呢。”

高飞老师笑了笑，继续说，“那你说说你不喜欢的人是什么样的？”

“不喜欢的人，那就太多了，比如咱们班小A整天邋里邋遢的，头发油到苍蝇打滑可能才会洗一洗吧。那个小B，天天以为自己又帅又拽，其实我们在背后都叫他‘土哥’。还有那个小C，特别爱计较，尤其是跟女生，一点儿都不绅士，一点儿小事也要争个你死我活。还有好多，有说话粗鲁的，有言行轻佻的，哎呀，太多了。”玲玲面带厌恶地说。

“哈哈哈，是吗，你还挺会观察。不过老师可能要让你失望了，因为私下里，我也是这样的男生。”高飞老师笑着说。

“不会吧，老师，您那么好，怎么可能？”玲玲不敢相信地说。

“你见过一星期不洗头的我吗？你见过站在镜子前转来转去，超级自恋的我吗？你见过打游戏输了，破口大骂的我吗？你见过下课后冲到餐厅，生怕抢不到自己喜欢的饭菜的我吗？你见过因为一点儿小事就和女生争执得唾沫飞溅的我吗？哈哈哈哈，这样的我你都没见过吧？可这才是真真实实的我。”高飞老师说。

玲玲惊讶得说不出话，她不相信自己心中最完美的高飞老师私下里还有这样的一面。

“是不是我在你心中高大的形象轰然倒塌了？哈哈哈。”高飞老师继续说。

玲玲有点儿难为情地挤出一丝笑容。

“其实，你认识的我很片面，你只看到我散发光芒的时候，走下讲台的我像别人一样有很多缺点。在社会上我就是一个普通人，我在你心中的形象是讲台起了美化作用，你真正喜欢的也并不是我这个人，而是心中对美好的向往，明白吗？”高飞老师说。

“嗯，我好像明白了。”玲玲若有所思地说。

“虽然我让你失望了，但是你还可以保留心中对美好的向往，知道自己喜欢什么样的人，就朝着那个方向去努力。你喜欢知识渊博、有自信、有亲和力的人，那么就努力让自己变成那样优秀的人，好吗？”高飞老师说。

玲玲点点头，心中好像放下了一块儿大石头。

“其实，我很感谢你今天来找我，原本我就想找机会和你聊聊的。今天我们把话说开了，我希望以后我们还是好师生，你有任何困难都可以来找我的。我也希望你能尽快调整好自己，把注意力集中在学习上，做回以前那个你，好吗？”高飞老师说。

“好！老师，您真是一语惊醒梦中人，我好像忽然就醒悟了。我真后悔把大好时光都浪费在胡思乱想上了，现在听完您的话，我轻松了许多，我一定会不负您的期望的！”玲玲看着老师认真地说。

玲玲走出办公室后，她觉得自己的脚步变得轻盈有力，自己的内心也变得轻松坚定。她明确了自己的目标和向往，她一定会朝着美好发展的。

那么，我们应该如何避免师生恋呢？

1. 全身心投入学习中。我们现在的首要任务就是学习，我们应该把更多的时间和精力投入学习中，我们可以根据自己的情况对时间进行科学的分配和利用，制订合理的学习计划，然后全力以赴实现心中的目标。同时，我们还要培养学习的兴趣，只有对学习感兴趣的人，才会集中精力、专心致志地投入学习中，将学习变成积极、主动的事情，从而提高学习效率。

2. 提高自控力。我们可以思考一下，如果我们把时间和精力放在学习上，我们会得到什么结果；如果我们把心思用在别的地方，经不住外界的诱惑，我们又会得到什么结果。我们明白了其中的利害关系，就可以时刻提醒自己。当我们无法控制自己的思想和情绪时，就可以对比一下这两种结果，不要因为眼前暂时的满足而放弃长远的目标，也不要因为学习上的小痛苦而选择将来的大痛苦。

3. 摆正自己的心态。讲台上的老师往往散发着儒雅和自信的魅力，但人无完人，每个人在其主场上都会散发光芒，走下讲台，老师和我们一样都是普通人。我们要明白，我们对老师的了解是很片面的，就像我们崇拜某个明星，我们只看到他们的外表、才华，但人品如何，有无劣迹，我们都无从知晓。讲台上的老师魅力无限，而讲台下的那个男人很可能存在很多缺点，就是生活中我们常见的极为普通的那种人。所以，我们一定要摆正心态，正确地看待老师，不要被表面现象所迷惑。

4. 结交性情良好的异性朋友。如果与多个异性同学保持友谊关系，就能更客观地看待异性，也能通过比较而懂得异性的优点是什么。善于与异性同学交往的人，往往心态平和，内心充实，遇到事情不容易钻牛角尖。反之，没有异性同学或者朋友很少的人，容易陷入对某个特定对象的情感之中，而且容易走极端，很难从情感的旋涡中走出来。

5. 培养兴趣爱好。每个人都有自己喜欢的事情，在学习之余，我们可以培养自己的兴趣爱好，学习更多的技能，让自己的业余生活变得丰富多彩。不同的年龄阶段有不同的感悟，我们可以多尝试新的事物，培养更多的兴趣爱好，不要认为兴趣爱好是痛苦的，要享受兴趣爱好给我们带来的快乐。兴趣爱好坚持下来有可能会是我们将来赖以生存的一种技能，即便不需要以此为生，也可以成为我们生活中的一味调味剂。

6. 多和家长交流谈心。父母永远都是最爱我们、最关心我们的人，当我们在学习、生活上遇到困扰时，应该积极主动地与家人进行真诚的交流，不管发生了什么，不管我们有什么样的想法，家人都不会嘲笑、打击我们，他们只会竭尽全力地为我们排忧解难。

真正的爱情是纯洁的、高尚的，是在合适的时间遇到合适的人，是不会让自己感到为难和困扰的。作为学生，当以学业为重，待我们达成重要目标后再与他并肩同行，岂不是更好？

如何度过青春期

进入青春期后，我们最大的改变就是身体会迅速发育。性激素的分泌、性机能的日趋成熟，让我们开始出现第二性征，最主要的表现为胸部变得坚挺，乳腺、子宫、阴毛、腋毛都开始发育，还会出现月经初潮等。伴随着身体的快速发育，此阶段的我们最容易出现各种各样的心理问题。我们一定要重视这些问题，认识青春期的各种“难言之隐”，然后顺利地度过青春期。

步入青春期后的我们主要有以下几个方面的表现。

1. 注重外表。此阶段的我们开始注重自己的外表，在意别人的看法，在穿着、打扮上特别挑剔，十分关心自己的身材高矮、相貌俊丑，甚至对于指甲、牙齿都会进行仔细观察，对达不到自己审美标准的地方十分在意。我们把注意力长期放在这些问题上，心情就会一直陷于烦恼之中。有的人为了变美，偷偷尝试化妆、涂指甲油；有的人为了达到自己满意的身材，不惜节食、过度运动；还有的人为了穿名牌，不顾父母的感受而大吵大闹。

2. 保护隐私，喜欢独处。我们会发现自己越来越喜欢独处，觉得独处是一种享受，回到家就喜欢把自己关在房间，不喜欢父母随意进出我们的房间，更讨厌父母打探我们的隐私。我们开始对很多事情缺乏兴趣，逐渐变得无聊、寂寞、空虚。

3. 言行举止夸张。我们总是期望得到异性的关注，有时候甚至会说一些夸张的话，做出一些夸张的表情和动作，以引起异性的注意。

4. 在异性面前不淡定。随着年龄的增长，我们会发现男女生之间越来越多的差异，出于好奇心，我们开始关注异性，对异性的言行及他们对自己的评价特别敏感。对于异性之间的交往开始变得敏感，一旦受到异性的关注，就会变得不知所措；如果异性表现出热情，我们就会胡思乱想，误认为这是爱情，从而陷入苦恼。

5. 无法控制情绪。我们发现自己的情绪越来越难以控制，起伏比较大，自控力差。如果生活或学习中出现一点点挫折，就会情绪低落，久久不能平静，长期处于悲观状态，严重的还会出现极端思想。

6. 叛逆心理严重。青春期最大的表现就是逆反心理，此时的我们不喜欢被管教，不愿被约束，喜欢跟老师、家长唱反调，以自我为中心，认为自己是个小大人了，什么事都要自己说了算，崇尚所谓的“自由”，置家长、老师的“逆耳忠言”于不顾。当我们的想法与现实截然相反时，就不愿面对现实，不甘于承认自己的错误。

当我们出现以上这些表现时，不要担心，这是青春期的正常表现，是所有人都要面对的问题。只要我们调整心态，树立积极正确的三观，心中充满正能量，就一定可以顺利地度过青春期。

那么，我们应该如何应对呢？

1. 正确认识青春期。步入青春期后，我们的身体和心理都会发生明显的变化，主要表现为外貌体形、思维情绪、行为举止的变化及性器官的发育，很多人可能无法正确地认识这一点，面对自己的这些变化时就会手足无措，甚至做出反常的举动。我们可以阅读一些相关方面的书籍，遇到问题多跟同龄人或者家长沟通，不能盲目地自我摸索。我们要明白，青春期的种种变化都是人生的必经之路，我们要以平常心对待，不应该产生自卑、焦虑、叛逆的心态，以免影响自己的学习和生活，造成不可挽回的伤害。

2. 学会管理情绪。青春期的我们容易情绪化，很多时候我们并没有意识到自己情绪化的一面，而且这种情绪化也不完全受自己控制。此阶段的我们对外界的评论比较敏感，虽然思想和行为上还不够成熟，但总是把自己当成大人看待，这就导致我们经常产生不满的情绪。我们应该学会适当发泄情绪，在遇到烦恼时，为自己找一个合理的发泄方式，比如听歌、跑步、爬山、打球、吃零食等，等情绪平静下来，可以跟家长或朋友倾诉，说出自己的想法和不满之处，然后找到解决问题的方法。

3. 学会与同学相处，尤其是异性同学。我们每天接触得最多的人就是家长、同学和老师，其中，同学是我们成长旅途中的最佳伙伴。所以在这个时期，我们可以多结交朋友，不管是同性朋友还是异性朋友，只要是团结友爱、品行端正的就要真诚相待。我们要用平常心对待异性朋友，把握好与异性同学之间的距离，千万不可做出过于亲密的言行举止，更不能因一时冲动做出伤害彼此的事情。同时，我们身为班集体的一分子，应该积极参加班级的活动，努力为班级争取荣誉，好好学习，用自身的个性和品德赢得老师和同学们的喜爱。

4. 发展兴趣爱好，树立远大的目标。我们可以多培养一些兴趣爱好，实现全方位均衡发展。当我们遇到烦恼或挫折时，兴趣爱好可以帮助我们调整心态，对我们建立积极向上的心态有很大的帮助。当然，在发展兴趣爱好的同时，我们一定要明确自己最重要的任务是学习。只有不断学习科学文化知识，才能找到自己的人生目标和前进方向，才更有奋斗的动力。

5. 从小事做起，树立正确的三观。一提起青春期，我们可能就会想到各种叛逆行为和负面情绪。其实，青春期是美好且短暂的，不要被青春期所困，自己的青春应该由自己做主，多去发现身边的美好，从小事做起，从自我改变开始，努力让自己成为更优秀的人。学会帮助身边需要帮助的人，在家里要理解父母的不容易，试着体谅父母；在学校里要团结同学，热爱老师；在外面要尊敬他人，文明懂礼。拥有积极的心态，自然会去做积极向上的事情。当我们付出爱和美好时，我们就会发现自己也被爱和美好包围。

6. 培养责任心和自律，学会对自己的行为负责。我们要培养自律的好习惯，要对自己的行为、身体、学习、家人等都负责，凡事积极乐观、尽心尽力，多进行自我总结和反省，及时改进自己的不足，少犯不该犯的错误，不要盲目主动，做人做事不违背内心的底线和原则。

7. 不管发生什么都不要有过激行为。过激行为是指情绪超出了控制范围而表现出的不理智的行为，主要包括谩骂、自残、打架斗殴、拍桌子砸板凳、离家出走、跳楼轻生等危害自己及他人生命财产安全的行为。我们应该学会表达自己的想法、正确地发泄情绪，提高自身的抗压能力，不管发生什么困难，都要尊重生命，杜绝出现过激行为。

每个人都有自己的青春期，每个人成长的道路都不是一帆风顺的，在通往成年人的独木桥上，我们也会紧张、迷茫、害怕，但只要我们有恒心，有满腔热情，还有陪伴在我们身边永远不离不弃的家人和朋友，我们就无须惆怅，因为青春期的我们，不管怎样都是美好的、充满活力的。愿我们都能把握好这豆蔻年华，永葆初心，披荆斩棘，勇往直前。

第6章

坚持原则、守住底线、爱惜自己

学会取悦与接纳自己

我们经常会有这样的想法：别人是怎样评价我的呢？面对别人的评价我又该如何去做呢？

现实生活中存在很多的缺憾和偏见，没有人是完美的，每个人多多少少都有一些缺点，比如身高太矮、体重太胖、成绩不理想、家境贫寒、家庭不和睦、人际关系不好、性格有所不足等，但每个人都是独一无二的存在，面对这些不完美，我们要改变看待事物的方式。

我们要学会接纳自己，不管是优秀还是平庸，甚至是缺陷，我们都要全面地接纳自己，只有真正地接纳自己，才能懂得如何取悦自己。一个懂得接纳和取悦自己的人，才能扬长避短，成为更优秀的人。

取悦自己，其实就是让自己在生活和学习中都能过得开心。我们从小就懂得“谦让”的道理，遇到事情时，总是先考虑别人的感受，考虑自己如何做才能得到好的评价，让自己总是处于为别人而活的状态中，总是想方设法去取悦他人。其实，所有的接纳和取悦都是建立在自愿的基础上的，长期违背自己的意愿去谦让，去做“好人”，只会让自己形成讨好型人格，长期地忍让会让自己的内心产生不满的情绪，从而变得抑郁、焦躁、自卑、消极。我们在谦让时，也要懂得取悦自己，一个懂得取悦自己的人，生活才更有方向和目标，知道自己想要什么，然后积极地去争取，做事情才更容易成功。但是，取悦自己，并不是自由散漫，也不是以损害他人的利益为前提，而是为了调整自己的情绪有意识地去做一些让自己开心的事情。

我们生活得是否开心幸福，不是取决于别人的评价，而是取决于自己的内心。遵从自己的内心，坦然勇敢地接纳自己的不足，懂得爱自己，取悦自己，相信生活一定会回报给我们惊喜。

乐乐从小就是爸爸妈妈的骄傲，她懂事、善良、有爱心，学习成绩优异又多才多艺，不管走到哪里，都给爸爸妈妈挣足了面子。

家里来了小朋友，乐乐总是拿出自己所有的玩具分享给小朋友玩；和别人一起吃东西时，乐乐总是把最大的最好的拿给别人；和同学们一起出去玩时，乐乐总是主动让同学们选择想去的地方；对于家人或同学的请求，乐乐总是爽快地答应……

在同学、老师、家长的眼里，乐乐永远是那个随和善良的人。但是，乐乐知道自己并不是真正的快乐，很多次，她并不想分享，并不想为别人着想，她想拒绝，可是她害怕失去朋友，害怕父母失望，害怕自己在别人心中的好形象轰然倒塌。为此，她总是陷入纠结中。

这一天，家庭聚餐，乐乐的姑姑说："听说乐乐最近参加舞蹈比赛了，还拿了不错的名次。乐乐，给大家跳一段好不好？"乐乐虽不情愿，但不想让大家扫兴，便跳了一段。跳完刚准备入座，婶婶又说："乐乐跳得真不错，再给我们唱首歌吧。今天大家开心，一起热闹热闹。"乐乐有点儿难为情地说："婶婶，唱歌可不是我的强项，算了吧。"说着，乐乐就坐下了，婶婶继续说："没关系，唱一段吧，不好听我们又不会笑话你。"乐乐正想继续拒绝，却看见妈妈责怪的眼神，便又不情愿地唱了一首歌。那顿饭，大家吃得都很开心，唯独乐乐只想尽快散场。

回到家，乐乐刚想要放松一下，妈妈就劈头盖脸地数落道："你看你，唱首歌扭扭捏捏的，饭桌上也不吭声。一家人在一起图的就是热闹，不就是让你唱首歌嘛，大大方方唱一首怎么了！"

乐乐心中的委屈顿时涌上来，但她依然控制着自己的情绪，试图为自己辩解："我都说了，唱歌不是我的强项，为什么你们总喜欢强人所难呢？"妈妈依然不依不饶："真是越长大越不懂事了。"乐乐强忍着心中的火气，说："我怎么不懂事了？让我跳舞就跳舞，让我唱歌就唱歌，还要我怎样？我还有点儿自我吗！"妈妈气愤地说："果然是翅膀硬了！我看你眼里只有自己了，还追求自我呢，追求自我就是自私自利！"乐乐再也控制不住自己，强忍着泪水说："我怎么自私自利了？从小我就看着你们的脸色做事，逼着自己成为你们心中懂事、乖巧的那种孩子，生怕做错事丢了你们的面子，生怕被你们说我不懂事。可是，你们从来都没问过我的感受，我愿意吗？我开心吗？每次家庭聚餐、朋友聚会，我都像只猴子一样又是蹦又是跳。你们开心了，你们赚足了面子，别人也不觉得无聊了，可是谁考虑过我的感受？说我自私自利，我看自私自利的人是你们吧？！”说完，乐乐哭着回了自己的房间，留下妈妈怔在原地。

当乐乐说出那段话时，乐乐的妈妈就意识到了事情的严重性，原来乐乐一直在压抑自己。第二天乐乐起床后，思考了一整夜的妈妈抱住她向她保证，以后会尊重她的想法，她可以遵从自己的内心感受去做事，相比成绩、面子，她更在乎乐乐的心理健康。

得到妈妈理解的乐乐心里轻松了很多，一段时间下来，妈妈发现，乐乐比以前更阳光更自信了。与此同时，乐乐的成绩不降反升，人缘也更好了。

想要得到别人的喜欢和认可，讨好是最被动也是最脆弱的方式，只有学会接纳自己，懂得取悦自己，才不会因讨好别人而丢失自我，才会在坚持自我中让自己变得更优秀。那么，我们应该如何学会接纳和取悦自己呢？

1. 接受自己的缺点。每个人都有缺点，有的表现在外貌和身体方面，有的表现在个性方面，还有的表现在能力方面。对于自己的缺点，我们要学会正确认识，想方设法去改正，对于无法改正的缺点，我们也要坦然面对，允许自己“不完美”，毕竟人无完人。只有正确认识到自己的优缺点，才能充分发挥自己的优势，弥补自己的短处，让自己得到合理、健康的发展。

2. 学会拒绝。拒绝别人的确是一件不容易的事情，但长期地压抑自己、迎合别人，只会让自己更被动、更痛苦，所以，学会拒绝很有必要。当我们不愿答应别人的请求时，可以跟对方讲明自己拒绝的原因，让别人理解我们的苦衷。当我们无法正面拒绝时，可以采取迂回战术，比如先向对方表示支持，然后提出拒绝的理由，态度要温和且坚决，绝不能因为一时心软答应对方的请求，但也要顾及对方的面子，切忌直截了当的拒绝，以免让对方陷入难堪或尴尬的境地。我们不仅要学会平和、友好、委婉地拒绝别人，还要学会神色自若地接受别人的拒绝。

3. 不必讨好任何人。每个人都有自己的想法，我们不可能控制别人的思想。很多时候，别人被我们拒绝时，可能内心并没有太大的波动，很多的困扰和难为情都是我们自己想象出来的，与其总是揣测别人的想法和看法，不如集中精力去做自己的事情。所以，我们只需努力做好自己，不必讨好任何人，当你足够优秀和美好时，自然会迎来赞美和肯定。

4. 培养兴趣爱好。健康的兴趣爱好，可以调节我们的负面情绪，让我们更加热爱生活；可以激发我们的智力，让我们在遇到问题时能够专注思考和探索解决问题的办法；还可以锻炼我们的意志力，让我们克服各种各样的困难，勇敢地坚持下去。保持自己的兴趣，坚持自己的爱好，使自己拥有一技之长，这样不仅可以调节自己的情绪，还可以在学习和生活中保持一定的优势，同时也能增强我们的人际交往能力。

5. 控制欲望，学会满足。当我们饿了，吃上喜欢的饭菜就会感到满足；当我们困了，美美地睡上一觉就会感到满足；当我们学习累了，放松下来听首歌就会感到满足；当我们长期面对繁重的学习压力，偶尔逛一次街、看一场电影就会感到满足……其实取悦自己很简单，只要保持乐观的心态，学会知足，懂得满足，就能让自己感到幸福和快乐。那些胡思乱想的欲望和虚无缥缈的目标，只会让自己陷入无尽的迷茫和失望中。

6. 坚持学习，坚持读书。无论我们遇到什么样的困扰，无论我们的人生处于低谷还是高潮，我们都要坚持学习，坚持读书。读书可以帮我们排忧解惑，读一本好书就如同和一位“智者”进行深层次的交流，可以让我们感受不同的思想和观点。长期坚持读书，不仅可以提升我们的学识，还可以改变我们的气质和心态。只有坚持读书，我们才会慢慢进步，慢慢地由量变转为质变，最后改变自己的人生道路。

很多人总是把自己的快乐建立在别人的快乐之上，做什么都考虑别人的看法和说法，别人满意了自己才能感到快乐。其实，以自己的感受为重，不在意别人的眼光，才能活出真正的自己。取悦自己，不是抗拒别人，更不是与世俗为敌，而是让别人感受到快乐和美好的同时，自己也能乐在其中。

日本当代作家村上春树说："不管全世界所有人怎么说，我都认为自己的感受才是正确的。无论别人怎么看，我绝不打乱自己的节奏。喜欢的事自然可以坚持，不喜欢怎么也长久不了。"一个人，只有懂得接纳和取悦自己，才能提升自己，影响别人。

言谈举止要自重自爱

“自爱者人恒爱之，自重者人恒重之。”女生要想获得别人的喜爱和尊重就要先学会自重自爱，自重自爱的女生会在外观形象上给人一种舒适感，在言谈举止中给人一种愉悦感。自重自爱能让我们看清自己的内心，明白自己的追求，遵守自己的原则，懂得做人的底线，绝不会为了达到目的而迷失自我。

作为女生，举止轻浮是一件很可怕的事情，因为轻浮的举止就好比一片大大的乌云，可以遮挡住我们身上的所有优点，不管我们学习有多好，为人多么善良热情，兴趣爱好多么广泛，对待同学、朋友多么团结友爱，别人统统都看不到，他们只能看到我们轻浮的一面，并坚定地认为我们就是他们想象中的那种“坏孩子”。一旦别人给我们贴上了轻浮的标签，不管我们说什么做什么都无济于事。

轻浮的举止还会让异性产生误会，会让他们误以为我们的行为是向他们进行某种暗示，有的异性可能会因为厌恶而渐渐疏远我们，还有一些别有用心的异性，可能会因为我们的某个动作或语言而产生幻想，从而采取某些行动，让我们陷入困扰。所以，我们一定要注意自己的一言一行。

王暖暖是某中学初二（3）班的班长，这天放学后，王暖暖闷闷不乐地向学校门口走去。

“暖暖，妈妈在这儿。”门外的妈妈着急地向王暖暖招手。

王暖暖蔫头耷脑地走到妈妈面前。

“今天怎么无精打采的呢？”妈妈关切地问。

“没事的，妈妈，咱们快回家吧。”王暖暖一边说一边坐上车，妈妈见此情况也上了车。

“平时你都是和李亚楠一起出来，今天怎么没看见她？”妈妈漫不经心地问了一句。

“不知道。”王暖暖的语气中带着一丝气愤。

“咦，难道是和李亚楠闹矛盾了？”妈妈微笑着说。

王暖暖没有说话，但是皱着的眉头表明妈妈的猜测多半是对的。

“发生什么事了，可以告诉妈妈吗？”妈妈耐心地询问。

“今天早晨有升旗仪式，大家都要整理好自己的衣着面貌才行，但是李亚楠就是不听话，披肩散发的，穿的校服也不知道拉上拉链。我怎么说她都不听，后来我说她真是爱臭美，不懂得自尊自重。她直接跟我急了，说我侮辱她的人格，还告诉老师说我滥用职权，对她进行人身攻击，气死我了。”王暖暖越说越生气，小脸已经涨得通红。

“嗯，妈妈明白你的初衷，但是妈妈觉得可能是你的处理方式让李亚楠接受不了。你可以说她不遵守校规校纪，不听从班干部的指挥，但是你说她不懂得自尊自重的确有点儿过分了，言外之意不就是贬低她的人格和品德吗？所以，妈妈认为她的反应是可以理解的。”妈妈耐心地分析道。

“可是，我们班同学私下里都说她不懂得自重自爱，我也是一时着急才说出来的。”王暖暖说。

“你们班同学为什么这样说她呢？你知道吗，不能随便给女孩子贴上不自重不自爱的标签，尤其是你，作为班长，应该维护你的同学，况且李亚楠还是你的好朋友，你不应该放任班上其他同学在背后议论她。”妈妈说。

“其实我也知道我当时说的话有点伤人，但是李亚楠有时候的确会做出一些事情让人产生误会。我跟她是好朋友，我知道她是个大大咧咧、热情友爱、开朗活泼的女孩，但是不了解她的人就会觉得她不自重。她这个人太不注意自己的言行了，像个假小子一样总喜欢混在男生堆里，和男同学嘻嘻哈哈，有时候还会动手动脚的，还总喜欢戏弄人，而且特别喜欢跟别人开玩笑。男孩子还好，跟她打打嘴仗就过去了，但是很多女生都受不了她开的玩笑，甚至有的女生都被气哭了。”王暖暖有点无奈地说。

“嗯，李亚楠确实不太懂得分寸，作为她的好朋友，你怎么不提醒她呢？”妈妈问。

“我提醒她了，可是她自己并不觉得有什么，反而说别人爱计较。”王暖暖说。

“我想，今天你们闹矛盾或许是个转机呢，既然李亚楠听到你说的话生气了，就说明她是在意那些话的。所以，你不妨趁这个机会好好跟她聊聊，让她注意和同学交往时的分寸，注意自己的言行举止，把自己优秀的一面展现出来，不要说轻佻的话语，不要做让别人产生误会的举止，尤其是跟男同学，到了一定的年龄就要保持距离了，就算双方的友谊再好也要避免肢体接触。你可以向她表示你的理解，告诉她，你懂她，但不代表所有人都懂她，想要给别人留下什么样的印象就要朝着那个方向去做。”妈妈说。

“嗯，好，一会儿回家后我就去找她。”王暖暖急切地想要和李亚楠解除矛盾。

“好，不过你跟她聊的时候一定要注意措辞和语气哦。”妈妈笑着说。

“嗯，我明白，今天的事我也有错，不过我知道该怎么做了。”王暖暖说。

“好孩子。”妈妈说。

王暖暖终于放松下来，她相信，她和李亚楠一定会冰释前嫌的，同学们也一定能重新看待李亚楠的。

那么，我们应该如何培养自重自爱的品格呢？

1. 养成良好的言谈举止习惯。我们要从小培养好习惯，在公众场合不大声说话，不跟人争吵，更不肆无忌惮地嬉笑耍闹；说话的语气要温和谦虚，说话的内容也要文明，不说一些暧昧、低俗的污言秽语，这样很容易遭到别人的反感或误会。要和异性保持适当的距离，如果异性做出暧昧的举动，或谈论一些暧昧的话题，要直截了当地回应，不要优柔寡断、拖泥带水。

2. 遵守社会公德，做文明人。一个人没有公德心很难立足于社会，我们要培养自身遵守社会公德的意识，杜绝不良的行为作风，比如公众场合大声喧哗、说脏话、乱扔垃圾、过马路闯红灯、破坏公共设施、破坏环境卫生、翻越栅栏、在景点乱涂乱画等对社会和他人造成不良影响的行为。公德心是培养良好人际关系的因素之一，也是帮助我们树立正确的人生观的重要前提。所以，我们一定要约束自己的行为，遵守社会公德，做文明的公民。

3. 对待虚拟世界和真实世界要一致。我们现在的生活离不开网络，网络已经成为我们学习和交友的重要工具。虽然网络上大家都是互不相识的，但我们也要注意，不说脏话，不吹嘘自己，言语不能轻佻，不发布低俗、暧昧的语言或图片，要注意保护个人隐私，不轻信他人，也不随意欺骗他人。网络就是社会，什么人都有，如果有人跟我们谈及感情或性的问题，我们应该果断将其删除。如果有网友邀请我们线下见面，我们一定要保持警惕，不随便跟网友见面；如果一定要见，最好选择多带几个朋友，同性异性都要带着，或者和父母沟通，听听父母的建议。除此之外，上网时我们还要克制自己，不浏览色情网站、黄色图片、不良视频等，要选择正确的方式通过正确的途径了解性知识。

4. 拒绝早恋。感情中最美好的状态就是在对的时间遇到对的人，而早恋是在错误的时间遇到不知道是对还是错的人。早恋的结果多数是无疾而终的，如果我们无法控制自己而陷入早恋中，不懂得自重自爱而跨越界线，就很容易对自己的身体、学习和生活造成负面影响。大好青春，我们更应该把精力放在学习上，发展自己的兴趣爱好，让自己充实起来，时刻保持理智，提醒自己要自重自爱，爱惜自己的身体，珍惜青春年华。

5. 培养自立自强的品格。从小在家人的关爱下，我们很容易养成依赖型人格，遇事总想得到他人的帮助。我们应该改掉依赖心理，自己的事情自己做，不管在学习还是生活中遇到困难，都要积极地去克服。自立自强是一个人成长的必备品格，只有在困难面前不茫然、不退却，我们才能用自己的能力和智慧去战胜所有的困难。

自尊自重、自信自强的女孩才更可爱，懂得自爱的女孩才更能赢得别人的认可和喜爱。自重自爱就是尊重自己、爱惜自己、保护自己的表现，作为女生，只有走好每一步，洁身自好，自重自爱，才能拥有美好的人生。

不盲目崇拜所谓的性自由

我们大多数人都没有接受过正规的性知识教育，很多家长认为孩子不需要性教育，等他们长大了自然就会明白，学校里的生理课总是一笔带过，种种因素导致在我们的潜意识里，性知识是神秘且隐晦的，甚至很多人还会把性看成低俗的、可耻的。其实不然，很多事情并不是无师自通的，处于青春期的我们，面对难以启齿的性，有的人选择压抑自我，有的人选择崇拜自由，但这两种方式都是不利于身心健康的。

在性教育缺失的大环境下，面对身体上的变化，我们只能自己懵懵懂懂地摸索，这就导致青少年性侵事件时有发生。正确的性教育能让我们对性有正确的认识，能让我们茁壮成长。所以，我们应该改变谈"性"色变的态度，即使觉得尴尬，也不能回避这个问题，跟家长进行坦诚、明确的交流，只有学会正确对待自己的身体，正确看待性，我们才能更好地爱自己、保护自己。

进入青春期后，我们身体上最大的变化就是性器官的发育。如果我们发现自己对性产生了兴趣，不要觉得羞愧、自卑，这是每个人的必经之路，是很正常的表现，我们要正确地看待它、重视它、保护它。我们只有对性有了足够的了解和重视，才能更好地保护自己，才不会为了某些诱惑，为了不成熟的“爱情”，为了物质和金钱，为了所谓的“梦想”，为了获得利益，甚至为了排遣寂寞而出卖自己的身体。

我们要从日常生活中的小事做起，注意隐私部位的保护，不允许他人随意触碰自己的身体，任何情况下都不可以拿性做交换，不让自己在孩童时代因性无知而受到伤害，更不能让自己在青春期因性冲动而做出错误的决定。

李瑾正在上初三，此时的她已经是个成熟稳重的大姑娘了。

李瑾的妈妈觉得女儿是时候了解一下两性知识了，于是在做了一番对比之后买了本性教育的书籍，让女儿阅读一下。

这天，李瑾正在房间里看这本书，妈妈进来了。

“来，吃点儿草莓，休息一下吧。”妈妈温和地说。

“谢谢妈妈。”李瑾一边说一边拿起一个草莓放在嘴里。

“在看什么？”妈妈问。

“嗯……就是您给我买的这本书。”李瑾合上书让妈妈看了一眼，有点儿不好意思地说。

“哦，看吧，不用觉得不好意思，有什么不明白的地方可以问妈妈。”妈妈笑着说。

“嗯，的确有的地方不太明白。”李瑾小声地说。

“哪里不明白？妈妈给你分析分析。”妈妈说。

“书里提到了‘性自由’这个词，我觉得有点儿矛盾。从小您不就告诉我要保护好隐私部位，不让任何人触碰吗？可是书里面说性是自由的，我们可以自由支配自己的身体。”李瑾提出了疑问。

“‘性自由’这个词的确存在，旧社会，男女在婚姻中的地位和性观念是不平等的，人们在提出男女平等的同时，也提出了‘性自由’的观念。其实这一观念最开始起源于西方的女权运动，其宗旨是追求平等、健康、自由的性生活。但是，随着时代的进步、思想的开放，‘性自由’开始走向一个极端，很多人不关注它的真实意义，而只看字面意思，认为‘性’是个人财产，把性自由看成性滥交，做出很多违背道德、违背良知的事情。”妈妈说。

“身体是自己的，为什么不能是自由的呢？为什么自己不能随意使用呢？”李瑾问。

“真正的性自由是保护自己的性权利，尊重自己的性权利，我们应该将性道德与性权利结合起来，正确地行使自己的性权利并为自己的决定负责任。”

李瑾一边听，一边认真地思考妈妈说的话。

“一个人要想获得尊严，就要有高度的自律、自觉，要有道德观念。很多数据表明，因为所谓的‘性自由’观念，导致离婚率增长，许多家庭破裂，儿童失去完整的家庭，青少年犯罪的事情频频出现，未婚生育的案例也越来越多。而且，因为性滥交导致一些性病和艾滋病的广泛传播，给社会带来了很严重的问题。所以，在这一观念上我们应该发扬传统美德，‘去其糟粕，取其精华’，不要被所谓的开放思想、所谓的自由影响，从而放弃了自己的底线和原则。”

“嗯，妈妈，我懂了，性是自由的，但不是放任自流，而是自我人格的一个完善过程。”李瑾说。

“你理解得很对，好孩子，你继续看吧，如果还有不明白的再问我。”妈妈摸了摸李瑾的小脑袋，欣慰地说。

“好。”李瑾笑着对妈妈说。

那么，我们应该如何正确看待性呢？

1. 坦然面对，不要回避。对性产生好奇是每个人都会经历的阶段，不要觉得尴尬，对于性方面的疑惑，我们可以查阅相关的书籍，或者向家长寻求帮助，客观、诚恳、科学地寻找答案。我们可以了解身体每个部位的作用，以及身体的运作方式，要时刻明确一点：身体的隐私部位是要保护起来的，不可以向任何人展示，也不可以让任何人触碰，无论是以哪种方式。

2. 正确地认识性。我们可以通过言语、书籍、视频等，了解身体的隐私器官的名称，这样我们就可以更精确和方便地跟家长交流性知识，也有助于我们真正明白什么是性侵犯。如果自己遇到危险时，也可以准确地向家长表述出我们是否受到了性侵犯。

3. 尊重自己的隐私。我们要从小培养隐私意识，懂得自己享有身体所有权，对于自己的隐私部位，在未经自己允许的情况下，任何人无权查看或触碰。有关自己隐私的事情，也不要随意告诉他人。女孩子的隐私，除了妈妈之外，最好不要跟其他人探讨。

4. 学会尊重自己、尊重他人。我们在保护自己隐私部位的同时，还要学会尊重他人，不能查看或触摸他人的隐私部位，更不能强制他人进行隐私部位的展示。在面对疑似“性侵”的事情时，我们要勇敢地拒绝，要第一时间向家长说明；面对他人被侵犯的情况时，也要力所能及地伸出援助之手。

5. 学会做出判断。一般有关性的决定大都是我们自己私下里决定的，错误的决定会造成不堪设想的后果，尤其是女孩子，在性方面是弱势群体，极其容易受到不可扭转的伤害。我们要明白自己的身体由自己负责，做出什么样的决定才会对自己有利，任何时候都不要因为冲动而做出让自己无法挽回的决定。此时的我们心智还不完善，随着年龄的增长，我们的责任心会更加强烈，那时才能做出更有利于自己身心的决定。所以，延迟性行为也是保护自己的一种表现。

青少年时期是人生的黄金时期，我们不能让自己的思想过度沉溺在性问题上而影响了学习和生活，但也不能因为过度压抑自己的性欲而产生不良的心理情绪。我们要培养广泛的兴趣爱好，适当地锻炼身体，学会转移注意力，认真学习科学文化知识，培养进取心，树立正确的三观，选择正确的人生道路。

真正的爱情不需要用性关系来证明

青春期的我们，情绪和情感经常处于一种不稳定的状态中，对异性的好奇让我们的情感进入萌芽期，介于年龄的限制和学生的身份，我们对爱情充满好奇的同时却又无处释放这种情感。此时，如果恰好碰到与我们“情意相通”的那个人，我们就很容易跨越友情的界线，开始一场不合适的“爱情”。

虽然青春期的爱情并不都是错误的，但非常明确的是，青春期的爱情是脆弱的、不稳固的、易受伤害的。因为处于青春期的我们身心都在不停地成长，心智还不够完善，很容易在冲动下做出不理智的行为，如果我们不能很好地处理与异性之间的这种情感，那么冲动的火焰就会让我们遍体鳞伤。

真正的爱情是在生活和学习中共同进步，患难时相互扶持，是双向奔赴，不是一方一味地索取，也不是一方一味地付出，是没有任何附加条件的一种心灵感应，是不需要任何东西来证明的，是彼此从有好感到相互欣赏，从理解到信任，从包容到付出，从关爱到珍惜的一个过程。只有彼此珍惜和尊重，感情才能持久，才算得上真正的爱情。也就是说，不要冲动，不要感情用事，应该理智地与异性相处，不要轻易地跨越友谊的界线。在最美好的年华，我们应该让纯洁的友谊伴随我们度过难忘的校园时光。

周六，年年的爸爸妈妈没在家，吕图来找年年一起写作业。她们很快就写完了作业，两人聊起了天。

“年年，李建是不是喜欢你？”吕图性格直爽，直接问了出来。

“没……没有……”年年面对吕图的直截了当，一时不知道如何应答。

“没有吗？我怎么觉得他对你很不同？”吕图疑惑地说。

“哪里不同？”年年脸红起来，有点儿不好意思地说。

“太明显了吧，平时他跟我们说话时一副不可一世的样子，再看看跟你说话时，温柔似水，哎呀，受不了。而且，他动不动就围着你转，找借口跟你说话。我觉得这就是喜欢你的表现吧？”吕图一边说一边冲年年眨了眨眼。

“哪有！”年年的脸更红了。

“而且，我发现你好像对他也挺有意思的。”吕图一脸坏笑。

“没有，我们只是好朋友！”年年有点儿恼羞成怒道。

“那为什么每次跟他说话的时候你都会脸红，而且你都不敢看人家的眼睛。”吕图说。

年年一时说不出话来，吕图看此情况，便说：“哎呀，我还是不是你最好的闺密了，这么不敞亮呢？跟姐说说，你怎么想的？”

“哎呀，我也不知道自己怎么想的。我对他的确有不一样的感觉，其实我也能感觉出他对我的不一样，有时候他做的一些暖心的事的确让我很感动，但有时候我又很烦他，我也很烦恼。”年年皱着眉头说。

“那你怎么不找我聊聊，或者跟你妈妈说说，我们都可以帮你排解烦恼的呀。”吕图说。

“可是，我害怕跟妈妈说遭到责备，跟你说被你笑话。”年年说。

“傻不傻呀你，笑话你什么！”吕图假装生气地说。

“嘻嘻，别生气嘛，我现在这不是跟你说呢嘛。”年年笑着看向吕图。

“你说你有时候很烦他，为什么？”吕图问。

“有时候他的确让我很感动，比如那次小A欺负我，他过去往那儿一站，小A就吓得不敢说话了。还有一次下雨了，他不顾自己被淋把雨伞给了我。还有很多，我很感谢他，但是他总喜欢缠着我，总是把我拽到没人的地方说一些肉麻的话。有一次上自习课时，他还跟我同桌换座位，坐在我旁边也不学习，就死死地盯着我，别人看到都指指点点的。最让我烦的是有一次放学，他故意拖延时间不让我走，最后班里就剩我们俩了他还不让我走，说什么让他抱一下才可以走。我一生气踢了他一脚就赶紧跑了，虽然第二天他也道歉了，但我一想起来就生气。”年年气呼呼地说。

“这个李建，这么没有分寸！年年，你做得对，这样的人别给他面子，该出手时就得出手，别让他以为咱们文文静静的好像很好欺负似的！”吕图也生气了。

“其实，他也没有那么可恨，况且我答应跟他做好朋友的。”年年说。

“好朋友也不行呀，这次他有这种要求，那下次呢，下下次呢，幸好你跑了，不然他就该得寸进尺了！再说了，好朋友是互相帮助、互相尊重的，好朋友之间是不会提这种让对方感到尴尬的要求的，好朋友更不需要任何举动来证明。往后，你态度坚决一些，既然做好朋友就要有好朋友的样子，要有分寸，要珍惜彼此间的情谊，尊重彼此。如果做不到，那就不和他做好朋友了。”吕图生气地说。

年年听着吕图的话，认真地点点头。

“他虽然对你也挺好的，但是你不能因为这些小小的感动，就放弃自己的底线，跨越做朋友的界线。不管什么时候我们都要爱护自己，千万别让自己受到伤害。”吕图继续说。

“嗯，我懂，我会把握好和他的距离。”年年说。

“嗯，有什么事别自己憋着，跟我说说，我也能帮你把关呀！”吕图说。

“嗯，我知道了！”年年看着吕图，认真地说。

在和异性相处的时候，我们应该牢记以下几点。

1. 与异性分清彼此。学校是一个大家庭，有男生和女生，有男老师和女老师，我们鼓励异性交往，因为异性交往有利于增强彼此的沟通能力，促进自己对异性的了解，在智力的提高、情感的体验、性格的塑造上都能起到积极的作用。女生之间经常是亲密无间的，但如果和男生之间也亲密无间的话就不合适了。因为处于青春期的我们都比较敏感，很多时候，我们把对方当成“哥们儿”，但对方可能会因为我们无意间的一个举动就产生误会，从而给彼此带来困扰。因此，和男生交往时别太亲近，要保持一定的距离，并不是有身体接触才能显示出彼此之间的关系好。说话做事要有分寸，才能赢得别人的尊重和喜欢。

2.很多事还是应该多和同性一起做。有些女生很像“假小子”，为人处事偏男生化，喜欢玩男生玩的游戏，喜欢做男生做的事情，这是个人的性格特点，并没有错，但这样很容易让男生产生误解。我们自认为大大咧咧的表现，会被男生当成一种示好，从而在与男生玩游戏或交往时导致被“戏弄”或故意有不合理的肢体接触。因此，很多事我们还是应该多和同性朋友一起做，一起聊聊女生之间的私房话，玩玩女生之间喜欢玩的游戏，或者多和妈妈进行交流，从妈妈身上感受成熟女性的魅力，让自己更多地具有女性的特性，表现出自己优秀的一面。

3.避免与男生单独相处。当我们进入青春期之后，和男生之间的相处不知不觉间就会多出几分暧昧的气息。以前我们在面对异性时可以大大方方，和异性之间的关系也可以从容应对，但随着青春期的到来，我们看待异性时忽然就变得不一样了。女生可能还会隐晦一点儿，把情愫暗暗地藏在心底，但是男生不同，看到心仪的女生就想通过独处来表达自己的心意，甚至还想进行更大胆的尝试。有的男生会想方设法制造与女生独处的机会，不管对方的邀请和理由多么的诚恳，作为女生，我们都应该小心，因为不管哪种要求的独处都是存在危险的，就算那个男生是我们心仪的人，我们也要留个心眼儿。

4. 学会拒绝。女生通常都会选择把这种小心思藏在心底，在旁人不注意的时候多看他一眼，记住他的每一件事、每一个特点和每一个爱好，对于这份感情往往不会有实际行动。但男生不一样，男生表达喜欢的方式通常是直接采取行动，有的人会采取言语攻击，有的人会制造各种时机与女生独处，有的人选择死缠烂打，还有的人甚至动手动脚。面对这些烦恼，我们一定要学会拒绝。比如，面对男生的单独邀约，我们可以推托有事，如果对方继续邀请，我们可以叫上其他朋友一起去，而且在对方没反应过来之前，最好立刻回头招呼自己的朋友，并大声说出事情的原委，一旦人多了对方可能就会收回邀请，即便不收回，单独相处也已经变成了集体活动。

5. 感情的世界不需要卑微。如果我们心仪的男生也正好喜欢我们，那么这将是一个浪漫且美好的事情，这种感情的确很让人心动，心动到我们会为了对方而放弃自我、牺牲自我，但失去自我的感情是不可能恒久的，也是不健康的。在两个人的世界里，没有谁尊谁卑，没有高低之分，我们是平等的，是不需要为了对方而委屈自己的。所以，对于对方不合理的要求我们一定要拒绝，不要因为害怕失去对方，而不在乎自己的身心感受取悦对方。真正的爱情是两情相悦、彼此尊重的，是从来不需要用任何方式去证明的。

每个人都有青春期，每个人在青春期里都会有属于自己的小秘密，相信很多人在青春期里都有过那种无法言喻、蠢蠢欲动、无疾而终的情感体验。这是正常的，是我们步入青春期的最重要的特征。我们无法控制自己的情感，但我们可以控制自己的言行举止。人生这条路一旦踏上便无法回头，所以，我们每走一步，每做一个决定，都要慎之又慎。无论我们遇到的那个人是不是对的人，我们都要理智对待，不要冲动，做任何决定之前都要理智地思考，不做伤害身体、违背内心的事情。

致女孩的成长书

青春期女孩的私房书

李小妃◎著

北京时代华文书局

图书在版编目（CIP）数据

致女孩的成长书. 青春期女孩的私房书 / 李小妃著.
-- 北京 : 北京时代华文书局, 2021.8
ISBN 978-7-5699-4247-7

Ⅰ. ①致… Ⅱ. ①李… Ⅲ. ①女性－成功心理－青少年读物 Ⅳ. ①B848.4-49

中国版本图书馆 CIP 数据核字 (2021) 第 134670 号

致女孩的成长书. 青春期女孩的私房书

ZHI NÜHAI DE CHENGZHANG SHU. QINGCHUNQI NÜHAI DE SIFANGSHU

著　　者 | 李小妃

出 版 人 | 陈　涛
选题策划 | 王　生
责任编辑 | 周连杰
封面设计 | 乔景香
责任印制 | 刘　银

出版发行 | 北京时代华文书局 http://www.bjsdsj.com.cn
北京市东城区安定门外大街136号皇城国际大厦A座8楼
邮编：100011　电话：010-64267955　64267677
印　　刷 | 三河市金泰源印务有限公司　电话：0316-3223899
（如发现印装质量问题，请与印刷厂联系调换）
开　　本 | 889mm×1194mm　1/32　印　张 | 6　字　数 | 123千字
版　　次 | 2022 年 1 月第 1 版　印　次 | 2022 年 1 月第 1 次印刷
书　　号 | ISBN 978-7-5699-4247-7
定　　价 | 168.00元（全 5 册）

目录

第1章　悄悄成长起来的小花苞

002　经期的卫生与保健

005　秘密花园里的私房话

010　红色警戒应该注意什么

013　勇敢面对自己的发育过程

017　驼背之后藏着粉色的小秘密

022　成长更像是升级打怪，学会坚强和勇敢

第2章　花样年华的美丽烦恼

028　不过分追求完美

033　科学减肥很重要

038　高跟鞋真的很好看

043　拒绝整容，追求自然美

048　染发和美甲的危害你知道吗?

054　健康快乐才是我们率先追求的

第3章　巧妙地应对青春期的小情绪

060　将忌妒转化为动力
063　学会管理自己的情绪
068　注意别被抑郁找上门
074　果断拒绝踢猫效应的连锁反应
079　快乐的情绪可以传染
084　妈妈给女儿最好的礼物——积极的心理暗示

第4章　女孩儿需要掌握一些本领

090　学会倾听和沟通
095　烹饪和理财必不可少
100　修炼人际交往的能力
105　拥有爱的能力——爱家人，爱自己
110　拒绝和道歉也可以增强自己的魅力
116　培养一种兴趣或爱好，丰富业余生活

第5章　性教育与自我保护能力的培养

122　孕育生命的意义

126　艾滋病的可怕

131　远离任何暴力行为

136　身边男孩儿的变化

141　遇到性骚扰时应该如何保护自己?

146　离家出走是不能解决任何问题的

第6章　在最美的年华里感知学习的快乐

152　我改了试卷上的分数

157　掌握学习的技巧更重要

162　做出抉择后就要拼尽全力

167　女儿，学习不是为了父母

173　享受学习的乐趣

178　情窦初开会成为学习的阻力吗?

183　后记　送给女儿的一封信

第 1 章

悄悄成长起来的小花苞

经期的卫生与保健

进入青春期就等于进入了一个全新的世界，有许多新鲜的知识需要我们掌握。当月经初潮来了以后，我们就要注意经期的卫生和保健，关爱自己的身体。

每个月来月经的那几天是我们抵抗力最差的时候，这个时期很容易受到疾病的侵袭，所以经期保健就显得格外重要。我们不仅要调节心情，认真对待，还要注意月经的颜色和流量，这也关系到我们身体的健康情况。

果果这两天有些烦恼，因为她的“老朋友”来了，小肚子有些疼，但不严重，还可以忍受。因为是盛夏，她忍不住偷偷吃了一根雪糕，还喝了冷饮，到了下午她发现肚子疼得厉害了，她按着肚子躺在床上，难受地哭了起来。

妈妈听到声音急忙走过来，问：“果果，怎么了？肚子疼吗？”

果果点点头，疼得直冒冷汗。

妈妈按压了一下果果的小腹，确认不是阑尾炎发作引起的疼痛后，她拿来一个暖宝宝放在果果的小肚子上，又给她端来热水，说：“喝点热水吧，会好一点儿。你是不是吃凉东西了？”

用暖宝宝敷过后，肚子的疼痛感减轻了许多，果果不好意思地看了看妈妈，说："天气太热了，我吃了一根雪糕，又喝了点冷饮，我没想到吃凉东西肚子会这么疼。"

妈妈轻轻刮了一下果果的鼻子，说："现在你知道厉害了吧！不仅是经期，平时我们也要少吃寒凉的食物，因为我们女人很怕受凉受寒。吃冰凉的食物，等它们进入胃里时，我们要用五脏六腑去温暖它，冰凉的寒气会传到子宫，这样我们的子宫也会受寒，将来会影响孕育宝宝。"

果果有些好奇，问："妈妈，为什么会影响孕育宝宝？"

妈妈说："你想啊，子宫就相当于宝宝的房子，如果房子里又冷又寒，那宝宝还能住吗？女儿，记住，无论什么时候都要少吃凉东西，喝水要喝温开水，对身体和皮肤都好。"

果果点点头。喝了热水后，她觉得肚子似乎没那么疼了。看来，妈妈说得很有道理，她要听妈妈的话，不吃凉的或冰的食物，照顾好自己的身体。

妈妈送给女儿的私房话

亲爱的女儿，也许，你现在正在为每个月都来的"朋友"而烦恼，觉得太麻烦，需要计算周期提前准备，要选择卫生棉，在经期期间，还要做到勤换卫生巾。晚上睡觉也不踏实，害怕侧漏，许多东西不能吃，也不能像男孩子那样自由，可以又跑又跳。

但是，我们要学会适应它，也要爱护它，因为它是我们身体的晴雨表，呵护它就是呵护我们的身体。那么我们要注意什么呢?

首先，要注意经期卫生。有人从小受到的教育是，经期不可以洗澡，否则着凉了会肚子疼，也会引起宫寒，不利于以后孕育生命。事实上，经期的每一天都需要清洗，可以淋浴或用温水擦洗，但不可盆浴，因为水会通过阴道进入身体造成感染，洗澡的时候要注意不要着凉。

卫生棉要选择舒适的，材质最好是纯棉的，分为日用和夜用，不能更换太频繁，也不能长时间不更换，容易滋生细菌。

内裤要选择浅色宽松的，纯棉质地最柔软，透气舒适，不易滋生细菌。过紧的内裤容易使血液流通不畅，引起炎症，因此，要格外注意内裤的品质。

其次，要注意经期保健，注意保暖，不要着凉。饮食方面也需要注意，不能吃凉的、冰的食物，尤其在夏天，要格外注意，不要喝冷饮。要多喝热水，清淡饮食，忌食辛辣油腻的食物。经期不能做剧烈的运动，剧烈的运动会加重痛经，流血较多还会引起贫血，会感到头晕目眩。

最后，注重心理健康，保持良好的心态，乐观积极。经期由于内分泌的关系，会影响心情，这个时候就需要调整好心情，做一些开心的事情。

另外，如果月经的周期长期不准，血流量很少或偏多，严重痛经，都要及时告诉妈妈，不要担心。妈妈会陪你一起看医生，放松心态，我们一起坦然面对这红色的警戒。

秘密花园里的私房话

不知从何时起，我们心中的秘密花园里有了不能轻易说出口的话，那些都是我们成长的粉色小秘密。这些小秘密让我们产生疑惑，让我们感到无助、不知所措。

进入青春期后，我们要慢慢了解自己的身体构造，对于一些自己理解不了的事情要及时询问家长，或看一些相关的书籍，不胡思乱想，也不要完全忽视。有些时候，我们所疑惑的问题比较私密，这就需要和妈妈说一些女生的私房话了。

不要害羞，也不要觉得难以启齿，无论是生理上，还是心理上，青春期的我们所面临的问题都是很正常的，我们要用正常的心态面对它、接受它，并且守护自己的小秘密。

媛媛自从经历月经初潮以后，发现自己的内裤上总是会有白色的东西，并且月经来之前还会有无色透明的物体。她觉得很奇怪，于是找了个机会问妈妈："妈妈，为什么我的内裤上会有白色的东西啊？"

妈妈想了想，问她："媛媛，那你告诉妈妈，你内裤上的白色东西闻起来有异味吗？"

媛媛摇了摇头，说："妈妈，我洗内裤时没有闻到，应该是没有异味。这到底是什么啊？为什么每次换内裤时都会有，我明明洗得很干净啊？"

妈妈说："女儿，这是一种很正常的生理现象，不要担心，也别害怕。内裤上的白色物体是白带，它是我们的身体器官分泌的。上次妈妈跟你讲过我们的生殖器官的构成，还记得吗？卵巢会分泌雌激素和孕激素，这样就会引起宫颈和阴道产生分泌物，也就是我刚才说的白带。正常的白带是没有异味的，它是白色的，可以保护阴道不受细菌侵蚀，对阴道的环境起保护作用。"

媛媛点点头，说："原来是这样啊，我还以为是我的身体出现问题了呢！那妈妈，我是不是什么都不用做，有需要注意的事项吗？"

妈妈笑着说："其实，我们可以从白带的形态上分辨出自己的阴道是否健康。如果白带是白色的，无异味，那就一切正常；如果白带呈豆腐渣状，颜色发黄，有异味，那就表明阴道有炎症了。而引起阴道炎的病菌有很多种，这个时候就需要去看医生了，通过化验，我们就可以知道是哪种病菌引起的阴道炎，对症下药才会好得快。所以，平常我们要每天更换内裤，用温水清洗，保持清洁的状态，注意卫生。"

媛媛点点头，说："我记住了妈妈，我每天都会换内裤，你放心。如果我有不舒服的情况，一定会第一时间告诉妈妈。"

妈妈笑着摸了摸媛媛的头，说："乖孩子，你做得很好。"

其实，在我们的成长过程中总会遇到许多问题，我们不能将疑惑藏在心底，要和身边的人敞开心扉，发挥沟通的作用。沟通可以让我们不再胡思乱想，也不会再担忧，将心中的疑问说出来，然后认真倾听，直到问题解决。

我们可以信任妈妈，跟妈妈讲一些私房话，让妈妈了解我们的内心感受，做到勤沟通、多交流。

一年后，媛媛即将迎来升学考试，学习的压力很大，需要争分夺秒地学习。可是，有一个问题正在困扰她，这些天她觉得外阴处有些瘙痒，于是她跟妈妈说了这个情况。

妈妈带她去医院做了白带的常规检查，问题不严重，白带没有异味，医生给开了清洗的药水，并嘱咐她要注意卫生，手上有细菌，千万不要用手抓。

回到家后，媛媛对妈妈说："妈妈，可能是最近学习压力太大了，我在学校没怎么换卫生巾，量少时我白天才换一次，那之后我就觉得下面有点痒。"

妈妈说："你能自己找到原因，这很棒。记住，我们在来例假时，一定要勤换卫生巾，因为浸满了经血的卫生巾最容易滋生细菌，时间长了还会有异味，如果不及时更换，滋生的细菌就会侵袭我们的身体。"

媛媛点点头说："妈妈，我记住了，以后再忙我也会注意勤换卫生巾。"说完，媛媛便拿着药水去卫生间清洗了。妈妈还给她准备了专用的小盆，特意嘱咐她不要将小盆搞混了，否则也会引起细菌感染。

阴道炎并不是已婚的女人才会得，青春期的我们也会得阴道炎，主要是因为不注意卫生。另外，我们的内裤不可以和大人的一起洗，一定要避免交叉感染，衣物和内裤要单独清洗。

妈妈送给女儿的私房话

亲爱的女儿，妈妈很高兴可以陪伴你一起长大。进入青春期后，你会遇到很多让你产生疑惑的事情，妈妈很高兴你可以将心中的秘密和疑惑告诉我，我会竭尽所能地为你答疑解惑。

你知道吗？在你十三岁那年，有一次你上完卫生间后问我："妈妈，为什么我的下面会有一根很长的毛，你帮我把它剪下来。"

在这之前，你每次上厕所时都会看一眼，每次都幻想它会突然消失，就像它的突然出现一样。可是，秘密花园前面的"小草"非但没有突然消失，还在不经意间长得浓密起来。

妈妈说过，世间万物的存在都是有它的价值的。秘密花园前的"小草"也有它存在的意义。它的学名叫作"阴毛"，在女孩子 11~12 岁时，阴毛开始出现，它长在阴唇上、耻骨区和大腿内侧，是呈倒三角形分布的。这是一种正常的生理特征，它可以吸收汗液和黏液，保护我们的身体健康。

我们要养成勤洗澡的好习惯，夏天皮脂分泌旺盛，可以每天都洗；冬天则可以两天洗一次，以保证身体的卫生。

此外，内裤的清洗也需要格外注意，我们要学习如何正确地洗内裤。换下的内裤需要马上洗干净，不可以隔夜，因为这样会滋生更多的细菌。要用内衣专用皂来洗，洗后用清水冲洗干净，然后挂在阳光照射的地方，经过阳光暴晒来消灭内裤上的细菌。

女儿，妈妈很高兴可以将我知道的事情分享给你；同时，我也很希望你能一直跟妈妈保持这种亲密的状态，我愿意成为你的好朋友，听你说一些私房话。

红色警戒应该注意什么

进入青春期的我们会发现自己的身体在不断地变化，而以我们目前的知识储备是不足以解释这些变化的，这个时候就需要去看一些这方面的资料或咨询最亲密的人。

那个人就是我们的妈妈，她是值得我们信任的人；同时，她也渴望我们能敞开心扉，将自己的疑惑说出来，或者分享自己的秘密。她是我们最好的倾听者。

要知道，妈妈永远都是爱我们的，只要我们需要，一回头就会发现，妈妈一直都在守护着我们。

小雨今年13岁了，是小学六年级的学生。这天早上她照常起床，发现自己的褥子湿了，肚子也有些疼，她伸手一摸，却看到满手的血。她吓坏了，以为自己得了绝症，吓得哭了出来。

她不知道该怎么办，只觉得浑身都难受，也非常害怕，想来想去，她大声喊着妈妈。过了一会儿，妈妈进了房间，问："我在厨房炒菜，刚听到你的声音，怎么哭了？做噩梦了？"

小雨哭着伸出手，说："妈妈，我生病了，好像病入膏肓，活不长了。"

妈妈神情一变，检查了一下小雨的被子，说："别怕，来，妈妈帮你清洗一下。"接着，妈妈将浴室的温度调高，用温水帮她擦洗身体，清洗干净后，她拿来干净的内裤和卫生棉，并教她正确使用卫生棉。

小雨穿上了加厚的家居服，当她走出卫生间时，妈妈已经为她换上了干净的床单，她走过去问："妈妈，我这是怎么了？"

妈妈笑着说："女儿，你这不是得了绝症，而是月经初潮，这标志着你已经进入青春期了。"

小雨不解地问："妈妈，什么是月经初潮啊？"

妈妈解释说："初潮就是第一次来月经，月经的到来就意味着你的成长进入了一个重要的阶段，你需要了解并学习一些关于月经的知识，还要学会保护自己。"

小雨摸着肚子问："妈妈，可是我的肚子有些疼，这正常吗？"

妈妈说："当月经来时，确实会有些不舒服，我们可以用暖水袋热敷，多喝热水，吃一些有营养的食物补充体力，要多注意休息，不要做剧烈的运动。"

小雨又问："那妈妈，这种流血的情况会持续多久呢？"

妈妈解释道："月经是有周期的，一般来说，每隔21~30天就会来一次，出血的天数为3~7天。在这期间，你要注意调整心情，注重保暖，千万别吃凉的东西。不要怕，这是一种正常现象，每一个女孩都会经历。"

小雨似乎有很多问题要问妈妈，一时间不知从何说起，妈妈似乎明白了她的心思，笑着说："妈妈知道你还有很多问题要问，不着急，咱们慢慢来，妈妈一直都在，只要妈妈知道，就一定会告诉你的。你现在好好休息，这几天不要碰凉水哦。乖，今天是休息日，再睡一会儿吧。”

小雨点点头，睡在温暖的床上，她感觉肚子不那么疼了。

妈妈送给女儿的私房话

亲爱的女儿，现在的你一定想知道，月经到底是怎么回事儿，它到底是怎么来的吧？

首先，我们要了解自己的身体，我们的生殖器官是由卵巢、子宫、输卵管和阴道组成的。进入青春期后，卵巢中的卵子会长大，成熟后从卵巢排出。如果这颗卵子受精了，那么就会来到子宫内孕育成宝宝；如果没有受精，那么在排卵后的14天左右，子宫内膜会坏死、脱落，从而出血，形成月经。你现在还是孩子，所以排出的卵子都不是受精卵，等你结婚以后，卵子就会受精，就会有宝宝了。

月经又被称作月事、例假、大姨妈等，通俗一点的解释就是每个月来一次的经历，就叫月经。大多数人的月经每个月来一次，经期出血是有规律可循的，呈周期性进行。现代女性的月经初潮一般在12岁，绝经一般在45~50岁，也会因个人体质而不同。

当月经周期紊乱时，比如一个月两次或两三个月不来时，就是月经不调了，需要及时告诉妈妈，妈妈会带你去看医生的。

女儿，月经其实很重要，每个月来时都要好好照顾自己，别让自己着凉哦！

勇敢面对自己的发育过程

面对自己的身体发育过程是青春期的我们必须经历的事，我们要接受身体的变化，也要面对自己不喜欢的东西，如脸上的痘痘和雀斑、身上较重的体毛、情绪的波动，以及心中的叛逆。

与此同时，我们也渐渐知道，成长就是在不断地接受挑战中完成的，我们要勇敢地面对周围发生的一切，包括那些不喜欢的东西，也要慢慢适应，接受并改造它。在这个过程中，我们也会得到蜕变和成长。

璇璇是一个有些敏感的女孩儿，上初中后出了水痘，好不容易好了，青春痘却一颗一颗地悄悄冒出头来。她很在意自己的脸蛋，如今脸上像是月球表面，她有些自卑，敏感脆弱，走在路上不敢直视别人的目光，而且她总觉得有同学在背后偷偷议论她脸上的痘痘，她很讨厌这种感觉。

这一天，她在照镜子时发现青春痘冒出了小白尖，她试着用手指挤了一下，痘痘里竟然冒出了一股乳黄色的膏状物，挤到最后还有一点血，虽然有些疼，但是痘痘好像变小了。她好像发现了新大陆，心想，原来痘痘是可以挤掉的啊！于是，她开始挤其他痘痘，但这一次痘痘里没有挤出东西，刺痛感比之前更强烈了，挤过的地方还红了。

璇璇挤痘痘的一幕恰巧被妈妈看到了，妈妈走过来看了看她的脸，说："哎呀，都红了，挤痘痘很疼吧？如果留疤就糟糕了。"

璇璇听到"留疤"二字如临大敌，吓得赶紧照镜子，问："妈妈，真的会留疤吗？我只是挤了一下而已。妈妈，挤出来的东西是什么啊？好恶心哦。"

妈妈说："其实，你脸上长的痘痘叫青春痘，也就是青春期才长的痘痘，主要是由于油脂分泌旺盛堵塞了毛孔而引起的，这个时候千万不要用手去挤，因为手上有细菌，挤痘痘会让皮肤发炎，还有可能留下疤痕。痘痘里面的东西是油脂、皮屑和脏东西，有些还会有螨虫。如果痘痘比较多，又冒出了白尖，我们可以去医院让医生手动排痘，他们有专用的器具，消过毒，排完痘再涂上药，痘痘慢慢就下去了。"

璇璇立刻说："妈妈，那我们快去医院排痘吧！我觉得脸上有痘痘好难看，我想快点让它们消失。"

妈妈笑着说："不会啊，妈妈觉得还好，你还是那么可爱。其实，这个痘痘就算处理掉了，还会再长出来的，治标不治本啊。你现在处于青春期，油脂分泌很旺盛，你爱吃的那些炸鸡啊、汉堡啊，都是含热量和油脂很高的食物，会导致脸上的痘痘变多。你要多吃蔬菜和水果，饮食要清淡，平时多运动、多喝热水，将热量排出去，脸上的痘痘自然就会慢慢消失了。"

璇璇有些不开心，低着头很失望的样子，她闷闷不乐地说：

“啊，那我以后岂不是不能吃炸鸡和薯条了，那些东西真的很好吃啊。”

妈妈笑着说：“油炸的东西是很好吃，但不健康啊。那你自己选选看，是继续吃油腻的油炸食品，还是要痘痘消失？”

璇璇叹了口气，说：“我当然是想要光滑的脸蛋啊。好吧，从今天开始，我就多吃蔬菜，多做运动吧，我一定要战胜脸上的痘痘！”

妈妈送给女儿的私房话

亲爱的女儿，面对身体的变化，我们一时无法适应，还会给我们带来成长的小烦恼。不过不用过分担心，也不要忧虑，这是成长道路上必须经历的。诚然，面对本身是需要勇气的，要接受一个全新的自己，而当面对我们认为的“瑕疵”时，如青春痘、雀斑、体毛、狐臭等，更需要勇敢地正面看待，不要陷入思维和情绪的黑洞，变得自卑。那么，具体来说，我们应该怎么做呢？

首先，放平心态，不要过分烦恼和忧心，以积极的心态面对自己的“小瑕疵”。情绪的好坏也会影响内分泌系统，最好的做法就是不将青春痘或雀斑放在心上，放松心情，追求自然而然的美。

其次，不要“乱投医”，不要相信外界宣传的祛痘或祛斑产品，假如这些产品中都含有对皮肤有害的化学物品，那么脸上皮肤的角质层会遭到破坏，一旦脸部皮肤变得敏感，皮肤问题会变得更多。还有一些专门脱毛的方法也不要尝试，体毛也是我们身体的一部分，身体通过毛孔可以排出汗液，毛孔是皮肤“呼吸”的重要组成部分，脱毛方法不对也会破坏毛孔，很容易造成毛孔感染。

最后，注意饮食健康，好心情和好心态永远是最有效的保健方法，清淡饮食，多做运动，保持心情愉快，加快身体新陈代谢，青春痘自然会很快消失。雀斑如果不严重就忽略它的存在，注意防晒，不加重雀斑的生成就可以，它也是青春活力的标志呢！

女儿，在成长的道路上难免会遇到许多我们一时无法接受的事情，我们要做的就是静下来，淡化它，然后面对和接受。这是一个自我修炼和转化的过程。不要担心，也不要害怕，勇敢地面对真实的自己；同样，我们也是在不断地认知和面对问题的过程中不断成长起来的。

遇到困难，面对挫折，然后解决问题。勇敢，坚韧，持之以恒。这大概就是成长的意义吧！

驼背之后藏着粉色的小秘密

进入青春期后，你可能会发现很多事情发生了变化，包括生理和心理上的，仿佛一夜之间，一切都变了。在不知不觉中，你的心里藏了许多的粉色小秘密。

小时候，你很依赖妈妈，会主动将发生的事情告诉妈妈，可进入青春期后，你有时会感觉妈妈很唠叨，有些事情不想让妈妈知道。你有了自己的思想，会独立思考问题，遇到事情有了自己的见解，但还是有很多事情是你不清楚的，你会感到困惑。这个时候，千万不要藏在心底，要学会与妈妈沟通，说出自己的疑惑。

希望你能明白，妈妈是你最坚强的后盾，她会帮助你守护粉色的小秘密。

现在，给妈妈一个机会，让她成为你的好朋友吧！

我是小学六年级的学生，叫小菲，今年12岁了。最近我的心情很不愉快，甚至有些郁闷，因为我发现我的胸部变大了，穿紧一点的衣服就会鼓出来，还有些胀痛，不知道是不是像电视里演的那样得了绝症。很快，妈妈察觉到我情绪不太对，主动找我聊天。妈妈很温柔，很有耐心地倾听我说的话。

我对妈妈说："我好像生病了，胸部鼓起来了，而且有些时候会很疼。"妈妈听了，笑着摸摸我的头，问："你最近走路有些驼背，总是不能挺直腰板，坐着时也弓着背，还爱穿宽松肥大的衣服，就是因为这个吧？"我不好意思地抿嘴一笑，说："我只要一挺直腰板，胸前就会鼓起来，我觉得好难看，和别人不一样，所以就弓着背，这样别人就看不出来了。"

妈妈跟我解释："傻孩子，恭喜你，你要从小女孩变成大姑娘了！不要担心，这不是病，而是你的乳房开始发育了。刚开始乳腺开始生长、增生，会形成一个乳核，用手就可以触摸到，是一个小小的硬块，这期间会有肿胀和疼痛感。等到十二三岁时，乳房的脂肪和乳腺管会增多，身体会分泌雌激素，乳房就会逐渐隆起、变大。等到十八九岁时，乳房就会发育成熟，呈半球形，这就是女孩儿成熟的标志。"

我还是有些不明白，问："妈妈，那为什么我会觉得疼呢？"

妈妈说："乳房在发育期有些疼是正常的生理现象，因为乳腺在发育，乳房在长大，对皮肤有牵拉，会刺激到周围的神经，就会疼。这只是一时的，等乳房发育成熟后，这种胀痛感就会消失了。你不要有心理负担，乳房发育是每个女孩儿在成长中都会经历的一个过程，这很正常的，所以不要自卑，也不要多想。从现在开始，直起腰走路吧，自信点！"

哦，原来是这样啊，我还以为自己得了绝症，看来以后有什么不懂的事情还是要去问妈妈，她一定会为我解答的。遇事不要慌，也不要胡思乱想。太好了，我又学会了新知识，快点分享给我的好朋友。

妈妈给女儿的私房话

我的宝贝女儿，你知道吗？进入青春期后，女孩儿的乳房就开始发育了。同时，乳头和乳晕的颜色会变深，并不是每个女孩的乳头都是突起的，因为每个人的乳头形状是不一样的，还有一些女孩儿的乳头是平的，甚至是内陷的。

乳房发育后，就需要注意乳房的健康护理了，需要穿合适的文胸，注意卫生，勤洗勤换。如果觉得乳头或乳晕发痒、疼痛，或者乳头有分泌物，一定要记得及时告诉妈妈哦，不能自己挤压，妈妈会带你去看医生。

当然，你可能还需要做些心理建设，给自己一些时间去消化关于乳房发育的知识。不要觉得乳房发育是一件难为情的事，也不要穿紧身内衣去挤压乳房，这样会阻碍乳房的健康发育；更不要含胸驼背，穿异常宽松的外套遮掩。女儿，昂首挺胸大胆地朝前走吧，青春期的你应该是自信而勇敢的。

十五岁生日那天，妈妈给我准备了独特的生日礼物，是两件漂亮的文胸，小背心形式的。一件是浅粉色樱花图案的，一件是白色带印花的，我很喜欢，它们太漂亮了。

妈妈还对我说:“女儿,从今天开始,你就要穿这种内衣了,它可以保护你的乳房不受伤害。”

我很开心,亲了妈妈一下,说:“太好了,我要每天都穿着它,睡觉都不脱下来。”谁知妈妈却摇了摇头,说:“女儿,文胸不能一直穿着,睡觉时一定要脱下,不然乳房会不舒服哦。另外,文胸要记得勤洗勤换,保持干净哦。”

我点点头,迫不及待地想要试试,妈妈帮我穿上后,说:“新买的文胸要洗一遍再穿,这两件妈妈已经帮你洗过了,以后你要学着自己洗。文胸要选择舒适的、适合自己的,也要考虑乳房的大小,要正好包裹住乳房,这样做运动就很方便了。”

我穿上衣服原地跳了两下,笑着对妈妈说:“妈妈,我很喜欢这件内衣,谢谢妈妈,以后上体育课我也能和小夏一起跑步啦!”妈妈拍着我的肩膀说:“这两件都是运动文胸,纯棉的很透气,很适合你这么大的女孩子穿,上体育课时就不会觉得不方便了,它会保护乳房不下垂、不受伤。女儿,你已经是大姑娘了,要学会保护自己哦。”

我点点头,非常开心,我太喜欢这件生日礼物了,谢谢妈妈,我爱妈妈!

妈妈给女儿的私房话

我亲爱的女儿,看着你每天成长起来,真是一件温暖的事。

从现在开始，你也可以自己选择喜欢的文胸了，文胸一定要选择适合自己的。面料要舒适透气，颜色最好是浅色系或者白色，这样颜色不会透出来，在学校就不会感到尴尬了。你一定想知道，女孩儿多大开始穿文胸呢？其实，穿文胸是与年龄无关的，当乳房发育到一定程度时，就可以穿文胸了。一般来说，当女孩儿的乳房发育到 16 厘米就可以了，这个 16 厘米具体是怎么测量的呢？让我们一起学一下。

我们选择用软尺去测量，从乳房的上底部经过乳头到乳房的下底部，这一段距离超过 16 厘米时，就是穿戴文胸的时候了。这个时期的女孩儿要选择运动文胸或者少女文胸。穿戴文胸可以支撑乳房不下垂，使乳房保持通畅的血液循环，促进乳房内的脂肪堆积，让乳房发育得更丰满。

女儿，你可以和闺密一起去挑选文胸了，这也可以促进友情的发展。购买前要测量自己的胸围，也可以询问导购阿姨，她们会为你们推荐最适合你们的文胸。最后记住一点，千万不要穿着文胸睡觉哦！

成长更像是升级打怪，学会坚强和勇敢

进入青春期，我们不仅要适应生理上的变化，也要注意心理健康的监护，时刻关注心理变化。随着接触事物的增多，我们面临的压力也就越大，这个时候我们就要学会减压，提高抗压能力。

心理问题是最难把握的，抗压训练说起来容易，做起来却有些难，不但要花费时间和精力，还需要我们自己领悟，更需要在成长的过程中一点点地积累，总结经验。

陶子最近很烦躁，还有半年就中考了，学习的压力越来越大，每天都要做很多题、看很多书，最近生理期又来了，肚子有些疼。她觉得太累了，压在她心上的东西越来越多，她快要透不过气来了。这几天情绪尤其不好，波动比较大。

这一天，她在家里做数学习题，有一道题她解了很久，就是没有思路，挫败感油然而生。她感觉这段日子的努力都白费了，小肚子还特别疼，她突然感觉很委屈，于是就哭了起来。

妈妈闻声而来，看到女儿手捂着肚子，正很难受地哭呢，赶忙问："怎么了？是不是肚子太疼了？"

陶子哭着说："妈妈，为什么女生这么麻烦，每个月都要来例

假，肚子还这么疼，真是太讨厌了。”

妈妈笑了笑，一边帮她擦眼泪一边说：“这也是人体代谢的一种啊，来例假时，它会帮助你代谢出体内的毒素，你不要在意它就行了，放松心态，别去想。妈妈给你煮了红糖姜水，喝了之后再用暖宝宝热敷一下小肚子，疼痛感就会减轻了。女儿，你要调整好自己的心态，如果觉得压力大，或者心里不舒服，就先停下来别学了，休息一会儿。”

陶子摇摇头，说：“现在哪有时间休息啊，老师留的作业我还没做完，马上就要中考了，我必须抓紧时间复习了。”

妈妈说：“现在距离中考是只有半年的时间了，时间很紧，你也很着急，但我感觉你最近不是很开心，似乎有很多令你烦恼的事。在这种状态下继续学习，效率也会受到影响，妈妈建议你先停下来，调整好心情再学习。”

陶子终于不哭了，说：“妈妈，我总是想哭，是不是太丢脸了？”

妈妈笑着说：“怎么会呢？哭其实是一种很好的释放压力的方式呢！你有没有觉得哭完之后，好像心里没那么沉重了，整个人都轻松多了？”

陶子点点头，说：“嗯，好像真是这样，我现在就没有刚才那么烦躁和郁闷了。”

妈妈继续说：“你就是压力太大了，心上的弦绷得太紧，你要学会给心上的弦松一松，减少压力，别担心，一切都会好起来的。如果你还觉得不开心，可以跟妈妈或同学说说，分享一下彼此的心情，不要觉得耽误学习时间，只有心理上变得轻松了，学起来才更有劲头啊！”

陶子认为妈妈说得很有道理，最近她的确压力很大，又一味地追求快，想挤出时间多做几道题，结果分数没增多少，压力倒是噌噌地往上涨。看来，她的确需要按照妈妈的建议停下来，让自己的心情平静下来，给自己减压。

妈妈送给女儿的私房话

亲爱的女儿，成长的滋味是不是很奇怪？有时甜，有时苦，有时还会辣到流眼泪，这都是正常的。

打个比方，我们将成长比作升级打怪的游戏，闯关成功，我们就欢呼雀跃，下定决心继续努力向前进；如若闯关以失败告终，也不要气馁，总结经验和教训，重拾信心再来一次。我们要接受人生中出现的各种各样的变化，慢慢接受，然后吸收，不断提高和完善自己。最后你会发现，在不知不觉中，我们就长大了。

当然，在成长的过程中，我们需要良好的心理素质，但罗马不是一日建成的，我们要在不断的磨合和挑战中提升自己，最关键的是要提升抗压能力。压力或大或小，似乎随处可见，随着认知能力的提升，压力也会逐渐增多，因此，抗压能力是需要不断提高的。现在，妈妈就跟你分享几个减压的小窍门，希望可以帮到你。

1. 放空，忘却一切。压力大时，不要强迫自己继续学习或做某件事，可以放下一切，给自己的心灵放个假。

2. 你担忧的事情98%都不会发生。很多时候，我们会想太多，内耗过多，心情就不会愉快，太多的事情压在心头，还会影响睡眠。最好的做法就是实践，不去纠结。实践是检验真理的唯一标准，如果想确认自己做出的抉择是对还是错，那么就去做，将烦恼和纠结都放在实践上。

3. 停下来思考，有时，我们不能一味地追求速度，也要懂得适时地慢下来。一味地追求完美、追求速度，这是不够的，我们还需要时间去反省、去总结，慢下来去感受当下。这也是一种减压的方法。

4. 接受自己的缺点和不足，没有比这个更勇敢的了。慢慢地，我们会发现自己还有许多不足和缺点。这个时候不要掩盖，也不要逃避，直视它、面对它，然后改善和解决它。当然，这需要我们鼓足勇气，虽然迈出第一步很难，但只要向前走一步，你就会发现，原来我们也可以做得很好。勇敢一些，这会让我们更加自信。

5. 移情法。大吃一顿，或者旅行、看书、做运动。压力过大时，可以转移注意力，将精力和时间分散到其他地方，做一些令自己愉悦的事情，也可以和朋友或同学分享心事。

抗压能力的提升需要不断地训练，女儿，不要着急，慢慢来。成长就是一个不断学习和进步的过程。人生难免会遇到坎坷和磨难，也不会永远一帆风顺，但是正因为如此，我们的人生才会充满挑战和乐趣，让我们懂得应当更加珍惜当下美好的时光。所以，坚强些，也勇敢些，修炼自己，去闯关打怪，一点一点升级吧！

第2章 花样年华的美丽烦恼

不过分追求完美

崇尚完美主义的人总是追求完美，渴望一切都毫无瑕疵，颇有一点乌托邦式的理想，不切合实际。但我们也不应该将完美主义一刀切地否定，它也有积极的一面。

高中政治课本上的唯物辩证法教导我们凡事都具有两面性，完美主义也是如此，要用辩证的态度看待它。有些人会因为追求完美而不断努力，想要成功就立即着手去做；有些人却认为自己做了也不会变得完美，索性就不做。

追求完美，这本身是无关对错的，完美的目标是我们前进的灯塔，可以为我们指明方向，也是我们勇往直前的动力，让我们充满力量。我们要利用完美主义的力量，积极地面对挑战，遇到更美好的自己。

同时，我们也要有这样的意识，知道金无足赤，人无完人，我们要享受追逐的过程，努力前行，但不要过分追求结果。

讷讷是一个事事都追求完美的女孩儿，从小就严格要求自己，衣服有一点褶皱都觉得不舒服，一定要换掉才会出门。长大后，她的这种完美心理依旧存在，学习成绩也一直很好。

有一次，讷讷代表学校去参加区里的演讲比赛，她为此准备了很久，演讲稿改了很多遍，还起早练习演讲时的语音、语调，到最后都可以背诵下来了，耗费了她很多的精力和时间。等真正到了比赛那天，讷讷却放弃了比赛，虽然那天她确实去了比赛现场，只不过在上台前的那一刻，她放弃了。

妈妈从老师那里知道了这个消息，等讷讷回家时便问："女儿，你那么期待这次演讲比赛，也为此准备了这么长时间，你付出的努力和辛苦妈妈都看在眼里，为什么到最后一刻却放弃了呢？"

讷讷回答说："妈妈，上台前那一刻我发现自己心跳加快，非常紧张，之前已经背下来的演讲稿，我连第一句话是什么都忘了。就算上台比赛我也得不了第一，我还不如不比赛了。"

妈妈问："为什么得不了第一，你就不比赛了？"

讷讷说："对啊，我考试一直都是第一，这次如果不是第一，那就不完美了。"

妈妈摇摇头，说："孩子，你的这种想法妈妈不认同，追求完美本身没有错，这可以激励你奋发向上。可是，为了永远保持第一，不做尝试就放弃，这就不好了。这个世界上并没有常胜将军，我们也不可能永远站在第一的位置上，要知道，天外有天，人外有人啊。将来，你会去更大的城市，读更好的学校，遇到更优秀的人，那个时候你就会知道，永远得第一，那是很难的。"

讷讷说："可是我会努力，我喜欢得了第一名的喜悦。"

妈妈又说："孩子，那妈妈问你，在你全身心投入一件事情中时，会不会也觉得很高兴呢？举个例子，当你准备演讲比赛时，精神状态很饱满、劲头很足，是不是也很开心呢？”

讷讷想了想，点点头，说：“是挺不错的，很开心，觉得很有意义。”

妈妈笑了笑说：“那就对了。其实啊，我们要将重点放在努力拼搏的过程中，想要做好一件事就要拼尽全力，享受这个过程，只要我们发挥出自己的最佳水平，结果也就不那么重要了。并且，生活不可能总是一帆风顺的，还会有磨难和挫折，如果我们失败了，难道就要一蹶不振吗？如果你下次考试不是第一名，那你要怎么做？”

讷讷说：“当然要继续努力，下次给夺回来！”

妈妈拍了拍讷讷的肩膀，说：“其实妈妈觉得你身上有一股力量，就是那种不服输的劲儿，妈妈觉得很棒，要继续保持。可你知道吗？比赛前退出，在别人看来就是不敢面对，你愿意让别人这样评价你吗？”

讷讷摇摇头，说：“不想。”

妈妈又说：“那么，下次如果你再遇到类似的情况，要怎么做呢？”

讷讷想了想，说：“继续参加，不退缩。”

妈妈笑着说：“这就对了，要有不怕输的精神，将自己的水平发挥出来，就算结果不尽如人意，你也知道自己的短板了。就像这一次，妈妈觉得你演讲时在临场发挥方面还需要提高。以后你就会发现，人生就是一次又一次的挑战，闯过去了，你就成功了。闯不过去，那也是一时的，继续努力，你就会发现自己进步了。”

讷讷点点头，说：“妈妈，你说得对，这一次是我做错了。我是代表学校参加的比赛，我退出了，我们学校就没有任何成绩，我应该去跟老师道歉，跟同学们道歉，我辜负了他们的期望。”

妈妈赞许地点点头，说：“知错能改善莫大焉。孩子，这件事情你要自己去处理，妈妈相信，你会处理得很好的。”

讷讷听完，立刻穿上衣服准备去学校了，这一刻，她谦卑了许多，也清楚地知道了，人生并不是只有第一，享受拼搏和奋斗的过程也很开心！

对于女儿追求完美的行为，案例中的妈妈处理得很好，让女儿认识到了过分追求完美的弊端。

凡事追求适度原则，做任何事都需要掌握一个度，就是那种刚刚好的状态。追求完美也是一样，我们推崇完美主义带给我们的积极乐观和拼搏向上的精神，同时也要规避它的弊端，不过分追求完美本身，不完美才是真的完美。

妈妈送给女儿的私房话

亲爱的女儿，当你进入青春期后，自我认知能力在慢慢加强，对完美也有了初步的认识。你想要做到最好，对自己要求严格，按照自己设定的目标努力前进。可有些时候，你太在意别人的看法，对自己严要求、高标准，这会给你带来很大的压力。

我们不必太在意别人的看法，我们每一个人都生活在自己的时区，有人进步很快，成绩很好，有人接受知识的能力较差，分数很低。不管怎样，我们只要做好自己，全力以赴，就算最后的结果不那么完美，我们也要欣然接受。

接受一个完整的自己，包括自己的缺点和不足，不要苛求自己处处完美，我们要允许自己犯错。不完美才是真正的人生。

万物皆有缝隙，有缝隙的地方，阳光才能照进来。在人生的道路上，我们难免会遇到挫折和失败，这就是我们生命中的缝隙，经历了这些，我们才会越挫越勇，更有勇气去面对全新的挑战。

女儿，从此刻起，我们要努力做一个勇敢的人，去寻找缝隙中的光，感受阳光的温暖和爱！

科学减肥很重要

青春期是人体发育的第二个重要阶段，也是发育最旺盛的时期，人的新陈代谢也会随之发生变化。在这段时期，如果不注意饮食和运动，过度放纵自己，那么肥胖问题就会如影随形。

肥胖会影响身体健康，因此，减肥，似乎就成了一个目标。青春期的我们对美已经有了初步的认知，认为胖和美是完全不挂钩的，于是，减肥就成了我们的口头禅，我们尝试用各种方法减肥，追求苗条的身材。

爱美之心人皆有之，我们可以通过正确的途径减肥，这也关乎我们的身心健康。减肥成功，我们的心情会更愉悦，身体会更健康。但减肥也是需要科学的方法的，切不可盲目跟风，以损害身体健康为代价的减肥方法，一定要杜绝。

兮兮升入初中后变得有点胖，她喜欢吃甜食和油炸食品，又不爱运动，平时坐车上学，根本走不了几步路。起先，她腰上的肉多了，坐下就有小肚腩，久而久之，脸也圆了，腿也粗了，整个人越来越胖。

这个时期的兮兮正是长身体的时候，食欲很好，吃得少一点就会觉得饿，吃得多了就会变胖。但她这个年纪的女孩儿都有了爱美之心，看到周围的同学都很苗条，她有些难过，便萌生了减肥的想法。

她试过很多种方法，比如节食，吃少一点，可是节食经常会让她饿醒，早上起来也无精打采的，这种方法是会饿瘦一点儿，但饿了几天后她就会吃很多，美其名曰奖励自己，可一顿吃下去，之前的肉又长回来了。运动减肥她更是坚持不下来，过程太辛苦，基本一个月坚持两天她就放弃了。在尝试了很多种方法后，她偷偷买了减肥药吃，她觉得用这种方法减肥效果最好，还不费力。

一个月后，兮兮有些害怕，她这个月没来月经，而且肚子也会偶尔作痛，有时还会心跳加快，非常不舒服。她想了想，必须向妈妈求助了。

妈妈带着她去医院做了检查，她将自己吃过减肥药的事情告诉了医生，医生说："现在的孩子呀！减肥药是可以乱吃的吗？家长也不管管。"

兮兮很害怕，没有说话，也不敢看妈妈的脸色。回家的路上，妈妈带着她去了家附近的公园。她很忐忑，犹豫了几次，开口说："妈妈，对不起，我不应该瞒着你吃减肥药，妈妈你别生气了，我以后再也不敢了。"

妈妈牵着兮兮的手，似乎没有她想象的那么生气，妈妈说："女儿，你已经不是小孩子了，凡事都有自己的判断，吃减肥药这种事情以后绝对不要再做了。减肥药看似可以快速地减轻体重，但对身体的伤害是巨大的。这一次，你虽然吃得时间短，但身体却因此出了这么多问题，一定要引以为戒。”

兮兮点点头，说：“妈妈，我已经自食恶果了，可我真的没有别的办法了，我觉得自己很胖，都有点自卑了。”

妈妈摇摇头，说：“其实，慢慢地你就会发现，任何事想要做得好，都不是那么容易的，这需要我们付出努力。就像控制体重，妈妈以前就跟你讲过，要少吃一点甜食和油炸食品，吃点健康清淡的，荤素搭配，可你禁不住美食的诱惑，吃得多、运动得少，日积月累，当然会胖了。”

兮兮很不好意思地笑了笑，说：“可是蛋糕和油炸食品真的很好吃啊。”

妈妈捏了捏兮兮的脸蛋，说：“那妈妈问你，你是想要每天吃甜食和油炸食品，让自己越来越胖，还是想保持健康又苗条的身体？”

兮兮想了想，说：“我想要变瘦，这样可以穿漂亮的裙子。”

妈妈笑了笑，说：“那我们从今天开始就要加油了，记住，从现在开始，要管住嘴、迈开腿，做到这两点，并且坚持下去，最后一定会有成效的。减肥不能急于求成，要循序渐进，一点一点来。”

兮兮的情绪一下子低落起来，闷闷不乐地说：“妈妈，做运动好难，也好累，之前我都试过了，我肯定坚持不下去的。”

妈妈说：“减肥是一定要有所付出的。这一次，妈妈陪你一起吃健康的食物，一起做运动，我们要有信心，不能轻易退缩，我们一定可以的！”

兮兮看着妈妈满脸的自信，本来还有些担心，现在也只有抱着试试看的心态，不过她的积极性被妈妈调动起来了，心情也好了许多。

就这样，兮兮和妈妈一起运动减肥，每天吃得都很有营养，吃完饭还会抽出一小时做运动，在公园里做拉伸运动，绕着公园快走，还在家里做瑜伽。妈妈说，刚开始体重高，不要跑步，这样会让膝盖受伤。只要把每天吃的东西都消耗掉，多余的能量就不会转化成脂肪了。

一个月后，兮兮的体重减掉了两斤；三个月后，减掉了四斤。虽然体重变化不大，但她感觉自己在变瘦。妈妈说:“这是因为脂肪在减少，体脂率在逐渐接近健康标准。减肥不要在意体重的快速下降，减太快，身体也会吃不消，一年减掉 10~15 斤就很好了，养成健康的饮食和运动习惯，一直坚持下去才是真正意义上的减肥成功。”

兮兮笑着点点头，说:“妈妈，我一定会坚持的！我相信自己可以做到。做运动后，我觉得心情变好了，学习也很有劲头！”

妈妈送给女儿的私房话

亲爱的女儿，你一定要记住，减肥一定要选择科学健康的方法，切记不要相信有些媒体所宣传的短期快速减肥，也不要依靠减肥药或代餐奶昔，这些都是有副作用的，还会有反弹的可能。

其实，科学的减肥更像是培养一种健康的生活习惯，当习惯养成，长期以这样的方式生活，那么就不会有减肥的困扰了，身体也会更加健康。下面，妈妈就为你介绍几种科学减肥的方法。

第一，运动减肥。其实，如果我们每天都将吃的食物消耗掉，脂肪就很难堆积起来了，而运动是最健康的能量消耗方式。可以选择瑜伽、跳健美操，也可以选择慢跑、打羽毛球，运动方式多种多样，可以挑一种自己喜欢的、感兴趣的运动，这样坚持起来也更容易。

第二，合理膳食。培养健康的饮食习惯，不节食，也不暴饮暴食，要时刻善待自己的胃。饮食讲究荤素搭配，少油少盐。早饭要吃饱，午饭要吃好，晚饭要吃少。坚持住，饮食习惯就会养成。

第三，心态放松。培养一种健康减肥的意识，放轻松，不要着急，放慢节奏，一点一点来。减肥的心态很重要，不要把它当成任务，可以把它当成游戏，升级打怪，成功减掉一斤就是完成了一关挑战。

第四，看淡一切。健康最重要，不要以瘦为美，也不要将越瘦越好定为目标。只要做到了健康饮食，适当地运动，最后的结果并不重要，一切顺其自然。

高跟鞋真的很好看

进入青春期后，我们的认知能力在不断地提高，对事物也逐渐有了自己的看法。在这个过程中，我们会接触更多新奇的东西，有许多精彩纷呈的经历，同时也会对许多事情感到好奇。

我们会逐渐接触到彩妆产品，会对口红、唇彩、腮红、睫毛膏等产生兴趣，也会偷偷涂抹妈妈的化妆品，穿妈妈的衣服，特别是高跟鞋。

是啊，追求美、欣赏美、热爱美，是一件很正常的事情，每个人在不同的年龄段对美都有着不同的理解和追求。高跟鞋真的很好看，我们在现实生活中也会看到许多女孩子穿着高跟鞋，她们走路婀娜多姿，是街边一道亮丽的风景线。于是我们也想尝试，去模仿。

高跟鞋很好看，可是你知道过早穿高跟鞋的危害吗？

小珂上初中后就开始爱打扮了，她很注意自己的着装，要穿自己认为好看的衣服，她还会趁妈妈不注意偷用她的口红和眼影。可是学校每天都会检查着装，教导主任站在学校门口检查每一名进入校园的学生，如果发现有学生没按照要求穿校服，或者化妆，都会被扣下，然后叫家长，情节严重的还会在课间操时被公开批评。所以，小珂只有在放假时才会偷偷用妈妈的化妆品。

这一天，妈妈加班不在家，小珂抹了妈妈的口红，还偷偷穿了她的高跟鞋出去。谁知，刚走了几个台阶她就感觉膝盖疼，好不容易到楼下了，她刚迈出去一步，结果右脚没站稳就崴了，她瞬间感到一股钻心的疼痛，哎哟一声摔倒在地，眼泪唰的一下就流了出来。

幸好，爸爸回家时及时发现，急忙将小珂送到骨科医院，拍了片子，好在没有伤到骨头，只是扭伤。医生给开了舒筋活血的药水，让护士把药水涂抹在小珂受伤的部位。护士给小珂擦药水时，她忍不住使劲儿握着爸爸的手，疼得嗷嗷大哭，泪水混着睫毛膏流到脸上，就像一只小花猫。

妈妈得知消息从单位赶回家，看着小珂满脸的泪痕没有说什么。她拿出化妆棉和卸妆水，温柔地帮她擦掉脸上的睫毛膏和口红，卸干净后，又端来一盆温水让她洗脸，洗过脸后帮她涂了水和乳液。这一切都做完后，又扶着小珂坐在沙发上。

小珂有些害怕，她知道自己闯祸了，偷用妈妈的化妆品，偷穿妈妈的高跟鞋，最后自食其果扭伤了脚，她已经受到惩罚了。她想，妈妈现在应该很生气，怎么办？她低着头，不知道说什么。

这时，妈妈开口问：“扭伤的地方很疼吧？”

小珂点点头，委屈地哭了起来，她没想到偷穿高跟鞋要付出这么大的代价，她的脚踝现在还很疼。她开口道歉：“妈妈，我错了，我不应该偷穿你的高跟鞋，也不该偷偷化妆。”

妈妈仔细看了看她的脚，说:“你这个年龄对化妆品和高跟鞋感兴趣也很正常，只是，你还不清楚这些东西会给你带来怎样的伤害。如果知道了，你还会选择去穿、去用吗?”

小珂有些不懂，问道:“可是我看到妈妈和老师都会化妆，会穿高跟鞋啊，如果这些东西很危险，那为什么还有人买呢?”

妈妈解释说:“妈妈和老师都是成年人了，骨骼已经发育完全，可以适当地穿高跟鞋了。你现在还小，刚上初中，骨骼还没发育好，骨骼很软很容易受伤。我们在穿高跟鞋时，重心会前倾，全身的力量会压迫在脚掌、脚跟、膝盖及骨盆上，这样会让骨头变形，后果很严重的。而且，你太小，不知道穿高跟鞋的要领，走路掌握不了平衡，很容易扭伤。这次万幸没有伤到骨头，只是扭伤，这个教训是不是很深刻，当时是不是感受到那种钻心的疼了?”

小珂点点头，说:“特别疼，疼得我忍不住哭了出来，我现在还想哭呢!妈妈，原来穿高跟鞋有这么多危害啊，我再也不敢穿了。”

这时，爸爸开口说道:“你妈妈的高跟鞋平时都放在鞋柜里，如无必要，她是不会穿的。”

妈妈又说:“还有化妆品，你现在的皮肤很娇嫩，平常洗完脸只需要基本的护肤品就可以了。彩妆对皮肤的伤害很大，如果卸妆不彻底，会加速皮肤的老化。而且妈妈认为，你现在还小，正是青春年华，完全不需要化妆品来修饰，快乐幸福就是最好的化妆品。”

小珂突然想起自己哭的时候满脸的妆都花了，就像小花猫一样，她不好意思地笑了笑，说："妈妈，我觉得你说得有道理，我还是喜欢穿运动鞋，很舒服，可以随时跑和跳，最关键的，我再也不用担心会扭伤脚了。我以后再也不偷穿你的高跟鞋了，也不会偷偷化妆了。"

妈妈笑着摸了摸小珂的脑袋，说："好了，记住就好。等你长大了，如果你还是想要尝试穿高跟鞋，妈妈尊重你的选择。"

小珂说："妈妈，我只穿了一会儿就觉得膝盖好疼，也很累。我觉得，等我长大了，我要仔细考虑一下了，就算要穿高跟鞋，我也不会长时间穿的！"

妈妈笑着说："好孩子，现在好好养伤吧，不要多想，过几天脚踝就不会疼了。"

小珂点了点头，很开心地笑了起来。

妈妈送给女儿的私房话

亲爱的女儿，你还记得吗？去年放暑假的时候，我出差回来，推开家门看到你涂着口红，戴着太阳镜，穿着妈妈的裙子和高跟鞋，一瘸一拐地走路。那一刻，妈妈真是哭笑不得。你还小，衣服和鞋子都很大，口红涂得满嘴都是，那个样子真是又滑稽又可爱，我永远都不会忘了你那时的样子。

妈妈有些感慨，你已经进入青春期了，脑海中有了"臭美"

的意识，认识能力逐渐加强，个人主见越发突出，是一个可以独立思考，可以发表自己意见的大姑娘了，再也不是妈妈怀中的小婴儿了。

现在，你会主动早起，在镜子面前的时间变长了，也会偷偷夹眼睫毛，涂眼影和唇彩，虽然你做得很隐秘，但还是被我发现了。出去买鞋时，你就要求买跟高一些的鞋，妈妈知道，你想穿高跟鞋，并且认为那样穿很美。可是，你知道过早穿高跟鞋会有什么危害吗？

处于青春期的你身体还在发育，骨骼结构中软骨较多，骨组织中的水分和有机物含量高，也就是说骨骼很软，尚未发育好，如果受到压迫，很容易导致骨骼变形。女孩儿过早穿高跟鞋，会使足部受到压迫，踝关节容易扭伤。穿高跟鞋时，人体的重心会向前移，会损伤腰部，腰就会酸痛。最重要的，过早穿高跟鞋会导致骨盆变形，骨盆变形就会影响日后的分娩。

妈妈跟你分享一个小秘密，高跟鞋虽然好看，但穿起来真的很累，脚和小腿会很酸痛，时间长了腰也会疼。如果不是正式场合，一定要穿高跟鞋，妈妈是不会主动穿高跟鞋的。

并且，鞋子和衣服的搭配要相得益彰，你现在还是学生，上学要穿学校的运动服，那么就需要穿运动鞋来搭配，平时蹦蹦跳跳也很方便，跑步也不会累。如果放假了要穿裙子，那么妈妈也会给你买搭配的鞋子。你知道吗？平底的鞋子也很漂亮，你这次过生日，妈妈会为你准备一双平底的小瓢鞋，鞋子上面镶着晶莹剔透的水钻，我保证，你一定会喜欢的！

拒绝整容，追求自然美

爱美之心人皆有之，每个人都有追求美和欣赏美的权利，但要树立健康的审美观，追求自然美。

青春期的我们很容易被媒体的报道影响，在娱乐圈，整容似乎是一件不足为外人道但很多人都会做的看似很平常的事。这个时候，我们就要有意识地去辨别外界的事物，关于整容，我们要坚决拒绝，决不在脸上或身上动刀子。

整容，通过手术刀切割而成的美丽，只是外在的、一时的，它成就不了永恒的美丽。时间久了，人还会对整容产生依赖性，有了第一次，就会有第二次、第三次，最后让自己陷入危机当中。

我们要从小树立正确、健康的审美意识，外在美是转瞬即逝的，经受不起时间的考验。而内在美是一种历久弥新的气质和魅力，是自内而外散发出的一种光彩和活力，是支撑我们闯过一次次难关的力量。

怡昕高考结束后就一直琢磨着要去割双眼皮，垫高鼻子，在收到重点大学的录取通知书后，她郑重地向妈妈提出了这个要求。

她对妈妈说:“妈妈，我想跟你商量一件事，我想变漂亮，想要有漂亮的双眼皮和高挺的鼻梁。我想趁着这个暑假把手术做了，这样开学前就恢复好了，没有人知道我做过手术。”

妈妈听了之后心里咯噔一下，她没想到女儿会提出整容的要求，她想了一会儿，斟酌了一下语言，问:“你觉得自己很丑吗?你的眼睛虽然不是双眼皮，可比起很多单眼皮的女生要大很多，最关键的是你的眼睛很有神。你的鼻梁不太高，这一点像爸爸，这跟遗传因素有关。不过，妈妈觉得你的五官看起来很舒服，如果鼻梁突然高起来，会不会不协调呢?”

怡昕没想到妈妈会说这么多，她连忙拿起镜子照了起来，说:“鼻梁变高了会很突兀吗?应该不会吧?”

妈妈坐到她身旁，跟她一起看，说:“这么看是不行的，我们可以试一试，看能不能把鼻子弄高点。”说着，就去化妆台拿起自己的全套彩妆。

怡昕的好奇心被调动起来，她看着妈妈忙前忙后，将各种彩妆一一摆好。不一会儿，她听到妈妈说:“以前你还小，皮肤很娇嫩，妈妈不让你接触彩妆，现在你即将成为大学生，也该试着学习化妆了，妈妈现在就教你。首先，护肤工作一定要做好，水、精华、乳液、面霜、防晒、隔离，这些都涂抹好后再上彩妆。现在，你先敷个面膜。”

怡昕有些愣神儿，她看了看桌子上的一堆瓶瓶罐罐，问:“妈，这么麻烦啊?”

妈妈说:“妈妈接触的也只是冰山一角，还有许多化妆技巧妈妈都不知道呢！这得靠你自己去学习了。”

怡昕听了妈妈的话去敷面膜，敷完面膜洗净脸后，就坐在沙发上任由妈妈在她脸上涂涂抹抹，足足四十分钟后才结束。妈妈拿起镜子递给她，说：“看看，觉得怎么样？”她拿起镜子照了照，欣喜地叫了出来，说：“天啊！妈妈，你都做了什么？我的鼻梁好像变高了，而且眼睛也更大了！”

妈妈仔仔细细地看了看女儿，满意地笑了笑，说：“吾家有女初长成啊，女儿，你画个淡妆可真漂亮！”她拿起桌上的一个小瓶，说，“鼻影和高光搭配使用就可以使鼻梁变高，在凹的地方打阴影，鼻梁打高光，这样可以让鼻子变得高挺。”

怡昕高兴地对着镜子左看右看，说：“妈妈，我太爱你了！我要学化妆。”

妈妈点点头，说：“上大学后你就可以学习化妆了，化妆也是一种社交礼仪，出席必要的场合时，着装和妆容要相得益彰，化妆可以提升女孩儿的形象和气质，会让人看起来更有精神。现在，我们回到最开始的那个问题，你还想去整容吗？”

怡昕想了想，摇摇头说：“妈妈，我不想去了，听说整容很疼的。”

妈妈说：“其实，整容还有许多你不知道的危险，有的人在做手术时会大出血，严重的会当场死亡，还有整容失败的案例，眼睛合不上，嘴巴歪了，脸型不对称，还要再次开刀，或者经过几次修复，每一次都很遭罪。事实上，整容稍有不慎，就会付出生命的代价。就算整容成功了，也要时刻注意，如果不小心碰到磕到，那就是毁容了，你不能只看到别人光鲜亮丽的一面，还需要通过这些看到整容的本质，那都是血淋淋的教训。”

怡昕赶忙摇摇头，说：“我还以为整容很容易呢！妈妈，我只是想变漂亮一点，现在我发现化妆就可以实现，那我就不整容了。”

妈妈又说：“女儿，年轻漂亮只是一时的，没有人可以做到青春永驻，永远漂亮。我们要追求内在的美，注重内在气质的提升，妈妈觉得，善良、乐观，对一切事物都能正面看待的人就是美丽的，我们要努力成为这样的人。”

怡昕点点头，觉得妈妈说得很有道理。她说：“妈妈，你说得对，上大学后我也会努力学习，力所能及地帮助身边的人。你放心，我以后绝对不会去整容，我会拒绝一切整容，追求自然美。”

妈妈欣慰地点点头，说：“去学校报到前妈妈会送给你一套彩妆作为礼物。记住，不要化浓妆，妆容一定要符合自己学生的身份。妈妈觉得，淡妆就很适合你，非常漂亮。”

怡昕高兴地抱了抱妈妈，说：“太好了妈妈，谢谢妈妈，妈妈我爱你。”

妈妈送给女儿的私房话

亲爱的女儿，在爸爸和妈妈眼里，你就是最美好的存在。你知道吗？自然美才是最值得守护和追求的，一切顺其自然，一切都会变得很好。

可是，外面的世界诱惑很多，如果一旦生出整容的想法，那该怎么办呢？

不要担心，妈妈现在就给你介绍一下整容都有哪些危害。一是麻醉意外，有很多人会因为对麻醉药过敏而出现问题，轻则起红疹，呼吸急促，严重者会出现过敏性休克，甚至会当场死亡。二是手术意外，手术过程中碰触到神经或动脉血管会导致大出血，皮下充血、大出血致死都有可能发生。三是细菌感染，手术过程中细菌有可能潜入皮下组织，造成细菌感染，这需要口服或注射抗生素治疗。四是术后恢复。恢复状况因人而异，有人很成功，有人手术失败直接毁容，需要反复进行修复，过程痛苦难以忍受不说，还会对整容产生依赖心理。还有些人会因此产生心理问题，变得自卑，情绪化严重，给心灵带来创伤。

整容对于一个人身体和心灵的伤害如此之大，我们更应该了解整容背后的真相，看清危险，拒绝整容。

古语有云，身体发肤，受之父母，不可损伤。健康的身体就是父母赐予我们的最好的礼物，每个人的生命都是值得珍惜的，我们要珍惜生命，远离整容，树立正确的审美观，追求自然美。

女儿，你知道吗？在妈妈眼里，你就是最可爱、最美丽的女孩儿，保持内心的乐观与善良，积极地面对每一天，拥有积极向上的心态，你就是最美的！

染发和美甲的危害你知道吗?

青春期的我们也将进入爱美的阶段，会有意识地花费时间打扮自己，也有了自己的审美观。当然，也会受到外界环境的影响，对新鲜的事物产生兴趣，想去尝试。这是正常的心理需求，适当地满足会使我们增强自信心，也有利于自我选择和独立思考能力的培养。

可能是天性使然，我们对于闪闪发光的东西都没有抵抗力，如耳钉、项链、钻石，为了戴亮晶晶的耳环，我们会选择扎耳洞。为了提升整体气质，我们会选择染发。为了让手指显得更白皙水嫩，我们会做美甲。爱美，仿佛就是女孩子的天性。可是，你知道吗？这些光鲜亮丽的背后还有一些隐患。

诚然，扎耳洞、染发、美甲等行为都是出于我们的自愿，进入青春期后，我们渴望独立自主，拥有选择权，也想得到父母的尊重，但是同时我们也要知道这些东西还会给我们带来哪些危害。

茹茹中考结束后感觉很放松，和邻居家的姐姐逛街，她看到姐姐的头发颜色很好看，便也染了一样的颜色。回到家后，她美美地照着镜子，越看越觉得好看，这一幕恰好被妈妈看到了。妈妈看她染了头发，很生气，批评她：“你才多大就开始染头发了？整天不好好学习，就想着臭美了，也不学学好的，是不是又跟邻居家的姐姐玩了？”

茹茹原本很高兴，但被妈妈批评之后，好心情早已烟消云散。她不服气，顶嘴道：“我怎么不学好了？跟邻居家姐姐玩又怎么了？”

妈妈听了火气更大，说：“染头发你还有理了，你看哪个好学生染头发了，都是一些小混混才会干的事儿。我早就跟你说过不让你和她玩，上次带你扎耳洞，这次又带你染头发，你跟着她都被带坏了。”

茹茹火气更大了，叛逆心理作祟，她偏要做妈妈不让做的，说：“染头发、扎耳洞就是坏孩子了？姐姐没带坏我，是我自己要染头发的，我和谁交朋友是我的自由，你没有权力干涉。”

妈妈拍了下桌子，吼道：“你是我的女儿，我这么做当然是为了你好！”

茹茹站了起来，说：“我才不要你为了我好，你只是为了你自己，我讨厌你！”

妈妈坐在沙发上，听到女儿将房间门反锁的声音，她又开口说道：“明天赶紧去把头发给我染回来！”

很明显，这是一次典型的无效沟通。茹茹处于叛逆期，又有了自己的审美观念，面对妈妈的严厉批评，她会更加叛逆。一味的批评不仅会让沟通效果大打折扣，还会将女儿的心推得更远。

进入青春期的我们有了自我意识，也渴望得到父母的尊重，需要满足我们自主和独立的心理。我们希望在学习和生活中更自由，可以拥有更多的选择权，可以按照自己喜欢的方式去做事情。

还是染发的事情，我们看看芳芳是怎么处理的：

芳芳也是中考结束后去染了头发，还做了美甲。她一直很喜欢棕栗色，也向往了很久，她们班英语老师的头发颜色就是棕栗色，她觉得很漂亮，很显气质。美甲则是因为好奇，她还挑了两颗亮晶晶的星星贴在上面，真是好看极了。回到家后，她看到妈妈正在做饭，于是就跑到厨房在妈妈面前转了一圈，问："妈妈，你看我有什么不同？"

妈妈正好炒完了菜，让她洗洗手吃饭，端着菜走到餐厅时，她看到芳芳的指甲，问："你去做美甲了？"

芳芳将手举起来，说："是啊妈妈，我做了美甲，而且还染了头发，真好看，我好喜欢，这种颜色会更衬得皮肤白。"

妈妈仔细看了看，然后点点头，说："是很好看，不过，女儿，学校好像不允许染头发和涂指甲，也不让戴耳钉。以前开车路过你们学校时，经常会看到有老师在校门口检查，怎么办？你这样，好像不行。"

芳芳想了想，说："我只是有些好奇，染头发时也没想那么多，既然学校不让，那我在开学前再给染成黑色，指甲也给卸了。”

妈妈表示赞同，说：“你的事情你做主，既然你喜欢，那就新鲜几天吧！但是关于染发和美甲，你知道它们对我们的身体会产生什么伤害吗？”

芳芳摇摇头说：“不知道，妈妈，这能有什么伤害呢？”

妈妈说：“染发剂和指甲油里面含有对身体有害的化学成分，你在染头发和做美甲的时候闻到味道了吧？现在的染发剂和美甲产品虽然都标榜纯植物提取，没有伤害，但实际上都会有一些有害物质，长期使用就会伤害身体，比如会导致皮炎或皮肤过敏，更严重的甚至会危害我们的生命安全。还有啊，你知道吗？我们的指甲也是需要呼吸的，要透气的，做美甲时要把厚厚的甲片贴在上面，涂很多层指甲油，经过高温电烤，这样很容易让指甲受到伤害，长期做美甲还会磨薄指甲，指甲很容易断裂。”

芳芳看了看自己的指甲，说：“这么可怕啊，原来美丽的东西背后还藏着这么多我们不知道的危害。”

妈妈说：“虽然说头发和指甲是你的，你有权利染发和美甲，但妈妈必须告诉你染发和美甲的危害，知道这些后，你再决定到底怎么做。更何况，学校也规定学生应该素颜，你现在还是学生，自然要遵守学校的规定，所以，基础的皮肤保养我们要做，多余的修饰妈妈就不建议你尝试了。”

芳芳点点头，说：“好的，妈妈，我现在知道了，我会记住你说的话。等我长大了，也会慎重考虑是否染发和美甲，我现在还是学生，的确不该染发和美甲，我明天就去把美甲卸了，把头发染回来。”

妈妈笑着摸摸她的头，说：“好孩子，快吃饭吧。”

妈妈送给女儿的私房话

亲爱的女儿，你知道吗？每当我走在街上，看到跟你一般大的孩子染着五颜六色的头发，或坐在美甲店美甲时，我就会出于本能地焦虑和排斥。我并不是说染头发的孩子就是坏孩子，就一定要否认，但至少她们还不清楚染发会给她们带来什么样的伤害。

女儿，你已经进入青春期，逐渐有了自己的想法和主张，面对新奇的事物难免会产生好奇心理，这都是正常现象。你在不断地成长，自我意识逐渐成熟，有主见，想独立，渴望自己做决定，也有了爱美之心，这是你的权利，妈妈尊重，并且理解。但是作为你的监护人、你最亲的人，妈妈必须告诉你染发和美甲的背后隐藏着什么危害，让你全面地了解美甲和染发、烫发，这是我的责任和义务。希望你充分了解之后再去做选择，看看是否依旧喜欢染发和美甲。不只是染发和美甲，遇到任何事，我们都应该全面地了解后再做决定。

妈妈为什么不建议你去染发和美甲呢？原因有以下两点：

第一，你现在的身份是学生，青春活泼，本身就很美。青春期的女孩子不必用染发和美甲等方式修饰自己，“清水出芙蓉，天然去雕饰”，要树立健康的审美观，追求自然美、健康美。

第二，染发和美甲产品对身体伤害很大，不建议使用。这些染发膏和指甲油中都含有有害的化学成分，长期接触皮肤就会引起感染，有害物质会通过头皮和指甲渗透到体内，轻者感染，严重的会有致癌的风险，所以想染发和美甲时一定要慎重。

任何事物都存在两面性，染发和美甲的确可以增强魅力，但美丽的背后隐藏着危害健康的风险。女儿，做决定之前一定要考虑清楚，现在，妈妈将选择权和决定权留给你，你可以问问自己，到底要不要染发和美甲呢?

健康快乐才是我们率先追求的

青春期可以说是一个转折点，也是一个过渡期。进入青春期之前，我们是懵懂无知的稚童，吃饭和长身体就是我们最关心的，如果时常能够被抱抱就太美好了，快乐和悲伤都很简单，也没有那么多的心事。而进入青春期后，到了属于我们的花季和雨季，生理和心理发生了很大的变化，我们开始有了自己的粉色小秘密，也学会了更多的知识，了解到世界是宽广的，未来是充满无限可能的，自我认知逐渐加强和成熟。我们想要的更多，快乐不再像小时候那样简单。与此同时，我们也有了许多烦恼和困惑。

审美观念初步形成后，我们就会格外注重自己的穿衣打扮。也许是女孩子的天性吧，我们有一颗爱美之心，也愿意为此花费时间和精力。但是外界的诱惑太多了，我们很容易受到周围人的影响，以伤害身体健康为代价来追求美，这是绝对不可以的。爱美没有错，但要树立积极健康的审美观。

或者我们可以换一种思维，我们不妨这样问自己，追求美的目的是什么？最后想要达到一种什么状态？

琳琳上初中后换了市里的学校，过上了寄宿的生活，慢慢地，她适应了现在的生活和学习环境，也交了几个要好的朋友，其中一个就是小芝。放假的时候，小芝带着琳琳去逛街，渐渐地，她有了爱美的心思，穿衣打扮都有了自己的想法，也学着粘双眼皮，戴好看的发卡，梳头发的花样也多了起来。

这一天，琳琳看到小芝的肩膀上画了一朵紫色的小花，因为好奇她伸手摸了摸，奇怪地问："哇，小芝，这朵小花好漂亮啊，是你自己画上去的吗？咦？这是什么笔啊，竟然擦不掉。"

小芝捂着嘴笑了笑，说："这不是画上去的，是文上去的，是不是很好看？"

琳琳点点头说："很好看，栩栩如生，真是漂亮！不过，文上去是不是很疼啊？"

小芝摇摇头说："不疼，文身之前给这块打了麻药，就是药劲儿过了有一点疼，还不能沾水洗澡，不过几天之后就好了。你觉得好看也去文一个，咱们文的小花，象征着我们俩的友谊。"

琳琳看着小芝期待的眼神，又看了看她肩膀上的那朵花，有些好奇，也有些心动。她咬咬牙，心想，妈妈刚给我打了生活费，那就偷偷文一个，平时穿着衣服也看不出来。心念一动，她再也忍不住了，便答应了小芝。

一周后，琳琳被小芝带到一个离学校较远的文身店。走进文身店的一瞬间，她感觉有些害怕，这里与她想象的不太一样，在见到小芝肩膀上的文身时，她以为文身店是一个很温馨、很梦幻的地方，但眼前的景象让她有点害怕。老板的胳膊上全是文身，穿着很另类，他正拿着工具给一个客人文身，尖尖的针不断地扎在客人的后背上，感觉很恐怖的样子。

琳琳拉着小芝走出文身店，说："芝芝，我有点害怕，我不想文身了，咱们回去吧。"

小芝有些生气，说："咱们坐了这么久的车才到这里，你怎么又不文了？这家店很火的，趁现在人不多，咱们赶紧去排队。"

琳琳纠结了一会儿，最终还是拒绝了，说："不，我不文了，真的。我没想到文身是这个样子的，芝芝，你肩膀上的文身确实很好看，但这里好像不是我们这么大的学生该来的地方啊，你看那些人胳膊上文了那么多图案，不太像好人的样子。"

小芝听了更生气了，说："琳琳，你是不是觉得我也不像好人啊。我看你什么都不懂，才主动和你做朋友，既然你不去，那我自己去，我还想再文个图案呢。"说罢，她就甩开琳琳的手，独自走进了文身店。

琳琳没办法，只好先回学校了。她将这件事告诉了另一个同学，同学说："小芝之前也让我文身呢，被我拒绝了，咱们是学生，不能文身，那些带颜色的东西都是对我们身体有害的。我妈说了，爱美可以，但绝不能伤害身体健康。"

琳琳点点头，说："对，我也觉得我们不应该文身，刚才吓死我了，文身店真的很恐怖啊。"

妈妈送给女儿的私房话

亲爱的女儿，你已经到了爱美的年纪，对美也有了自己的认识，但妈妈要跟你说，追求美可以，但不能以牺牲健康为代价。我们追求美的目的是什么呢？悦己，也悦人。让自己获得快乐，这才是我们应该追求的。

什么是美呢？你或许会说，长得漂亮，穿衣好看。但这只是浮于表面的答案，好看的皮囊千篇一律，有魅力的灵魂万里挑一。外表好看只是一时的，内在的气质也是一种美的体现。比如，自信、乐观、健康、积极，拥有这样气质的女孩儿，会有人说她不美吗？再如，善良、真诚、友爱、勤劳，具有这样品质的女孩儿，她们就是最美的。

美，并不止于外表，还要深入灵魂，我们要追求内在的美。健康和快乐是我们最应该追求的，没有什么能比得上这两点。

女儿，要将快乐变成一种习惯，将健康当作人生的储蓄，珍视和热爱自己，从现在开始，每一天都积极乐观地生活吧！

第3章

巧妙地应对青春期的小情绪

将忌妒转化为动力

辩证唯物主义教导我们，凡事都具有两面性。处于青春期的孩子或许会被“比较”所困扰，当自己的表现不如他人时，就会生出不一样的小情绪，如果是正能量，就会化解成羡慕，将他人的优点变成自己努力的目标。如果负面情绪占主导地位，那么就会出现忌妒心理。

忌妒，是一把双刃剑，如果转化得当，也能成为不懈努力的动力。

我叫小雨，今年15岁了，我不喜欢过年，因为会看到叔叔家的姐姐，她比我大一个月，亲戚们都喜欢她。今年亲戚聚会时，表姐表演完一个节目后，妈妈看出我不开心，将我叫到一边问：“小雨，怎么了？哪里不舒服吗？”

我想了想，决定把自己不开心的事情说出来：“妈妈，我不喜欢表姐，她太爱表现自己了，很讨厌。”

妈妈摸了下我的小脸蛋，说：“闺女，以前你很喜欢和表姐一起玩啊，你还经常把自己的玩具和课外书分享给她。”

我的心有些动摇，想起表姐对我的好，我又觉得她没那么讨厌了。我对妈妈说："妈妈，我也不知道怎么回事，有时我很喜欢表姐，有时又很讨厌她，亲戚们都夸她，他们都不喜欢我了。"说着说着，我就有些想哭了。

妈妈亲了下我的额头，笑着说："闺女，你这是对你表姐产生忌妒心理了。你觉得她表现很好，会主动跟长辈打招呼，表演节目时也很好看，这很正常啊。妈妈觉得你也可以做到，如果不会表演节目，那就对长辈说几句祝福的话，妈妈相信，他们也会很喜欢你的。"

我觉得妈妈说得有道理，我也要努力做好自己。

妈妈又说："当你的小脑袋里再出现这种想法时，要冷静下来。看到别人的优点，然后试着去学，这样你也会开心起来的，知道吗？"

我心里不舒服的感觉终于消失不见了。妈妈刚给我买了一本书，很好看，我要分享给表姐！

妈妈给女儿的私房话

别担心，女儿，每个人都会有忌妒心理，当忌妒这种情绪出现时，我们要做的不是消灭它，不让它存在，而是要学会如何处理。

首先，作为妈妈，我要反思一下自己的日常行为，是否存在"比较心理"，即，将"别人家的孩子"挂在嘴边，不经意或者有意提及。孩子，如果妈妈曾经将你和“别人家的孩子”做了比较，那么请接受妈妈的道歉。妈妈是想通过这种方法激励你，但事实证明这种方法是错误的。从此刻起，我们只跟自己做比较，只要今天比昨天更好，哪怕进步一点，也是快乐成长的重要一步。

其次，当忌妒的小宇宙爆发时，要尽快让自己平静下来，只有心态平和了，大脑才会深入思考。我们要看到对方优秀的一面，接受他人的优点，并且将忌妒转化为学习的动力。孩子，慢慢地，你就会发现，当自己也变得同样优秀时，忌妒就会消失不见。

最后，要学会分享和宽容，培养乐观向上的信念。心理学研究表明，自卑的孩子更容易有忌妒心。孩子，自信一些，妈妈也会给予你更多的鼓励，给你提供一个良好的生活和学习环境。

加油，女儿，妈妈永远支持你！

学会管理自己的情绪

随着年龄的增长，我们一天天地长大，我们会发现，人生是多姿多彩的，但是也会充满荆棘和挑战。在现实的学习和生活中，我们难免会有千变万化的情绪，会高兴、开心、积极、乐观，也会悲伤、愤怒、难过、郁闷。特别是到了青春期，情绪化问题逐渐显现，我们每天要面对的压力和挑战太多了，这个时候就需要学习如何管理自己的情绪。

我们或许达不到“不以物喜，不以己悲”的状态，但也要学会保持平和的心态，遇到挫折和挑战，或面对不公平和比较时，采用合适的方法去应对，正面解决，不逃避，不让负面情绪升级，只想着如何解决问题，让自己重新积极乐观起来。

青春期的我们很容易情绪化，会因为一些或大或小的问题而出现情绪波动，前一秒还是开心快乐的，下一秒却阴云密布，变得焦虑不安或生气愤怒。其实情绪化是人在一种不理性的状态下产生的行为，也可以理解成我们经常说的“喜怒无常”。

情绪化会影响我们各个方面的发展，会被人定义为情商低，影响人际交往，影响学习效率。长远来看，还会给人的心灵造成创伤，影响日后的工作和家庭关系。

欣欣最近情绪化问题很严重，前一秒还很高兴地和邻居姐姐玩，下一秒就生气地哭了起来，还发脾气把手里的书都撕了，一边撕一边生气地说：“我再也不和你一起玩了，你就是个大胖子，没有人喜欢你！”妈妈听到声音赶到的时候，就听到欣欣说了这一句，邻居姐姐听后眼圈都红了，但是临走前还跟妈妈说了一句“阿姨好，我先回家了”。

欣欣“哼”了一句，依旧在撕书，等她发泄完，妈妈才对她说：“欣欣，你怎么了？和苒苒姐吵架了？”

欣欣还是很生气，大口喘着气，过了一会儿才说：“刚才我们看书，我读了错别字，苒苒姐笑话我，她比我大，当然会读了。哼！我再也不和她玩了。”

妈妈说：“欣欣，你已经是一名初中生了，不是小孩子了，妈妈是不是教过你，遇到问题不要乱发脾气，要冷静下来想一想该怎么办。就像刚才，我听到你说苒苒很胖，还说她没有人喜欢，对不对？苒苒很伤心，眼圈都红了，可是见到妈妈来了，还是忍着泪跟妈妈打了招呼才走。妈妈觉得，面对坏情绪，苒苒就处理得很好。”

欣欣有些不服气，说：“不对，她是装的，最讨厌那些在大人面前装懂礼貌的人了。”

妈妈摇了摇头，耐心地解释说：“欣欣，如果换作是你，你被人说长得很丑，没有人喜欢，你还会装作很懂礼貌地跟长辈打招呼吗？就像刚才，你很生气，一边哭一边撕书对吧？”

欣欣倔强的神情缓解了一点，说：“那应该怎么办？我当时太生气了，也太伤心了。”

妈妈说：“首先，你要承认，你的确念错了字，要虚心接受这个事实，只要你学会了，下次就不会念错了，人总是在进步的啊。其次，你要知道，当你觉得生气和愤怒时，应该想办法让自己冷静下来，而不是乱发脾气，通过大哭或损坏物体来发泄负面情绪，更不应该在不冷静的情况下说出伤人的话。你和苒苒从小就在一起玩，平时她对你很好啊，有什么好吃的会跟你分享。妈妈觉得，你刚才说的话太让人伤心了，你应该跟苒苒道歉。”

欣欣有些不好意思，将头转了过去，但还是不肯认错，也不想去道歉。妈妈看出了她的心思，又说：“做错了事情不要紧，我们每个人都会做错事情。其实，道歉也是一种成长，妈妈问你，你现在应该冷静下来了吧？当你不那么生气和愤怒时，你还想继续和苒苒做朋友吗？”

欣欣点了点头，很小声地说了声“想”。妈妈笑了笑，摸了摸她的头，说：“走吧，妈妈陪你一起去找苒苒。”

欣欣和苒苒互相道了歉，两个人又和好如初了。

妈妈给女儿的私房话

女儿，当我们出现情绪化的问题时，不要担心，更不要害怕，也不要觉得喜怒无常很恐怖，自己是不是没救了。其实，事情没有我们想象的那么恐怖，情绪化也不是没有办法控制的，就像妈妈经常教你的，遇到问题要沉着冷静，凡事只要被定义成问题，那么就一定会有办法解决，我们现在就找出解决情绪化问题的答案。

首先，深呼吸法。让自己冷静下来。

当情绪化问题出现时，比如，原本我们很开心、很高兴，突然被人推倒在地上，或者被人狠狠批评了一顿，这时，我们要做的是控制自己的愤怒和悲伤，深呼吸，反复几次，让自己冷静下来。切记，不要在负面情绪占上风时说出任何不理智的话。

当情绪稳定后，我们再冷静地处理眼前发生的事，被人推倒，要问对方为什么这么做，如果确实是不小心，对方又真诚地道了歉，并且把你扶了起来，那么你可以试着原谅他。如果对方是故意的，那么你就要求他道歉；如果对方不听，你可以选择告诉老师或家长，让他受到应有的惩罚。受到批评，要耐心倾听对方的理由，有则改之，这也会让自己进步；如果是毫无理由的批评，那么不要犹豫，立刻远离，与对方保持距离。

其次，认知疗法。充分了解自己的性格特征，提高自我认知的能力。

接受和了解当下的自己，接受自己是一个情绪化的人，告诉自己，有些时候，我的确存在情绪化问题，并且清楚地知道自己的问题，了解自己的性格特点。对自己的情绪化问题有了充分认识后，就要有意识地去解决。当自己变得情绪化后，要尝试主动解决问题，想办法浇灭情绪之火，不要伤己伤人。

可以运用注意力转移法，将负面情绪转移到读书或运动中，读书可以陶冶情操，能平静心情，纠正性格的缺陷，而运动可以消耗负面情绪的力量，当长跑结束，情绪化问题也将容易解决。

最后，学会控制自己的情绪，给自己时间，慢慢学习和认识自己的情绪。

我们要主动管理自己的情绪，而不是做情绪的奴隶，要有信心克服情绪化问题。同时，我们要学会多方面考虑问题，试着站在对方的角度思考，减少情绪化波动。我们还有必要学会宣泄自己的负面情绪，当负面情绪来临时，不要试图去压抑自己，任由负面情绪累积，我们要试着用积极的方法发泄负面情绪，如旅行、看一场电影、吃一顿美食，做一件会让自己觉得快乐的事。宣泄掉负面情绪后，再去思考如何解决让你出现情绪化的难题，然后解决它。

女儿，情绪管理是一门很难学习的课程，或许需要我们用一生的时间来学习。在今后的日子里，我们要面临的挑战和挫折会越来越多，不过不要担心，我们的经历和经验也会逐渐积累，相信自己，一定会有办法处理的。

自信些，妈妈相信你一定会处理得很好！

注意别被抑郁找上门

处在青春期的我们要面对生理和心理上的巨大变化，再加上外界环境的影响和学习上的压力，生活上方方面面的事情仿佛一夜之间都压在我们心头。这种压力和烦恼没有经过正确的疏导，久而久之，就会像“病毒”一样在体内不断地扩散，最后引发抑郁。

近几年，青少年抑郁症患者逐年增加，我们要时刻注意自己的心情，保持乐观的心态。当我们发现自己长时间处于负面情绪的状态，做什么都提不起兴致，对从前的爱好不再感兴趣，甚至觉得生活没有意义时，就要开始警惕了，抑郁有可能已经侵入了我们的神经。

抑郁，其实是神经系统出现了故障，无法控制负面情绪，就好像进入了负面的思维惯性里，别人看到的是花开的美景，而抑郁症患者看到的是花即将凋零的颓败。

因此，我们要改变这种惯性思维，朝着积极乐观的方向前进，将抑郁赶走。

热播剧《小欢喜》中的乔英子就因受到外界环境影响而变得

抑郁。爸爸妈妈离婚后，她跟强势的妈妈一起生活，妈妈把她的饮食起居照顾得很好，但过于严苛，如不允许她与父亲见面次数过多，逼她吃难以下咽的海参，不让她报喜欢的学校的夏令营……妈妈的爱最后都变成了无形的压力，压得她透不过气来。

她开始逃课、撒谎，和妈妈顶嘴，最后离家出走，在被爸爸妈妈找到后，还想往海里跳。其实，她抑郁的症状已经很明显了，做什么事都开心不起来，看到期待已久的星辰大海也没能快乐起来，长期失眠、悲伤、难过，不爱笑，也不和同学倾诉。

幸好后来她和妈妈之间的心结解开了，妈妈带她去看了心理医生。还好她只是轻度抑郁，只要配合治疗，就能重新快乐起来，建立良好的认知能力，赶走抑郁。

其实抑郁本身并不可怕，当被诊断为抑郁时，家人要给予必要的支持和帮助，患者本身也要对自己有信心，积极配合治疗，这样才能达到效果。

小鑫最近有些闷闷不乐，总是伤心难过，莫名地想哭。做完作业也不出去，不和小区里的朋友一起玩了，而是把自己关在房间里发呆。

这一天，到了吃晚饭的时间，妈妈将小鑫从房间里叫出来，餐桌上摆着她最爱吃的糖醋小排骨和茄汁虾球。以前她看到妈妈做这两样菜都会高兴地绕着桌子转一圈，只是这一次，她没有表现出有多开心，吃了一块糖醋排骨后就不吃了，只说不饿，然后就回房间了。

晚些时候，妈妈敲开了小鑫的房门，坐在床前问她：“小鑫，你怎么了？这几天总是闷闷不乐，吃的东西也很少，是不是在学校里不开心啊？”

小鑫没有说话，依旧闷闷的。

妈妈又说：“其实妈妈也有不开心的时候，也会难过。妈妈记得刚升职当经理时，部门的同事都不服从安排，还集体孤立我。那段时间妈妈真的好伤心，跟你一样，不太爱吃东西，睡眠也不好，经常失眠。”

小鑫看了看妈妈，犹豫了一会儿，问：“妈妈，我好像也失眠了，躺在床上睡不着，难受极了。”

妈妈摸了摸小鑫的头，说：“孩子，别怕，妈妈有办法。不过在这之前，你要告诉妈妈，为什么觉得不开心啊？”

小鑫想着想着就哭了起来：“妈妈，我也不知道是怎么了，怎么也高兴不起来，也不怎么想吃饭，最近越来越难入睡，我好害怕……实验班的竞争压力太大了，我怕考试考不好，害怕老师不喜欢我……”

妈妈抱了抱小鑫，安慰她：“孩子别怕，妈妈会帮你的，你现在只是压力太大了，心里紧张。没关系，我们暂时不去想高考的事，事情要一件一件地做，我们现在的首要任务是睡个好觉。走，现在就开始行动起来！”

妈妈带着小鑫去了指压馆，做了全身经络疏通按摩，然后洗了个澡，吃了一碗面，又陪着她在楼下小区转了几圈。回到家后，妈妈像小时候那样陪着她睡觉，轻轻地拍着她，给她讲上学时的趣事，渐渐地，小鑫睡着了。

一周后，妈妈带着小鑫去了趟三亚，看看蓝天和大海，缓解学业压力，妈妈还对她说："学习只要拼尽全力就可以了，不要考虑太多，也不要太看重考试成绩。女儿，你已经很棒了，你是妈妈的骄傲。如果以后还觉得难过，或者失眠了，一定要告诉妈妈，知道吗？"

经过旅行减压后，小鑫的精神状态恢复得很好，吃饭也有胃口了，一切都朝着好的方向改变着。

妈妈给女儿的私房话

女儿，别担心，抑郁并不可怕，也不要恐惧。其实我们可以将抑郁当成心灵上的感冒，只要通过健康的方式疏导，这种情绪问题一定会解决。

那么抑郁症都有什么表现呢？

1. 情绪低落，消沉低迷，莫名其妙地想哭，忧伤、悲观、绝望，无论做什么事都高兴不起来，失去了笑的能力，焦虑不安、烦躁，容易激动。

2. 兴趣减弱，对任何事情都不感兴趣，不喜欢做游戏，以前的爱好也放置一边。

3. 回避社交，沉默寡言，不想和同学或家人交流，不想参加家庭聚会，不想参加集体活动，将自己关在房间里，不愿意出门。

4. 自我否定，对自己的评价过低，过度贬低自己的能力，觉得自己无论做什么事情都不会成功，无论怎样努力也提高不了学习成绩。

5. 食欲减退，茶饭不思，体重减轻，睡眠不好，长期处于失眠状态。

女儿，当你出现以上症状时，不要害怕，不要担心，一定要第一时间告诉妈妈，妈妈和你一起渡过这一关，帮助你治好心灵上的感冒。

首先，不要有排斥心理，要看轻看淡抑郁本身，只当它是普通感冒。我们可以去看心理医生，让医生给出权威的判断。必要时，我们可以借助药物来抵抗抑郁。

其次，努力做一些能让自己感到快乐的事，进行积极的心理暗示，告诉自己可以与抑郁抗争。多穿颜色艳丽的衣服，也能让心情变得很好。妈妈会带你旅行，去看不一样的风景，感受不一样的风土人情，呼吸新鲜的空气，让快乐挤走心中的悲伤。

做运动可以增强你的抵抗力，也可以让你在运动中平静下来，身体健康了，心理也会慢慢好起来。同时，不要拒绝好朋友的关心，不要忽视家人的爱护。

最后，要建立一种接收正面情绪的意识，端正心态，增强抗压能力。女儿，我们一起找出让你感到压抑和痛苦的根源，如果是爸爸妈妈给你的压力过大，期望值过高，那么我们会纠正过度的干预，毕竟一切都没有你的健康和快乐重要。如果是学习压力大，那么我们就要调整心态，考试只是通往成功的万千道路中的一条，好好学习是必要的，但也不要过度劳累，给自己加压。看淡分数和名次，你只管努力，让一切顺其自然。

女儿，妈妈会和你一起对抗抑郁，我们要有信心，你一定会重新快乐起来的！加油！

果断拒绝踢猫效应的连锁反应

每个人都会有各种各样的情绪，会快乐、会悲伤，有积极向上的情绪，也会有消极悲观的时候。有时，正是这些多种多样的情绪反映出了生活的多姿多彩和坎坷曲折。

负面情绪具有可传染性，当我们消极悲观或愤怒生气时，这种情绪就会像墨汁一样迅速扩散，让人不自觉地想要逃避，与之保持距离。

青春期的女孩儿由于生理和心理的变化，以及体内荷尔蒙和内分泌的影响，情绪更容易受到外界环境影响，可能会动不动就生气，情绪不好，烦恼增多，压力也增大。很多女孩在外面隐藏自己的消极情绪，回到家，看到最亲的人，就会一股脑儿地全部发泄出来，这也是引发家庭矛盾的原因。

心理学上有个著名的踢猫效应，描述的就是坏情绪的传染过程。让我们一起读一下这个心理学小故事吧！

某企业的董事长为了提高公司业绩，鼓舞士气，要求大家早到晚归，自己也身先士卒起到表率作用。有一天，由于他看报表太入神以至于忘记了时间，但是他不想迟到，急忙开车去公司，在路上因为违反了交通法，被交警开了一张罚单，尽管如此，他还是迟到了。董事长非常生气，将业绩差的销售经理批评了一顿。

销售经理一大早就被狠狠批评了，很是憋闷，心里燃着一股火无处发泄，正好看到秘书拿着销售报表来找他签字，于是便将怒火发泄到秘书身上，批评他工作不认真。

秘书很无辜，情绪很不好，回到家看到孩子在沙发上又蹦又跳，很是淘气，于是将孩子臭骂了一顿。孩子心里窝火，不高兴，转身踢了在身边打滚的猫一脚。被踢的猫逃到街上，正好一辆卡车开过来，司机为了避让这只猫，把在路边的孩子撞伤了。

这就是由负面情绪引发的连锁反应，从这个心理学效应可以看出，负面情绪的发泄也是呈金字塔形状的，由强到弱，情绪的发泄对象是逐级减弱，最后落到猫的身上。

其实，无论年龄多大，不管是在学校还是进入社会，每个人都有可能是踢猫效应中的其中一环。青春期的女孩儿也会遇到同样的情绪问题，那么，如果我们遇到了，成了踢猫效应中的一环，该如何处理呢?

小琳在学校表现一直很好，可是最近学习立体几何时遇到了难题，她的空间感很弱，解立体几何的题会花费很大的精力。有一天，数学考试成绩出来了，她没有及格，将班级的平均水平拉下来了。数学老师被扣了奖金，很生气，在发卷子时狠狠地批评了小琳一顿，说她没有认真听讲，解题思路都是错的。

被老师点名批评的小琳很伤心，情绪低落，下课后越想越觉得委屈，心里憋着一口气。回到家后她觉得异常烦躁，尤其在听到妈妈一会儿让她洗手吃饭，一会儿问她今天开不开心时，她觉得很烦，于是开口对妈妈说："妈妈，你很烦，我现在不想说话，别理我好吗？"

小琳回到房间继续生闷气，过了一会儿，她走出房间，看到餐桌上有一盘水果，盘子旁边还有一张便笺，上面画了一个笑脸。小琳觉得很不好意思，满脸通红，想起刚才对妈妈讲话的态度，她有些自责。

这时，妈妈走过来拍了拍小琳的肩膀，问："在学校遇到什么事儿了吗？你好像很生气。"

小琳将白天在学校发生的事情说了一遍，妈妈想了想，问："女儿，你是不是觉得老师这样当众批评你，让你很丢脸？"小琳点点头。妈妈继续说，"是这样的，当我们觉得不公平或受了委屈时，情绪就会低落，这是正常的。但是我们不能任由这种情绪发展，我们要学会处理负面情绪，而不是把情绪带回家，又传递给最亲近的人。"

小琳觉得妈妈说得有道理，说："妈妈，对不起，我不应该对你那样说话。"

妈妈笑着说："女儿，你主动道歉就是一种责任感的体现，妈妈很开心。其实，我们都容易将不好的情绪发泄给最亲近的人，而把好脾气留给了外人，因为我们潜意识里觉得最亲近的人永远不会离开。妈妈可以原谅你，但妈妈刚才真的有一点难过。你说，如果妈妈再把坏情绪传染给爸爸，那爸爸岂不是很无辜？”

小琳点点头，眼圈有些红。妈妈又抱了抱她，说：“好孩子，当别人的坏情绪传染给你时，你要做这种坏情绪的终结者，要用快乐和微笑挤走它，不要让它继续传染下去。我们可以转移注意力，将负面情绪赶走！”

小琳也抱了抱妈妈，说：“妈妈，我听你的，不让别人的坏情绪影响到我的心情。”

妈妈又说：“其实空间感是可以培养的，我们多做一些几何题，再补一补课，妈妈相信，你一定可以跟上老师的进度，把成绩提上去的。”

小琳听了妈妈的话，心情好了很多，困扰了她一整天的坏情绪终于烟消云散了。

妈妈给女儿的私房话

亲爱的女儿，你知道吗？当你情绪不好时，脸上一点笑容也没有，有时还会将坏情绪通过语言释放出来，态度很不好，妈妈真的有点难过。

不过孩子，别担心，负面情绪人人都会有，因为我们面临的压力和挑战太多了。人生难免会有失败和挫折，我们会伤心、难过，会生气、愤怒，这都是很正常的。

对于负面情绪，你要学会控制它，针对事件本身，思考如何解决，不能轻易将坏情绪发泄到别人身上。当坏情绪传向你，你要做的不是被动地接受它，受它的困扰和折磨，然后再传递给弱势的一方。你要做的是忽略它，尽量平静下来，然后分析问题，把难题拆分开来，用适合的方法解决它。

妈妈知道，这件事很难。当坏情绪传向你时，那一瞬间你是伤心的、难过的，甚至是生气的、愤怒的。但是女儿，我们还是要试一试。我们不妨把克服坏情绪当成一种另类的挑战，我们会冲破一道道关卡，克服一次次磨难，最终取得胜利，是不是很酷？

女儿，妈妈相信你可以做得很好，加油！

快乐的情绪可以传染

健康和快乐是成长过程中最重要的事情，当一个人感到快乐时，他表现出来的情绪是积极的、向上的，充满正能量。

当一个人快乐时，脸上洋溢的笑容是最真实、最温暖的，精气神也会很足，会感染身边的人。

爱笑的女孩儿大多积极乐观，她们可以将自己的快乐传染给别人，帮助他人走出困境，给他人带来力量。快乐的女孩儿就像一个小太阳，走到哪里都欢乐，一切烦恼和乌云都会随着快乐的情绪烟消云散。

高尔基曾经说过："快乐，是人生中最伟大的事。"因此，我们要保持快乐的心情，乐观地对待人生中的每一天，珍惜短暂的青春年华和学生时代。

小溪上初中后有点不爱说话，因为是转校生，很难融入新的集体，所以每天都闷闷不乐，这几天更是不愿意去上学，不想去那个让她感到陌生和压抑的学校。

这天，为了不去上学，她开始装病，眼看到上学的时间了，她佯装肚子疼，当她听到妈妈给老师打电话请假后松了一口气，就回房间躺着去了。第二天，她依旧装肚子疼，妈妈这次没有帮她请假，而是坐在床前说：“妈妈想和你谈一谈。”

小溪很害怕，心里想：难道妈妈知道我是在装肚子疼吗？她很忐忑，不知道妈妈会对她说什么，会不会揭穿她的谎言，然后狠狠地批评她一顿。

谁知妈妈很温柔地看着她，问：“女儿，在新的学校是不是不适应啊？有没有在班里交朋友呢？喜欢这里的老师吗？”

妈妈的话正好说中了小溪的心事，她不喜欢新学校，也不喜欢新老师，更没有朋友。她憋在心里很久了，也难过了很久，于是，她将心里的不舒服都说了出来，告诉了妈妈自己的想法。

妈妈听了之后摸了摸小溪的头，说：“妈妈要跟你道歉，这些年因为爸爸工作的事换了两个城市，妈妈想要亲自照顾你，就没有让你留在原来的学校由姥姥照顾。换到新的学校让你很不适应，也很难过，每天都闷闷不乐的，在学校都不爱笑，对吗？”

小溪点点头。妈妈又说：“其实，像你们这么大的初中生都是有探索精神的，班里来了新同学，大家都好奇。可是，当同学们看到你眉头紧锁，脸上没有笑容，一副离我远一点的表情时，他们是不会主动和你玩的。”

小溪抬起头问：“妈妈，他们也想和我交朋友，一起玩吗？”妈妈点点头，笑着说：“当然了，宝贝儿，大家都喜欢交朋友的，友谊也是我们生活中不可或缺的一部分。”

小溪又问：“那妈妈，我应该怎么做呢？”妈妈摸了下她的小脸蛋，说：“你应该多笑，心里高兴些，快乐的情绪是可以传染的，这样同学们就愿意接近你，邀请你一起玩了。”

小溪点点头说：“妈妈，你说得有道理，我要多笑，我要交朋友。”妈妈笑着问：“那你的肚子还疼吗？如果不疼了，我们去上学好吗？”

原来妈妈早就看穿了她的小秘密，但是妈妈没有多说破，给她留了一点余地。小溪不好意思地笑了笑，说：“不疼了，我可以去上学了。”

笑容多起来的小溪变得快乐了许多。很快，她就在新学校交到了新朋友，学习成绩也提高了。

积极乐观的情绪真的很神奇，它就像非常甜美的糖果，分享给身边的人，大家也会感受到那份甜美，变得快乐起来。

悲伤的滋味只有自己可以品尝，快乐却是可以通过分享来传递的。

筱庆是一个头顶小太阳，无论在哪里都能让人感受到欢乐的女孩儿。她喜欢将快乐的事分享给家人和朋友，想让他们也感到开心和快乐。

上小学时，她就喜欢将在学校里发生的新奇的事讲给家人听，会跟妈妈讲学校女孩子的趣事，跟爸爸分享助人为乐的故事，跟爷爷奶奶讲放学路上看到的风景。过生日收到玩具，她也会邀请好朋友来家里一起玩。她的乐观和开朗感染了身边的每一个人。上初中后，她仍坚持将自己的快乐分享给身边的人。

妈妈问筱庆："你把喜欢的玩具和零食都分享出去了，你就没有了，会难过吗？"

筱庆笑着说："虽然我没有玩具和零食，但我觉得很开心啊！我把我的快乐分享出去，他们也会很快乐，他们变得快乐后，我就会更快乐，这样我就有很多很多的快乐了。"

妈妈被筱庆话里那么多的快乐逗得笑了起来，说："乖女儿，你开心快乐就好，坚持下去，你会更加幸福的！"

筱庆点点头，高兴地跳了几下，又去写作业了。

妈妈给女儿的私房话

亲爱的女儿，你知道吗？当妈妈看到你脸上的笑容时，真的很开心。

你已经是一名初中生了，是大孩子了，现在妈妈要告诉你，人生并不总是一帆风顺，难免要经历风雨，成长的路上充满挑战和坎坷。凡事都具有两面性，我们要培养一种积极思维。从现在开始，你要做好心理准备，遇到困难，或者伤心难过时，要学会调节心理，让自己重新快乐起来。妈妈相信，你会有自己的小窍门，让自己变得积极向上。

快乐很重要，它是生活的调味剂，可以让你的成长之路充满阳光和甜蜜。

俄国著名作家果戈里曾经说过："快乐，使生命得以延续。快乐，是精神和肉体的朝气，是希望和信念，是对自己现在和未来的信心，是一切都该如此进行的信心。”

女儿，获得快乐的方式需要你自己掌握，因为这是一个贯穿整个人生的过程，是我们一生都在追求的事。

当你获得快乐后，也可以将属于自己的快乐分享给你认为重要的人，让他们也感受到你的快乐。分享的力量是无穷的，这也会帮助你树立一种积极的生活态度，提高认知能力，让自己的心变得更宽容、更和善，也更有能力应对生活中的各种难题。

最后，女儿，妈妈想对你说，从你出生的那一刻起，妈妈的愿望就只有一个，那就是希望你能够健康快乐地长大。

妈妈给女儿最好的礼物——积极的心理暗示

心理暗示，这几个字读起来就有一种很奇妙的感觉，事实上，它对一个人的发展起着至关重要的作用。消极的心理暗示会转化成无形的阻力和障碍，而积极的心理暗示是一种无形的力量，可以让被暗示的人更加自信，提高成功的概率。

进入青春期的女孩儿会变得很敏感，对外界的人和事物的感知会更深刻一些。如果一个女孩在学校或者在家里常常听到赞美和鼓励的话，那么，这个女孩儿往往会表现得很出色，学习成绩也会越来越好。反之，如果她经常受到批评，或者经常被无视，久而久之，她就会陷入自我批判，甚至出现自卑心理。

神奇的是，凡事只要与“积极的”这三个字挂钩，就仿佛是一股源源不断的动力，人们做起事来也格外有成效。

子怡是一个不愿意表达内心感受的女孩儿，进入青春期后就更敏感了，变得不爱说话，与老师的沟通也很少。由于不爱交流，她往往是被老师遗忘的学生，上课被提问的次数几乎为零。

很快就到初二期末考试了，由于这次期末考试成绩很重要，涉及初三分班的问题，所以班主任在考试之前找学习成绩较差的学生谈话，子怡也是其中的一员。

班主任对子怡说："这次考试你一定要考好一点，可千万别像上次考试时那样马虎了，上次有很多题你都不应该做错的。如果这次还考不好，你中考可能就没希望了。"

子怡听了班主任的话，心里很难过。班主任见她不说话，于是又加了一句："听清楚了吗？清楚了就回去好好复习吧！"

结果，子怡在这次考试中发挥失常，分数还没上次高，班主任狠狠地批评了她一顿，还让她叫家长。

其实子怡很努力地复习了，老师平时讲的东西她也能听懂，做题的正确率也很高，但到了考试时，她就想起班主任对她说的话。她想仔细一些，绝不能马虎，可是越这样想，她心里就越紧张，压力也很大，最后导致考试失利，分数很低。

班主任给子怡传递的就是消极的心理暗示，类似的暗示多了，子怡在心里就会产生自我怀疑，继而否定自己，考试也会受消极的心理暗示影响，最后的结果显而易见。由此可以看出，消极的心理暗示的确会阻碍孩子的进步。

你是否被这样说过？

"你好笨啊，这么简单的题都不会。"

"我都给你讲三遍了，你怎么还听不懂？"

"别人家的孩子读一遍就会背了，你都读了三遍了，怎么还记不住！"

“算了算了，你别做了，反正你也做不好。”

在生活和学习中，我们或许都听过类似的话。其实心理暗示都是在潜移默化中进行的，经常被说“笨”，长此以往，就会产生一种错觉，最后真的变得很笨。如果我们接收的都是积极的心理暗示，事情会往好的方向发展吗？

子怡在初三分班时换了班主任，这位老师很注意自己对学生说话的态度，措辞讲究，沟通也很有技巧。几天接触下来，她了解了子怡的学习情况，看到了她平时的表现，认为她考试不应该是现在这个成绩。于是，班主任私下里找到子怡，想和她沟通一下，了解她内心的想法。

班主任问她：“子怡，老师看你平时的表现很好，听课很认真，习题解答的正确率很高。按理说，这些考题你应该都会做，怎么没发挥出真正的实力呢？”

子怡想了想，说：“可能是我太马虎了，所以都做错了。”班主任摇摇头，说：“怎么会呢，你是我带过的最认真、最仔细的学生了，做完习题都会检查两遍，怎么会马虎呢？”

子怡听了老师的话愣住了，从来没有一位老师夸她做题认真、仔细，她是不是听错了？班主任见她没有说话，于是笑着对她说：“我觉得你可能是考试时太紧张了。不过没关系，下次考试时放轻松些，那些题你一定会做对的，老师相信你。”

子怡反问了班主任一句：“您真的相信我吗？”班主任笑着说：“老师当然相信你了，老师知道你的水平。”

听了班主任的鼓励，子怡仿佛充满了信心，她说："好的老师，我试一试，下次我一定好好考。"

班主任拍了拍她的肩膀，说："去吧，老师相信你可以做得很棒！加油！"

一个月后，月考成绩出来了，子怡的成绩提升很快，而且进了年级前一百名。之后，她学习的积极性越来越高，在课堂上踊跃发言，性格也变得乐观开朗起来。

由此观之，积极的心理暗示真的可以改变一个人，可以让他变得更优秀、更美好，变得信心满满。

在学习和生活中，我们要学会接收积极的心理暗示，激发自己的潜力，在潜移默化中改变自己。

妈妈给女儿的私房话

亲爱的女儿，妈妈最近也在反思，在生活和学习上可能给你灌输了消极的心理暗示。比如，妈妈怕你做不好某件事，担心你受伤，于是在你还没做的时候就打击你，说你一定做不好。妈妈记得有一次，你想要尝试自己煮面，妈妈怕你使用煤气时发生危险，又担心你被开水烫到，于是说："算了，你别做了，反正你也做不好，最后还是我来收拾。"

这其实就是一种消极的心理暗示，类似的话听得多了，你就会成为"话里"的样子，真的什么都做不好，也不愿意主动去尝试了。

女儿，答应妈妈，假如以后你再听到类似的话，一定要过滤掉那些消极的暗示，遵从自己的内心，勇敢地去尝试、挑战新的东西。不要怕失败，失败也是一种拼搏，让我们知道怎样才能做得更好。

在生活和学习中，我们要学会接受积极向上的心理暗示，那些夸赞和鼓励都会成为我们勇往直前的动力和信心。

教会你接受积极的心理暗示，同时给予你乐观向上的力量。我想，这就是妈妈送给你最有力量的，同时也是最美好的礼物。

女儿，自信一些，相信自己值得这世间最美好的。

第 4 章

女孩儿需要掌握一些本领

学会倾听和沟通

沟通是彼此之间思想和感情的传递及反馈的过程，沟通的结果是要达到一种思想上的统一。学会沟通，掌握沟通技巧，提高沟通能力，是我们的必修课，有利于我们未来的发展和进步。

卡耐基曾说过："如果希望成为一个善于谈话的人，那就先做一个愿意倾听的人。"

沟通为重，倾听先行。倾听是一种有效的沟通方式。

倾听可以增进彼此之间的感情，让人与人之间有良好的互动关系。倾听可以帮助我们了解他人的内心世界，是一种很好的回应他人情感和言语的方式。倾听是一种有涵养的体现，更是一种能力和责任。

我们在日常生活和学习中，少不了沟通和倾听，这能让我们顺利完成某项任务或解决某个问题，多一点沟通，多一点倾听，人与人相处会更融洽，做事也会更有效率。

芳芳最近很苦恼，她不想去上古筝课了，弹古筝时虽然戴着甲片，但她还是觉得手指疼，每次上完课手指都会红。但她不敢跟妈妈说，这位古筝老师的课很难预约，妈妈为了给她报这位古筝老师的课，提前做了很多功课，老师开课后，她更是起早去排队报名。可是芳芳并不想学古筝，最近手指越来越疼，每次上古筝课她都很不开心。

这天，又到上古筝课的时间了，但芳芳已经忍不下去了，她决定跟妈妈说实话："妈妈，我手指疼，今天不想去上课了。"可是妈妈看了看手表，说："乖，别磨蹭了，快迟到了，咱们快点出门吧。"妈妈认为芳芳只是想偷懒，才拿手指疼做借口。

芳芳很是郁闷，也很难过。她想了一夜，觉都没睡好，好不容易鼓起勇气跟妈妈说了实话，妈妈却不以为意，执意让她去学古筝。伤心之余，她还有些生气，认为妈妈不考虑她的感受，也不尊重她的选择。

母女二人就在误会中僵持了一路，芳芳绷着脸不说话，认为妈妈不那么爱自己了。而妈妈觉得芳芳用手指疼做借口很不负责任，做事情没有持之以恒的决心。

上完古筝课，芳芳背着书包从教室里走出来，看到妈妈的那一刻，她再也忍不住，红了眼圈，眼泪流了出来。妈妈连忙问："怎么了？指法练得不好，被老师批评了吗？没关系，下次弹好一点就好了。"

芳芳把手伸到妈妈面前，哭着说："妈妈，我的手指真的很疼，现在还有点火辣辣的疼，指尖还有点发麻。"

妈妈着急了，心疼地握着她的手，小心翼翼地吹了几下说："不哭了宝贝儿，妈妈马上带你去医院看看。你的手都这样了，怎么不早点跟妈妈说啊？妈妈都心疼死了。"

芳芳听了，委屈地说：“妈妈，我早就跟你说过啊，我手指疼，不想弹古筝了，可是你不相信。”

妈妈有些懊悔，说：“妈妈以为你只是想偷懒，才拿手指疼做借口，原来真的是手指疼啊！”

芳芳点点头，她决定将心里的话都说给妈妈听：“妈妈，我不喜欢古筝，比起古筝，我更喜欢画画，我喜欢把看到的风景画下来，我觉得非常酷。妈妈，我可不可以不学古筝了，你给我报个绘画班，我一定会好好学的。”

妈妈听了女儿的话后，反思了一会儿才说：“对不起，女儿，是妈妈没有考虑你的感受，之前也没有跟你好好沟通过。其实，妈妈送你去学古筝也是为了你将来考虑，学一种乐器可以陶冶情操，也可以丰富你的业余生活。不过妈妈现在知道你的想法了，妈妈会尊重你的选择，给你报班。”

芳芳破涕为笑，抱了妈妈一下，说：“妈妈，谢谢你，我一定会好好学画画的。”

妈妈告诉芳芳：“以后有什么事情一定要告诉妈妈，就像这一次，你不说，没有跟妈妈沟通，妈妈就不知道你内心的真实想法。如果咱们一直都不沟通，那么彼此的误会就会更深。”

芳芳觉得很有道理，点点头说：“我记住了妈妈，以后一定会好好和你沟通，把我内心的想法说出来。妈妈，那我有什么做错的地方，你也要纠正我。”

妈妈拍了拍芳芳的肩膀，说：“好孩子，妈妈也记住了。”

母女二人相视而笑，妈妈扯着女儿的手朝家的方向走去。

由此可见，在人与人的相处中，沟通是很重要的。上述案例中的母女就是因为缺乏沟通，确切地说是没有经过有效沟通，造成了误解。妈妈认为女儿找借口不想上古筝课，女儿认为妈妈没有尊重她的兴趣和爱好，逼她学自己不喜欢的古筝。经过沟通后，两个人之间的误会解除了。可见，沟通是人与人心灵之间的桥梁，是人际关系的润滑剂，必要的沟通不可或缺。

此外，倾听也是一种态度和责任，如果妈妈不去倾听孩子内心的声音，久而久之，孩子也就不愿意说出自己内心的想法了。

妈妈给女儿的私房话

亲爱的女儿，你知道吗？妈妈很想和你成为无话不谈的好朋友，想成为你倾诉的对象，并且想将自己的看法传递给你，帮助你解决现实生活和学习中的难题。

可是，当你一天天地长大，你主动与我沟通的时间越来越少，你似乎多了许多小秘密，不想让妈妈知道。

不过没关系，如果你选择不说，妈妈也会尊重你的决定。但妈妈还是要告诉你，妈妈的“树洞”永远为你打开，同时，我也会努力更新储备的知识，与时俱进，跟得上新时代孩子的思想，争取不让我们彼此之间存在太大的代沟。

在与家人或朋友相处时，沟通是非常重要的，我们要将内心的想法和意见表达出来，让对方知道。同时，我们还要学会倾听，当对方讲话时，要集中注意力，耐心听完，不插话，等对方说完再表达自己的意见。要知道，每个人的想法都是不一样的，我们要尊重对方的想法，在倾听的同时学会包容。

有朝一日，你会离开学校踏入社会。永远不要忘记沟通的魅力，不断提高自己的沟通能力，掌握沟通的技巧，这是人际交往的必修课。

当然，女儿，妈妈永远是你可以放心倾诉的对象，也会为你保守秘密，尊重你的决定和选择。

烹饪和理财必不可少

对于学生而言，学习并不是唯一要做好的事，青春期的我们还需要掌握多种技能，这不仅能够减轻学习上的压力，锻炼生活技能，还可以陶冶情操，修炼身心，对我们未来的发展起着重要的辅助作用。

在学习之余，学做几样小菜，为爸爸妈妈洗手做羹汤，也是一种幸福。在烹饪的过程中，我们能真正做到理论与实践相结合，将菜谱转化为餐桌上的美食，这可以锻炼我们的动手能力，让我们学会最基本的生活技能。

同时，在烹饪的过程中还可以了解食物的各种属性和营养成分，品尝酸甜苦辣。

晓静是一个做事很细心的孩子，对新事物充满了好奇，也愿意尝试学习新东西。

有一次妈妈发烧，浑身酸痛，晓静自告奋勇要做饭给妈妈吃。妈妈微弱一笑，问："你会做饭吗？"晓静笑着回答："我虽然没做过，但我经常看妈妈做饭啊，我觉得很有意思，我想试一试。"

看着女儿眼中的期盼，妈妈笑着答应了："也好，妈妈教你，学会了做饭以后妈妈就不怕你会饿到了。"

由于家里没有安装煤气，妈妈在一旁指挥晓静使用电陶炉，说："电陶炉相对来说安全些，要注意别烫到。插上电源，打开开关后就不要碰它的表面了，因为温度会越来越高。我们就从简单的做起，熬个粥，再做个西红柿炒鸡蛋。"

在妈妈的指导下，晓静积极地行动起来，先放锅熬粥，在煮粥的过程中，她开始洗西红柿、打鸡蛋。她很聪明，学得很快，一边切西红柿一边说："妈妈，做菜真有意思，我好喜欢。"

妈妈笑着说："妈妈好幸福，今天就能吃到女儿做的饭啦！"晓静也笑着说："妈妈，做饭也是有学问的。你看，在粥还没熟的时候切菜，可以节省时间呢！妈妈，我真开心！"

这顿饭是晓静吃得最开心的一餐，虽然鸡蛋有些煳了，但她觉得很有意义，那是她自己做的菜。之后，晓静在学习之余也主动跟妈妈学做菜。现在，她已经会做六个菜了，做出来的味道也很好，进步很快。

在现实生活和学习中，我们还要掌握一些理财方面的知识，有意识地培养财商。培养财商，也就是培养我们的金钱观和消费观，这有利于我们树立正确健康的价值观。在学习理财的过程中还能提高自我管理能力及独立思考能力，增强自信心。

在学生时代，我们要学习一些理财方面的知识，比如收入、支出、预算、借贷、消费、储蓄等，还要掌握一些简单的理财方法。这可以帮助我们规划未来，制订目标，形成统筹规划意识，对我们未来的发展有着积极的影响。

晓静从小就有理财观念，6 岁时妈妈就和她一起玩“学做一天小管家”的游戏。妈妈用玩游戏的方式培养晓静的理财意识，让她对简单的理财产生兴趣。

做一天小管家，就是选定一天，一般是周末，由晓静来管理一天的开支，需要分出支出项目及预算。当然，也可以通过劳动获得奖励，而奖励的内容是得到家长的建议。长大后，晓静为了锻炼自己，一直坚持理财。她上初中后，妈妈会在月初给她一个月的生活费，这些钱由她自己支配。

晓静说：“我觉得理财太重要了，我要将这一个月的消费都想清楚，然后分为餐费、交通费、零食费等等，并且，我还会存一点钱作为储蓄，妈妈过生日时还可以买礼物送给她，或者买一本自己喜欢的书。每次到月底有剩余时我都很开心，理财的感觉太棒了。”

晓静还将她学到的知识分享给自己的好朋友，两个人也会讨论怎么消费，怎么把学到的东西运用到理财中。学习理财的另一个影响就是，她对数学越来越感兴趣了。

妈妈给女儿的私房话

亲爱的女儿，看着你一天天地长大，心智越来越成熟，妈妈真的很幸福。虽然有些不舍，但成长就是一个逐渐放手的过程，妈妈希望你离开学校，进入社会后，能够掌握基本的生存技能，拥有独立生活的能力，可以生活得很好，并且像之前一样开心快乐。

在学生时代，课业的繁重必然会使你感觉压力很大，这时候我们要学会自我减压，减轻心理负担，烹饪就是一个很有效的方法，劳逸结合，使学习变得不那么枯燥。

做一道菜就像解一道难题，我们要把思路理顺，将可用的条件一一列出，这就是烹饪的准备工作。看懂菜谱，了解步骤，将这道菜所需要的食材洗净、沥干、切好备用，然后根据菜谱上的做法一一实施，这就是将书本上的知识付诸实践。

孩子，做菜不是一件容易的事情，要了解食材的营养成分，如何搭配会增加营养价值，哪些食材相生相克，这些都需要慢慢学习。接下来要了解厨房的构造，知道煤气和各种厨房家电的使用规则，存在的危险，以及应急处理办法，一定要保证自己的安全。

除了烹饪，你还要掌握最基本的理财知识，从小树立理财观念，培养理财意识。这可以培养你独立自主的能力。就像小时候，妈妈和你玩的小管家游戏，你可以支配一天的家庭开支，自己制订一个规划。现在，你可以试着学习记账，管理自己一学期的生活费，学会统筹规划，这有利于培养你的理财观念，为日后独立生活打好基础。

女儿，你要相信，一分耕耘，一分收获。依靠自己的力量获得收入，规划支出，控制预算，每个月都要有所储蓄。通过储蓄进行财富的原始积累，你可以学习其他感兴趣的课程，充实业余生活，给自己充电；也可以积攒旅行基金，开阔视野。妈妈你希望读万卷书，行万里路。

你的未来是不可限量的，也是充满希望和挑战的，愿你拥有锦绣前程和幸福生活。

修炼人际交往的能力

人的成长和发展是离不开人际交往的，因此，学生的素质教育中，人际交往的学习也是必不可少的。有研究表明，当个体的归属感经常得不到满足，就会产生焦虑感，被称为归属焦虑。这会让人产生负面情绪，焦虑、悲观、情绪低落、焦躁、不愿意与人交流，也很难融入集体，长此以往就会产生社会交往障碍。

试想一下，如果我们好长一段时间都不与人交流，不说话，情绪一定会变得低沉，甚至抑郁，时间久了，就会丧失与人相处的能力，让人际交往变成恐惧的来源。

我们一生都离不开人际交往，因此，提高人际交往能力就显得格外重要。当然，修炼人际交往能力，并不意味着我们要和所有人做朋友，要让每个人都喜欢自己。提高人际交往能力，但不要过分追求完美主义，因为我们修炼人际交往能力是为了让自己变得更快乐，更积极向上。

小歆是一个性格内向的女孩，平时不爱说话，也不主动交新朋友，下课也不和同学出去玩，只是坐在座位上看书。时间长了她发现自己有点害怕交朋友。有一次，老师让她给同学们传达一个信息，但在传达时，她紧张到结巴，短短的三句话，她说错了四次，同学们毫不留情地哄堂大笑，她的脸唰的一下红了。她觉得很丢脸，别扭地站在讲台上都要哭了。幸好班长替她解了围，把她拉到了座位上。

晚上回到家，小歆的心情糟透了，她自责、懊恼，还伤心、悲观，甚至开始自我否定，认为自己做什么都不行，连几句话都说不好，她有些自卑了。

妈妈看出小歆心情不好，去厨房做了一碗她最喜欢的木瓜牛乳给她端进屋，问："女儿，今天怎么了？能跟妈妈说说吗？或许妈妈可以帮你呢！"

小歆看着眼前热气腾腾的木瓜牛乳，忽然很想哭。从前有什么不开心的事她都会和妈妈说，不管遇到什么难题妈妈也会和她一起分析，然后一起商量解决的办法。这一次，事情好像变得非常糟糕，她真的很害怕。她想了想，说："妈妈，我不敢和别人说话，只要一想到要和他们说话，我就紧张，着急时还有点结巴。妈妈，我这是怎么了？我好害怕。"

妈妈抱了抱小歆，说："别怕，孩子，你只是有一点社交恐惧心理。没事儿，咱们一起想办法解决。"她把木瓜牛乳递给小歆，又说，"现在吃温度刚刚好，你一边吃一边听妈妈分析。我猜想，你是不是最近都没怎么和同学说话啊，遇事也很少和同学交流？"

小歆惊讶地点点头，问："妈妈，你是怎么知道的？"

妈妈笑着说："如果你经常跟同学交流，又怎么会害怕和他们说话呢？其实，我们学到的很多东西都是需要通过练习来巩固的。比如，英语单词我们需要默写很多遍才会，做菜要反复练习才会做出好吃的味道，交流也是一样，如果平时不练习、不讲话，又怎么能交流自如呢？”

小歆点点头说：“妈妈，我觉得你说得很对。我平时确实不爱和同学们说话和交流，没人找我玩的时候，我也不会主动找别人玩，我更喜欢一个人看书。”

妈妈想了想，说：“既然你这么喜欢看书，可以加入读书小组啊。我听你们老师说，学校有各种兴趣小组，其中就有读书小组。在那里，你可以交到同样喜欢读书的朋友，读到好文章，你们就可以沟通和交流啊！”

小歆有些犹豫，问：“妈妈，我可以吗？”

妈妈帮小歆擦了擦嘴角，笑着说：“自信些，你可以的。你只是疏于练习，经常和人交流，你的人际交往能力一定会提高的。妈妈知道，你是内向型的孩子，主动和别人交朋友很难，但妈妈觉得你可以试试，没准儿会有意外的收获呢！”

经过妈妈的一番开导，小歆的心情好多了，决定按照妈妈说的那样试一试。

接下来的日子，小歆参加了学校的读书小组。开始的时候，她并不主动和小组的同学交流，但当读完一本书，小组成员共同讨论这本书时，她似乎知道如何交流了，她大胆地将自己心中的看法和喜欢的段落分享给大家。久而久之，她的社交恐惧心理消失了，还交了一些好朋友，人际交往能力有了显著的提升。

青春期的我们有时会觉得特立独行很酷，事实上，融入集体，找到归属感，才是我们真正需要的。这有利于我们的心理健康。

有意识地培养人际交往能力，改善人与人之间的关系，是我们的必修课。

妈妈给女儿的私房话

亲爱的女儿，在现实生活和学习过程中，人际交往能力是不可或缺的。人类是群居动物，人与人之间的交往和相处是必要的。如果你的人际交往能力很差，或者你觉得没有朋友，很难融入集体，被人说不合群、难相处，并且担心会一直处于这种状态，这时候应该怎么办呢？

不要担心，女儿，人际交往能力是可以通过合适的方法锻炼的。接下来妈妈就教给你提高人际交往能力的有效方法。

第一，增强亲和力，学会微笑和倾听，主动维系同学和朋友关系，经常交流和沟通。

微笑是沟通的桥梁，是人与人之间相处最简单的方式。面带笑容，会增进自身的亲和力，给人很好相处的感觉。别人看到你笑容满面，如沐春风，心情也会变好，沟通和交流的效率就会很高。

倾听对方的心声，尊重他们的思考方式，是彼此交流的有效方式。当然，与朋友相处贵在坚持，要主动联系朋友，经常与朋友交流，友谊才能长久。

第二，提高自我认知，正确地评价自己，不骄傲、不自满，待人真诚，谦虚宽容。

认清自己的优缺点，对自己有一个客观的评价，要有一颗感恩和宽容的心，并且要懂得包容他人的缺点；同时，虚心接受朋友的建议，有则改之，无则加勉。接人待物要做到真诚和友善。

第三，拥有共同语言，培养共同的兴趣和爱好，提高语言表达能力，让彼此互相吸引，这样的朋友关系更持久。

可以报一个小主持人课程，锻炼自己的口才，做到在人前讲话不紧张，锻炼自己的表达能力，多练习。

第四，保持自我，独立，尊重他人，学会赞美和道歉。

愿意分享，在互相交流中分享经验和心得，达到双赢。不吝啬赞美，赞美可以让人感到快乐，也是一种正能量的鼓励，可以促使彼此进步。同时，懂得道歉的魅力，要学会主动承担责任，积累经验和教训，以后不再犯错。

女儿，人际交往能力需要不断地积累和加强，不要心急，慢慢来，一切都会发展成最美好的模样。

拥有爱的能力——爱家人，爱自己

爱，是一种能力，是一种态度；同样，爱也是一种责任。生活在这个世界上，我们想拥有幸福和温暖，就需要具有爱的能力，还要懂得感恩。爱是生活的调味剂，可以让我们在尝遍生活的酸甜苦辣后，最后仍然相信生活是甜的。爱也是生命中最可贵的品质，让我们懂得珍惜身边每一个对自己好的人。

凡·高曾经说过："爱之花开放的地方，生命便能欣欣向荣。"

生而为人，我们有责任让自己变得善良。人生充满爱，我们才会觉得一切都有意义。爱，是生活的寄托，是追寻幸福的能力。

在生活和学习中，我们要学会爱，培养爱的能力，爱家人，爱自己，尊敬师长，团结友爱。

马上就要期末考试了，小黎心中烦闷，除了要做作业，还得参加课外补习班，每天安排得都很满。这天，由于补习班停电，老师通知班里的同学停课一天，她很开心，想待在家里好好休息一下。

因为是周日，爸妈都休息，爷爷奶奶也来了，他们见到孙女很开心，奶奶更是拉着小黎的手问个不停。她最近压力大，心情不好，赌气般在心里想着，好不容易有个机会休息，爷爷奶奶一来，也休息不好了，真是好麻烦，她好想回屋一个人待一会儿。

正在择菜的妈妈看出小黎的神情有些不耐烦，没有当面指责她，而是对她说："小黎，陪妈妈出去买点水果吧，你不是最爱吃西瓜吗？咱们去买一个解解暑气。"

小黎很开心，她正想出去透透气。走出小区后，妈妈问："是不是最近学习压力太大了？妈妈看你心情不好，脸上也没有笑容。"她点点头，说："马上就要期末考试了，我还没复习完，有点着急，好多东西都不会，要学的太多了。"

妈妈说："哦，原来是这样啊。妈妈给你提个小建议，可以吗？"小黎笑了一下，说："妈妈，你说吧。"

妈妈想了一会儿，说："其实，我们大多数时候都会很忙碌，会为各种各样的事情烦心。你看妈妈，单位的事情很多，忙起来连发微信的时间都没有，回到家还要洗衣、做饭，给你和爸爸提供后勤保障。像你，要学习，做老师留的作业，还要参加补习班，每天为学习的事忙得不可开交。这样的话，我们就要学会管理自己的时间，适当地减压，保持愉悦的心情。"

小黎皱了皱眉头，问："妈妈，你是怎么保持好心情的呢？我看你每天都好像很开心，总是笑。"

妈妈拍了拍小黎的肩膀，说："看到你和爸爸，妈妈就觉得很幸福、很开心。你看，爷爷和奶奶看到你也非常开心。你知道吗？在你很小的时候，就是爷爷和奶奶帮妈妈照顾你的，你那时很小，被奶奶抱在怀里，别提多可爱了。”

小黎不好意思地笑了笑。妈妈又说：“可是，妈妈刚才发现，爷爷奶奶跟你说话时，你好像表现得并不好，脸上没有笑容，回答问题也慢吞吞的，看样子不太想和他们交流。”

小黎低下头，说：“奶奶问的问题太多了，我实在太累了，特别想回房间休息一会儿。”

妈妈的语气变得有些严厉：“孩子，你这样做是不对的。你对爷爷和奶奶不冷不热，脸上连笑容都没有，他们不清楚你的情况，看到你不高兴，会认为你不愿意和他们说话，不爱他们了，他们会难过的。”

小黎看着妈妈说：“我当时没想这么多，我只想一个人休息一会儿。”

妈妈摸了摸小黎的脑袋，说：“其实，我们大多数时候都会很忙碌，但是在忙碌的同时，也不要忘了陪伴家人，要一直保持充满爱的状态。”

小黎想了想，说：“妈妈，我做错了，下次我一定注意。”

妈妈笑着说：“好孩子，爷爷奶奶很喜欢吃李子，我们给他们买点李子吧。他们知道是你买的，一定会很开心的。”

小黎点点头，心情变得好多了，说：“好，再买点桃子，爸爸爱吃。”

妈妈说：“好，等回去了，你多和他们说说话。爱，就是要说出来，用实际行动表达出来。”

妈妈送给女儿的私房话

亲爱的女儿，你知道吗？生活，就像一个巨大的玫瑰园，里面开满了娇艳美丽的玫瑰；同时，花茎上也布满了尖锐的小刺。或许我举一个简单的例子你会更好理解。

你现在认为学习压力很大，觉得很累，妈妈也经历过，所以妈妈想认真地对你说，相对而言，学生时代真的是最美好的时候了。当年妈妈的老师也这样说过，包括妈妈在内的同学都不相信，一笑置之。多年之后再回忆起老师的那句话，真是一字箴言。

女儿，终有一日，你要独立生活，要离开家，走向社会，面对现实生活。你的压力和烦恼会来自各个方面，会遇到挫折和磨难，这就是妈妈说的玫瑰花茎上的“小刺”。

不过不用担心，也别害怕，我们都会慢慢成长，一点点适应，努力寻找生活中的美好。其实，我们生来就拥有一种强大的力量，这种力量可以支撑我们渡过难关，冲破黑暗，这种力量就是爱。

爱是我们与生俱来的能力，我们要保持爱的能力。我们的爱来自各个方面，父母的爱、手足的陪伴、亲人的爱护、朋友的关怀，以及陌生人的温暖。爱，来自我们周围，就像太阳一样照耀着我们，让我们感觉不到黑暗与孤独，全世界都可以是温暖而美好的。

爱，是互相给予，不求回报，在爱与被爱的同时，我们也获得了幸福和快乐。

当然，我们也要爱自己，爱自己才是爱他人的基础。我们要关心自己的身体和心理健康，一旦身体或心理出现小问题，要主动去医院检查，确保我们拥有健康的体魄和心理。

当然，我们也要学会减压，让自己开心，可以适当地放松，选一天专门用来陪伴家人，或者给自己独处的时间，理顺思绪，抑或什么都不想，只是简单地放空。比如，去公园走一走，听听小朋友玩耍的声音；去餐厅点一样最爱的菜，满足自己的味蕾。

大千世界充满活力和激情，我们会有许多种方式让自己变得开心，所以，积极地生活吧，努力地去爱吧！

从今天开始，关心粮食和蔬菜，关心自己的心情和感受，爱自己、爱家人，做一个积极向上的，充满温暖和爱的女孩儿。

拒绝和道歉也可以增强自己的魅力

学会说“不”，遵循自己的本心，不做违背心意的事情，也是我们成长道路上必须修炼的能力。

我们在不断地成长，认知和思考能力也在不断地提高，当我们的能力提高时，被需求的情况也会增多。无可厚非，被人需要是社会归属感的一种体现，面对父母或同学，有些时候我们被要求做一些不喜欢的事，却因为胆小、不懂得拒绝，不知道说“不”的方式，而委屈自己接受。举一个例子或许会更好理解。

高中文理科分班时，妈妈认为女孩儿应该学文科，因为她觉得男女思维习惯存在差异，相对而言，女孩儿更适合学文科，而且将来就业也会很顺利。而你从小就向往成为像居里夫人那样的科研学者，对物理和化学非常感兴趣，将来也想成为科学家。这个时候，如果你不会拒绝，不能说服妈妈，那么你就要面对学习自己不喜欢的学科，上大学选择一个妈妈认为好的学校，报考自己不喜欢的专业。

这个时候就需要掌握拒绝的技巧了。我们要与父母做好沟通工作，明确拒绝的理由，将心里的真实想法告诉他们。一味地接受，不懂得说“不”，只让自己不断地妥协，会让自己觉得很委屈，长此以往，就容易出现心理问题。当然，拒绝也需要有理有据。比如，妈妈让你写作业，你不想写，想玩电动游戏，这样的拒绝就是不可取的。

小萱最近有点不开心，因为她绘画很好，还写得一手好字，团支书总是让她帮忙出黑板报。开始她觉得很新奇，因为设计黑板报很锻炼思维，但之后每次出黑板报，团支书都找她帮忙，她不懂得拒绝，怕得罪人，也怕被孤立，所以每次都不得已地答应了。

这天放学，她完成老师布置的作业后，留在班级画黑板报，别的同学都走了，只有她饿着肚子在黑板上画画。她心里很憋闷，很不开心，觉得团支书在欺负她，但她又不敢拒绝，她感到非常委屈。

回到家后，小萱饿急了，一口气吃了一大碗面。妈妈帮她擦了擦肩膀上的粉笔灰，问："怎么回来这么晚，身上还这么多粉笔灰？"

小萱想了想，决定向妈妈求助，她将黑板报的事情讲给妈妈听，问："妈妈，如果你是我，你会怎么办呢？"

妈妈没有马上回答，她先让小萱洗了澡，换上舒服的衣服。等小萱出来时，她才笑着说："首先我会问自己，是不是真的喜欢设计黑板报，如果喜欢，那么就要协调好时间，在我觉得完不成或没有时间时，会提前告知对方，说明原因，表明没有时间帮忙。如果我不喜欢，做起来不开心，那么我会马上拒绝对方，告诉对方，因为作业太多，还要上补习班，我不能帮忙了，让对方去问问其他同学。”

小萱有些担心，问:“拒绝的话，感觉很难开口啊。她听到我拒绝了，会不会生气?”妈妈笑着说:“那你觉得是拒绝的时候难受，还是委屈自己答应，让自己的心情因此而持续低落很长时间难受呢?女儿，拒绝本身也是一种历练，如果被人拒绝了就要打击报复，那这人也不可能有什么前途。不要害怕，大胆地说‘不’，你会觉得很开心的。”

小萱说:“妈妈，我以前就是觉得拒绝别人很不好意思，开不了口，每次都让自己很不开心，现在想想，我觉得我可以。明天上学我就和团支书说，以后要忙着学习了，不能帮她出黑板报了，让她找别人去做吧，给别人一个锻炼的机会。”

妈妈笑着拍了拍小萱的肩膀说:“加油，妈妈相信，你会做得很好的。”

小萱点了点头，心情也变得好些了。

其实，有时候我们会认为没有做过的事情很难，觉得拒绝他人是一件困难的事，但只要勇于尝试，遵从自己的本心，一切都会顺利地进行。拒绝，并不代表绝交，这也是一种保护友谊的方法，可以提高我们的人格魅力。

同样，道歉也是提升我们人格魅力的一种方式，它代表的是一个人的修养。古语有云:“过而不能知，是不智也；知而不能改，是不勇也。”莎士比亚也曾说过:“知错就改，永远是不嫌迟的。”

晓芝最近和同桌吵了架，两个人互不说话，上化学实验课也不一起搭档了，要临时找实验伙伴。

妈妈看出晓芝心情不好，似乎憋着一口气，从前吃饭时都会跟她分享在学校做实验的趣事儿，可最近这些天她变得不爱说话，提起同桌更是不开心。晓芝说：“班里有个女同学向老师打我的小报告，害我被老师批评。我同桌明明知道我不喜欢她，还和她一起做实验，她一点都没把我当朋友，我已经跟她绝交了。真是讨厌她，我已经跟老师要求换同桌了。妈妈，你是支持我的吧？”

妈妈问：“女儿，这一次妈妈觉得你做错了，我们没有理由不让身边的人交朋友，也没有干预他们行为的权力。你不喜欢一个人，那么你的好朋友就一定要跟着你一起不喜欢吗？朋友之间也是需要尊重的。”

晓芝有些不服气，说：“可是她为什么不主动跟我说话呢？”

妈妈有些哭笑不得，点了一下她的鼻子，说：“做你的朋友真是太难了，你整天摆着一副别靠近我的样子，一看就知道你在生气。她就算想说什么，看到你的表情，也就不想说了吧！女儿，道歉也是维系友情的一种方法，是一种勇气，做错了，就需要道歉。”

晓芝有些蔫了，说：“可是妈妈，道歉的话，会不会很丢脸，如果我道歉了，她还是不和我说话怎么办？我岂不是很难为情？”

妈妈笑着说："不会的，女儿，原谅一个人也是一种能力。我想，你和她都会学得很好的。明天就试一试，向她抛出和平的橄榄枝吧！"

晓芝听了妈妈的建议，第二天主动跟同桌说话了，也道了歉。两个女孩将藏在心里的话都说了出来，互相倾诉，最后和好如初了。

妈妈送给女儿的私房话

亲爱的女儿，你或许会遇到这样的情形，面对别人提出的要求或求助，尽管心里不愿意，最后还是委屈自己答应了。你不知道如何拒绝别人，觉得不好意思开口，也可能怕得罪人。但违背自己内心答应别人，最后也会让自己觉得憋闷和委屈，心里不舒服。

这个时候应该怎么办呢？别担心，妈妈会告诉你几个拒绝别人的技巧。

第一，不要马上回答，可以跟对方说，请给我一点时间想想，一会儿我再答复你。

第二，一切回答都要基于自己的本心，不违背自己的内心才会给自己带来快乐。

第三，人无完人，接受自己的一切。如果这件事我们真的做不好，那么就勇敢地承认，并且虚心学习。也不要有做"老好人”的意识，不想得罪人，或者怕别人不喜欢自己。其实，我们没有必要让所有人都喜欢，真正的朋友是会体谅对方的。

最后，开心快乐才是准则，如果勉强答应了自己不想做的事，最后却为难自己，那大可不必。毕竟我们生活在这个世界上，就是要追寻幸福的。

除此之外，妈妈还要告诉你，做错了事不要紧，找到原因然后改正就可以了。道歉也是一种有勇气的体现。同时，我们也要培养自己接受他人道歉的能力，要虚怀若谷，宽容待人。

从现在开始，真诚地对待身边的每一个人，懂得使用拒绝的技巧来保护自己的心灵，学会道歉与接受道歉。妈妈相信，你会一天比一天强大，有能力过好自己的一生。

培养一种兴趣或爱好，丰富业余生活

青春期的我们或许都会很迷茫，觉得未来不可预期，但是我们对未来都有着美好的憧憬。虽然我们作为学生，主要的任务是学习，努力取得好成绩，但参加高考并不是我们的终极目标，我们未来的每一天能够在什么状态下生活，拥有何种心态，内心是否足够强大，能不能面对源源不断的挑战和考验，这是我们一生都要研究的课题。

要知道，高考只是我们人生旅途中不可错过的正面战场，一定要过的一关，正所谓十年磨一剑。然后，我们还会继续学习，受教育，参加工作，未来的挑战和目标接踵而来。而在这之前，我们要学会如何在忙碌的学习和生活中陶冶自己的情操，开启减压模式。

那么，培养一种兴趣或爱好就变得格外重要，我们可以在业余时间做自己想做的事，丰富业余生活，让自己过得更充实。

每一个人都应该有一种积极的兴趣或爱好，它可以丰富我们的内心，使灵魂更饱满。兴趣和爱好不仅是我们学习和探索的原动力和源泉，还可以让我们感到身心愉悦，减轻学习和生活上的压力。

晓晓是亲戚口中的好孩子，懂事听话，学习成绩优异，是学年排名前五的佼佼者。但在同学眼里，她就是一个只会学习的做题机器。晓晓常常幻想，如果自己也有一点特长，会唱歌或跳舞，那么她就可以在学校的文艺演出中表演节目了。

有一次，学校举办了一场要求家长参加的文艺演出，晓晓没有节目，就和妈妈坐在台下当观众。当晓晓班里的同学跳完舞谢幕时，她忽然轻声感慨了一下："如果我也能上台表演就好了。"妈妈听见了，侧头看了看女儿的神情，她没有说话，暗自思考了一会儿。

在回家的路上，妈妈问晓晓："女儿，你有什么爱好吗？就是特别喜欢做的事情。"

晓晓想了想，犹豫地问道："妈妈，看书算是爱好吗？做题可以说是爱好吗？"

妈妈点点头，说："只要是出自真心，特别喜欢做的事情，你能从中获得快乐，得到放松就算是爱好。"

晓晓想了想，说："我知道了。妈妈，我的爱好是做题和看书，我觉得将一道道难题解出来非常高兴，会感觉神清气爽，特别快乐。读书的话，我可以学到很多课外知识，我觉得很有意思。"

妈妈笑着说："听到你这么说妈妈才松了一口气，因为你平时没有补课时也常常拿着本书看，我有些担心你会觉得枯燥，会觉得压力大。"停了一会儿，她又问，"刚才那个跳舞的女孩儿是你们班的吧？"

晓晓点点头，似乎想到了什么，心里有些闷闷的，说："是啊，她是我们班的同学，班里的同学可喜欢她了。"

妈妈说："你也很喜欢看她跳舞对不对，那种感觉很奇怪，有一点羡慕，又有一点忌妒。"晓晓惊讶地看着妈妈，问："你怎么知道的？妈妈，我这样是不是有点不对。"

妈妈扯着晓晓的手，说："这很正常啊，羡慕和忌妒是很容易产生的，重要的是我们怎么化解它。晓晓，其实，我们每个人感兴趣的东西是不一样的，可以说千差万别，那位女同学在跳舞方面有天赋，而你在读书上有天分，你们都可以在各自的领域成为佼佼者，这不是很好吗？妈妈敢打赌，你的那位女同学有可能私下里也在羡慕你学习成绩好呢！"

晓晓问："真的吗？"

妈妈回答："真的。其实啊，有一件事妈妈或许做错了，你这么喜欢读书，我们可以试着去参加读书分享活动。在那里，你也可以成为万众瞩目的焦点，在台上分享自己的观点和感受。"

晓晓兴奋地问："妈妈，我真的可以参加吗？"妈妈笑着说："可以，等你下次休息时，妈妈就为你联系，这一类的活动有很多，图书馆会定期举办的。晓晓，既然喜欢，就要坚持哦，让读书这个爱好一直陪伴你，你会一直开心的。"

晓晓点点头，说："妈妈，我会一直坚持下去的，读自己喜欢的书，从书本里获得乐趣。"

妈妈送给女儿的私房话

兴趣和爱好的培养需要从小开始，有人喜欢唱歌跳舞，有人喜欢读书写字，还有人喜欢弹奏乐器。可是，如果你对这些事情都不感兴趣，也没什么特别的爱好，那该怎么办呢?

亲爱的女儿，妈妈想告诉你一件事，我们每个人身上都有独属于自己的潜能，每个人的特长都是不一样的，喜欢的事情也千变万化。有些人在艺术方面有天赋，稍稍培养就会越来越好，而有些人很普通，不会唱歌也不会跳舞，绘画也一般，没有学过乐器，似乎什么都不会，没什么爱好，也没有特别感兴趣的事。

别担心，没有特长的人也会很幸福，我们可以保持一种热爱生活的态度，积极乐观也是一种能力。

不过，在生活和学习中，还是要培养一种兴趣或爱好，无论什么，只要是有助于身心健康的，妈妈都会支持。

关于培养兴趣和爱好，妈妈有几个建议，你可以试试看。

第一，将贪玩转化为游戏，这也是一种爱好。发散思维，用游戏的形式学习知识，既可以开发大脑，还可以调动学习热情。

第二，对学习产生兴趣，而不是做题的机器。

第三，无论多忙，都要有属于自己的时间，做喜欢做的事，可以看书，可以画画，也可以学习乐器，让自己充实起来。如果都不想做，那么就练习一下厨艺吧，这也是一种爱好，但是切记，要保持健康的体重哦。

第四，改变自己的心态，从点滴开始，慢慢培养一种习惯，让兴趣和爱好变成我们生活的一部分，在坚持中改变自己，获得乐趣。

女儿，人生就像一个巨大的调味盒，各种滋味需要我们自己去品尝，而兴趣和爱好就是其中的甜，可以让我们的生活变得充实，陶冶我们的情操，让我们在面临压力和挑战时，更有勇气和底气。所以，要守护我们的爱好，保持探索的精神，努力生活！

第5章

性教育与自我保护能力的培养

孕育生命的意义

孕育生命象征着孕育未来的希望，是参与和见证一个生命的成长。这是一个甜蜜而幸福的过程，同时也伴随着辛苦和付出。爱的传承就是赋予下一代希望，我们生活在这个世界上，要懂得如何爱自己、爱家人、爱孩子。

青春期的我们仿佛有种“初生牛犊不怕虎”的勇敢和激情，想要恣意挥洒青春，也会叛逆，会对父母有逆反心理。进入青春叛逆期的我们，甚至会因为承受不了压力，或与父母赌气而做出伤害自己的事情。生命很可贵，它的可贵就在于孕育的过程中，母亲是辛苦的，历经千辛万苦才能迎来新生命，每一个生命都值得被珍视。

我们现在还处于成长期，身体和心理上都在不断地改变，认知能力在不断地提升，也有了自己的意识和想法。道理讲出来很容易，真正理解却需要很长的时间，甚至我们整个一生都在不断地探索，也只有经历一次次得与失之后，我们才明白生命的可贵。

我们要珍视自己的一切，爱护自己的生命，保护自己的身心健康。

高考结束后的某一天，晓亦在吃饭时有些欲言又止。妈妈看出她有心事，于是开口问："怎么了？心事重重的样子，方便跟妈妈说吗？看看妈妈能不能给你什么建议。"

晓亦犹豫了一下，她放下筷子，抬头看着妈妈说："妈，能不能给我一千块钱，我有急用。"

妈妈觉得这件事不简单，她斟酌了一下措辞，说："妈妈可以给你钱，可是，你这么着急，一定是很大的事情吧？你已经成年了，也参加过高考，凡事都有自己的判断了，我觉得，这么大的事，是不是可以和妈妈商量一下呢？"

晓亦很犹豫，不知道该如何开口。她心里想，这件事靠她自己确实处理不好，直觉告诉她，这件事瞒着家长是不对的，于是她说："妈，这笔钱不是我用，是我的一个同学，她……她怀孕了，说是手术没做干净。我也不懂，她很着急，不敢告诉家里，只是要跟我和小娅每人借一千块钱，说以后有钱了就还。"

妈妈的心咯噔一下，女儿一说，她就猜出来是谁了，她们三个平时玩得很好，无话不说。想起那个小姑娘的样子，她有些心疼，说："晓亦，这件事情真的很大，她怀孕后应该是找了非正规的地方做了流产手术，她跟你说的手术没做干净，是子宫里还有细胞组织残留，需要做二次刮宫手术。这对身体的伤害非常大，稍有不慎就会造成严重后果，甚至会导致习惯性流产或难以受孕。"

晓亦睁大了双眼，问："会有这么严重的后果啊？"

妈妈叹了口气，说："做流产手术本来就对身体伤害极大，更何况她还没处理干净，需要二次手术，身体和心理都要承受巨大的伤害。她瞒着家里做手术，手术之后也没好好休息，如果落下毛病，以后都要遭罪的。晓亦，你们是好朋友，在这件事上你和小娅要劝她告诉家里，她需要去正规医院进行治疗，还需要好好休息，养好身体。相信我，任何一个妈妈都不会在这个时候责怪她，都会好好照顾自己的女儿的。”

晓亦点点头，说：“妈妈，我觉得你说得有道理，从小你就教育我，遇到拿不定主意的事情要和你们商量，你们永远都会帮我的。”

妈妈点点头说：“女儿，我们的身体是很宝贵的，你即将离开爸爸妈妈去另一座城市上学，我们没有办法一直陪在你身边，你要学会保护自己。关于性，关于孕育新生命，我之前就在一些绘本上教过你，现在我还是要告诉你我的看法。我认为性要建立在爱的基础上，最美好的事情要等到结婚那一天，不要随便偷尝禁果，一定要知道怎么保护好自己。无论发生任何事情，不要害怕，也不要担心，要第一时间告诉妈妈，我和爸爸永远是你最坚实的依靠。”

晓亦点点头，说：“妈妈，我会记住你的话的。我现在就去找小娅，我们一起去说服依依，不要让她继续瞒着家人。”

妈妈点点头，嘱咐她路上小心，注意安全。

妈妈送给女儿的私房话

亲爱的女儿，你知道吗？在你出生的那一刻，妈妈哭了，想到你在将来的某一天也要承受这样的疼痛，我真的很心疼。虽然孕育的过程很辛苦，但迎接新生命的幸福与喜悦是不可言喻的。生命真的妙不可言，一颗卵子和精子结合后会慢慢成长为一个宝宝，多么神奇，当我在产房中听到你的啼哭声时，我觉得经历的一切都是值得的。

进入青春期后，由于雌激素的分泌以及青春期荷尔蒙的作用，我们会对异性产生好奇，会生出好感，这个时候就要学会冷静处理，要时刻守护好自己的身体，不让自己受到伤害。同时，我们要了解性知识，知道身体构造，知道意外怀孕对自己的伤害，不偷尝禁果。

我们要学会自尊、自爱，并且要学会自我保护，在合适的时间做合适的事，千万不要做伤害自己的事。要尊重生命，热爱生命，人生必然会经历坎坷和挫折，但我们应该勇往直前，珍惜每一天。

最后妈妈跟你分享一段作家三毛曾经说过的话：“我们一步一步走下去，踏踏实实地去走，永不抗拒生命交给我们的重负，才是一个勇者。到了蓦然回首的那一瞬间，生命必然给我们公平的答案和又一次乍喜的心情，那时的山和水，又回复了是山是水，而人生已然走过，是多么美好的一个秋天。”

我想，孕育生命就是见证一个新生命的成长，我们要面对的是一个全新的世界，在这个世界里，我们看山见水，经历并成长着。认真地对待生命中的每时每刻，也珍惜每分每秒。亲爱的女儿，你要明白孕育生命的美好，同时也要珍爱自己的生命，保护好自己。

艾滋病的可怕

12月1日是世界艾滋病日，这是在全球范围内呼吁人们防疫抗艾，共同承担健康责任，预防艾滋病。我们需要了解预防艾滋病的知识，同时也不要歧视艾滋病毒携带者。

对于未成年人的性教育已经写进了未成年人保护法中，幼儿园和学校有责任对学生开展性教育，而艾滋病的相关知识教育是性教育中的重要组成部分。

红丝带是世界艾滋病日的标志性图案，红色代表鲜活的生命，绸带象征着一条纽带，将全世界的人们联系在一起，大家一起热爱生命，共同预防艾滋病。

简单来说，艾滋病毒可以破坏人体的免疫系统，免疫力下降后，身体容易受到病毒的侵害，从而引起并发症和恶性肿瘤。艾滋病在目前是无法彻底治愈的，只能靠药物维持。对于感染了艾滋病的人，我们不要歧视，要以客观的心态面对。

上初中后学校组织学习预防艾滋病的知识，学完之后同学们在一起讨论。小洁有洁癖，她发表言论说："艾滋病好脏，我们都应该离艾滋病患者远一点，不能靠近他们。"

津津认为这样做不对，她说："老师说过，我们不能歧视艾滋病患者，要对他们友好点。"

小华摇摇头问："友好点？万一传染了怎么办？这种病治不好的，想想都可怕。"

津津说："艾滋病的传播是有条件的，是通过性、针管注射、共同使用牙刷等，有体液接触，正常接触是不会有事的。比如，和他们说话就不会被传染。"

小华的同桌说："津津说得对，和他们说话，一起吃饭都可以，我们不能戴有色眼镜看人，他们有可能是无辜的被感染者。我听说，如果妈妈是艾滋病患者，生宝宝时，宝宝也是携带者，那么这个宝宝从出生就感染了艾滋病，而且也活不长，如果再受到歧视，那就太可怜了。"

小华点了点头，说："你们说得好像很有道理，我们是不应该歧视他们。"

这时老师走过来对他们说："同学们，你们要时刻谨记，生命是可贵的，我们要珍惜和热爱生命，并且尊重每一个生命。预防艾滋病，我们应该从小做起，认真学习，知道了吗？"

同学们的回答整齐划一，这次学校安排的性教育学习非常成功，同学们都知道了艾滋病的可怕以及预防艾滋病的措施。

电影《最爱》中的女主角就是因为卖血染上了艾滋病。她是成年女性，但由于缺乏自我保护意识，不幸感染了艾滋病。抽血的针管是多人反复使用的，最后导致艾滋病的快速传播。这部电影给我们的现实启示有很多，作为学生，我们没有收入来源，当我们想要购买一些东西却没有钱支付时，可能会想到一些不合适的办法，比如，通过卖血来换取零花钱，这是非常危险的。还有一些无知的女大学生靠卖卵子换取生活费，这都是对自己生命不负责任的表现。

君子爱财，取之有道。作为受过教育的学生，我们更应该懂得这个道理，要相信一分耕耘一分收获，不要轻易被外界环境干扰，更不要有不劳而获的思想。我们要依靠自己的能力换取报酬。当然，在我们高中没有毕业前，不要考虑赚钱的事，我们是学生，现在的任务就是好好学习。高考后，我们可以通过给别人补课、做兼职，在保证自己安全的前提下提前感受一下赚钱的喜悦，这是值得做的。

妈妈送给女儿的私房话

亲爱的女儿，你知道艾滋病有多么可怕吗？在现实生活中，我们应该怎样预防艾滋病呢？

艾滋病，也被称为艾滋病毒，是因 HIV 感染而引起的机体免疫功能缺陷，由于免疫功能被破坏，人体很容易感染疾病，疾病晚期有许多并发症，造成严重感染及恶性肿瘤，之后全身器官衰竭。它是一种传染性极强、危害性极大的病毒。这种病无法治愈，只能依靠药物控制病情发展。它的潜伏期很长，在人体内的潜伏期平均 8~10 年，患者与常人无异。

艾滋病虽然很可怕，但我们不必害怕，因为艾滋病是可以预防的。我们要学习如何预防艾滋病，采取科学有效的措施。

首先，我们要洁身自好，自爱自重，不约见网友，不在外饮酒，不喝脱离视线的饮料或水，避免危险的性行为，保护自己的身体。

网络是虚幻的，也是充满危险的，我们要对网络中存在的潜在危险有最基本的认知。不约见网友，网络上的好感存在虚假成分，人们习惯于粉饰自己，通过网络，我们只能了解对方的皮毛，其中还存在着90%的虚假成分。我们要理智应对，不要将虚拟现实化。

网络借贷也是极其危险的，他们宣传的借贷方便只是为了欺骗我们，这就相当于网络高利贷，利滚利还不上时，他们就会采取强硬措施，危害我们的人身安全。这里面还包含最无耻的裸贷，坏人会用照片威胁我们。

我们需要用钱时，最安全和稳妥的办法就是与父母协商，说出我们的理由，杜绝乱消费。

其次，去正规医院检查身体，抽血化验要用一次性针管，去正规地方献血，不擅自输血或使用血制品。注意个人卫生，不使用他人的牙刷、刮毛刀等私人物品。

最后，远离毒品，不吸毒。不要受人诱惑尝试摇头丸、海洛因等毒品，也不要因为好奇，抱着试试看的心态去接触毒品。吸毒者在使用针管注射毒品时，多人使用一支就有可能感染艾滋病毒。切记，珍爱生命，远离毒品。

我们只是青春期的孩子，涉世未深，外面的世界有很多诱惑，有许多新鲜的事物，由于我们对外界的认知能力和水平还在不断地提升，很容易被光鲜的糖衣所影响和诱惑。因此，我们要有基本的安全常识，要抵制各种危险的诱惑。那么我们如何分辨哪些是危险的诱惑呢?

只要跟毒品有关的一切都要拒绝，有些兴奋剂还会打着对学习有益的幌子，美其名曰服用后精力会更旺盛，能防止犯困。这都是糖衣炮弹，剥开糖衣，里面的药物就会侵蚀我们的身体和意志，对我们造成极大的伤害。我们在初中时都接受过远离毒品的教育，有个知名教育片《白粉妹》讲的就是一个花季少女被毒品侵蚀，最后走上了犯罪的道路。我们应该警醒，并且时刻警惕，不要让坏人有机可乘。

艾滋病的确很可怕，但我们也不要认为这个世界太黑暗了，要相信，阳光总会温暖我们的生活。我们要热爱生命、尊重生命，守护自己的身心健康，积极快乐地成长。

远离任何暴力行为

近些年来，校园暴力这一敏感的社会性问题越来越受到重视，我国多部法律法规都有对校园暴力的相关规定，这对校园暴力的受害方是一种保护，在法律上约束了暴力的实施者。

校园暴力最常见的形式包括身体暴力、心理暴力、性暴力和欺凌。校园暴力会严重损害受害者的身心健康，给他们带来童年阴影，甚至形成创伤后产生应激障碍，影响一生。

对于暴力的实施者来说，他们不会管理自己的负面情绪，心理偏向于阴暗的一面，出现生气、愤怒、忌妒等不好的情绪时，他们选择用暴力来解决问题，靠欺凌弱小来发泄负面情绪。这是一种畸形的变态心理，施暴者将自己的痛苦通过暴力和欺凌转嫁到无辜的人身上。这是不可取的，施暴者的心理是有问题的，需要及时治疗；否则终会害人害己，造成无法挽回的后果。

如果我们成为受害者，一定不要忍让退步，要立即告诉家长和老师，情节严重的要马上报警，一定要有高度的自我保护意识，不要让自己成为别人欺负的对象。

菲菲是一个内向的女孩，初二时由于爸爸工作调动转了学，

去了另外一座城市上学。她不爱说话，也不擅长表达，给人的感觉很冷，很难接近。不过她长得很好看，班里有男同学对她很好，帮她值日，又帮她讲题，而这恰恰得罪了班里的女同学茜茜。

茜茜是班花，在菲菲来之前是最受欢迎的，现在情况变了，她忌妒、生气，想要教训一下这个外来人。由于菲菲是从县城转学过来的，茜茜让自己的好友叫菲菲“土得掉渣的乡巴佬”，还故意将她的书撕坏，把她的作业扔进垃圾桶里，甚至在她的可乐里放粉笔灰，等她喝完再告诉她，并且取笑她。

菲菲非常痛苦，她不知道该怎么办，这些诋毁给她带来了更深的自卑感，这些委屈她都憋在心里，忍受着她们的欺负。她内向胆小，不敢说，只能忍着，她心里想着忍忍就过去了，她们总不能一直欺负她吧？可事实上，她越忍让，她们就越猖狂，有一次竟然将死老鼠放进她的书桌里。她永远忘不了那种惊悚的感觉，这给她造成了严重的心理阴影，她开始睡不着，整晚做噩梦，醒了就哭。

妈妈察觉到菲菲的异常，她抱住一直哭的女儿，问：“出什么事了？怎么了？”

菲菲哭着说：“妈妈，我不想去学校了，我受不了了……”她一边哭一边说出在学校里发生的事情，“我以为只要我忍着，退一步，她们就不会再欺负我，没想到，她们欺负得更厉害了。为什么会这样？妈妈，我好害怕。我觉得太难受了，我已经连续好几天做噩梦了，我再也不想去学校了。”

妈妈轻轻拍着菲菲的后背，轻轻安抚她，等她的情绪稳定些后才说:“女儿，你这是遇到校园暴力了，面对暴力事件，我们应该正面解决，而不是逃避、忍让，你一再地忍让，她们会更肆无忌惮，变本加厉。”

菲菲无助地问:“那我该怎么办呢？我很怕。”

妈妈说:“别怕，女儿，勇敢点，我们一起面对。这件事你要学着自己解决，你不能总是把心事藏在心里，要把你的想法说出来，和欺负你的人交流沟通，看是否有解决的办法；如果不能，你被欺负的情形班里的同学都会看在眼里，你需要发动全班同学一起抵制校园暴力，要让施暴者感到羞愧，让她们的不好行为暴露在大家眼前。如果还是解决不了，那么，我们有必要告诉老师和那几个欺负你的女同学的家长，她们需要受到应有的教育和惩罚。”

菲菲有些担心，问:“这样能行吗？她们会不会打击报复？”

妈妈摸了摸菲菲的头，说:“女儿，我们要相信，这个世界上好人还是多一些的。我相信，你班里的同学不会都欺负人，也没有哪个学生家长愿意自己的孩子变成施暴者，我们不用暴力欺辱别人，别人也不能将暴力的拳头挥向我们。记住，女儿，勇敢地面对，不要消极地忍受。”

菲菲点点头，她擦了擦眼角的泪水，说:“妈妈，我试试，我不怕，我要勇敢地面对。”

面对校园暴力，我们不要害怕，也不能一味忍让，更不能以暴制暴。纠纷和矛盾的化解并不是只有暴力这种方法，我们可以沟通，心平气和地解决问题。假如施暴者无法沟通，非暴力不解决问题，那么我们就要向父母和老师寻求帮助，情节严重的话，我们可以运用法律武器来保护自己。

远离任何暴力，决不妥协。除了身体暴力，还有心理暴力，如言语上的诋毁、孤立、冷暴力、网络暴力等。性暴力包括性侵和性骚扰，面对性暴力，只要一出现，一定要立即告诉家长，并告知学校，采取有效手段应对。校园暴力需要预防，我们要有防范意识，不给对方以可乘之机，不单独在学校或校外逗留，时刻保持危机意识，学会保护自己不受任何伤害。

妈妈送给女儿的私房话

亲爱的女儿，你知道吗？现在的校园暴力事件越来越多，我很担心暴力事件发生在你身上。我们在生活和学习中总会遇到形形色色的人，并不是每一个人都受过良好的教育、心理都是健康的，施暴者的心理一定是有问题的，并且不会管理自己的情绪。那么，一旦我们遭遇校园暴力，我们该怎么办呢？

别害怕，女儿，也别恐惧，遇到问题就需要解决不是吗？只要是问题，那么就必然会有解决问题的方法。

沉着冷静是首要的，遇到校园暴力不要慌，我们要搞清楚原因，如果真的是我们做错了，就要改正；如果对方无理取闹或故意伤害，我们应该立即远离，不要犹豫，到安全的地方去，往人多的地方跑。当然，我们也不要将自己置身于危险当中，不单独和对你有敌意的群体出现在同一个地方，在学校不单独行动，上卫生间或放学要找个伙伴一起。

如果被几个同学包围，又跑不掉，那么你可以讲道理，拖延时间，等有人路过时高声呼救。一旦被围攻，要护住自己的头，当暴力结束，立刻回家，告诉父母，报警并且验伤。面对暴力，不退让、不忍让，我们要用法律武器保护自己。

女儿，你知道吗？妈妈在跟你说这些的时候，心是揪着的，我多么希望你这一生都不要遇到任何暴力事件，希望你健康平安地长大，永远不会遇到阴暗的人和事。但是，现实生活中存在太多的可能性，一旦遇到，我们就要勇敢地面对，保护自己不受伤害。

面对生活，我们要有一种大无畏的精神，勇往直前，善良地对待身边的人，不使用暴力解决问题；同时，也不要恐惧和害怕，不受任何人威胁，远离身边的一切暴力。

女儿，愿你快乐成长，平安幸福。

身边男孩儿的变化

进入青春期后，我们的身体会有明显的变化，生理和心理上都需要一个适应的过程，当然，身边的男孩儿也在悄悄地变化。他们身高增长得很快，体重也逐渐增加，开始出现喉结，声音变粗，嘴巴四周和鬓角会长出胡须。同时，汗腺及皮脂腺分泌旺盛，皮肤可能会出现粉刺，也就是我们通常所说的青春痘。

男孩的身体与女孩的不同，他们的生殖器官包括外生殖器官和内生殖器官，外生殖器官包括阴囊和阴茎，内生殖器官包括睾丸、输精管和附属腺。青春期的男孩也有属于自己的小秘密，在这期间，他们的生殖系统在不断地成熟，14~16 岁，他们的睾丸会不断地产生精子，就会出现梦遗。此外，男孩在青春期也会长阴毛，主要分布在阴茎根部、耻骨区和大腿内侧，阴毛有保暖作用，可以保护精子的生存温度。

在青春期，由于荷尔蒙分泌增加，我们会对身边的男孩产生好奇心理，有时做梦会梦到，这都是正常的现象，不要多思、多虑，要将关注的重点放在学习上。由于不了解和好奇，我们有可能会对异性产生好感，这个时候就需要保持警惕，要与身边的男生保持安全距离，不单独相处。

初三开始放暑假时，潇潇的堂弟到她家做客，要住一周。堂弟鹏鹏与潇潇同岁，即将面临中考，于是奶奶安排他们在一起学习，学累了就去打羽毛球放松一下。到了晚上，奶奶为鹏鹏铺被，与潇潇的被子并排摆在床上，对潇潇说："潇潇，这几天你就和弟弟挤一挤，过几天他就走了。"

潇潇摇摇头，说："奶奶，妈妈说了，我现在不是小孩子了，要和男生保持距离，所以我不能和弟弟在一间屋子里睡觉。"

奶奶有些生气，提高了嗓门，说："弟弟到咱们家做客，你应该懂事点，都是一家人，睡一起怎么了？你们还都是孩子，别听你妈的，小题大做。"

潇潇不想跟奶奶顶嘴，但这件事也不能妥协，她说："奶奶，我觉得妈妈说得对，这不是小题大做。我们已经进入青春期了，身体都在发育，就要和异性保持距离，就算是亲人也要有安全距离。"

鹏鹏这时走进来说："奶奶，姐姐说得对，我们还是小婴儿时可以睡在一起，但我们已经长大了，需要保持距离。我们不能睡一屋，我是男孩子，这几天就在沙发上睡吧，沙发也很大，够我睡的。"

奶奶还是有些不依不饶，她说："怎么能让你睡沙发呢？我本来想着让你们姐弟俩联络下感情，你们一年也见不了几次面，再说了，你们就相当于亲姐弟，亲姐弟之间也需要保持距离？"

潇潇说："当然了奶奶，虽然我和弟弟有血缘关系，但也要保持安全距离。3岁的时候我们就学过性教育的绘本，男生和女生的身体是不一样的，要保持距离，身体不能让别人摸。现在我们长大了，身体也在逐渐发育，就更应该保持安全距离，绝对不能一起睡。”

奶奶说：“你们这代的孩子啊，学得可真多，奶奶小时候哪有这么多事儿。好了，你们都说不能睡一屋了，那鹏鹏，你就睡沙发吧，奶奶给你铺被。”

鹏鹏说：“好的奶奶，我来帮你。”

潇潇也说：“奶奶，我也帮你。”

在这件事上，潇潇做得很对，我们的长辈似乎不太重视性教育，基本上就是回避状态，认为孩子太小，完全不需要性教育，或者认为只有成年人才需要性教育，这种想法是不对的。性教育要从娃娃抓起，在孩子 2~3 岁时就可以给他们看相应的绘本，要让孩子从小树立保护自己身体的意识，衣服遮住的地方不允许别人碰触。进入青春期更应该注重性教育。

小熙上初中后还是男孩子打扮，喜欢和男孩子打篮球。这天打完球后和他们一起往家走去，她的手搭在男同学肩膀上，一副好哥们儿的样子。到了晚上，妈妈来到她的房间，斟酌了一下语言，对她说：“小熙，有件事妈妈要跟你说，你喜欢打篮球妈妈很支持，但你毕竟是女孩子，现在身体也逐渐发育了，打篮球时难免会有身体碰撞。妈妈觉得，你应该跟身边的男孩子保持安全的距离，不能勾肩搭背。”

小熙不以为意，随意笑着说：“妈，那几个是我的好哥们儿，我们感情很好的。没必要保持距离吧？”

妈妈说：“女儿，你长大了，是个大姑娘了。妈妈不是反对你和男生交朋友，但是男女有别这件事一定要注意，不能与男孩子过于亲密，而勾肩搭背就是过于亲密的行为了，我们在日常生活和学习中一定要注意。”

小熙点点头，说：“妈妈，我知道了，我可以继续和他们做朋友，但是要保持安全距离，举止不能过于亲密。那我还能玩篮球吗？”

妈妈点点头说：“当然可以了，你可以和同样喜欢打篮球的女同学一起玩啊！爱好还是要坚持的，妈妈支持你。妈妈只是提醒一下你，要注意和身边的男孩子保持距离，友谊可以继续保持，但举止不可太过亲密，以免造成不必要的误会。”

小熙点点头，说：“妈妈，我记住了。”

妈妈送给女儿的私房话

亲爱的女儿，你知道吗？当我们进入青春期后，生理和心理都会发生变化，由于好奇，我们会对身边的男生感兴趣，有时还会在梦中梦到身边的男生。这个时候不要觉得自己很怪，也不要认为有这种想法不对，这些都是正常的现象，不要自责。

当然，我们要记得在与男生相处时保持距离，懂得男女有别。实际上，我们从小就应该明白，不要与异性相处太过密切。

进入青春期后，我们的身体发育加快，第二性征逐渐显现，就更需要注意与男性保持距离。那么，我们在日常生活和学习中应该如何与男生相处呢？

首先，我们与身边的男生相处时要保持安全的距离，彼此之间要互相尊重，也要自尊自爱。不与男生单独相处，也尽量避免一个人出行，要找同学或伙伴一起走。不单独去男同学家，也不要轻易去有哥哥或者父亲在家的女同学家，放学后不要和陌生男人说话，时刻保持警惕。

其次，掌握好与异性交往的方式，注意时间和地点，不能过于亲密，给对方造成误解。我们不排斥与男同学成为朋友，但要保持分寸，举止落落大方。同学们之间的嬉闹玩耍也要注意分寸，要有礼貌地交往。

最后，我们在青春期容易对身边的男同学或老师产生好感或爱慕，这个时候要控制我们内心的感情，不要轻易写情书，不要早恋。青春期的我们由于身体开始分泌雌激素和荷尔蒙，会对异性产生好奇和好感，但我们还未成年，身体还在发育，早恋不仅会影响学习，如果越雷池一步，还有可能伤害身体，造成心理阴影。我们应该把美好的感情珍藏起来，专注于学习，才不会辜负韶华时光。

女儿，妈妈一直都认为，我们每个阶段都有必须要做的事情，孩童时期重于玩乐，快乐成长；学生时代努力学习，畅游在知识的海洋，探索未来。等高考结束，到了大学，如果我们遇到心仪的人，可以尝试恋爱，但也要保持理性，保护好自己。

遇到性骚扰时应该如何保护自己？

相对于男孩来说，女孩在力量和勇气方面会稍微逊色一些，比较柔弱。面对日渐复杂的社会，我们一定要有保护自己的意识，要点亮危险的警示灯，时刻保持警惕，不让自己陷入危险当中。

当今社会性骚扰事件时有发生，有许多心理不健康的坏人在伺机而动，我们要有安全意识，在感觉到危险的时候一定要保持冷静，沉着应对。

小时候我们看过类似性安全教育的绘本，夏天衣服遮住的部位是不可以让别人碰触的，如果有人碰到了，一定要坚决地说“不”，“别摸我”这种意识一定要树立，并且机智地远离，还要立即告诉爸爸妈妈。

进入青春期后，我们的身体发育越来越成熟，第二性征逐渐明显，这个时候更应该有自我保护意识，保持警惕。比如，面对陌生人的求助，我们需要判断是否存在危险性。这时，最稳妥的办法就是打电话告诉家长或报警，因为你只是一个学生，能力有限，如果对方是成年人，他们都做不到的事，却向你求助，那么一定是危险的前兆，应立即报警让警察叔叔帮助他们。

当然，我们要发扬助人为乐的传统美德，但也要学会辨别危险，保证自己的安全，不让坏人利用我们的善良。

小希周末约了几个同学写作业，到了小轩家时发现来的两个都是男同学，两个女同学临时有事来不了了。小希知道这个情况后，开口说："小轩，你们几个一起写作业吧，我妈今天要带我去补习班，她就在楼下等我。我妈说无故爽约不好，让我上来跟你们说一下。"

小轩点点头，说："那好吧，本来还想让你给我们讲几道题呢。那你快走吧，别让阿姨等久了。"

小希跟他们说了再见，转身坐电梯下楼了。回到家，她将事情的经过说给妈妈听，她说："我开门一看里面只有两个男同学，两个女同学都没来，只有我来了。小轩的爸妈也不在家。我想起你说过的，不要单独和男同学在一间屋子里，要有危险意识，于是我就编了个理由说你在楼下等我。"

妈妈赞许地点点头，说："女儿，你有安全意识，这非常好，以后要一直保持警惕。我们并不是要把所有人都看成危险人物，但保持警惕，有自我保护意识是非常重要的。"

小希想到一件事，又问："妈妈，刚才为了不在小轩家写作业，我说谎了，这是不是不对啊？"

妈妈说："说谎是不对，但你的这种情况不同，这是随机应变，是为了保护自己的安全，不让自己陷入危险的困境。当你感觉到有潜在的危险时，就要及时找借口离开，去到安全的地方。

这时就算说谎也是机智应对的表现，这么做是对的。当你真正遇到危险时，也要沉着冷静，不要只大哭大喊，要思考应如何摆脱眼下的危险才对。”

小希点点头，说：“妈妈，你放心，这些话我都记着，我一定好好保护自己的安全。”

在现实生活和学习中，我们不仅要时刻保持警惕，树立安全意识，还需要有应对性骚扰的勇气和头脑，加强身体锻炼，不要让坏人得逞，能学习跆拳道、散打等既强身健体，又能防身的技能最好。

小雪平时放学都会骑单车回家，这一天，她发现自行车锁打不开了，于是选择坐公交车回家。车上人很多，经过一站后，她发现有人摸了她的臀部一下，并且站得离她很近。她心中的警铃一响，浑身都僵硬起来，她很害怕，但她想起妈妈说过的话，遇到事情要冷静，不要害怕，也不要忍让，否则坏人会得寸进尺。她鼓起勇气，回头狠狠地瞪了那个坏人一眼，然后用手肘狠狠地往后撞去！高声喊道：“请把你的手拿开！离我远一点！”

小雪横眉冷对，气势汹汹，表现出绝不害怕的表情。她心里想，如果对方再靠过来，她就告诉司机叔叔直接开到警察局，她身边这么多人，一定会有人帮她做证！

她一开口，站在她身旁的老奶奶就走了过来，站在她与坏人中间，说：“年轻人学点什么不好！真是败类！”

瞬间，所有人的目光都投向坏人，他急忙在下一站下车了，连头都没敢抬。

小雪终于松了一口气，她跟老奶奶道了声“谢谢”。等她到站下车后，一口气跑回了家，一连喝了好几口水。她将这件事告诉了妈妈，妈妈摸了摸她的头说：“好孩子，真勇敢，出门在外就应该有自我保护的意识和勇气。”

面对公交车性骚扰，绝不能沉默忍让，这会助长坏人的气焰。我们要在保护自己安全的前提下出言制止，千万不要为了逃避匆忙下车，如果坏人也跟着下了车，那我们就更危险了。

妈妈送给女儿的私房话

亲爱的女儿，遇到性骚扰时我们应该怎么办呢？

第一，要有自我保护意识，拒绝敏感部位的接触，做好防范。不要和异性单独相处，外出聚餐不要喝酒，离开过自己视线的饮料不要再喝，不走夜路，晚归时不要打黑车回家，尽量让爸爸或妈妈去接你。不要轻易相信陌生人，不只是男人，老人和小孩也不要轻易相信，要有危险意识。

第二，要沉着冷静地应对，不要慌乱，更不要有心理负担。切忌沉默，沉默不语只会让对方更加猖狂，遇到性骚扰一定要勇敢地面对，不要忍让退步。

如果是亲戚或熟人对你有性骚扰的行为，不要犹豫，要第一时间远离，并且告诉爸爸和妈妈。不要害怕对方会打击报复，你要相信，爸爸和妈妈会一直保护你。

第三，遇到性骚扰时要机智地应对，不往人少僻静的地方躲，要走进人群，然后向家人或警察求助。妈妈会在你的书包里放一瓶防狼喷雾，记得使用方法，对准对方的眼睛，喷射讲究稳准狠，切记不要伤到自己。

第四，做好心理疏导，不要留下童年阴影。遇到性骚扰并不是一件恐怖的事情，如果你情绪低落、害怕、恐惧，睡不好，总做噩梦，要马上告诉妈妈，我们一起去做心理疏导。千万不要压抑自己的恐惧和不安，青春期留下的伤痛要及时治疗和疏导，否则留下的阴影会一直存在，不利于未来的成长。

女儿，妈妈真的希望你可以一直平安幸福地长大。可是，我们生活的世界就是一个巨大的染缸，在人生的道路上我们会遇到各种各样的人，我们不能用我们的道德准则去衡量所有的人。我们能做的就是保护好自己，做好防范措施，不让坏人伤害我们。

但我们还是要相信，坏人存在的概率是很小的，绝大多数人还是善良的。在做好自我保护的前提下，我们还是要勇敢地面对这个五彩斑斓的世界，接受人生中的挑战和机遇。

未来是属于你们的，女儿，守住你的梦想，放心大胆地朝前走，去拼搏、去奋斗、去学习！

离家出走是不能解决任何问题的

进入青春期后，我们的认知能力在不断地提升，对事物也有了自己的判断，当叛逆期来临，自负和偏见慢慢占据我们的头脑，会认为父母的看法早已过时，觉得他们唠叨，甚至拒绝和他们沟通，我行我素。一旦自己的想法与父母相悖，内心深处会滋生离家出走的冲动，想要逃离家庭。

冲动是魔鬼。当负面情绪出现时，我们是不理智的，这个时候做的决定是欠考虑的，一旦将离家出走这一想法付诸行动，那么危险将会随之而来。

这时，我们应该先冷静下来，仔细思考如果离家出走了，眼前的问题能否解决。如果不能解决，那么一时的逃避可以让我们的心情平静吗？答案当然是不能，离家出走是解决不了任何问题的。

思思最近学习成绩下滑，上课的状态不好，班主任找了家长，将她的学习情况告诉了他们，并且说思思和同年级的一个男生走得很近，老师和同学经常能看到他们在一起聊天。

妈妈听了很生气，回到家后就将思思狠狠地批评了一顿，说她学习不用功，把心思都放在旁门左道上了。

思思很委屈，事情不是他们说的那样。她很想解释，可是妈妈根本不给她解释的机会，话到嘴边就被打断了。

妈妈对她说："我早就跟你说过，要和男孩子保持距离，要自尊自爱，你怎么偏偏不听。不好好学习，去学人家早恋，早早恋爱，你还能有什么前途！你真是太让我失望了。"

思思觉得难过极了，妈妈不相信她，也不肯听她解释，还用这样伤人的话来说她。她心里憋着一股气，难受、压抑、憋屈，没有人理解她，也没有人相信她，她觉得孤立无援。

第二天放学后，她在街上走着，没有回家，她不想回家，就想这么一走了之。妈妈不信任她，她回去还有什么意思！她有些赌气，心里憋着一股火，她想要报复，想看看妈妈知道她离家出走后是什么表情！

天越来越黑，前路茫茫，她站在十字路口，不知该何去何从。这时，有一个小女孩儿从她身边跑过去，身后跟着她的妈妈，她听到妈妈在说："慢点跑，别摔着。"

思思突然想起自己的妈妈，她的妈妈也曾无数次将她抱在怀里，告诉她当心些，别摔着。她自言自语道："如果妈妈知道我离家出走了，她一定会急坏的。"她突然有些后悔，其实她知道，离家出走只是冲动的决定，这只是在逃避问题，除了让家人着急，似乎解决不了任何问题，而且还会使自己处于危险之中。

"我应该回家，跟妈妈好好沟通，将心里的话说清楚。"思思想明白了，下定决心回家，不离家出走了。她要勇敢地面对问题，理智地解决问题，而不是逃避。

刚进小区，思思就被妈妈紧紧抓住，妈妈对她说：“你跑哪去了？爸爸妈妈都快急死了……”

话还未说完，妈妈有些哽咽，思思感觉肩膀上的衣服湿了。她这么晚不回家，爸爸和妈妈都急坏了，爸爸去她常去的地方找她，妈妈就在小区楼下等，如果过了12点还没找到，他们就准备报警了。

思思有些内疚，她抱着妈妈小声地说：“妈妈，对不起……”她以为妈妈会骂她，妈妈却说：“是妈妈没把事情弄清楚就说了些难听的话，你不要怪妈妈。”原来，在她失踪后，爸爸联系了那个与她经常聊天的男同学，那个男同学说：“思思最近学习压力很大，我们在一起聊天只是在说学习成绩的事。”

思思听了之后开口说：“妈妈，我和他从小学开始就是同学，我们只是很好的朋友，在一起聊天也是因为友情的关系。妈妈，我没有早恋。”

妈妈说：“妈妈知道，这次是我们误会了，以后我们一定好好跟你沟通，倾听你说的话。”

思思点点头，说：“妈妈，我以后再也不会离家出走了。离家出走不能解决问题，以后有事情我就和你沟通，这样才能解决问题。”

离家出走只是暂时的逃避，问题仍然存在，理智的做法是：控制负面情绪，不让愤怒和委屈占据思想的上风，管理好自己的情绪后，找到引发负面情绪的根源，有则改之；如果错误不在我们，那么我们就要好好地沟通，将事情解决，而不是离家出走，把自己置身于危险之中。

妈妈送给女儿的私房话

亲爱的女儿，你知道吗？离家出走是非常危险的，千万不要为了赌气和逃避而选择离家出走。解决问题的方法有很多种，离家出走是最危险的一种，而且还不能解决问题。那么，离家出走到底存在什么危险呢？

首先，你还是一个以学习为重的孩子，社会生存能力几乎为零，没有获取报酬的途径，解决不了温饱问题。你或许会说：妈妈，我不怕，我有很多零花钱。但你要知道，生活是需要钱支撑的，零花钱总有用完的一天，当你身无分文、举步维艰时，就容易受骗，甚至走上犯罪的道路。

其次，社会上的坏人总是有的，他们可能就在我们周围，离家出走的孩子很容易被他们欺骗，可能被卖到偏远山区，或者被卖掉身体器官，或者被打成伤残，弄哑弄瞎后装作乞丐乞讨，这都是很危险的后果。

最后，离家出走只是一时的冲动，是赌气和逃避的表现，解决不了任何问题。一旦出走，就会失去家庭的庇护，会辍学。知识是可以改变命运的，我们如果错过了学习的最佳年龄，将来就会追悔莫及。

毫无疑问，离家出走是一个错误的决定，那么我们应该怎么办呢？

遇到困难和挫折时不要慌乱，也不要赌气，要想办法解决。当然，也别害怕，爸爸妈妈都是爱你的，我们就是你最坚实的依靠，问题一定会解决的。

假如你萌生了离家出走的冲动，那么要在脑海里要将潜在的危险一一列出，明确离家出走是危险的，是不可取的。接下来，管理好自己的情绪，使自己平静下来，不在愤怒或委屈等情绪不稳定时做任何决定，也不要出口伤人，以免事后后悔。最后，当情绪稳定后，思考让你觉得愤怒或委屈的事情，认真分析，看看问题出在哪里，然后有针对性地解决。最关键的一点在于，不要将话藏在心里，要主动沟通，将心里的话说出来。

女儿，妈妈希望你在遇到问题时积极地寻求解决办法，而不是选择离家出走。要记住，家永远都是温暖的，家里有爱你的亲人。

第6章

在最美的年华里感知学习的快乐

我改了试卷上的分数

学习，是伴随我们成长的重要话题，从咿呀学语开始，我们就需要学习不同的东西。上学后更是离不开学习这两个字，当我们看重分数和排名时，压力也就随之而来。进入青春期后，我们面临的压力和挑战会更多，有时为了逃避责任或惩罚，或者怕被父母责怪，我们会做一些自我欺骗的事情，如考试中作弊、考试后改分数。

受外界环境影响，我们似乎很在意分数和排名。为了提高分数，让排名靠前，我们要花费很多时间在学习上，甚至到了废寝忘食的程度。有一点我们必须明白，分数和排名只能代表我们对现阶段知识的掌握程度，这只是一时的，并不代表未来，也不能代表我们的水平和能力，可以说，分数只是众多考核指标中的一个。

改分数的目的是什么呢？这只是一种自我欺骗，解决不了任何问题。我们应该把考试当作检验知识吸收效果的机会，不要怕做错题、选错答案，有错误，这恰恰可以反映出我们的不足。改正错误，重新学习知识点，这样我们才会进步。

接受失败，改正错误，我们就是在一次次改正错误的过程中慢慢成长的。

苒苒最近学习状态不好，上课总走神儿。期中考试，成绩出来了，她的英语成绩才80分，比班级的平均分还低。她一下子慌了，心想：怎么办，分数这么低，回家一定会被批评。

放学了，同学们纷纷收拾书包准备回家，可是苒苒一点也不着急。她还没想好要怎么跟妈妈解释成绩下滑的事情，所以想拖延回家的时间。她一边磨蹭着收拾书桌上的书本，一边想着要怎么办。突然，一个想法涌上心头，老师写的80分的那个“0”很小，如果把它改成“9”，那不就是89分了吗，这样就比班级平均分高了，虽然比起从前这个分数也是低的，但低得还不算太多，妈妈应该不会骂她了吧。心念一动，她拿起红色碳素笔把分数给改了。改完之后，她反复看了好几遍才满意地点点头，将卷子装进书包里。

回到家后，妈妈告诉苒苒洗手吃饭，她很忐忑，晚饭吃得食不知味。吃完饭后，她回到房间写作业，过了一会儿，妈妈端了一盘切好的水果敲门进来，问：“苒苒，期中考试成绩出来了吧，把卷子给妈妈看看。”

苒苒“哦”了一声，将所有的考试卷子拿出来，包括她改分数的那张英语卷子。递给妈妈后，她的心跳开始加快，她很紧张，手心都在冒汗。当妈妈翻到那张改过的卷子时，她感觉心都快跳到嗓子眼儿了，这种感觉难受极了。还好，妈妈没看出来，又去看其他卷子了。

妈妈全部看完后，抬头看了看苒苒，问："这次考试你觉得怎么样？知道自己哪里不足了吗？"

苒苒没敢看妈妈，她低着头，不敢和妈妈有眼神交流，她说："有很多知识点掌握得不好，还有马虎的问题，我应该多检查几遍的。"

妈妈点点头，笑着说："知道自己哪里做得不好，有针对性地练习，这样才能进步。其实，你不用把考试成绩看得那么重要，就像这次期中考试，考试成绩只能代表你从开学到现在对学到的知识的掌握情况，相当于一个查漏补缺的机会。通过考试我们能够知道自己哪方面的知识掌握得不好，也能检验自己的学习情况。做错题不要紧，分数低也不要紧，要紧的是我们清楚错在哪里，应该怎么正确地解答，下次再考我们不就会了吗？你觉得妈妈说得对吗？"

苒苒有些不解，问："分数低也不要紧吗？"

妈妈笑着说："当然了。分数只是一个数字，不代表你的全部，妈妈也不会用分数来判断你学得好坏。分数低，咱们就把做错的题整理出来，把知识点列出来，然后学会不就可以了？做错了不要紧，我们不要怕犯错，重要的是要知错能改。"说到这里，妈妈将那张英语卷子翻了出来，她没有点明，只是抬头看着女儿。

苒苒想起妈妈曾经跟她说过的话，要做一个诚实的孩子，不能说谎和骗人。改卷子上的分数就相当于欺骗，既然知道错了，一定要有勇气面对和改正。她拿走妈妈手里的英语卷子，说："妈妈，对不起，我犯了错误。这次英语考试我没考好，我怕你骂我，就把卷子上的分数改了，其实我只考了80分，没过班里的平均分。妈妈，我错了，我不应该改分数，不该骗你。”

妈妈欣慰地笑了笑，说：“苒苒，说谎骗人的感觉不好吧？”

苒苒惊奇地问：“妈妈，你怎么知道？”

妈妈笑着说：“从你一进门妈妈就看出你心中有事，吃饭时魂不守舍、心事重重的样子，跟我说话还有点紧张。你是我的女儿，我怎么能看不出来呢！女儿，妈妈真的没把分数和排名看得那么重要，你也应该看淡分数本身，我们只看重这个知识点是否掌握了，如果你全都掌握了，结果一定会令你满意的。做错题不要紧，犯了错也不要怕，我们一起想办法解决。”

苒苒点点头，说：“妈妈，你说得对，我已经把做错的题记下来了，下次再考我一定不会做错了。妈妈，我保证，以后再也不改试卷上的分数了。”

妈妈摸了摸苒苒的头，说：“好孩子，妈妈相信你，吃点水果再学习吧，妈妈不打扰你了。”

妈妈送给女儿的私房话

亲爱的女儿，告诉你一个秘密，妈妈小的时候也改过数学卷子，我把题的答案描成正确的，回家说是老师批错了。结果可想而知，妈妈的爷爷和数学老师是同学，他拿着卷子去找老师，告诉她批错了。数学老师仔细看了卷子，发现我改了答案，然后当着全班同学的面批评了我。

妈妈现在还记得当时的心情，很窘迫、很害怕。这就是谎言被戳穿的结果，很惨重，让我至今记忆犹新。后来，数学老师告诉妈妈，分数低不算什么问题，好好学，下次考好些就行了。但改试卷就涉及诚信问题了，她必须严肃对待和处理。

女儿，妈妈是想通过亲身经历的事情来告诉你，当我们考得不好、分数很低、排名下滑时，不要担心父母或老师会批评和责怪，更不要因为害怕而做错事，比如改试卷、故意撒谎说试卷丢了，我们应该正确地解决、勇敢地面对。考试做错题不要紧，我们还要感谢那些错误，让我们可以有针对性地复习和巩固学过的知识。

女儿，学习之路很漫长，做错题是难免的，我们无须害怕，只要勇于面对，将那些错题一一记录下来，逐一学会，最后都会变成自己脑海中的知识。看淡分数本身，在每一次考试中吸取教训，这样才会取得进步。

女儿，妈妈相信你会做得很好。

掌握学习的技巧更重要

学习是需要讲究方法和技巧的，题海战术不但达不到预期效果，还容易使人产生厌烦心理，觉得学习枯燥乏味，情绪也会出现波动。很多同学沉浸在机械背书和题海战术中，往往给人的感觉很用功，但考试成绩出来后不尽如人意，这个时候疑问便会产生：为什么我这么努力，怎么还学不好呢？

其实，要想取得好成绩，仅仅依靠努力，耗费时间刷题是不够的，我们还要讲究方法，提高学习效率和质量。这个时候就需要掌握一些学习技巧了。有了学习技巧，学习效率会越来越高，就能达到事半功倍的效果。

小樱最近很苦恼，她学习很认真，上课认真听讲，积极回答老师的问题，下课了也不出去玩，坐在座位上继续做题。晚上回家不用父母催，会主动回房间学习，不到晚上 11 点决不休息。早上也是很早就起床背英语单词。她如此用功，几乎不用父母操心，可学习成绩始终没有提升，成绩排名一直处于班级的中游，没有突破。

渐渐地，小樱情绪有些低落，不爱笑了。妈妈看出她心中有事，于是找她聊天，问:“小樱，怎么了？不开心啊?”

小樱非常沮丧，眼圈也红了，她问妈妈:“妈妈，我是不是很笨啊，为什么我这么努力地学习，学习成绩还是提不上去啊?”

妈妈笑着说:“女儿，任何时候都不要妄自菲薄，不要轻易质疑自己，要对自己有信心。你的努力妈妈都看在眼里，如果用心去做了，但是结果仍不如人意，我们就要停下来思考一下，是不是我们用错了方法呢?”

小樱的脸上露出疑惑的表情，她问:“妈妈，那我的问题在哪呢？我学习很认真，也很用功，班里的同学都比不过我。”

妈妈笑着说:“女儿，妈妈也觉得你学习用功，能够做到自主学习，已经很棒了，这是优点，你要继续保持。但学习不仅需要用功，还需要讲究技巧和方法，你要找到学习的小窍门。比如，你要学会利用在学校学习的时间，因为学校里有老师和同学，当你有不会的题或不懂的知识时就可以问老师或同学，还要多和身边的同学交流，分享学习心得。你看，你在学校从来不去上体育课，下课也不和同学们说话，别的同学问你题时，你还不愿意回应。你是不是怕耽误自己学习，不想浪费时间?”

小樱点点头说:“嗯，我确实没有和他们沟通、交流，也几乎不问老师问题。”

妈妈继续说:“对啊，这样一来你是有很多时间学习了，但消息闭塞了。你知道吗？给别人讲题的过程就是巩固和加强自己的理解，你要把问题整理出来，将重点和难点标出来，多向老师和同学请教，这样学习才有效率。除此之外，还有许多学习技巧可以用，比如时间管理，做一本错题集，有重点地预习和复习，这些都很重要。我们可以一步一步来，不要着急，停下来多思考，妈妈相信你可以做到的。”

小樱听了之后若有所思，她点点头，说：“妈妈，我觉得你说的有道理。我要好好想一想，制订一个学习计划，多和同学一起学，我也要跟他们多交流，看看他们有什么好的学习方法。”

妈妈赞许地笑了笑，说：“好的方法不一定是适合你的方法，通过交流，你可以借鉴，然后选择适合自己的学习技巧。”

小樱的心情变好了，她高兴地点点头，说：“好的，妈妈，我记住了。”

妈妈送给女儿的私房话

亲爱的女儿，你知道吗？在学习上，努力很重要，要用功学习，但掌握学习的方法更重要，有了学习方法，学习这件事就会变得简单很多，学习效率也会提高。

下面，妈妈就为你介绍几种学习方法，掌握了这些学习方法，你就会发觉，想要成为学霸，其实也没有想象中那么难。

1. 归纳总结法。知识点是成体系的，掌握了一个知识点，解出一道题的答案，就要归纳和总结出其中涉及的知识点和问题，以及解题技巧。学会举一反三，同一类型的题就会解答了。

2. 错题集整理法。每次做完习题或考完试，都将做错的题整理到一个本子上，按照学科分类。在每一道错题后面标明容易做错的选项，老师设计题时设的陷阱，这道题考查了什么知识点，正确的选项是什么，为什么要选择这个。把这些问题一一列出来时，就是一个巩固知识的过程，定期复习，如果下次考试出现类似的题，我们就不会出错了。

3. 设订目标法。在设订一个长期目标的同时，还要设订一个或多个短期目标，可以根据自身实际情况设定，目标不要太大，要细化一些，如日目标、周目标、月目标。每天按照计划来完成学习任务。凡事预则立，不预则废，设定一个自己能达成的目标，完成目标后自信心会增强，这也是自我鼓励的方法，日积月累，最后一定会实现心中所想。

4. 时间管理法。学会管理自己的时间，合理分配学习时间，利用记忆力最好的清晨，养成习惯，学会自律。

5. 自主学习法。培养和提高自己的自主学习能力，树立自主学习的意识。学习是一件需要长期坚持的事，如果自己没有学习的意愿，或者是被动学习，那么也不可能永远保持积极的学习态度。只有自己树立了自主学习的意识，有了动力，学习才能细水长流，一直坚持。当你觉得学习枯燥或压力大时，也要随时调整自己的情绪，学会劳逸结合，做一些自己喜欢做的事，比如做游戏放松一会儿，也可以和同学或朋友沟通交流，分享学习心得，或者说一些轻松的事情。

6. 高效率听课法。唯物辩证法教我们要学会抓住主要矛盾。我们在学习当中也要学会抓重点，课堂上，要集中精力听课，着重记下老师讲的重点，认真做课堂笔记，不懂的地方要记录下来，下课后及时问老师或同学。预习也是很重要的，提前预习老师要讲的课程，上课时着重听一下预习时没弄懂的地方，找到重点和疑难点，这样会提高听课的效率。

7.分享讨论法。遇到难题或不懂的地方，要不耻下问，和同学探讨。当有人问我们问题时，也不要骄傲自满，要谦虚，不要认为给别人讲题是耽误时间，讲题的过程也是巩固知识的过程，这样可以使我们快速地进步。孔子说："三人行，必有我师焉。择其善者而从之，其不善者而改之。"要虚怀若谷，主动和同学探讨学习心得，交流学习方法。

女儿，这些方法也只是给你提供一个参考。每个人都有自己的学习习惯，学习方法是因人而异的，你可以借鉴上述方法，结合自己的实际情况加以运用，找出适合自己的学习方法。

不要着急，学习不是短期赛跑，要把它当成马拉松比赛，循序渐进，一点一点慢慢积累自己的力量。对待学习，要有持之以恒的精神，学不会、学不好、学得慢，这些都可以通过练习来解决。学习的心态是很重要的，我们要想办法保持对学习的热情，用积极的心态看待学习过程中遇到的难题和失败。女儿，妈妈相信你可以做到，你能行，加油！

做出抉择后就要拼尽全力

上学后，很多时候我们是处于迷茫状态的，不知道学习的目的是什么，也不清楚努力学习的意义，似乎每走一步都是自然而然。到了该上学的年纪，我们就背起小书包，从幼儿园到小学，从小学到初中，然后中考和高考就成了出现频率最高的词。进入青春期后，这种迷茫感并没有随着年龄的增长而逐渐减弱，反而有了更多的烦恼和困惑，面对生理和心理的巨大变化，我们需要时间去适应、去改变，慢慢接受自己，不断地提高自我认知能力。

我们每天都在紧张的学习当中，没有时间或没有意识停下来思考。思考什么呢？思考未来，思考我们现在所做的事情，想一想学习对于我们到底意味着什么。

同时，我们也遇到过处于叛逆期的同学，包括在我们周围，也有一些同龄的人，他们将时间浪费在逃课、玩游戏、打扮等其他非学习的地方。他们出生于不错的家庭，生活和学习环境很好，却没有很好地利用和珍惜，心思完全不在学习上。也有一些人因为家庭条件不好而辍学，没有机会继续读书，早早去学一门手艺，可在休息时还不忘读书学习。

其实，无论做什么，心中有梦想是最重要的。梦想对于我们来说，就像茫茫黑夜中的一盏明灯，前路茫茫，看不清方向，但梦想照耀的地方，就是光明。梦想，是一股源源不断的力量，支撑着我们不畏艰难，哪怕道路蜿蜒曲折，布满荆棘，我们也会勇往直前。

在学生时代找到属于自己的方向，坚持心中的梦想，持之以恒，为之拼搏，那么整个青春岁月就是我们的黄金时代，值得珍藏回忆！

筱斐的数学成绩一直徘徊在中游，她很努力地学习，但对这一学科总感到很吃力，学不明白，也不会举一反三。那些学习技巧对其他学科来说很管用，但数学就是另类，无论她如何努力，挑灯夜读，成绩还是一直上不去。中考之后，她毫不犹豫地选择了文科，但偏偏文科也需要学数学，而且分数比重还很大，这让她一度感到很苦恼。

高一下学期期末考试结束后，她知道数学又考砸了，拿到卷子后，她心想：我在数学这门课程上投入了大量的时间和精力，最后的结果还是一样，成绩非但没有提高，反而下降了，一道大题做不对，连及格都成了问题。干脆放弃吧，反正我也不喜欢数学，把时间花在其他学科上，其他学科的分数提上去了，也能弥补数学的不足。

筱斐对数学的学习热情明显下降，最先发现这个问题的是数学老师，筱斐在数学辅导课上做英语卷子，被老师发现了。下课后，她被叫到办公室。数学老师问她："筱斐，你最近的学习态度不太对，数学课上怎么能做英语卷子呢？你以前的学习热情很高啊，也常常问老师问题，最近是怎么了？"

筱斐低着头，过了一会儿，她听到老师又说："如果想考上重点大学，数学可不能放弃啊。我了解过你的整体成绩，你其他学科的分数很高，尤其是语文和英语，每科都能达到140多分，这个成绩能保持住，高考是没有问题的。你把时间都花在分数高的学科上，它们的提升空间也就4~5分，但你的数学只有80~90分，如果数学分数能提高，至少有40~50分的提升空间，你仔细想想，是不是这个道理？"

筱斐这才说出了自己心里的想法："老师，我已经尽力了，能用的方法都用了，可数学成绩还是提不上去，我觉得我太笨了，我都没有信心了。"

数学老师笑着说："方法不好用，那就证明你用错了方法，如果别人都能够通过这种方法提高成绩，而你提不上去，那并不是因为你笨，而是你用错了方法，那些方法都不适合你。你其他学科成绩很好，说明你很聪明，怎么能觉得自己笨呢？你要相信自己可以学好数学。"

筱斐看着老师，问："那怎样才能找到适合我的学习方法呢？"

数学老师拿出最近一次考试的卷子，说："其实，你初中的数学成绩还不错，但是到了高中后，可能是思维习惯和思考方式出现了问题，再加上文科需要记忆的地方多一些，你在做数学题时应该转变一下惯性思维，换一种方式去解题。比如这道题，你做错的原因就是没有找到正确的辅助线，这一类型的多做一些就好了。我现在给你找几道相似的题，你把辅助线画出来，然后说一下解题思路。”

筱斐按照老师的方法做了几道题，没想到，她竟然理清了思路，找到了解题的方法。她高兴地说：“我原本以为数学学不好是我太笨了，没想到，是我没有找对学习方法。太好了，我会解这一类的题了。”

老师欣慰一笑，说：“偏科可不是好现象，更不要干脆放弃某一科，齐头并进才能得到整体提升。”

筱斐点点头，说：“老师，我知道错了，以后我再也不在数学课堂上做英语卷子了。我会花时间提升我的短板，将数学成绩提上去。”

老师笑了笑，又给她选了一本课外习题册，说：“这里面的讲解都很新颖，你试试看，应该会对你有所帮助。”

筱斐接过练习册，高兴地回道：“谢谢老师！”

妈妈送给女儿的私房话

亲爱的女儿，在青春期，你或许会时常感到迷茫，思考问题还不够全面，很容易钻牛角尖，由于你阅历不足，也会做出错误的决定。这个时候不要焦虑，也别着急，生活和学习的节奏太快了，你就想办法慢下来、停下来，给自己足够的时间去思考。当你遇到问题时，如果找不到解决的办法，不要憋在心底不说出来，也不要烦恼自苦，这样对我们是没有益处的。你可以试着找老师沟通，跟老师说出心中的困惑，或者与同学交流，分享彼此的问题与经验；你还可以问爸爸和妈妈，我们也会尽可能地为你提供帮助，很多难题都是可以在讨论中找到解决方案的。

在漫长的人生中我们需要做出无数决定，每一次决定都可能影响未来的走向。不过不要担心，也不要考虑太多，当你下定决心做某件事时，就心无旁骛地去做，相信自己，坚定自己的信念，就一定会有收获。

学习这件事，想要日复一日地坚持下来是不容易的，但凡事如果都很容易，我们就不会知道挑战有何种乐趣了。

加油，女儿，在你最美的年华，为了学习，为了将来，也为了自己，拼尽全力，去享受和感知学习的魅力吧！

女儿，学习不是为了父母

进入青春期后，我们有时会感到迷茫，学习到底为了什么？似乎这个问题并没有一个确切的答案，老师和父母都要求我们努力学习，用功读书，我们就这样按部就班地学习，从学前班到初中，参加中考，再到高中，然后备战高考，进入大学。我们像是被线牵着的风筝，线的那一头在父母手里，他们想让我们往哪飞，我们就要朝着哪个方向。这一切让我们觉得学习是为了父母，我们是被动的。

随着我们认知能力的不断提高，我们对被迫学习渐渐心生不满，于是我们开始抵抗，出现厌学的情绪，因为在我们的认知当中，学习就是为了父母，父母让我们好好学习我们才学习的。

其实，这些认知是错误的。青春期的我们陷入了一个误区，学习就是为了父母。出现这种思维也不奇怪，因为我们主动思考的时候很少，很容易受外界环境影响，父母为我们的教育投入了大量的资金和精力，也会时常耳提面命地让我们努力学习。而我们没有思考父母要求我们好好学习的原因，也没有意识到努力学习会对我们的未来产生什么样的影响，慢慢地，我们就会认为学习是为了他们。

“快点去学习，马上快考试了知不知道？”

“你怎么还在看闲书，多看一些有用的东西啊，你都初三了，还不知道紧张吗？”

“别玩了，你应该多看书，多做些题，如果你把玩的精力都放在学习上，还怕考不好吗？”

“快点写作业吧，你现在的时间很宝贵啊！”

“好好学习，考上重点高中，这样上好大学的机会才大。”

“妈妈给你报了个补习班，一对一的，你要认真听讲啊，上课别走神儿。”

自从上学以来，芊芊听到妈妈说得最多的话题就是学习，离开学习，妈妈似乎就没有别的话要跟她讲，就算突然聊起一个新鲜的话题，几句话之后又会绕到学习上。她最近有些厌烦，不想和妈妈交流。

芊芊觉得没有学习动力，对学习这件事完全提不起兴趣，如果不是被妈妈推着朝前走，她大概早就停滞不前了。每当她有很多题要做，很多卷子要写时，她就会想，她这么累到底是为了什么？努力学习是为了什么？妈妈每天都在逼她学习，将学习看成最重要的事，她觉得学习就是为了妈妈。

有一天，芊芊觉得太累了，想去参加一个集体活动，但妈妈不同意。妈妈说：“我认为参加活动太耽误时间了，还影响你复习。马上就要中考了，咱们再努力一些，等考完试再去参加，可以吗？”

这一次，芊芊没有听妈妈的话，她的情绪波动很大，理智压制不住冲动，叛逆心理不断地加强。她似乎忍无可忍，一口气说出了憋在心底许久的话："要学你去学吧，反正我也是为了你才学习的，我受够了！再也不想学了！"

妈妈没想到女儿的反应如此激烈，她感到很震惊，同时也很生气。但她克制住了自己的负面情绪，调整好心态，平复了心情后，她看着女儿，说："芊芊，学习从来都不是为了父母，妈妈一直在为你的学习操心，就是想让你在该学习的年纪好好学习，不要荒废时间。学生时代其实是很短暂的，错过了这个学习的黄金时期，将来如果想要弥补，那要付出比现在多几倍的努力。你现在不想学习，那你想过将来做什么吗？"

芊芊的情绪依旧激动，她认为自己没有错，叛逆心理仍在作祟，她说："难道未来就只有学习这一条出路吗？不学习，我还可以干别的。"

妈妈点点头，表示赞同："的确，通往成功的路并不只有学习这一条，但是学习可以让我们少走一些崎岖坎坷的道路，也是通往成功的捷径。在社会上，没有学历，没有深厚的知识储备，就只能选择一些又苦又累甚至要放弃尊严的工作。机会永远是留给有准备的人的。学习可以开阔我们的视野，拓展我们的思维，不学习也可以生存，但现实中想要有质量地生存是很难的。"

芊芊有些不相信，一脸不服气的样子。妈妈看到后，接着说："女儿，你现在的情绪应该平静下来了，你仔细想想，你最喜欢翻译官，如果不是高学历，没有纯熟的口语支持，初中没毕业的人能胜任吗？学习可以给我们提供更多的选择，当我们通过学习获得知识和能力后，我们就可以选择自己喜欢的工作，那是我们挑工作，而不是工作挑我们。”

芊芊觉得妈妈说得有道理，但碍于面子，仍不愿轻易改口，她说：“可是还有很多成功的人也没有上过大学啊！”

妈妈摇摇头说：“芊芊，你说的那种成功人士凤毛麟角，是极特殊的情况。我们绝大多数都是普通人，普通人想要逆袭，学习和坚持才是唯一的方法。所以，女儿，学习不是为了父母，而是为了你自己，为了将来可以多一种选择，让生活更有意义。”

芊芊没有说话，但她点了点头。

妈妈又说：“这件事也怪我，之前一直没有跟你谈过这个话题，只是一味地要求你好好学习，努力上进。你最近一定是感到压力大，情绪很不稳定，所以才想去参加课外活动。这件事是妈妈考虑欠妥，你马上就要中考了，但压力太大容易适得其反，也确实需要适时地放松一下。”

芊芊听出妈妈话里的意思，高兴地笑了笑，问：“妈妈，你是同意我参加课外活动了？”

妈妈点点头，说：“去吧，放松一下，也利用空闲时间好好想一想，思考一下，找到你学习的目的和意义，这样你就会知道学习到底是为了什么了。”

芊芊高兴地“嗯”了一声，说：“妈妈，我喜欢这样，将心里的话说出来，心情果然好多了，我会好好思考的。”

妈妈送给女儿的私房话

亲爱的女儿，在努力学习之前，我们要找到学习的原动力，知道学习的目的是什么。

首先，学习是为了提高自我认知，增加知识储备，为将来走向社会打造生存基础。

通过学习，我们可以学到很多新的知识，对周围的事物和世界都会产生新的认知，只有不断地探索和学习，我们才会进步。当我们离开家踏入社会，往日所学的知识都会成为我们生存的基础，我们可以选择自己喜欢的、有意义的工作，获取劳动报酬，而不是被迫谋生。

其次，学习可以让我们多一些选择。学习能够提升我们的内在修养和气质，充实我们的精神生活，提升生活品质。

我们应该多读一些书，读过的书会沉淀在我们的气质里，这样在未来的生活中可以更有情调，面对辛苦的工作和烦琐的家庭生活时，会有沉着乐观的心态。记住，读书学习不是为了任何人，而是为了自己。

最后，学习可以帮助我们开阔眼界，实现自我价值。生活的意义就是不断地学习和探索，在这个过程中寻找自我，增长见识，让我们可以在生活琐事中洗尽铅华，仍旧是一个少女的心态。

女儿，我们每个人生活在这个世界上都肩负着一个重要的使命，那就是实现自我价值。自我价值的界定是基于我们自己的选择和目标，可以很大，为了家国大义；也可以很小，为了让自己幸福快乐。自我价值无关大小，关乎的是我们的内心，只要我们内心富足，尊老爱幼，将爱和素养一代代地传承下去，这就足够了。

中国台湾女作家龙应台在其所著的《亲爱的安德烈》中对儿子说过这样的话："孩子，我要求你读书用功，不是因为我要你跟别人比成绩，而是因为，我希望你将来会拥有选择的权利，选择有意义、有时间的工作，而不是被迫谋生。当你的工作在你心中有意义，你就有成就感。当你的工作给你时间，不剥夺你的生活，你就有尊严。成就感和尊严，给你快乐。"

现在妈妈也要告诉你，女儿，妈妈希望你多读书，读好书，幸福快乐地度过今后的每一天。

享受学习的乐趣

《论语·学而》中说："学而时习之，不亦说乎。"翻译过来就是：学习并且不断温习不也是一件愉快的事吗？

背诵这句话时我们的大脑中或许会生出一个疑问，学习之乐到底是什么呢？怎么才能找到学习的乐趣呢？孔子认为，学习和掌握知识是一件很愉快的事。这句话千古传诵，但要切实地理解就仁者见仁，智者见智了。大多数学生都认为学习很累，而且很痛苦，叫苦连天都来不及，何谈愉快呢？

其实，我们不应该将学习恶魔化，不妨试着换一种思维去看待，透过学习本身，我们从中获得乐趣，真正感受到学习的愉悦。

小诗最近学习学得头昏脑涨，白天上课很困，总是在迷糊间错过了老师讲的知识点。高二的数学很难，一旦错过几句话，后面的内容有可能听不懂。她感到很苦恼，学习状态越来越不好，并且出现了厌学心理，认为学习太痛苦，没有一点乐趣可言。

妈妈察觉到小诗的学习态度发生了变化，于是对她说："女儿，你最近好像心态变了，学习没那么主动了，是不是遇到什么困难了？”

小诗情绪低落，脸上也没了笑容，说道：“我觉得学习没意思，做题太枯燥了，最近不想学习，一看到课本就不开心。”

妈妈心想，这孩子是有点厌学了，得想个办法帮帮她才好。她说：“既然累了就休息一会儿，妈妈带你去科技馆放松放松，你不是一直都很喜欢航天吗？咱们去看一看。”

提到航天，小诗的兴致来了，情绪明显好转。她激动地站起来，问：“可以吗？妈妈，我们可以去放松一下吗？我还以为你会督促我快点写作业呢！”

妈妈笑着说：“咱们小诗又不是学习的机器，怎么能一直学习呢？累了倦了就应该休息休息，你现在压力大，咱们就去缓解一下。我们收拾一下就出发。”

小诗高兴地换了一套衣服，和妈妈一起去了科技馆。看过浩瀚的宇宙后，她兴奋不已，在回家的路上，愉快的心情久久不能平静，在车里不停翻着刚才拍的照片。

妈妈笑着问：“你对航天这么感兴趣啊？”

小诗点点头，一脸陶醉地说：“宇宙的奥妙是无穷的，那场面太让人震惊了。”

妈妈说：“那你从现在开始就要努力了，考一所航天学校，这样就可以探寻宇宙的奥秘了。”

小诗点点头，说：“妈妈，我现在充满了动力，我要好好学，不偏科。”

妈妈说：“女儿，现在你还觉得学习很枯燥吗？有让你学下去的动力，并且觉得很开心，这就是学习的乐趣了，恭喜你，终于找到了学习的乐趣。学习本身的确枯燥无味，但我们要将书本上的知识与现实联系起来，看看我们能将这些学到的知识应用到什么地方，找到其中的奥妙，你就会觉得学习新知识是一件多么具有挑战性的事情了。”

小诗点点头，说：“妈妈，我觉得你说得对，刚才讲解员说了，宇宙飞船的发射饱含着科学家们的心血，他们要经过无数次的测验、计算，这其中就包括数学和物理知识，可见学好数学是多么重要。”

妈妈将车停好，回过头对小诗说：“其实，妈妈上学的时候也一度觉得学习很无趣，认为学习就是为了应付考试，参加高考，考上大学，似乎我们那一代的孩子都是这样走过来的，很少有人知道学习的真正意义是什么。后来妈妈的老师对我们说，一味地学习是不可取的，我们要停下来思考，问问自己学习到底为了什么，要找到学习的乐趣，这样学习才不是负担，而是享受。女儿，你也不要把学习当成负担，要把它当作你需要掌握的知识和技能，为将来想要做的事情打下坚实的基础，这才是独属于你自己的学习的乐趣。”

小诗若有所思地点点头，说：“妈妈，我现在知道学习的乐趣了，我会将我的兴趣和学习联系在一起，努力学习的！”

妈妈欣慰地一笑，锁了车门，带着小诗回家了。显然，这一次的沟通很成功。我们在以后的学习和生活中也应畅所欲言，将心中的烦恼说出来，寻求解决的办法。

妈妈送给女儿的私房话

亲爱的女儿，一直以来，我们都把学习当成必须完成的任务，在学习时，我们似乎更像是一部做题的机器，并没有找到学习的乐趣，那我们怎样才能找到学习的乐趣呢？

1. 点滴积累法。凡事讲究循序渐进，找到学习的乐趣。这件事不能一蹴而就，我们要有长远的目标，在点滴积累中寻找学习的乐趣。比如，我们可以将每天读一小时自己喜欢的课外书当作奖励，这不仅可以丰富业余生活，还可以培养良好的读书习惯。

可以将学习看作过五关斩六将的游戏，每攻下一道难题都会有成就感，一点点积累，久而久之就会形成习惯。这样我们就会更有动力和信心去攻下更难的题，循序渐进，达到目标。

2. 积极的自我暗示法。学习也要讲究心态，长时间学习容易让我们感到枯燥无味，这个时候就需要我们保持积极的心态，运用一些积极的心理暗示，告诉自己一定能行，有自信、有决心解决一道道难题。态度积极了，学习的劲头就会很足。

3. 良性竞争法。好的对手可以促使自己进步，是亦师亦友的存在。找一个合适的竞争对手，两个人共同学习和成长，彼此之间取长补短，公平竞争，最后的结果一定是你追我赶，学习更进一步。

4. 劳逸结合法。一味地学习是不科学的，我们需要慢下来，放慢节奏，找一些能让自己放松下来的活动，如打一场羽毛球、看看风景、吃一顿美食，或者只是在公园里漫无目的地走一走，在学校操场散散步，都可以。我们不是学习的机器，不是被逼迫学习的孩子，我们要学会享受学习的乐趣，所以要慢下来，放松心情，给自己时间独处，去思考。

5. 兴趣转移法。学习，并不只是学习书本上的知识，也不是为了应付考试，我们在学习之余也要学会思考，懂得运用书本上的知识，将理论与实践结合起来。比如，一直以来我们都会很困惑，为什么要学习数学，难道只是为了考试吗？实际上，数学的应用范围极其广泛。数学可以开发我们的思维，是学习技术的基础，像物理、化学、计算机等学科都需要数学知识做基础。我们可以将学到的知识与兴趣联系在一起，这样学习某一学科就更有动力和乐趣啦。

女儿，希望这些方法可以帮你找到学习的乐趣，让你不再觉得学习是一件枯燥乏味的事情。学习，是每个孩子都要用心去做的事，并且需要我们坚持一生，因为学无止境，每个阶段我们都要用心学习，努力找到学习的乐趣，让自己乐在其中，这样会更有效率，更容易达成我们心中的目标。

情窦初开会成为学习的阻力吗?

当我们进入青春期后，会对异性产生爱慕的心理，慢慢地会滋生出一种朦胧的感情，会主动接近对方，想跟他说话、交流，时间久了就容易早恋。

早恋，似乎是一个有负面倾向的词语，通常是指高考之前的恋爱。其实，我们应该从两个方面来看待早恋，那是青葱岁月中朦胧的、美好的情感，青涩懵懂。假如处理不好，就会成为青春的裂痕，变成永远的阴影。

早恋，几乎是所有父母都头疼的事情，似乎只要我们和早恋沾上关系，那么必定会影响学习，严重的还会伤害我们的身心健康。其实，我们在青春期对异性产生情感是一种正常的生理现象，我们会被对方身上的特点和优良品质所吸引。我们完全可以将这份欣赏与喜欢珍藏在心底，然后努力修炼自己，完成学业，成为与对方势均力敌的人。我们会成为更好的自己，让自己变得更优秀。

将欣赏转化为学习和进步的动力，这是将情窦初开处理得最稳妥的一种方法。

小雾高中时对隔壁理科实验班的班长产生了微妙的情感，不自觉地想要靠近他，和他说话，找他探讨问题。每天只要看到他，她就会感到很开心，看不到就会很失落，这种牵肠挂肚的感觉让她感到很害怕，她觉得自己不应该有这样的想法，也不应该有想要靠近异性的冲动。她很自责，不知道该怎么办。

学校的老师不止一次告诉过他们不要早恋，早恋是一件很不好的事，她现在出现这样的心理，是不是就是老师口中的坏孩子？

妈妈察觉到女儿最近的变化，发现她心情总是忽好忽坏，食欲也不断下降，于是关心地问她："小雾，你最近怎么了？总是一副心事重重的样子，是不是最近压力太大了？"

小雾不敢跟妈妈说实话，摇摇头说："没有啊，我只是有点累，马上要考试了。"

妈妈看了看她，说："你也不要给自己太大的压力，全力以赴就好。不要有心理压力，顺其自然，把知识点复习到位，一切就会水到渠成。"

听到妈妈这样关心她，小雾有些自责，马上就高二了，她非但没有更加努力地学习，还去想别的事情，真是不应该。

妈妈看出小雾有心事，问："女儿，你是不是遇到了自己解决不了的事情？可以跟妈妈说一下吗？或许我们一起探讨一下就能想出解决问题的办法了。"

小雾看了看妈妈，心想，从小到大她和妈妈就像朋友一样，她也会时常将自己的心事说给妈妈听。这一次，她决定告诉妈妈："我好像喜欢上了一个男生，见到他我就会很开心，见不到就会很失落。我喜欢和他说话，也期待下一次能够有机会继续和他说话。妈妈，对不起，我让你失望了，我有了早恋的倾向。”

妈妈笑了笑，摸了摸她的头发，说：“傻孩子，不用跟妈妈道歉，你也没让妈妈失望。青春期对身边的男生产生好感是很正常的事情，告诉妈妈，那个男生怎么样？是你们学校的吗？”

小雾没想到妈妈会如此心平气和地跟她谈论自己喜欢的男生，在心里松了口气，说：“他是理科实验班的班长，一个很高的男生。”

妈妈惊叹道：“哇，原来我女儿喜欢学霸呀！告诉妈妈，他吸引你关注的地方有哪些呢？”

小雾想了想，说：“他学习特别好，在实验班也是名列前茅，尤其是数学和物理，每次都是年级第一。他是他们班的班长，管理能力也很好，为人处世很谦和，低调而不张扬。他喜欢穿白色的衬衫，我觉得特别好看。”

妈妈笑了笑，说：“这种感觉一定特美好吧。听你的描述，他确实很优秀。那么女儿，妈妈认为你也要变得更优秀才行，任何感情都是需要势均力敌的，友情如此，爱情更是如此。你说对吗？”

小雾点点头，说：“妈妈，你说得对。他那么优秀，我也要让自己变得优秀起来。”

妈妈说：“其实在你们这个年龄是很容易对异性产生好感，这种感情很珍贵也很美好。但是妈妈觉得，你现在不应该破坏掉这种朦胧美，喜欢一个人，对一个人有好感这是很正常的，我们有时也控制不住这种情感，但不要越界变成早恋。你可以这样想，你想要的并不是一时的早恋，而是一个可以长长久久在一起的机会，那么这个机会怎么争取呢？努力学习，提升自己，让自己成为和他一样优秀的人。”

小雾微微一笑，说：“妈妈，我懂了，我会控制住自己的情感，将心思都放在学习上。我知道他的目标是清华，我也要努力考上北京的重点大学。”

妈妈说：“这样想就对了，你在文科实验班的成绩处于中上游，但还不是佼佼者，如果想考北京的重点大学，你就要付出更多的努力了！加油，你可以的！”

小雾的心情好多了，纠结在心里的事情终于得到疏导，她现在学习的动力很足，目标也很清晰。在学校时，她听老师讲过一个早恋的例子，女生的父母觉得女儿早恋耽误学习，就为她办理了转学，每天还监控她的动态，晚回家一分钟都要被盘问很久，最后那个女孩变得非常叛逆，学习成绩一落千丈，连本科都没考上。小雾心想，妈妈真的很理解她，也帮她找到了学习的动力和目标。现在，她的目标很清晰，那就是努力学习，成为更优秀的女孩儿！

妈妈送给女儿的私房话

亲爱的女儿，如果你对异性产生了微妙的情感，不要自责，也不要害怕，在青春期出现这样的情感是很正常的，不要认为在这个时候对异性产生好感就是坏女孩了。不是这样的。女儿，任何时候都不要妄自菲薄，情感出现了，我们首先要接受它，对这种情感有一个初步的自我认知，然后要懂得克制，不要早恋。那么，当你情窦初开时，应该怎么做呢？

首先，要分清友情和爱情。进入青春期后，我们要与身边的男生保持安全的距离，很多女孩会将友谊误解成爱情。其实，同学之间的情谊是很美好的，大家都为了未来而努力拼搏，一起做题、一起考试、一起听课，这些都会成为我们青春岁月中的美好回忆。不要轻易破坏这种美好的友谊和情感，那些共同拼搏、备战高考的日子是我们共同经历的光辉岁月，值得永远珍藏。

其次，将微妙的情感转化为学习的动力。最好的办法是互相鼓励和支持，一起努力学习，考上心仪的学校。未来是充满不确定性的，我们今日的努力可以为他日的成功奠定基础。在学生时代产生的感情是微妙而短暂的，很大程度上是因为好奇而产生了感情。这个时候我们是没有社会生存能力的，也不明白爱情和婚姻到底代表了什么，我们还没有能力和责任去经营一段感情，所以不要轻易触碰，更不要偷尝禁果，给自己造成无法挽回的伤害。

最后，学生的本职就是学习。在学生时代就应该拼尽全力学习，努力获取知识。我们需要的不是短暂的喜欢，而是积沙成塔，情分深厚的爱情。学生时代，我们无法许下承诺，因为我们还不够成熟，对爱情和喜欢也是一知半解。我们的主要任务就是找到学习的动力，一直坚持自己的选择，努力用功，用心学习，考上心仪的学校，继续深造。

后记

送给女儿的一封信

爱女雨桐亲启：

亲爱的女儿，提笔写这封信，我竟有一些紧张，一时间不知从何说起。这也许就是初为人母的忐忑与期待吧，各种情绪汇聚在心头，最后都转化成我对你的爱。

我们无论处在什么年纪都会遇到各种各样的问题，成长的过程就好像是一次升级打怪的游戏，没有重新开始的选项，也没有倒退的按钮，我们只能选择面对和经历，随遇而安，然后坦然以对。我知道，这个过程可能会很艰难，你会觉得焦虑，甚至害怕，不过不要担心，也别畏惧，因为爸爸和妈妈会一直在你身后。前路茫茫，爸爸和妈妈就是你勇往直前的后盾，是你心灵深处宁静的港湾。当然，这个过程也会充满阳光和快乐。愿你向阳而生，最终获得幸福和成功。女儿，你要相信自己。

雨桐，你知道吗？妈妈写这本书的初衷是为了你，生了你之后，妈妈的心变得柔软了许多，也立志要做一个温柔的好妈妈。

青春期对于女孩子来说是一个非常重要的阶段，当一系列的变化来临，无论是生理上，还是心理上，我们都需要时间去接受，也需要一个引导者告诉我们那些必须掌握的新知识。我在进入青春期时并没有人给我讲述身体变化的原因，也没有看过相关的书籍，一切都是在闭塞的环境中慢慢接受，形成自我认知，以至于在青春期的很长一段时间内，我含胸驼背怕被同学发现胸部鼓起来了，也曾在月经初潮时整夜担心自己是不是得了绝症，自卑、焦虑、不安，甚至讨厌自己……不过，一切都过去了。我希望这本书将来可以帮到你，我的女儿，也希望可以帮到更多的进入青春期的女孩子们。

经历即是成长。

女儿，母女缘分是很奇妙的。因为身体的原因，妈妈孕育你的过程很坎坷。其间，我不但被扎了四百多针，当手术刀划破我的肚皮时，我才知道自己对麻药的反应很迟钝。手术过程很清晰，当时，这句“经历即是成长”就浮现在我的脑海中，我在心中默默念着，盼望你能够平安出生。当你被医生抱出来，啼哭声响起时，我的眼角湿润了。

在一定程度上，你和我一样，都是新手上路。你是生命之初最美好的模样，有整个世界可以让你探索和认知。而我，在而立之年孕育生命，抚育和教导你的同时，也不会忘了追求自己的星辰和大海。

生命和爱是一代又一代的传承，有痛苦，也有希望，生命的意义大概就在于勇敢地面对生活赋予的一切吧。

女儿，感谢你来到我们身边。从今往后，我们要互相学习，一起进步，共同维护彼此之间的友好关系。

这本书送给以后进入青春期的你，这是我为你准备的一份特殊的礼物，也是我要跟你说的私房话。如果可以，我希望成为你永远的朋友，同时也希望你可以理解和信任爸爸妈妈，健康快乐地成长，幸福每一天。

爱你的妈妈

2021 年 9 月 10 日于大连

致 女 孩 的 成 长 书

给女孩的情商书

李小妃◎著

北京时代华文书局

图书在版编目（CIP）数据

致女孩的成长书. 给女孩的情商书 / 李小妃著. --北京 : 北京时代华文书局, 2021.8

ISBN 978-7-5699-4247-7

Ⅰ. ①致… Ⅱ. ①李… Ⅲ. ①女性－成功心理－青少年读物 Ⅳ. ①B848.4-49

中国版本图书馆 CIP 数据核字 (2021) 第 134671 号

致女孩的成长书.给女孩的情商书

ZHI NÜHAI DE CHENGZHANG SHU. GEI NÜHAI DE QINGSHANG SHU

著　　者 | 李小妃

出 版 人 | 陈　涛
选题策划 | 王　生
责任编辑 | 周连杰
封面设计 | 乔景香
责任印制 | 刘　银

出版发行 | 北京时代华文书局 http://www.bjsdsj.com.cn
北京市东城区安定门外大街136号皇城国际大厦A座8楼
邮编：100011　电话：010-64267955　64267677
印　　刷 | 三河市金泰源印务有限公司　电话：0316-3223899
（如发现印装质量问题，请与印刷厂联系调换）
开　　本 | 889mm×1194mm　1/32　印　　张 | 6　字　　数 | 129千字
版　　次 | 2022年1月第1版　印　　次 | 2022年1月第1次印刷
书　　号 | ISBN 978-7-5699-4247-7
定　　价 | 168.00元（全5册）

目 录

第 1 章　情商决定了人生的高度

002　情商比智商更重要
007　情商是可以后天培养的
011　开启情商力的转化模式
016　说话让人感到舒服的奥秘
021　女孩美丽的外衣——高情商
025　情商高的女孩运气都不会太差

第 2 章　女孩要增强情绪控制能力

032　甩掉抑郁的小情绪
037　自卑是如何出现的
042　乐观地面对美好的未来
047　野马结局给女孩的启示
052　羡慕和嫉妒产生的相反作用
058　罗森塔尔实验中的积极心理

第3章 懂得人际交往的智慧

064 提升社会共情力
068 道歉也是一种勇气
073 倾听是沟通的桥梁
079 爱笑的女孩向阳而生
083 尊重他人即尊重自己
088 鼓励和赞美可以增进友谊

第4章 独立的女孩更有魅力

094 坚持自己的选择
099 责任感需要不断提高
104 依靠自己的力量去奋斗
109 有针对性地提升细节的意识
113 独立的能力决定未来的发展
117 做一个不被他人影响的女孩

第5章　女孩应该修炼内在的气质

124　健康与美的关系
129　懂得分享与合作
135　遇事要冷静沉着
141　培养自己的兴趣和爱好
147　了解宽容这一美德的深层意义
152　正确面对人生道路上的坎坷和挫折

第6章　高品格和好心态成就女孩的未来

158　做一个真诚善良的女孩
163　拥有一颗感恩之心
168　发扬勤劳和节俭的传统美德
173　淡然地面对生活中的一切
178　不完美才是人生的寻常之美
183　一切都是最好的安排

第1章

情商决定了人生的高度

情商比智商更重要

情商（Emotion Quotient）是指一个人的情绪、意志、性格和行为习惯的组合，它与智商相对应。研究表明，一个人想要获得成功，智商发挥的作用占20%，而情商发挥的作用占到80%。美国哈佛大学的心理学教授丹尼尔·戈尔曼曾提出这样一个观点:“情商是决定人生能否成功的关键因素。”

丹尼尔·戈尔曼还指出，情商有五种特征，包括自我意识、情绪控制、自我激励、认知他人情绪及处理相互关系。当我们了解情商的构成后，就可以有针对性地提升自身的情商水平了。

情商的学习和养成要从娃娃抓起，处在青春时代的我们更要注重情商的修炼。我们不仅要学习文化课程，迎战中考和高考，还需要在日常生活和学习中提高情商。当然，情商的修炼并不是短时期内就可以见效的，我们要有耐心，坚持下去，等待蜕变。

小郭是个学霸，学习的事情从来不用父母操心，但她只关注学习成绩，生活的其他方面都是父母帮着处理。她认为学习最重要，其他东西都不用学，学了也是浪费时间，还不如多做几道题。久而久之，她变得不会管理情绪，经常对身边的人发脾气，也不知道怎么与同学相处，同学们都觉得她很奇怪。但她依旧我行我素，只顾学习，觉得自己的智商可以弥补一切缺点。

小郭的人缘很不好，几乎没有同学愿意和她一起玩，她自己也不太合群，一开口就会得罪人。比如，同学问她数学题，她会很轻蔑地笑笑，说一句：“这题你都不会？”当别人不小心把她的水杯碰倒时，她会很生气，说：“你知道我的时间有多宝贵吗？这么低级的错误你也能犯？我不管，两分钟之内你要把我的桌子收拾好。”她不理会同学的道歉，也不说原谅同学，在同学帮她擦桌子时，还嫌同学擦得慢，嘴里絮絮叨叨。

这一切都被老师和同学们看在眼里。老师也找她谈过心，可她表现得很不耐烦，还对老师说：“我是一个考清华的苗子，你应该多关注我的学习成绩，而不是浪费我的时间。”

小郭不懂得尊重他人，也不会体会他人的心情。她智商是很高，但情商为负数。她的妈妈也引导过她，但效果不明显。

等到了大学，小郭终于知道人外有人，天外有天，比她学习好的人比比皆是，她只是其中一个。并且，她的低情商让她吃到了苦头，她没有朋友，生活自理能力也差，还被室友孤立，大家都不愿意与她相处。

小郭终于知道了情商的重要性。好在她的学习能力很强，她在意识到自己的情商需要提升时，就下定决心好好学习，自己看书，跟身边情商高的人学习，模仿他们的行为。渐渐地，同学们不再排斥她了。虽然她的情商依旧很低，但这是一个好的开始，是转变的第一步。

其实，情商的修炼和学习永远都不晚。如果我们的情商很低，不要担心，也别烦恼，从现在开始一点点积累，慢慢地，就会有进步。

情商修炼手册

亲爱的女孩，你如果恰好处在青春期，那就要用心对待和修炼自己的情商了。因为青春期是一个特殊的时期，在这期间，我们要接受生理和心理的变化，处理身边日渐复杂的人际关系，而且面临学习上的压力和挑战。

我们的人生就像一条长河，这条长河在青春期这个时间节点，会有许多支流涌入，而且支流湍急，很难应对。我们必须做好准备，否则可能就会像洪水暴发，河堤决口，最后伤人伤己。

青春期的我们如果陷入低情商的黑洞，会造成我们的心理失衡，产生各种心理问题。我们可能会变得叛逆，与父母发生冲突，对学习产生焦虑和担忧，处理不好人际关系，不合群，与同学难相处，甚至出现伤害自己的行为。因此，我们要在这个关键的时期注重情商的提升，跟低情商说“拜拜”。

那么对于青春年少的我们而言，修炼情商、提高情商水平应该从哪些方面入手呢?

第一，培养高情商的意识，从小修炼，注重学习，多关注自己的情商。

做学问很重要，学会做人更重要。情商形成于婴幼儿期，提升于青少年时期，情商需要一点点地积累。而情商的培养离不开父母的言传身教，我们就像是一面镜子，反射出的是父母的情商观。

第二，学会管理自己的情绪，不让自己陷入负面情绪的黑洞。

情绪管理的理论知识似乎很简单，实践起来却很复杂。喜、怒、哀、惧，这四个字就概括了我们的各种情绪变化。情绪管理不是一朝一夕就可以练就的，需要我们不断地学习和调整。我们都知道负面情绪不好，当负面情绪出现时不要压制它们，也不要忽略它们，重要的是通过适合自己的方法把负面情绪释放出来，别让不好的情绪积压在心底。我们处理负面情绪的时候，也是提升情绪处理能力的关键时刻，情绪管理水平就是在一次次的面对、处理、总结和反思中提升的。

第三，保持积极的心态、正能量的心理，学会自我激励，发挥积极心理的作用。

积极心理学讲求一种向上的力量，对待身边的人和事，我们都应该用一种积极的心态，就好像头顶有一轮小太阳，走到哪里，哪里就会有光亮和温暖。我们可以在日常生活中慢慢练习，学会自我鼓励，也不吝啬于鼓励身边的人。

第四，能够感知到他人的情绪，会感同身受，增强同理心和共情能力，同时也要避免被他人的负面情绪影响。

情商高的人社会共情能力也很强，我们要试着用真心去对待身边的人，感受他们的情绪，关注他们的心理。同时，当身边的人出现负面情绪时，我们也要试着引导他们走出负面情绪，在引导的同时不要被同化，与其共同抱怨，不如一起变得开心。帮助他人的同时，我们自己也在成长。

第五，维系和谐友爱的人际关系，与身边的人相处也要讲究技巧和原则，尊重他人，注重细节。

与人相处要真诚，我们以真心待他人，懂得尊重与包容，人际交往就不会有太大的问题。情商高的女孩，人际关系一定很好，通俗地形容就是“人缘好”。我们通过修炼也会变得有人缘，要有自信，努力让自己变优秀。

情商是一个我们毕生都需要学习和提升的永恒的主题，亲爱的女孩，不要心急，慢慢来，我们可以通过培养自己的情商得到蜕变和转化。那么，从此刻开始，努力修炼吧！

情商是可以后天培养的

智商是先天的优势，是与生俱来的天赋，后天提升的空间有限，情商则是出生后慢慢培养的。我们每个人的情商从婴儿时期就开始出现了，初步形成于青少年时期，随着年龄的增长，情商水平是可以呈上升趋势的。当然，这需要我们不断地积累和学习。

那么，我们如何获得情商呢？简单来讲，情商的获得方式可以分为外在条件和内在发展。也就是说，情商的练就是内因和外因共同作用的结果。

外因是外在条件，是培养情商的重要因素，这其中最重要的一点就是家庭教育。我们的模仿能力很强，强到超乎我们的想象。家庭教育，特别是父母的言传身教，对于我们情商的养成起着至关重要的作用。简单来说，言传身教就是父母做什么，我们就学什么、模仿什么。除了家庭教育，在日常生活中我们也会自主学习，跟同学或老师学，跟朋友互相交流，这是学习的过程，也是将家庭教育中学到的东西应用在实践中的过程。

那么内因呢，理所当然，就是我们自己，这在情商培养中发挥的是根本作用。我们本身要有不断学习的能力，还要懂得情商的重要性，有提高情商的意识，会学习、交流、反思和总结。

除了父母的言传身教，我们还可以通过看相关书籍来提高情商水平。

菁菁是一个模仿能力很强的女孩，她的妈妈很注重对她情商的培养，在不同的阶段，她都会有针对性地教育孩子。比如，在菁菁七八个月大时，妈妈就会教她打招呼。先是情景模拟，看到奶奶从卧室出来，妈妈就会说："菁菁，看到奶奶要做什么呀？要挥起小手跟奶奶打招呼！"然后，妈妈对奶奶挥手，奶奶也跟着回应。起先，菁菁会笑，会兴奋，但不懂什么意思。经过两个月的学习，以及在户外的实践，她已经会招手了，还学会了飞吻，很是可爱。

上幼儿园后，菁菁会跟小朋友分享玩具和食物，还会主动安慰哭泣的小朋友，看到认识的阿姨和小朋友会打招呼，看到妈妈帮她洗衣服会说"妈妈辛苦了"。

在成长的每一个阶段，父母都会引导菁菁做正确的事情，待人接物要真诚，与人相处懂尊重。菁菁慢慢懂得了情商的重要性，也会和身边的朋友沟通和交流，分享心得。她在学校人缘很好，许多同学都愿意和她玩。

进入青春期后，菁菁心理上的压力越来越大，她不仅感觉学习压力大，还要为成长烦恼。好在她从小养成了一个习惯，遇到解决不了的难题，她不会让自己的情绪变得低落，而是会主动跟父母沟通。她对妈妈说："妈妈，我最近心情不好，学习压力很大。我同桌每次问我问题时，我心里都有一股火，但是你说过，对同学发脾气不好，那我应该怎么办呢？"

妈妈笑着说："你有这样的感觉很正常，任何人在自己的情绪出现问题时都不喜欢被打扰。如果我是你，我会这样做，你看看可不可以借鉴。我会先对同桌说：'抱歉，现在这个问题我解决不了，因为我也有一个难题没有攻破，不如你给我一些时间，等我处理好自己的问题，再给你讲题。'接下来，我会找出让自己心情不好的原因，对症下药，有针对性地解决问题。"

菁菁听了，点点头说："嗯，这样可以避免将我的坏情绪传递给同桌，等我自己情绪平复了之后再去帮助别人。妈妈，我觉得你说得对，我可以按你说的试试。"

妈妈说："孩子，很多时候，压力是我们自己给自己造成的。我们遇到问题要将事情简单化，不去放大对未知的恐惧，这样会好一些。"

菁菁点了点头，说："妈妈，我记住了。我会好好调节自己的心情，你不要担心了，我相信自己可以处理好。"

妈妈笑着拍了拍她的肩膀，说："加油，女儿，妈妈也相信你可以做到。"

看得出来，菁菁的妈妈情商很高，而在家庭教育中，母亲对孩子的影响是巨大的。在西方教育界有这样一句话："推动摇篮的手就是推动世界的手。"母亲在家庭教育中所起到的作用是不可或缺的，足以影响孩子的性格和行为习惯的形成。

好妈妈可以带出好孩子，情商高的妈妈能够带出情商高的孩子，这说明情商具有可复制性。事实证明，情商是可以通过后天的修炼来提升的。当然，这与菁菁本身的努力也分不开，她已经形成了正确的思维方式，从根本上意识到了情商的重要性。

情商修炼手册

亲爱的女孩，现在的你或许认为学生时代最重要的事就是学习，有这样的看法很好，可以为将来的发展打下坚实的基础，父母也不用操心我们的学习问题。学习的确很重要，事实上，在学习书本上的知识的同时，我们还要学会如何做人，这是一个很大的主题，如果落到实际，就体现在情商上。

我们可以这样理解，如果将人生比喻成一个三角形，那么情商是最坚实的基础，要放在底层，表示它的重要性；智商、财商及其他都需要在基础打好后再往上叠加。除了学习文化知识，以备中考和高考之外，我们还要学习提高情商、财商，并通过训练提升智商。当然，虽然情商可以通过后天的修炼提升，但它的学习需要一个很长的过程。

对于情商的修炼，我们要做好长期学习的准备，因为这需要我们不断地积累经验，用心做好各个方面。理论知识和他人传授的经验看起来很简单，但我们实际去做时就会发现，实现情商从低到高的转化是很难的。这个时候，我们就需要合理规划时间，掌握情商知识，在日常生活中多实践，并且定期反省和总结，反思不足的地方，积极改正。不要心急，坚持住，一定会有变化。

亲爱的女孩，自信点，也多给自己一些时间和鼓励。我们要相信蜕变的力量，也要相信自己的学习能力！

开启情商力的转化模式

“情商之父”丹尼尔·戈尔曼认为：“真正决定一个人能否成功的关键因素，是情商力，而不是智力。”

情商力，简而言之，就是利用情商来让自己成功的能力。情商的高低关系到我们未来的发展和幸福，因此，实现情商力的转化势在必行。

柠柠受妈妈的影响，性格比较急躁，凡事愿意亲力亲为，但情绪波动较大。从小到大，每当遇到难题，她都会自己解决。柠柠性格倔强，有一种不撞南墙不回头的架势，她还有一些强势，不肯虚心接受周围人的帮助，宁愿花费更多的时间和精力自己研究。

有一次，学校举办趣味游戏活动，十个人一组，每个游戏都需要小组合作完成，名次靠前的小组还有奖品。柠柠很开心，因为马上就要期末考试了，最近学习很累，她正好可以通过做游戏来缓解一下压力，劳逸结合。

柠柠前几个游戏完成得都很好。最后一关是接力运动，每个人都要在完成自己的运动项目后，再集体跳绳跳十个，所用时间最短的一队获胜。柠柠很快完成了自己的部分，发现有个同学拍球很慢，于是有些着急，上前催促道："快点啊，你怎么这么慢！"谁知那名同学一着急，把球拍到了圈外。他们组挑战失败，需要重新开始。

这时，团支书走过来，对拍球的同学说："别急，稳一些，我们相信你可以完成，慢慢来，咱们还有时间。"

拍球的同学听了之后，按照自己的节奏，慢慢地拍了起来。这一次，她没有出错，顺利地完成了。可是等在一旁的柠柠特别着急，看着时间一分一秒地过去，就更焦急了，眉头都皱了起来。等到集体跳绳时，拍球的女同学慢了半拍，出错了好几次。柠柠终于忍不住大声吼道："你能不能行了？怎么又出错了？"

团支书急忙安慰大家说："大家都别急，集体跳绳是有一定的难度，需要我们好好配合，磨合的时候出错很正常。来，咱们再试一次，把节奏大声喊出来。来，一！二！跳！跳！"

那个同学虽然后来又错了一次，不过最后终于成功了。结果出来后，他们小组虽然不是最快的，但也排在前五名。其他同学都欢呼起来，只有柠柠感到烦闷，她心里想，如果不是有人频繁出错，他们的小组成绩会更好。

柠柠与团支书的关系很好，活动结束后她对团支书说："刚才你怎么能让她慢一点呢？如果不是她拖了咱们小组的后腿，咱们没准能得第一呢！"

团支书笑了笑说："当时她已经很慌乱了，你去催她，她会更紧张。相反，你鼓励她，让她按照自己的节奏慢慢来，她反而容易一次就过。这是一个集体活动，只有团队中的每一个成员都完成了，才是胜利。你之前不也教育过我吗？名次不重要，参与其中才是最重要的，我还记得呢。”

柠柠听了团支书的话，感觉心里舒服了很多，认为她说得也有道理。并且她意识到，自己这个好朋友说话很好听，说的话也有道理，又会让听的人感到很舒服，这就是情商高的体现吧。她应该多学习、多模仿，遇到问题不要急躁，慢下来，说不定就会“柳暗花明又一村”呢！

在这个事例中，柠柠表现出的情商就很低，这是受她母亲的影响。低情商具有可复制性，孩子会在潜移默化中学习、复制母亲的急躁和焦虑，说话直白，把批评当激励，不懂得鼓励与赞美的力量。好在她的身边有一个高情商的榜样，她也知道反思自己的行为，并且意识到了情商的作用。相信在不久的将来，柠柠的情商也会有所提升。

情商修炼手册

亲爱的女孩，你知道吗？情商是具有可复制性的，当我们的认知水平还处在上升阶段时，行为习惯，包括处世的方法，是很容易受外界影响的。比如，父母是如何处理负面情绪的，我们会在潜移默化中模仿和学习；他们是如何待人接物的，我们也会如法炮制。也就是说，父母的情商水平决定了我们的情商水平。

这就意味着，如果父母的情商很低，那么我们的情商大概率也不会很高。我们都知道，做任何事，由零开始是比较容易的。就好比一张白纸，我们要在上面画什么图案都可以，但如果这张纸上已经有了色彩，那么我们想要画一幅美丽的图，就需要花费更多的精力。

假如情商已经被父母或身边的人影响了，我们就会有习惯性的自我认知，要想告别低情商，就需要打破固化的认知。

那么，我们应该如何打破僵局，实现情商由低到高的逆转呢?

首先，正确地认知自我，认清自身的情商水平，要客观、不带有任何主观色彩。要对低情商有最基本的认知，虚心接受身边人的意见，有针对性地纠正错误的观念。

也许，父母的认知水平也需要提高，他们处理事情的方式也需要改进，那么，我们可以跟父母一起成长，多沟通，改正自己固有的思维模式，换一种方式处理情绪或难题。先把错误的方式改正，再寻求新的方法。简单来说，就是删除从前的低情商行为，重新学习，加强对高情商的认知。

其次，发挥榜样的力量，通过学习和模仿来提升自己的情商力。转化的秘诀是榜样的示范效应，跟身边优秀的人一起，学习他们身上的优点，模仿他们处理棘手问题的方法。调整心态，管理情绪，低情商的人也可以实现逆转。

最后，多总结经验，反思自己的言行，虚心接受他人的批评，有则改之，无则加勉。

低情商的人想要实现转化就必须有信心。自信力也是情商力的一种表现，通过点滴积累来提高情商水平，不要心急，可以放慢速度慢慢来。

亲爱的女孩，情商课是我们这一生都要学习的，随着时间的推移、经验的积累，慢慢地，我们会达到一种平和的心态，可以坦然地面对生活中的种种变故和挫折。当我们的情商水平更高时，我们未来的发展就更有竞争力。

现在开始转化吧，实现情商力的逆转！

说话让人感到舒服的奥秘

说话，大家都会，这是我们与生俱来的本能。但好好说话，将说话水平上升到可以散发语言魅力的程度，是绝大多数人需要学习的，这就是我们常说的语言艺术。说话是需要讲究技巧的，让听者感到舒服是一种能力，这是有小窍门的。

西班牙小说家塞万提斯曾经说过："说话不考虑，等于射击不瞄准。"在人际交往中，说话不能脱口而出，要有所准备，先考虑一下说话的态度、技巧及方式。情商高的女孩都会说话，讲究说话的艺术，当然，她们也不是一日练就的，而是从日常点滴的练习开始积累的。

值得一提的是，会说话并不等于心直口快、巧舌如簧，也不是曲意逢迎、口蜜腹剑。不要陷入"会说话"的误区，与人说话最重要的就是真诚，一开口就要讲究技巧。

雯雯是一个性格开朗的女孩子，从小妈妈就培养她的语言表达能力，给她报了演讲和主持人课外班。在生活中，她也愿意表达自己的感受和想法。

有一次，妈妈在小区里看到了这一幕：雯雯和同学在树荫下讨论问题，那个同学还没讲完，雯雯就开口打断了她，一味地表达自己的想法，完全不考虑对方的感受，说完之后还反问了一句“你听明白了吗”。

妈妈发现，雯雯在说话时表现得太过强势，言语间透露着命令的口吻，态度有些趾高气扬。她不在意别人说了什么，只关注自己说的话。虽然她说的话的确很有道理，有理有据，但就是让人听着感觉不舒服。两个人的交流结束后，雯雯红光满面、很是开心的样子，而与她说话的同学却表现得闷闷的，不太想继续说话的样子，临走时还叹了一口气。

回到家后，雯雯依旧没有察觉到什么，认为这次交流很成功，觉得今天又是开心的一天。这时，妈妈来到她的房间，对她说：“雯雯，现在可以和妈妈谈一谈吗？”

雯雯很开心，把书合上，说：“可以啊，妈妈，你要和我谈什么？”

妈妈斟酌了一下，说：“雯雯，不知道你的同学有没有给你提过这样的意见，你说的话很有道理，但是说话方式存在一些问题？你……”

雯雯开口打断了妈妈，急切地说：“我那是在纠正一些错误的说法，这样可以使沟通更有效率啊。”

妈妈继续说：“就像刚才，我买菜回来恰好看到你和妮妮说话，她……”

雯雯再次打断妈妈：“妈妈，妮妮刚才说得就不对，那篇文章不应该像她那样理解，我这么做也是为了帮她。”

妈妈无奈地笑了笑，继续说：“可是你的说话方式……”

“我的说话方式很好啊，直接表达自己的意见，不拐弯抹角，我觉得很好。”雯雯又一次打断妈妈，着急地解释。

妈妈说：“你看，咱们才说了不到两分钟，你就打断妈妈的话超过三次，这就是我要指出的第一个问题。你不妨换位思考一下，如果你要表达自己的想法、说出一件事，但身边的人不停地打断你，你会高兴吗？”

雯雯没有说话，尽管心里承认了，嘴上却倔强地没开口。

妈妈继续说：“跟别人说话时，你可以表达自己的不同看法，但也要注意技巧，要尊重对方，在对方没有说完时不要开口打断。你要学着把说话的机会留给别人，沟通是相互的，你不能总抢着发言。刚才你说完后，问对方‘你听明白了吗’的时候，就很生硬，也很强势。不如换一种表达方式，你可以问对方：‘我说明白了吗？’你想想看，这样是不是更好一些？”

雯雯想了想，将两句话都重复了一遍，说：“嗯，好像是这样的。”

妈妈继续说道：“还有一点就是，‘怎么说’比‘说什么’更重要。说话时要注意自己的态度，盛气凌人很不好，我们要懂得谦虚低调。说话啊，其实没有我们想象的那么简单，说话的内容很重要，说话的态度和语音、语调也要注意，这会影响你整体的沟通效果。”

雯雯认真地思考了一下，说：“妈妈，我知道了，在这几个方面我的确做得不好，还需要注意。妈妈，原来说话也有这么多讲究啊。”

妈妈点点头，说：“是啊，说话很容易，但会说话就很难了。妈妈也在学习呢，咱们一起看书，多学多看，一起进步，好吗？”

雯雯站起来，高兴地说："好呀，妈妈，咱们快去买几本书回来看吧，我想好好学一下说话的技巧。"

情商修炼手册

古希腊哲学家德谟克利特说过："要使人信服，一句言语常常比黄金更有效。"语言的作用是很强大的，会说话、语言表达能力强，可以缩短两个人之间的距离，更利于人际交往，增进彼此之间的感情。说出能让人感到舒服的话，对于我们来说是很有成就感的。

亲爱的女孩，说话让人感到舒服也是一种能力，是需要修炼的，这里有几个小秘诀分享给你。通过系统的学习，我们也可以变得会说话，懂得语言的魅力。

秘诀 1：说话的方式和态度比说什么更重要。

有些时候，虽然我们觉得自己说得很好，没有问题，可是沟通效果很不好，对方还会认为我们有问题。其实，在说话时我们不仅要关注说话内容，还需要有好的态度，语气不能太冷冰冰，声音不要太高，也不能太低，这样综合起来才是一次和谐的谈话。

秘诀 2：注意说话时的话术，多积累和总结。

用建议代替命令。比如，我们在给别人提意见时，不要高姿态地下命令，语气也不能太生硬，可以用这样的句式："这样做会更好。"或者："不如我们换一种方式去做，你觉得可以吗？"这样说话很有礼貌，我们尊重了对方，会让事情更简单的解决。

英国哲学家弗朗西斯·培根认为：“说话周到比雄辩好，措辞恰当比恭维好。”我们既要学会恰到好处的措辞，说话也要有自己的原则，不卑不亢，不慌不忙，时间长了，经验积累得多了，说话时自然会让人感到如沐春风。

秘诀 3：没有“大珠小珠落玉盘”的语调，也要记得吐字清晰，声音洪亮。

说话切忌含糊不清，咬字要清晰，说话时不要着急，稳一些，慢一点，这样才会让听者感到舒服。说话的声音不宜太大，但也不能像蚊子声一样，声音大小要掌握一个恰好的度。

秘诀 4：与人交流要多听、少言，把说话的机会留给别人。

与人交流时不要抢白对方，要尊重与我们对话的每一个人，多倾听，少发言，懂得倾听的魅力。

秘诀 5：赞美要说到点子上，批评尽量在私下进行。

赞美时，要侧重于事而非人，这样可以避免恭维的嫌疑。赞美对方时要真诚，发自真心，可以通过事件或故事来表达，这样更生动形象，有说服力。

批评的时候不要在人前，要在私下里进行。批评时要有理有据，但要讲究方法，不能是批评式教育，这会让人产生反感。批评时也可以设身处地，换位思考，从对方的角度分析问题，这样再提出建议会让人更好接受。

说话的艺术和技巧是一门大学问，需要我们用心去记、去学。亲爱的女孩，努力加油吧！做一个会说话的好姑娘！

女孩美丽的外衣——高情商

高情商是我们最美的装饰，我们到了爱美的年纪，对美有了自己的理解和追求，那么就应该树立正确的审美观。我们不仅要注重外在的健康之美，还要注意内在的气质和修养，情商也包含在其中。

试想一下，假如班里新转学来两个女孩，她们都长得很清秀，衣衫整洁美观，举止落落大方，但其中一个脾气不好，整天“横眉冷对”，脸上没有一点笑容，暴躁易怒，不合群；而另一个，情绪管理得很好，总是面带微笑，与人说话时温声细语，接人待物都很有水准，让人感到很舒服。试问，如果这两个女孩站在我们面前，我们想要和哪一个成为好朋友呢？

答案很简单，高情商必定是大家在选择好友时的加分项，就相当于我们美丽的外衣，可以吸引更多优秀的人。情商的重要性我们既然都已经知道，那么就应该在日常的生活和学习中注重这方面的培养和积累，等将来进入社会时，即便面对更多的坎坷和挑战，我们也可以坦然接受，使困难迎刃而解。

歆歆和芊芊是妇产医院同一天出生的两个女孩，都很漂亮可爱。她们在不同的家庭环境中长大。歆歆的妈妈比较注重孩子情商方面的发展，认为提高情商要从娃娃抓起，于是便从各个方面提升孩子的情商水平——从最基本的尊敬长辈、参与家庭劳动，到情绪管理及人际关系修炼。而芊芊的出生备受期盼，父母和长辈都比较疼爱她，认为女孩子就应该娇生惯养着长大，不要对她有什么束缚，孩子怎么开心就怎么来，也从来没有对她进行过情商方面的教育。长大后，芊芊骄纵惯了，不尊重别人，凡事以自我为中心，稍有不如意就乱发脾气，大哭不止，没有独立生活能力，一切都依靠父母。

情商的作用在这两个女孩小的时候表现得还不算很明显，到上了初中，社交、学习、生活基本要依靠自己了，芊芊情商低的弊端就显现出来了。她在同学面前趾高气扬，不懂得尊重与包容，同学们都不愿意和她相处，也很少主动与她交流。中午吃完饭，她不会刷餐盒，夏天的时候餐盒放在书桌里都会捂出馊味来。她常常语出惊人，让人感到不舒服……

芊芊还很委屈，不认为自己有问题，也没有想过要改变。她认为上学很痛苦，一切都太麻烦了，同学们都不喜欢她。可她完全没有意识到是她的情商出了问题，这一切的痛苦都是因为情商低。

歆歆则不同，她上初中后人缘极好，同学们都愿意和她交流。当身边的人有困难时，她会主动帮助，责任感和同情心都很强。最为人称赞的是，她很会管理情绪，会调节自己的心情。不仅如此，她还会帮助心情不好的同学，帮助他们重新获得快乐。高情商已经成为她的一个标签，是她的一种人格魅力。

其实，每个人的情商水平都是不一样的，而情商的形成大多是后天培养的，当我们意识到情商的重要性时，就应该有针对性地提高自己的情商水平。家庭环境和父母的教育对我们情商的初步形成起着至关重要的作用，惯性思维和行为一旦形成，再想改变，就需要强行打破，重新塑造和调整，这很难，需要时间和精力。

案例中的芊芊就是一个受家庭教育影响的低情商孩子。不过，当她意识到情商的重要性时，可以通过后天的修炼来提升情商。

芊芊很崇拜她的表姐，过年亲戚聚会时她和表姐聊天，谈到了自己在学校的情况。表姐指出了她的问题所在，并且在人际交往、情绪管理及独立自主方面提出了建议。芊芊很赞同表姐的建议，在得到表姐的鼓励和帮助后，根据自己的情况努力提升情商水平。虽然过程很痛苦，但好在她开始转变了，这就是成功的第一步。

情商修炼手册

亲爱的女孩，你知道吗？高情商是伴随我们一生的铠甲，是魅力增值的关键，同时也是我们未来竞争力的体现。

很多时候，我们不喜欢被教导，如果不是主动想学，任何被动的学习都是存在抵抗心理的。提高情商水平这件事也是如此，我们要真正明白提高情商的目的是什么。

我们提高情商水平，是为了遇到未来更好的自己。外面的世界很精彩，美丽的星辰和大海，需要我们亲身体验和探索，未来的每一步都需要我们亲自行动。外面的世界没有其他人，只有我们自己，当我们自己改变了，这个世界也就跟着变得美好了。

未来的路是靠我们自己走的，任何人都只能陪伴我们一小段路程，人生中很长的时间是我们一个人去拼搏、去探索，去了解生活的真谛。我们懂得很多，做起来却很难。情商是我们一生都要修炼的内在气质，需要不断地学习和积累，当我们足够强大，情商足够高，那么生活中的一切都难不倒我们。这大概就是成长给予我们的力量，是一种可以持续学习的能力。

高情商，是一件由气质转化而来的美丽的衣裳，也可以是我们不断拼搏、完成挑战的盔甲，可以自我保护，也可以帮助他人。我们要一直坚信，我们如果想要成为怎样的人，想要一种什么样的人生，就应为之努力。当愿望达成，我们会遇到同样优秀的人，而身处于优秀的环境之中，我们的人生也会越来越闪闪发亮。这也是一种可以良性循环的力量。

加油吧！为了自己，也为了美好的未来！提高情商水平，拥有一个更璀璨的明天！

情商高的女孩运气都不会太差

心理学上有一个“吸引定律”，又被称为吸引力法则，具体是指当我们的思想集中在某一个领域时，那么跟这个领域相关的人、事、物就会被吸引过来。当我们变得越来越优秀，那么身边聚集的就是与我们同样优秀的人，这与“物以类聚，人以群分”有异曲同工之妙。

我们要相信，自身发展的运势跟心态有着重要关联，如果我们积极乐观，情绪管理能力很强，待人接物都有一定的方法，那么我们遇到难题的概率就会大大降低。或许我们也可以这样理解，难题之所以存在，是因为一直未被攻破。而情商高的人遇到难题，会以自身的能力解决难题。

因此，高情商的人所处的圈子处于一种良性循环的状态。情商越高，能够成功解决的问题越多，运势也会越好。反之，低情商的人制造矛盾和问题的概率相对较高，怨天尤人的可能性加大，所以他们往往感觉运气不好，遇到的都是不好的事情。

最近，安安很不开心，因为她觉得自己做事不顺，同一件事，同桌去做效果会很好，也有人帮忙，可是她去做时就会困难重重，并且还会影响心情。回到家后，她闷闷不乐地趴在窗台上，时不时地长叹一口气。妈妈看到了，问："怎么了，安安？怎么总叹气啊？有什么不开心的事吗？"

安安坐到妈妈身旁，开始抱怨："我最近感觉太糟了，做什么都不顺心。妈妈，你说奇不奇怪，我同桌去借课堂笔记就很顺利，我去借就不行，这是怎么回事？我是不是被孤立了？"

妈妈眉头一皱，说："不能吧？会不会是你借课堂笔记的同学正好要用啊？你跟妈妈描述一下当时的情况，咱们一起来分析一下。"

安安想了想，说："我就直接走到学习委员的桌子前说：'喂，课堂笔记借我一下。'她平时说话都轻声细语的，没想到这一次竟然冷冰冰地说'不借'。"

妈妈继续问道："那你同桌是怎么借到笔记的呢？"

安安想了想说："我同桌满脸的笑容，非常欢快地跑了过去，然后说：'哈喽，打扰一下，能把你的课堂笔记借我看一下吗？我保证放学前还给你。'"

妈妈问："那你自己想一想，如果你是学习委员，你会把课堂笔记借给谁呢？"

安安声音一下子变高了，说："我当时是因为着急，心情不好，所以直截了当地说了。这也不能怪我啊，我不高兴的时候也不能笑啊。"

妈妈笑着摇摇头说："妈妈不是让你装作开心的样子，是让你反思自己说的话。你同桌的话既有礼貌，又将归还时间说明白了，语言亲切，态度又好，这才是她能借到课堂笔记的关键。"

安安撇了撇嘴，说："我只是运气不好罢了，没准她正好不开心呢，所以不想借我。”

妈妈握着安安的手说：“孩子，行为和心态是会影响运气的。如果你积极乐观，面对难题时就会很坦然，心态好，做事自然就顺。你同桌就是一个情商很高的孩子，她总是很乐观，你不是也说过，她时常会鼓励你？”

安安点点头，说：“我同桌的确经常鼓励我，在我觉得卷子太多时，我心情低落时，她都会安慰我，让我再坚持一下。老师和同学们都很喜欢她。”

妈妈笑着问：“你不喜欢她吗？”

安安说：“我也喜欢她。她从来都不发脾气，不急不缓地就把很棘手的问题解决了。我们马上就读高二了，我感觉她并不觉得压力大，她心态很好，积极向上，还愿意帮助同学。”

妈妈笑着说：“这些就是妈妈所说的高情商了。你同桌的情商很高，各方面事情做起来也顺利，运气自然就好了，因为根本没有什么能打倒她积极的心态。你说对吗？”

安安说：“对，妈妈，我也要变得和她一样，做一个高情商的女孩！”

妈妈鼓励道：“那你要加油哦，多和你的同桌交流，看看她是怎么做的，你可以借鉴。妈妈相信你可以做到，实现情商由低到高的逆转。”

情商修炼手册

亲爱的女孩，你是否有过这样的表现?

说话过于直接，不懂得沟通的技巧，常常语出惊人，因为一句话得罪人。

和同学的关系不好，给人的感觉是不合群。

敏感多疑，总认为身边的人在说你的坏话。

莫名其妙地发脾气，情绪一点就着，波动大，前一秒还很高兴，下一秒就被气得拍案而起!

听不懂别人的弦外之音，很难察觉到他人情绪的变化。

喜欢依赖他人，遇到问题不思考，只想寻求帮助，给人感觉很幼稚、孩子气。

经历失败就会陷入情绪低谷，承受不了打击和批评。

有时，我们会感觉接人待物很吃力，自己明明很努力，却还是以失败告终；我们常常因为说话得罪人而不自知，依旧我行我素，不懂得说话的技巧。实际上，我们之所以会感觉到吃力，处处不讨喜，就是因为情商低。

情商低的时候，我们的运势是处在下坡状态的，并且会陷入一种恶性循环。情商越低，心态越不好，事情做得也不漂亮，周而复始，情商会更低。这个时候，就需要学会转变思维，有针对性地实现由低情商到高情商的逆转。情商高的女孩运气都不会太差，她们的处世态度和行为都值得我们学习和借鉴。

物理学中有个名词叫“同频共振，同质相吸”，简单来说，就是同样频率的物质会产生共振，相同性质的东西会相互吸引。

所以，情商高的女孩吸引到的也是与她同频的人，优势互补的状态持续的时间越长，好运势存在的概率就越大。

因此，我们提升自己的情商水平，并不是为了别人，而是为了我们自己。当我们拥有乐观向上的心态，有勇于面对困难和坎坷的勇气，不被负面情绪控制，人际交往能力越来越强时，我们吸引到的就是与我们同频的人。我们会遇到更优秀的人，看到更美的风景，享受运势更好的人生。

亲爱的女孩，努力修炼吧，情商水平真的可以通过合适的方法提升，我们可以拥有一个更璀璨的未来！

第2章 女孩要增强情绪控制能力

甩掉抑郁的小情绪

压力过大时，心弦是紧绷的。进入青春期后，我们会遇到各种各样的问题，也会面临生活和学习上的许多压力。久而久之，情绪问题就会出现，我们会生气、悲观、愤怒、自卑，甚至抑郁。

抑郁，这两个字仿佛离我们很遥远，可一旦沾上，我们就会感觉很棘手，不知所措。事实上，我们对抑郁的看法只是停留在表面上，尤其是长辈，抑郁在他们眼里是这样的：哪儿有什么抑郁？都是小孩子贪玩不想学习才装的。忽视和误解会加重抑郁的症状，也会耽误治疗的最佳时机。

其实，我们也不要觉得抑郁症是一种很严重的病。因为不了解，我们容易感到害怕和恐惧。其实，在西方心理学家的眼中，抑郁症，就等于是心灵上的感冒，我们只要认真对待，一定可以从中恢复过来。

小敏是一个高度敏感的女孩，她比较内向，平时不爱说话，在学校里从不主动交朋友。她想得比较多，常常会因为老师或同学的一句话而苦恼很久，认为是自己做错了，然后就会陷入纠结当中。最近，她感觉同学在背后偷偷议论她，可她一靠近，讨论声就没有了。她觉得压力越来越大，连续几天都睡不着觉，并且心情低落，感觉做什么都没有兴趣。

这一天晚上，小敏又失眠了，心情低落到谷底，忍不住哭了起来。这种感觉很奇怪，她有点害怕，甚至感到恐惧。由于妈妈出差，爸爸工作忙，她只能把这件事告诉奶奶，可是奶奶说："你一个小孩子还能有啥烦恼？现在多幸福啊，别再说在学校没意思了，我看你就是不想上学！"没有人理解小敏，她越想越伤心，哭得稀里哗啦。

小敏的哭声正好被刚出差回来的妈妈听到。妈妈推开房门，赶紧上前搂住她，问："宝贝别怕，妈妈在呢，是不是做噩梦了？"

小敏哭着说："妈妈，我也不知道自己是怎么了，我已经一周没好好睡觉了。我很想睡，但就是睡不着。我觉得上学没意思，吃饭没意思，做什么都没意思，还动不动就想哭，我这是怎么了？妈妈，我好害怕……"

妈妈心疼极了，轻轻拍着小敏的后背，说："别怕，宝贝，妈妈会帮你的，明天妈妈就带你去看医生。没事，一定有办法的。"

妈妈将小敏安抚住后，去厨房给她热了一杯牛奶，转过身看到了奶奶。奶奶问："小敏这是怎么了？怎么大半夜的还不睡觉？"

妈妈说："我感觉小敏可能得了抑郁症，应该不太严重，属于轻度抑郁吧。我明天带她去看心理医生。"

奶奶惊讶地说："抑郁症？小孩子懂什么，怎么会抑郁？！别是她不想上学给自己找借口吧！她之前就跟我说过学校没意思，不想去上学。"

妈妈摇摇头，说："妈，现在青少年得抑郁症的还真不少。他们现在压力很大，如果不好好解压，压力都积压在心里，他们早晚会不舒服的。小敏的情况，不能忽视和误解，要及时处理，去看医生才是正确的。”

奶奶说：“正好你回来了，好好陪陪她吧。我也不知道现在的孩子应该怎么教育，也不懂什么抑郁症，既然你说要重视，那明天赶紧去看医生吧。”

妈妈叹了一口气，说：“也怪我，平时陪她的时间太少，她爸爸也忙。没有父母的关心和陪伴，的确是不行，我以后会多抽出时间来陪她，咱们一起帮她重新快乐起来吧！”

第二天，妈妈带着小敏去看了心理医生，医生的诊断是轻度抑郁，不需要吃药，但需要家长多陪伴孩子，平时多沟通，鼓励孩子说出心里的话，带她出去散散心，做一些减压运动。

小敏很配合治疗，愿意将心底的话说出来，和医生沟通时也没有恐惧感和排斥感。父母陪伴她的时间也多了，一家人每周都会外出游玩，做一些亲子游戏。小敏渐渐变得愿意笑了，睡眠也好了很多。

其实，甩掉抑郁的小情绪是有好方法的，简单来说就是：走进去，走出来。

走进去，就是要让身边的人靠近，给他们机会走进你的内心，与他们沟通和分享，不要把自己的心闭关封锁，要打开一扇窗。

走出来，侧重点在我们自己。我们要主动走出昏暗的小黑屋，去看一看外面的阳光，呼吸新鲜的空气，净化身心，拂去一身疲惫。

外面的世界有更蓝的天、更清澈的水，走出去，就会看到绽放的花朵。

情商修炼手册

亲爱的女孩，当抑郁的小情绪入侵后，我们应该如何处理呢?

第一，预防在前，随时关注自己的心理健康。我们要了解抑郁的情绪，知道它的表现，当它出现时，大脑要第一时间响起警铃，并且正面应对，绝不拖沓。

当抑郁症出现时，我们会感到悲观、失落、消沉，情绪低落，莫名其妙地想哭，做什么都没有兴趣，食欲下降，失眠多梦，自卑感上升，缺乏自信，怎么都开心不起来，认为自己一事无成……当我们有以上症状时，那我们很有可能出现了抑郁心理。在生活和学习中，我们要时刻监测自己的心情，当抑郁警报出现时，要立即采取措施。

第二，积极面对，不做躲在黑屋子里的人。不要提及抑郁症就如临大敌，我们要把它当作心灵上的感冒，正面应对，不退缩，不逃避，不自怨自艾。心灵上的感冒也会很快被治好，要有这样的信念。

配合心理医生的治疗，相信医生的诊断，轻度抑郁需要减少压力，少思少虑，多沟通，说出让自己难过或悲伤的事。如果是重度抑郁症，就需要依靠药物来治疗了，遵守医嘱，按时吃药，准时吃饭，多出去走走，做一些舒缓的运动。千万不要将自己关在家里，躲在阴暗之中。

第三，回归家庭，感受亲人的爱和帮助。当我们有了抑郁的症状，不要害怕，也别一味哭泣，应该第一时间告诉爸爸和妈妈，向最亲的人寻求帮助，相信爸爸和妈妈一定会帮助我们渡过眼前的抑郁难关。

这个时候的我们心灵很脆弱，千万不要拒绝身边人的关心和帮助，我们要主动靠近他们，将心中的压力和烦恼说出来。不要将心事都压在心底，也不要因为害羞或害怕而不敢开口，爸爸和妈妈永远是我们最可靠的港湾。

第四，用快乐挤走悲伤，让太阳照亮黑暗。治疗抑郁的小情绪，不要纠结于抑郁本身，不要想着一定要将抑郁挖出来，我们要用快乐和幸福挤走它们。虽然我们在陷入抑郁的黑洞时，对任何事都提不起精神，做什么都不会感到快乐，但我们也要坚持，继续尝试寻找能令自己感到愉快的事。

不要躲在黑暗中，要站在阳光下，让太阳照亮黑暗。

最后，不要着急，不要焦虑，慢慢来，一切都来得及，一切都会朝着好的方向发展。我们要相信自己能够战胜心灵上的感冒。

治疗抑郁的心理需要花费较长的时间，无论治疗方案如何完美，最终都需要我们配合实施。其实，仔细想想，治疗最关键的一个环节就是我们自己。只要我们从根本上有对抗抑郁的意志，有勇敢面对的勇气和信心，并且坚持到底，那么这场心灵上的感冒就会痊愈。

自卑是如何出现的

用辩证的角度看待自卑，它会产生两种相反的结果，正如德国哲学家黑格尔认为："自卑伴随着懈怠。"自卑感会让人否定自我，缺乏信心，做事消极，没有动力，也容易退缩，停滞不前。然而，适度的自卑感也可以促使人进步，让人向更高的地方前进。当然，若是自卑的负面影响变大，不仅会损害身心健康，还会影响未来的发展。因此，我们要在生活和学习中警惕自卑的消极影响，并且要寻求冲破自卑枷锁的方法。那么自卑是如何出现的呢？

第一，生理的缺陷问题。由于先天性生理缺陷而产生的自卑感是很难消除的。当我们对美有了认知，就会因为胖、矮、丑而感到失落，甚至自卑，这个时候就要树立正确的审美观，接受自己真实的样子。

第二，自我要求过于严格。完美主义者更容易自卑，因为他们对自己的要求过高，期望过大，失败时就会有很大的情绪反差，心理素质不好的话就容易自卑。

第三，外界环境的影响。还在成长过程中的我们就像一张白纸，如果我们听到的鼓励和赞美多一些，我们的自信也会增加，白纸上会写出动人的篇章。但如果我们听到的都是否定和打击、批评和比较，那么就会产生消极情绪，变得低沉、自卑。

第四，失败的打击过多，丧失自信。在生活和学习中，我们会遇到一次又一次的挑战，连续遭到打击，失败的概率较大，自信心就会逐渐消失，自卑感就会产生。

妞妞上初中后英语成绩一直不好，口语发音生硬，音也咬不准，总读错单词，每次老师让她读英语课文时都会惹得同学大笑，下课后也有男同学取笑她的英语发音。渐渐地，她开始排斥上英语课，也不敢开口读英语，最后变得沉默寡言，上课时弓着背不抬头，生怕老师会看到她。

就这样，妞妞每天听到的都是否定的声音，同学们也肆无忌惮地嘲笑她，她变得自卑起来，就连正常说话也磕磕巴巴，不敢抬头看人。

老师见妞妞英语成绩越来越差，精神状态也有些不好，于是将妞妞在学校的表现告诉了妞妞的妈妈。

老师找家长的事被妞妞知道了，她很忐忑，也很害怕，担心妈妈知道自己的情况后会失望。当妈妈回到家后，她小心翼翼地问:“妈妈，老师都跟你说了什么啊?”

妈妈拉着妞妞的手，两个人坐在沙发上，妈妈笑了笑，说:“女儿，妈妈好开心，你懂得了谦虚和低调。老师在学校夸奖你的事，你怎么没跟妈妈分享呢?”

妞妞奇怪地看着妈妈，难以置信地问:“妈妈，你说老师夸我了？这怎么可能呢?”

妈妈说:“怎么不可能呢？老师说你英语作文写得非常好，几乎是满分呢！你的单词拼写和阅读理解也非常棒，她还说，假如你能把听力成绩提上去，那你的英语成绩就会提升很多的。”

提到英语，妞妞的不安和排斥反应又出现了。想到同学们在学校嘲笑她的样子，她低下头，眼圈都红了，说：“妈妈，你别骗我了，我的英语水平真的很差，现在就连读单词都读不好了。妈妈，我太笨了，根本不可能学好英语，这辈子都不可能学好。”

妈妈将伤心的妞妞搂在怀里，说：“女儿，别这样说自己，妈妈没有骗你，老师的确表扬你了，你的英语卷子就是证明啊。你看，你的作文的确差一分就是满分，单选题和阅读理解也都是对的，只有听力部分没有得分。只要你勤加练习，口语和听力一定能学好的。”

妞妞看着妈妈，问：“妈妈，我能练好口语、学好发音吗？我真的可以吗？”

妈妈点点头，说：“当然了，女儿，你这么聪明，学东西又快，妈妈相信你一定可以练好的。其实，英语口语水平是可以通过练习来提高的，你就是听得少，练习得少，同学们说你不行，你就相信了？这个时候，你要有信心，将口语水平提上去，让大家眼前一亮。老师和妈妈都对你有信心，你自己也要有信心，不要放弃。”

妞妞抬起头，眼里有了希望，说：“妈妈，那我试一试，我不想被同学嘲笑。”

妈妈摸了摸她的头发，说：“好，妈妈和你一起练。咱们多听多说，坚持住，一定会成功的。”

妞妞用力地点点头，说：“嗯，妈妈，我一定好好练习，把英语口语水平提上去！”

情商修炼手册

在我们的成长过程中，会遇到一次又一次的挑战和机遇，通往鲜花和掌声的道路是曲折的，会有坎坷和磨难，一旦自信心缺失，自卑感出现，那么人生就会变得昏暗。

一般来说，高情商的女孩似乎在情绪管理方面颇为出色，难道她们就不会出现诸如抑郁、悲观、自卑、低沉的负面情绪吗？答案是否定的，我们每一个人都会有各种各样的情绪问题，而高情商女孩的厉害之处就在于，当负面情绪来临时，她们的第一反应不是陷入情绪的黑洞，被消极情绪控制住，而是思考应该如何处理和应对消极情绪。

那么现在我们就来看一看，自卑心理应如何克服呢？

首先，点滴积累，慢慢找回自信。从一件小事做起，由简入繁，把简单的小事做好，自信心也会一点一点地积累和提升。不要自怨自艾，把问题都归咎于自己，也不要消沉，认为自己笨。找一些自己能顺利完成的事情，自信心提上来后，再去挑战难题。

其次，过滤掉消极情绪，用积极的心理暗示自我鼓励。面对外界的批评，我们要学会分析，有则改之，无则加勉；忽略恶意评价，也不要让他人的坏情绪影响到自己。自我鼓励很重要，我们可以通过语言或行为来自我暗示，激励自己。鼓励和赞美可以增加我们奋斗的劲头和希望，自信多一些时，自卑感自然会减少。

最后，利用有效的方法挣脱自卑的束缚。

自我改变法。我们可以把自己包装起来。不过我们还是学生，也没有必要用化妆品打扮自己。洁面后做好皮肤保养，换一身干净清爽的衣服，人的自卑感就会降低很多。

降低标准法。有时候，我们对自己的要求过高，过度追求完美和卓越，在达不成目标时就会出现自卑感。这个时候不妨将大目标拆分成小目标，循序渐进地完成，当一个个小目标完成后，心情自然会变得愉悦。与其追求完美主义，不如满足于当下，享受现在的一切。有时将标准降低些，还会有意想不到的惊喜。

系统摆脱法。自卑心理出现后，想要在朝夕之间挣脱出来是不可能的。我们要有耐心，要有持之以恒的精神，不要放弃，一点一点地做出改变。只要今天比昨天有进步，那么就是迈出了一大步。

心理治疗法。当自卑情结严重时，我们就需要借助心理医生的治疗了。心受了伤，更需要细心呵护。不要怕，不要自责，更不要一味地认为自己不行，凡事都有解决的办法，一切也都会朝着好的方向发展。

加强能力法。我们会感到自卑，很大程度上是因为能力不足，失败的概率太高。这个时候就需要努力提高自己的能力，奋发学习，积累经验。当我们的能力提高时，自卑心理自然会减少。

亲爱的女孩，努力修炼吧，慢慢来，不要着急。要相信，终有一日，我们会遇到更美好的自己。

乐观地面对美好的未来

乐观是一种充满正能量的心态，可以让我们在遇到困难和挫折的时候能够积极寻求解决方法，而不是悲观失望，怨天尤人。乐观就像浩瀚宇宙中最闪亮的星星，虽然有时候黑暗会降临，但星光一直都在，会照亮我们前进的道路。人生之路道阻且长，难免会遇到狂风暴雨、荆棘坎坷，但如果我们乐观向上，那么一切都可以迎刃而解。

高尔基曾经说过："如果怀着愉快的心情谈起悲伤的事情，悲伤就会烟消云散。"

在生活和学习中，心态乐观些，快乐多一点，我们就会感觉到有无穷的力量，学习也更有动力和信心。如果消极和悲观多一些，那么我们看到的、听到的也都是负能量。

晓姝的妈妈是一个悲观主义者，因为家里条件不好，她几乎每天都愁容满面。她在单位被领导批评后，还会将负面情绪带回家里，传递给晓姝。久而久之，晓姝的性格变得很内向，她从来不笑，心态很悲观，做事也没自信。

晓姝在学校很少主动和别人说话，刚开始同学们也愿意和她玩，但相处的时间久了，同学们就发现她说的话都很消极。比如，大家都在很开心地吃饭时，她会说："马上就要考试了，我还没复习完。如果这次考不好，分班的时候一定会被分到普通班级，那样就糟糕了。"她常常会在同学们面前表现得很焦虑、不开心，对任何事都很悲观，有种杞人忧天的感觉，久而久之，同学们也不愿意和她来往了。

晓姝很郁闷，人际关系处理得很差，同学们都认为她的悲观情绪会传染给他们。她也很无助，想和同学交流，可一遇到问题，她总会想到最悲观的结果，看到的也都是不好的一面。

她的心情就像是一直处于阴雨天，昏暗的天空，潮湿的环境，哪怕太阳出来了她也看不到，一直沉浸在自己的悲观世界里。

其实，晓姝会出现这种情况，直接原因是受母亲的影响。悲观的情绪具有可复制性，妈妈将负面的情绪和心态传递给了孩子，孩子在耳濡目染下形成了悲观的思考方式。一旦养成这样的习惯，那么在学习和生活中遇到问题，孩子就会像妈妈那样消极地对待。事情还没有解决，情绪反倒越来越低沉。

其实，如果我们转换一下思维习惯，当遇到问题时不去耗费精力思考失败后会导致什么结果，而只是认真去做，积极地推进，乐观地面对，那么结果就会朝着好的一面发展。

小蕙是一个积极乐观的女孩。她在生活和学习中遇到难题时从不焦虑，也不抱怨，第一反应是思考怎么解决问题，不把精力和时间浪费在其他方面。能不能成功，做过才知道。因此，她在班级里人缘非常好，同学们都愿意和她交流。

有一次班级组织郊游，同学们都积极响应，提前准备食物和运动装，还策划了许多户外游戏，既可以寄情于山水，还可以增进友谊，大家都很兴奋。可惜天公不作美，他们还没到地方，天就下起了暴雨，郊游取消了。同学们都很失落，他们期待了那么久，没想到会被天气影响。同学们都有点闷闷不乐，还有人说讨厌下雨天。

郊游取消了，小蕙也很难过，但转念一想，既然事情已经发生了，难过和悲伤是没有任何用处的，还不如想一想有没有办法补救。同学们都准备了野营的食物，还想好了户外游戏，那么，不在户外，这些游戏和食物就没有用武之地了吗？想到这儿，小蕙喜上眉梢，笑着对同学们说："同学们，咱们别难过了，虽然郊游取消了，但我们也可以换个地方玩啊！咱们可以找一个室内体育馆，在体育馆里做游戏，玩累了咱们再吃东西，不也很好吗？"

大家听到小蕙清脆悦耳的声音，再看她满面的笑容，郁闷一扫而光，都不自觉地笑了出来。大家呼应道："行啊，我们觉得这个主意不错！"

小蕙找到班长，说："我记得你之前去过一个体育馆，学生去还可以打折，我们每个人分摊下来也不会花费太多，对吧？"

班长点点头，她的积极性也被调动起来，她说："对，拿学生证可以打七折，咱们让司机叔叔把咱们送过去吧！"

小蕙笑着点点头，说："太好了，这个周末咱们一定会过得非常快乐！"

小蕙积极乐观的情绪影响了周围的同学，最后的结果令所有人都满意，这就是乐观向上的力量。乐观，是一种精神力量，它

可以传递、感染身边的人，让我们做事情时充满信心和希望。

情商修炼手册

亲爱的女孩，在学习和生活中，我们会遇到许多困难和挑战，这个时候消极情绪就会出现，我们可能会焦虑、忐忑、不安、烦躁和郁闷，也会有悲观的情绪出现。这个时候不要担心，更不要自责，我们的情绪管理能力本来就是需要逐渐提升的。出现情绪问题，我们首先要让自己冷静下来，以乐观的心态面对坎坷和波折。

那么，保持乐观有什么诀窍吗？怎么做才能让自己一直乐观呢？是的，乐观的心态是可以通过修炼来实现的。

修炼法则一：树立乐观的意识，遇事不慌，从容面对。我们可以培养一种习惯，设定一种固定思维，长期实践，遇到问题的同时不要着急或抱怨，否则不仅会让自己陷入情绪的黑洞，还会阻碍解决问题的实践。高效率的做法是，不去思考已经发生的事情，而是努力找到解决问题的方法。形成这种思维习惯后，积极乐观的思维和心态就会逐渐养成。

修炼法则二：积累经验和教训，经历即成长，要相信自己可以做到。在日常生活中，我们会遇到各种各样的问题，这些都会成为我们的经验，我们要学会归纳和总结，将处理问题的方法记下来，方法积累得多了，自信心也会增强。要相信自己可以做到，给自己积极的心理暗示。

修炼法则三：删除消极记忆，将负能量过滤掉。我们很容易受到外部环境的影响，当我们出现消极和悲观的情绪时，我们要自动将其过滤掉。如果我们面对的人负能量爆棚，及时远离他就可以了；如果身边都是悲观消极的人，时间久了，我们的乐观心态也会被逐渐侵蚀。

修炼法则四：做好表情管理，给自己一个微笑，做一个移动的小太阳。乐观往往与快乐有关，获得快乐最简单的方法就是笑容，每天都对着镜子笑一笑，心情自然愉悦。

我们要做一个头顶小太阳的阳光女孩，走到哪里，就把乐观的情绪传递到哪里！

野马结局给女孩的启示

生气，甚至愤怒，都是人类最本能的反应，无可厚非，可这些都是负面情绪。当愤怒占据上风时，它会引发一系列的连锁反应，会对自己和他人造成伤害。

我们在成长过程中，由于心智还在不断地发展完善，对愤怒情绪的处理欠缺经验和方法，这个时候，就需要修炼处理愤怒情绪的能力，也就是愤怒管理。

当然，管理愤怒，并不是压抑它、抑制它，不让这种情绪出现，而是要通过合适的方法和措施找到愤怒的根源，冷静下来想想如何解决它。

心理学上有一个著名的效应叫“野马结局”，这是一起典型的由愤怒引发的“血案”，值得我们深思。那么我们来看看这匹野马都做了些什么吧！

在广阔无垠的非洲大草原上，几匹野马在肆意地啃着草、饮着水，此时“天朗气清，惠风和畅”，野马们好不畅快。突然，几只饿极了的吸血蝙蝠飞了过来，在草原上寻寻觅觅，最终盯上了野马的腿。它们锁定一个目标后，就将其死死地咬住，开始美餐一顿。

可是野马生气呀，愤怒啦！这该死的吸血蝙蝠，为什么偏偏吸它的血?！真是可恨！太讨厌了！于是被蝙蝠咬住的野马开始狂奔，想要通过狂奔来甩掉蝙蝠。可蝙蝠也不是吃素的，只要咬住了，不吃饱就绝不松口，也算对得起“吸血蝙蝠”的称号了。

野马的结局是命丧草原，挺惨的。

后来动物学家研究发现，其实对于野马来说，吸血蝙蝠吸的那点血不算什么，蝙蝠吃饱了自然会飞走，野马也会相安无事。野马真正致死的原因是愤怒和狂奔。

由此可见，愤怒是有碍身心健康的。生气和愤怒的瞬间会产生毒素，毒素突然释放到血液里，会对身体造成伤害。长此以往，身体就会出现问题。可见，保持平和的心态尤其重要。

小晴回到家后就将自己关在房间里生闷气，直到吃晚饭时心情依旧低落，眉头紧蹙。妈妈看出小晴的情绪出现了问题，于是问她:“女儿，怎么了？不开心吗？今天怎么没和小梅一起回家呢?”

提起小梅，小晴的眉头皱得更紧了。她有些忿忿不平地说:“妈妈，我再也不和小梅说话了，再也不和她做朋友了。”

妈妈放下筷子问:“怎么了？你们不是最要好的朋友吗？是不是发生矛盾了?”

小晴说:“妈妈，今天上体育课时，小梅和别的同学组队了。她明明知道我有多在意这次的考试成绩，这次换了搭档，我发挥失常，都没及格！”

妈妈笑着摸了摸小晴的头，说：“所以，你就自己回来了？

小晴说：“当然了。放学时她还想和我一起回家，被我拒绝了，我再也不和她玩了。”

妈妈问：“女儿，你有没有想过，小梅和别的同学搭档，或许有什么原因呢？她想和你一起回家，是不是想要在路上对你解释什么呢？”

小晴摇了摇头，说：“我当时太生气了，没想那么多。”

妈妈耐心地解释：“女儿，遇到让自己生气的事，你应该让自己冷静下来，先听听小梅的解释，然后再决定是不是继续和她做朋友。妈妈给你一个建议，你现在给小梅打电话，将自己的疑问说出来，你要先了解事情的真相。”

小晴想了一下，觉得妈妈说得很有道理。打过电话后，小晴对妈妈说：“妈妈，那个同学曾经帮过小梅，这次她的搭档生病了，她才请小梅帮她一次的。”

妈妈笑着说：“现在你知道原因了，那你还和小梅做朋友吗？”

小晴思考了一会儿，说：“助人为乐是良好的美德，同学之间本来就要互相帮助，我能原谅她。”

妈妈又说：“女儿，你知道吗？你生气时对小梅说的话真的太让人伤心了，你们曾经那么要好，快去跟她道个歉吧。记住，以后生气的时候不要做任何决定，要冷静后再思考哦。”

小晴最后听从了妈妈的建议。通过妈妈的引导，两个女孩又像从前一样形影不离了。

情商修炼手册

亲爱的女孩，不要担心，也不要害怕，愤怒本身并不可怕，可以用科学和健康的方法来解决。你在愤怒时，应该怎么办呢?

首先，冷静下来，不要在愤怒的时候做任何决定，也不要说任何气话。让自己的心平静下来，使自己归于淡然的状态。这很难，但要试试看，这里有几种方法，我们一起学习一下。

深呼吸法。站在原地，全身进入放松的状态，闭上眼睛，用心去体验五官的感受，然后深深吸上一口气，再慢慢吐出来，反复几次，自然会觉得神清气爽。

注意力转移法。不要想当下令人生气和愤怒的事情或人，将注意力转移到别处，比如吃最爱的美食，读一个温馨的小故事，做一道习题，和好朋友聊天，等等。

运动法。将力量转移到运动上去，踢足球、打羽毛球或乒乓球，让那股气随着球飞走。或者简单一些，跑步，让自己动起来，暂时忘记不愉快的事情。

按摩放松法。全身心放松，仰头看天，缓解颈椎的压力，用手轻轻揉肩、揉脖子，减轻身体的疲累感。

其次，心情平静下来后，理顺思绪，分析让你愤怒的原因，找到根源。

当一个人处在愤怒的情绪中时，思考能力会直线下降，那一瞬间的感觉是不准的，只有冷静下来，才能理性思考和分析问题。我们要挖掘生气或愤怒的根源，找到愤怒的导火索。而且我们要学会自问：我冷静下来后，还那么生气吗？到底是什么惹恼了我?

只有将问题和矛盾分析透彻，才能有效地将其解决。遇到事情，生气或愤怒解决不了任何问题，我们要考虑的不是发生了什么，而应该把关注点放在如何解决问题上。

最后，解决问题，发挥沟通的魅力。

知道问题出在哪里，也清楚愤怒的根源了，下一步就要思考如何解决问题。这个时候，就要将沟通的效果发挥到极致了。如果过错不在你，你就要讲出来，这也是一种释放愤怒的方式。如果是自己的错误，就要有敢于承担错误的勇气，“对不起”也是一种态度，道歉之后，你也将释怀。

切记，不要将愤怒压抑在心底，只有找人沟通和倾诉，解开心结，情绪才能得到真正地释放。

羡慕和嫉妒产生的相反作用

“小艺弹琴真好听，学习又好，真是太优秀了。”

“你看邻居家的曼曼，她跟你一样大，学习完全不用大人操心，每次考试都是名列前茅。你要是有她一半勤奋，妈妈也不用着急上火了。”

“琪琪比你小一岁呢，说话办事真是让人挑不出毛病，你看她过年聚会时说的那段话，真是好。”

“你平时多和班里学习好的同学玩，别找那些成绩不好的同学，你总和他们玩，还有什么前途？”

“妈妈都是为了你好，你要跟你们学习委员学一学，听说她每天晚上要做两套卷子呢！你用功些，马上就要考试了。”

我们在日常的生活中或多或少都会听到这样的话。“比较”，似乎身边的人都喜欢通过这样的方式来“激励”我们努力奋进，用功读书。至于效果，就不尽如人意了。

被比较的次数多了，压力也会随之而来，不仅不会促使我们更加努力，反而会让我们陷入情绪的黑洞，出现自卑、悲观、低沉、嫉妒等心理。我们如果恰好处于青春期、叛逆期，那么就会觉得那些声音很刺耳，甚至会嫉妒父母或老师口中优秀的孩子，严重的话，还会厌恶和嫉恨那些优秀的孩子。这样不仅不利于我们身心的健康成长，还容易造成心理阴影，导致心理畸形，使得我们思考问题的方法变得偏激。

诚然，我们是被人比较的，并不是出于自己的真实意愿，但比较是无处不在的，当嫉妒出现时，我们应该怎么处理呢？

姗姗是一个很要强的女孩，上初中后就给自己制订了学习计划，立志要考上重点高中。她将目标细分到每周，每一天都很努力地完成当天的小目标，学习劲头很足，自主学习能力很强。

潇潇是她的同班同学，她们两个是好朋友，而且在班里的成绩都名列前茅。相比姗姗，潇潇的学习成绩更好一些，其他方面也很出色，弹琴、唱歌都很不错，是个全方面发展的女孩。老师经常拿她们两个做比较，而姗姗每次都败北，被比较的次数多了，时间一长，姗姗的心里就滋生出了不好的情绪。嫉妒之花开了之后，负面情绪一发不可收拾。

姗姗开始疏远潇潇，下课不和她说话，也不接受她的邀请，只要她出现的地方，姗姗就远离。有一次，潇潇有急事要回家，拜托姗姗帮忙请假。姗姗心里有气，心想："我还没答应你呢，你就走了，这是把我当成跟班了吧？太不尊重人了！我才不要替你请假呢！最好你被老师批评一顿，到时候看你丢不丢脸！"

结果，老师在上课点名时发现潇潇不在，姗姗果然没有替她请假。下午潇潇回来后被老师批评了一顿，姗姗坐在座位上看着低着头的潇潇，心中的小恶魔又飘了出来。她冷笑了一下，心想："哼，这就是你不尊重我的结果。"

放学后，姗姗回到家，心情格外的好。妈妈听到她在唱歌，便问："这是怎么了？前些天还闷闷不乐的样子，今天怎么这么高兴啊？"

姗姗随口一说："今天潇潇被老师点名批评了。老师还说马上就考试了，不要像她那样逃课！"

妈妈觉得奇怪，便问："潇潇？是你们班的学霸吗？她怎么可能逃课呢？"

姗姗撇撇嘴，说："什么学霸，她只是比我学习好一点罢了，我只要稍稍努力一点，一定会超过她！她也就那样吧，没有你们想象的那么好。"

妈妈神情有些严肃，说："姗姗，你怎么可以这样说同学呢？这样的心态是不对的。你和潇潇从前多么要好，还总是一起写作业、看电影。妈妈记得，你刚上初一时肚子疼不舒服，是潇潇扶着你回来的，她给你买药、烧热水，忙前忙后地守了你一下午，见你好一些才回家。你的好朋友被批评了，一定很难过，你非但没有安慰她，还以此为乐，你不觉得自己做得不对吗？"

姗姗放下手中的橘子，脑海中浮现出潇潇的样子。刚才被老师批评时，她的手紧握着，看样子都要哭了。再想到妈妈说的话，姗姗一下子蔫了，说："我也不知道自己是怎么了，讨厌老师和同学夸她，也讨厌别人拿我跟她比较，更讨厌她处处都比我强。我就是想看她出丑，我讨厌她！"

妈妈握着姗姗的手，说："女儿，你这是嫉妒潇潇了。她的确很优秀，但你和她是势均力敌的，你也很优秀。你不需要和任何人比较，只需要和自己比较。你看，你现在谈论起潇潇的时候还有点生气，这都是嫉妒给你带来的负面影响。"

姗姗眼圈有些红了，说：“我最近总想看潇潇出丑，心态有些不好。其实她下午是因为有急事才没来上课的，临走前她让我帮她跟老师请假了，但我没跟老师说，我是故意的。妈妈，我是不是变坏了？”

妈妈摸了摸姗姗的头，说：“别怕，女儿，其实我们每个人都容易掉进嫉妒的陷阱里，重要的是不要继续陷下去，要早日摆脱嫉妒心，不被嫉妒左右心态。潇潇是你的好朋友，她的确有比你优秀的地方，你一定也想像她一样优秀，这个时候你其实是羡慕她的。你也想努力超过她，但因为一直没有超越，所以慢慢地，就滋生了嫉妒心。”

姗姗点点头说：“我已经很努力了，可就是比不过她，越比不过我就越着急。”

妈妈摇摇头说：“女儿，你要将眼光放远一些，不要将思维局限在这个班级或者学校里。要知道，山外有山，人外有人，将来你会去更大的城市、更好的学校，遇到更多比你优秀的人。面对那些比你优秀的人，你可以羡慕，也可以允许自己小小地嫉妒一下。之后，你就要将羡慕和嫉妒转化成动力，促使自己进步。”

姗姗点点头，说：“妈妈，我明白了，我现在应该去向潇潇道歉。她身上的确有很多优点值得我学习。今天被老师批评时，她完全可以告诉老师，她走之前委托我帮忙请假了，但是她什么都没说，可能是为了保护我吧。”

妈妈说：“嗯，女儿，去吧，珍惜和潇潇的友谊，和她好好交流一下。”

情商修炼手册

亲爱的女孩，你知道吗？羡慕与嫉妒之间只隔着一层薄薄的纱，羡慕可以让我们看到别人身上的优点，嫉妒则会滋生负面情绪，会让心情变得消极。

不过，不要太担心，产生嫉妒心时也不要太自责，寻求方法不被嫉妒心控制就可以了。那么，我们应该怎么规避嫉妒的黑色情绪呢?

首先，摆正心态，坚持适度原则，保留刚刚好的羡慕和嫉妒，让它们转化为进步的动力。

当我们产生嫉妒的负面情绪时，不要自责，也不要任其发展，要懂得用合适的方法进行自我疏导。了解嫉妒的根源，试着将嫉妒转化为羡慕，从而督促自己提升自己的能力。

其次，正确的自我认知很重要，全面了解自己，接受自己的缺点和不足，积极改正。

修炼自己的能力，提升自我认知水平。我们之所以会对他人产生羡慕或嫉妒的心理，很大程度上是因为自己没有那么优秀。我们在自己的能力满足不了期待时，就会产生失落感，而看到他人轻而易举地完成我们想要做的事情时，不平衡和嫉妒的心理就会扎根。

其实，我们要学会与自己的缺点和不足和平相处，知道自己的长处和短处，发挥优势，扬长补短，再有针对性地提升自己的短板。当我们的能力得到提升后，我们对他人的嫉妒心就会消失。我们要有这样的意识：我们也很优秀，不需要和任何人比较。

最后，开阔眼界，积极地生活，当嫉妒爬上心头，注意转移视线。

将关注点放在更长远的地方，不局限于身边的方寸之地。我们将来会遇到更优秀的人，见到更秀丽的风景，因此，从此刻起，我们要努力学习，修炼自己，让自己成为更优秀的人。

罗森塔尔实验中的积极心理

积极的心理暗示会给我们带来无穷的精神力量，会化成源源不断的动力支撑我们在茫茫学海中畅游。心理暗示分为外界条件和内在因素，内外兼修，相互作用，才会产生较好的学习效果。

外界条件，包括学校的教育环境、老师的鼓励、同学的分享、家人的支持、朋友的赞许。这些都会使我们产生积极的心理暗示，拥有正能量的心态。面对学习和生活中的困难与压力时，积极的心理暗示会促使我们不断进步，不畏艰险。

内在因素，顾名思义，就是积极的自我暗示，要求我们要自信、自强，不要自傲和自负。遇事不要慌，相信自己可以做到，也可以做得很好。

美国著名的心理学家罗森塔尔曾经做过一个心理学实验，在这个实验中，我们可以看到积极的心理暗示所具有的无穷力量。那么，让我们一起来看看这个心理学实验的奥妙在哪儿吧！

罗森塔尔效应又被称作人际期望效应，是一种社会心理效应。简单来讲，是老师对学生的殷切希望和特殊关注会达到预期的效果，说明期望和信心会给人带来无穷的动力和力量。

1968 年的某一天，美国心理学家罗森塔尔和 L·雅各布来到一所小学，他们要做一件很有意思的事情——有关“未来发展测试”的实验。他们从一年级到六年级里各选出三个班级，对这十八个班级的学生进行测验。测验过后，他们将其中最具发展前途的学生名单写下来，郑重其事地交给校长和老师，并且对校长和老师说，名单上的孩子前途不可限量，是最有发展前途的孩子。他们嘱咐校长和老师一定要保守秘密，不要将名单泄露出去，这样可以保证实验结果的科学性和正确性。

其实，根本就没有所谓的“最具发展前途者”，名单上的学生只是罗森塔尔随机挑选出来的，这只是他说出的一个谎言。虽然是谎言，却具有权威性。八个月后，罗森塔尔和助手再次来到这所学校，再一次对名单上的学生进行测试。结果，奇迹出现了，名单上的学生都取得了很大的进步，他们不仅学习成绩提升了，连性格也变得开朗许多。他们对知识的渴望更强烈了，自信心增强，人际交往能力也在不断提升，整个人都更加积极乐观。

前面所说的“未来发展前途”测试只是实验的“前菜”，随机挑选的学生才是罗森塔尔真正要进行的实验对象。校长和老师接收到罗森塔尔的心理暗示，相信名单上的学生最具潜能，相信这些学生未来发展得会很好。因此，在日常教学中会将自己的期望传递给这些学生，通过神态、语言、表情等方式给他们提供精神鼓励，还会有意识地将教学资源朝他们倾斜，给予他们更多的辅导。而这些学生也会给予老师很积极的回应，久而久之，这些学生的智力和学习成绩就会朝着老师期待的方向发展和进步，慢慢地，期望就会成真。这就是罗森塔尔实验中积极心理所起到的作用。

我们在学校上课时都有过这样的感受：如果老师对我们的关注和辅导较多，我们也会很积极地回应，我们的心情都会跟着变好。这就是积极的心理暗示给予我们的精神力量。

蕾蕾个子很高，上初中时被安排到教室倒数第二排的位子。班里有五十多个人，她就像是被淹没在其中，平淡无奇。上课时，她很努力地挺直背，可她距离讲台太远，老师根本看不到她的积极与努力，她被提问的机会太少了。有好几次，老师朝她那边看过去，可视线还没到她那儿，就掉转了方向。

渐渐地，她觉得班级里很压抑，想要从这么多同学中脱颖而出真的太难了，连带着学习的劲头也没有了。

后来，学校要将蕾蕾所在的年级再分出一个班级来，需要分别从各个班级里抽出几个学生组成新班级，蕾蕾的名字也在名单中。起先她还有些郁闷和厌烦，心里想着，被分出去的学生是不是原来班级的老师不要的啊？带着忐忑的心情，她来到了新班级。

教室很明亮，由于学生少，蕾蕾坐在第三排，一抬头就能看到站在讲台上的老师。而且在上课时，老师的目光总能巡视到她身上。她感觉幸福极了，上课积极发言，主动举手和老师互动。渐渐地，老师也喜欢提问她，并且愿意主动给她辅导功课。

蕾蕾对妈妈说："妈妈，我太喜欢新班级了，老师都很喜欢我，都说我踊跃发言，表现非常好。"

妈妈笑着说："女儿，加油，你的表现的确很好，学习成绩也提升很快。妈妈相信，这次期末考试，你的年级排名一定会进前十。"

蕾蕾点点头，说："妈妈，我有信心，老师也说我的成绩进年级榜前十是没有问题的！我会继续努力，好好学习。"

期末考试成绩出来后，蕾蕾的成绩很不错，总成绩排在年级第九，而语文、数学和英语这三科的总成绩排在年级第一。这是一个跨越式的进步，因为老师对她的关注度更高了，所以她的学习劲头也比以前更高了。

其实，老师在课堂上对蕾蕾关注的目光、提问的问题、给她的锻炼机会，还有考试前的期许、妈妈的鼓励和赞扬，这些都是积极的心理暗示，对蕾蕾的进步是很有帮助的。

情商修炼手册

亲爱的女孩，我们都是很普通的存在，但在爱我们的人面前，又像星辰般闪闪发亮。努力让自己变得更好，遇到未来更优秀的自己，需要一些积极向上的心理暗示。但罗森塔尔实验不会每天上演，我们也只能通过别的方法来获得正能量的暗示，让自己成为一个"具有潜力"的优质学生。那么，在日常生活中，我们应该怎么接收积极的暗示呢？

首先，自我暗示很重要，自己虽然生而平凡，但要信心十足，意志坚定，相信自己终有一日可以实现心中的梦想。

亲爱的女孩，我们应该心中有梦，梦想可以让我们有动力、有目标、有拼搏的方向。相信自己可以一步步地走向成功，可以提高成绩、顺利考入梦想中的大学，读万卷书，行万里路。我们只要相信自己，心中燃起希望，在面对困难和挑战时，就会逆风而上，达成目标。

其次，在学校积极和老师互动，将学习的主动权掌握在自己手里。只有我们爱上学习，并为之付出努力，结果才会更好。

老师都喜欢积极乐观的孩子，这无可厚非。在课堂上，我们要积极地举手发言，和老师互动，配合老师讲课。老师自然喜欢勤学好问的学生，如果你有问题请教老师，老师一定会用心辅导。下课后，我们也可以将不会的知识点记录下来，虚心向同学学习。如此下去，我们的学习成绩自然会有所提高。

最后，胜不骄，败不馁，勇往直前，拼搏到底。

我们是积极的心理暗示的接收方，但也很容易陷入骄傲的小陷阱，这个时候就需要我们警惕这种自满的情绪，要谦虚、低调，持之以恒地努力。

当我们的心态变得积极乐观，一切都会朝着好的方向前进。这大概就是向阳而生的力量吧！

第3章

懂得人际交往的智慧

提升社会共情力

心理学家丹尼尔·戈尔曼认为，情商的核心就是共情。

那么，什么是共情呢？简单来说，共情就是站在对方的角度考虑问题，以他人的心理体会他人的感受，将关注点放在对方身上，用心倾听，能够察觉和接纳对方的情绪，并且最大限度地理解对方的内心世界。

提高共情能力，可以提升我们的人格魅力，增强人际交往水平，对处理人际关系有着重要的作用。

妮妮从小就能敏感地察觉周围人的情绪。在幼儿园时，每当看到别的小朋友哭，她也会跟着哭，老师问她怎么了，她就会说："我看到那个小朋友哭得那么伤心，觉得她一定很难过，所以也想哭。"她很懂事，对周围的人很宽容，会原谅别人的错误。一直以来，她的人际关系处理得都特别好，同学们喜欢和她一起玩，也愿意和她分享学习心得或女孩之间的秘密。

上初中后的某一天，为了劳逸结合，老师组织班里的同学去游乐场玩。组织班级活动，既可以让同学们放松一下，又可以培养团队合作能力，增强学习的趣味性。可是班里的同学比较多，老师只有四个，需要在同学们活动时嘱咐他们注意安全。妮妮察觉到老师的担忧，主动系好安全带，并且提醒其他同学检查安全带是否系好了。最后，她对忙碌的老师说："老师，您辛苦了。"

老师听到后，笑了笑说："不辛苦，你们玩得好就行。"

后来，妮妮和其他同学去玩"激流勇进"，一个男同学手一滑，一不小心将一盆水泼到了她身上。这时，她的样子很滑稽，头发上的花环掉了，整个人变成了落汤鸡，周围的同学和游客都在看她。男同学急忙跟她道歉，她笑了笑，说："没关系，正好我有些热了，这水泼得正是时候，让我想起了在云南经历的泼水节！泼水是吉祥的意思，太好了，我这一天都会很顺利的！"

一段话轻描淡写地化解了尴尬的场面，也让那个男同学有了台阶下。后来，老师带着妮妮去景区买了T恤衫换上，又帮她擦干了头发。休息一会儿，她重新加入了同学的队伍。

妮妮的共情力很高，并且利用共情力，她获得了友谊，同学们也愿意主动和她交流。

共情力是我们从出生开始就拥有的能力，只是有些人共情力高，有些人共情力稍低一些。不过，只要通过后天的修炼，共情能力会越来越强。

情商修炼手册

共情力除了先天获得，还可以通过后天的修炼获得。那么，我们怎么做才能获得社会共情力呢？

第一，坚定自我的意识，相信自己可以通过学习获得较高的共情力。

我们每一个人从出生开始就有共情力，但如果这种能力一直被尘封，没有应用到生活中，那么就像花儿因缺乏养分而枯萎，共情力也会消失。不过研究表明，共情能力是可以通过一些方法来提升的，我们能产生共情的领域也会不断地扩大。

通过有针对性的训练，提高自我认知水平，可以有效提升共情能力。共情能力提升之后，我们的人际交往水平也会得到相应提升，我们可以帮助更多的人。要有自信，有信念，坚持下去。

第二，宽容待人，学会感恩。

宽容是一种美德，我们在日常生活中要有宽容的心，善良且勇敢。在学校与同学和老师相处时，要懂得体谅他人，学会站在他人的角度考虑问题；倾听和沟通时要注意技巧，知道和了解到别人的难处时，不为难对方。

心怀感恩的心，感谢父母给予我们生命。爱的力量是相互的，爱他们就要让对方知道，并付诸行动。

第三，谦逊低调，真挚诚实。

对待他人的感情要发自真心，不能有虚假或作秀的成分，否则就毫无意义。我们在与他人交往的过程中，要虚怀若谷，不要骄傲自满，待人要真诚、诚实。我们以真心待别人，他们也会还我们以真心实意，这都是相互的。

第四，懂得宽恕，接纳自己的一切。

了解自己，包括自己的缺点和不足，不做多余的粉饰，也不妄自菲薄，接纳自己的一切，对自己有客观的自我认知。懂得宽恕的力量，学会道歉与原谅。金无足赤，人无完人。我们每个人都是不完美的，认识到这一点，我们的生活和学习会变得轻松许多。我们对待身边的亲人和同学也会更有包容心，更能真正做到感同身受。

最后，要相信明天会更好，一切都会朝着好的方向发展。

心态要积极，有梦想和期待，坚信明天会更好，要有这样一种信念，并付出努力。人际交往是复杂的，有时候超出我们的想象。想要处理好人际关系似乎很难，但我们也应有所期待，共情能力能让我们在人际交往中更得心应手，交到真心的好友。

我们期待什么样的人际关系，就朝着那个方向努力，一切都会变好，一切都会按照我们的期待进行！

道歉也是一种勇气

知错能改，善莫大焉。

知道错误，认真改正，真心道歉，这听起来很简单，但随着年龄的增长，自尊心的增强，有时候“对不起”这三个字似乎变得很难说出口。在朋友或同学面前，我们会觉得道歉很难为情，或者为了面子，明知自己错了，也坚决不道歉，这样就会将友谊的橄榄枝折断。

在与身边的同学或朋友的人际交往中，也要注重道歉的魅力。道歉，其实是一种勇气，在说出“对不起”的那一刻，我们承认了错误，承担了责任，并且愿意弥补错误，为之做出行动。道歉，也是一种修养，在道歉的同时，自己的修养和素质也就呈现出来了。

当然，道歉一定要出自真心，要确实认识到自己的不足和缺点，并不只是说出“对不起”这三个字。“对不起”只是道歉的表象和结果，我们要了解道歉背后的意义，要感知他人的情绪。只有这样，我们才会拥有真挚的友谊，人际关系才会越来越好。

刚上初中时，恬恬由于表现优秀，上课积极配合老师，被任命为班里的学习委员，负责帮老师收作业，记录同学在课堂上的表现。她有一个从小学开始就在一起的好朋友——芯芯，现在也是她的同班同学，两个人约定要好好学习，三年后考上同一所重点高中。

“十一”国庆节过后，恬恬按照老师的要求收作业，但当她走到芯芯那里时，并没有收到作业。原来芯芯在放假时只顾着玩，作业没写完，这个时候正在紧锣密鼓地抄作业呢。

芯芯对她说：“恬恬，你先去收其他人的作业，最后再收我的。”

虽然芯芯的语气很不好，像是在对她下命令，但恬恬没有生气。她觉得抄作业的行为是不对的，抄作业不仅对学习没有益处，还会使人养成坏习惯。不过当着同学的面，她没有说什么，只是略过芯芯，去收下一个同学的作业了。等到收完一圈作业，最后她又回到芯芯的座位旁边，对芯芯说：“我已经收好作业了，今天就得交给老师。”

芯芯看了一眼恬恬，毫不在意地说：“你就跟老师说今天忘收了呗，反正只要你不说，老师就不知道。这么多作业我一时半会儿也写不完啊。明天，明天我一定可以写完。”

恬恬为难地说：“可是……”

芯芯生气了，声音大了起来：“你才当学习委员几天啊，就这么听老师的话？你忘了咱俩是什么关系了，这点忙都不帮我？”

芯芯的声音吸引了周围同学的视线，恬恬的脸“唰”地一下红了。她也大声地说：“这件事我帮不了你，老师说今天就要把作业收上去，我就要照着做，你交不交？”

芯芯瞪了她一眼，将作业本摔到她面前，说：“给你！”

两个人不欢而散。第二天，芯芯因假期作业完成得不好而被老师点名批评了。她很生气，将事情怪罪到恬恬身上，两个人的关系由原来的形影不离变成了现在的互不说话。

妈妈察觉到恬恬最近心情不好，发现她总是闷闷不乐的样子，于是找了个机会和女儿沟通，问："恬恬，最近怎么了？你在学校遇到难处了？"

恬恬想了想，将收作业的事情告诉了妈妈，说："妈妈，这件事就是芯芯不对。她不仅抄作业，对我的态度还不好，如今她见到我也不说话，好像是我做错了一样。"

妈妈笑着说："抄作业是不对，她的态度也有问题。那现在妈妈问你，你还想继续和她做朋友吗？你还想继续发展这段友谊吗？"

恬恬想了想，说："芯芯从前帮了我很多次，还主动为我讲题，我们的关系一直都很好。到初中后，我们竟然还在一个班级，真是太有缘了，我还想和她做朋友。"

妈妈笑着说："对，好朋友之间就是需要互相帮助的，然而再好的朋友之间也会有摩擦，只要你们一起渡过这个难关，那么以后你们的关系就会更好、更亲密。芯芯抄作业确实不对，但妈妈觉得，你有必要主动和她握手言和，率先抛出和平的橄榄枝。她现在陷入了学习的误区，你要帮助她，告诉她抄作业的坏处，带领她一起进步。"

恬恬点点头，说："我当时的态度也很不好，同学们都知道我和她是最好的朋友，但我没有帮她。她一定很难过，觉得没面子吧。她错了，我也有错，我会跟她道歉，帮她改掉抄作业的坏习惯。我们要做一辈子的好朋友。”

妈妈温柔地笑了笑，说：“好孩子，妈妈相信你会处理好的，加油。”

情商修炼手册

亲爱的女孩，你知道吗？勇于承认自己的错误，主动承担责任，懂得道歉，这也是一种勇气，是我们在学生时代就应该好好修炼的情商课的一部分。

学生时代的友谊是最真挚、最美好的，也是充满快乐和感动的。人际关系的修炼应该从小开始，积累经验，养成习惯。维护良好的人际关系，除了需要真心、诚实、信任，还有一样最重要的东西，就是学会道歉。没有任何一段关系是一帆风顺的，友谊也需要我们用心经营和守护。当然，人际关系也可以说是很复杂的，因为我们会遇到各种困难和挑战，人与人之间也会有矛盾和摩擦，当意见出现分歧，也难免会有争吵。争吵过后，人们的关系势必要走到下一个阶段，要选择是继续这段友谊，还是彻底放弃。

想要友谊天长地久，就需要共同经历坎坷和磨难，在相互磨合的时候就需要“道歉”。在这里，我们要了解道歉到底意味着什么。

首先，我们要知道最先道歉的一方并不会低人一等，最先道歉的一方并不是落了下风，反而会显示出自己的胸襟。

《论语》有云：“过也，人皆见之；更也，人皆仰之。”道歉，并不会失去一个朋友，反而会使我们懂得珍惜和守护。犯了错误，只要真心改正，那么就会得到他人的尊重和谅解。

其次，勇于承认自己的错误，敢于承担责任，这也是一种能力。对于我们来说，承认自己的不足和缺点是很难的。有则改之，无则加勉，道理我们都懂，真正做起来却不是那么容易。当众道歉是需要勇气的，但我们只要敢于跨出这一步，就等于迈出了人生中的一大步。届时，我们会更勇敢，也更懂得尊重。

最后，我们还要有接受他人道歉的能力，学会宽容和感恩。在学会道歉的同时，也要学会原谅，要有一颗宽容的心。当身边的人主动开口道歉，而我们选择原谅时，就可以共同守护这段友谊了。

当然，道歉一定要出于真心，态度诚恳，如果对方敷衍了事，我们可以根据实际情况敬而远之。我们在道歉时，也要发自内心，语气要真挚，态度要诚恳。道歉要堂堂正正，眼神不要躲闪，要看着对方的眼睛，真诚地说一声“对不起”。

此外，道歉也要及时，不拖延。如果是因为我们的过错而伤害了对方，我们一定要尽快道歉，弥补自己对他们造成的伤害，及时修复友谊。

亲爱的女孩，要知道，朋友之间相处最重要的就是要有一颗真心。我们以真心待他人，他人也会待我们以真心。维护好人际关系，需要用心修炼，好好经营，加油！我们一定会收获珍贵的友谊！

倾听是沟通的桥梁

在与身边的人的相处中，有时我们会侃侃而谈，将自己心中的想法和感受说出来；有时我们愿意跟朋友或同学分享内心的快乐和感动。我们想通过这样的方式获得友情，得到身边人的认可。可结果有时候跟我们想象的不太一样，我们一味地表达自己的想法，反而会让人产生误解，让别人认为我们以自我为中心，没有给他人留出表达意愿的机会。

其实，通过这样的沟通方式，我们达不到想要的沟通目的。人际交往很考验我们的沟通能力，这就需要我们掌握正确的沟通方式和技巧。沟通和交流是双向的。倾听是很必要的，我们要懂得倾听的魅力，学会倾听周围的声音。

倾听是沟通的桥梁，会让我们在交流中获得更多的信息，让我们察觉到对方的内心想法和感受。良好的倾听也会增进彼此之间的友情。

小颖是独生女。她活泼可爱，聪明伶俐，在家里很喜欢将自己的想法和意见表达出来，也愿意和家人分享在学校里的见闻，是一个喜欢表达自己的女孩。在学校里，她是团支书，学习成绩又好，平时会组织一些活动，同学们很喜欢和她一起玩。

可是小颖最近有些烦恼。一直以来，她都认为自己在学校的人缘很好，同学们都愿意和她交流，也常常和她一起玩。这次学校举办了一场英文小组辩论赛，她的英语成绩很好，口语发音也很棒，她本以为会有很多同学愿意和她组成一队，可是到了最后，别人都组成了队伍、找到了组员，唯独她落了单。很明显，她被同学们排斥了。这件事让她感到很苦恼，她很伤心，完全没有想到自己会被周围的人嫌弃。

小颖回到家后依旧愁眉不展，一副很不开心的模样。妈妈看到了，便开口问："宝贝，怎么了？一副闷闷不乐的样子，发生了什么事吗？"

小颖经常与妈妈分享学校里发生的事情，这次碰到了难题，自己解决不了，也想不通，还存在许多疑惑。于是，她将英语辩论赛的事情讲给妈妈听："妈妈，我不明白，我的英语水平也不差啊，和我组成一队的话，成功的概率也会高很多，可是他们为什么都不和我组队呢？平时我们聊得也很好啊，我怎么感觉自己一夜之间就成了被人孤立的对象？"

妈妈想了想，问："小颖，你在和同学交流的时候，特别是在课堂讨论时，是你说得多还是他们说得多呢？"

小颖说："当然是我说得多了，主要是我在发表观点，他们都说不到点子上。"

妈妈笑了笑，说："你怎么知道他们说得不对呢？你有完整地听他们讲完自己的观点吗？"

小颖回忆了一下，摇摇头，说："课堂讨论的时间很紧张，老师给的时间很短，基本上我发表完观点，其他人都没有时间说了。”

妈妈说：“这就是问题所在了。小颖，妈妈发现你有两个问题，一是没有听同学发表完意见就下结论，二是不会倾听，以自我为中心，不给同学们发表意见的机会。在交流时，我们主动将自己的观点和想法表达出来是没有问题的，也是值得表扬的，但我们在讲的同时，也要注意倾听他人的意见和看法，给他们表达的机会。如果将注意力和关注点都放在自己身上，不去倾听别人的声音，那么给别人的感受就是目空无人，你说对吗？”

小颖张了张嘴，说：“妈妈，我好像确实没有耐心地听别人说话，我和同学们交流时，都是他们围着我转，而且我也喜欢表达自己的想法。我觉得只有我更强、更会表达，同学们才会觉得我厉害，愿意和我玩。”

妈妈说：“凡事都要掌握一个度，表达想法是好，但是表达得太多了，就会让人产生误解。想要收获友情，也没有必要一直表达。我们把心里的话说出来了，那么相应地，别人也要说出心里的话，这才是交流和沟通的重要过程，沟通并不是一个人的，而是双方的。”

小颖点点头，说：“我知道了，妈妈，以后在和同学相处时，我要少说话，让他们也有表达自己的机会，我要学会倾听，用心听，认真听。”

妈妈笑着称赞：“好孩子，有不足的地方咱们改进就可以了，不要着急，也别难过，等同学们知道你有所改进，自然就会找你组成辩论小组了。”

小颖用力地点点头，说：“好的，妈妈，从现在开始，我会努力的！”

情商修炼手册

倾听是有效沟通的基础，也是必要的步骤，要想维持良好的人际关系，我们首先要学会倾听。可能有人会提出，倾听嘛，很简单，少说多听就对了，其实这种看法是不全面的。那么，我们在倾听时应该注意什么呢？

专注力。倾听时要认真，注视对方，注意力要集中。

在和别人沟通时，要注意集中精神，将视线放在对方身上，不要左顾右盼，态度要好，要有耐心，不可流露出不耐烦的样子。尊重他人的同时也是在尊重自己。要让对方感觉到我们的专注，我们在认真地听，要让对方感觉到我们的真诚和渴望。

及时的反馈也很重要。如果只是一味地听，整个过程毫无反应，这也是不合适的。但是回应的时候要把握好时机，不可贸然打断对方的话。

当对方正在发表自己的看法时，不要打断他。我们如果有不同的见解，可以在对方说完后再讲出来。在倾听的过程中，我们也要做出回应，我们可以用肢体语言来表达，比如点点头表示赞同，用微笑来表达开心，感谢对方分享的快乐。

在很多时候我们很想表现自己，愿意多说话，事实上，良好的沟通是双向的。表达完我们的想法后，我们也要耐心地听完对方的想法，这样才能达到沟通的效果，增进友谊。

倾听时要注意自己的情绪，不要过于激动，听完再做决定。特别是与朋友或同学发生矛盾时，一定要给对方机会，让对方把话讲完。

进入青春期后，我们的认知水平不断提高，自我意识已经觉醒，在与周围的同学或朋友产生矛盾时，难免会情绪失控。这个时候我们需要冷静下来，耐着性子倾听对方的意见和看法，听完之后再发表自己的意见，有过错就改正，一定不要因为一时的冲动而不听对方的解释。这样会使误会加深，不利于友谊的发展，我们的人际关系也会越来越差。

倾听不仅要用耳朵去听，还需要用心去听，感受对方的情绪，体察对方的感情。

倾听身边人内心的声音，了解他们的真实感受，增强共情力，这样会加深彼此之间的感情。在与人相处时，我们渴望分享自己的快乐和悲伤，我们的快乐能使他人快乐，我们的悲伤有人抚慰，感情就是在一次次的分享中慢慢加深的。

伏尔泰曾经说过："耳朵是通向心灵的路。"

亲爱的女孩，倾听其实是一种态度，是处理人际关系的过程中最重要的环节。当我们磨平棱角，不再急于表现自我，不再以自己为中心时，我们才是真正地长大了，也懂得了尊重与包容。倾听，不仅可以使我们更加了解身边的人，还会使我们的友谊更加牢固。

在人际交往中，倾听的力量是强大的，倾听是接受、分析、理解和分享的过程，我们可以通过倾听获得知识、收获友谊，在分享中共同进步。当然，倾听这种能力的养成不是一蹴而就的，我们也不要急于求成，要循序渐进地养成倾听他人内心声音的习惯。慢慢来，我们一定可以处理好人际关系，收获令人羡慕的友情。

爱笑的女孩向阳而生

微笑是一种无声的语言。在人际交往中，微笑代表的是一种和善的态度，会增强交流和沟通的效果。通过微笑，我们可以传递快乐和友善，让身边的人感受到我们的善意。

5月8日是世界微笑日，这是世界上唯一一个庆祝面部表情的节日，代表着世界卫生组织对人类的美好期望，希望人们通过微笑变得更加健康，将愉悦和友善传递下去。因为有了微笑，这个社会会变得更加和谐。当我们对身边的人微笑时，这个世界也会对我们微笑，因为快乐和爱是相互的。

爱笑的女孩运气都不会很差，她们的人际关系处理得会更好。微笑就像一朵开在面部的向阳花，周围的人也会因为这朵漂亮的花而心情愉悦。

过年了，莹莹要和家人一起去奶奶家过除夕。她不太高兴，一路上都闷闷不乐的。妈妈发现了她的异样，便问："怎么了？去奶奶家过年不开心吗？"

莹莹说："我喜欢过年，也想见到奶奶，可是弟弟妹妹都不喜欢和我玩。他们每次都和琳琳姐玩，和她有说有笑、分享趣事，独独把我孤立了，所以我不开心。"

妈妈想了想，说："那你知道为什么他们更愿意跟琳琳姐一起玩吗？"

莹莹摇摇头，说："还不是因为琳琳姐上了大学，能讲许多有趣的故事？"

妈妈笑了笑，说："女儿，我换一种方式说吧，假如你有两个姐姐，一个爱笑，平易近人，喜欢主动和你打招呼；另一个呢，不爱笑，总板着脸，好像有心事的样子，冷冰冰的。如果让你选，你愿意和哪个姐姐玩呢？琳琳姐和你最大的不同，就是她爱笑，很热情，总是很开心、很快乐。跟她在一起，你也会被她的快乐感染，这就是弟弟妹妹更愿意和她玩的原因。"

莹莹一副若有所思的样子，她拿起镜子看了看，没有说话。

妈妈又说："其实，弟弟妹妹也不是故意孤立你，他们也想和你玩，也想和你说说话，但是他们看到你毫无表情的面孔，哪里会想靠近你，感受你内心的热情呢？妈妈觉得，你心里一定也渴望和他们一起玩，也想把自己知道的新鲜事分享给他们听，对吗？"

莹莹点点头，说："他们挺可爱的，我也喜欢和他们玩。"

妈妈摸了摸莹莹的头，说："那好，等这次见到他们，你就主动跟他们打招呼，多笑一笑，让他们愿意接近你。记住，笑容的力量可强大了，它可以瞬间增进你们的感情。"

莹莹咧嘴笑了笑，开心地说："太好啦，妈妈，我要给他们讲一讲我参加冬令营的事情，他们一定很感兴趣。"

妈妈鼓励她说："加油，女儿，妈妈相信你能做得很好。"

情商修炼手册

亲爱的女孩，在人际交往中，微笑的力量是不容忽视的，它可以缩短人与人之间的距离，增进彼此的友情。有的女孩可能会问：“我没什么特长，兴趣爱好也少，平时也不爱说话，我是不是交不到朋友了？”答案是否定的。

平时多笑一笑，气场就会发生变化，真诚的笑容可以增强自信心，也会增加亲和力。社会交往没有我们想象的那样难，我们只要勇敢面对大家，不冷着面孔，不愁容满面，不一副拒人于千里之外的模样，就一定可以交到好朋友，收获友情。

微笑在人际交往中起着如此重要的作用，那么对于微笑，我们要注意些什么呢？

首先，笑容要发自内心，真心的笑容才能打动人心，给周围的人带来快乐和友善。

无论是在学校与同学和老师交往，还是在家里与亲人相处，真诚的笑容都是我们最有效的通行证，可以增进人与人之间的感情。我们用笑来表达快乐，将自己的快乐分享给身边的人，表示我们和他们在一起很开心，也非常喜欢和他们成为朋友。脸上的笑容真诚，发自内心，身边的同学就会主动和我们交流，分享学习经验和心得，更有利于提高学习成绩，形成良性的学习竞争关系。

其次，微笑很好，我们也鼓励微笑，但微笑并不是强制性的。

我们都知道爱笑的女孩更讨人喜欢，人际关系也处理得更好，但这并不代表我们要舍弃其他表情。比如，当我们心情不好，觉得悲伤时，就不需要用微笑来掩饰。快乐开心的时候我们要笑，伤心悲观的时候我们可以不笑，不必为了讨好任何人而勉强自己，也无须时刻带着微笑的面具。

当我们的脸上有笑容时，那么我们必定是开心的、向上的、正能量的，我们要将自己的快乐或友善表达出来，告诉身边的人我们很好。同时，我们也希望自己的笑容能让身边的人感到开心。

最后，微笑还代表着一种积极的人生态度，也是自我鼓励的一种方式。

给自己一个微笑，也是积极的心理暗示，通过面部表情来给自己鼓劲，心情也会变得明朗起来。同时，当身边的人处于悲伤或低谷时，我们除了安慰和陪伴他们，还需要用温暖的笑容鼓励他们走出低谷。

笑容可以治愈一切，它就像初升的太阳，可以赶走黑暗，给予我们光明和希望。

我们在处理日常的人际关系时总会遇到挫折和困难，笑容就像无声的语言，可以默默地将友好传递给彼此，减少陌生感。当我们情绪不好时，很容易被真诚的笑容感染，不好的情绪也会在嘴角咧开的一瞬间消失。

亲爱的女孩，前路茫茫，当我们一天天长大，从小学到初中，从高中到大学，我们会遇到形形色色的人，要处理各种各样的问题，但是别怕，经历即成长。多笑一笑吧，做一朵向阳而生的小花，给自己多些鼓励和希望，将快乐和美好传递给身边的亲人和朋友，享受我们的美好生活吧!

尊重他人即尊重自己

美国心理学家马斯洛说：“期盼社会对自己的尊重，是个人天生的需求。”

尊重，是我们每一个人都存在的心理需求，尊重他人，也就是尊重自己，这体现的是我们的修养和素质。在与身边的人相处时，我们要懂得尊重的力量。我们要尊重对方的性格、语言、行为等，这也是涵养的一部分。

我们在尊重他人时，也会发现别人的优点和价值，这其实是一种态度。我们与人相处时，尊重他人，就是一个正视、接纳和包容的过程。学会尊重，是自我成长的重要一课。

初二的小森学习成绩优异，是三好学生，学校的老师都喜欢她，上课提问她的次数很多。小森总是被老师公开表扬，是一个各方面都很优秀的女孩。渐渐地，她有些飘飘然，越来越自傲，她开始看不起那些学习一般的同学。

有一次，在英语老师的课堂上，班里一个学习成绩处于中游的女生举手回答问题，她的英语发音很标准，同学们都发出惊艳的赞叹声。小森心里不太高兴，正好那位同学读错了一个单词，停顿了一下，她立刻站起来抢答，打断了那位同学的回答。流利地回答完问题后，她沾沾自喜，心满意足地坐下了。

那位女同学满脸通红，有些难为情地低下头，情绪低落。

英语老师看了一眼小森，在课堂上并没有多说什么，只是简单地点评了两位同学的答案。下课后，老师将小森叫到办公室，对她说："森森，你学习成绩很好，在全年级的排名也很靠前，老师很欣慰。你学习很认真，也很努力，不过不光是学习，我觉得在其他方面你也应该用心学习，争取全方位进步。"

小森点点头，说："好的老师，我会努力的！"

英语老师继续说："森森，不知道你有没有意识到，自己有些时候做事情的方式不太合适，有点不尊重别人。老师打个比方，假如在一节课上，你正在回答老师的问题，答到一半时突然被另一个同学给打断了，你会是什么心情呢？"

小森皱了皱眉头，不假思索地说："当然会生气了！"她还想说什么，但猛地想到刚才在课堂上自己抢答了，这才意识到自己的做法有些不礼貌，于是低声解释，"我看她答到一半，磕磕巴巴的，可能是不会了，所以我才……"

老师摇摇头说："在课堂上，每一个学生在老师眼里都是一样的，你们每一个人都有权利回答问题。当一个同学正在回答问题时，我们不要打断他，也不要干扰他，要给他最起码的尊重，等他将话说完。"

小森意识到了自己的错误，点了点头，说："老师，刚才在课堂上是我做错了。我没有尊重同学，打断了她的话。我以后会注意的。"

老师笑了笑，说："森森，老师还要教你一个道理。我们在与朋友或同学相处时，要学会发现对方的闪光点，要学习他们的优点，这样自己也会进步很快。就像今天回答问题的同学，她的口语水平和你不相上下，她的语感可能比你还好，你要向她学习，弥补自己的不足。我们在与同学相处时要互相尊重，你尊重对方，对方也会尊重你。我们要培养尊重他人的意识，潜意识里将尊重当成一种行为习惯。”

小森说：“老师，您说得对。她的口语确实比我好，我要向她学习，尊重她，和她一起进步。”

老师赞许地看了看小森，说：“好孩子，回去上课吧。以后在日常学习和生活中也要注意尊重他人，老师相信你会做得很好的。”

小森点点头，在回教室的路上还在自我反省。这段时间，她的确有些骄傲自大，认为其他同学的学习成绩不如自己，所以在和同学交流时，她常常随意打断他们，还打击他们学习的积极性，没有尊重他们，这是不对的。幸好今天老师提醒了她，以后在与同学相处时，她要学会尊重，还要懂得谦虚和低调，努力学习，和同学们一起进步。

情商修炼手册

亲爱的女孩，朋友之间要互相尊重，我们尊重他人，他人也会尊重我们。我们每一个人生来都是平等的，随着社会意识的产生，我们都渴望得到他人的认可和尊重，这是正常的心理需求。与朋友相处时不要骄傲自大，更不要以我为尊，凡事都要懂得谦让和宽容，尊重他人的行为和语言，更要尊重他人的劳动成果，尊重他人也能体现我们自身的素养。

在现实的人际交往中，我们应该如何尊重他人呢?

首先，从心理上尊重他人，主观上有尊重他人的意识。这种意识要从小养成，点滴积累，从而形成良好的习惯。

这里的尊重需要掌握一个度，尊重他人时要不卑不亢。对他人的尊重是自然流露出来的，不需要过度，否则很容易陷入谄媚讨好的误区。我们在接人待物时，大脑中要有谦和有礼的意识，尊重别人的意见和行为。

其次，从实际行动上尊重他人，从生活的各个方面表现出对他人的尊重。

态度。待人接物要诚恳，真诚地对待身边的每一个人，无论是对亲人还是朋友，我们都要谦和有礼，要尊老爱幼。与身边的人说话时，态度要端正、谦虚，让对方感受到我们的尊重。

行为礼仪。表情动作也要做到尊重他人，不可做出嘲笑、斜眼瞧人、拒绝握手等不礼貌的行为。与长辈见面记得弯腰行礼，出声问好；与朋友相处要落落大方，不矫揉造作，不端架子；与师长相处要注意礼貌，尊重他们的教导，不可溜走或不耐烦。

语言。礼貌用语不可少，平时需要多练习，见到他人要热情地打招呼，不可无视他人。打招呼时切忌敷衍了事，一定要发自真心，不然毫无意义。对长辈要用敬语，不要大声喧哗；和朋友说话要懂得倾听，不要打断他人的讲话。

时间观念。可以比约定好的时间提前到达，以示尊重对方，切记不要迟到。如果有意外情况发生，一定要及时通知对方。

最后，尊重是相互的，我们在尊重他人的同时，也会获得他人的尊重。尊重他人可以体现我们良好的品德和修养，需要我们一起努力做好。

在现实人际交往过程中，对待身边的朋友或同学，我们不需要仰视别人，也不要贬低任何人。每一个人都有自己的想法，每一个人的习惯和性格相差也很大，我们要做的是接受和尊重，拒绝贬低和嘲笑。我们在尊重别人的时候，别人也会从这些行为中看到我们的品德和修养。在与朋友相处时，我们要做到互相尊重，及时意识到自己的不足，如果做出不尊重他人的行为，要立刻道歉，征求对方的谅解。

亲爱的女孩，在生活和学习中，我们的行为很容易受到外界环境的影响，我们的习惯养成大多来自模仿，这就需要我们仔细辨别，将尊重留在心底，杜绝不好的行为。

法国哲学家笛卡尔曾经说过:“尊重别人，才能让人尊敬。”

从此刻起，我们要尊重身边的人，处理好人际关系，与朋友互相尊重，共同进步，一起将尊重这一良好的品德发扬光大!

鼓励和赞美可以增进友谊

从咿呀学语的年纪开始，我们就被抱出去和周围的人相处，从简单的打招呼到一起玩小滑板，从握手到分享快乐。从点点滴滴开始，慢慢地，我们有了要好的伙伴和朋友，收获了友谊。友谊就像一棵小树苗，需要精心浇灌，只有给它养分，它才能茁壮成长。友情需要呵护，也需要我们细心经营。

有的女孩说，好朋友之间应该无话不谈，朋友有缺点就要立刻指出来，这样才能共同进步；朋友之间不需要互相赞美，那样会让人觉得有些虚情假意。

其实，凡事都讲究分寸，过犹不及。朋友之间的鼓励和赞美是必要的，但是要坚持适度的原则。恰到好处的鼓励和赞美会像一颗小太阳一样，照亮朋友前方的路，给他们带来自信和勇气；他们会更有信心和决心跨越坎坷、战胜困难。

依诺是一个直爽的女孩，性格开朗，心里藏不住事，有什么就说什么。她觉得自己这样很好，和朋友相处就应该有话直说，不拐弯抹角，也不虚情假意，这才是真性情、真友情。

上初中后，因为爽朗的性格，依诺很快就有了新的朋友，和同学相处得也很融洽。星期日，她邀请了两个要好的朋友到家里做客。她很用心，提前和妈妈商量菜谱和点心，还买了水果和果汁，想要好好款待两个好朋友。

小夕有点胖，喜欢吃甜食，基本不吃蔬菜。依诺想也没想，就在饭桌上说："小夕，你不能再吃肉了，看你都胖成什么样了。多吃点蔬菜吧，我特意让妈妈给你做的。"

小夕听了，脸"唰"地一下就红了，尴尬地笑了笑。她有点难过，眼圈有些红。整顿饭下来，她没再吃一块肉，也没再笑过。

而依诺没有发现小夕的异常，也没察觉到她心情的变化。吃完饭，依诺提议一起写作业。小夕拒绝了，说出来的时间长了，妈妈还在家等她，就先回去了。

于是，依诺和另外一个朋友晓霞一起写作业。妈妈端着一盘水果进了卧室，正好听见女儿在说："这么简单的题你都不会啊，真是笨死了，你上课时是不是没有好好听讲啊？"说着，她就在草稿纸上写起了解题过程，写完又说，"你看，是不是很简单？"

晓霞点了点头，不是很开心。妈妈看了一眼面不改色、依旧沉浸在自己世界里的女儿，无奈地摇了摇头。

半个小时后，晓霞也提出要回家。依诺将她送出门后，满脸失望地对妈妈说："我准备得这么充分，还想着等我们写完作业后一起去楼下打羽毛球呢，可她们竟然都走了，真没劲。"

妈妈将依诺叫到客厅，让她坐在沙发上，问道："女儿，你真的不知道她们为什么要提前走吗？"

依诺满脸疑惑，说："她们不是说出来的时间太长了，想要早点回家吗？"

妈妈摇了摇头，笑了笑说："依诺，你仔细想想，小夕和晓霞来的时候是不是很开心，满脸的笑容，走的时候却闷闷不乐，有点伤心的样子？”

依诺想了想，点点头说：“好像是有一点。妈妈，她们这是怎么了？难道是我们招待不周，准备得不充分吗？”

妈妈说：“你准备得很好，也很用心地做了计划，可你说话的方式太直接了。你可能认为自己直接说出来是为了朋友好，但这反而伤了她们的心。吃饭时，你当众说小夕太胖，不让她吃肉。写作业时，你说晓霞太笨。你伤害了她们的自尊心，她们当然会难过了。你这是打击她们，并不是为了她们好。”

依诺皱起眉头，说：“妈妈，我不明白，好朋友之间不应该是无话不谈的吗？我说的都是实话啊，我觉得这样很真诚。”

妈妈摇摇头，说：“朋友之间以诚相待是没有问题的，朋友有问题确实需要指出，但怎么指出，这就考验情商水平了。你之前的做法就是低情商的表现，非但没有起到作用，反而会给你们的友谊埋下隐患。朋友之间不可以用伤人自尊的词语，比如，‘太胖’‘太笨’，这些词都带有贬低性，谁听了都会不开心的。你如果觉得小夕有点胖，可以多准备一些清淡的食物。减肥也不是只能吃青菜，要荤素搭配。你可以和她一起吃清淡的食物，吃完之后再做些运动，用实际行动告诉她运动的好处，私下里再跟她说青少年肥胖的危害，并且你们可以一起做运动，她一定会很高兴的。”

依诺点点头，说：“妈妈，我觉得你说得很对。我也不应该说晓霞太笨，那个知识点我也是看了好几遍、做了很多题才弄懂的。”

妈妈说："对呀，女儿，你完全可以把自己的学习方法分享给她。你们一起复习一遍，你再分享自己是怎么学会的，晓霞也一定会感激你的。朋友之间相处，要注意说话方式，批评和打击类的话要慎重地说，多说一些鼓励和赞美的话。真诚的鼓励和赞美可以增强朋友的自信心，这会使你们共同进步。"

依诺点点头，笑着说："我明白了，妈妈，我现在就给她们发信息，跟她们真诚地道歉。我很珍惜这两个朋友，以后我们也要互相鼓励，我要和她们一起进步！"

情商修炼手册

亲爱的女孩，你知道吗？有时，心直口快是爽朗，是亲密无间，代表无话不谈。有些时候，爽朗却会变成低情商的表现，会伤害朋友之间的感情。

当我们与身边的人相处时，必要的鼓励和赞美是不可缺少的，但这不是让我们将赞美变成推崇，将鼓励当成口头禅。我们在说出鼓励或赞美的话时，一定要发自内心，真诚地说出，这样才会使两个人的关系更加密切。

赞美和鼓励是一种积极的心理暗示，会转化为动力，促使人努力和坚持。我们在与身边的人相处时，也不要吝啬赞美和鼓励的话，这些话对于他们来说，就像阳光，温暖而美好。如果他们正处于低谷，遇到难题，或正在经历坎坷，那么这些鼓励和赞美就像无形的力量，可以帮他们增加信心和勇气，支撑他们走向胜利。

朋友或亲人之间是需要互相帮助的，鼓励和赞美并不是锦上添花，而是在对方处于逆境时送上的帮助，也是促使他们提升和进步的动力。

其实，我们每一个人从出现自我意识开始就希望得到肯定，希望自己的价值得到身边人的认同，这是很正常的心理需求。我们在与朋友相处时，也需要肯定和尊重他们的价值。所以，我们需要适当地给予朋友鼓励和赞美，把真诚的祝福和期望送给他们。这样，我们的友情才会更加坚固。

第4章

独立的女孩更有魅力

坚持自己的选择

独立的性格需要修炼。当我们一天天长大，逐渐有了自己的想法，就会渴望自己做出选择或决定。我们想要独立自主，希望父母长辈把一切交给我们自己，这样我们会感觉更自由，也更有发挥的空间。

独立，一定程度上就意味着需要自己做出选择。我们做出选择的那一瞬间是很容易的，但做出决定前的考虑很难，需要我们对一件事做出全方位的了解和判断。因此，做出选择是需要勇气和决心的。

在日常生活和学习中，我们培养独立思考的能力，学会独立思考问题，并且通过自己的努力和付出获得成功，是一件很值得骄傲的事。从一件小事做起，把独立自主变成习惯，我们的生活和学习就会更有条理，也更能体会到耕耘和收获的喜悦。

芊芊从幼儿园开始就有了独立的意识，她可以自己吃饭、穿衣服、洗小袜子、整理书包，还会提醒妈妈给她买铅笔和橡皮。等她再长大一些，这种独立的意识已经形成了习惯，遇到问题她会独立思考，然后做出选择。

上初中时，学校组织文艺汇演，跟芊芊比较要好的同学向她发出邀请，希望和她一起表演节目，芊芊当场就答应了。可过了几天，她发现排练节目太耽误时间了，每天都只能匆忙写完作业，出错的地方很多。一星期后，她就开始后悔了。

这一天，妈妈看到芊芊很早就回了家，没有像之前一样和同学一起排练，于是开口问："女儿，你今天回家怎么这么早，排练结束了？"

芊芊摇摇头说："妈妈，我不想参加排练了，排练节目太浪费时间了，我都没时间写作业了。我已经让他们赶快找替补了。"

妈妈摇摇头，说："芊芊，妈妈觉得你这件事做得有点欠考虑。"

芊芊觉得很奇怪，说出了自己的想法："妈妈，你不是从我小时候开始就告诉我要独立吗？我的事情我可以自己处理，参加表演是我的自由，不参加表演也是我的自由啊。我可以自由地选择，不是吗？"

妈妈温柔地说："在独立这方面，你做得很好，也不用爸爸和妈妈操心，你有独立思考问题和解决问题的能力。但是有一点妈妈要提醒你，在做出选择前，你的确拥有决定权，可以自由选择，但在做出选择后，比如你决定参加表演了，就要坚守自己的承诺，直到表演完成。马上就要表演了，你突然决定退出，这不是给其他同学制造难题吗？他们现在去哪儿找替补呢？"

芊芊想了想，说："可是妈妈，我没想到排练节目会需要这么多时间，我现在都没时间写作业了。写不完作业被老师骂怎么办？"

妈妈继续说："这个问题我们可以通过沟通和交流来解决，

你可以向同学们说出你为难的地方，合理地分配排练与学习的时间，做到两者兼顾。做出选择后，我们就要坚持到底，拼尽全力，而不是半途而废，出尔反尔。在尝试的过程中遇到难题，我们要思考如何解决，而不是退缩和逃避。”

芊芊认真思考了一下，说：“这次的决定是我考虑得不周全，我完全没想到我会没时间写作业，下次做决定前我一定考虑得全面一些。妈妈，你说得对，如果我在这个时间退出，他们确实很难找到替补了。我还是给他们打个电话吧，然后重新规划一下排练时间，争取做到学习和排练两不误。”

妈妈笑着点点头，赞许道：“女儿，你这样的思考方式是对的。我们既要有独立思考和做决定的意识，也要坚持自己的选择，这样我们才会不断地进步。妈妈相信，你会做得更好，让自己更满意。”

芊芊的脸上露出了笑容，她说：“嗯！妈妈，我有信心！”

情商修炼手册

独立思考的下一步就是做出选择。所以，培养独立思考的意识很重要，而我们一旦做出选择，就要持之以恒，坚持到底，不可半途而废。独立完成一件事情，包括完整地梳理事情本身，从中得到启发和教训，然后总结和分析。只有完整地做完一件事，我们才能真正懂得独立的意思。

亲爱的女孩，我们在独立地做出选择的时候，需要做好哪些准备呢?

首先，全面地了解和分析眼前所要面对的问题或事件，培养独立思考问题的能力。

当我们面前出现一道难题，或者我们被困难阻断了前行的道路时，不要在心底放大问题的难度，先让自己冷静下来。要知道，凡事都有解决的方法，要放平心态，稳定情绪。之后，就要思考几个关键问题：问题是什么？为什么会出现？怎么解决？

当我们通过分析和研究知道问题出在哪里时，就可以有针对性地列出解决问题的方法了，下一步就是做出选择。

其次，我们在做出选择后要坚持到底。这个过程或许很难，需要强大的毅力和决心，但只要我们坚持下去，事情就会朝着好的方向行进。

比如，考试完，英语卷子发下来了，我们的作文分数很低，只有几分，而作文的满分是十五分。这时，攻破英语作文就是摆在我们眼前的一座大山。拥有愚公移山的精神还不够，我们还要知道快速解决问题的方法，毕竟距离高考只剩下半年了。所以，分析我们在写英语作文时存在的问题势在必行。那么，我们存在什么问题呢？单词拼写错误，语法错误，语句不通，不会高级词汇……列出问题后就需要一一解决，背单词，练习语法，多做练习，用单词造句，多背高级词汇，熟练掌握高级词汇的使用，等等。将解决问题的方法一一列出，然后照做，逐一攻破难题，英语作文拿到十分以上也是很容易的。

最后，放平心态，不要着急，稳住情绪。独立选择要从一件小事做起，由易到难，由简入繁，坚持下去，就一定会有成效。

其实，生活中的很多事情看起来很容易，实际做起来却很难。我们将问题拆分成一个个很小的问题后，解决起来就会相对容易一些。有时，为难我们的不是问题本身，而是我们的心态和情绪。因此，平和的心态和稳定的情绪尤为重要。我们的心态平和了，积极性就会更高，做起事来也会更得心应手。

亲爱的女孩，一旦做了选择，就坚持下去。我们要相信明天会更好，也要好好珍惜当下每一个独立的时刻。

责任感需要不断提高

责任感，是我们应该具有的优良品质，也是我们迈向成功所需要的重要素质。女孩子要培养自己的责任感，这也是独立的一种体现。

进入青春期后，我们就应该慢慢培养这样一种意识：我们是家庭中的一员，也是家庭的重要组成部分，我们应该积极参与家里的大小事务，在家庭生活中逐渐体会什么是责任感。处理家庭事务，人人有责，我们要主动承担，并且在沟通中了解责任和担当的含义，再通过实践去深入理解。

晨晨的中考成绩出来了，她考得很好，顺利地进入了重点高中。为了奖励她，爸爸和妈妈决定送给她一份特殊的礼物——具体的礼物可以由她自己做选择。妈妈说："女儿，祝贺你马上就要开始新的校园生活了。妈妈答应送你一份升学礼物，你可以自己决定要什么礼物。想想看，你最想要什么啊？不过有一点我们要提前约定好，这份礼物的价格要在爸爸和妈妈的承受范围内，不能超过家庭月收入的 20%。"

晨晨在小时候就学过一些基本的理财知识，了解家庭月收入是多少。她想了想，还是问道："妈妈，是不是什么都可以啊？"

妈妈点点头，回答说:“是的，女儿。说说看，你想要什么礼物?”

晨晨说:“妈妈，我想养一只泰迪犬。我很喜欢小动物，想要养一只小狗。”

妈妈说:“哦，养小动物很好啊，这是有爱心的体现，那我们就提前准备一下吧。首先我们要了解一下养一只泰迪犬需要做什么。我们需要每天给它洗澡，给它准备狗粮，每天至少要带它遛两次弯，还要定期带它去宠物医院做美容、修毛。如果它生病了，你要照顾它，带它去宠物医院治疗。你要一直爱它，喜欢它，照顾它。等它老了、死了，你还要亲手将它埋葬，陪它最后一程。”

晨晨听得瞠目结舌，问:“啊?养一只小狗需要做这么多事情吗?我以为很简单，只是放在家里就可以了。”

妈妈笑了笑，说:“孩子，宠物也是一个生命，养育一个活生生的生命怎么会简单呢?每一个生命都应该被认真对待，我们既然决定了要养一只狗狗，那么就要以真心待它，认真照顾它，就算只养它一天，我们也要好好地养。”

晨晨摸了摸头，笑嘻嘻地对妈妈说:“妈妈，我马上就上高中了，好像没有那么多时间做这些事。妈妈，你能帮我吗?”

妈妈想了想，说:“妈妈可以帮忙，但也只能辅助你，大部分的事情还需要你亲力亲为，因为这是你的选择。你既然决定养一只泰迪犬，就要为这只泰迪犬的生活负起责任来，这也是责任感的体现。一旦养了，你就要好好照顾它，抽时间陪它，这是你的责任。”

晨晨一下子就蔫了，说："妈妈，我好像真的不行，这份责任太大了，需要花费的精力和时间也很多。我现在好像养不了泰迪犬，怎么办？我真的好想有一只泰迪犬啊。"

妈妈说："晨晨，你已经不是一个小姑娘，而是大孩子了。从你小的时候开始，妈妈就培养你独立的能力。做事要有担当、负责任，你一直都做得很好，所以养宠物这件事你也要做到负责任。虽然你现在觉得很麻烦，认为自己做不了，可你在不断地成长，也在一点点地进步。等你再大一些，独立的能力更强，可以自己照顾自己，责任感也逐渐提升时，妈妈相信你就能很好地照顾一只泰迪犬了。"

晨晨受到了启发，点点头，说："妈妈，我觉得你说得对，我现在的确照顾不了一只泰迪犬，所以我决定不养了。妈妈，那你给我买一些猫粮吧，我看小区里有好多流浪猫，我学习累了的时候就去喂它们，也算是劳逸结合了。"

妈妈笑着点点头说："好，这样也很好。妈妈这就给你下单，等猫粮到了，咱们一起去喂它们。"

其实，很多人小的时候都会有养小动物的想法。我们觉得小兔子或小猫咪很可爱，想要把它们带回家，可我们自己还是小孩子，行为能力不强，并不懂得责任感为何物。这个时候，爸爸妈妈会告诉我们，我们只有懂得了什么是责任和担当时，才可以养宠物。

于是我们从生活的点滴小事出发，培养和提高责任感，通过模仿身边的人，慢慢懂得如何担当，学会承担责任。时光飞逝，我们一点点地长大，责任感也越来越强，成长给我们带来的不仅仅是快乐和美好，还有我们未来必须具备的品质和美德。

情商修炼手册

亲爱的女孩，现在我们都知道责任感很重要了。那么，责任感应该如何提升呢?

首先，责任感的培养可以从做好每一件小事开始，点滴积累，注重细节，从小培养独立完成任务的意识。

在生活中，我们可以通过参与日常家务来提升独立能力，自己的事情自己完成，锻炼在家庭生活中的责任感。比如，主动洗碗，洗自己的袜子和内衣，帮父母收拾房间，整理自己的书桌。在学习上，培养自主学习的习惯，不需要父母提醒。与身边的人相处时，要有责任心，对自己做的事情负责到底，有团队协作意识。不要着急，责任感是一点一点地提升的。

其次，榜样的力量是强大的，我们可以向身边的人学习，模仿他们。责任感不能只嘴上说说，而要体现在实际行动中。与有责任心的人相处和交流，我们的责任感也会在潜移默化中得到提升。

我们的模仿能力是很强的，从咿呀学语开始，我们对父母的崇拜和模仿就从未停止。可以这样理解，对于我们来说，父母的行为是具有权威性的，他们对我们的影响是巨大的。如果父母皆有担当，对彼此、对家庭、对孩子都有强烈的责任心，那么在这种环境下成长起来的我们，责任感也会很强。这就是榜样的力量。

最后，守信也是责任感的体现。信守承诺，做一个诚实守信的孩子，答应别人的事就要做到，不可半途而废，临阵退缩，做事要有始有终。

我们从小就被父母教育要诚实守信，这是可贵的品质，我们应该一直坚守。做一个守信的好女孩，答应别人的事，就好似扛在肩膀上的期许，我们有责任尽自己最大的努力去完成。

我们的责任感是在生活和学习的实践中逐渐培养起来的，是在与人相处时练就的。当我们内心有了责任感，我们自身也会变得更有价值。责任感也是成长的标志，当我们可以对自己的言行负责时，我们就会变得越来越有责任心，对人守信，做事认真。责任感越大，我们的能力也会越强，二者是相辅相成的。

不过，亲爱的女孩，我们承担的责任不宜过大，要坚持适度原则。责任，形象一点来说，就像是我们扛在肩上的担子。担子如果重量过大，那么对我们来说也会成为压力，反而会影响我们做事的效率，更会使我们心存负担。能够扛起我们应该负的那一部分责任，并且坚持到底，就拥有我们所追求的责任感了。

依靠自己的力量去奋斗

现在，越来越多的父母开始关心子女的教育问题，更注重培养孩子的自主动手能力和独立处理事务的能力。可以说，我们这一代人是备受父母关注的一代，父母对我们的教育投资也在逐年增加。当然，还有一些父母认为自己的孩子还小，经验不足，自主能力差，不想让他们吃苦受累。于是，他们会从各个方面帮助自己的孩子，在他们成长的道路上给他们“一站式照顾”。

“一站式照顾”的具体含义是什么呢？就是父母为自己的孩子提供各个方面的帮助，凡事都不让他们独立完成，从出生开始就为他们铺路，直到不能再为他们提供帮助为止。可想而知，“一站式照顾”最终会导致“妈宝娃”的出现，有些人甚至到了大学校园还没有生活自理能力，最终只能退学回家。

成长赋予我们能量，提升自己的能力，培养独立的意识，破茧成蝶终究要依靠我们自己的力量。依靠自己，我们才会成长得更快，也更稳。

由于父母工作的原因，璐璐从小在奶奶家长大。奶奶对她比较溺爱，什么都不让她做。直到上小学的年纪，她才回到父母身边。这时，妈妈发现璐璐的生活自理能力几乎为零，璐璐也从来没参与过家庭劳动。奶奶认为这没什么，孩子就应该这样被呵护着长大，而妈妈认为小孩子从小就应该培养独立的意识，力所能及的事情要自己做，不能过分依赖他人。

妈妈觉得培养孩子的独立性势在必行，不能让孩子养成依赖身边人的习惯。她也知道，这需要一个过程，一切都需要重新开始。毕竟孩子在奶奶家待的时间长，和父母相处的时间短。因此，妈妈很有耐心，从很小的事情开始引导璐璐。

而璐璐呢，她觉得很有负担，毕竟从前所有家务都是奶奶做的。如今，妈妈让她学着收拾自己的书桌、叠被子，休息日她还要和爸爸妈妈一起做家务。遇到生活和学习上的问题，她也要独立思考，靠自己的力量去解决。起先，她觉得很有趣，可时间一长，她就觉得有些累了，不想再坚持了。她对妈妈说："妈妈，你帮我做吧，我觉得太累了。"

妈妈摇摇头说："女儿，妈妈让你做的事情都是你力所能及的，你只要认真地思考，主动面对，就能很好地完成。妈妈也有自己的事情需要处理，也会觉得累，所以不能帮你。你要试着学会依靠自己的力量解决问题。"

璐璐有些蔫了，说："妈妈，我还是觉得跟奶奶一起生活比较舒服。"

妈妈听了，心里有些难过，但她控制住了自己的情绪，说："璐璐，跟奶奶生活固然很舒服，但你知道吗？那是因为奶奶帮你承担了本该你自己做的事情，你才会觉得省力。你还记不记得破茧成蝶的故事？我们在小区里发现一只快要破茧而出的虫子，你觉得它很费力，怕它变不了蝴蝶，所以把它从茧里拉出来，结果，它不仅没有变成美丽的蝴蝶飞走，反而奄奄一息了。其实，自我成长的过程就像是破茧成蝶的过程，我们要依靠自己的力量蜕去沉重的外壳，如果依靠外力来完成蜕变，那就不能变成健康的蝴蝶了。”

璐璐点点头，说：“妈妈，你的意思是，有些事情必须我自己完成，不能依靠别人来做是吗？”

妈妈说：“是的，女儿，这些事情都是你在成长过程中必须经历的。培养独立完成事情的能力，对你以后的发展也是有帮助的。依靠自己，不过分依赖别人，这样我们才能得到锻炼，提升自己的能力啊。”

璐璐想了想，说：“妈妈，关于依靠自己，我要好好想想。”

妈妈笑着摸了摸她的头发，说：“当然了，我们要锻炼的是一种独立的意识。如果有些事你依靠自己的力量完不成，也是可以寻求帮助的，这也是自我提升的一部分。我们就是在不断学习中成长起来的。”

璐璐思考了一会儿，点点头，说：“妈妈，我知道了。我会努力去做的，如果有什么问题，我再来问你。”

妈妈温柔地笑了笑说：“当然可以，妈妈相信你可以做得很好！”

情商修炼手册

诚然，父母为我们提供了一切，在我们成长过程中的每一个节点都给我们全面的帮助。短期来看，我们似乎生活得很舒服，可以毫不费力地得到我们想要的。但长远来看，这种“一站式照顾”对我们未来的发展是有百害而无一利的。将来进入社会面对现实和困难的是我们，如果我们缺乏独立思考问题的能力和动手的能力，那么进入社会后，我们终将会为小时候省的力付出代价。

亲爱的女孩，我们要用发展的眼光看待问题。我们现在所学的一切都是为了将来做打算，只要我们学会了独立，能够依靠自己的力量和智慧接受挑战和磨难，那么一切就都不会成为问题了。

当然，这需要我们一点一点地积累经验，依靠自己是需要慢慢锻炼的，是现实与自我意志的不断磨合。那么，我们应该从哪里入手呢？

1. 从每一件小事做起，依靠自己的力量去完成，培养自理能力。

我们从小就被教育自己的事情自己做，从树立思维意识开始，也从身边的小事做起。比如，在整理自己的屋子的同时也是在梳理自己的生活，干净整洁的房间使我们的心情更愉悦。在学校，遇到难题要自己思考解决，不要走捷径看答案，要用自己的思路去解题，最后再核对答案。

2. 我们要依靠自己的力量成长，自主接收知识，不做揠苗助长的试验品。

罗马城不是一日建成的，成长也不是一蹴而就的，世间万物的成长都要遵循自然规律，一定要吸取揠苗助长的教训。我们的成长也是一样，只有依靠自己的力量去探索、去学习、去钻研，那些得到的东西才真正属于自己。父母的帮助是有限的，我们也不可能全部依靠他们。我们要在日常生活中主动承担自己的责任，依靠自己的双手和智慧去解决眼前的难题。

有经历才会有成长，只有自己认真地去想、去做，这些成长的经验才会记得更牢，最后变成我们自己的阅历和能力。

3. 不过分依赖身边的人，遇到问题自己解决。解决不了的时候，我们可以寻求帮助，学习解决方法，不断提升自己解决事情的能力。

当然，依靠自己也不要过分勉强，不能只从形而上学的角度分析，要具体问题具体分析。我们还处在成长的过程，还需要不断地提升自己的能力，这个时候难免会遇到我们个人解决不了的问题。而这时，集体的力量就显现出来了，我们不仅要学会独立，还要懂得融入集体，在讨论中集思广益，最终获得解决问题的方法。我们要学习解决问题的方法，接纳和吸收，借鉴和创新，这样自己的学习能力才会越来越强。

4. 通过不断学习提高自己的能力，当自己变得更优秀时，我们依靠自己解决事情会更顺利。

成长就是一个不断学习的过程，通过努力和奋斗来增强自己的能力和信心。生命不息，学习不止。要知道，成长很难，也会很疼，就像破茧成蝶的过程，毛毛虫需要忍受痛苦和磨难，最终才会变成美丽的蝴蝶。

依靠别人的力量成长起来就像是缠绕在树上的藤，当大树倒地，藤也会因失去依靠而偃卧在地。我们要做一棵挺拔生长的大树，自己吸收养分，向阳而生，最终长成一棵参天大树，站在更高的地方，看更远的风景。

有针对性地提升细节的意识

荀子在《劝学》中写道:“不积跬步，无以至千里；不积小流，无以成江海。”意思是，不积累一步半步的行程，就没有办法行进到千里之外；不积累细小的流水，就没有办法汇聚成江河大海。任何事情都是通过细小的积累才能有所成就，注重细节，点滴积累，最后才会达成心中所想。

我们培养独立能力，增强自立的意识，也要从细节入手，就如很多人，经常忽略生活中的细枝末节，但独立意识的培养也应该由小及大，由易到难，因为任何事情都不可能一蹴而就，都要有一个转变和接受的过程。

一言以蔽之，细节决定成败。培养独立意识也需要从细节开始。自理、自立、自主，这是循序渐进地培养独立意识的过程。以小见大，独立这种优秀的品格，需要一点一滴地积累，从小抓起，从每一件小事抓起。当我们可以通过自己的努力来完成每一件小事时，我们就会逐渐培养出独立自主的思维和行为习惯，假以时日，它就转变成我们内在的品格了。

佳佳是一个很依赖父母的孩子。马上就要中考了，父母为了让佳佳有更多的时间学习，会主动帮她收拾卧室和书桌。佳佳每天写完作业就直接上床睡觉，等第二天起床洗漱时，妈妈会替她收拾好书本和文具。出门后，爸爸会负责背书包，一直到学校门口才将书包交到她手里。

早自习下课后，学习委员开始收作业。当学习委员走到佳佳面前时，佳佳发现自己的英语卷子没在书包里。她突然想到，昨天做作业时她将卷子随手夹在了英语词典里，而妈妈帮她收拾书桌时没有把卷子装进去。这时，学习委员对她说："佳佳，你没交作业，我得按照老师的要求记下来。我提前告诉你一下哦。"说完，她就捧着一摞作业走了。

佳佳很生气，气自己没把作业收起来，也气妈妈没帮她收拾好。这下糟糕了，她一定会被老师批评的。

同桌小爽看到佳佳闷闷不乐、愁容满面的样子，便问："佳佳，你怎么了？你从来没有忘带过东西啊，这次怎么这么马虎？"

佳佳说："别提了，是我妈忘记收了。我的书包都是她帮我收拾的，我也没注意。"

小爽张大了嘴，一副很吃惊的样子，问："佳佳，你都这么大了，还让阿姨帮你收拾书包啊？"

佳佳点点头，说："我妈说了，这样可以让我有更多的时间学习，比如我可以利用收拾书包的时间来背单词。"

小爽想了想，摇摇头，说："佳佳，我从上幼儿园开始就自己收拾书包了，而且一直是自己背书包。我觉得这是我们自己的事情，应该自己做，不能让爸爸或妈妈帮忙。你如果一直都是自己收拾书包，那么今天就不会因为没带作业而被老师批评了。"

佳佳说："背书包和收拾书包都是小事情，那么在意干什么呢？”

小爽又摇摇头，说：“这可不是一件小事情，对于培养我们独立自主的能力来说，收拾书包可是一件很大的事呢！这是我们学会独立的开始，很重要。我们只有在小事上学会了独立，有了独立和自立的意识，以后做大事才会更有信心和勇气。依靠自己的力量不是那么容易的，要从小事开始锻炼。”

佳佳仔细听了，说：“以小见大，积少成多，我明白你的意思。等今天回家我就跟我妈说，以后我的书包都由我自己收拾。我也要从小事开始锻炼独立的能力，从细节抓起。”

小爽点点头，说：“嗯，我们不能忽视小事和细节的力量。咱们一起加油，互相监督，一起进步。”

佳佳也点点头，说：“好，咱们一起努力。”

情商修炼手册

亲爱的女孩，我们在培养独立自主的能力的同时，也要有细节意识，不要忽略细节的重要性。不过，把控细节并不是纠结细小的地方。我们要这样理解——独立，要从每一件小事开始，哪怕只是一件细微的事，也能培养我们的独立意识。

生活和学习中的一切都是由很多个细节组成的，如果我们的细节意识增强了，每一个细小的节点都把控得很好，那么我们养成独立的习惯就会变得更容易。

提升细节意识，我们可以从两个方面开始。

首先，独立从自理开始，继而提升到自立、自主。这是一个阶梯式的练习过程，不要忽略那些细微的地方。

独立的习惯是需要日复一日地积累才能养成的。我们一旦习惯了依赖身边的人，有了偷懒的心理，那么就会忽视身边的小事，比如洗水果、剥鸡蛋壳、盛饭盛汤、背书包、收拾书桌等。很多事情是我们力所能及的，但在学生时代，我们享受着父母无微不至的照顾，很容易产生依赖和懒惰心理。为了避免发生这种情况，早日养成独立的习惯，我们就需要从身边细微的小事做起，点滴积累。

其次，要用辩证的思维看待细节意识。未来的发展既需要我们有细节意识，也需要我们能够把控全局，独立的同时也不要忽略集体的力量。

注重细节，却又不能过分在意细节，这需要我们掌握一个平衡点。细节决定成败，培养独立意识也需要注重细微的地方。我们通过细微的小事来养成独立的好习惯，依靠自己的力量完成一些事情，但有些时候还需要借助集体的力量。打个比方，假如你是班级的学生干部，需要和同学们一起完成一项任务，而这项任务细分成了许多小项目，你不可能自己负责所有的事，因为独立完成所有的项目是不现实的，所以这个时候就需要将任务分配出去，由大家一起完成，从而提高效率。

亲爱的女孩，让我们一起提高独立自主的能力，学会更多的知识，挑战自我，从每一件小事开始吧！

独立的能力决定未来的发展

独立是一种能力，它就像我们的翅膀，如果它的力量不够，我们不会使用它或疏于练习，那么我们未来就不可能翱翔于天空。插上独立的翅膀，我们才能飞得更高、更远，也能更清楚地感受这个精彩纷呈的世界。

独立，是我们内在力量的重要组成部分，当我们开始有自己的思想时，就应该培养独立的意识。它会伴随着我们成长，督促我们进步。拥有独立的能力，我们才会更快地适应这个充满挑战的社会，融入集体生活，找到属于自己的幸福和快乐。

独立的意识更像是一种信念，有了独立自主的意识，我们才会主动地去学习、去生活、去奋斗，独立地完成成长赋予我们的一次又一次的挑战，我们也会获得更多的经验和智慧。

姜佳从小就不够独立，因为妈妈帮她做了所有的事情，她遇到难题时也都是妈妈帮忙解决。时间久了，她就变得非常依赖身边的人，独立动手能力很差，也很少思考问题。长大后，她变成了别人眼中的“妈宝娃”，凡事都听妈妈的，特别依赖妈妈。

毕业后，她回到家乡工作，在单位和同事相处时，问题就出现了。从小到大，她都没有独立做事的经验，进入职场后，她难以适应高强度的工作，渴望身边的同事可以帮她，可是身边的人要处理自己的事情，无暇顾及她。有一次，她没有按时完成领导安排的任务，开例会时被点名批评了。她备受打击，觉得心情糟透了。

不仅如此，进入婚姻生活后的她也步履维艰。她不会做饭，连电饭锅都不知道怎么用，结婚以后夫妻两人不是回父母家吃就是点外卖，厨房里的锅都没有拆封。此外，她不会做家务，也从不收拾屋子，家里的卫生还是双方的老人来做的。时间一长，她的婚姻便出现了问题。

姜佳缺乏独立的能力，与她从小受到的教育有关。妈妈把她当成手心里的宝，无论什么都替她做好，她没有有独立思考和做事的机会，以至于从小养成了依赖他人的习惯。长大进入社会后，很多事情需要她自己处理，但她没有经验，也没有独立的思维和习惯，最后苦涩的结果也需要自己品尝。

好的习惯要从小培养，我们要从小学习各种各样的知识，除去书本上的知识，还要德智体美劳全面发展。或许我们尚未理解学习的意义，只是按部就班地按照父母的要求去做。不过，好在我们的学习能力在不断地提升和加强，当我们懂得了学习的意义及努力的目标后，当下的一切就都有了动力。

每一个人都要有独立的意识。依靠自己，我们就会有“山登绝顶我为峰”的自信，这对将来的发展是有帮助的。

情商修炼手册

有无独立能力对我们影响深远，关系到我们未来的发展，那么，它会影响到我们未来的哪些方面呢?

首先，独立可以影响我们未来的格局。独立使我们拥有更大的格局，有主见，有能力做好自己的事，而不是事事依靠别人。

我们终有一日会长大，要独自面对生活中的种种问题。拥有独立的思考能力，我们才能更好地适应这个社会。虽然我们还是学生，是父母眼中的小孩子，但自立自强的精神需要从小培养，我们不能一味地依靠别人。只有我们强大了、独立了，未来的发展才会不可限量，我们也有足够的勇气和信心去挑战自我，追求卓越的人生。

其次，未来的生活需要独立能力。我们终将进入社会，开始一个人的生活，基本的生活自理能力需要从小培养。

对于我们来说，检验我们是否具有独自生活的能力，应该是从离开父母开始的。我们进入大学时代后，可能会离开生活了十几年的城市，去另一座城市上学。我们与父母相隔两地，一切都要靠自己。假如我们没有独立的能力，一个人在外难免会出现问题，小到穿衣吃饭，大到与人相处、学习工作。面对这些问题，我们会觉得很艰难。如果我们有独立的能力，那么这些问题就都可以迎刃而解。

再次，离开校园，进入职场后，我们会发现独立处理事务的能力至关重要，独立性会影响我们未来的职业发展。

良好的职业发展前景与我们的努力奋斗是分不开的。在职场中，我们不能依靠别人，一切都要靠自己，学习新的知识，积累职场的经验和教训，懂得独立处理难题，也要学会团队合作。

最后，未来有着无限发展的可能，也存在许多机遇和挑战，独立是我们得以生存的根本。

未来，我们还要组成新的家庭，那时我们已经长大成人，成为家庭的支柱。家庭需要经营，独立和自理能力必不可少，我们要照顾好自己，要掌握必要的技能，如做饭、整理屋子等，还要学会陶冶情操，管理自己的情绪等。我们在照顾好自己的同时也要关心家人，这些都需要我们亲力亲为。

亲爱的女孩，要知道，这山高水远的尘世路途，终究要靠自己走下去。我们人生中的许多事情需要自己独立思考和解决。与其等到成年后再面对生活的种种困难，不如从小养成独立的好习惯，为将来的生活和学习打下坚实的基础。

我们现在还未成年，在父母的呵护下成长。但终有一日，我们要独自面对这个世界，未来也是属于我们这一代的。我们要有长远的目光，格局要大一些，不要拘泥于眼前的得失。多学一些独立生存的能力，独立地面对人生的困难和坎坷，这样长大后我们才能独当一面，敢于面对人生道路上的挫折。

当然，学会独立是我们一生的课题。女孩，不要着急，也不要放弃，要相信自己一定可以做到，而且会做得很好。

做一个不被他人影响的女孩

当我们的认知水平处在上升阶段时，我们容易被他人影响也是很正常的。我们要学会独立，要自己做决断，就要提升自己的能力，使自己可以随机应变，也可以排除万难。要做到不被他人影响，这需要一个学习的过程，需要我们用心去学。

我们之所以会被他人影响，很大一部分原因是缺乏自信，过于在意别人的评价和看法。此外，自己独立思考能力不强，过分依赖身边的人，也会影响我们的思维，导致我们一听到反对的声音就会动摇，最后放弃或改变计划。

泰戈尔曾经写过这样的诗句："信念是鸟，它在黎明仍然黑暗之际，感觉到了光明，唱出了歌。"

如果我们拥有信念，对自己内心的想法坚定不移，就不会轻易地被他人影响。信念和决心就是我们勇往直前的盔甲，使我们可以不在意他人的流言和评价，只为自己内心的目标前行。

小葵是一个很容易受他人影响的孩子，从小缺乏主见，不敢自己做决定。就算她鼓足勇气下定决心要去做一件事，在听到身边的人有不同的意见时也会动摇。

最近，物理老师要讲公开课，其间还有其他学校的老师来听课。小葵和其他同学一样，要在讲台上做实验，与同学互动，想通过这次公开课锻炼一下自己。她选择了关于液化、气化和升华的物理学小知识。为了使实验的效果更好，她在家练习了几遍，还将自己不足的地方标记了出来。

可是到了公开课那一天，小葵的同桌对她说："你知道吗？听说班长要做的物理实验和你的一样，如果他做了这个实验，那你就没戏了，你一定没有他做得好。"

班长是学霸，物理成绩排名第一，老师很喜欢他。如果自己做的实验和他一样，那还有必要上台演示吗？小葵的内心很纠结，她的情绪完全被同桌影响了，她心里想着要不要换实验内容。

公开课开始的时候，小葵还没有做出决定。到了做实验的环节，她也犹豫着要不要举手。时间一分一秒地过去，她坐在座位上看着一个又一个同学上台演示实验过程。她很着急，但直到最后，也没敢举手上台。

公开课结束后，小葵发现班长并没有上台做实验，而是作为压轴选手来总结课堂上学习的物理知识。此时小葵万分后悔，觉得自己不该轻易受到同桌的影响而放弃上台做实验的机会。

为此，小葵特别难过，眼圈也红了。回到家后，妈妈看到红着眼圈的她，关心地问她怎么了，她将今天发生的事情告诉了妈妈。妈妈安慰她说："不要紧，女儿，你虽然失去了一次上台的机会，但学会了独立思考，你最后不是意识到不应该轻易受同桌的影响了吗？有这样的想法，就证明你的思想在渐渐地独立，你有了自己的看法。下次再有这样的机会时，妈妈相信你一定不会像这次一样轻易地改变主意了。"

小葵摇摇头说："妈妈，我担心自己做不好。"

妈妈鼓励地说："小葵，就像这一次，你们班长的确很厉害，各方面都很优秀，但你也不差啊！你为了这次公开课准备了很久，你在家做实验妈妈都看到了，你准备得很认真，也很充分，妈妈相信，你上台做实验一定也会非常成功，老师也会表扬你的。你缺少的是自信，如果你足够自信，对自己的实验有信心，那么无论你同桌说什么，你都不会动摇的。"

小葵想了想，点点头说："是，我确实害怕自己没有班长做得好，就临阵退缩放弃了。"

妈妈说："你就是太缺乏锻炼了。没事，妈妈支持你，咱们一起学习，多思考，多练习，努力提升独立思考的能力。妈妈相信你一定可以的。"

小葵说："可是妈妈，我以前也试过，但最后都失败了。我应该怎么做才能不受别人的影响呢？"

妈妈回答说："女儿，你只要记住一点，做事之前要深思熟虑，要有目标、有计划，有自己的想法。你把一切都准备妥当了，就不要担心别人的看法和评价，只为了自己，不考虑别人，想好了就去做。一次不行，那就多试几次。当你培养出一种独立思考和做事的意识后，你的思想和行为就不会那么容易受别人的影响了。"

小葵听了，点了点头，说："妈妈，那我试一试吧。"

妈妈笑着说："加油，女儿，妈妈支持你。放手去做吧！你会成功的。"

情商修炼手册

亲爱的女孩，有时我们或许会因为他人的看法或意见而动摇自己的既定思想，左右摇摆，不知如何选择，最后违背自己的本意，听从了他人的意见。有时，我们也会为了融入一个新的圈子，让人际关系更亲密，而做一些曲意逢迎的事。这样时间长了，就会导致“假我”的产生，导致我们失去“自我”。我们在接人待物时应该有自己的方式和看法，不能轻易被他人影响，要坚持自我，从思想上做到独立、自主。

首先，意志要坚定。一旦明确了自己的目标，制订了计划，就要坚持自己的看法，不要轻易因为他人的意见而改变自己的决定。

一般来讲，在我们的思想被他人动摇的瞬间，不自信的心理就会滋生，并且会慢慢发酵。我们要克服“墙头草，两边倒”的思想，坚定自己的信心，不要因为别人的质疑和否定而改变计划或降低目标。他人的意见只是从他们自身的角度出发的，事实上，我们每一个人的潜力都是不一样的。我们既然已经有了计划，就应该排除万难去实施，这才是检验我们想法正确与否的标准。别人的意见和建议只是参考，我们要学会取其精华，去其糟粕，坚定不移地执行自己的计划。

其次，要有独立的思想。我们要锻炼自己独立完成任务的思维，将想法和实践相结合。

事实证明，独立的思维是需要从小锻炼的。如果我们凡事都听从身边的人，习惯了依赖和依靠，那么等到自己做决定时就会犹豫不定，甚至由于缺乏主见导致不好的结果。如果我们明确了一件事的重要性，自己的做法经过分析是可行的，就要坚持下去，不受他人的影响。

再次，积极向上的人会鼓励我们，相反，消极悲观的人会质疑我们、劝我们退缩。因此，我们要学会思考，判断对错，远离负能量的人。

试想一下，我们在做一件有难度的事时，如果身边的人都积极乐观，那么他们对我们的影响就是正能量的，他们会用鼓励和赞美支持我们，增强我们的自信心；相反，如果身边的人都是消极的，那么他们的想法也是负能量的，在负能量言语的影响下，我们的情绪也会变差，时间长了，我们就会产生自我怀疑。所以，我们要和乐观的人相处，这样我们做事时就会多一些鼓励和力量，少一些悲观和打击。

最后，放松心态，坚持做自己，找到真我，拒绝假我。

亲爱的女孩，我们要按照自己的方式和意愿去生活，每一个人的人生道路和轨迹都是不同的，我们的想法和思维也是如此。我们要坚定地做自己，不被他人影响，也不必在意别人的看法，设定了目标，下定了决心，就努力去做，坚持到底。

做真实的自己，不受他人影响，坚定自己的心。我们要相信自己的潜力是无穷的，多给自己一些积极的自我暗示，从此刻起，坚定信念，努力实现目标。

第5章

女孩应该修炼内在的气质

健康与美的关系

爱美之心，人皆有之。当我们的认知水平达到一定程度后，我们就会对美有所追求，对美也会有独特的见解。我们会关注穿的衣服、用的化妆品，会对身材的高矮胖瘦比较敏感。当我们关注这些的时候，美的意识就在脑海中形成了。

然而在这个阶段，我们依旧处于学习的状态，对美的概念了解得不充分，很容易受到外界环境的影响。身边的同学、邻居家的姐姐、漂亮的英语老师、电视里的明星，这些人的穿衣打扮和行为习惯都会对我们的审美产生影响。如果社会上都是积极向上的审美观念，那我们就没有必要担心了。事实上，社会就像一个大染缸，有些人甚至以牺牲健康来获得所谓的美，这种审美观就是不科学的，也会伤害我们的身心健康。

那么作为学生，我们应该如何辨识科学的审美观呢？我们来看一下这个真实的例子，看看这个小女孩是如何处理的吧！

夏天快到了，小芝发现自己胖了很多，穿裙子都不好看了，于是她在网上搜索减肥的方法。她认为女孩子应该是越瘦越美，一定要保持完美的身材。

小芝查阅了很多资料，有人说最好的减肥方法是多做运动和清淡饮食，但这需要强大的毅力，还需要坚持。可马上就到可以穿漂亮裙子的季节了，小芝没有时间做运动，也担心自己坚持不了多久，她想找到快速减肥的方法。于是，“减肥药”“节食”“催吐”这些快速减肥的字样就印在了她的脑海里，她心里有了这个想法，很快就付诸实施了。

减肥的想法不能被妈妈知道，因此在家里实施节食或催吐是不可行的。一开始，小芝用节省下来的零用钱买了“酵素青梅”，每天趁妈妈不注意的时候吃一颗青梅。吃完这个神奇的果子，两个小时后肠胃就有了反应。这个青梅可以加速新陈代谢，效果果然很好。可是一个星期后，她发现自己的身体对青梅的反应变慢了，一次要吃三颗才会有效果。但这青梅不能多吃，吃多了胃会不舒服，会反酸水。她意识到这种减肥方法不行，需要换另一种方法。

催吐，她只做过两次，中间过程太难受，也会损伤食道。她知道，胃酸的腐蚀性很强，经过食道会损伤食道的细胞组织，所以这种方法也不行。

经历了半个月的尝试后，小芝意识到减肥也要讲究分寸，不能损害身体健康。在课余时间和同学讨论减肥方法时，小芝说：“可千万别节食，我知道一个姐姐，她就是靠节食来减肥，最后变得低血压和低血糖，在回家的路上晕倒了。催吐更是难以忍受，还会伤到食道。减肥真的太不容易了。”

一旁的小芳说：“减肥还是要靠做运动，只要我们把吃掉的东西消耗掉，脂肪就不会堆积啦！虽然减肥很难，但健康的身体最重要啊。身材不要太胖，也不能太瘦，保持一种匀称健康的状态就很好了。”

小芝听了，表示认同：“芳芳说得对，以前我认为人越瘦越漂亮，又不想耗费太大的精力，就选了吃酵素青梅和催吐的减肥方法。实际上，这两种方法都太伤身体了，幸好我懂得悬崖勒马，没有继续错下去。我要试试做运动，吃健康的食物！”

小芳点点头，说：“其实，这也是自律的体现。我邻居家的姐姐每天早起做运动，吃健康的早餐。我觉得她就很漂亮，而且很阳光，我们要向她学习。”

小芝和小芳互相鼓励着说：“好，那我们一起努力做运动吧！学校期末考试还要考八百米长跑呢，正好咱们提前训练了，一举两得。”

案例中的小芝刚开始就陷入了对美的认知误区，认为人越瘦越好。其实，瘦也要在一个健康的范围内。我们只要身体健康，阳光开朗，那就是美丽的。她也曾尝试过错误的，甚至是危险的减肥方法，但她有预警意识，发现这种减肥方法对身体有害处时，就及时停止了。当身边出现邻居姐姐那样的好榜样时，她也认同了，并且选择了一种健康安全的减肥方法，她的做法是正确的。

情商修炼手册

在学生时代，我们应该如何处理健康与美的关系呢？我们应该怎么做，才能培养健康的审美观念呢？

第一，追求美是我们的权利，但要坚持健康的审美观念，遵守原则，不要为了美而牺牲健康。

当我们一天天长大，进入青春期后，我们的生理和心理发育逐渐成熟，凡事都有了自己的判断和考虑。我们开始追求美，也渴望变美，这是处于青春期女孩的正常思想。但在爱美的同时，我们要遵循一定的原则，不能以身体健康为代价去换取美丽的外表。比如，不要过早穿高跟鞋、染发、美甲、文身，以及使用彩妆产品。还有一些女孩受媒体影响，萌生出整容的想法，以及为了减肥而吃药、节食、催吐，这些都是不可以尝试的。

第二，模仿是我们的天性，要培养自己的辨别能力，要能够分辨出错误的爱美方式。

当我们看到身边的人追求美时，他们所使用的方法就不可避免地影响我们，也会影响我们的审美观。这个时候，我们就要有自己的判断，不可盲目跟风。同时，我们也要以身作则，给身边的人树立一个好的榜样，将健康的思想传递出去，让身边的人也科学地爱美。

第三，积极乐观的心态和正能量的生活方式才是我们首先要追求的，心态好、气色好，我们就是美丽的。我们要注重内在美，不要只看外在美。

外在的美只是一时的，非常短暂，就像美丽的花朵，开得再艳丽，也会有枯萎的一日。我们要追求内在的美。花儿都有“化作春泥更护花”的伟大精神，我们也要学习花儿，让自己变得优秀、善良、宽容和感恩，拥有这些美好品质的女孩就是美丽的。

最后，爱美之心，人皆有之。我们可以追求美，通过学习绘画和色彩搭配培养自己的审美能力，增强品位。

在学习和追寻美的过程中，我们要懂得美会给我们带来的积极影响。比如自律，保持健康的身材需要我们加强自律，定期运动，健康饮食。当我们养成清淡饮食和运动的习惯后，自律的心态也将形成。再如善良和勇气，我们注重内在修养的时候，整个人的气质也在提升和变化，这也是一种美。

追寻美可以给我们带来积极的力量，同时，我们也要警惕那些美丽的陷阱，坚定自己内心的想法和信念，不受诱惑。

亲爱的女孩，我们要相信美的力量，也要知晓美与健康的关系。健康和快乐，善良和勇敢，都是美的一部分，也是我们不可或缺的品质。我们从出生开始就带着父母的祝福和期望，他们希望我们的人生变得有价值，希望我们敢于承担，勇于面对。父母和亲友信任我们，我们同样也要注意自己的言行，关爱自己的身体，让自己成为一个快乐的女孩。

亲爱的女孩，健康快乐的你就是最美的，难道不是吗？

懂得分享与合作

我们每一个人都是独立的，但不是一座孤岛，我们在渴望独立的同时也要学会分享与合作。只有这样，才能真正实现共赢，收获快乐，得到成长。

分享就像一座天平，我们有所给予，相应地就会有所收获，这些收获都会化作精神力量支撑着我们勇往直前，继续努力。合作就像风与帆的完美结合，只有风帆配合得当，小船才能乘风破浪，抵达胜利的远方。

小敏和小荷不仅一起考入同一所优秀的中学，而且两人的分数不相上下，还被分到同一个班级。小敏性格外向，愿意说话，会主动与同学交流，分享学习经验。小荷则内向一些，平时不爱说话，总是沉浸在自己的世界里，不愿意和同学有过多的交流，怕耽误学习。

这两个女孩学习都很努力，学新东西前会做好预习，将重点和难点标出来，上课集中精力认真听讲，课后用功复习。唯一的区别就是小敏懂得分享与合作，而小荷只相信自己，认为自己一个人就可以解决难题，要培养独立意识。

初一期中考试结束后，两个人的成绩却相差很多，小敏排名比较靠前，而小荷处于中游。按照常理来说，两个人都很努力，入学时的分数又相近，小荷找不出自己被落下那么多的原因。一时间，她很迷茫，也消沉了许多，她变得更加沉默寡言，将全部的精力投入学习当中，想要以勤补拙，下次考试再追上去。

可是下一次月考成绩出来后，小荷的成绩依旧保持不变，没有明显进步，也依旧没有超过小敏的成绩。好在这一次她没有自怨自艾，也没有放弃，心态变得比之前好了许多。她认真思考自己的问题，想要找出自己的不足，提高学习成绩。于是，她开始总结经验，也抽出时间观察小敏，想要看看小敏是如何突破自我、提高成绩的。

一星期后，小荷发现小敏每次下课都会花费一些时间给她的同桌讲题，两个人还会讨论很久，而且小敏还会和其他同学分享学习的心得和经验，分享自己的解题小窍门。此外，她还抽时间参加学习小组，大家一起合作讨论实验结果，有时也会做一些英语情景模拟对话，很有意思，就连小荷都对他们的学习方法产生了兴趣。小荷在心里嘀咕，难道这就是小敏提升成绩的秘诀?

小敏性格外向，发现小荷对他们的学习小组产生兴趣后就主动向她抛出橄榄枝，说:“小荷，你要不要加入我们，咱们一起学习?”

小荷心想，既然埋头苦学看不到成效，不如试试其他的方法，于是便答应了小敏的邀请。

小敏说:“我们的学习小组很自由的，每个人都可以分享自己的学习经验和窍门。我们互相分享，互相学习，既可以节省时间，又可以尝试不同的方法。思维开阔了，知道的解题技巧多了，解题速度自然就快了。”

小荷觉得有道理，点点头，说：“怪不得你们的成绩提升得这么快，原来这就是你们的秘诀。”

小敏笑了笑，说：“这就是分享与合作的力量。通过分享，我们会学到更多的东西，掌握更多的解题技巧。毕竟，一个人的精力和力量是有限的，而集体的智慧是无穷的。我们几个人一起合作、一起讨论，还可以节省时间呢！”

小荷点了点头，终于知道自己的不足在哪里了。之前，她为了不浪费学习时间，也不希望同学的成绩超过自己，所以从来不会跟同学分享学习经验，也不会给他们解答问题。现在想来，是她的想法太狭隘了。

想要收获，必先给予。有给予，才会有收获，这就是分享与合作的双赢作用。在分享与合作的过程中，我们会得到更多的锻炼，也会了解到自己的不足。

自从参加小敏的学习小组后，小荷学习的热情比以前高了许多，成绩提升得也很快，很快又与小敏齐头并进了。

情商修炼手册

分享与合作是充满快乐的，我们能够在分享和合作的过程中获得满足感和幸福感，并且懂得分享与合作的重要性。这有利于我们增强集体意识，使我们更好地融入集体，获得更融洽的人际关系。

亲爱的女孩，我们每个人都是一个独立的个体，漫长的生活和学习之路终究要靠自己走下去。但在人生的路上，我们会遇到各种各样的难题，经历坎坷和风雨，这个时候分享与合作就会发挥重要的作用。懂得分享经验和智慧，我们就会获得更多的支持和帮助，也会遇到志同道合的朋友和伙伴。知道合作的奥秘和价值，我们做起事情来就会顺利很多。

我们是个体的存在，但也需要集体的庇护，如果每一个人都发光发热，积极主动地分享和交流、合作和竞争，那么集体也会更加壮大。同样，集体和团队发展了，作为团队中的一员，我们也会成长、会进步，这是相辅相成的。

那么在现实生活中，我们如何培养分享与合作的意识呢？

点滴累积法

分享与合作的意识需要从小培养。我们早在能看绘本时就懂得了简单的分享，那时的我们在父母的帮助下学会了分享食物和玩具，也会和小朋友一起看书和做游戏。当这些行为在我们的脑海中形成鲜明的记忆时，分享与合作的意识就会产生。

长大后进入青春期，我们的成长发育进入了第二个阶段，我们更加注重分享与合作意识的培养，在学校懂得了分享知识和学习经验。在与同学互相讲题的过程中，分享也就完成了。随着团队和集体意识的增强，我们的合作能力也在提高，在参加游戏、兴趣小组、辩论赛的过程中，我们也逐渐了解了合作的魅力。

融入集体法

如果我们性格内向、害羞，不愿意说话，那么可以从简单的分享和合作开始，先尝试交流。我们要积极乐观，保持良好的心态，我们的情绪和感觉都会传递给身边的人，当我们真诚待人时，身边的人也会感知到。人际交往的第一步迈出去了，那么后续的工作就容易进行了。尝试分享，和同学合作，慢慢地，我们就会习惯这样的行为，也会明白分享与合作的意义。

感知快乐法

我们分享的过程，也是一个深入交流的过程。将彼此的快乐或悲伤分享出去，那么快乐会变成双倍，而悲伤会减轻或消失不见，这也是情绪感知的重要过程。

亲身实践法

实践是检验真理的唯一标准。分享与合作也需要亲身实践。真诚地分享一次，与身边的同学或朋友合作一次，我们也会学到很多，知道遇到问题或困难时应该如何处理。我们既要自己把握分享和合作的机会，也要学会主动出击。比如，跟同学分享解题技巧，和父母分享学校的趣事，和爸爸一起把乐高拼好，和妈妈一起完成一道美食。

模仿榜样法

我们要善于发现和观察，可以借助榜样的力量学习如何分享与合作。父母是我们的第一任老师，我们可以从他们身上学习分享和合作。简单来说，模仿就是看到身边的人是如何分享与合作的，我们从中吸取经验，然后通过实践来巩固。久而久之，我们也会养成良好的习惯。

不过，合作与分享的意识需要慢慢培养，任何事情都不可能一蹴而就。我们在与周围人相处的过程中，还在不断地学习，也在努力地成长。每一个阶段，我们都需要学习很多东西，都要认真对待，努力坚持。

生命不息，学习不止，在人生的漫漫长河中，我们就是在一次次的学习、接收、分享与合作中进步的。不要着急，一切都来得及，也都会朝着美好的方向前进。

遇事要冷静沉着

对于我们女孩来说，内在气质的提升更能增加自己的个人魅力。虽然做到“不以物喜，不以己悲”很有难度，但我们可以通过循序渐进的调整来优化自己的性格，遇到事情可以试着用平和的心态去面对，学会处变不惊，随遇而安。这样不仅有利于身心健康，还能提升自己适应环境的能力。

我们生活的世界是充满挑战的，事物的运动和发展也是不断变化的。如果想要更加从容地适应这个社会，那么从学生时代开始就锻炼自己的处世能力是非常有必要的。小到待人接物，大到处理突发事件，这些都可以通过练习来提高自己的应对水平。当认知程度达到一定水平时，无论遇到任何事，我们都可以冷静地思考，淡定地面对。

格格上高中后住了校，妈妈每个月给她一笔生活费，供她自己支配。脱离了父母的管教，格格开始沉迷于游戏，还会充钱买皮肤和道具。开始她只是花费生活费的三分之一，渐渐地，她对游戏的投入越来越多，甚至为了买一件道具花费上千元。生活费没有了，她就向同学借，甚至申请了网络贷款。网上写着“零担保，不用抵押，用学生证就可以贷款”，于是格格借了三千元的贷款，打算用过年时长辈给的红包还钱。可是，等过完新年，当她准备还钱时，她发现本金加利息一共需要还款一万二千元。

格格看到欠款从三千元变成了一万二千元，顿时有些害怕了。这可怎么办？对方说如果她不还钱，就会曝光她的身份。如果学校知道了会处分她，而父母知道了也会狠狠批评她。她开始焦虑不安，对电话铃声产生恐惧，每次听到电话响，她都会条件反射似的心跳加快，认为有人来催她还钱了。

她的不安和恐惧被细心的妈妈看出来了。妈妈问："怎么了，格格？最近遇到什么事情了吗？你怎么有点神情恍惚啊？"

格格下意识地低下头，心里纠结着要不要将这件事告诉妈妈。一直以来妈妈都以她为傲，如果妈妈知道她为了玩游戏而借了高利贷，会不会对她失望透顶？可是她又没有那么多钱，怎么办？想着想着，她流下了眼泪。

妈妈心疼地抱着格格，说："怎么了？女儿，别哭啊，有什么事跟妈妈说，妈妈一定会帮你的。"

格格一边哭，一边将借高利贷为游戏充值的事情告诉了妈妈："妈妈，我该怎么办？我知道自己做错了，不该一时冲动把钱都充到游戏里。可现在催债的来了，我实在没办法了。"

妈妈听格格说完，心里咯噔一下。妈妈调整好情绪后，说："女儿，发生这种事妈妈也有责任，是妈妈疏忽了。虽然你已经不是小孩子了，拥有独立的人格，但你的自控力不足，有些时候仍然需要大人的约束。关于金钱，关于信用，我们对你在这方面的教育的确很少。高利贷是绝对不能碰的，他们的宣传很吸引人，什么不用抵押，也不用别人担保，只需要身份证件就可以贷款，其实这都是骗局。你贷款的那一瞬间，抵押的是你的人格和自尊。一旦贷款，就会利滚利，当还款额多到你还不上时，他们就会威胁你做出违背良心和道德的事。”

格格这些天被吓得不轻，一直都没睡好。她说：“妈妈，我知道错了，以后再也不敢了。”

妈妈继续说：“孩子，这件事你的确需要靠爸爸和妈妈才能解决。有时候，一旦做出错误的决定，就会悔恨终生啊。女孩子一旦误入歧途，想要回头太难了。我们现在就把贷款还上，但你要知道，这些钱来之不易，是爸爸和妈妈通过劳动换来的，你要懂得珍惜。你还有两年就高考了，从现在开始，我们一起努力将学习成绩提上去，就别玩电子游戏了，我们可以做些其他的事情来缓解压力。等高考结束，你还是可以玩游戏的，但要适度。”

格格点点头，说：“妈妈，我一定好好学习，以后绝对不碰高利贷，也不会乱消费了。我已经知道这件事的可怕了。”

妈妈点点头，说：“女儿，妈妈相信你不会辜负妈妈的信任。做一个自律的孩子，妈妈相信你可以做到。”

案例中，格格不仅做错了，而且犯了一个很大的错误。她触犯了原则，这个事情凭借她自己的力量是解决不了的。这个时候一定要将事情告知父母，真心悔过，积极改正。

我们的人生还很长，“知错能改，善莫大焉”，悔改一定要发自真心，并且认真去做，不可因为父母的宽容，一而再再而三地犯错。父母信任我们，我们也要真诚地对待他们，约束自己不再犯同样的错误，不辜负他们的信任和期望。

情商修炼手册

亲爱的女孩，我们从孩提时代就开始慢慢地摸索身边的事物了。起初，我们用手抓、摸，用嘴咬、舔，通过感官来感知这个世界。一切合乎我们的心意时，我们就会高兴地笑；一旦事情不如意，我们就撇嘴哭，一切都是那么简单。

这个时候，父母就会开始培养我们的认知能力，光是从书本上看还不够，父母还会带我们进行实践。比如看到花时，父母会告诉我们，花是五颜六色的，这是黄的，那是红的，让我们闻一下，再告诉我们这就是花香。随着我们的认知能力不断提高，我们遇到的挑战和问题也会越来越多。当我们被难题困住时，哭和眼泪已经解决不了问题，我们要培养的是正面回应、积极解决问题的意识。一旦形成这种意识，形成惯性思维，那么一切难题就都为难不了我们了。

我们首先要做的就是树立一种正确的观念，当一个难题摆在我们面前时，我们要直接面对，不要逃避。

逃避只会获得一时的平静，可问题仍然存在。正确的做法是直接面对，正面解决。我们要树立这样一种观念，即任何问题都会有解决的方法。比如，我们的考试成绩出来了，英语成绩很低，接下来可以预料到的事就是我们会遭到老师或家长的批评。对于这件事，逃避是没有用的，我们要着手解决这件事——认真分析卷子上的错题，将它们整理出来，找到做错的原因。如果自己弄不明白，可以向老师或同学求助，有针对性地复习，巩固知识点，如果是单词量的问题就多背些单词，如果是语法的问题就多做练习题。

其次，如果问题已经存在，事情早已发生，那么着急或纠结已经无用了，再追悔莫及，也无济于事。这个时候，要让自己冷静下来，待心态平和后再去思考问题本身。

我们犯错误后，会懊悔，会情绪低落，也会纠结事件本身。这个时候最需要做的就是让自己平静下来，等自己不再焦虑或生气时再处理。

比如，我们在家里打球，不小心将电视砸坏了，而父母马上就要回来了，我们应该怎么处理呢？趁父母回来前跑到奶奶家避难是绝对不可取的，后悔自己在屋子里玩球也是没有用的，电视已经被砸出了一个坑，连屏幕都碎了。我们要做的是先冷静下来，告诉自己一定有解决的办法。当父母回来时，我们首先要道歉，承认错误，自己不应该在家里打球，而应该去外面。其次，帮妈妈做些家务来弥补错误，在劳动的过程中学会珍惜——我们不仅要珍惜粮食，还要珍惜身边的物件。最后，如果我们竭尽自己所能依旧解决不了问题，那么更没有必要焦急和忧虑了。我们可以寻求帮助，请求他人帮助，或者请求团队帮助，群策群力，共同应对。

如果我们面对的问题或所犯的错误很大，凭借自己的力量无法解决，那么，我们首先要向最亲的人，也就是父母寻求帮助。我们要相信，父母永远是我们避风的港湾，不要觉得如果我们将自己的错误告知家人，他们不会原谅我们，也不会帮我们。

父母永远是我们的依靠，我们可以相信他们。出现问题不要紧，犯了错误也不要紧，重要的是知错能改，真心改正，下次不犯同样的错误。经历失败，从正面解决问题，我们才能真正地成长。

亲爱的女孩，我们每一个人都如珍珠般宝贵。珍珠在形成之前只是一粒沙子或尘埃，经历天长日久的磨砺才能成为充满光泽的珍珠。不要急，我们要有耐心，等待蜕变的那一天。

培养自己的兴趣和爱好

当我们还是小孩子的时候，父母就会给我们报各种各样的课外兴趣班，学习舞蹈、绘画、书法，大一点儿后再学一种乐器。每当课外班占据休息时间时，我们会很不开心，认为上课外兴趣班不是我们自己的意愿，所以每次上课都很不情愿，甚至会产生逆反心理。

姑且不论我们愿意与否，女孩子上课外兴趣班是有很多好处的。比如，可以陶冶情操，修炼内在的气质；给枯燥的学习生活创造劳逸结合的机会，减少学习的压力；未来有自己的兴趣和爱好，平凡的生活就不会平淡，反而会有滋有味，充满惊喜。

培养自己的兴趣和爱好非常重要，但我们也不能盲目跟风，对各种兴趣班都来者不拒，还美其名曰追求全面发展。我们可以根据自己的实际情况来挑选课外班，选择一到两种自己喜欢的项目。培养特长，重点在精，而不是全。最重要的一点就是一定是自己喜欢的，对这个项目感兴趣。只有这样，我们才会用心去学。

筱柔是一个内向的女孩。最近她非常苦恼，不想去上小提琴课，她觉得拉小提琴太难了，每次上课时都很痛苦。她想抗议，但又怕妈妈觉得她不乖，也怕妈妈生气，所以一直忍着。低落的情绪一天天地积压在心里，她快要坚持不下去了。

这一天，妈妈像往常一样带筱柔去上小提琴课。在路上，她情绪不好，心态突然崩溃，竟然哭了起来。妈妈看到了，便将车停在安全的地方，回头问："怎么了？是哪里不舒服吗？"

筱柔一边哭一边说："妈妈，我实在受不了了。我不喜欢拉小提琴，我觉得太难了，每次上课都是煎熬。我太难受了，再这样下去我就要抑郁了。"

妈妈一听，心中的警铃顿时响起。她心想，这孩子平时话就不多，也从不说谎，这一次情绪爆发应该不是因为她想偷懒，而是压力太大导致情绪崩溃。她不禁反思，是不是自己的教育方法出现了问题，让孩子有这么大的压力？心思百转千回，她急忙带女儿下车，给了她一个温暖的拥抱，说："傻孩子，不开心就要早一点跟妈妈讲啊！原来这些日子你都在忍着啊，别哭了，妈妈都心疼死了。"

筱柔擦了擦眼泪，有点不敢相信妈妈竟然没有骂她，还抱了她。她看着妈妈，问："妈妈，我不想去上小提琴课，你不生气吗？"

妈妈认真地想了想，说："女儿，你知道妈妈为什么要给你报小提琴课吗？"

筱柔说："说实话，妈妈，我不太懂，不知道为什么要学乐器。我们班的同学都要上好多课外班，舞蹈、书法、主持、钢琴，什么都有。有的同学每周末要上四个课外班，行程被安排得满满的。"

妈妈摸了摸筱柔的头，说："女儿，其实妈妈给你报课外班是为了培养你的兴趣，想让你有自己的爱好，这样可以丰富你以后的业余生活，可以陶冶情操，也是自我放松和缓解压力的方法。妈妈给你选择小提琴也是想要你提高手指的灵活度，开发智力。妈妈的出发点是好的，但你既然不喜欢，那就要及时跟妈妈沟通交流。你这样憋在心里，不但学不好小提琴，心情也跟着变坏了，多不划算。"

筱柔点点头，说："我是担心你说我偷懒。我现在知道了，妈妈。我对乐器不感兴趣，也没有这方面的天赋，但我对读书和旅行很感兴趣，你每次带我出去玩时，我都非常开心。"

妈妈说："可以啊，女儿，读书和旅行也可以作为你的爱好。这样的话，当你以后觉得无聊或压力大时，就会有舒缓自己心情的方式了。读万卷书，行万里路，也很有意义。妈妈支持你，你要坚持自己的爱好哦。"

筱柔开心地笑了，说："太好了，妈妈，我会坚持的！"突然，她想起一件事，说，"妈妈，那我们还去上小提琴课吗？"

妈妈捏了下筱柔的鼻子，说："当然不去了，我们现在就去把剩下的课退了。你喜欢读书，咱们就报一个阅读课怎么样？你可以看很多书，还能认识很多朋友。"

筱柔拍拍手说："好的，妈妈。妈妈最好了，我爱你。"

情商修炼手册

亲爱的女孩，慢慢地，我们就会发现，在成长的过程中发挥重要作用的是我们自己，而父母、老师及身边的榜样给予我们的大多是引导和支持、帮助和关心。这山高水远的人生之路，酸甜苦辣需要我们自己品尝，那些压力和烦恼也需要我们自己主动解决。我们会慢慢独立，品尝人生的各种滋味。

不知道你有没有发现，其实大多数的时间我们是独处的，一个人完成许多事，比如写作业，解数学题，背英语单词，写作文；承受压力，面对烦恼；一个人独处，享受美食，感受快乐。我们是一个独立的个体，身边的人也都有自己的事情要处理，他们给予我们的支持和帮助是有限的，大多数问题需要我们自己解决。当然，当我们拥有可以自己支配的业余时间时，我们有必要利用好这样的时间，而不是虚度光阴。当压力大时，我们也需要舒缓情绪。由此，兴趣和爱好的重要性就不言而喻了。

压力大时，我们可以放下眼前的一切，做运动，看书，做自己喜欢的事情。我们在无聊时，可以去户外写生、去看画展，也可以练习毛笔字。我们想要生活多姿多彩，有不一样的情调时，可以弹琴、跳舞，或者亲自做一顿美食。而我们所做的事情就源于之前培养的兴趣和爱好，它们能够使我们更加快乐，生活也会越来越精彩。

那么，我们应该怎样培养自己的兴趣和爱好呢？

首先，我们要树立培养兴趣和爱好的意识。我们要主动尝试，发现自己感兴趣的事情，有针对性地去培养。

欣然接受父母的建议是最好的选择。我们还处在不知道自己的兴趣和爱好是什么的探索阶段时，就要主动尝试，参加父母为我们报的兴趣班，找到自己感兴趣的项目。一旦下定决心学习某一种爱好，就要坚持下去，不可以三天打鱼两天晒网。要认真学，不要浪费父母提供给我们的学习资源。如果父母为我们选择的课程不适合我们，那么一定要及时沟通，将自己的想法说出来，选择自己喜欢的兴趣班，这样才能达到培养兴趣爱好的目的。

其次，参加集体活动，常到户外活动，陶冶身心。兴趣和爱好不一定是学习舞蹈或乐器，找到适合自己的爱好才是最重要的。

当然，培养自己的兴趣和爱好不是一件强制性的事情，也没有评判标准，因为每个人的兴趣和爱好是不一样的。简单一些的爱好，可以是散步、看风景、呼吸新鲜空气。一切可以放松自己心情的事情都是有意义的，也都可以称为兴趣。难一些的爱好，比如阅读。有人可能会问，阅读很难吗？是的，阅读很难。坚持阅读需要我们有自律意识，并且需要我们真心喜欢阅读。女孩子多读一些书，从书本中获得知识和阅历，再行万里路，做到理论和实践相结合，这是有一定难度的。

读书可以陶冶我们的情操，治愈我们的心灵。我们可以通过阅读来平息负面情绪，也可以通过阅读丰富自己的生活。

最后，培养兴趣和爱好也要坚持适度原则。学生生活的主题还是学习，我们要处理好学习与业余爱好的关系。

培养兴趣切忌一分钟热度，但也不要投入太多精力和时间，要掌握一个度。在我们日常的学习和生活中，兴趣和爱好可以是调节情绪的方法，缓解压力的方式。兴趣爱好可以利用空闲时间去学习和培养，不能占据太多时间。我们做任何事都要懂得节制，这也是自律的体现。

加油，亲爱的女孩，找到自己的兴趣和爱好，一直坚持下去，做一个开心快乐的女孩！

了解宽容这一美德的深层意义

法国诗人雨果曾经说过："世界上最宽阔的是海洋，比海洋更宽阔的是天空，比天空更宽阔的是胸怀。"

胸襟开阔，拥有豁达的心态和度量，我们才能像大海一样容纳百川。宽容，是一种为人处世的积极心态，也是我们要用心学习的美德。有了宽容之心，在生活和学习中才会有豁达的胸怀，做起事来也会更加轻松，更容易成功。

当别人伤害我们时，我们选择原谅，这是对他人的宽恕，同时也是放过自己，与自己和解，不让自己的心因为别人的错误而变得沉重和痛苦。宽容他人，也是在善待自己。

悦悦最近不想去学校了。她觉得很苦恼，也害怕去学校，因为班里的女同学思思总是针对她，还在背后说她的坏话。有一次放学，她被思思绊倒，眼睛差点磕到桌角。虽然事后思思道歉了，但有同学看到思思是故意伸出脚来绊她的。当天晚上她就做了噩梦，梦到自己的眼睛被磕坏了，她什么都看不到了。这件事已经给她留下了阴影。

妈妈看出悦悦的情绪不对，便问："女儿，最近怎么吃饭吃这么少啊，没有食欲吗？"

悦悦看着自己最喜欢吃的菜，可是一点想吃的欲望都没有。她摇摇头，说：“妈妈，我只是不太饿。”

妈妈坐到悦悦身边，仔细地看了看，然后摸了摸她的额头，问：“你这里好像有点红，是不是摔倒了？妈妈给你涂点药膏。”

悦悦见妈妈这么关心自己，又想到在学校发生的事，于是委屈地哭了起来，说：“妈妈，我不想上学了，我害怕。”

妈妈心里咯噔一下，心想，女儿是不是遇到校园暴力了？她有点着急地问：“来，悦悦，咱们不怕，说说你为什么会感觉害怕啊？是不是在学校有人欺负你啊？”

悦悦点点头，将思思做的事告诉了妈妈，问：“妈妈，我该怎么办呢？我又没做错事情，她为什么要欺负我？”

妈妈控制住心中的愤怒，平静地说：“女儿，遇到这样的事情一定不要害怕，你越害怕，她就越会认为你胆小，会变本加厉地欺负你。你要学会保护自己，勇敢地对伤害你的人说‘不’。当她欺负你时，你可以反抗，反问她为什么绊倒你，并要求她道歉。如果她真心悔过，你可以选择原谅她，但如果她只是随意道歉，敷衍你，那么你可以将她的行为告诉老师，寻求公平的处理。”

悦悦点点头，问：“妈妈，她这样对我，我为什么要原谅她？我同桌都说了，她就是故意绊倒我的，还总在背后说我的坏话。我不想原谅她。”

妈妈抱了抱悦悦，温柔地说：“傻孩子，这件事已经影响了你的正常生活和学习，而且给你留下了阴影。我们对她宽容是为了保护自己，让自己放下这件事，从此好好吃饭，好好睡觉，不再做噩梦。我们可以原谅她，但会对她敬而远之，不再和她有交集。和她和解，也是在和自己和解。我们不应该因为别人的错误而痛苦，也不要一直纠结，继续伤神。女儿，忘掉一切，让自己重新振作起来吧！”

听完妈妈的话，悦悦的情绪终于好了一些，但她还是有些忐忑，问：“妈妈，我担心自己做不好。我能做到吗？”

妈妈笑了笑，鼓励她：“妈妈知道，对你来说，这件事很难。不过不要担心，妈妈会陪你一起渡过这一难关的。在我们身边，虽然善良的人更多一些，但是伤害我们的人也会有，面对伤害我们的人，我们必须鼓起勇气，要敢于反击，对伤害我们的行为说‘不’。如果你当时害怕退缩了，那你可以在事后告诉妈妈或者老师，我们会帮你主持公道，让伤害你的人受到批评或者惩罚。一定不要自己默默地承受痛苦，只有面对问题，才能解决问题。”

悦悦眼中出现了一点亮色，点点头说：“妈妈，那我试一试。”

情商修炼手册

亲爱的女孩，也许你现在还不明白，为什么别人伤害了我们，我们要选择宽容呢？为什么一定要原谅别人呢？既然我们每个人都是很宝贵的存在，都是亲人眼中闪闪发光的宝贝，别人欺负了我们，我们避而远之不就好了，一定要拘泥于原谅这一形式吗？

或许换种方式说，你们可以更好地理解和接受。宽容并不是单方面的，而是双向的。我们在选择宽容和原谅的同时，也是在善待自己的心灵。被伤害、被误解、被忽视、被打骂，不仅会对我们的身体造成伤害，还会影响我们的心理健康。事情可以过去，伤口可以愈合，但伤痛的感觉和记忆还在，稍有不慎就会成为童年阴影，变成永远无法抹去的痕迹。

如果对方诚恳道歉，真心悔过，并且保证不会再犯同样的错误，那么原谅和宽容就是给犯错的人一次机会。假如对方依旧我行我素，毫无愧疚，并且继续做出伤害我们的事，那么我们要立即远离他们，日后也不要跟他们有交集。即便是这种情况，我们依旧要选择宽容，但这不代表原谅，而是代表我们与那些不好的记忆和伤痛握手言和。与伤痛和解，也是与自己和解。只有从根本上去除心灵上的负担，阴影才会消失不见，阳光才会照进来。这其实也是一种自我保护。

我们选择宽容，最终是要达到一种心灵上的平和与宁静。放过自己的心，不被伤痛束缚，生活才会越来越美好。我们也有机会走出去，过自己渴望和喜欢的日子。宽容，大概就是成长赋予我们的盔甲吧。我们穿着盔甲，就可以更加勇敢，也会更加珍惜眼前的一切。

青春年少的我们就应该恣意畅快地追求快乐和幸福，宽容这一美德不是挂在嘴边说说而已，我们要用心感受。

最后，我借用一段话来做结束语。《古尊宿语录》中有这样一段对话，是佛教史上著名的诗僧寒山和拾得所说。寒山问拾得道:“世间有人谤我、欺我、辱我、笑我、轻我、贱我、恶我、骗我，该如何处之乎?”拾得回答说:“只需忍他、让他、由他、避他、耐他、敬他，不要理他，再待几年，你且看他。”

佛教的思想讲究宽容和爱，认为一个人的宽容、包容、纯正的爱心能使自己非常清净，原谅和宽容可以让我们放下伤痛和怨恨，这样我们才可以获得快乐和幸福。亲爱的女孩，从此刻起，修炼自己的宽容之心吧，不为了任何人，只为了自己的心。

正确面对人生道路上的坎坷和挫折

人生的道路上并不是只有鲜花和掌声，还会有荆棘和嘲讽，我们要修炼一种看淡一切、从容不迫的心态。取得胜利和成功时，不骄傲、不自满；经历坎坷与挫折时，不气馁、不放弃。当然，想要做到这两点其实很难，需要我们不断地接受挑战，慢慢积累经验。

青春年少的我们，经历太少，遇到困难或经历失败的时候，往往会认为这是一道跨不过去的坎，心理负担很重，不敢相信，也不愿意面对。是的，直接面对坎坷和挫折很难，需要付出更多的精力和更大的代价，也会很痛苦，要承受巨大的压力。

或许我们可以换一种思维，把痛苦和努力看作成长必须经历的过程，就像小树向上生长必然要经历风雨。正如歌中所唱："不经历风雨，怎么见彩虹。"我们唯有无惧坎坷和挫折，坚持下去，才会有所收获，哪怕失败了，我们也会获得经验和教训。当我们的经验和教训积累得足够多，以后再遇到难题时，我们就不会再害怕了，会坦然面对。

小娅性格内向，上课从来不主动发言，也不敢在人多的场合讲话，一开口就紧张。在小学六年级的一堂语文课上，老师让同学们轮流朗读课文。坐在小娅前桌的同学表现很好，她声音洪亮，发音标准，语调抑扬顿挫，朗读得很有感情。当小娅前桌的同学声情并茂地朗诵时，小娅已经紧张得不行了。她心跳加快，双手发抖。轮到她时，她慌张地站起来，连腿也开始发抖。她含胸驼背，站也站不稳，声音更是小得像蚊子声，磕磕巴巴读得也不顺，还读错了好几个字。老师当场批评她说："好好一个女孩子，站也站不直，朗读声比蚊子声还小，你自己跟前桌比比，怎么还有脸读下去？"

不可否认，老师的教育方法也有问题，老师当众批评了小娅，却没有给她任何鼓励和帮助。在同学们的嘲笑声中，小娅哭着坐下了。到了晚上，小娅红着眼睛回到家。妈妈看到了，便问："怎么了，女儿？眼睛怎么红红的，哭过了？"

小娅一下子被勾起了伤心事，眼泪成串往下掉。她说："妈妈，我被老师说了，同学们也笑话我，我没脸上学了。"

妈妈一面帮小娅擦干眼泪，一面对她说："老师因为什么事情批评你啊，能跟妈妈说一说吗？咱们一起想办法，看看怎么做。"

小娅说："妈妈，我也不知道怎么回事。我只要站起来说话就紧张，知道马上轮到我说话了也会紧张，心跳加快，声音发抖，双手双脚也会发抖。"

妈妈温柔地说："哦，你是因为说话紧张，所以被老师批评了，对吗？其实我们每个人在人多的场合讲话都会紧张，你之所以表现得这么明显，是因为平时练习得太少。不要担心，这些都是可以克服的。"

小娅小声地问:“妈妈，我可以吗？我感觉自己再也不敢在同学们面前说话了。我自卑，而且没有自信，单独跟老师说话都会紧张得声音发抖，舌头打战。”

妈妈鼓励小娅说:“别担心，也别怕，女儿，克服紧张的心理需要一个过程。只要你不对说话产生恐惧，就不会有问题的。我们要正确面对这件事，也不要觉得丢脸，不想去面对同学了。其实，你的同学在读课文时也会紧张，只是没有明显表现出来，因为他们平时做了练习，也经常说话、表达自己。如果你按照这样的方法练习，妈妈相信，你也可以做到。”

小娅摇摇头，说:“妈妈，我真的可以做到吗？我很怀疑自己的能力。”

妈妈摸了摸小娅的头发，说:“你当然可以做到。你只要努力了，就一定会有进步。慢慢来，咱们一起练习，提前温习课文，多朗读，上课主动举手发言。一次不行，就再试一次，下次继续努力，永远都不要放弃。总有一天，你可以克服这种紧张心理，敢在很多人面前演讲。妈妈相信你可以做到，你也要对自己有信心，好不好?”

小娅点点头。妈妈的鼓励让她有了自信，她大声地说:“嗯，妈妈，我试一试，我会努力练习的!”

妈妈给小娅报了主持人班和阅读班，让她多交些朋友，多和老师、同学交流。妈妈还带她去人多的地方说话，朗读课文。日复一日，小娅每一天都很努力。等到小学毕业的时候，班级举办了一场告别晚会，小娅主动上台说了一番话。她虽然还是有些紧张，但已经可以顺利地完成一次演讲了。她演讲得很成功，赢得了同学们和老师的掌声。这就是坚持的力量，小娅不怕失败，勇往直前，她的努力值得我们所有人学习。

情商修炼手册

我们在成长的过程中，需要通过不断的学习来提升自己的生存能力和认知水平。有些人认为学生时代最简单，可以毫不费力地度过；还有人认为，不就是学习嘛，没什么难的。其实，真正处在青少年时期的我们才最有话语权，学习本身不难，想要学好却很难。

而在生活中，在大人眼里，身为孩子的我们，似乎一切都很简单。我们认为过不去的、在意的问题，他们都觉得不是问题，这就是代沟导致的误解。不了解，就不能妄下结论。我们要随时做好与父母好好沟通的准备，多交流才能互换思想，知道彼此的想法，做到正确面对和处理。

当然，在这个过程中，我们会遇到难题和困扰，会经历挫折和失败。究竟应该怎么面对、如何去做，可谓众说纷纭。每个人都有自己的处世之道，但我们毕竟阅历有限，关键时刻还需要借鉴他人的方法。这里有几个小建议，让我们一起来看看，遇到难题、经历失败时，我们应该如何处理。

第一，凡事要提前做好准备，制订计划，不要事未做，心先惧。事实上无论如何，我们都会遇到难题、经历失败，最好的做法就是勇往直前。

面对挫折和挑战时，我们或许会在心里无限放大问题的难度。其实，难度的大山是我们自己想象出来的，这会导致我们把很多精力和时间浪费在自我消耗上。面对问题，不要多想，也不要懈怠，少说多做方为上策。

第二，在解决问题的过程中要努力钻研，坚定信心，并且要持之以恒，不能半途而废。

《三字经》中写道："子不学，断机杼。"我们做事情最忌半途而废，要时刻保持清醒，秉持坚持到底的精神。既然决定了要直接面对，那么在这个过程中就要拼尽全力，享受拼搏和奋斗带来的喜悦，相信一分耕耘，一分收获。

第三，要做到胜不骄，败不馁，把失败当成人生道路上的转折点，正确看待和面对失败，不要从此一蹶不振。失败是人生道路上的常态，失败并不可怕，可怕的是丧失自信。

第四，人生道路上的坎坷和挫折是我们一定会经历的，经历了挫折，我们就可以增强自己的阅历和经验，从失败中吸取教训，自我反省和分析，从失败中走出来，然后重整旗鼓，再投入下一次的挑战中。这大概就是成长过程所独有的魅力吧，我们需要在失败和挑战中长大。

其实，没有谁的人生会一帆风顺，人生道路上充满了挫折和坎坷，而这也激发了我们挑战的勇气；经历了失败和磨难，我们的人生才会有闪光点。当我们历经苦难和艰辛抵达胜利的彼岸，看到星辰和大海时，我们会感谢自己经历的一切，这就是失败赋予我们的意义吧！

第6章

高品格和好心态成就女孩的未来

做一个真诚善良的女孩

孟子在《孟子·离娄章句上》中写道:“诚者，天之道也；思诚者，人之道也。至诚而不动者，未之有也；不诚，未有能动者也。”翻译成白话文为：真诚是上天赐予人的本性，追求至诚是做人的根本准则；一个人做到至诚而不能使人们感动，是从未有过的事；同样，缺乏诚心的人是无法感动别人的。

诚，信也。在这里，“诚”的意思是诚实、真诚。我们从出生开始就在不断地学习，学习文化知识，塑造人格品质。或许我们足够聪明、机智，学习能力很强，书本知识掌握得很好，但我们更要注重对人格品质的塑造。真诚和善良是重要的品质，需要我们认真对待，努力学习，因为这些品质会引导我们将学到的知识运用在正确的地方，也决定了我们为人处世的方式。

做一个真诚善良的人。我们应该从小就培养这个观念，待人真诚，对人和善，从身边的小事做起，关心身边的人。

周末，晓菡约了同小区的好朋友佳佳一起去图书馆看书。她们都喜欢看艺术类的绘本，但这一类的绘本很贵，她们需要攒很久的零用钱才能买一本，于是她们经常去图书馆看。这一次，图书馆又新增了几本世界各地的风景绘本，还有摄影集，她们看得很开心。到了闭馆时间，她们还没看尽兴，于是就将这几本书借回了家。

从图书馆离开后，她们两个就直接回家了。进入小区后，两人想把借来的书分一下，等看完再交换。当她们拿出借书的目录和书包里的书比对时，佳佳发现了问题，说："咦？咱们一共借了六本书，这里怎么多了一本呢？"

晓菡又核对了一下，说："确实多了一本，应该是管理员阿姨忘记扫码，把这本漏了。"

佳佳看了看那本不在借阅书目里的书，说："这本书很新，基本没被人翻看过。你看这纸张的质地，印刷得也好，里面的风景太美了。天啊，这本书要六百多元。"她看了看晓菡，犹豫了一下，继续说，"你说，既然这本书不在书目上，那是不是我们不还也没人知道？"

晓菡坚决地摇摇头，说："佳佳，你不是经常跟我说做人要诚实善良吗？你也一直做得很好，这一次怎么犯糊涂了呢？这本书是从图书馆借来的，就算图书馆阿姨忘记扫码了，我们也应该按时归还。如果我们不还，这本书就需要她来赔，这对阿姨来说就不公平。"

佳佳不好意思地笑了笑，说："幸好你提醒了我。这本书虽然很贵，我也非常喜欢，但如果这次被我留下了，不还给图书馆，那就跟偷来的没区别。这件事会被我记一辈子，这本书也会变成我的污点。我不应该这样做，有这样的想法也不行。晓菡，你批评我吧。"

晓菡笑了笑说："佳佳，你只是一时糊涂。知错能改，我们就还是好孩子。不如我们明天就回图书馆把这本书扫一遍码吧，让阿姨再给咱们打一份借阅的书单。”

佳佳点点头说：“好呀，晓菡，咱们明天早点去，这样看书时心里也踏实。”

晓菡点点头，笑着说：“好，咱们约一下，图书馆是早上九点开门，咱们八点半出发，就这么决定了！”

诚实做事，同时也要对人和善，做一个善良的孩子，但也要有一些锋芒，要有辨识能力，学会自我保护。

晓菡从小就爱帮助身边的人，待人接物都很和善。有一次在回家的路上，有一个老奶奶将她拦住，说：“可怜可怜我吧，我好久没吃东西了，帮我买点吃的吧！”

晓菡看到老奶奶很可怜，于是拿出自己的零用钱给她，谁知老奶奶不要钱，偏要她去店里帮她买。本着助人为乐的精神，晓菡指了指马路对面的沃尔玛说：“那我去对面的超市给您买两个面包吧！”

老奶奶连连摆手，说：“不用那么麻烦，我知道拐角那儿有家小店，他们家卖东西很实惠，你去那儿给我买吧。”

晓菡心里一动，她察觉到了危险。老奶奶说的小店位置偏僻，人流很少。正常来说，老奶奶应该收下钱或者就近买点吃，怎么会让她往偏僻的地方走呢？妈妈经常教育她要有自我保护意识，不要轻易相信陌生人，于是她朝着人多的地方退了一步，并且拿起手机说：“这样吧，老奶奶，咱们打电话让警察叔叔来帮忙吧！我妈就在对面等我呢！警察叔叔一定会愿意帮你的，这样就有人帮你买吃的了。”

老奶奶一听到“警察”二字，脸上的笑容顿时就没了。她四处看了看，说：“不用了。”然后转身走了。

晓菡松了一口气，自言自语道：“这个老奶奶果然有问题。”

回家后，晓菡将这件事告诉了妈妈。妈妈握着她的手说：“好孩子，你做得很对。我们是应该对身边的人好一点，也要主动帮助他人，但在帮助他人的时候要学会自我保护，有危机意识，绝不能让坏人有机可乘。”

晓菡点点头说：“嗯，妈妈，我记住了。你之前告诉过我，如果有成年人找我帮忙，一定要警惕。有些事情如果连他们都做不了，那我也做不了。对于刚才这种模棱两可的情况，我就可以打电话让警察叔叔帮忙。”

妈妈赞许地拍了拍晓菡的肩膀，说：“对，女儿，我们要对人和善，真诚善良，但也要有危机和安全意识，在保护自己的前提下帮助别人，也要有一点锋芒。你做得很好！”

情商修炼手册

亲爱的女孩，你知道吗？对于我们来说，品质比智力更重要。聪慧可以帮助我们提高学习知识的能力，而品质决定了我们未来将学到的知识运用到什么方向。我们的未来是无可限量的，有着千万种可能性。想要成为怎样的人，期待怎样的世界，这一切都需要我们用心去拼搏，不断地坚持和努力。未来是我们的，我们也有责任让自己变得优秀，因为我们改变了，这个世界才会跟着改变。

做一个真诚、善良的女孩，用心经营属于自己的人生，修炼内在的品质，拥有一颗善良的心。慢慢地，我们就会发现，我们怎样对待这个世界，世界就会怎样对待我们。

我们要用心对待身边的人，与人相处时要真诚，要表达善意。温和做事，遇到事情不急躁、不动怒，等平静下来再去解决问题。我们对人善良，不伤害他人，别人才不会伤害我们，这都是相互的。当我们拥有优秀的品质时，就会吸引与我们同样优秀的人，我们彼此之间互相影响，共同进步，就一定会有所收获。

法国作家雨果曾经说过："善良的心就是太阳。"

亲爱的女孩，做一个"太阳"女孩吧，让我们的善良像阳光一样照耀身边的人。

拥有一颗感恩之心

我们这一代是在父母的呵护中长大的孩子，隔代抚养更容易存在溺爱的教育方式，导致很多人在日常生活中对父母和亲人的感恩之心并不强烈，甚至有很多人不懂得感恩，不知道如何感恩。

美国心理教育专家马斯特曾经做过一项长达二十年的跟踪调查，他认为："从小就学会感恩的孩子，其睡眠质量、心理状态和整体发育水平等，都比从不感恩的同龄孩子更好，而且较少出现抑郁、焦躁等负面心理，也很少参与殴斗等暴力行为。他们的朋友会比较多，长大成人后婚姻也相对更为幸福、稳定，对生活的满足感较为长久，更能跟社会和谐相处。"

懂得感恩的孩子未来会更加幸福，也会变得更优秀。当然，感恩这种品德不是与生俱来的，而是需要培养的。除了父母对我们的教育，我们在生活和学习中也要主动学习，点滴积累，培养出懂得感恩的优良品质。

蓉蓉是一个被娇生惯养的女孩，在典型的"4+2+1"的家庭中长大。父母对她的教育方式还算正常，可四位老人对她可谓是十分溺爱。有一次，爷爷和奶奶来看她。奶奶买了荔枝和杨梅，洗水果时将荔枝和杨梅进行了分类，将更大更红的荔枝和杨梅放在一个盘子里，而被挑剩下的放在另一个盘子里。她让孙女吃挑出来的好的那一盘，而其他人吃被挑剩的那一盘。

奶奶把水果送进书房，正在写作业的蓉蓉立刻站起来接了过去，说："奶奶辛苦了，谢谢奶奶帮我洗水果，奶奶你也吃点吧。"

奶奶连连称赞，说："乖孙女长大了，真懂礼貌。你先吃吧，外面还有，我洗了两盘呢。"

蓉蓉笑着说："我正想休息一下，那咱们一起吃吧。"来到客厅后，她看到两盘水果是有大小之分的，心想，奶奶又将好的水果留给了她，而自己吃不好的。于是，她将两盘水果混在一起，说："奶奶，以后吃水果不要有差别对待了。我是小孩子，没有赚钱能力，这些水果都是你们买的，大家都应该吃一样的。我不应该是被特殊对待的那一个。"

奶奶摇摇头说："我们愿意把大的、好的留给你吃。快吃吧，奶奶帮你剥一颗荔枝。"

蓉蓉也摇摇头，说："奶奶，我们老师经常教育我们要有感恩之心。以前我认为自己是家里的老大，所有好吃的、好玩的都应该属于我。我吃水果要吃进口的，穿衣服要穿名牌，我以为自己天生就该拥有这些，从来没有对你们说过'谢谢'，认为这些都是理所当然的。可是事情不是这样的，爱是相互的，我也应该学会感恩。所以，奶奶，以后我和你们都吃一样的水果。我也非常感谢奶奶帮我洗水果，奶奶，我爱你。"

奶奶很感动，摸着蓉蓉的手说："好孩子，你长大了，也懂事了。好，奶奶记住了，以后不区别对待了。"

蓉蓉点点头，剥了颗荔枝递给奶奶，笑着说："奶奶，吃荔枝。"

奶奶笑着说："好，好，谢谢宝贝孙女。奶奶也谢谢你，谢谢你帮奶奶剥荔枝。"

情商修炼手册

亲爱的女孩，学会感恩，懂得感恩，拥有一颗感恩的心，对于我们优良品格的塑造是有重要作用的。那么在现实生活中，我们应该如何学会感恩呢？

1. 感恩要从小抓起，从每一件小事开始，逐渐培养感恩意识。

感恩意识的培养很大程度上要靠父母的言传身教，我们要在家庭和社会的熏陶下学会感恩，拥有感恩的意识。感恩可以从每一件小事做起，当我们接受了他人的帮助，就需要铭记在心。不仅如此，我们还要有帮助他人、关怀他人的意识。感恩要从小培养，每一件小事都要注意。对于感恩这件事，不能不拘小节，而是要将这种意识融入生活，滴水之恩，当涌泉相报。

2. 在日常生活中强化感恩的行为，感恩从说"谢谢"开始。

言语上要多说"谢谢"，要发自内心，真诚地说出"谢谢"，将自己的感激之情表露出来，发自内心的感激会增进彼此之间的感情。在生活和学习中强化感恩的行为，当我们心存感激时，可以通过自我鼓励来强化感恩的心。

3. 学会换位思考，当易地而处时，我们才能真正体会到感恩的意义。

当我们的认知能力增强时，我们也可以通过换位思考体会感恩的意义。我们可以和身边的同学或朋友互换角色，这样就会发现，当我们付出辛苦帮助了他人后，在听到他人感激的声音时是很开心的。我们也可以换位思考，体会父母和师长的辛苦，在体验和思考中学会感恩。

4. 感恩，要从感恩父母开始，感谢爸爸和妈妈不求回报的付出。

父母对我们的爱是不求回报的，也是无私的，但我们不能觉得这一切都是理所当然的。我们也要爱父母，心存感恩之心。爱是相互的，父母在为我们"计深远"的时候，我们也要尊重和爱护父母。

5. 多参加集体活动。我们要懂得奉献，学会关心他人，这样才能体会到感恩的精髓。

在集体中，要有集体荣誉感，主动帮助有需要的同学或朋友，在相互帮助中学会感恩。我们每一个人都是平等的，在他人为我们提供帮助时，我们要心怀感恩；同时，在集体中学会承担责任，锻炼责任感，培养奉献精神。

乌鸦有反哺之情，羊有跪乳之恩。感恩对于我们来说，也是一种重要的态度和品质。拥有一颗感恩之心，弘扬中华民族的传统美德，感恩父母，感恩亲友，感恩师长，感恩每一个帮助过我们的人。感恩的心会让我们的精神世界更加饱满，也会使生活更加有意义。

我们每一个人从出生开始就好似一粒种子，经过父母的精心浇灌，周围人的帮助和关怀，我们才得以健康成长。我们要让感恩的种子在成长的过程中生根、发芽；同时，我们也要做一粒种子，将感恩的精神传播开去。

我想，人生的意义大概就是传承吧。当岁月更迭，时光流逝，真正留存久远的就是那些我们一代又一代传承下来的东西。父母教会我们爱和感恩，我们学会之后又会教给自己的下一代。将那些美好的、向上的、积极的品质传递下去，这大概就是一种独属于我们自己的精神力量吧！有了优良品质的传承，我们的人生才有了意义。

发扬勤劳和节俭的传统美德

勤劳和节俭是中华民族的传统美德，我们要谨记“一粥一饭，当思来之不易；半丝半缕，恒念物力维艰”。继承和发扬中华民族传统美德是我们每一个人都应该做的。作为学生，我们应该从身边的小事做起，树立勤劳节俭光荣、懒惰奢侈可耻的观念，勤劳勇敢，自己的事自己做，克服懒惰，不浪费一粒粮食、一滴水、一张纸，从自己做起，从小事做起，为整个社会奉献自己的绵薄之力。

我们每一个人都是渺小的，力量也是绵薄的，但是如果每一个人都从小做起，从身边的小事做起，那么积少成多，所有人的力量凝结起来就是强大的。当我们自己改变了，外面的世界也会变化，一切都会朝着好的方向前进。

小茹是一个懒惰的女孩，从不参加班级的课外活动，也不愿意做运动。在家里，晚餐吃过后她就想躺在床上，不会帮妈妈刷碗，也不收拾屋子，就连袜子都需要妈妈帮忙洗。她还爱攀比，看到同学买了新衣服，就会要求妈妈给她买；看到同学换了手机，尽管自己的手机才用了一年，她也会哭着要爸爸给她换。她不知道勤劳和节俭的意义，也不懂得珍惜，新买的东西还没玩几次就被压在箱底了。

初一的暑假，妈妈要去偏远山区支教两个月。为了让小茹对勤劳和节俭有深刻的体会，妈妈将她带到了支教的山区。山区的孩子为了上学，要走十多公里的山路，每天中午只能吃窝窝头和咸菜，每个孩子身上穿的衣服都很破旧。小茹很不理解，问妈妈："妈妈，为什么这里的孩子都吃那么难吃的东西？那个窝窝头我尝了一口，太难吃了，简直难以下咽。还有，他们的衣服怎么那么破？"

妈妈说："女儿，你不知道，这个地方很穷，山地的粮食产量不够，就连你说的难以下咽的窝头，对他们来说早就习以为常。当你觉得饭菜不好吃，嚷着要吃汉堡王的时候，有的孩子连饭都吃不上，甚至还有人不知道汉堡是什么。他们在很小的时候就帮家里干活了，这些都是你想象不到的。"

小茹点点头，说："嗯，他们的手指很粗糙，还有磨出茧子的。"

妈妈摸了摸小茹的头，说："女儿，你出生在城市里，衣食无忧，还可以受到良好的教育，可对于他们来说，能够上学就非常开心了。所以，女儿，我们要向他们学习，因为他们勤劳、节俭，乐观向上，在恶劣的环境下还努力学习。"

小茹说："妈妈，你说得对，我明天就把带来的零食都分给他们，和他们一起坐在教室里学习。这一个月以来，我还认识了好几种能吃的野菜，真的很有意思。"

妈妈点点头说："嗯，好孩子，你做得很好。"

小茹继续说："妈妈，我以后绝不浪费一粒粮食了，因为我终于知道粮食是怎么来的了。每一粒粮食都来之不易，都需要付出辛苦和汗水才能获得。我要节约粮食，再也不浪费了。”

妈妈笑着说：“加油，女儿，妈妈相信你可以做得很好。勤劳和节俭是我们中华民族的传统美德，我们不能忘，要继承和发扬这些优良的传统，从小事做起，从自己做起。”

小茹笑着说：“嗯，妈妈，我知道了！”

情商修炼手册

行为心理学上有这样一种说法，习惯是人的第二天性。良好的习惯需要培养，诸如勤劳、节俭、勇敢、善良这些优良的品质，是我们点滴积累而成的。如果我们在生活中坚持这些良好的习惯，它们就会慢慢成为我们内在的力量，变成我们品格的一部分。理所当然，勤劳和节俭也需要我们加以培养形成习惯。

亲爱的女孩，我们都知道勤劳和节俭是美德，也愿意将它们变成我们内在的品质。但有些女孩觉得，如果本身已经习惯了懒惰和奢侈，该怎么办呢？改变很难，但我们也要努力去做。一定要及时摒弃错误的思想，并且认真改正，树立正确的价值观和人生观，坚持朴素的作风，勤劳勇敢，不浪费，不铺张，崇尚节俭。改掉坏习惯，坚持好习惯，这样我们才会不断地进步，提升自己。

那么，我们在生活中如何树立勤劳和节俭的意识呢？

1. 自己的事情自己做，勤劳一点，不要有懒惰心理。

培养独立的意识，力所能及的事情要自己做，不过分依赖身边的人。勤劳是进步的基础，任何奋斗和进步都离不开勤劳。勤能补拙，勤劳也可以锻炼意志。如果生活中的每一件事都依赖家人，时间长了，我们就会变懒惰。

2. 参与家庭劳动，从小事上培养勤劳的意识，比如帮妈妈洗碗，帮爸爸擦地。我们是家庭的一分子，勤劳要从小练起。

虽然我们现在是以学习为重，但也不要忘记全面发展，不要觉得处理日常的家庭事务浪费时间。很多东西是在日积月累中形成的，比如勤劳的品质。我们可以从小事做起，在现实生活中身体力行。

3. “谁知盘中餐，粒粒皆辛苦。”不浪费每一粒粮食。节俭，从珍惜每一粒粮食开始。

每一粒粮食都来之不易，都是农民伯伯辛苦劳动的结果。世界上还有很多人吃不饱、穿不暖，我们要以身作则，不浪费，不铺张，节俭地生活。

当然，也不能浪费每一滴水，让水流到更需要的地方，而不是任由水白白流走。

4. 消费要理性，不为了炫耀而消费，避免冲动消费，量入为出，实事求是。培养正确的财富观和金钱观，追求质朴的生活方式。

节俭并不等于吝啬，节约不浪费，不是对自己吝啬，也不是对别人小气。我们要培养的是节约的意识，不铺张浪费。要知道金钱来之不易，是靠劳动换来的，一切消费以需求为主，不要盲目攀比。

5. 参加公益活动，从劳动中体会勤劳的意义，在对比中懂得节俭的可贵。

给自己创造一些机会，多参加一些公益活动，在实践中体会勤劳的含义，培养节俭的习惯。比如每年的植树节，我们可以亲手种一棵小树，在劳动的过程中体会坚持与合作的力量。挖坑、栽树、埋土、浇水，每一步都亲力亲为，最后看到这株小树茁壮生长，我们就能体会到劳动的喜悦，这也是勤劳的意义。

亲爱的女孩，我们要继承和发扬中华民族的传统美德，在生活和学习中慢慢成长和进步，掌握勤劳和节俭的重要意义。

淡然地面对生活中的一切

面对生活，我们要有一种淡然处之的心态，无论是情绪管理还是人际交往，都应该用心去做，努力拼搏，然后顺其自然，不过分纠结结果，只享受改变的过程。

当然，一分耕耘，一分收获，我们肯定会对结果有所期待。付出了努力，拼尽了全力，就应该有相应的回报。但现实生活中，有很多事情是没有对等的回报的，给予与获得存在量和质的差异。如果能明白这一切都是正常的，那么在失败的时候，在遭受打击的时候，我们也能有很好的心态去面对，不急不恼，不焦虑也不自卑，调整心情后，淡然地面对现实，再重新来过。

我们从小就要培养这种淡然处之的心态，无论人生道路出现什么磨难，遇到什么难题，无论成功，还是失败，无论顺利，还是曲折，都要抱有一种淡然的信念。

虽然达到“不以物喜，不以己悲”的境界很难，但也要有一种“山登绝顶我为峰”的信心。只要淡定、自信，就没有什么能够难倒我们。

娜娜最近有些烦闷。因为她说话太过直接，让很多同学下不来台，导致她在班级里的人缘很不好，大家都不愿意和她说话，有什么活动都避开她，不和她一个小组。此外，她的情绪管理能力特别差，高兴或者生气都挂在脸上，她常常对身边的人发脾气，可下一刻如果发生快乐的事，她又会对同学露出笑容。这种戏剧性的情绪变化让她身边的人很难接受，久而久之，想和她相处的朋友越来越少。她觉得很无助，认为自己被孤立了。

娜娜将学校发生的事告诉了妈妈。妈妈跟她说了情商的重要性，并且告诉她，只要认真学习和领会，她也可以提高情商水平，她与同学的关系也会好转。从那以后，娜娜开始认真学习情商知识，牢记各种方法，努力提升自己的情商。渐渐地，她说话和办事的方式确实跟以前不一样了，与同学的关系也缓和了。

但她的情绪管理能力仍旧不好，遇到一点事情就着急、焦虑，甚至会害怕和退缩。有一次，她的体育考试成绩没达标，她试了几次还是不及格，接着，她的情绪便崩溃了，她非常生气地摔了计时器，跑到一个没人的地方哭了起来。

与她一组的同学小荟走过来劝她："娜娜，别哭了，这样解决不了问题，咱们现在要想想怎么做才能达标。你觉得呢？"

谁知娜娜听了更生气，说："不用你多管闲事，管好你自己吧，烦死了。"

小荟听了，低头一笑，没有生气，反而无所谓地摇摇头，说："咱们是一组的，最后还有小组成绩呢。你过了，我们小组才能拿分啊。不管你说什么，今天我都不会走的。"

娜娜看了小荟一眼，说："我这么说你都不生气？"

小荟笑了笑，说："生气啊，但我不放在心上。只要我不在乎，就不会生气。"

娜娜看着小荟谈笑风生的样子，突然有些羡慕。小荟是班里脾气最好的女孩，娜娜从未见她发过脾气。小荟总是和和气气的，遇到任何难题都能很顺利地解决。想着想着，娜娜就把心里的话说了出来。

小荟听了，摇摇头说："其实我从前不是这样的。以前我也会发脾气，情绪波动很大，遇到问题就哭鼻子，难题都是靠别人解决。后来，我慢慢地开始改变，学着和坏情绪和平共处。渐渐地，我就冷静了很多。我告诉自己，事情已经发生了，再多的懊恼也无济于事，还不如让自己冷静下来想想怎么解决。"

娜娜问："我也想改变，可是太难了。你可以毫不费力地面对各种问题，真是太棒了，我觉得我做不到。"

小荟笑了，说："哪里是毫不费力呢？我也曾像你一样崩溃过，咱们的情况都是一样的，我是一点点坚持下来的。你如果坚持下去，也可以像我一样。"

娜娜说："真的吗？我也可以像你一样吗？"

小荟点点头说："当然。面对难题或挑战，你要不断地告诉自己冷静下来，先让自己的心平静下来，再面对眼前的事。只要我们将一切看淡，以平和的心态面对难题，问题一定会解决的。"

娜娜朝前走了两步，深呼吸了几次，说："好，那我再试一试，我要向你学习，成为高情商的人。"

情商修炼手册

亲爱的女孩，高情商的人往往会给人一种气定神闲的感觉，处理任何事都好似不费吹灰之力，很令人羡慕。或许，我们觉得其他人提高情商很容易，他们可以很好地管理自己的情绪，理顺生活，人际关系处理得也很好，似乎没有什么能够难倒这些高情商的人。可同样的事情换成我们去处理，就堪比“蜀道之难，难于上青天”。

其实，这都不是真实的情况，我们看到的只是结果。我们要时刻谨记，要想看起来毫不费力，背后就要付出辛苦。一分耕耘，不一定会有一分收获，但只有认真地耕耘了，我们才有收获的可能。

高情商的人，最后达到的状态是一种“气”的和顺，是遇到问题时可以淡然处之的心境。同时，它也是一股力量，是冲破束缚和黑暗找到自由和光明的决心。所以说，高情商的人，无论是在当下，还是在未来，都可以所向披靡。

亲爱的女孩，不要觉得成为高情商的人很难。简单来说，情商修炼所包含的各种内容都可以浓缩为三个步骤。任何方法都是可以举一反三的，而所有问题的解决办法最后都可以被归纳为这三步。

第一步，想办法让自己冷静下来，我们在平和的心态下才能高效地处理问题。

我们在处理问题的时候最能体现自己的情商。任何事都可以被当作即将被解决的问题，包括情绪、人际关系、社会交往，以及突发事件等。我们可以把生活中的很多问题看作是在考验我们的心态，如果我们无所畏惧，遇到什么难题都能冷静地思考，看淡一切，那么难题终究会被解决。任何事情都有解决的办法，我们要做的就是先调整心态，要平和、淡定。

第二步，直接面对问题，不逃避，不退缩。

心态调整好了，内心也平静下来了，接下来就是直接面对问题本身。不要逃避，也不要害怕，要相信任何问题都会有解决的办法。

第三步，重总结，多反思，积累经验。

我们越长大，经历越丰富，积累的经验也就越多。

当处理完一件事后，要拿出一些时间进行反省和总结，反思不足，总结经验，将有效的方法记录下来，就像写反省日记一样。很多问题的解决办法是相似的，我们经历得多了，再遇到类似的问题时就不会觉得难了。经历也就是成长，不断地成长也会成就未来更优秀的自己。

高情商的人做事更容易成功。学习提高情商，也就是学习做事，高情商来自生活经验的积累，能够引导我们顺利解决问题。亲爱的女孩，当压力和难题出现时，如果我们能淡化它，甚至无视它所带来的负面压力，那么一切就会变得简单起来。我们提高情商水平想要达到的结果就是能够解决问题和烦恼，变得幸福和快乐。

删繁就简，将一切都简单化，淡然地面对生活中发生的一切，我们终将会变成一个高情商的女孩。

不完美才是人生的寻常之美

“完美”的汉语解释是：“具有所有必需的或令人满意的要素、品质或特征，没有漏洞和缺陷。”完美，这似乎是一个乌托邦式的词语，想要达到完美的标准，几乎是不可能的，它只存在于理想中，不符合现实。

现实生活中，我们受外部环境的影响，有可能形成完美主义心理，目标制定得过高，对自己的要求过于严格，一旦完成不了就会自我批评。我们会害怕不完美，失败后容易情绪崩溃，也容易引发自卑心理，产生抑郁的症状。完美主义者都是按照高标准来进行自我评价，觉得自己只有完成了最高目标才算优秀。

有研究表明，对完美的崇尚度与患抑郁症的概率是成正比的，越追求完美，就越有可能自卑或抑郁。因此，我们在学习和生活中要懂得自我保护，制定符合自己水平的目标，对自己的要求不要太苛刻，凡事都要保持一种平衡。

小希是一个崇尚完美的女孩，会因为考试做错了一道题伤心好久，考了99分也不会开心，反而会一直纠结没考100分，觉得99分和0分没有什么区别。她写作业很慢，要求每一个字都写得漂亮，一旦觉得不完美就会擦掉重新写。别人用一个小时能完成的作业，她需要花费三个小时以上。她对自己要求严格，完成不了目标就会失落、低沉、闷闷不乐。

因为制定的目标过高，对自己的要求过严，最后的结果在她眼里都是失败的。她每次都受打击，还因为写字慢被老师批评。久而久之，她总被打击，一直失败，最后变得越来越没有自信，开始自卑起来。整个人就像被乌云笼罩，没有一点学生该有的朝气。

小希情绪很低落，也变得不爱交流。妈妈察觉到小希的状态不好，于是准备找机会和小希沟通一下。她带小希去了一家她们都很喜欢的餐厅。吃完美食后，妈妈开口问道："小希，最近怎么了？有什么事困扰你吗？怎么一直闷闷不乐的？"

小希握紧了双手，说："妈妈，我觉得自己太失败了，做什么都不成功。我觉得我越来越没自信了，什么都不敢做，害怕再失败。"

妈妈知道，小希很自律，对自己要求很高，也有很强的自主学习能力，但就是太渴望完美了，给自己制定的目标太高。她想好好开导一下小希，问道："小希，那你认为什么是失败呢？"

小希想了想，对妈妈说："我觉得完不成设定好的目标就是失败。这次期中考试我给自己设定的目标是第一名，如果没考到第一名，我就没完成目标，就是失败了。"

妈妈又问了一个问题："可是妈妈觉得你这一次考得很好，比第一名就差了不到10分。在别人眼里，你已经很优秀了，为什么要在意设定的目标呢？"

小希摇摇头，说："可是，不是第一就不完美了。我想要完美，想要成功。”

妈妈也摇了摇头，说：“孩子，你追求完美，自主学习能力强，妈妈很欣慰，也为你感到骄傲。适度的完美主义可以让你更有劲头学习，但过于完美主义，只追求完美的结果，那就会适得其反。另外，也不要因为追求完美而将目标设置得过高，目标要符合自己的情况，要适度。你可以把一个大目标拆分成几个小目标，然后逐个攻破，这样会增强你的自信心。反之，被高目标笼罩，只追求完美的目标，就会影响你的心情，打击自信心，甚至导致你被负面情绪困扰。”

小希仔细听了妈妈说的话，点点头，说：“妈妈，我觉得你说得也对，但我一时之间还是难以理解，要好好想想。”

妈妈笑着说：“你学习能力这么强，这一次一定能从牛角尖里钻出来的。你回去好好想一想，自己究竟想要达到什么样的目标，想要怎样的结果。其实不完美才是人生的常态，你要放平心态，接受身边发生的一切事情。”

小希重复了一遍“不完美才是常态”，然后笑了笑，说：“妈妈，我会好好想一想的，相信我会想明白的。”

妈妈拉着小希的手，鼓励道：“嗯，妈妈也相信你。”

情商修炼手册

亲爱的女孩，完美主义虽然存在弊端，有可能影响我们的身心健康，但我们要用辩证分析的方法看待完美主义。

完美主义者分为两类，一类是健康的完美主义者（healthy perfectionists），他们对完美的追求适度，有较高但又不是极高的标准，制定的目标可以实现，其思维很有条理，有主见；还有一类是功能障碍型完美主义者（dysfunctional perfectionists），他们的标准极高，对自己要求极其严格，害怕犯错误，承受不了失败的打击，做事往往会表现得犹豫不决。

健康的完美主义者可以把握追求完美的平衡点。月满则亏，水满则溢，追求完美也是一样。世界上并不存在绝对完美，有的只是相对完美。找到恰到好处的、适合自己的标准，量身制定目标，才能激发我们的潜能。

研究表明，健康的完美主义者，他们的变量最低，认真度最高。也就是说，一旦制定了目标，有了奋斗的机会，这些健康的完美主义者就会努力奋斗，持之以恒，不会半途而废。

完美，只是一个相对的概念，任何人都可以追求完美，但我们要坚持适度原则，做一个健康的完美主义者。我们生活的世界充满挑战和机遇，同样也存在美好和快乐的东西，值得我们用心去追求、去探索。如果用力过度，或者过分执着于完美，我们会变得很累。一旦失败，结果与设想的目标不一致，我们就会产生巨大的心理落差。一旦过不去横在心里的坎儿，就有可能引发心理问题，我们甚至会陷入抑郁的黑洞。

在生活和学习中，我们要有“不完美”的意识，凡事不要过分追求完美的结果。学习目标不宜制定得过高，我们可以把一个大目标细分成很多小目标，完成既定目标还会增强我们的自信心和自豪感，说不定我们会被自己的潜力惊到。

不完美才是人生的寻常之美，我们每一个人都是很普通的存在，但在爱我们的人面前，我们又是不平凡的。我们要接纳自己的不足和缺点，有针对性地改变和提高。正因为我们“不完美”，我们才更有动力去提升自己，完善自己。

亲爱的女孩，从此刻起，接受和面对自己的“不完美”吧，现在的我们就是一种相对完美的状态。我们每一个人的成长过程都是不一样的，制定的目标也大相径庭。飞得更高更远固然好，但是飞到适合自己的地方，生活才会更美好，也更幸福。

加油，亲爱的女孩，祝福我们都可以在自己的成长道路上找到适合自己的目标，努力实现梦想。

一切都是最好的安排

心理学中有这样一个观点，人的行为是由强大的内部力量驱使或激发的。这属于心理动力学（psychodynamic）的范畴，心理动力学又称为精神动力学或精神分析学。内在的力量可以改变外在的行为，认知行为习惯的养成也大多源于内在的驱动力。简单来说，心态影响我们的人生。

一切都是最好的安排。我们从出生开始，就拥有了属于自己的人生。为了过好这一生，我们不断地学习、奋斗、进步。渐渐地，我们有了自己的认知习惯和内心的想法，行为能力逐渐加强。

当然，在成长的过程中也有不如意的时候，会遇到挫折和坎坷，也会经历失败和痛苦，但成长赋予我们的力量就是接纳和改变，接纳当下发生的一切，改变自己的认知行为，完成蜕变。

小靓是一个对自己要求严格的女孩，她有很强的自主学习能力，学习成绩在年级中名列前茅，是老师眼中的三好学生。上了高中以后，她对自己的要求更高了，一切以备战高考为主，不做与学习无关的事情。

可是，高考成绩下来后，她与自己的理想学府失之交臂。尽管她的分数很高，比重本线高出近一百分，录取她的学校也是全国排名前十的大学，但她仍备受打击，把自己关在房间里，不说话，也拒绝和别人交流。

小靓对自己的期望值太高，这都化作了压力压在她心上。因为没达成目标，所以心态崩了，内心也因为过不去这道坎儿而痛苦不已。

妈妈很焦急，担心女儿的身心健康。她连夜查阅资料，发现录取女儿的高校每年考入北京大学读研究生的学生很多，而且录取的专业也是女儿最喜欢的。于是，她隔着房门对女儿说："小靓，你很优秀，一直以来都是爸爸和妈妈的骄傲，从前如此，现在更是这样。你虽然没有被心仪的学校录取，但你选择了这所学校最好的专业，你不是最喜欢生物学吗？这所学校的生物学在全国都是数一数二的。而且，妈妈觉得你的学业不会止于大学本科，你还会继续深造，读研、读博，对吧？妈妈知道，跨过眼前这道坎儿，对你来说有点难度，但你可以换一种心态来面对，考大学只是你进入社会的第一步，以后你还会遇到更多更难的事情，我们不能总是用这种逃避的方式来处理。女儿，妈妈相信你可以振作起来，因为还有更美好的未来在等着你，对不对？"

小靓静静地听完妈妈说的话，说："妈妈，我一直都觉得我能考上北大，也不止一次地在别人面前说出自己的梦想。现在我没考上，觉得自己挺丢人的。"

妈妈摇摇头说："傻孩子，梦想之所以让人念念不忘，是因为它太美好了。谁说梦想只能拼搏一次的？北大是你的梦想，只要你不放弃，那这个目标就一直在。你考研究生时可以试一次，考博的时候还可以再试一次。"

小靓说："可是妈妈，我已经很努力了，为什么却没有好的结果呢？”

妈妈说：“这一次妈妈要告诉你一个道理，并不所有的努力都有相应的回报。有的时候，我们付出了所有的努力，拼尽了全力，结果还是会失败。但我们就止步于此了吗？我们虽然失败了，但也有收获啊。我们享受了拼搏的过程，积累了经验，定会厚积薄发，只要不放弃，梦想就不会破碎。”

小靓打开了房门，妈妈将她抱在怀里，说：“孩子，除了自己，没有人能够打败我们。心态决定未来的发展和趋势，你要相信，一切都是最好的安排。我们要做的是接纳和改变，接受眼前发生的事情，然后改变自己，提升自己，明白了吗？”

小靓看着妈妈，说：“妈妈，我懂了，我不应该因为经历了失败就一蹶不振。我只是对自己要求太高了，一旦没完成就有些焦虑和自卑，这样很不好。我的抗打击能力太差了，我还需要努力。”

妈妈拍了拍小靓的肩膀，笑着说：“妈妈相信你，大胆地去做吧！你马上就是一名大学生了，妈妈相信你会做得很好、很棒！加油！爸爸和妈妈永远都支持你！”

情商修炼手册

加措在《一切都是最好的安排》中写道：“你要成为怎样的人，期待怎样的世界，一切由心决定。”

可以说，心态决定我们的未来。精神动力学的原理就是由内在驱动力决定外在的行为，我们的心决定了未来的改变。相信一切都是最好的安排，只要我们有平和的心态。当我们的心变得勇敢、坚强、不畏艰难，再加上坚持不懈，那么生活中的坎坷和磨难，我们会更容易应对。心态，也是我们的武器，让我们可以抵抗那些负面的情绪。

当然，相信一切都是最好的安排，并不是让我们安于现状，停止奋斗和学习，而是让我们拥有良好的心态，可以坦然接纳现实，不畏惧改变。

亲爱的女孩，或许我们正在题海中奋战，也会对未来感到迷茫，想要抓紧时间学习。在追逐梦想的过程中，难免会觉得紧张、焦虑，甚至对未知的一切感到害怕，担心遇到难以跨越的坎坷，不敢面对困难。其实，我们从出生开始，似乎就在马不停蹄地探索这个世界，努力学习，不敢懈怠。但我们也可以慢慢改变自己的心态，接受一切都是最好的安排，不追求快，慢下来感受当下的生活。或许你会发现，原来一直追逐的幸福就在当下、在眼前。

一切都是最好的安排，这也是一种积极的心理暗示，会产生正面的暗示效应。研究表明，儿童比成年人更容易接受心理暗示。因此，除了父母及其他人对我们的心理暗示，我们还可以进行积极的自我暗示，告诉自己：我做得很好，可以继续坚持。

外面的世界很大，我们的身体很小，但是我们的心可以装得下整个世界。它可以勇敢、坚强、积极、向上，还可以善良、真诚、宽容、有爱。生活和成长赋予我们的是一种向上的力量，这种力量可以改变一切。心之所向，定会所向披靡。

亲爱的女孩，成长的路上不止有阳光，还有风雨，不要担心，我们应该坦然接受和面对，不断改变，坚持到底。到最后我们终会明白，阳光让我们感受温暖，风雨让我们变得坚强。这也许就是成长赐予我们的美好和快乐吧！

致 女 孩 的 成 长 书

做个有出息的女孩

慕青衿◎著

北京时代华文书局

图书在版编目（CIP）数据

致女孩的成长书. 做个有出息的女孩 / 慕青衿著.
-- 北京 : 北京时代华文书局, 2021.8
ISBN 978-7-5699-4247-7

Ⅰ. ①致… Ⅱ. ①慕… Ⅲ. ①女性－成功心理－青少年读物 Ⅳ. ①B848.4-49

中国版本图书馆 CIP 数据核字（2021）第 134672 号

致女孩的成长书. 做个有出息的女孩

ZHI NÜHAI DE CHENGZHANG SHU. ZUOGE YOU CHUXI DE NÜHAI

著　　者 | 慕青衿

出 版 人 | 陈　涛
选题策划 | 王　生
责任编辑 | 周连杰
封面设计 | 乔景香
责任印制 | 刘　银

出版发行 | 北京时代华文书局 http://www.bjsdsj.com.cn
北京市东城区安定门外大街136号皇城国际大厦A座8楼
邮编：100011　电话：010-64267955　64267677
印　　刷 | 三河市金泰源印务有限公司　电话：0316-3223899
（如发现印装质量问题，请与印刷厂联系调换）
开　　本 | 889mm×1194mm　1/32　印　　张 | 6　字　　数 | 123千字
版　　次 | 2022年1月第1版　印　　次 | 2022年1月第1次印刷
书　　号 | ISBN 978-7-5699-4247-7
定　　价 | 168.00元（全5册）

目录

第1章　努力奔跑的女孩最迷人

002　每天多努力一点点

008　勤奋比天赋更重要

014　胖小丫也可以是万人迷

019　告别拖延，积极解决问题

025　用你的行动成就你的梦想

第2章　自信会让你更美丽

032　没有人是完美的

038　坚持走自己的路

043　不要因贫穷而自卑

049　自信是通往成功的第一步

056　学会接纳自己并肯定自己

第3章　成功需要善于学习

062　腹有诗书气自华
068　三人行，必有我师
074　读书是改变命运的阶梯
080　你知道的知识越多，就越有力量
086　只有知识，是永远属于你的宝藏

第4章　人生如逆水行舟，不进则退

092　学会面对逆境，勇于挑战自己
098　压力其实不可怕，谁能顶住谁老大
103　失败并不可怕，告诉自己：我可以
109　艰难困苦，都是人生赠予我们的风景
115　黎明前总是格外黑，成功前总是格外难

第5章 自制力会让你闪闪发光

122 被咬了一口的苹果的秘密
129 树立正确的人生观和价值观
135 学会调节和管理自己的情绪
140 尊重不同的声音，保留自己的意见
145 能控制住自己的人，才能掌握自己的命运

第6章 有出息的女孩才能做自己的女王

152 成为命运的主人
157 保护好自己的兴趣
162 有出息的女孩迎着梦想飞翔
168 不做他人的公主，只做自己的女王
178 世界那么大，你可以让父母去看看

第 1 章

努力奔跑的女孩最迷人

每天多努力一点点

从小到大，我们听得最多的一个词就是“努力”。

父母喜欢对我们说“努力”，因为这样我们就可以追赶上“别人家的孩子”；老师喜欢对我们说“努力”，因为这样我们就可以拥有拿得出手的成绩；同学、朋友喜欢对我们说“努力”，因为这样我们就不会被同龄人甩得太远。

我们每天淹没在这些“努力”中，只顾埋头苦干，直到有一天觉得精疲力尽了，处于崩溃的边缘，就像一根快要抻到尽头的橡皮筋。我们会不断地自我怀疑，心生埋怨：我是不是真的很笨，真的不是学习的那块料？不然，为什么别人看起来也没那么努力，却能轻松地考出好成绩？为什么我那么努力了，成绩却仍然上不去？为什么你们都要给我那么大的压力？为什么你们总是这样说我，明明我也很想考个好成绩的……

当我们在被动的努力中崩溃并自怨自艾的时候，我们忘了最重要的一件事，那就是我们为什么努力。

我们努力，是为了改变命运，是为了获得更好的生活，更是为了拥有更多的选择。

一提到努力，我就会想起我的一个初中同学。他上小学的时候，是那种典型的为了兴趣而学习的“任性”学生。他喜欢数学，却对语文的学习放任自流，所以当他从小学升入初中后，语文成绩就开始跟不上。他在初一、初二的时候，数学成绩在班级里甚至在年级一直名列前茅，但是只要语文成绩一下来，他特别突出的数学成绩就显得没那么亮眼了。他的总成绩一直保持在中上游水平，就连老师都说以他现在这个总成绩，只能考普通高中。

初二暑假过后，初三上半学期一开学，我们忽然发现他好像有什么地方不一样了。他每天早上都是第一个到校。午饭过后，其他同学都因为顶不住紧张的学习氛围，或者抽空出去呼吸新鲜空气，或者在教室里偷偷用MP3听音乐，或者因为前一天晚上熬夜学习而趴在座位上补觉，只有他抱着语文书孜孜不倦地背诵那些枯燥的文学常识，还有古文的翻译和注释。他经常一背就是一中午，直到其他人都睡醒了，准备应对下午的课程时，眼带红血丝的他才起身去水房用冷水洗一把脸，然后再回到教室上课。

最让我们不能理解的是，他连打扫卫生、上厕所和放学骑车回家的路上，嘴里都在念念有词地背诵古诗词。我们一度以为他学“魔怔”了，毕竟以他的成绩考上高中是绰绰有余的。更让人担忧的是，他因为睡得太少，差点晕倒在体育课上。我们都不明白他为什么这么努力，该努力的难道不应该是想要考上高中却还差一点点的人吗？

可是就算他这么努力，那些被他丢下多年的语文知识点依旧像一座大山似的压在他的身上，他每一次考试的语文成绩还是不上不下，让别人看着都觉得喘不过气来。就连班主任都怕他受不了打击，忍不住劝他："努力是可以改变一些现状，但是努力也不一定会有收获，都这个时候了，我们也只能顺其自然了。"

对此，我们也深以为然，可是他并没有放弃努力。

每天，他依旧见缝插针地背诵语文知识，每次考试结束，他都认真地分析自己的语文卷子，分析自己丢分丢在哪里，还有哪些地方可以进步。哪怕是一分的填空题，他都不允许自己有失误的地方。作文比上次多丢了一分，或者多考了一分，他都会找语文老师问半天。后来，语文老师看见他都怕得绕路走，他还被语文老师办公室的其他老师笑称为"老师愁"。

我们都认为他把时间全部浪费在语文这一门学科上面是不明智的，与其这样，还不如想想怎么提升其他学科的成绩来平衡语文成绩所拖的"后腿"。但是他就这么日复一日地坚持到了初三的下半学期。

初三下半学期第一次摸底考试成绩出来的时候，我们忽然发现他的语文成绩比上半学期高出了十多分。虽然这个成绩在班级里排名也只是处于中上水平，但是对于他来说，已经进步了太多太多。因为这十分，他的总成绩也从年级中上游水平跳跃到了重点高中分数线的边缘。

同学和老师们都为他高兴，他却没有因为这点进步就改变自己的学习方式，而是一如既往，天天"入魔"式地跟语文"死磕"。

就这样，每次考试，他的语文成绩都会进步一点点，两分、三分、五分、十分。最终在中考的时候，他的语文成绩排名跻身班级前列，也以十分优秀的总分数考入了市重点高中，成为令我们望尘莫及的存在。

后来，我们进入了不同的高中，但是我听说他每天依旧如初般地学习。再后来，他又考入了一所十分了不起的大学，并且通过自己的努力，取得了双学位证书。如今，他进入了一家十分优秀的企业，做着自己喜欢的工作，拿着令我们羡慕的工资。

工作后，我们举办过一次初中同学聚会。聚会结束后，因为我们两个的住处在同一个方向，所以就结伴而行，我也终于把藏在心底多年的问题问出了口。

我问他："我有一个问题一直想不明白——初中的时候，到底是什么在支撑着你，让你能日复一日地跟语文'死磕'？要知道，你当时努力了很长一段时间，都没有取得理想的成绩。换成我的话，早就放弃了。"

听到我的话，他抬头看了一眼漆黑的夜空，笑着回答道："你不是第一个问我这个问题的人。初中毕业的时候，班主任也问过我同样的问题。可我的答案是一样的，那是因为我不认命，我想拥有更大的选择权。"

"选择权？"我不明白。

"对啊。我们都是从农村出来的孩子，家庭条件都一般，但是我们读书是为了什么？小时候，我觉得读书是为了长见识，可现在看来，读书难道不是为了选择更好的生活吗？我不想做一个被别人挑选的人，所以只好努力成为那个做选择的人，努力让自己变得更好，让自己可以选择一所好学校，选择一份好工作，选择舒适的生活，可以做自己想要做的事，买自己喜欢的东西。”

听完他的这些话后，我震惊地站在原地，久久没动。

是啊，我们努力是为了什么？我们所经历的那些因为解一道数学题而熬夜到凌晨一两点，第二天带着满眼的红血丝用意志坚持听课的日子；那些因为怕体育成绩不过关，每天放学后还要在学校多跑几圈再回家的日子；那些因为努力过后还得不到好成绩，背着别人哭完鼻子依然继续咬牙坚持的日子，是为了什么？

我们为的是父母、老师嘴里的好成绩，还是同学、朋友羡慕的目光？都不是，归根结底，我们都是为了自己以后可以站在更高的地方，拥有更大的选择权，可以凭借自己的实力去选择更好的生活。

正如这句话：你可以不努力，只要你能承受住不努力带来的代价。

这就是为什么我们的父母总是说：你要努力学习，努力这样，努力那样，否则你一定会后悔的。也许是因为他们曾经没有努力，后来吃够了生活的亏，所以才会不厌其烦地提醒我们。

而我们还在被动地“努力”，还在迷茫地问自己为什么要努力。下一次你还想问“为什么”的时候，不妨冷静下来想一想：我以后想要什么样的生活？我可以不眨眼地买下自己喜欢的物品吗？我可以过上随心所欲的生活吗？我可以不费吹灰之力地给父母提供养老的保障吗？

也许努力不能让你吃上山珍海味，但是如果不努力，你连自己喜欢的食物和水果都不一定能吃得上。也许你会在努力了一段时间后，仍然得不到自己想要的结果，但是也许你再多努力一点点，就会得到自己想要的。

我们都需要一次奋不顾身的努力，每天多努力一点点，就会更靠近心里那个让我们魂牵梦绕的圣地一点点。你肯定特别想看看那里的风景，经历一次因为努力而获得圆满的时刻吧？

勤奋比天赋更重要

你肯定听说过这句名言：天才，是百分之一的灵感，加上百分之九十九的汗水。

但你可能没有听过这句名言的后半句：但那百分之一的灵感是最重要的，甚至比百分之九十九的汗水还要重要。

看到这儿，你肯定会说：那你这个标题不是废话吗？

别急，亲爱的，我是想告诉你，爱迪生在说这句话的时候，意思是说天才在通往成功的必经之路上都需要不懈的努力，更何况我们这些生而平凡的普通人呢？

难道没有天赋的、平凡的我们，就注定要过平凡普通的一生吗？不是的，如果我们认知了自己的平凡，那就更应该用勤奋去弥补自己天赋上的不足。

我是从农村出来的孩子，小学时候的课余时间，我除了上山爬树，就是下河摸鱼，根本不知道什么叫特长。

然而在我小学二年级的时候，学校里来了一位新的音乐老师。他刚来的第一个学期，就通过教我们唱歌，关注到了我们谁有音乐天赋。我们不明白为什么这个音乐老师跟以前的音乐老师不一样。不就是上音乐课吗，为什么学习课程之前还要先唱两遍不同音高的“哆来咪发唆”？直到后来音乐老师挨个儿找我们，问我们想不想学乐器的时候，我们才知道，他想组建一支“校园器乐队”，而在当时，我们认知中的乐器，只有学校里的一架破旧的电子琴。

很多家庭条件不错、音准也不错的同学跃跃欲试，纷纷报名参加了学校的器乐队，包括我在内。然而，有一位大我一届的学姐，她的家庭条件不好，乐感也稍微差那么一点点。她每天都会在我们学习乐器的时候，在音乐教室的门口徘徊。她羡慕的目光从长笛、小号、萨克斯、单簧管上面流连而过，最终停在特别帅气的架子鼓上面，久久挪不开。

以她的家庭条件，她肯定买不起昂贵的架子鼓，而我们学校的架子鼓也是教育局批款下来才买的。当时，打架子鼓的小丽是我们当中音乐天赋最好、学习能力最强的，所以这位学姐虽然羡慕，但她也知道自己很难进入我们的器乐队，更难打上架子鼓。

很多同学都会去看我们的训练，但新鲜感一过，就不再在我们音乐教室外面流连。我们以为这位学姐也只是众多对乐器感到新鲜的同学之一，可没想到的是，她竟然每天雷打不动地到音乐室外面看我们训练。我还看到过，在音乐老师指导小丽打架子鼓时，这位学姐的手指跟着老师的动作，在窗台上敲打着。

久而久之，我们的音乐老师也注意到了这位学姐。音乐老师也是从一个小乡村出来的，得知这位学姐特别喜欢架子鼓后，就允许她在我们训练的时候旁听。

一开始，我们学习乐器都特别带劲儿，毕竟大家都是第一次接触乐器，也是第一次跟城市里的孩子一样，有了学习一技之长的机会。所以从开始吹不响乐器，到可以熟练地吹奏出音阶，我们只用了几天时间。然而，当我们还沉浸在会吹乐器的兴奋中时，音乐老师就开始对我们进行系统的训练了。练过乐器的人都知道，练习乐器之初，需要不断地熟悉指法，所以在接下来的一段时间里，我们不断地反复吹奏那些枯燥却不是我们心中理想音乐的谱子。而架子鼓那边，音乐老师也只是让小丽和旁听的学姐一起用鼓棒在教室外面的石阶上练习。

这段时间，我们当中一些耐不住枯燥训练的人开始偷懒。他们觉得每天重复这样的练习是在浪费时间，所以当音乐老师不在旁边的时候，他们就会开小差、聊天、休息。我偶尔也会偷懒，但那位旁听的学姐从来没偷过懒，不管音乐老师在不在，她都拿着鼓棒对着石阶有节奏地、不厌其烦地敲打，“嗒嗒”地练习双击。

音乐老师对练习架子鼓的同学格外严格。他说，一个好的鼓手，左手和右手敲打鼓面时的重量是一样的，就好像是同一只手打出来的，而且以这样的重量打出的双击越快越厉害。

我们不懂，但是当每个人都尝试一次后，发现做到老师说的这点确实很难，所以我们都对打架子鼓的小丽投以同情的目光，也偷偷庆幸自己学的不是架子鼓，否则不得被折磨死？

谁都没有对那位旁听的学姐有过期待，那位学姐却好像丝毫没受影响，依旧天天拿着鼓棒练习双击。在石阶上敲敲点点，会对鼓棒造成蛮大的损伤，但是她的鼓棒永远都像是新的一样。

一个月后，我们的基本功都练得非常扎实了，音乐老师给了我们两份谱子，一份是《义勇军进行曲》，一份是《卡门序曲》。音乐老师先带着我们练习了《义勇军进行曲》，从那以后，我们学校周一升国旗的时候，再也没用过那种老旧的磁带播放国歌，而是用响亮的现场演奏的国歌。

至于《卡门序曲》，直到现在我还记忆犹新，音乐老师说我们要去市里参加一场比赛，这首曲子就是我们的比赛曲目。当时，我们并不知道这首曲子的难度有多高。当我们听完老师给我们播放的原曲后，我们内心一边激动着，一边又觉得在一个月内学完这首高难度的曲子，确实有些难度。

可想而知，在接下来的日子里，我们接受了音乐老师的魔鬼训练，一个小节一个小节地练习，一个人一个人地演奏，谁要是没吹奏好，就要单独多训练一个小时。

而最受折磨的，还要属打架子鼓的小丽。因为音乐老师给她单独编了一首曲谱，把它用作正式演奏之前热身的节奏。曲子非常热血，但是难度也很大，当小丽觉得太难，想让老师把节奏编得简单点的时候，旁听的学姐却主动站起来，说："老师，等比赛的前一周，我可以把这首曲子打一遍给您听吗？"

我们都吃惊地看着她。就她？说实话，她的音准是我们之中最差的，而且她从来没摸过真正的架子鼓，这样能打好吗？

音乐老师当然也十分惊讶，问道："你有自信可以打好吗？"

那位旁听的学姐在我们的注视下红了脸，小声地说道："我想试试。”

音乐老师犹豫了几分钟，最终答应了下来。当时，我们都觉得老师肯定是为了激励小丽所以才答应下来的，可是第二天训练的时候，我们发现音乐老师不知道从哪儿又搬来了一套架子鼓。他对旁听的学姐说道：“每个人都有追求梦想的权利，但是你要知道，只有勤奋才有可能成功。”

那位旁听的学姐也没想到音乐老师会给她一套架子鼓练习，激动得眼泛泪花，用力点了点头。

自此，那位学姐除了训练时间刻苦练习外，课间也会拿着鼓棒蹲在地上敲石阶，集体训练时间她就练组合节奏。就算中间我们休息的时候，她也一样练。我们都认为，她这么勤奋，是为了在半个月后即使打得不好，也不会被老师批评。后来，我们还看到她手指上缠着创可贴练习，她偶尔会停下来揉揉手腕，马上又接着练。每次音乐老师验收训练成果的时候，到她的部分，我们都能听出来，她虽然进步了一点，但是跟天赋比较好的小丽比还是有差距。可是她从来不在乎我们的眼光，只是认真地听着老师的评价，然后再勤奋地练习。

就这样，到了最后验收的日子，小丽因为紧张，敲错了两个部分。轮到旁听的学姐时，我们本来都抱着她会比小丽打得更差的想法，结果没想到，那位学姐坐在自己的架子鼓面前，深吸一口气，认真地看着自己的鼓棒，目光忽然坚定起来。从第一个鼓点响起，到最后一个鼓点落下，其中没有一处停顿或者不流畅，更别说有敲错的地方了。

旁听的学姐敲完后，全场安静了几秒钟，随后响起了热烈的掌声。而那一刻，我从那位学姐眼里看到了光。

后来，音乐老师决定上两个架子鼓参加比赛，但是开场的鼓点由旁听的师姐来打。那次比赛我们得了第一名，我永远不能忘记那位学姐在打开场鼓的时候，那一套听起来像是同一只手打出来的鼓点，还有她那仿佛会发光的身影。

直到我毕业多年后再次遇到那位学姐，才从她口中得知，为什么她的鼓棒看起来永远像新的。其实，她当年敲断了很多鼓棒，断掉的鼓棒都被她留在了家里，她用胶带粘起来后接着练。新鼓棒是她帮家里干活，求父亲买的。

那是我第一次知道，其实勤奋有时候比天赋更重要，平凡的人也有追求梦想的权利。我们已经比那些天才缺少了天赋，更不能缺少人人都可以做到，但是不容易坚持下去的勤奋。

而且，这世界上不是缺少天才，而是缺少成为天才的决定性因素——勤奋。

胖小丫也可以是万人迷

现在这个时代，人人都追崇美。有的人为了变美，可能多长一两肉都要紧张得饿自己两顿；有的人不满意自己的长相，可能会花大价钱，忍痛"换"一张脸，甚至愿意忍受后遗症带给自己的各种不便。在你眼中，什么是美？你眼中的美，是人人羡慕的"网红脸"，还是人人想要的黄金比例身材？

我认识一个朋友，她从小就是一个小胖子，久而久之，大家忘记了她本来的名字，都叫她胖丫。

大家不知道胖丫为什么长得这么胖，只记得好像从认识她的那一天开始，她就一直都是这样圆滚滚的身材，胖嘟嘟的脸。小时候，大家觉得她这样很可爱，可是当我们日渐长大，这种"可爱"就变质了。

初中时期，男孩、女孩都产生了对异性懵懂的欣赏。可是大家都喜欢那种身材纤细、长发飘飘的女孩，对胖丫这种身材的女孩，男孩们看到都会带着嘲笑意味起哄。这让原本性格乐观的胖丫逐渐自卑起来，脸上的笑容变少了，也不经常跟我们在一起玩了。我们去找她，她总是摇头说自己要利用休息时间学习。她在学校里，能不出班级门，就不出班级门。因为胖丫曾经在跟我们出去的时候，把一个同学挤到了门边上，那个同学差点卡在门缝里，这让班里的同学大笑了一阵，后来胖丫就很少出教室了。对胖丫的这种改变，我们都感到有些心焦，所以后来再遇到对胖丫起哄的男同学，我们都会维护胖丫，不让她受欺负。

有时候，我们真害怕胖丫会因此心里抑郁。就这样，胖丫度过了并不算美好的初一生活。

初二开学的时候，我们发现一个暑假没见的胖丫，好像变得不一样了。这个不一样，并不是胖丫变瘦了，而是她脸上的阳光回来了。并且，她还把留了很长时间的长发给剪短了，剪成了当时最流行的“波波头”。她看见我们的时候，还主动跟我们打招呼，就好像在初一她那一整年的低迷情绪都是我们的幻觉，她又变回以前那个开朗乐观的胖丫。

一开始，我们都担心胖丫是不是受了什么刺激，可是经过几天的观察，我们发现胖丫的开心并不是伪装出来的，因为她不再在乎别人看她的目光了。她会跟我们手挽手一起去操场散步，如果遇到没有眼力见儿的男同学起哄，她会高高昂起自己胖胖的双下巴，睥睨地看着那个男同学，十分有底气地回一句：“我胖怎么了，吃你家大米啦？像你瘦猴儿一样就好了？你有力气干啥啊？”

久而久之，便没人再敢当着胖丫的面拿她的身材取笑她了。我们其实也担心过胖丫的身材，怕她因为过度肥胖影响健康，或者不利于运动。当我们委婉地提出这种担忧的时候，胖丫却身体力行地向我们证明了她的胖可不是虚胖——胖丫在秋季运动会上报名参加了女子一百米短跑和铅球两个项目。

当时班主任看到胖丫报的这两个项目，还有点担心地找胖丫谈话。扔铅球没什么可担心的，我们都猜测班主任可能是因为怕胖丫重心不稳，跑步的时候受伤，毕竟跑一百米需要爆发力。

可是胖丫十分坚持，还给班主任签了保证书，保证她如果在运动会上出现意外，不会牵连到班主任和学校。胖丫甚至还让她的父母也在保证书上签了字。

等到运动会那天，第一个项目就是一百米短跑。我们站在终点等待，以防胖丫冲刺的时候发生什么意外。

没想到的是，最终感到意外的是我们，或者说是全校的人。

当胖丫站在起跑线上的时候，我们站在终点的几个人都清楚地听到了很多人的笑声。这笑声多少有点伤人自尊，但是胖丫仿佛什么都没有听见，站在自己的跑道前做了几个热身运动，神情严肃地等着老师的发令枪响。当发令枪声在半空中响起的时候，胖丫像是一个被点着了的火炮，“嗖”地一下朝着终点冲了过来。

说实话，我当时看着胖丫奔跑的速度，内心跟其他人一样震惊。我们从来没见过胖丫跑步，小学的时候胖丫说自己怕累，都不参加这种剧烈运动。

胖丫跑步的时候，虽然身上的肉肉都跟着颤抖，却跑得特别快，仿佛她再跑快点，身上的肉就会被甩飞了一样。我们跟其他人一样为胖丫尖叫、呐喊，不过眨眼的工夫，胖丫就带着“咚咚”的脚步声，直接冲了线。她获得了预赛第一名，比第二名快了两秒钟！

在胖丫冲刺的那一刻，也许是因为胖丫的体重，我感觉地面似乎都在随着她的动作震动，而这种震动仿佛是震在我的心上，让当时的我产生了一种异样的震撼感。我不知道我是因为胖丫战胜了世俗的观念而震撼，还是因为胖丫跑步时身上散发出的自信和美丽而震撼。这次运动会让全校师生都刷新了对胖丫的看法——胖子也可以有运动细胞，也有她独有的魅力。

后来，胖丫积极参加各种活动，每次都会散发出自己独特的魅力，甚至还在学校组织的元旦晚会上表演了小品，而小品的内容就是自嘲自己的身材。当然，坐在观众席上的师生们发出的阵阵笑声和掌声中，再也没有掺杂任何的嘲笑意味。

就这样，胖丫走过了她的花季雨季，在大学毕业后做了一名设计师。虽然她的身材只比上学的时候瘦了一点点，但是阳光和自信始终伴随着她。后来，她交了一个男朋友，而且是那种高学历和高颜值并存的男人。当胖丫将他介绍给我们认识的时候，我从她男朋友眼里看到了胖丫充满魅力的倒影。那个时候我就知道，胖丫找的人没错。

后来聊天的时候，有人问胖丫的男朋友，他是怎么喜欢上胖丫的。他十分认真地说道：“也许很多人觉得胖丫跟我不般配，但其实在我心里，我有点不自信，觉得应该是我配不上她。你们不知道她多有能力和魅力，人的外表不能代表一切。”

在当下这个人人爱美的时代里，有太多因为自己的外在条件而对自己不自信的人，也有太多总喜欢把别人的评价放在心上的人，我们身边就有不少这样的人。但我要告诉你们的是，每个人的审美都不一样，我们不能为了配合别人的审美而改变自己。

有些东西是我们天生的、没有办法改变的，我们也没有办法改变别人对我们的看法，我们无法做到让每个人都喜欢自己。我们首先应该做的，是让自己喜欢自己，然后让自己一步步地成为更好的自己。如果胖小丫也有成为万人迷的一天，你为什么不可以呢？

告别拖延，积极解决问题

如果仔细观察，你会发现我们身边经常有这样的同学：放学回家后，他们不会放下书包就写作业，而是先要求家长做饭，吃完饭还要吃水果，吃完水果再听会儿音乐或者刷会儿手机再写作业；无论家长或者老师布置了什么任务，他们总是等到最后一刻才肯完成，比如体育考试的时间快到了，他们才想着要去疯狂锻炼……

那么，你是不是也一直在做这样的事情？

这就是拖延症的一种表现，我们总是拖延做事的时间，心里总想着，过一会儿再做也不迟，或者明天再做吧。如果被发现了，我们就会给自己找借口——压力太大了，怕做不好，想准备充分再做……

我们都明白，就算拖到最后，我们也不一定能够准备充分。其实，这样的“拖拉病”不一定是压力造成的，也可能是因为我们对自己要做的事情没有一个完整的计划，或者没想过要制订一个计划。

如果我们拖拉的事情都是我们必须做的，那我们为什么不早早地把事情做完，给自己留下修改或者休息的时间呢？

我曾经因为拖延搞砸了一件很重要的事情，也因为那件事情，让我养成现在做任何事情都先给自己做个计划的良好习惯。

我小学三年级的时候，有一段时间我特别不喜欢写作业，不是拖到最后完成，就是挑着写作业。为了不被老师发现挨批评，我还学会了撒谎。

那年的“五一”期间，舅舅家里的哥哥姐姐们都放了假，来我家玩。那时候“五一”还是七天小长假，哥哥姐姐们过来的时候，假期已经过了一半，他们的作业都写完了，而我的作业还有一大半没写。看到那些作业，我就脑袋疼。我深知，如果妈妈知道我的作业没写完，她肯定不会让我跟哥哥姐姐们玩，更不会让我跟哥哥姐姐一起看他们租来的电影光盘，所以我就撒谎说我的作业还有很少一部分就写完了，我肯定会在假期结束之前把它们写完。

而我当时内心是这么想的，反正我写字速度快，在假期最后两天再写也不迟，肯定能写完的。

妈妈听了我的保证，就放心地让我跟哥哥姐姐们一起玩了。但是，本来打算在剩下的两天假期里写作业的我，因为还有几部电影没看完，就打算最后一天再写作业。结果，哥哥姐姐们住到假期最后一天的上午才离开，我不得不在假期最后一天的下午才开始动笔写剩下来的大半作业。本来，我以为自己写字速度快，可以在晚上睡觉前就写完作业，可是因为我从一开始就没有计划，导致我高估了自己的能力，也低估了作业量。

我奋笔疾书地写了一下午，还有一大半作业没写完。看着还剩很多的作业，我心里也越来越焦急。这可怎么办呢？我还能写完作业吗？如果我写不完，妈妈会不会骂我？

带着万分后悔的心情，我埋头苦写，写得手腕酸了也不敢停下来，想到如果写不完，晚上可能会挨老妈训，明天上学还会被老师训，就不得不再加快速度。结果，作业本上的字写得龙飞凤舞，连自己都不认识，数学的计算题也都是胡编乱造一个答案写上去，我心想反正那么多人，那么多作业，老师也不会认真检查的。就这样，我写一部分，空一部分，以为自己很聪明，把作业糊弄完了。睡觉前，我还不忘信誓旦旦地跟妈妈保证自己已经把作业写完了，把课本和作业本收拾完就去睡觉了。

第二天到了学校，上午我把作业交了上去，结果下午就被老师叫到了办公室。

我心情忐忑地走进办公室，一眼就看到班主任的办公桌上放着我的作业本。作业本是被翻开的，上面全是我龙飞凤舞的“草书”，我看了一眼，就觉得脸颊像是被火烧了似的。我走到老师面前，盯着自己的脚尖。

“说说看，你这作业是怎么回事？”班主任问。

“我、我写完了。”我还是不敢说自己糊弄作业的事情，只好咬牙说谎。

“你什么时候写完的？”班主任的眼睛像是安了测谎仪，仿佛我再说一句谎话，就会被抓起来一样。

我终于顶不住班主任如炬的目光，把我的所作所为都交代得一清二楚。说到最后，我的脸已经红得不能再红，眼泪也在眼眶里打转。我小声说道:“老师，我以为我能写完……”

就当我以为班主任会大发雷霆的时候，班主任却叹了一口气，非常平静地跟我说:“我问你几个问题，这学期你是不是都把作业留到睡觉之前写的?”

我吃惊地看着班主任，在心里想：老师是怎么知道的?

我不敢撒谎，只得点头。

“复习也没有计划性是不是?”班主任继续问。

我接着点头。

班主任问完，接着说道:“你觉得这样学习有效果吗?”

我认真地想了想，确实因为我的偷懒和拖拉，这学期上课的时候，有一些知识点跟不上老师的节奏，学习成绩也下降了。学习成绩一下降，我就有点不爱学习了。没有谁喜欢听老师和父母的批评，却不喜欢听夸奖的。

“如果你想有个好成绩，必须学会有计划地学习，有计划地做任何事。”班主任看着我的眼睛，认真地跟我说道，“这样你才能改正拖拉的坏习惯。”

我听着班主任的话，虽然想着以后一定要好好地改正，但心里还是有点摇摆，因为我知道，如果每件事都要按照计划进行，那肯定非常麻烦。

班主任好像看出我的犹豫，接着说道:“我知道你想参加这学期的歌唱比赛，如果你能改掉拖拉的坏习惯，我就让你参加，否则，我是不会让你参加的。”

这句话像是一道惊雷炸在我的脑袋上空。歌唱比赛是我一直想参加的，如果我不能参加，那我每天的练习不就全都打水漂了吗?

“老师，我一定会改的，请您给我一次机会!”我赶紧出声保证道。

自那天起，我就开始制订自己的学习计划，每天几点写作业，几点写完，什么时候复习什么科目，都一点点地计划出来。一开始确实有点麻烦，甚至还有坚持不下去的时候，但是我一想到歌唱比赛，就好像什么都能坚持了。

就这样，我用了半个学期的时间把自己拖拉的毛病改掉了，再也没有完不成作业的时候了，而且成绩也稳步上升，后来也如愿以偿地参加了歌唱比赛。

这件事直到现在还在影响我的生活和工作习惯。一个人在当学生的时候，如果没有养成计划性的学习习惯，那么工作之后也不会有计划地工作。

我们总是觉得，反正早晚都会做完作业或者工作，何必让自己那么累，差不多就行呗。

其实，这种想法是非常要不得的。如果要做的是你自己的事情，可能做得不好对别人的影响不大。但是，如果是需要团队合作的事情，因为你一个人的拖延，而影响了整个团队，那就不是你自己的事情了。可能同事会觉得你不靠谱，领导会觉得你能力不足，你辛辛苦苦读了那么多年书，难道就为了得到这样的评价?

如果你也有拖延的习惯，那希望你从现在开始就慢慢改掉它，积极地去解决问题。也许对现在的你来说，你会觉得这样做很难，但是如果你把一个大问题分解成几个小问题，然后再一个个攻破，那就不会觉得这是难题了。

我们要学会做分类，生活中肯定有突发性的和亟待解决的问题，我们先做最重要的，而不是最紧急的。我们要把任务分解，做每一件事情时都要消除干扰，关掉任何影响你的软件，把手机倒扣过去，或者不碰手机。集中精神去做一件事，做完再休息和娱乐，你会体会到前所未有的满足感。如果不相信自己，那就找信得过的朋友互相监督，制订一个奖惩制度。如果能在有限的时间内完成自己的任务，你会觉得其实解决拖延并不难。

不要相信“压力之下，必有勇夫”这种错误的说法，从现在开始，做一个积极解决问题的人。你会发现学习没有什么困难，也会发现生活并不是那么糟糕。

用你的行动成就你的梦想

俞敏洪曾经说过，一个人要实现自己的梦想，最重要的是要具备以下两个条件：勇气和行动。

你的身边有没有这样的人，只要一谈到梦想，就会侃侃而谈，描绘着梦想的各种美好，可是鲜少在追求梦想的路上持之以恒，或者遇到一点点挫折就会不断地自我怀疑，甚至放弃自己的梦想？当你再跟他谈起梦想的时候，他只会神色消沉地惋惜："梦想只不过是梦罢了，实在是太难实现了。"

当你见多了这样的人，听多了这样的话，你会对自己的追梦路产生怀疑吗？你是不是也想人云亦云，做一个带着梦想活一辈子，却从来不肯为梦想坚韧地行动一次的人呢？

我听过许多人为自己实现不了梦想而找的借口：想环球旅行，但是经济条件不允许；想要考一所好学校，但是成绩总上不去；想要学习一门外语，时间却不够用；想要和自己喜欢的人在一起，但总觉得自己配不上别人……

说到这儿，我就想起了我的两位作者朋友——小七和小蓝。他们两人入行的时间比我早一点，他们以前同是一个网站的签约作者。当时，网文行业刚刚兴起，很多人一边摸索一边创作。不管创作的内容质量如何，至少大家都在为了心里拥有的同一个梦想而奋斗。这个梦想就是成为一名作家，能让自己的作品被众人知道，让自己的故事和观点被别人喜欢和认同。

所以刚开始的时候，大家都铆足了劲儿创作。在网站连载小说和写出版小说既有相同的地方，也有不同的地方。出版小说字数少，质量上要求更高，但是相比于写网文，写出版小说更轻松一点。因为写网文小说，你除了要有自己揪掉头发才能想出来的新颖的核心故事，还需要日复一日的较大的更新量。可是，就算你能符合这两个条件，你的作品也不一定能符合读者的口味。

所以，很多人的热情被零星的点击量、收藏量以及评论区下面的留言浇灭了。

就像自己饱经磨难，在湍流中摸到一块金子，但是经过别人鉴定后，却发现金子是假的一样。我们当初在创作自己认为一定会火的故事时觉得有多欣喜，多充满希望，这时就会有多失望，多受打击。

人都是一样的，在受到挫折的时候，首先会怀疑自己：是不是我写得不够好，或者不适合吃这碗饭？时间一长，我们就会开始怀疑自己当初坚持的作者梦，是不是真能实现。

我和小七、小蓝，甚至更多的作者朋友，都遇到过这样的事：自己辛辛苦苦地写了一两个月，小说上架后，每天却只有几角钱甚至几分钱的收入。对网文作者而言，这是再正常不过，却也是再严重不过的事情，因为如果你是全职作者，就需要忍受一两个月无法保证温饱的生活。这个难题就会成为一个网文作者写作之路上的分岔路口：究竟是咬牙坚持把这个故事继续写下去，还是放弃这个没有多少人订阅的故事，重新开始再写一本呢？

小七在遇到这个问题的时候，总会跟我们说，这本小说现在的字数太少，而且网站也没有推荐，他总得坚持一下。否则，一年写到头，他有的只会是无数本只有开头没有结尾的小说。如果这样的话，他掌握创作完整故事的能力也没有得到提升。就算这本书失败了，他也得知道自己失败的原因是什么吧？

而小蓝每次遇到这种问题，就总是找各种借口。他不会认为是自己的作品有问题，反而不是觉得读者没有眼光，就是埋怨编辑没有给他一个好的推荐位置。而且如果在上架一周之内看不见满意的成绩，他就会开始拖延更新，或者迅速仓促完结。一周后，他就会说自己又有了新的想法，这回的故事肯定能火起来。

就这样过了一两个月后，一直在坚持写第一本书的小七已经写了一百万字，而且随着字数的增加和剧情的展开，再加上网站时不时地推荐，这本书积攒了不少读者，稿费也从一开始的几百块变成了几千块，最起码小七的温饱是不成问题了。而小蓝的新书上架的时候，虽然比上一本多了些收藏量和订阅量，但是成绩离大火还是有很长的一段距离。

在这个时候，小七没有骄傲，依旧坚持每天坐在电脑面前写至少八千字，一坐就是几个小时。小蓝则又在作者聊天群里埋怨编辑、读者，说自己坚持不下去了，觉得重新写一本可能更好。面对这种情况，我们知道每个人有不同的想法，我们再劝小蓝，他也不会觉得是自己没有韧劲的原因，甚至当他坚持写下去却没有得到应有的回报时，还会反过头来埋怨我们。

就这样，一转眼几年过去了，小七每月的稿费从当初的三位数直追五位数，读者群也是建了一个又一个。而小蓝在当初的网站发展不顺利，转头做了一年的实习编辑，而后又觉得编辑的活儿干得憋屈，开始做漫画，漫画没做好又开始在别人的工作室当编辑。就这样兜兜转转的，他一样工作也没有做长久、做好。

当初一起入行的几人，多多少少都有了能拿得出手的成绩。小蓝也不知道在什么时候默默地退了群，就这样消失在众人的视野里。只不过前几天，我听说他跟一个作者朋友借钱应急，我们以为他有什么困难，结果一问，那作者朋友一言难尽地说，小蓝只是借一百元钱充话费。

我看到这条消息的时候，正好在参加一个作家协会的活动，跟小七算是正式在现实生活中见了面。他已然成了别人口中的“大神”作者，而我看到他的时候，小七就如在聊天群里表现的那样，低调又谦逊，不过身上多了一层实现梦想后的自信的光芒。

参加完活动，小七请客吃饭，我们聊了很多一起坚持创作的事情。提到小蓝的时候，小七沉默了几秒钟后，说道：“他很有才华，这件事他自己也知道，所以当他看到自己的才华不被欣赏，就开始动摇并且自我怀疑。我私下里也跟他沟通过，并且一度认为，只要他坚持下去，就一定会成功。可惜……”

“可惜”的后面是什么，小七没有说下去，但是我们都懂。

可惜小蓝没有坚韧的行动力，没有咬牙坚持下去。

其实，在决定我们能不能实现梦想的因素中，客观因素只占很小的一部分，更多的是我们的主观因素。当我们有了想要达成的目标时，是不是在想到的时候就去做了，更重要的是，我们是不是坚持做下去了。俞敏洪说，实现梦想需要勇气和行动。勇气说的是放弃和投入的勇气，你想要做成某事，就要放弃一些东西。就像鱼和熊掌不能兼得，你不能既想追求大海的波澜壮阔，还想要溪流的风平浪静。

就像你想去环球旅行，难道一定要成为富翁才能迈出第一步吗？如果每一个假期都去一个最想要去的地方，那么十年后，你就已经走过了很多地方，欣赏了很多美景。如果你想考一所好学校，成绩却不够好，那么就努力学习，若是努力了还没有进步，那就找出没有进步的原因再去努力，再问问自己是不是真的努力了——因为现在总有人喜欢浪费时间让自己看起来很努力，来感动自己。如果你想和喜欢的人在一起，却觉得自己配不上对方，那就让自己变得足够优秀。你不能奢望天上掉馅饼，总要先去行动。即使只有一点点改变，也好过一味地奢望。如果你改变了自己，让自己变得比以前更优秀了，却还是被拒绝了，那你也会因为自身的优秀结识其他同样优秀的伴侣。

很多人的行动力被绊住，是因为他们陷入了一定要先做完这个才能再做那个的思维里，一辈子都没有活出过精彩。现在我想告诉你，实现梦想最重要的是动起来，行动才是决定你能否成功的最主要的因素。所以，看到这里，你已经行动起来了吗？

第2章 自信会让你更美丽

没有人是完美的

如果一个人对你有所祝愿，那最美好的祝愿，莫过于祝你十全十美。

可是，这世界上真有十全十美的事和十全十美的人吗？

我们在学习上、事业上、生活中，真的都能做到完美吗？相反的，我们是不是时常觉得自己做得不够好，或者总是在跟同学、朋友的对比中觉得自己不够好？

比如，在学习上，自己拿手的科目明明考了一个很高的分数，可就是有人比你考得还要高一点；在参加运动会项目时，明明自己已经竭尽全力，可就是有人比你的成绩还要好一点；在生活中，自己明明已经很优秀了，可就是有人比你得到的夸奖还要多……

这个时候，你是不是会失落、沮丧，会觉得为什么有人那么完美？为什么做到完美的人不是自己？

亲爱的，如果你也遇到过相同的事情，如果你也有过相同的心情，我想告诉你的是，这都是人之常情。在这个世界上，总会人外有人，天外有天，但是那些让我们觉得完美的人就真的是完美的吗？他们就没有跟我们一样的苦恼吗？

我曾经教过一个学生，说她成绩好吧，她的成绩其实只是中上水平；说她成绩不好吧，但她有一两科的成绩每次考试都名列前茅。她跟我比较谈得来，初一的时候，有时候她想不通了，就会来找我谈话。通过谈话我了解到，真正的她其实跟平时表现出来的大大咧咧的样子一点都不一样。她的心思很细腻，也想考出一个好成绩，也想让同学们羡慕，得到老师的夸奖。那时候我就鼓励她，让她保持住自己优势科目的成绩，对短板科目进行重点努力。通过聊天，她好像得到了支持，每次考试都能努力找出自己的缺点和优点，然后继续努力。

可是到了初二的时候，我明显发现她在学习上的态度有所转变。她以前特别爱笑，是一个大大咧咧的女孩子，现在她脸上的笑容好像忽然被谁没收了一样，不管是上课还是课间，我总是能看到她时而紧皱的眉头。后来的期末考试，她的成绩还是保持在中等水平。当时我在办公室里写材料，有一个跟她很要好的学生过来找我，着急地说她知道成绩后心情不好，状态也让人害怕。因为是期末考试，学生们听完成绩后就准备回家过暑假了。我以为他们都走了，谁知道她还留在教室里。当我匆匆赶到她所在的班级时，入眼的就是她趴在桌子上哭得肩膀都不停抖动的样子。我心中一痛，安慰了过来报信的学生两句，就一个人走进教室。

她听到动静后，哭泣的声音忽然压低了，仿佛隐忍着什么，只是偶尔抽泣两声。我看到这一幕，心抽得更紧了，因为这种表现说明她是一个要强的姑娘，就算是哭，也等到班级里其他同学和老师都离开了才哭，不想让人发现自己哭了。

我轻轻走到她身边，把手放在她的肩膀上，轻声问道："怎么了？"

她听到我的声音，抽泣的声音一顿，然后缓缓抬起头来看着我。我看着她哭红的双眼，想努力打破这种沉重的气氛，伸手揉了揉她的脑袋，说道："瞧，我捉住了一只红眼睛的小兔子！"

听到我这话，她破涕为笑，伸手擦干了眼泪，说道："老师，我都十五岁了，您还把我当幼儿园的小孩子呢？"

"那你跟我说说，十五岁的大姑娘，为什么偷偷在教室里哭鼻子呢？"我坐在她身侧的空座位上，跟她保持平等的姿势，说道。

听到这话，她的情绪又低落下去，她抽了一下鼻子，说道："老师，我觉得我好像不是学习这块料。"

"为什么这么说？"我惊讶地看着她。在我们学校，她的成绩虽然只是中等，但考上高中还是绰绰有余的。

"因为我太笨了，我努力了这么久，都没有小A随便考的成绩高，我觉得自己很没用。为什么小A这么优秀？我也想跟他一样完美。"

小A是他们班的第一名，学习上确实无可挑剔，但他也不总是回回都考第一名。可我想到在我上学的时候，就算不是每回都考第一名的同学，也足以让我十分羡慕了。想到这里，我把原本要说的话吞回肚子里，想了想，又说道："谁说他完美了？"

"他还不完美吗？老师你可能不知道，他这次数学成绩得了满分，英语离满分只差四分，其他科目分数也都很高，这样还不算完美吗？我要是能考出他这样的成绩，我家里都能放炮庆祝了。"

我听了她的话后点点头，说道："那他在学习上确实挺完美的。"

她本来以为我会反驳她的观点，结果听到我这话，忽然不知道怎么接了。她有点错愕地看着我，那神情仿佛在说：老师，您真的是来安慰我的吗？

我笑着说道："听着，也许你羡慕他的学习成绩，但他也许还羡慕你的能力呢。"

"我有什么能力？我就是一个彻头彻尾的失败者。"她垂着脑袋低声说道。

"你还没能力吗？每次轮到你们班升国旗的时候，主持发言稿都是谁写的？又是谁在全校师生面前出色地主持的？每次文艺晚会，要不是你力挽狂澜，你们班可能连优秀奖都拿不到。还有在运动会上，我记得你可是完成了自己的两个项目后，还参加了接力比赛，帮班级拿了不少分。我经常听你们班主任说，有你这样有能力的学生在，不知道让她省了多少心呢！"

听完我这一长串的话，她有点惊讶地问了我一个十分可爱的问题："老师，这样也算有能力吗？"

"当然，要不然你以为只有学习成绩排在前面的人，才算是有能力的人吗？"

"虽然老师你这样说，但我还是觉得如果学习成绩不好，一切都是白费。"

"这就是你的想法不对了。我知道你想考重点高中。"

"老师，您是来看我笑话的吧？"她的脸色有点红，接着说道，“我这成绩哪里能考上重点高中？”

“难道学习成绩中等的同学就不配有考上重点高中的理想了吗？”我反问。

“可是……”

“不需要可是，你只要记得，你也是一名优秀的学生，一时的学习成绩不能代表你的现在，也不能限制你的未来。退一万步来说，就算你最后真的没考上重点高中，但是你已经努力了，也没什么好后悔的。重点高中就一所，难道考不上的同学就都要自暴自弃、自怨自艾吗？难道普通高中的学生就没有追求梦想的权利，就没有考上重点大学的吗？”

她沉默了一会儿，然后重新抬起头来，目光清澈地看着我，说道：“老师，谢谢您。我知道了，虽然我的学习成绩不够优秀，但我可以让自己的成绩有所进步，学习成绩一般并不能代表我不能成为一个优秀的人。”

听到这话，我知道她已经想开了，我笑着揉了揉她的脑袋，以示鼓励。

当她上初三的时候，我因为工作调动，调到了其他单位，可我们一直保持着联系。我知道她每次考试都会有所进步，偶尔有止步不前的时候，但她也再没有自暴自弃。直到最后中考，她以高出重点分数线一分的成绩，如愿地考入了重点高中。后来，她给我发消息，写了很长的一段话。看到那段话，我仿佛也参与到了她不知道付出了多少努力和坚持的初三生活中。

她的消息很长，其中一段话让我记忆犹新。她说：“老师，其实当初您跟我谈话的时候，我觉得您只是在安慰我，而我不想让您再担心，便装作想开了。在您调走后，我忽然觉得好像只能靠自己孤军奋战了。后来在一次演讲比赛时，小 A 跟我说了一句话。他说：'我真羡慕你，能写出这样的稿子，能在这么多人面前演讲而不胆怯。'那时候我就想起了您说的话，比赛完后，我自己偷偷哭了好久。现在我才终于体会到'金无足赤，人无完人'这句话的道理，每个人都有自己的优点与缺点，没必要拿别人的优点来跟自己的缺点比较，而我很庆幸，能在初中的时候遇到您。"

最后，她还给我发了一张近照——阳光下，小姑娘笑容灿烂，仿佛太阳一般耀眼。

我想，做老师最大的成就感就是看着一个学生积极地、茁壮地成长，而这成长中也有自己的一份浇灌吧！

墨子曾说过，甘瓜苦蒂，天下物无全美。

郭沫若也曾说过，世间的所有事物都有缺点，都不是完美的。

歌德更曾说，十全十美是上天的尺度，而要达到十全十美的这种愿望，则是不可能的尺度。

所以，我们何必只盯着别人的优点看，而忽视了自己的优点呢？

坚持走自己的路

在我求学的时期里，最喜欢的一句话就是但丁的名言：“走自己的路，让别人说去吧。”

因为在这个社会上有太多的人随波逐流，盲目从众，还有一部分人被迫地“合群”。比如，我们上小学时有很多的体育活动课，这个时候大家都想着玩什么、怎么玩，而你要是想在体育活动课上看一本自己喜欢的图书，就会有人说你不合群。再如，我们上中学时，有同学私下联系你出来玩，而你只想好好把作业写完，然后再复习一下功课，时间一长，就会有同学说你总是偷偷学习、动机不纯等等。

这个时候你会怎么选择？是选择放下书本，浪费复习时间，跟同学一起玩，变成一个“合群”的人，还是选择坚持自己的本心，把自己喜欢的图书看完，把科目复习完？

有多少次，我们明明知道坚持自己的想法是对的，却还是选择了盲目从众，到最后又后悔得不行？

说到这儿，我就想起大学时期的一件趣事。我有一个十分要好的高中同学，他叫小辉，是一个十分有个性的人。在我们会因为损失了一点自我利益而从众的时候，他总是坚定不移地坚持自己的想法，所以常常会得罪一些同学，但也有很多喜欢跟他做朋友的人存在。我要说的这件事，就是跟他有关的。

我的家乡是辽东的一个小县城，这里是鸭绿江的尽头，也是黄海的入海口，名字叫东港。这里盛产海鲜、大米，还有家喻户晓的草莓。这里的人说话口音跟大连人很像，但我总觉得我们的口音又比大连的土那么一点点。总之，这里的人说起话来有一股海蛎子味。而我在大学是学汉语言师范专业的，老师对我们说得最多的话就是："你们以后是做老师的人，一定要注意自己的普通话口音。"我因为口音问题很苦恼，所以在同学面前都是学着他们的"普通"口音跟他们交流，然后再努力练习自己的普通话。

大学第一年的暑假，曾经的高中同学们是第一次分开那么久，都想着聚一聚，然后分享一下自己在大学里的所见所闻，所以高中班长就组织举办了这一场聚会。

聚会上大家聊得挺开心的，但是口音多多少少都有点"变调"。我自然也"变调"了，当时小辉坐在我身边，听到我像普通话又不是普通话的口音，笑着说道："你怎么上了一年大学，说话像卖十三香的呢！"

"卖十三香"是当时赵本山老师小品里的口音，很有"辽宁味"。我当时听到他这话，脸上一红，不过也没觉得下不来台，因为小辉跟我是"亲同学"，肯定有一说一。这时我才意识到，我一直学的那位同学说话的口音，其实并不"普通"，于是我就把上学时因为口音的烦恼跟小辉说了。

小辉没有嘲笑我一个中文专业的人口音不标准的问题，只是神情严肃地沉默了几秒钟，然后才开口问我："你觉得自己的家乡话挺上不了台面？"

我一怔：小辉这说的是哪儿跟哪儿啊？

"我怎么会嫌弃自己的家乡话呢？"

"我从你说的事情里听出来了。不管你是不是中文系的学生，普通话都是必须要说好的，但是家乡话也不耽误你跟别人交流。虽然你带着自己家乡的口音，但是我们在自己省内读大学，同学大多是省内的，也不会听不懂你说的话。所以你学了一口辽西的口音，可不就是觉得自己家乡话不体面吗？"

此时我也沉默了，虽然小辉说得比较直接，但是我下意识地学其他同学说话，一方面是为了学习普通话做准备，另一方面不就是为了随大流，不想做被突出来的那一个吗？而且我们这边的口音，也确实让我觉得挺土的。

小辉见我沉默，接着说道："我说话就这样，你不要往心里去。但你要记住，我们这儿的人说话虽然土，但是练起普通话来，肯定不比别的地方的人差。所以你不要因为自己的口音自卑，如果方言都被舍弃了，那每个省市还有什么特色可言？"

小辉的话仿若一记重拳，狠狠地敲在我的天灵盖上，让困扰我一年的苦恼烟消云散。我仿若醍醐灌顶，是啊，每个地方有每个地方的特色，说自己的家乡话又怎么了？坚持做自己又怎么了？谁爱笑谁笑去呗！在该用到普通话的时候不掉链子，不就行了？

等秋天再开学的时候，我踏进学校大门，遇到同学打招呼时再也没有刻意地注意过自己的口音，而到普通话训练的时候我就十分注意平翘舌音和自己的口音问题。

一个和我同寝室的同学平时听到我的这种口音还笑着问我："你总这样不注意，到时候普通话水平测试肯定会挂的，你们的口音跟我们的口音不一样。"

我问："哪里不一样，我们不都有口音？"

那个同学可能没有注意到自己也有口音问题，十分诧异地反问："我哪有口音？我一直觉得我们家那边说话跟新闻联播里是一样的啊！"

我当时不知道该怎么婉转地提醒她，她的家乡话虽然比我的家乡话好听，但是她的口音问题也十分严重。有些话说了可能还会导致我里外不是人，于是我只好闭上嘴，让普通话水平测试证书来证明吧，并不是有口音的人就说不好普通话。

在大三的时候，我们终于迎接来了第一次普通话水平测试。坐在电脑面前，我不断地给自己打气。想起每天的刻苦训练，我深吸一口气，开始考试。

考试成绩是在一个月后才下来的，当时我们班三十多个人，只有几个来自辽西的同学没有达到师范标准等级，而来自丹东、东港、大连这些口音严重地区的同学，都一次性通过了测试。

看到下发的普通水平测试证书，我忽然笑了，因为想到了当初盲目从众的自己，也因为想到后来小辉的一番劝导，坚持走了自己想走的路。

我的故事虽然比不上那些坚持走自己的路的名人的故事，但是我说出来，就是想告诉大家，我们是普通人，每天遇到的都是普通的事情，可纵使是一个普通人，也应该坚持做自己。

方文山坚持做自己，最终成为华语乐坛的金牌作词人。他写的歌词，只要你一听，就知道肯定是他写的，因为他坚持了自己的路，并且让大众认可了他的坚持。

奥巴马坚持自己选择的路，最终成为美国第一任黑人总统，改写了美国的历史。奥巴马难道不知道改写有种族歧视的美国的历史有多难吗？但是他咬牙坚持住了，也成功了。

所以，做一件事并不难，难的是坚持；坚持一下也不难，难的是当所有人都不相信你的时候，你仍然能将自己的选择坚持到底。

不要因贫穷而自卑

在我们身边总会有这样一群人，他们出身贫寒，一年四季可能只有三四双鞋可以换穿，一条牛仔裤可能洗得发白也舍不得扔。他们从来不跟同学们出去聚餐，因为一顿饭也许会吃掉他们一个星期的零花钱。他们甚至不知道星巴克是何物，也不认得任何潮牌，这样的人在我们学生时期尤为常见。

如果你是富裕家庭的孩子，你会怎么看待身边这样的同学？是嘲笑他们贫穷，连一杯奶茶都请不起，还是同情他们，连一顿聚餐都舍不得吃？你会不会因为优越感而嫌弃家庭贫困的他们？

如果你是出身贫寒的学子，你又会怎么看待自己？是羡慕其他同学上下学有父母的汽车接送，可自己连在雨天打个车都要心疼半天，还是羡慕家庭富裕的同学脚上的一双鞋子就值你一个学期的生活费？你会不会因为自己家里的经济状况捉襟见肘而觉得自卑，抬不起头来？

亲爱的，如果你的家庭可以让你买得起你想要的任何物品，请你不要嘲笑出身贫寒的同学身上过时的衣服，也不要嘲笑他们舍不得在自己身上多花一分钱。如果你的家庭贫困，你也不要因为贫困而觉得抬不起头，更不要害怕别人直视你的目光，要挺起你的胸膛，堂堂正正地追求自己的梦想。我可不是只会动动嘴皮子说大话，因为我曾经也是一个恨不得把一元钱掰成两元钱花的“穷”学生。

小时候，因为父母离异，我跟随母亲生活。而父亲答应每个月给的抚养费总是因为各种原因一拖再拖，导致家庭的所有开销都是母亲一个人在苦苦支撑。

母亲为了让我能继续学习自己喜欢的长笛，一年没买新衣服，只为给我换一支新的长笛。拿到新买回来的长笛时，我觉得自己抱着的是世界上最宝贵的珍宝。而我也因为家庭状况过早地懂得了世事艰辛，没有钱是万万不能生活的。鞋子坏了，我就自己去修鞋的地方修好，因为生怕换一双鞋子就会花费母亲半个月的工资，甚至连上体育课我都不敢用力跑跳。因为体育测试没有达到老师的要求，体育老师还私下里找我，询问我是不是因为身体不舒服。我低着头听着老师关心的话语，眼睛看着的却是被修好的曾经掉了底的运动鞋，心里一阵又一阵的不是滋味。那时候，我是不敢把家里买不起新运动鞋这个理由说出来的。我怕看到老师眼里的讶异，还有老师眼里的怜悯。我想，当时我的内心跟很多家庭条件不好的同学一样，都是那样的脆弱而敏感，小小的我们都在勉强地保护着自己的自尊心。

上中学的时候，我都是在学校的食堂吃午餐，学校食堂里的饭菜算不上好吃，但是胜在便宜又管饱。所以中午的时候，我都尽量多吃一点，因为下午在校时间太长，我怕饿。当时我们学校有晚自习，很多同学在晚自习之前会选择去学校的小卖铺买面包、香肠垫肚子。而我一周只有五元零花钱，这里面还包括如果自行车出了意外，比如气门芯被喜欢恶作剧的学生拔掉了，或者车胎被扎了，需要修车的钱。当时最便宜的面包需要一元，好一点的有奶油夹心的则要一元五角到两元，所以我根本不敢放纵自己跟其他同学一样去小卖铺。可不管我中午吃得再多，到了晚上还是会饿。同学时常喊我一起去买东西吃，我都会找各种理由拒绝。在教室里闻到同学们的面包和香肠的香味，我都尽量让自己的肚子不要那么不争气地响起来。那个时候，我总会觉得自己有点可怜，也会埋怨上天的不公平。为什么离婚的会是我的爸爸妈妈？为什么没有面包吃的总是我？

可我从来也没想过，一个人无法选择自己的出身，但是可以选择自己的未来。

因为贫穷，我经历了很多这样的事情。比如，暑假在家时，我听到外面卖冰棍的吆喝声，想要吃一根冰棍降暑，可把自己的小猪存钱罐翻了个底朝天都凑不够一根冰棍的钱，最后只好喝一大口凉水解馋。小学的时候，我第一次收到同学生日宴会的邀请，为了不空着手去丢人，只好骑半个小时的自行车去买礼物，可到了商店才发现自己身上的钱连一样好点的礼物都买不起，最后只买了两元钱一对的蝴蝶发卡带去。看到其他同学送的礼物不是水晶音乐盒，就是毛绒玩具，我只好把自己廉价的礼物偷偷塞给过生日的朋友，然后说自己家里还有事，急急忙忙地骑车走了。也许那个朋友觉得我的礼物有点拿不出手，也许她随手把那对发卡丢在了某处，反正我一次也没见她戴过那对发卡，但那已经是我用身上所能拿出来的所有零花钱买的了。后来，我再也没有参加过任何同学的生日宴会，我怕看见他们瞧不起我的眼神，也怕同学嫌弃我送的廉价礼物的眼神。

其中对我影响最大的，是被人冤枉偷拿了一百元钱的事情。父母离婚后，我比较喜欢往叔叔家跑，因为叔叔家的冰箱里总会有好吃的，而叔叔婶婶也比较宠我，有什么好吃的，看到我都会毫不保留地拿出来。那是一个中午，叔叔前一天晚上就打电话让我中午放学后去他家吃饭。吃完午饭，叔叔和婶婶家那边的亲戚准备打麻将，我就准备在叔叔家的卧室里午睡完了再去上学。在我刚要睡觉的时候，其中一个亲戚推门进来，说把包放在屋里。然后我就看到她拿了点钱，把包放下后就出去了。而我也没在意，睡了一觉，就上学去了。

等晚上放学回家后，我突然接到叔叔打过来的电话，说让我赶紧过去一趟。我问为什么，叔叔支支吾吾地说："你小舅妈的钱少了，你过来一趟说说。"

我当时听到这句话整个人瞬间蒙了，问："什么意思？小舅妈的钱少了，让我过去说说？意思是我拿了？"

在那个年代，一百元钱不是个小数目，为了不让叔叔为难，我还是过去了。

等我到了之后，爷爷奶奶、叔叔婶婶都在，并跟我说说："有什么事就说，是你拿的也无所谓，叔叔会把这钱补上，以后别再做就好了，小孩子不懂事没关系……"

他们这么说，仿佛那一百元钱真的是我拿的一样。当时我心里委屈极了，也觉得蒙受了耻辱，我忍住眼眶里的泪水，看了他们一眼，问道："你们凭什么就认定是我拿了呢？就因为当时房间里就我一个人？也许是小舅妈记错了呢？"

叔叔看见我的眼泪，抿着唇想说什么，但终究没说。

"还是因为我家里没钱，因为我穷，没见过钱？"我哆嗦着把心里的话说出口，眼泪也夺眶而出，"我再说一遍，我没有拿过她的钱！"

说完这句话，我就冲出了叔叔的家门，一路飞快地蹬着自行车回了家。

你们知道眼泪流得就像眼眶里在下大雨的感觉吗？就是那种怎么擦都擦不干净，眼前一直都是雾蒙蒙的，什么都看不清的感觉。那一路，我就是这样回家的。

回到家，我就把自己关在屋子里，灯也没开，一直在哭。那是我第一次赤裸裸地感受到贫穷带来的无力感，因为我穷，所以钱丢了，就应该是我拿的，可凭什么呢？贫穷的人，就没有人格和自尊吗？就应该一辈子低着头活着吗？

母亲下班回来后，发现了我的不对劲。我把事情告诉了母亲，母亲沉默了很久，然后拉着我的手，对我说："妈妈相信你。"

"可他们不信，妈妈，我们为什么活成了这个样子？"我声嘶力竭地问道。

母亲抿了抿唇，说道："对不起，是妈妈的错，妈妈没能给你一个富裕的生活，但是贫穷不是我们的错，你该受的教育、该有的东西，妈妈都会尽力给你提供。你不应该因为我们暂时的贫穷，就觉得自己是一个穷人。如果你不想一直过这样的生活，那就把头抬起来，用自己的努力让自己过上好的生活。一个人一时的穷困并不可怕，可怕的是他又穷又没有志气。”

母亲说的这些话一直印在我的心里，因为贫穷蒙冤受屈的事情也一直刻在我的心里，激励着我要出人头地，要过上好的生活。我考上了大学，找到了一份稳定的工作，也成了一名作者，一直做着自己喜欢的事情，赚了一笔又一笔的稿费，买了车子，也买了房子，也实现了小时候允诺母亲的事情。

现在，我和母亲再出现在亲戚朋友面前的时候，那些曾经看不起我们的人也都对我们笑脸相迎，我也不需要因为买一件衣服就去打工一个星期。当我把这些故事分享给你们的时候，我想告诉你们的是，我们选择不了自己的出身，但是可以选择以后过上什么样的生活。

贫穷并不可怕，可怕的是贫穷还没有生活目标；贫穷也并不可耻，我们不偷不抢，凭借自己的努力一步步地让自己的生活变好，又有什么可让人说三道四的呢？贫穷并不是我们自卑的理由，我们虽然穿着朴素，浑身上下没有潮牌，也吃不上必胜客，喝不到星巴克，但是我们有自己的梦想，能坚持自己的脚步，踏实地过自己的生活，这不比那些浑浑噩噩地混日子的人强吗？那些对我们的生活随意置喙的人，连基本的教养都没有，我们又何必在意他们的言论呢？

面对贫穷，自卑只会让我们对生活失去希望，只有让自己自信且坚强起来，才能一步步改变自己的生活，才能让生活眷顾我们！

自信是通往成功的第一步

莎士比亚说：“自信是走向成功的第一步，缺乏自信是失败的主要原因。”

没有自信的人，就像是失去翅膀的小鸟；没有自信的人，就像失去方向的航船；没有自信的人，就像没有灵魂的舞者。一个人如果连自己都不相信，那他还能做成什么呢？他只能成为一个一事无成的失败者。

我小时候很少参加的两项活动，一是跳舞，二是跑步。不是因为它们是我能力上的短板，而是因为我在跑步、跳舞时曾经发生的一些小事让我丧失了自信。

上学前班的时候，我对音乐和舞蹈都有极大的兴趣，而且也参加过学校组织的很多舞蹈比赛，虽然没有当过领舞，但是幼小的我觉得能在舞台上跳舞，能被大家看见，就是一件值得开心的事情。

可惜我从小长得就高，而且比一般的小朋友壮实。其他跳舞的小朋友长得娇娇小小的，跟她们一对比，就算我站在最后一排，也属实有点“鹤立鸡群”。当时老师们经常讨论的事情就是跳舞的人最好不要个子太高，否则跳起来总会欠缺点美感，以后的发展也不会很好。

我偶尔听到这些话，并没有往心里去，心里想着，有机会上台总比没机会上台要好。而且为什么老师不挑选其他小朋友，而要挑选我呢？还不是因为我跳得好？所以只要老师不把我筛下去，那我就要一直跳下去。

直到一次文艺会演，每一个跳舞的小朋友都要求家长过来观看，我也早早跟妈妈打好招呼，让她一定要准时过来看我表演。会演那天，老师帮我们画好舞台妆。我站在玻璃窗前，看着穿着舞蹈服、化了妆的自己，觉得自己可真好看，仿佛自己就是为了跳舞而生的一样。我比其他小朋友高了半个头，在舞台上妈妈肯定一眼就能看到我。

我怀着无比自信的心态，终于等到了我们上台的时间。在那一段舞蹈里，我忘我地在舞台上跳着、笑着，虽然因为紧张，没有找到妈妈在哪儿，但我知道妈妈一定会为我骄傲。舞蹈结束，雷鸣般的掌声响起来，我听到的声音中还混杂着自己心脏跳动的声音。我虽然不是领舞，但仿佛也觉得台下的所有目光都为我投来，掌声仿佛也是为我而响。

下了台，我的妈妈跟其他小朋友的妈妈一样都已经等在后台。我们每个人都像归巢的小鸟一样，飞奔向各自的妈妈。每个人的妈妈都在夸奖自己的孩子，说他们跳得多么好看，今天的舞蹈服有多好看，今天老师给化的妆有多好看。我当然也会认为我的妈妈会像其他小朋友的妈妈一样夸奖我。当我飞奔到妈妈的怀里时，才看到妈妈的身边还站着两位同村的邻居。邻居们看到我，笑着说道："小贝今天跳得很好看啊，在舞台下面一眼就能看见你！"

就在我得意地扬起脸，准备听一听妈妈的夸奖时，却听到妈妈笑着说道："好什么呀，她长得太高了，跳舞没有其他小朋友那种可爱劲！"

现在想想，妈妈的话其实只是一句自谦的话。中国人都这样，比较谦虚，不喜欢当着别人的面夸自己家的孩子，即使听到别人夸自家的孩子，也会下意识地反驳一下。可惜那时我还太小，根本不懂妈妈说的是自谦的话，听到这句话的时候，只觉得就像被人当头泼了一桶冰水似的，心想：原来妈妈觉得我跳舞不好看啊，连自己的妈妈都觉得不好看，其他人的夸奖其实也都是场面话吧。

所以自从那一次会演后，我就对跳舞失去了自信。老师再排练舞蹈的时候，每次一轮到我单独跳，面对老师和其他小朋友的目光，我就觉得其他人是在看我的笑话。即便我练熟了每一个动作，心中仍然会想：他们肯定会觉得，我长得这么高，跳得一点都不好看。

丧失自信的我，每次跳舞都会被老师点名批评，而老师越是批评我，我就越觉得自己不适合跳舞。就这样，我受不了再待在舞蹈队，当再一次被老师批评后，我亲自跟老师说自己跳不好，不想再跳了。虽然老师挽留了我，但我还是坚定地认为自己不会跳舞，也跳不好，于是离开了舞蹈队。自那以后，我就跟其他同学一样，成为一名坐在台下观看舞蹈的观众。看着台上身高差不多的舞蹈队队员，我心里越发坚定地相信，我长得那么高，确实不适合跳舞。

直到我上大学后，一次偶然的机会，我从电视里看到了在晚会舞台上跳舞的陈慧琳，看到她跳得那么优美动人，我的同学在我耳边说："你看陈慧琳身高一米七多呢，跳舞还是那么好看。"

同学的那句话直击我的心脏，我激动地问道："你说陈慧琳多高？"

同学笑着说道："没想到吧？她有一米七多呢，不过她虽然长得高，但肢体协调性特别好，所以跳起来也很好看。"

同学看了看我又说道："你也很高，但是胜在身材好，所以你跳起舞来也不会差啦！"

"长得高也能跳舞？"我还是觉得有点难以置信，这些年来，我第一次听到这种说法。在以前，我身边所有的声音都在说长得高的人跳舞不好看。

同学笑了："你怎么了呀，谁说长得高就不能跳舞了？又不是跳那种严苛的群舞，只要有天赋、有自信，无论高矮都能跳舞啊！"

同学的一番话让我如梦初醒，为了证明自己长得高也能跳舞，在大学元旦晚会前，我还特意学了几天交际舞，然后找了一个个子高的男同学一起在晚会上跳了一支舞。跳完舞后，那个男同学跟我说："没想到你跳得挺好。"

这句话仿佛让我将丢失多年的自信通通找了回来，我对跳舞不再自卑。自那以后，在需要跳舞的场合，我都不再胆怯。就连跟朋友一起去 KTV，我也敢跟着他们一起跳，而朋友们看到我跳舞总会跟我说："没想到你长得这样高，跳舞也很好看。"

那个时候我就知道，他们赞扬我，不是因为我跳得好看，而是因为我敢跳。因为我的自信回来了，所以就算我跳得一般，也会让人觉得就应该这样跳，有自信的舞蹈才有感染力。

说来好笑，我对跑步变得没有自信，也是因为妈妈的一句话。小学的时候，我们都有表现欲，所以长胳膊长腿的我，就觉得自己跑步应该也会很快。确实，我爆发力强，跑短跑很快，但也因为腿长，跑步的频率没有腿短的同学快，所以就显得我很格格不入。

我的小学距离我家很近，因为要开运动会了，所以很多学生的家长喜欢下午去学校门口看看，看看自己家的孩子有没有参与训练。

那个时候能在上学的时间里看到妈妈，好像是件特别令人骄傲的事情。恰逢我跟着其他同学跑完了一圈二百米，看到妈妈十分开心，就跑到妈妈身边，问她："妈妈，我跑得快吧？"

妈妈是和我二伯母一起来的，我二伯家的哥哥比我高一届。有二伯母在，妈妈笑着打趣道："快是快，就是有点像大虾。"

住在海边的我们吃海鲜是日常，妈妈的话一落进我的耳朵里，一只偌大的虾跟其他小朋友一起跑步的画面就出现在我脑海中。当时我特别难接受，不甘心地问妈妈："为什么只有我像虾？"

妈妈说："因为你最高，所以跑起来的时候像啊！"

虾这个形象，让我对跑步彻底丧失了信心。你们想想，谁会愿意自己在场上比赛的时候，被人看成一只虾?！

那年的运动会我没有跑步，却被老师拉去扔铅球了，没想到还拿了第一名。这更加让我相信，长得高跑不快，而且形象不好，像我这样的，就应该扔铅球之类的。

让我做出改变的是高中的运动会。当时，因为班里找不出跑步的人了，体育委员看我长得高，就把我拉去充数。我对跑步有阴影，觉得自己肯定不行，体育委员最后没办法了，求我说:“你就试试呗，不让你单独上，你就跑个接力还不行吗?”

我抹不开面子，觉得体育委员都把话说到这份儿上了，我不为班级荣誉出一份力，实在说不过去，只好硬着头皮答应了。我跟着同学练了半个月，直到比赛那天，我穿着钉鞋，紧张地站在跑道上。我生怕别人的目光落在自己身上，于是强迫自己只看递棒的同学。我是第三棒，我们班的第一棒和第二棒跑得都不好，到我时落在了第三名的位置。我接到接力棒，咬着牙直接冲了出去，心里只有一个信念，那就是要进决赛。跑起来的时候，我耳边只有呼呼的风声，我觉得自己好像矮了一大截，而且自己的脸仿佛被风吹变形了。一个弯道过去，我竟然把前面的两个运动员都追上了，并且甩开他们一小段距离，成为第一名。当我把接力棒送到第四棒的同学手里时，只觉得自己心跳如擂鼓，都要喘不上气了。

回到我们班的休息区域后，我生怕有同学说我跑步姿势不好看，结果我们班同学都朝我尖叫鼓掌，那神情仿佛看到了奥运冠军似的。我被这掌声惊呆了，体育委员跑过来递给我一瓶水，激动地说道："你可真行，跑得都快赶上火箭了，就这水平还跟我谦虚呢？"

我惊讶地问道："我跑得很快？"

"那当然！你不知道，你跑起来的时候，除了我们班，我还听到其他班的同学为你欢呼了。你可真出人意料，跑得太快了！你那双腿都快拉成一条直线了，视觉冲击知道不？这感觉，就像我看《头文字D》里面出现的'AE86'一样！"

从那天开始，我就有了一个善意的绰号——AE86。而且每次运动会，体育委员都要求我必须报名参加一百米短跑或者是接力赛。从那次起，我也找回了自己跑步的自信。而且只要有我参加的比赛，很多同学就会望而生畏，还有很多同学在比赛前跑来跟我说，又能看见我矫健的身影了。

你看，也许我们都一样，会因为身边人的一句话就放弃了自己的坚持，也许会因为跟别人对比而丧失了自信。没有了自信，即使是做我们本来就有天赋的事情也会做不好，但是只要找回自信，就算我们不是最好的，那也会散发出光芒来。

自信是什么呢？自信就是既能接受阳光的沐浴，也能接受暴雨的侵袭，不管身边有多少质疑的声音，永远不自卑、不骄傲，相信自己，坚定走自己要走的路。这样才能获得上天的眷顾，才能一步一步坚实地走向成功！

学会接纳自己并肯定自己

我很喜欢列夫·托尔斯泰在《战争与和平》中的一句话:“每个人都会有缺陷，就像被上帝咬过的苹果，有的人缺陷比较大，正是因为上帝特别喜欢他的芬芳。”

我们每个人都不是完美的，每个年龄段都会有各自独特的烦恼。小时候，你是不是会因为自己比别人长得胖而苦恼?中学的时候，你会不会因为自己脸上长青春痘而自卑?大学的时候，你会不会因为没有别人受欢迎而失落?等到长大成人，你又会不会因为比其他人收入低而觉得自己没用?

其实我想告诉你，这些可以改变的事情，都不是值得我们苦恼的事情。当我们认识到自己的缺点时，能够真正地接纳自己的缺点，甚至是缺陷，学会主动改变，然后找到自己的优点，去肯定自己，才是最重要的。

我们上学的时候，都曾听过这样激励人心的话:没有伞的孩子必须努力奔跑，当你还在埋怨自己没有新鞋穿的时候，你有没有发现有一些人没有脚?

然而在大多数的时候，我们会觉得这些激励人的话都是编出来的。我想告诉你，世界上真的有那种因为各种原因而身体残缺的人，但他们没有自暴自弃，而是接纳了自己，并且活得比一些健全的人还要精彩。

我曾经的单位领导想要激励学生好好珍惜当下的生活，好好学习，所以请过一位失去双臂的人，在学校举办了一场报告会，他的名字叫赵永哲。

赵永哲在六岁的时候，因为对变压器好奇，触摸变压器导致触电，永远地失去了双臂。手术后醒来的他，根本不知道自己永远失去了双臂，小小的他也许并不知道失去双臂对日后的生活会有什么影响。直到要上学的时候，赵永哲需要写字，没有双臂的他，只能先用嘴咬着笔去练习。可是这个方法根本不好用，铅笔杆会被口水泡烂，笔芯也会被一截一截地咬断，而且由于长时间咬着笔写字，他的眼睛也近视了，直到后来他学会了用脚写字……

在报告会上，他用脚夹着毛笔写下一幅字的场面，至今都让我觉得无比震撼。他的字甚至比很多人用手写的字还要好看很多，至少我看了之后就觉得自愧不如。他说他不仅可以用脚写字，还可以用脚洗脸，普通人能用手做的事情，他用脚也能做到，甚至能做得更好。

赵永哲还拍过一部以他为原型的电视剧，电视剧的名字叫《无臂少年》。其中虽然有虚构的成分在，但大部分都是他的生活。一个无臂的少年，没有因为上天拿走了他的双臂而自暴自弃，甚至考上了高中，并且读完了大学，在大学毕业那年光荣地加入了中国共产党，在东港市残联工作至今。

他的事迹影响了很多当地的孩子，一个没有双臂的人活出了自己的精彩，赵永哲并没有因为失去双臂就放弃拥抱生活的希望。

这是因为他从一开始就接纳了残缺的自己，并且咬牙认定自己虽然失去了双臂，但是也可以活出自我。

那场报告会十分成功，掌声经久不息，如雷贯耳。报告会开完后，一名女学生来找我谈话，我看到她的瞬间惊讶了一下。因为她在班级里的存在感极低。她长得微胖，也不是特别好看，但是我曾在课堂上看到过她笑，她笑起来会露出两颗小虎牙，挺可爱，让人看着就心情好。也许是因为在青春期，微胖的女孩都比较敏感，所以她不常发言，只喜欢静静地听，用心地读书，而且有什么活动也不会踊跃参加，只会默默地做后勤工作。

看到她过来，我问道："有什么事？"

她小脸一红，小声问我："老师，听完今天的报告会，我觉得我长得胖也不是一件羞耻的事情。"

我笑着说道："那是自然，老师小时候长得也胖。"

她吃惊地瞪大了眼睛，从上到下仔细打量了我一番，说道："您没骗我吧？"

"我骗你干吗？我小时候确实比较壮。"我认真地说道。

她沉默了一会儿，点头说道："听报告之前，我总觉得我这辈子好像就只能当一片绿叶了，就算成绩再好，老师们也不会把目光放在我的身上。但是现在想想，我觉得我错了。"

我微笑着看着她，示意她继续说下去。

“老师，一个人不管长得胖还是瘦，都不是永恒的。我虽然胖，但是我可以减肥。我还有自己的双手、双脚，我开心的时候可以跳起来，哭泣的时候可以用手擦眼泪，可以用双眼看这个世界的美好。我觉得我以前只把目光关注在自己的身材上，简直蠢透了。以前我看着其他同学围着您，就很羡慕他们。今天，我鼓足勇气过来找您谈话，就觉得自己进步了。”

等她一口气把想要说的话说完，我点头说道：“你说得没错，你不应该把目光放在你的缺点上，而且谁说长得胖就是缺点？你现在已经认识到自己的不足，也想改变，但最重要的是，你想明白了一点，那就是你不光认识到了自己的不完美，也接纳了自己的不完美。我相信，你以后一定会成为一个很成功的人，只要你坚持下去。”

听完我说的话，她用力地点点头，开心地转身走了。

从那天后，我发现她变了很多，每天在上课的时候她都会积极发言，而且课间也喜欢跟同学们一起出去了。一个暑假后，我发现她瘦了一大圈，以前婴儿肥的脸，如今连尖下巴都出来了。而且变瘦的她好像也好看了，整个人也更自信了，有了自信的她在班级有活动的时候，也都会主动积极地参加。看到这样的她，我的内心也感到十分欣慰。

你看，每个人都不是完美的，可是有些人就会因为自己的不完美，怨天尤人，牢骚不断。他们从来没想过接纳自己的不完美，然后去努力让自己变得完美。而有的人知道自己的缺点在哪儿，愿意努力改变，积极地接受生活带给他们的冲击，所以他们才会变得越来越好，成为别人口中的上帝的宠儿。

在成长的过程中，不要总是追求完美，完美是不存在的，我们应该先学会坦然地面对自己的不完美，接纳自己的不完美，然后不断地打磨自己，肯定自己，坚定走地自己的路，变成接近完美的那个人。

第3章 成功需要善于学习

腹有诗书气自华

大数据时代的来临，造成了人们的一个通病——手机不离手。很多人想要抽空捧起一本书好好品读一番，事到临头却又总是捧不起来。为什么？因为综艺和游戏对我们来说比读书更具诱惑力。有手机、电脑、平板电脑在手，谁还愿意捧起一本书来读？

曾国藩曾在给他儿子的家书中这样写道："人之气质，由于天生，很难改变，唯读书则可以变其气质。古之精于相法者，并言读书可以变换骨相。"

简而言之，读书可以改变一个人的气质。

"腹有诗书气自华"，学生跟随着我在黑板上写下的一行字慢慢地读了起来。

我点点头，说道："是的，这是我要给你们上的第一节语文课的内容。"

学生们一听，语文老师上课不讲课本里的内容？顿时都来了兴致，瞪大了眼睛，准备听听我这个新来的老师怎么讲这一课。

从教多年，我已经从一开始上讲台就手心冒汗，到现在面对几十双眼睛也不怯场了。

我微微一笑，给他们讲起了我读初中时的故事。

像我们这种农村出身，从小就在山上、田野里打滚的学生，往往不是不喜欢读书，而是家里根本没有几本课外书可读。我家里仅有的几本书，还是我爷爷保存的我叔叔小时候看的小人书。那种书是横版的，只有一只手掌的大小，里面有图画，也有文字。就是从那时候起，“桃园三结义”闯进了我幼小的世界里，让我知道了文字里竟然有这样新奇的世界。

上了初中，学校不再像小学那样，一个班只有一个同时教数学和语文的班主任，而是每一科都有一位老师负责，我们对各科老师的好奇心也达到了顶峰。数学老师雷厉风行，英语老师有点腼腆，历史老师上课喜欢讲故事，政治老师上课总喜欢看天花板。轮到上语文课的时候，见过这么多老师的我们还真好奇语文老师会是什么样的形象。就在我们期待得脖子都要伸长一节了的时候，语文老师踩着上课铃声推开了教室的门——一位长发飘飘、身材纤细的女老师，捧着一摞书亭亭地走了进来。

语文老师站在讲台上，没有开口说话，而是先扫视了我们一眼，认真地打量了我们每一个人，然后才开始自我介绍。她语调不急不缓，咬字清晰，语言幽默风趣，让我们听着如沐春风，一节课就这样不知不觉地过去了。我不知道其他人的感觉，但这么多科目的老师中，我最喜欢这位语文老师，我总觉得这位语文老师跟其他老师不一样，却又说不出她哪里不一样。由于喜欢老师，我对语文这门学科也格外感兴趣，接下来的初中生活中，我学习语文格外刻苦。而我的一个好友，因为不喜欢语文的枯燥，就不太喜欢学习语文，只挑自己喜欢的科目学习。

初一上半学期的时间一晃而过，寒假前夕，语文老师给我们布置了一份读书清单，其中有初中必读的名著，也有课外读物。我和几个喜欢语文的同学认真地把书单收藏了起来，我那个好友则随意地把书单塞进了书包，想来她也不打算读那些书了。

就这样，每到寒暑假，语文老师都会建议我们读几本书，时间一长，喜欢读书的同学就养成了习惯，时常溜达到书店买几本符合自己需求的书来读，从《唐诗三百首》读到《诗经》，从《钢铁是怎样炼成的》读到《海底两万里》，从汪国真的《远方》读到舒婷的《致橡树》……甚至有一年暑假，我没有书可读了，竟然在家里翻出姑姑小时候用过的成语词典读了起来。我这才知道，成语词典不只是解释成语，还附带着成语出处的小故事。正是因为我在百无聊赖之际，读了成语词典，在后来的一次月考中，班里竟然只有我一个人做对了语文试卷中有关成语的题。

从喜欢上一位老师，到喜欢上一门学科，从喜欢上一门学科，再到喜欢上读书，这一路上，我有很多“志同道合”的同学。而跟我那个好友一样不爱读书的同学，都戏称我们是“书呆子”。而且，当我们在日常生活中看到了什么景色，就不禁念出书本里的相关描述时，他们还会笑话我们“掉书袋”。后来我才知道，他们之所以那样说我们，是因为他们听不懂我们说的话。

很多年过去了，曾经在一起读书的同学都已经各奔东西，关系要好的同学每隔几年都会聚会，聚会时可叙旧的话题却一年比一年少了。不过，喜欢读书的同学之间，话题似乎永远都不会少。参加聚会的时候，不喜欢读书的同学总觉得跟我们话不投机半句多，所以说多了也不是，不说也不是，真是左右为难。

后来有一次，有位同学请我们吃饭。这位同学当年读完初中就没再上学了，但是因为机缘巧合，他家的事业蒸蒸日上，所以总是一副扬扬自得的样子，而且话里话外总透露出“读书无用”的观念。听到他说的那些话，口袋紧张的我也没有多说什么，谁让我们在这个世界上缺了什么也不能缺钱呢？有的人一出生就含着金汤勺，有的人只能靠自己拼搏，不是谁都有运气成为暴发户的。

饭吃到一半，我去洗手间，路过一个包间时，看到一个自己在外面玩耍的小孩子忽然摔倒了，哭闹不止。我见左右没人，只好上前扶起小孩。为了安慰他，我就给他讲了一个小故事。我本以为是来这吃饭的客人的孩子，谁知道不一会儿跑来一位服务员，她看到孩子松了一口气，连忙向我道谢。我说不必，顺便问了一下我们包厢的饭钱，心想总吃别人请的饭，我回请一下也可以，虽然我也没什么大钱。

服务员带我去前台看账单，恰巧我那个请客的同学也出来了。他看到我准备结账，连忙抢着把账结了，然后我们俩又说了两句话，他就去卫生间了。服务员看了我两眼才说道：“你们是同学？”

我笑着点头。

“一点也不像。”服务员又说道。

“哪里不像？”我心中好笑，心想：同学还有像不像的？

“因为你一看就有一种读书人的气质，而刚才那位……”服务员说到这儿就没再说下去。

而她的那句话也直中我心，当初看到亭亭玉立的语文老师时，我还小，不知道“气质”二字为何物，只觉得她身上有一种令人说不清道不明的感觉。后来书读得多了，我就知道了，这自然是读书人的气质。

大学毕业回到家乡，我成为一名语文老师。在公交车上也有一位阿姨跟我说过，一看我就是读书人。我那时也好奇，就问她为什么。阿姨的眼中流露出羡慕的神色，她说道：“你身上有读书人的气质，跟我家那个没读过书的孩子一点都不一样。”

当我讲到这儿的时候，讲台下面有同学举手问我：“老师，气质是什么呢？”

我想了想，回答说：“气质这个东西无法定义，如果你非要我说，我觉得是一种感觉。”

那种感觉好比文天祥在渡过零丁洋时对敌人宁死不降的风骨，好比伯牙有子期在旁时弹奏《高山流水》时的心境，好比当你喜欢上一个人，让你形容她，你会说出“春风十里扬州路，卷上珠帘总不如”的文采……

书中自有颜如玉，书中自有黄金屋，读书可以改变我们的命运，也可以改变我们的气质。读书固然不能成就所有的事情，但可以增长我们的知识，教我们伦理，育我们的精神。

一位台湾的化妆师说过：三流的化妆是脸上的化妆，二流的化妆是精神的化妆，一流的化妆是生命的化妆。

而读书，就是在给我们的精神和生命化妆，就是在给我们的气质和骨相化妆，希望你也可以做一个“胸藏文墨虚若谷，腹有诗书气自华”的人。

三人行，必有我师

在成长的路上，我们常常会听到别人说“满招损，谦受益”，也听说过“谦虚使人进步，骄傲使人落后”，更曾听说过“三人行，必有我师”。

一个人想要成长，肯定离不开学习，小时候跟父母学习说话，上学后跟老师学习知识，再长大一点能学的东西就更多了，感悟也就更多。我们会在得到褒奖的时候，知道自己的长处在哪儿，也会在受到挫折的时候，知道自己的短处在哪儿，更会在与人的相处中，从别人的身上学到自己身上没有的优点。

我想每个有才华的人都会有一段“恃才傲物”的时期，因为本身就已经光芒万丈，让人拍马屁都来不及，周围人的恭维话听多了，也就真觉得自己无人能敌了。我就有这样一个朋友，她叫小云。

小云是一个非常聪慧又有才华的人，学习能力非常强，从小学到大学，基本上都是让人难以望其项背的那种学霸人物。大概是因为在她周围的都是成绩比不上她的人，所以不知道在什么时候，小云形成了一种“谁都比不上我”的心理。大学毕业后，本来想要考研的小云，因为家庭条件，选择了直接就业。她选择了考本地的教师在编岗位，别人考两三年都不一定能考上的岗位，小云刚毕业就考上了，这让小云产生了一种“这个岗位也不过如此”的感觉。

跟小云一起被分配到同一个单位的还有两名新同事，三个人被分在一个寝室，另外两个人一个叫小平，一个叫小欣。

刚就业的三个人，就像刚上大学时分到一个寝室的同学似的，感情很好。刚上岗的第一年，小云就被安排当了班主任，她负责的班级是在学校里吊车尾的班级，这个班的学生学习成绩最差，纪律也最差，对小云来说是一个超级大的挑战。好在小云心态好，经过一个多月的调整，班里的很多问题都解决了，并且每周都能拿到纪律评比的小红旗，学生成绩的年级排名也从倒数第二名变成了正数第二名。一时间，小云的能力在学校得到了所有领导和同事的认可，这让小云觉得自己确实是有能力和天赋的。

第二年，在学校的安排下，小云和小欣同时接任了刚入学的初一学生的班主任。第一次当班主任的小欣担心自己能力不行，还向小云取经，这又让小云回想起了自己在学校时被人羡慕和崇拜的日子。小云整个人都飘飘然的，向小欣传授自己当班主任的经验，心里还想着：小欣看着就是那种中规中矩的人，就算自己和小欣之间有竞争关系，小欣也是比不过自己的。

抱着这种心态，小云依旧根据自己不多的经验来工作，但是小云忘了，她第一年当班主任时，因为主科老师满编，所以她只能教小科。教小科比较轻松，只需要教自己的班级。而现在重新分配后，小云既要当班主任，还要教两个班级的主科，这样的节奏让小云一下子乱了阵脚。而且接手新班级是最让人头疼的，一切都要从零开始，需要班主任一点一点地教，这就要求班主任有莫大的耐心，更需要有收服人心的方法。

两个星期后，小云的班级规矩还没形成，而小欣的班级管理得已经像模像样了。小云其实也发现了这一点，但是她根本没把小欣放在眼里，还认为自己已经有了一年经验，不会比不上一点经验都没有的小欣。

就这样过了一个月，第一次月考如期而至。小云还在头疼一些顽皮学生的学习时，小欣已经开始抓一些偏科学生的学习了。

月考成绩公布后，小云班级的成绩被小欣的班级甩在了后面。看着自己班级的成绩，小云觉得仿佛有一个巴掌狠狠地甩在了自己的脸上。小云心想：这怎么可能呢？自己每天付出的不比小欣少啊，每天都是一样的起早贪黑，每天都是一样的忙忙碌碌，而且自己还比小欣多当了一年的班主任，自己的班级怎么能比小欣的班级考得差呢？

这次考试成绩让小云感受到了从没有感受过的挫败感，然而小云从来不是一个喜欢服输的人。在接下来的日子里，小云一边分析自己班级成绩的问题，一边有针对性地管理班级，但自尊心作怪，小云拉不下脸去跟小欣讨教她是怎么在管理班级的同时把成绩也抓起来的。

第二次考试是学期中的期中考试，这时的小云对自己这段时间的工作还是有信心的。成绩下来的时候，他们班的成绩整体上确实是比上一次进步了，但让小云气馁的是，这次成绩依旧不远不近地落在小欣所教班级的后面。小云这回彻底没了脾气，在心里翻来覆去地做了好几天的思想工作，最后找了一个契机，跟小欣谈了谈。

小云问道："我跟你一样都在班级里努力工作，为什么你们班的成绩总是能稳步上升？"

面对小云的虚心请教，小欣十分惊讶。她仔细观察了小云的表情，发现小云并不像其他同事那般明着请教，实为试探。于是小欣笑着说道："我也没什么经验，只是先观察他们每个人的性格特点，把班级的规矩立好，把大部分人稳住，然后再针对性地进行管理。"

小云听到这儿就更不理解了，问道："这跟我的方法没有什么不一样啊。"

小欣笑了笑，说道："我说实话你可别笑话我，我其实挺笨的，所以只会用笨办法。不是所有学生都是特别聪明、一教就会的，所以我每天中午都会利用休息时间来给他们加强巩固所学的知识点。"

小云忽然想到，自己每天中午吃完饭回班级时路过小欣所教班级的教室，都会看到小欣站在讲台边上辅导学生。当时小云并没有把这事放在心上，但是现在听到小欣这样说，她忽然问道："你是不是每天中午都利用休息时间这样做？"

其实小云还有一句话没说出口，那就是从接任班主任的那天开始，小欣是不是就没有间断过这么做。

小欣不好意思地点头，说道："这也算一个笨办法吧，就是有点累。"

这不是有点累，是非常累。小云也尝试过这种方法，班级里有几十个孩子，班主任却只有一个。班主任也是人，不是神，每天陪学生的时间已经超过了正常工作时长的八小时，如果还要把自己少得可怜的休息时间拿来帮助学生巩固所学知识，那就已经不是一般人可以忍受得了的。小欣说的看似简单，但是小云知道，这需要非一般的韧性和毅力才能做到。

后来小云也像小欣一样，利用中午休息时间辅导班里的学生，由于起早贪黑，中午还要进行辅导，每天下班后的小云都像一条脱了水的咸鱼一样躺在床上一动也不想动，不到晚上九点就沉沉睡去。小云好多次都感觉自己坚持不下去了，但是第二天，当小云看到小欣起床，自己又有了力量。日子一天天地过去，学校终于迎来了第三次月考。小云班级的成绩比上次好了不止一大截，甚至把小欣的班级都比了下去。小云看着成绩分析单，吐出一口气，觉得自己好像明白了一个道理，那就是一个人不管多优秀，也一定会有力所不能及的地方，或者容易忽略的地方，而一个人不管多普通，也肯定有值得他人学习的地方。自那以后，小云就收起了自己的傲气，怀着可以从每个人身上学习的心态，继续做好自己的工作，并且在工作上获取了很多不同凡响的成绩，这些都跟她的虚心脱不了干系。

你看，身为老师都避免不了要戒骄戒躁，要向身边的人学习以填补自己的不足，我们又有什么理由骄傲自满呢？

有句俗语说得好：“请教别人不折本，舌头打个滚。”

圣贤孔子都教育我们“三人行，必有我师”，我们何不做一个谦虚好学的人，让自己强大、完美起来？

最后，偷偷告诉你一句话：越是成熟的稻穗，越是懂得弯腰。

读书是改变命运的阶梯

岳飞曾说过："莫等闲，白了少年头，空悲切。"高尔基说过："我扑在书籍上，就像饥饿的人扑在面包上一样。"赫尔岑更说过："不读书就没有真正的学问，没有也不可能有欣赏能力、文采和广博的学问。"

你是不是也经常听人说"读书改变命运"？你是不是经常觉得这样说的人有些夸大其词，仿佛这世界上除了读书，做其他的都不能成事一样？

其实，与其说读书改变命运，不如说读书可以改变你自己，提升你的气质，让你有更多选择的权利。

说到这儿，我想起我两个表哥的故事。

我外公家是一个人丁兴旺的大家族，我妈妈是外公最小的女儿，所以到了我这一辈，我自然也成了众多兄弟姐妹中年纪最小的那个，其中，我最小的臣表哥都比我大五岁。

也许大家觉得对于一个家族来说，人丁兴旺是一件值得高兴的事，但其实不好的地方也挺多，比如人多的地方是非就多，总有亲戚喜欢攀比，眼红别人的生活。

我要说的故事，就是关于六舅家的臣表哥和另一个亲戚家的海表哥的。他们两人同岁，从小一直一起上学读书，两人的学习成绩也都是名列前茅。孩子多的地方最容易出现的事情就是家长们的攀比，每到期中、期末，他们的家长只要一见面，就少不了问一句："你家孩子这次考试成绩怎么样啊？"

臣表哥自小就聪慧可爱，在这么多子侄中，我母亲最喜欢的就是臣表哥。每到放假的时候，他都会来我家住上一段时间。但那段时间总会成为我比较"不舒服"的日子，因为母亲总是拿臣表哥的学习成绩来教导我。那时候我听得最多的话就是："你看你臣表哥，每次考试都能拿全班第一，你的成绩怎么就忽上忽下的？"

当时我心里就像吞了一颗黄连一样，有苦说不出，每次拼命努力的时候，心里暗自祈祷，臣表哥就不能失误一次吗？这样我就不用被母亲念叨了。

也不知道是不是我的祈祷起了作用，臣表哥上初二的时候，成绩忽然下滑，而海表哥依旧是班级里的领头羊。

其实那时候我是不知情的，只是母亲每次从外公家回来都会独自唉声叹气一阵子。

小小年纪的我不明所以，在母亲又一次唉声叹气发呆的时候，我跑过去问母亲怎么了。母亲看了我一会儿，伸手摸了摸我的头，说道："你六舅和六舅妈离婚了。"

听到"离婚"这两个字，我的内心是震惊的，因为在我小时候，离婚还不像现在这样普遍，而我下一句赶紧问的就是："那臣表哥呢?”

虽然我羡慕嫉妒臣表哥的学习成绩，但是我也不希望臣表哥受到伤害，毕竟在身为独生子女的我的心里，我早就把外公家的哥哥姐姐们当成自己的亲生哥哥姐姐看待了。

提到臣表哥，母亲又是一声叹气:“他跟你舅妈一起过。”

母亲没再多说，只是我知道，臣表哥的学习成绩一落千丈，他再也不能成为六舅妈炫耀的谈资，也不再是母亲口中“别人家的孩子”了。臣表哥和海表哥上初三的时候，臣表哥主动放弃了中考，而海表哥如愿以偿地考上了高中。

他们上高中的时候，我已经长大了，懂得了更多的事，而臣表哥在母亲的口中，好像也变成了永久的遗憾。母亲总是说:“如果不是你舅舅和你舅妈离婚，或者你臣表哥坚持读下去，成绩肯定比你海表哥好，他们还能一起上高中，可能还会一起上大学。”

可我心里不是这样想的，因为当时我的母亲和父亲也离婚了，我的学习成绩并没有一落千丈。我想的是，读书是自己的事情，就算父母不再是一家人，那也是我父母的事情，我自己的路要靠我自己走。这个道理连小小的我都明白，何况是比我大了整整五岁的臣表哥呢?

因为母亲在我耳边唠叨得多，这件事也成为我想弄明白的执念。有一年暑假，我早早地写完暑假作业，央求母亲带我去外公家住几天，母亲欣然应允。到了外公家，我第一件事就是问其他的表哥表姐在哪里，在干吗。我问外公，海表哥是不是在家。得到了肯定的答复后，我揣着一颗忐忑的心，去了海表哥的家。

我很少去海表哥的家，因为海表哥的家庭条件不好，不好到什么地步呢？海表哥的母亲因为中风，导致精神失常，他的父亲是我的堂舅，因为没什么务业本事，只好以捡破烂为生，所以海表哥家里常常堆了一堆又一堆的破烂，味道也不太好闻。

海表哥看到我，也是一脸惊讶，匆匆从家里走出来，把我带到外面，其实我知道海表哥是怕我进他家会不自在。

“作业写完了？小姑放你出来玩了？”海表哥看着我，笑着调侃道。

我点点头，说道：“早就写完了，海表哥作业也写完了吗？”

海表哥伸手摸摸我的头，说道：“小孩子管得蛮宽，你过来找我有什么事？”

也许是当年的我太小，有什么心事都写在脸上，所以我在已是高中生的海表哥面前早就露出了马脚。

反正都是自家表兄妹，我们之间也没什么不能说的，我就把关于臣表哥的疑问说了出来。因为海表哥跟臣表哥关系最好，他俩还曾是同学，如果臣表哥有什么问题，海表哥肯定会第一个知道。

提到臣表哥，海表哥也是一脸的沉痛，然后问道：“你既然想知道他的事，为什么不直接问他？”

我心里想着，谁会愿意让别人在自己心口撒盐呢？海表哥是我外公家第二个考上高中的哥哥，所以我也想向他取取经，于是说道：“虽然我想知道臣表哥的事，但我也想知道海表哥你是怎么考上高中的。”

海表哥笑了，然后对我说起了他们俩的事情。

臣表哥之所以放弃学习，其实只有一部分原因是家庭破裂造成的，而主要原因是他忽然对学习失去了兴趣。家庭破裂的那段时间，他觉得生活好像忽然失去了目标，再加上他面临着即将升学的压力，臣表哥不清楚自己要干什么，失去了行动的动力，于是就造成了这样的局面。

而海表哥深知自己家的状况，如果不读书，早早地步入社会，会变成什么样子呢？难道他要“子承父业”，先跟他父亲捡几年破烂吗？所以海表哥曾在心里对自己说，一定要好好学习，考上高中、大学，出去见识见识这个世界的广大和美好，改变自己的命运。

我了解到了两位表哥的情况，也给自己打了一剂强心针。就如海表哥所说，我们这些农村出身的孩子，家里一穷二白，只有靠读书来改变自己的命运。如果不读书，我们又能干什么？我们看过太多生活的艰辛，所以更想努力改变自己。

看到这儿，你肯定会想：难道不读书就不能改变命运吗？当然，每件事情都有两面性，不是说没读过书的人一定就没有出息，但那些只是个例，在这个世界上，还是普通人居多。我们身边的例子比比皆是，就如我的臣表哥和海表哥，十多年过去了，他们都已为人父，可是两人过着截然相反的生活。

这几年来，没有继续上学的臣表哥先是给人开车当司机，后来又觉得司机不赚钱，转而去船上当海员，每日风吹日晒，还有一次不小心掉入海里，要不是被人及时发现，可能就丢掉了性命。可他能怎么办呢？他没有一个好的学历，也没有一技之长，只能靠出卖体力赚钱谋生，因为他没得选择。而考上大学的海表哥，通过自己的学识和能力，从一个公司的员工，做到现在自己开公司，不需要风餐露宿，每天只需要动动脑子，就可以体面地赚钱。别人看到他的成就，都会说他很幸运，可是我觉得这份幸运是因为他自己抓住了机会。他如果没有努力读书，没能考上大学，没有足够的知识和能力，还会这么“幸运”吗？

而我也因为坚持读书，现在可以运用自己所学的知识来实现自己的梦想。我觉得世界上没有比这更幸福的事情了。

初中语文课本上有一句孔子的话：“学而不思则罔，思而不学则殆。”我们都知道，这是在讲学与思的辩证关系。可我们看到这儿的时候，也应该想到，连古代圣贤都说要学习、要思考，那么身为普通人的我们，不是更应该去学习、去思考、去改变吗？

固然，读书不一定能让我们名传千古，但那些由古至今让我们望尘莫及的人物，没有一个不曾读过书，就连曾经不愿意看书的吕蒙最终都知道了读书的益处，我们又有什么借口不这样做呢？

你知道的知识越多，就越有力量

当我们觉得时间漫长的时候，我们通常会说“度日如年”这四个字，但是你知道吗？宇宙中真的有些地方一天比一年的时间还长，那就是金星。

当我们认识到一个人的虚伪和恶劣时，我们通常会说他是一个“衣冠禽兽”，但是你知道吗？“衣冠禽兽”最早其实是个褒义词，来自明代服饰上的绣图，到后来因为有的官员贪赃枉法，才变成了贬义词。

我们每天都离不开“一日三餐”，但是你知道吗？宋朝之前，古人只吃两顿饭，到了宋朝后，工商业逐渐发达，官府又解除了宵禁，人们才加了一顿晚饭，变成三餐……

看到这儿，你是不是想问我：你是怎么知道这么多知识的？这其实一点都不难，只要多学多看，你也会知道很多的知识。这时你肯定又想问我：知道这些又有什么用？这些知识当中，生活中真正用得上的又没有几个。

我不想反驳你，若是在以前，我还会赞同你。就像我们初高中时学习的函数，直到我们就业，也再没用过，因为日常生活中只需要十以内的加减乘除就够用了；我们学习的英语，我们其实会简单的对话就行了，因为大部分的人不出国；还有我们学习的物理，我们其实只要了解串联、并联就行，因为并不是人人都会当电工……这种例子还有很多，你是不是也跟我想的一样？好像我再说下去，连多读书都没必要了。

我给你讲个故事吧，也许通过这个故事，你会改变现在的想法。

小黎是我的一个大学同学，跟我同校不同系，我是中文系，她是数学系。我们两个熟识起来，还是因为我们都报了我们喜欢的文学社团。小黎作为一个理科生却报了文学社团，我跟其他同学都觉得很稀奇。与她相识后，我就问了她原因。小黎笑着告诉大家，她报文学社不是因为自己的文笔有多好，而是因为她知道报文学社的人肯定都有值得她学习的地方，想要过来学习学习。她虽然稿子写得不好，但是可以帮忙选稿件。

文学社的活动不多，大多是出去采采风，然后回来写写稿子。那段时间，每次出去采风我都会发现小黎手里拿着一本书和一个笔记本，而且她每次拿的书都不一样，从古代文学到现当代文学，从中国文学到外国文学，什么都有，有时候是小说，有时候是散文集或者诗集。我笑着打趣她："怎么，你想转到中文系啦？"

小黎笑着摇头说道："我只是想多学习、多知道点知识。"

"知道这些有什么用呢？"我反问。

小黎十分认真地跟我说："这样就不会显得我太无知啊！"

小黎这句话让我感觉仿佛被打了一拳，我有点蒙，也感觉有什么东西在我的心底发酵。

多看书就不会显得无知吗?

在参加文学社的一年时间里，小黎自学了很多东西，就像她说的那样，她真的是来学习的。每次的稿子小黎都写得十分认真。说实话，她一开始所写的稿件，真的让我们不敢恭维。可是一年后，在离社的时候，小黎高兴地拿着一本杂志，跑来跟我们分享，说她写的一篇散文发表在了杂志上。虽然在杂志上发表文章对我们来说并不值得大惊小怪，但是小黎发表的文章让我们惊讶万分，我们争先恐后地读了起来。

比起一年前，小黎写文章的水平确实有了质的飞跃，不管是辞藻还是逻辑。

我本来以为小黎只是小打小闹，没想到小黎竟然坚持了下来，并且发表了自己的文章，这让我不禁对她刮目相看。

离开文学社后，我和小黎仍保持着联系。小黎说她在实习之余，还自学了日语，我笑着回她:“你可真有闲情逸致，实习还不够累的?”

小黎笑着说道:“多学点总有用处，尤其是外语，省得到时候自己被外国人骂了还不知道。”

玩笑之余，我只羡慕她有那么多的精力可以用在学习上。我心里觉得还是应该先把自己专业上的东西学好了，比什么都强，小黎总不能用日语讲数学吧?

日子依旧过得飞快，半学期的实习结束了，为了答辩，我们都回到了学校。小黎竟然拿到了日语的二级证书，正巧在这时，有日本的交流生过来交流学习，可我的日语水平仅限于问个“早上好，晚上好”。我眼瞅着机会白白流失，小黎却因为拿了日语二级证书，可以跟日本交流生正常交流，而获得了交流学习的资格。

小黎拿到资格，却给我打了求助电话。小黎在电话里说明了情况，原来是那个日本交流生想要多了解一些中国历史和中国文学，小黎虽然看了很多书，但是在外国学生面前，她想让交流生了解更准确的知识和资料。于是我又给跟我同专业的一个同学打了电话，我们三个人，跟那个日本学生一起开展了交流学习。

本来整个下午的交流都挺好的，但在快要结束的时候，那个日本交流生不知道说了一句什么。我和另外一个同学都没有听懂，小黎却突然冷了脸，用日语说了一大串话，说得那个交流生脸色通红，匆忙告辞离开了。

等那个日本交流生离开后，我问小黎他说什么了，小黎只是摇头说道：“反正是很难听的话。”

难听的话追问出来也是难听，然后我又问小黎：“那你骂他了？”

小黎笑着说道：“中国语言博大精深，我翻译过去教训他，也不算骂人。”

后来我们三个一起吃饭时，小黎认真地对我说道：“其实我学日语就是想多了解一下日本这个国家，也想把我们国家的文化传播给他们看看，没想到会遇到这种事情。”

我点头：“很多事情是我们想不到的，比如你要是不会日语，我们就窘大了，都不知道怎么维护我们的祖国。”

小黎听到这话，用力点头：“所以我们要多多学习，这样才能让自己强大。”

小黎认真且自信的目光在那个下午给我留下了深刻的印象，我想起我的老师和学长学姐们曾对我说过的话：“上了大学一定要多多学习，能拿多少证书就拿多少证书。”

而我当时并没有在意，还觉得高中已经够苦了，为什么上了大学还要折磨自己？

当我看到小黎那天下午的表现后，我终于懂了，学习的知识越多，知道得就越多。只有普通人才想要过普通的生活，但谁又甘愿一辈子只当一个普通的人呢？

大多数的人在举步维艰地往上走，想要活得有出息，活出价值来。所以我们就要不断学习，知道得越多，对我们越有利。我们曾羡慕的那些“天才”，也许只是把我们玩耍发呆的时间用来学习了而已。

因为有了不满足于加减乘除的人，所以才会出现数学家，才能推动社会的发展进步；因为有了想要知道更多的人，所以才会出现精通好几门外语的人才，才能推动人类的文化交流……

如果你觉得他们距离我们很远，那我不妨告诉你，如果我们学习了足够多的知识，在生活中了解了我们所未知的领域，那么在遇到一些事情时，就不会觉得恐惧了。因为人们总是会对自己未知的东西感到恐惧，大到天文地理，小到餐桌礼仪。所以学习不仅仅要学习书本上的知识，也要学习生活中的知识。

亲爱的，我想告诉你，知道的知识越多，你就越强大，也就越有力量，所以扬起学习的风帆，迎风起航吧！

只有知识，是永远属于你的宝藏

卢梭曾在《忏悔录》中写过这样一句话："大多灵敏人都是运用力量时已经太晚的时候，才埋怨缺乏力量。"

不知道你有没有遇到过自己极力想要拥有某种东西，却力不从心，抓不住也留不住它的情况？如果每次都遇到这样的事，久而久之，你会不会灰心，甚至崩溃，觉得这世界上没有什么是你能留住的，甚至觉得没有什么东西是永远属于你的？

说来好笑，我们年轻的时候，都喜欢说永远。喜欢一个娃娃，我们就跟父母说要这个娃娃永远陪着自己；喜欢一个同学，我们就要求对方许诺永远都跟自己要好，否则就不是最好的朋友；稍微长大了，喜欢一个人，我们就想要对方永远跟自己在一起，永远只属于自己。可是他们真的属于你吗？

我的一个朋友就向我印证了，有一样东西是永远属于自己的。

小静是我大学时的一个朋友，她跟我们这些普通的大学生好像不太一样。为什么不一样呢？因为我们在高中经历了太多的艰难困苦，为了考上理想的大学，在高考前承受的压力都快把自己压成压缩饼干了，谁上了大学还不像冲出牢笼的小鸟一样？我现在想起来，当时还真是应了那句“海阔凭鱼跃，天高任鸟飞”。大学里，我参加各种社团，只要有联谊，就必定不会缺席。

小静就不一样。她仿佛化身为一块汲取知识的海绵，一头扎进了更深的学海里。当我们花时间逛街买衣服的时候，小静在图书馆里学习；当我们去聚餐的时候，十次有九次，小静都窝在寝室里看书；当我们都有喜欢的人了，或者已经开始谈恋爱了，小静慌都不慌，继续自己的学习之路。她对外物的“佛系”和对学习的努力，让我们以为自己上了个假大学。

室友们经常打趣小静：“你是没遇到看得上的人，还是没有人追？怎么活得像个尼姑，都上大学了，连个男朋友都没有？”

小静仿佛毫不在意室友们的打趣，只笑着说道：“等你们明年、后年，直到毕业的时候，如果男朋友还是身边的这一个，你们再跟我谈这个。而且我有男朋友哦。”

这下室友们都好奇了，纷纷问她男朋友是哪个系的，长什么样，身高几何。小静神秘地从枕头下面掏出一本书来，得意地说道：“你们看，就是它啊！”

室友们被小静耍了一通，都以为小静真有点精神问题了。

可就是这样格格不入的小静，每次期末考试的成绩都稳居系里第一名。每次有什么比赛，老师都推荐小静去。每次到了考试的时候，都有很多人找小静押题。

学业如此优秀的小静，也吸引了更优秀的人的追求。大二下半年参加竞赛归来，小静就多了一个追求者，他还是一位名牌大学的学长。

那位学长每周都会雷打不动地穿越两个城市来到我们学校，约小静吃饭或者看电影，但都被小静拒绝了。那位学长也不以为意，下周还会来。

我们都觉得小静有点不近人情，于是偷偷地问小静：“这个学长到底是长得不入你的眼，还是你嫌弃人家的学校不好，或者是家庭条件不行?”

小静认真地思考了一下，摇头说道：“他各方面都很好，我也很喜欢他。”

“那你为什么总拒绝人家啊? 要知道这么优质的学长，一不留神就会被抢走了！”

小静嘴角的笑容淡了几分，说道：“在现在这个‘快餐’时代，什么都快。我看你们谈个恋爱都匆匆忙忙的，好像在试衣服，而我不想这样。而且，如果他会被抢走，那就说明他并不是真正属于我的，不是吗?”

小静说得没错，我们的每一天看似很丰富，大学的几年时间里，我们好像拥有了所有，但时间一转眼就过去了，我们又好像什么都没拥有过。

又这样过了半个学期，我们再也没见过那位学长。小静的几个室友却因为要面临毕业，都跟男朋友分手了，只有小静依旧我行我素的。直到她准备考研时，我们才发现她身边多了一个人——之前那位学长居然成了我们学校的研究生。我们都惊叹小静虽然不动声色，却把人都引进来了。我们打趣间，小静笑着说道：“喜欢一个人不能只靠说说吧。”这句话我们确实同意。

转眼毕业的日子如期来临，我们各奔东西，各自回家忙得焦头烂额地找工作。就在这个时候，我们才发现，原来在学校学习的专业知识真的是有用的。有的学科，我们没有用功学习，如今也深刻地体会到了“书到用时方恨少”的感觉。

过了几年，我们工作都稳定了，也有不少同学安定了下来，尽管大家不一定有空相聚，仍纷纷发来喜帖。在一个同学的喜宴上，我们几个大学同学见面，侃侃而谈期间，不知道谁提了一嘴小静，我们才想起已经很久没有听到小静的消息了。

“小静跟那个学长怎么样了，是不是也要结婚了？”有同学好奇地问道。

另外一个知道点内情的同学跟我们说：“你们还不知道吗？那个研究生学长后来看上了一个院长的女儿，跟小静分手了。”

“啊？原来是个渣男？！”我们都很惊讶并且气愤，心想小静那么好的姑娘，遭受了这样的事情得有多伤心！

那个同学欣赏了一会儿我们的表情，又听了几句我们的吐槽，连忙挥挥手说道：“你们也别太愤慨啊，听我说，人家小静虽然失恋了，但是也没有像你们说的那么为爱伤感。你们知道后来小静怎么样了吗？”

我们当然不知道，但是我时常会看小静的朋友圈，猜想小静现在生活的圈子应该是很舒适、很高级的。

那个同学接着说道：“小静分手后，直接拿下了出国留学的名额，厉害极了。听说她那个前男友跟她分手，就是想要这个名额，结果竹篮打水一场空。”

听到这儿，我们心情激荡起来，纷纷叹道：“不愧是小静啊！真出气！”

在离开喜宴回家的动车上，我给小静发了条消息，把听到的事跟她说了，也怪她发生这么大的事情都没告诉我们。

隔了一会儿，小静才回了消息，看着小静发过来的那段话，我陷入了沉思。

小静说：“一开始我就说过，那些情啊爱啊，都要有基础才能长远。而且人从生下来就是独立的个体，从来不是谁的附属，怎么可能永远属于另外一个人呢？天长地久的有很多，但劳燕分飞的也不少啊，关键是我们怎么看待。在我看来，只有牢牢抓在手里的知识才不会背叛我们，才是我们取之不尽、用之不竭的财富，也是永远属于我们的东西。”

我又看了几遍小静的消息，然后扭头看向车窗外飞速倒退的景色，麦田里的稻穗低着沉甸甸的头，有风吹过时，形成了金色的波浪，湛蓝的天空中点缀着几朵像棉花糖的白云，我的心情豁然开朗。是啊，我们虽然一直在追求属于我们的东西，可是到头来，只有被我们忽视的知识始终陪伴在我们身边，并且使我们终身受益。想到刚上大学时，我们笑小静傻的情景，我忽然就笑了，其实看不清现实的始终是我们这群人。

我忽然想起切斯特菲尔德说过的那句话：“当我们步入晚年，知识将是我们舒适而必要的隐退的去处；如果我们年轻时不去栽种知识之树，到老就没有乘凉的地方了。”

所以，趁我们还年轻，多学习些知识吧，因为只有这些知识是永远属于我们的宝藏啊！

第4章

人生如逆水行舟，不进则退

学会面对逆境，勇于挑战自己

如果我们每个人都是一艘船，从出生就开始航行，那么命运就是一条宽阔无边的大河。在这条河中，我们可能会有一阵子的顺风顺水，但大多数人总会遭遇一些风浪，只不过有的人遭遇的是涟漪，有的人遭遇的是惊涛骇浪。无论我们遭遇的风浪或大或小，我们都必须去面对，因为生命这条航道不能后退，只能前行。

我很喜欢一句话：“要成功，你就必须接受遇到的所有挑战，不能只接受自己喜欢的。”

从教多年，我带过一届又一届的学生，从中发现了一个问题，就是现在的很多孩子对自己的喜好偏爱得厉害，非常喜欢根据自己的喜好做事情，比如喜欢某个科目的老师，就会认真学习那个科目，不喜欢某个学科，就不去学那个科目，偏科现象惨不忍睹，学习随意得好像现在已经不需要进行中考和高考了一样。现在还有很多学生心理非常脆弱，只能接受夸奖，不能接受批评，只要你对他们稍微严厉一点，他们的内心就承受不住。在学校还好，一旦回了家，他们可能就会哭上一两个小时，如果家长们问起来，他们还会委屈地再哭一两个小时，让人头疼不已。

这类情况已经不是少数，让人看着就忧心不已。我为什么会忧心？因为每个青少年就像一只雏鹰，雏鹰不经历从高处纵身跃下的心惊，不经历断翅的痛楚，又怎能翱翔于天际？

我们通过读书可以知道，一个人应该有“海阔凭鱼跃，天高任鸟飞”的雄心，也知道一个人应该有“会当凌绝顶，一览众山小”的壮志，但更应该知道，一个人必须有“长风破浪会有时，直挂云帆济沧海”的积极心态才能走向成功。

我有一个学生，名字叫小志，身材微胖，但学习成绩不错，十分要强，刚上初中就立志要考上重点高中。

小志是一个让老师省心的学生，不管是晨测还是各种小测、月考、大考，他的成绩都名列前茅，可谓是我见过在学业上最顺风顺水的学生了。但这种顺风顺水的日子并没有持续很久，因为体育对微胖的小志来说是一个硬伤。

一个想要考重点高中的学生，分数的重要性不言而喻。小志虽然文化课成绩遥遥领先，但是体育成绩真的一塌糊涂。体育老师找到我，说像小志这样的学生，如果文化课分数足够高，那么对体育分数的要求可以适当地降低，关键看他怎么想了。因为小志想要把体育成绩搞上去，真的难于上青天。

我把体育老师的话委婉地转达给了小志，小志听完我的话，垂着脑袋，一副很沮丧的样子。我担心小志因为这件事心里难受，安慰他说道：“每个人都有自己擅长的地方，也有不擅长的地方，没有必要拿我们的短处跟别人的长处比。”

谁知道小志听到我的话后抬头看着我，目光坚定地问我："老师，您说如果我从现在开始锻炼，能不能提升我的体育成绩？"

我看着小志的目光，心中有所触动，伸手摸了摸他的头，认真地说道："当然可以，我们要相信，努力不一定有收获，但是不努力一定不会有收获。"

小志听懂了我话里的意思，深吸一口气，微笑着说道："老师，我知道的，但是如果不努力一把，我就觉得对不起自己。偷偷告诉您一个秘密，我的目标不仅仅是重点高中，我还想读重点班。我想重点班的学生应该都需要德、智、体、美、劳各方面都优秀吧！"

听完小志的话，我真的备感欣慰。我欣慰什么？因为一个人的好坏不是老师教导出来的，老师只能传授知识，引导学生，虽然后天的培养很重要，但一个学生的本性同样重要。令我欣慰的是，小志是那种先天本性很好，也很注重后天培养的学生。

后来，我为了给小志打气，放学后只要有空就陪着小志锻炼。当然，小志为了不给我添麻烦，只在学校锻炼了两天，就放弃了在学校锻炼，而是选择跑步上学，跑步回家。第一个星期，因为疲劳作祟，小志每天上课都会犯困，最严重的时候，数学老师都来向我告状了。后来小志也觉得这样做不对，索性只要自己困了，就直接站起来听课。看着小志眼下乌青，还要咬牙跑步的情形，我都觉得于心不忍。但是我知道，不经艰难困苦，如何玉汝于成？

就算是心疼，我也只能默默地支持小志。可惜天不遂人愿，小志训练半个月后的跑步成绩，只比半个月前快了两秒。

有不少学生对此很有看法，还有人在背后偷偷笑话小志。我把小志叫到办公室，本来想安慰他两句，结果刚准备开口，小志就笑着先开口了："老师，我知道您想说什么。"

"你知道我想说什么？那你说说看。"我惊讶地说道。

"您无非就想安慰安慰我。老师，其实我刚才看到我的成绩时也有点沮丧，但是我又很开心。"

"因为提升了两秒钟？"我问。

"不是，是因为我的身体发生了变化。"小志挠了挠脑袋，不好意思地接着说道，"在刚入学的测试中，我跑完步后就像搁浅的鱼似的，觉得口干舌燥，天旋地转，而且想吐。但是今天跑完步，我发现虽然我的速度没有提升，可我没有以前那种虚弱的感觉了，只是呼吸加重，流了些汗。"

说到这儿，小志的一双眼睛炯炯有神地看着我，他问道："老师，您说这是不是我该高兴的事？"

我用力点头："对，这是值得高兴的事情，欲速则不达，你已经很棒了。"

小志笑着说道："我还差很远呢，老师。"

自那以后，小志依旧坚持天天跑步上下学，而且每天还很自觉地到操场上去练习跳远。短短的一个学期很快就过去了，小志的身高长高了三厘米，体重由一百五十斤瘦到了一百三十斤，跑步成绩已经到达了及格线，跳远成绩也就差几厘米而已了。

在初一最后一节体育课上，体育老师当着全班同学的面狠狠地夸奖了小志一番。小志的努力也被全班同学看在了眼里，虽然很多同学没说什么，但是我在他们的眼里看到了羡慕和钦佩。

体育老师在课后跟小志说，只要这样一直坚持下去，他的中考成绩达到要求不是问题。

小志高兴地笑出声来，他腼腆的样子特别可爱，而他努力的样子也深深地刻在了我的脑海里。

初一期末考试后，所有学生在听完分数后都高兴地放假回家了，小志留到了最后。我看着小志问道："怎么了，是对自己的成绩不满意？"

小志摇摇头，对我说道："老师，谢谢您。"

"你谢我什么？"我惊讶地问道。

"我想谢谢您那天给我们讲课时说过的一句话，您说，'不经一番寒彻苦，怎得梅花扑鼻香'。"

小志一本正经的样子让我忍俊不禁，我说："那可不是我说的，那是黄檗禅师说的。"

小志摇头："不，老师，您后面还说了一句话。您说：'想要看到天空的辽阔，必须要有与风雨抵抗的翅膀。'"

我想起来这句话了，小志笑着问我："老师，您说我现在有那双翅膀了吗？"

听到他这么问，我内心备受震撼，用力点头，说："有了，并且很有力量！"

你看，小志就是我们身边活生生的例子，那么普通，又那么真实。他不是名人，也不是天才，却是我们日常羡慕的那种顺风顺水的人。但并不是每一个看似前途光明的人，都像你看到的那样顺利。他们也会有自己不为人知的弱项，也会有流汗努力也打不破的困境，那么，为什么还是有人经历了各种困难依然可以成功呢？

因为他们善于挑战自我，突破自我，每一个破茧成蝶的人都令人羡慕，也值得骄傲。

贝多芬说过：“我要扼住命运的咽喉，绝不让命运所压倒。”

是啊，生命其实处处普通，却又处处充满奇迹。我们每个人都会遇到觉得自己不可能完成的挑战，但突破自我的人，就会取得成功，获得别人的掌声和惊羡的目光，而被困难打倒的人，只能碌碌无为，做一个普通到老的普通人。

别向困境屈服，即便我们这辈子注定只能做一个普通人，也不要做一个会被随便一次苦难击溃的普通人，这样我们的生活才有意义，我们的人生才有价值。

压力其实不可怕，谁能顶住谁老大

罗丹说过：“世界上不是缺少美，而是缺少发现美的眼睛。”

现在人们的生活都太过匆忙，孩子忙着学习，大人忙着工作，就在这“匆忙”中，我们积攒了太多压力，所以我们的眼里只有眼前的苟且和压力，丢失了发现美的能力。

不知道你有没有这种感觉，在某段时间，好像不管自己多努力，都没办法取得更好的成果，反观别人，他们好像轻轻松松就能做成一件事。两相比较之下，我们会不服气，会觉得自己可以做得更好，于是每次遇到这样的事，就会在我们心里压上一块小石头，时间一长，我们的内心就会堆积出一座大山。这座大山，就叫压力。

我经常跟学生说，压力跟困难是一样的，都像弹簧，你弱它就强，你强它就弱。面对压力就应该像面对困难一样，你要是迎难而上，那你就会变得强大；你若逃避畏惧困难，那你就会变得弱小。

季心出生在农村，而且家庭条件非常不好。不好到什么地步呢？她的父亲是个木匠，只有一只眼能用，母亲因为一次车祸导致高位截瘫，生活不能自理，她学费和生活费的来源，不是亲戚们的接济，就是村里的补助。父亲虽然很努力地工作，但是一年到头赚的钱除了用来给季心读书，就是给她母亲买药了。

生活很苦，苦到季心从来不坐校车上学，因为那样一个月就能省下一百多元的生活费；她也从不在学校的食堂吃饭，而是从家里带盒饭。有一次，一个顽皮的同学把季心的饭盒碰到了地上，饭盒被掀翻，里面的大白菜和萝卜都掉了出来。很多同学看到这一幕都惊呆了，他们知道季心家里条件不好，但不知道季心会吃得这么差，怪不得季心那么瘦，以前还有同学调侃过季心是因为刻意保持身材才那么瘦的。

季心看到同学们异样的目光，虽然脸上有点发烫，但是她没有哭着跑走，也没有自怨自艾，只是蹲在地上把被撞翻的饭菜收拾干净。

季心知道，哭是没有用的，那样只会让自己更难堪，而且吃白菜萝卜也不是什么丢脸的事。她既没抢也没偷，只不过是家庭条件困难了些，而这又不是她能决定的。

但是季心在心里也曾不满过，也曾崩溃过，在下雨天没人来接，别的同学都坐着校车回家，而她只能骑着自行车冒着大雨回家，回到家还要烧火做饭的时候；在学校组织春游，别的同学的书包里都装满了好吃的，而她只能带着一个馒头、两个鸡蛋，还有一个从家里装满凉水的水杯的时候；在同学们私下里互相赠送礼物，却因为大家都知道她回赠不了礼物，没人给她送的时候。

为什么呢？为什么偏偏就是她出生在这种家庭呢？为什么她

从小就没穿过好看的衣服，也从没吃过各种各样的零食？为什么别的同学回到家就可以饭来张口、衣来伸手，而她不仅要自己做饭，还要等喂完母亲后才能写作业？

直到上了初中季心才想明白，一个人是无法选择自己的出身的，与其花费力气哭闹让别人看笑话，还不如通过努力改变自己的生活。

中考的时候，季心以全镇最好的成绩考上了重点高中，尽管高中的日子也不好过，但季心从来不在乎外在的物质，因为她本身就没有那些东西，何必在乎自己没有的东西呢？生活给予她的压力越大，季心就越不服输。整整三年的高中生活里，除了必需用品，季心几乎没有多花过一分钱，就连父亲给她的本就不多的生活费，她都省下了一大半，因为她想在高考后，给自己买一件像样的衣服。

可是上天仿佛就跟季心过不去一般，季心高中毕业的时候，母亲因为长时间瘫痪在床，引起并发症进了医院。季心没有买新衣服，而是把自己省下的所有的钱都交给了父亲去交住院费，可惜最终还是没能留得住母亲。

在季心十八岁的这年，她永远地失去了母亲。母亲下葬的那天，季心坐在母亲的墓前，红肿的眼睛已经再也流不出一滴眼泪。她看着母亲的墓碑，张了张嘴，想问一句：为什么？生活为什么这么不公平呢？

但人生不就是这样吗？生老病死，成功或者失败。

她已经没有退路了，难道还要因为生活给了她一记重拳，就像懦夫一样倒下吗?

季心眯了眯眼，在心里说道：我偏不信邪，偏要还生活以颜色。

季心报考了自己向往的学校，还有喜欢的专业，上大学后就没再向父亲要过一分钱。她一边打工一边学习，大学同学在享受校园生活的时候，她在打工；同学在谈恋爱的时候，她在学习；有人追求她的时候，她摇头；遇到喜欢的人时，她沉默。因为她觉得自己还没有足够的能力去谈其他的东西，因为生活中的压力还像一座大山压在她的身上，她还没有还之以颜色。

毕业后，季心的很多同学选择了考研，季心因为家庭条件不好，只能选择就业。季心去了南方一个机会很多的城市，从一个实习生开始做起。陌生的城市，没有家人，没有朋友，有的只是每天两点一线的生活，每天为了房租、生活费而辗转的生活，但季心肯吃苦，业务能力强，入职半年就提前转正了。她的工作能力突出，又兢兢业业，这些都被上司看在眼里，第二年她就涨了工资，并且升了职。就这样，季心凭借自己的努力，一步又一步，越来越好。

现在，季心在家乡给父亲买了一套新房，拥有了自己的车子，也买得起自己喜欢的衣服了，每年还会带着父亲出门旅游一次，她终于活成了自己喜欢的样子。

有一次，季心跟驴友约好一起去山上看日出。在山顶上，看到火红的太阳从地平线跃出来，照红了半边天时，那种火红的光亮刺得人睁不开眼，季心看着太阳忽然泪流满面。十多年了，生活给予她的压力，她都咬牙扛了下来。并且，经过十几年的时间，她打败了压力，活成了让人提到都会羡慕的样子。

那次爬山后，跟季心一起去看日出的一个驴友开始追求季心，两年后两人准备领证。季心问男朋友："你到底是从什么时候开始喜欢我的？"

男朋友笑得腼腆："你记得有一次我们约着去看日出吗？太阳出来的时候，我扭头就看到你一脸泪水还面带微笑的样子。那个时候，我觉得太阳都没有你耀眼。跟你在一起后，我觉得不管遇到什么事情，你好像都能轻易地解决，这就更坚定了我要跟你一起生活的决心。"

听完男朋友的话，季心会心地笑了起来。那一天，她一辈子都忘不了，因为那是她跟世界和解的一天，也是从那时候起，不管生活还是工作，再大的压力都无法压垮她。

"铁人"王进喜说过："井无压力不出油，人无压力轻飘飘。"伽利略也说过："生命如铁砧，愈被敲打，愈能发出火花……"

不过我还是最喜欢乔丹说过的那句话："如果有人取笑我，或者怀疑我，那将成为我超水平发挥的动力。"

压力无处不在，而我们要做的就是把压力转换成动力，只要顶住了压力，战胜了压力，你就是自己的英雄！

失败并不可怕，告诉自己：我可以

拉丁美洲有一句谚语：“谁不经历失败挫折，谁就找不到真理。”

人生在世，谁没经历过几次失败呢？

拿最简单的例子来说，我们可能曾经信誓旦旦地跟父母一再保证，期末考试肯定会考个好成绩，结果因为发挥失常，成绩不如人意；我们可能曾经意气风发地参加演讲比赛，结果因为倒拿了话筒，一紧张就忘记了稿子内容，没有取得好的名次；可能我们曾经用了几天时间画出来的一幅画，本来以为足够完美，结果投稿之后便如石沉大海……

遇到这样的事情时，你有没有感到挫败、沮丧，甚至一蹶不振？有没有觉得自己一直那么努力，竟然只因一次意外就一败涂地，有点可悲可笑？这样的事情，我们经历一次、两次还可以稳住心态，可是如果经历了三次、四次呢？我们还要继续努力吗？这样的坚持还有意义吗？你会不会在心底产生自我怀疑：兴许我就不是那块料呢？兴许我真的不适合呢？

亲爱的，世界上不存在与生俱来的天才，通向成功的道路从来都不是康庄大道，成功的人只会经历更多的失败和挫折，可他们为什么能成功呢？也许就像柴静说的：“失败不是悲剧，放弃才是。”

我认识一个写歌的朋友，他年纪不小了，因为从小就喜欢音乐，为了学习音乐放弃了很多东西，甚至一度需要靠借钱度日。也许是因为他虽然一直在写歌，却没有创作出拿得出手的作品，所以投出的作品不是被拒绝，就是在被拒绝的路上。

强大的挫败感和现实的压力，让他不得不放弃全职创作这一条路，找了一份能够让他保证温饱的工作，后来又认识了他的妻子。为了结婚生子，他只能暂时把音乐创作这扇窗关上，努力工作生活，从而给他的小家一个光明的未来。然而，音乐始终是他心底一根拔不掉的刺，每每在午夜梦回的时候让他辗转反侧。

终于有一天，他鼓起勇气跟妻子说了自己想要继续音乐创作的事情。他本来以为会被妻子否定，没想到妻子却十分支持他。妻子甚至说，如果他想要全心创作，那她可以出去工作。他听了之后忽然热泪盈眶，连忙说自己可以一边工作一边创作，但妻子还是想要分担他的压力，坚持说道：“我要出去工作。以前是孩子小，我没办法，只能在家照顾孩子，现在孩子长大了，可以让奶奶和姥姥帮忙照顾。我出去工作不仅仅是为了减轻你的压力，而是觉得我需要实现自己的价值。”

就这样，他捡起了自己的音乐创作。一开始的时候，他总是因为这样和那样的理由，创作不出好旋律，而且他的作品也不是那种流行歌和口水歌的风格，他喜欢坚持自己偏好的音乐风格，哪怕不被别人欣赏，或者很少有公司愿意收这样的歌曲。所以回归创作之路之初，他每天都陷在深深的自我怀疑之中，再加上以前一起搞创作的朋友这几年都或多或少有了成功的作品，也已经小有名声，更让他觉得压力巨大。那段时间，他投出去的曲子依旧如石沉大海。看到妻子每天工作回来后还要做家务，他的心情更是复杂得不行，各种压力仿佛一瞬间向他涌来，将他淹没，比他婚前的压力还要多、还要大，导致他开始失眠。他每天白天工作已经很累了，晚上还要在失眠的时间里创作，他给自己的压力越大，对创作出来的曲子就越不满意。后来，他索性把创作的事情丢到一边，但是他的失眠并没有因此而好转，直到妻子发现了他的不对劲。

有一天，妻子请了假，特意买了他喜欢吃的菜，还买了一瓶红酒。回到家，妻子发现他也没上班，正在书房里弹琴，弹的曲子是她没听过的。音乐是可以感染人的，妻子觉得他弹的曲子虽然听起来不是那么正能量，可是谁说所有的歌曲都必须有正能量呢？创作音乐只要能表达自己的情绪，表达自己的感情就可以了，不是吗？

妻子没有打扰他，直接进了厨房开始做菜。过了一会儿，饭菜的香气把他从书房里给吸引了出来。

他惊讶地看着妻子做的一桌子饭菜，还有那瓶红酒，问道：“你回来怎么也不跟我说一声？今天是什么日子吗？”

妻子摇摇头，然后拉着他坐下，说道：“不是什么日子就不能吃顿好的了？”

他有点茫然，也有点惊讶，说道："这倒不是……"

妻子给他倒了点红酒，对他说道："今天我们就什么都不想，好好吃一顿。"

他有点受宠若惊，但还是放开了心，跟妻子吃了一顿好饭。吃完饭，两人喝得也差不多了，妻子端着酒杯问他："你写的曲子怎么样了？能给我听听吗？"

他顿时脸色一变，尴尬地说道："还是不要了，我没有创作出什么好的作品。"

"你是觉得自己的作品不好听，还是因为自己的作品没有卖出去才觉得自己的作品不好的？"妻子认真地问道。

妻子的这句话仿佛一把利刃直插他的心脏，顿时让他崩溃了。他仿佛被冻住般坐在椅子上，几秒钟后才找回自己的理智，颤抖着问道："你是不是也觉得我很没出息，没有这方面的天赋？"

说着说着他的眼泪就流了下来，三十多岁的大男人，说哭就哭了起来。妻子知道他是一个坚强的人，甚至有点大男子主义，他会在她面前流泪，肯定是心中那根弦绷得太紧了，需要发泄和放松。

"是不是我真的不适合这条路？"他一把擦掉自己的眼泪，哽咽着说道。

"我只是想好好地做出好的音乐，有什么错？"说到最后，他泪如雨下，声音嘶哑。

妻子含泪听他倾诉，最后走过去把他抱在怀里，轻声说道："所以你要放弃吗？就因为一时的失败？"

听到妻子的话，他忽然怔了一下，久久没有说话。是啊，他要放弃吗？因为几首歌的失败，就要放弃自己一直喜欢、热爱的事情？

妻子拍着他的后背说道："其实我不怎么会说话，但是咱们家女儿都知道爱迪生发明灯泡时失败了无数次，你才失败几次呀，就这么难过？"

听到妻子提到自己的女儿时，那种被拒绝的挫败感忽然轻了一些。是啊，如果他自己都承受不住失败的打击，经历了失败就要放弃，以后还怎么教育女儿呢？父母对子女的教育，言传身教更重要。

妻子听到他停止了哭泣，拍了拍他的肩膀说道："我女儿的爸爸，你怎么说？"

他知道妻子在逗他，忽然就破涕而笑，还有点不好意思地擦了擦眼泪，嗓音沙哑地说道："我当然可以了，你等着瞧吧，我肯定会写出一首好歌的。"

妻子点点头，起身一边收拾桌子，一边像是不经意般地说道："刚才我回来时听到你弹的曲子蛮好听，听得我都想哭了。"

他又是一怔，仿佛醍醐灌顶，是啊，曲由心生，能让听众共情的曲子才是好曲子。

于是他解开了所有心结，就算曲子不火又怎么样呢，他创作是因为热爱，又不是为了赚钱。想通了这一点后，他的灵感就不断地喷涌而出，他一连写了好几首曲子，有时间还会带着妻子和女儿出去采风，回来就在书房里埋头搞创作。

那段时间他投出去好几首歌曲，终于，有一首被当地电视台采用，还被当地电台推广了。这让他高兴不已，紧接着，他在某音乐平台上发布的一首歌也被推到了百歌榜。惊喜接连而至，让他对自己更有自信了。

虽然他的这点成就跟名人比起来，太微不足道，但他就是觉得自己成功了，对他而言，成功是结果，并不是目的。

你看，我们每个人都会遭遇挫折与失败，当你因为一点小事而伤心不已的时候，还有更多的人比你更沮丧；当你因为自己的失败而止步不前的时候，兴许有人已经对着失败说不，战胜了失败。

面对失败，我们最常听到的一句话是："世上无难事，只要肯攀登。"而我要告诉你的是，面对失败，要勇于重拳出击，告诉自己：我可以！

艰难困苦，都是人生赠予我们的风景

虽然我忘记了是在哪儿看到的，但这句话让我记忆深刻："在最艰难的时刻，更要相信自己手里握有最好的猎枪。"

我经常想：到底什么样的人才算是伟大的人？

难道只有牺牲自己，奉献世界的人，才能算是一个伟大的人吗？还是兢兢业业，死而后已的人，才能算是伟大的人？这个世界上能称得上伟人的人太少，而大多是普通平凡的人。我们这些普通人像是一个蚁穴里的工蚁，忙忙碌碌地度过一生，可本是平凡的一生，又注定不平凡。因为我们总是会遇到这样那样的困难，兴许是来自困难的原生家庭，兴许是从出生就有缺陷，又或许是原本平顺的人生忽逢大变，在生活中饱受挫折，但还是要咬着牙，硬着头皮活下去。

我想了很久才想明白，人生在世，还是平凡的人多，难道面对生活能够从容不迫，顶住压力照顾好自己和所爱之人的人，就不算是伟大的人吗？

正如塞涅卡的那句话："从不为艰难岁月哀叹，从不为自己命运悲伤的人，的确是伟人。"

王笑从小生活在富裕的家庭，因为他们家居住的地方临海，她的母亲又有远见，早早地买下一条渔船，让她父亲出海捕鱼。那是二十世纪九十年代，她父亲已经可以靠出海捕鱼净赚至少两万元了，这相当于现在什么样的水平呢？这么说吧，1990年，谁家有一万元积蓄，那就是家喻户晓的“万元户”，那时候的一万元相当于现在的十万元。也就是说，王笑的父亲每次出海回来能净赚的钱数相当于现在的二十万元，是一个不容小觑的数目，所以我说王笑小时候过的是小公主般的生活一点也不夸张。

比如，在刚刚流行公主裙的时候，王笑的母亲就给王笑买了两条，裙子有一对粉色的泡泡袖，别说是在班级里，就算在全校都是独一无二的，羡煞了很多女同学。再如，那时候有间食课，王笑的母亲为了让王笑每天都有新鲜的零食吃，一开学就去市内的批发商铺批发了王笑一学期要带的零食，当时人家批发商还以为王笑家里是开小卖铺的。而王笑小时候吃零食吃腻了，就拿自己的零食跟其他同学换月饼和鸡蛋吃。还有，九十年代在东北刚开始流行烧烤，王笑一个星期吃三回烧烤都算是少的；当时最流行的娃哈哈AD钙奶，王笑一天能喝两瓶……

除此之外，王笑的父亲还跟她母亲商量着在市内买房。王笑以为自己会一直这么顺风顺水、幸福快乐地长大的时候，家里突然变了天。王笑的父亲有了钱，开始膨胀，在外面包养情人，被王笑的母亲发现后，两人办理了离婚。就这样，九岁的王笑被判给了她的母亲，从此跟着母亲生活。王笑的母亲为了让王笑的父亲可以糊口，所以把船给了王笑的父亲。

王笑的父亲与她的母亲离婚后，再也没有人像她的母亲那样约束他了，他就像变了一个人似的开始花天酒地，不到两年就把船卖了以应急还赌债。他答应每个月给王笑的二百元抚养费，也从来没有准时给过。

王笑从一个人人羡慕的小公主变成了一个单亲家庭的小孩，母亲为了抚养王笑，也不得不工作赚钱。母亲没有学历，又不想去饭店打工，而当时只有在工地工作月工资最高，于是王笑的母亲就去工地工作，每天起早贪黑。王笑也从一个从来不计较花钱多少的小孩，变成了知道一角钱也是钱的大孩子。

因为母亲披星戴月地工作，王笑有一段时间陷入了没人管的情况，于是她就跟那些不喜欢学习的孩子一起玩，学习也一落千丈。还有很多以前羡慕王笑的同学，偷偷给王笑起外号，叫她“野孩子”。王笑听到这些外号，脸上没什么表情，心里却难过得不行，甚至有一段时间天天回家哭。

后来，母亲发现了王笑的不对劲，就换了一份工作，每天陪王笑学习，还时常跟王笑聊天。王笑虽然年纪小，但是经历过这种家庭变故，也变得成熟起来，甚至因为生活发生了翻天覆地的变化而变得自卑。有一段时间，她总会哭着质问母亲：为什么会变成这样？

母亲因此很是痛心，不断找出王笑的优点鼓励她，不管生活多拮据，母亲还会像以前那样给王笑买衣服，虽然不再是几套几套地买，但最起码每年每个季度王笑都会穿上新衣服。王笑在母亲的陪伴下一点点长大，直到王笑上了六年级，要升初中的时候，有一天半夜，她因为口渴从睡梦中醒来，恰巧听到了母亲偷偷给亲戚打电话借钱的声音。王笑躺在床上听着母亲低声下气地好言好语，眼泪不断地流出来。好像在那一个晚上，王笑一瞬间长大了。家庭变故算什么，单亲又算什么？至少她在这个世界上还有相依为命的母亲。就算父亲不着调，至少她的父亲还活着，偶尔良心发现的时候，他还会去学校看她两眼。比起那些生来就没享受过家庭温暖的人，她已经幸福太多了。她现在生活拮据，那她就快快长大，给母亲一个好生活不就行了？

小小的王笑抱着这样大大的念头，日复一日地认真学习，好好生活，也不再因为没有好吃的，或者没有新衣服穿跟母亲哭闹，甚至在生日的时候也不跟母亲要生日蛋糕了，只要有一碗长寿面就行。母亲没时间给她做，她就自己下一碗方便面，意思意思也行。

那晚之后，王笑就很少哭了。她虽然沉默，但是每天都积极地生活。她本来学习成绩就不错，后来更是不断进步，连老师都觉得王笑像变了一个人似的。后来王笑顺利地升入了初中，但是在中考的时候，因为当地有定向分配的规定，所以虽然王笑的分数可以上高中，她却被卡掉了。

当收到自己没有考上高中的通知时，王笑心里一凉，想到自家的情况，她知道自费是不可能的。面对母亲时，她哭了出来，她不知道不读书她还能做什么。她明明已经那么努力了，初三因为压力大、睡眠少，还得了神经衰弱症，发作起来偏头疼就疼得厉害。

母亲看见王笑这样，对她说，她只要努力了就行，剩下的事母亲来想办法。后来还是王笑的叔叔联系母亲，他出钱让王笑上了高中。

王笑上了高中后才知道，自己虽然是自费的，但是中考分数比一些学校的高中录取分数线还高了十一分。下课后，王笑就跑到学校的公用电话亭给母亲打电话，觉得心中有无限的委屈，认为自己受到了不公正的待遇。母亲听到这些话，没有第一时间开口，后来才叹了口气说道："这种事情我们每个人一辈子都要遇到几回，你在埋怨社会不公平的时候，也应该从自身找原因，如果你再多考几分，就算是有不公正的待遇，这种事情也不会落在你的身上。"

王笑挂了电话，在外面待到上课铃声响起，才擦了脸上的眼泪回到教室。高中三年，王笑虽然也有感到吃力的时候，但她一想到中考的事情，就会咬牙继续学习。

多年以后，王笑大学毕业，找了一份稳定的工作，不管遇到什么事，脸上都洋溢着轻松的微笑。有人问她："你怎么能这么乐观呢？"

每当这时，王笑总是回答别人："爱笑的女孩，运气总不会太差。"

其实王笑心里明白，不管遇到什么样的困难，哭泣抑或抓狂，是最没有用的方式，只要直面困难，把困难当成一次生活的考验，当成自己成长的踏板，当成一次暴雨的冲刷，经历过后，就会看到艳阳高照，彩虹当空。那么，何不微笑着面对呢？

正如徐特立先生说过的那句话："有困难是坏事也是好事，困难会逼着人想办法，困难环境能锻炼出人才来。"

你要相信，你正经历的艰难困苦，都是人生赠予我们的风景。

黎明前总是格外黑，成功前总是格外难

不知道有没有人跟你说过这样的话：“没有经历过苦难的人生，是不完整的人生。”

如果我们把人比作一朵花，那么，生长于温室中的花，大多都可以春风得意，顺风顺水地过一生，但是这种只经历过阳光的沐浴，没有经历过风霜洗礼的花朵，大多无法承受室外烈日的暴晒，也无法承受风霜雨雪的无情，它有的只是娇艳欲滴却又脆弱无比的花苞。可是身为一朵花，不可能永远都在温室里生存，温室里的花朵要想和室外的花朵一样鲜艳夺目，只能接受苦难的磨砺，与艰难困苦做斗争。

你可能觉得我危言耸听，也可能觉得我夸大其词，不管你相不相信，但你总会经历越想做好一件事，就越觉得做不好的时候；你也会经历非常想做成功一件事，可是往往适得其反的时候。但当你经历了种种所谓的“倒霉”后，你只要咬牙坚持，就会有“否极泰来”的时候。

我认识唐创已经有七八年的时间了，我们跟一群朋友一起从事创作行业，从入门到如今，很多朋友已经在这行里崭露头角，

或者已经接近金字塔的顶端。可是唐创不一样，他是我们这几个人里最“倒霉”的那个。

他倒霉的程度，真的会让人觉得连小说都不敢这么写。入行第一年，我们一起在一个网站写作，都还处于摸索的阶段。唐创很有天赋，没过多久就从我们这群人中脱颖而出。看到唐创的书开始受欢迎，编辑非常高兴，直接让他好好存稿，等到月中就给他上推荐。我们得知这个消息后，既羡慕唐创，又为唐创高兴。但是，唐创得知这个好消息不久，就收到了家中父亲病重的消息。唐创不得已，只好回家照顾只身一人的父亲。之后，唐创白天在医院照顾父亲，只要一有时间，就还想着存稿子。可是他父亲的病十分难治，还有恶化的趋势，而且他父亲害怕花钱，对治疗也不是很配合，唐创还要费心费力，苦口婆心地跟父亲周旋。每到夜深人静的时候，往往都是唐创身心疲惫的时候，他就算勉强提起精神写作，也没有全身心投入创作时的热情了。没有热情，创作出来的东西味同嚼蜡，唐创好不容易存够了稿子，在上推荐的时候却适得其反。编辑看了唐创的稿子，直接批评了他，十分痛心地告诉他，创作这条路没有捷径可言，必须全身心地投入，只有好的剧情和文笔才能留住读者。

这一点，唐创怎么会不知道？可是在父亲住院的日子里，他根本静不下心来。就这样过了大半年，唐创父亲的病情本来有所好转，但是由于他拒绝再配合治疗，导致病情忽然复发，没过几天，人就没了。

本来想要全身心投入创作的唐创，这回更无法投入了。忙完了父亲的身后事，唐创觉得自己内心像空了一块似的。雪上加霜的是，家里的积蓄也随着父亲的入土见了底，没有办法再给唐创提供全职写作的生活环境了。唐创只得先放下全职创作的事，出去找了一份可以给自己提供温饱的工作。那段时间，唐创白天工作，晚上创作，他的作品虽然有了质量，但是数量又跟不上了。别人上了推荐之后，一天能发一万字的稿子；他上了推荐之后，一天只能发六千字。在快餐网文时代，网文光有质量还不够。留不住读者，就会流失读者，唐创觉得自己就像是《月亮与六便士》里的主人公，还想起了那本书里的一句话："追逐梦想就是追逐厄运，在满地都是六便士的街上，他却抬头看见了月亮。"

唐创想：他到底是要追求梦想，还是要那满地都是的"六便士"？为什么"月亮"和"六便士"不能一起拥有呢？难道追逐梦想就一定是追逐厄运吗？

"月亮"和"六便士"在他心里不断地拉扯，后来唐创放弃了自己的工作，准备专心搞创作，因为他认为，他肯定可以同时拥有"月亮"和"六便士"。

那时，唐创已经开始和交往了几年的女朋友谈婚论嫁了。可是女朋友的母亲本来就看不上他，觉得他赚得少，这回他一辞职，她更是觉得唐创好高骛远，没有出息，连一份像样的工作都没有，怎么给自己的女儿幸福？尽管唐创一个劲地给未来岳母解释，写小说也是工作，并且时间弹性大，一夜暴富的可能性也很大，就算不能一夜暴富，他只要好好写，坚持下去，解决温饱也是不成问题的。

但是女朋友的母亲哪里了解什么网文，更不信唐创能写书，只觉得他在胡扯，就极力反对他和自己女儿的婚事。于是，唐创在第二次想要成为全职作家的时候，失去了他心爱的女朋友。

有时候唐创也很痛苦，心想为什么别人的成功就那么容易，轮到他自己，不是倾家荡产，就是失去亲人，同时又痛失爱人？

辞职、分手后的唐创，在那段不为人知的日子里，再也没在我们的聊天群里出现过，也没有约谁出来吃过饭。后来不知道过了多久，我再次听到唐创的消息，还是在我与另一个朋友的聊天中得知。

有一天，那个朋友突然单独给我发消息，彼时我正在头疼我新书的开头，看到朋友的消息，想着正好可以聊会儿休息一下。刚打开对话框，朋友发来的文字便跃然于眼前："你听说了吗？唐创的书爆了，在他们网站和各大渠道都上了首页推荐，他一天的稿费都够我们两个加一起的一个月的稿费了！"

我顿时从头疼中清醒过来，又仔细地看了两遍朋友说的话，确定那个火起来的人是唐创后，一时不知道自己心里到底是什么滋味。说羡慕吧，我觉得是有的，毕竟我们的创作条件和环境比唐创好太多，可是羡慕之余，我内心又不禁替唐创开心。没有人比我们这些人更清楚，唐创在不被家人理解的情况下，从一开始的默默无闻走到今天，究竟付出了多少努力。我们也不知道，他当初跟女朋友分手后过的是什么样的日子，才能让他写出这样的好书。

我跟朋友聊了一会儿，朋友跟我说一定要让唐创请客，不能放过这次机会。我笑着岔开话题，私聊唐创，调侃他："唐大神，化悲愤为力量，恭喜你成功了！"

不一会儿，唐创就回复了消息。我打开对话框，就看到唐创的话："别人不知道我，你们还不知道吗？整整五年，我可就成功了这么一回！"

是啊，我当然知道唐创有多不容易，也十分钦佩他的勇气。我笑着回复："我当然知道，所以在知道这个消息的第一时间，就过来恭喜你。我真羡慕你，有说全职就全职的勇气。话说，你那段失联的时间，都去做什么了？"

过了一会儿，唐创再次回复道："我说我都不想活了你信吗？"

说完这话，唐创又发过来一张截图，我打开图片，上面满满的都是文件夹，一个文件夹里就是一本书，有的文件夹上面标了红色，有的标了其他颜色。我大致扫了一眼，差不多有五十个文件夹，然后我就看到唐创接着发过来一段文字："这些文件夹都是我从辞职到现在投过的稿件，而且都是没通过的。那个时候，我已经连续吃了一个月的泡面，兜里就剩下三十元钱，不知道该怎么坚持下去，我甚至想要一了百了。真的，我都站在海水里了。但是那个时候，我的QQ响了，是我现在的编辑，他发来消息说我的开头写得不错，还说如果我好好写，这本书说不定能爆。当我看到这条消息的时候，我不知道站在海水里哭了多久。我还没有成功呢，怎么能就这么被命运打倒了？我不服，想再试一次，所以就有了现在这本书。"

我看着唐创这么一大段对自己的剖白，久久回不过神来。回过神来的时候，我感到脸上有点凉，伸手一摸，竟是我不知道什么时候流下来的泪水。我想回复唐创，但是手指放在键盘上又不知道该说点什么好，未经他人苦，如何能轻易地安慰别人？

唐创仿佛看穿了我的心思，给我发了一张笑脸的图片，接着说道："好在我熬过来了，那句话怎么说来着，'黎明前的天总是格外黑，成功之前总是格外难'，是不是？"

是啊，越王勾践在没有逃回国内的时候，给吴王做马夫，端屎端尿，最终赢得了吴王的信任，被释放后卧薪尝胆，这才灭了吴国；蒲松龄四次落第，这才写成了被后世传颂的《聊斋志异》；法国画家米勒，在年轻的时候一幅画都没卖出去过，他陷在贫穷与绝望的深渊中，却并没有放弃作画，这才诞生了《播种》这种不朽的作品。各个行业内我们叫得出名字的名人，又有哪一个的人生是平坦的呢？

只有经历黑暗，才能迎来曙光，只有抵得住压力和扛得起挫折的人，才配拥有成功后的掌声！

第5章

自制力会让你闪闪发光

被咬了一口的苹果的秘密

我的高中班主任曾经跟我说过两个字：慎独。

其实当年我并没有听明白这两个字是哪两个字，直到很久之后，我忘了当时翻看了什么书，忽然看到“慎独”这两个字，才恍然大悟，原来那个时候我的老师跟我说的是这两个字，然后我又找到了一些与“慎独”有关的名言警句。

比如，刘少奇曾解释过“慎独”的意思：“一个人在独立工作，无人监督，有做各种坏事可能的时候，不做坏事，这就叫慎独。”

比如，曾国藩在《诫子书》中说过：“慎独则心安，主敬则身强，求仁则人悦，习劳则神钦。”

比如，《辞海》中定义“慎独”：“在独处无人注意时，自己的行为也要谨慎不苟。”

所以一想到高中班主任对我说这两个字时的情景，我就忍不住想到了那个被咬了一口的苹果的秘密。

在我的家乡，一共有三所高中，一中在西面，距离市中心比较远；二中在市中心，是重点高中；三中也在市内，只不过跟一中一样是普通高中。在我读书的时候流传过这么一句话：一中是地狱，二中是天堂，三中是人间。

为什么这么说呢？其实这跟每一所学校的管理方式有关，一中的管理最严格，男女生的购物假期都要分开进行，学校生怕学生早恋影响学习；二中属于自由教育，时间点卡得也松，其他的也管得不那么严格；三中则介于一中和二中之间，比一中松，比二中严，而我就在“人间”三中上学。

当时考进三中，我还暗自庆幸了一阵，心想：我这是在“人间”了，肯定比那些去了一中的同学们幸福吧？

可谁能想到，这“人间”也没有想象中那么幸福。

一开学，我们就开始军训。上午军训完，下午还要马不停蹄地上课，学校对我们真是体能和学习两手抓。我们每天被体能训练折磨得生不如死后，还要学习高中生活日常守则。这守则不学不知道，一听吓一跳。首先，学生在教室里不准说话、不准吃东西，总之，除了学习，什么都不准。其次，学生在走廊里也不能说话，吃饭时间只有十五分钟，因为还要腾出桌子给下一批来吃饭的同学。最后，寝室里的被褥要叠成豆腐块，还要盖上印有“第三中学”字样的小白布，洗脸盆要摆成一条线，就连牙膏和牙刷的方向都要摆放得跟上铺同学摆放的方向一致。还有，晚上统一时间关灯，关灯后不能说话，只能睡觉……

当我经历了这些后，我的脑袋里只有一个想法，那就是这不是在“人间”，简直就是在“地狱”。学长学姐们一定都搞错了，这根本就不是普通的封闭式高中，这难道不是军事化管理的高中吗？

我想不明白，学生是来学习的，非要把被子叠成豆腐块干吗？把被子叠成豆腐块我还能忍，为什么连牙膏和牙刷都要摆放在一条水平线上呢？这种要求除了折磨我们之外，难道还有什么别的用处吗？

可见我在当学生的时候，骨子里还是有一股叛逆劲儿的，明明已经是上高中的年纪，马上就要成年了，还是不服管教。这些还不是最让我难受的，毕竟我生活能力强，做这些只是有点不耐烦而已，最让我难受的，是不允许在班级里吃东西。

你知道高中生一天的脑力消耗有多大吗？

每天早上，从寝室匆匆跑到教室上早自习开始，我们就已经开始进行脑力活动了。一上午，我们连上卫生间都是小跑着去，生怕去晚了要排队，而且去得晚的话，连回教室都要小跑着回来，但到教学楼就不准跑了。中午午饭，我们也是卡着点吃，吃完就回教室接着自习。然后就是漫长的学习时间，一直要学习到晚上八九点。就这个学习强度，更别说我们还有体育课，还要做课间操，还有其他的活动。一天只靠三顿饭，我们是撑不下来的，至少我撑不下来，所以我经常会在书包里备一些吃的，也不是小零食，只是垫肚子的东西，有时候是一个面包，有时候是一盒牛奶，有时候是一个水果。

当时有很多同学在课间偷偷吃东西垫肚子，我当然也没觉得偷吃点东西有什么不对的，而且还莫名有种刺激感。虽然时常有同学被老师逮到批评一顿，可我们还是乐此不疲地偷吃，好像这样就能在枯燥和充满压力的学习生活中找到一点乐趣。

事情就发生在一节我因为腰伤而请假的体育课上。高三的时候，我因为腰受伤，不能参加体育课，有一段时间甚至连课间操都不能做。上体育课的时候，我只能羡慕地看着其他同学快活，而我得坐在教室里上自习。平时偌大的教室里挤满了人，我觉得空气都不流通，而现在教室里空荡荡的就剩我自己，我写了一会儿作业后，就无法专心投入了，总觉得自己一个人在教室里，不做点什么就对不起这点时间，当然，除了学习。

我忽然想起来，我的书包里还藏了一个苹果，但是这个苹果是我留着准备在晚自习饿的时候再吃的，而当时是下午第二节课，时间还有点早。我把书包打开，扑鼻而来的就是苹果浓郁的香气，我看着书包里圆圆的、红彤彤的苹果，仿佛看到一个娇羞的姑娘在朝我招手，我立马就忍受不住诱惑了，伸手掏出那个苹果。苹果是昨天晚上就洗干净了的，我把苹果拿到鼻子前闻了闻，再次感受到苹果的清香，然后就朝着最红的部分“咔嚓”一口咬了下去。

苹果香甜的汁水还没来得及在口中溢开，我的后背忽然就被人拍了一下。我想：我一个人在教室里，刚才也没听到有人开门进来，怎么会有人拍我？一种毛骨悚然的感觉油然而生，我在扭头的时候，甚至听到了自己的脖子“咔咔”的响声。苹果还咬在嘴里，我就这样跟班主任的视线相对了。

糟糕，怎么这么倒霉！

这是我心里第一时间冒出来的想法。

我的高中班主任是一位温柔的女老师，但是你又不能单纯地把她形容为温柔。她本身是温柔的，但是在教育我们的时候，那种温柔中又透着严厉，她即使什么都不说，也会让你觉得对不起老师，对不起家长，对不起班级其他同学的努力……

班主任看到我鼓起来的嘴巴，冷哼一声问道："你这嘴里是什么东西？"

我只好撒谎说道："是苹果，老师，我有点饿了。"

班主任冷冷地瞥了我一眼，问道："按照咱们学校的守则，学生可不可以在教室里吃东西？"

看到班主任公事公办的样子，我顿时像被霜打的茄子似的，蔫头蔫脑地说道："不可以。"

"你是不是觉得你自己一个人在教室里，就可以为所欲为了？"班主任接着问道。

我摇头。被抓了个现行，我百口莫辩，也不想争辩，毕竟我虽然不太服管教，可还是讲理的，错了就是错了，我认，这也许是我为数不多的优点之一吧。

"你现在连这点'慎独'的能力都没有，以后独处的时候怎么办？"班主任严厉的话从我的头顶传来。

我认错，但是我当时觉得，不就是吃了一口苹果吗，能怎么样啊，至于这么小题大做吗？再说"慎独"又是什么，谨慎独行？

尽管我当初还是不太明白，但是经过那件事后，我再也没在自己独处的时候做过什么错事。我每次想要干点什么的时候，总会想起班主任那严厉的目光，总觉得有人在我背后盯着我，仿佛她就等着我不小心犯错，正好过来教训我一顿。我这人另外一个优点就是自尊心强，所以我在独处的时候，真的再没犯过错误。

让我从中受益的，是多年后发生的一件事情。有一次，我陪一个朋友参加面试，当时我们正在一个办公室里等待，其中一个面试的人不知道丢了什么东西，怀疑是我拿了她的东西。我小时候就被别人冤枉过拿了一百元钱，到现在还记忆犹新。而现在，我莫名其妙被那个人怀疑，我很生气、甚至愤怒，正当我要报警的时候，管理人员说这个办公室里有监控摄像头，他们装摄像头就是为了防止发生这样的事情。我心里安定下来。在监控的回放中，从那个人出去，到她再次进来的这段时间，办公室里虽然只有我一个人，但我只是在低头刷手机，连动都没动。而且，我们从监控中发现，她的背包是她自己背出去的，她再背回来后就发现东西没了。如果我中途离开过这个房间，或者是换了座位，或者是有一些奇怪的举动，这件事可能就没那么轻易地解释清楚了。

回到家后，我想起这次的乌龙事件，顿时又想起班主任说的那句关于慎独的话，我忽然十分感激我的班主任。要不是那次她跟我说的那番话，可能我至今还觉得慎独只是件小事，对其仍不以为然呢。

所以，正如金缨《格言联璧》中说的：“内不欺己，外不欺人，上不欺天，君子所以慎独。”意思就是，既不自欺欺人，也不欺骗别人，更不瞒天过海，这就是君子所要做到的慎独。

慎独给我们带来的好处还有很多。我相信，你看了这个“被咬了一口的苹果的秘密”之后，一定会有很多收获。

树立正确的人生观和价值观

歌德说过这样一句话："你若要喜欢自己的价值，你就得给世界创造价值。"

看到这儿，你会不会想：我就是一个普通的人，我怎么能给世界创造价值呢?

那么我想问你：难道普通人就没有价值了吗？我们生活的世界之所以能这么美好，难道只是因为那些名人、伟人所做的贡献吗？蜂巢之所以会筑成，离不开每一只勤劳的蜜蜂。我们每个人都应该树立正确的人生观和价值观。如果我们拥有正确的观念，那么大至我们的社会、世界，小至我们的人生，都会变得更美好。

那什么是人生观呢?

人生观是人们对人生目的、态度、价值、道路的根本看法和观点。每个人都有自己的人生观，那什么又是正确的人生观？我们在高中就学习过，正确的人生观，是为人民服务的人生观。

人生观就相当于我们人生的导向标，没有方向的人生是迷茫的，没有价值观的人生也是苦恼和不幸的。

我们虽然不能全部变成改变世界的人，也不能全部成为伟人，但是我想，我们可以做到促进自己成长，在成长过程中对他人无害，对社会有意义，这样的价值观也是正确的价值观。

说到这儿，我忽然想起我有一个叫卓莎的学生，彼时我还在一所距离市中心很远的镇初中教课。

卓莎是我大学毕业后带的第一届学生中的一个，哪怕我现在想起她，还能感到心中有股暖流，她让我有一种很贴心的感觉。

我是从下半学期开始当他们班主任的，那时，距离他们入学已经过去了半个学期。当时我只知道这个班级里的学生是整个年级最调皮捣蛋的，听到自己要带这个班的时候，我心里一紧，心想：如果我带不好他们该怎么办？如果他们调皮捣蛋，我该怎么教导他们？

我跟领导走在走廊的时候，听到一个班级教室里就像煮沸的锅一样，不断地传来学生们高声说话、疯闹，还有班干部管理班级的声音。领导一边带着我往教室走，一边跟我说："这届孩子就是有点调皮。"

等走到那个炸锅的班级教室外，我心里一凉，我刚才的预感果然是对的。走进教室，面对三四十个学生的注视时，我心里莫名地一慌。学生们看到我，安静了一瞬间，然后又开始叽叽喳喳地议论了起来。那种场面，我仿佛是动物园里的猴子，面对着游客的品评和指点。

说实话，我知道我不能脸红，但我的心跳还是不由得加快了。我刚想组织一下纪律，就听到一道女声扬起："都别说话了，坐好！”

我一眼就看到了那个皱着眉头，一脸正气，坐在教室最后排的扎马尾的高个子女生。那个女生接触到我的目光，脸红红地看着我，目光十分坚定。

我好像被鼓励了一样，心底忽然有了莫大的勇气，镇定地拍了拍手，拿着粉笔在黑板上写下了自己的名字，然后做了一个简短的自我介绍，随后就拿起班级名单一个一个地点名。等我点到“卓莎”这个名字的时候，刚才那个维持班级纪律的女生站了起来，响亮地回应了一声：“到！”

我在心里默默地记下了她的名字。

新班主任的工作总是不太好做的，我对同学们的习性还不了解，条条框框的班级纪律和规矩也要重新制订。每天，我都忙着观察学生，然后再做出调整，有时候是调整座位，有时候是找学生谈话。总之，刚上任的前两周我都很累，累到躺在床上闭上眼就能睡熟。但我最感兴趣的学生还是卓莎，据我了解，卓莎的家庭条件很不好，而且父亲有暴力倾向，所以卓莎浑身上下充满了一股子说不出来的劲儿。后来我想了想，可能像刺猬一样，要让别人知道你身上有刺，知道你不好欺负，别人才不会轻易欺负你。

对于卓莎的遭遇，我很同情，也暗地里想办法帮助她。可是卓莎比我想象的更坚强，她的人生观和价值观也正得出乎我的意料。

每天早上，卓莎都会早早来到学校，就算她不是值日生，也会提前把卫生打扫好。值日生来了之后，只要换换水就好了。而且，只要我们班的男生调皮到了一定程度，她就会出来维持一下纪律。那些男生仿佛都挺怕她的，不但没有对卓莎说过难听的话，而且还会配合她。最让我印象深刻的一件事，就是我们班一个学生生病了，一个星期没有上学。那个学生学习成绩不错，就是家住得远，距离她家最近的就是卓莎家。可我打听过，卓莎家距离那个同学家也有五里地。我曾经犹豫要不要让卓莎帮忙给那个同学带作业，卓莎却没有给我犹豫的机会，主动提出要给那个同学带作业和抄写笔记。

我有点惊讶，在课后把卓莎叫到办公室，问她："从你家到她家，骑自行车最快也得二十分钟，再从她家回到你家，一天就要浪费四十分钟时间，你真的愿意吗？不觉得浪费时间？"

卓莎目光澄澈，点头说道："我愿意，这些都不算什么，我觉得小美比我更需要这四十分钟。"

我内心被卓莎的话触动了，点头嘱咐道："要注意安全。"

卓莎笑着说道："知道了。"

其实最让我感动的，还不是这些，而是在校运动会上发生的事情。那个时候，我和这个班的学生已经相处得很好了，并且班集体的荣誉感已经达到了一个空前的高度。大家都想在运动会上拿第一名，所以都铆足了劲要冲刺最好的名次。但是，很多人忽略了班级的后勤工作，就连第一次当班主任的我，也因为看运动会看得太激动，又担心学生出意外，而忽视了班级的卫生和整齐度。

等我反应过来的时候，运动会已经接近尾声了。可我来来回回地一检查，发现班级的卫生状况就像是刚开运动会时似的干净。随即我发现，卓莎就在班级最后一排坐着，身边放着一个大大的编制口袋，里面装着满满的垃圾。就在我发现她的时候，卓莎还在追着我们班一个吃雪糕的男同学，扯着嗓子说道：“说了多少次，把包装纸都扔到垃圾袋里！”

男同学知道自己犯了错，赶紧老老实实地把雪糕的包装纸扔进卓莎旁边的编织袋里，卓莎这才满意地放了人。

我走到卓莎身边，卓莎见我过去，不知道从哪儿摸出一个橘子递给我：“老师，吃橘子！”

“怎么不去前面看？”我收了橘子，笑着问道。

“我个子高，坐在这儿正好。”卓莎说道，一点想邀功的意思都没有。

“那这口袋是怎么回事？”我问。

“啊，我看总有老师来回检查卫生，而我只需要参加一项比赛，参加完回来收拾一下卫生，有这个口袋很方便。”卓莎笑着摸了摸头，不好意思地说道。

我内心备受感动，伸手摸了摸她的头，说道：“谢谢你，要是我们班得了精神文明奖，你功不可没。”

卓莎就是这样一个人，她的眼里有集体，也有同学，她热心也善良，细心又大方，从来不会因为家里的事情而埋怨生活，并且对未来和理想抱有热情。虽然她才十五岁，但是她早就给自己树立了正确的人生观和价值观，所以我相信，她会健康地长成一个非常优秀的人。

车尔尼雪夫斯基说过："一个没有受到献身热情所鼓舞的人，永远不会做出什么伟大的事情来。"

所以，想要发光发热，得有一颗有热情的心。伟人并不是一出生就是伟人，他们的人生观和价值观决定了他们的人生方向，既然他们都可以，我们为什么不可以呢？

学会调节和管理自己的情绪

拿破仑说过："能控制好自己情绪的人，比能拿下一座城池的将军更伟大。"

前些天，我正好给学生讲情绪管理的课程，很多学生问我："老师，情绪爆发有时候是一瞬间的事情，我们怎么才能管理好它呢？"

我对他们说，情绪是短暂的，刺激情绪的因素也分内因和外因。其实每当情绪出现的时候，我们心里都会有预兆。比如，我们没法静下心来写作业，而下课就要交作业，如果这时有同学来问你问题，你就会觉得烦躁。在我们静不下心的时候，就已经预示了，不管下一个来打扰我们的人是谁，都会让我们烦躁，这就是一种内在和外在原因并存的情绪。人不可能永远都处于好情绪当中，就像每个人的生活都不是一帆风顺一样，只要人生有困难和挫折，我们就会有烦恼和沮丧之类的负面情绪。

我们有时候会说："你怎么这么不成熟？"这不是在说这个人年纪不成熟，而是在说这个人的心理不成熟。一个心理成熟的人，不是没有消极情绪，而是可以调节和管理好自己的情绪。身为青少年，我们更应该学会如何调节和管理自己的情绪。

说到这儿，我就要谈谈我曾经在教学过程中遇到过的，把压抑负面情绪当成调节和管理情绪的方法的典型案例。

小军是一个看起来十分憨厚老实的男孩子，而且在与人相处的过程中，他确实也是这样的。他从来不敢抬头跟老师对视，我为了让他能够活泼一点，不那么腼腆，时常会在课堂上调侃他。我会点名让他回答问题，要求他直视老师的眼睛。

小军虽然长得很高也很壮，但是每次回答问题都会脸红，而且红得十分严重，从脖子到耳朵尖都会变红。当时我还想着，小军这个脸红的程度跟烧开了的水壶十分像。虽然小军很腼腆，可不管是我还是他们班的同学，都很喜欢他。

那年，我是他们班的任课老师，他们班的班主任是一位刚就业的女老师，性格强势，带班的风格也很严厉。这种班主任在学生的心里很可怕，因为她对他们的要求很严格，不过我们身为老师的人倒是觉得，这样的班主任是好班主任，因为她是全身心扑在班级，对学生十分负责的老师。

就这样，半个学期下来，小军他们班的成绩提了上去，但是学生们也被压得够呛。我心里既同情他们，又觉得欣慰，因为他们班整体上有点懒散，现在被新班主任用“小夹板夹了起来”，这对他们来说利大于弊。

可是在某一天的上午，我还像往常一样去他们班上课，站到讲台上之后，我就发现了班级里有些不一样的地方。每个人的表情都怯怯的，他们的眼圈也有点红，而小军的座位上不见人影。

我顺嘴问了一句："小军呢，没来上学？"

学生们听我提起小军，突然脸色大变。我顿时察觉到了不对劲，就问班长小军怎么了，结果没想到，我问出了一件令我大为吃惊的事情。班长说，晨读的时候，小军跟班主任动了手。

谁都不知道我那节课是怎么上下来的。下课之后，我把班长叫过来，问了前因后果后，我回到办公室想了很久，才想明白小军是怎么爆发的。

原来，小军的母亲得了癌症，已经做了两次手术，但是因为小军腼腆，平时不会跟同学和老师说这些事情，所以大家都不知道。小军近来因为母亲做手术的事情，情绪低落，也没有什么心思学习，导致平时表现很好的他，在这段时间的各种大测和小测中的成绩都十分不理想。

他们班的班主任也是没有办法了，在当天早上发现小军再次没完成作业后，严厉地批评了小军一顿，还说要找小军的父母来学校谈一谈他的学习状况。

谁都没有想到，当班主任说完这句话后，一向腼腆的小军会突然爆发，对平时最照顾他的班主任大打出手。

班长说，当时全班的学生都吓坏了，都愣在了当场，最后还是后面的两个男生反应了过来，才把小军架走了。而班主任因为受了点轻伤，心里觉得难以接受，请假回家休息了。

对于小军这种严重的情况，学校给出的处分是勒令转学。可是小军的母亲已经做了两次手术，转学对小军也不利，还会让小军的家里人更为他操心。

后来，小军跟着父亲去找校长说情，也向班主任道了歉。几经周折，小军不用转学了，可是他们班的班主任因为过不了心里那一关，跟学校提出了不再担任小军班级的班主任。

小军重新回到学校读书后，我思考了很长时间，最后把小军找到谈话室，跟他谈起了这件事。我并没有批评他，而是先询问了他母亲的情况，又问他知不知道前班主任的身体情况。小军依旧像以前一样，低着头，红着脸。这回没等我说完，小军就哭了出来，边哭边对我说："老师，我错了，我当时真的不知道怎么想的。我脑子很乱，当我听到我们班主任说要找我父母的时候，我脑袋里的那根弦就断了……那段时间我很难过，我一边怕母亲的病情恶化，一边又怕学习成绩下降让父母担心……"

小军边哭边说，我从来没听小军说过这么多话。可想而知，这个腼腆的、不善言辞的男孩，把自己的情绪藏得有多深、有多久，以至于发生了这种让他自己都接受不了的事。

说到最后，小军吸着鼻子跟我说道："老师，我真的非常非常后悔做出这样的事，我觉得我一辈子都会因为这件事后悔。"

我不知道该怎么说，有时候有些事情，不是一句简单的"对不起"和一句"没关系"就可以解决的。

我给了小军一个拥抱，因为我觉得这个男孩在此刻需要一个温暖的拥抱。我对他说："以后不要总把自己的情绪藏起来，有需要的话，你可以跟我说说，也可以听听歌曲、跑跑步，放松放松。如果你觉得压力太大，甚至可以找个没人的地方放肆地大声呐喊。"

看着小军的背影，我陷入了沉思。心理学研究表明，“压抑”并不能改变消极的情绪，当这种“压抑”积累到了一定的程度，往往会以破坏性的方式爆发出来，给自己和他人都造成伤害。小军这次是典型的“好脾气”突然发火，结果做出了让他十分后悔的事，他内心的愧疚不知道什么时候才会消散，甚至可能一辈子都不会消散了。

这种“压抑”的后果很可怕，它甚至有可能导致心理疾病。

所以，当我们感受到负面情绪的时候，我们要学着寻找一些方法让自己放松，让自己平静下来，调节并调动自己的情绪。比如，我们可以痛哭一场。研究表明，哭泣是宣泄情绪的好办法，也是一种“治疗”方法，我们不必因为长大了而不好意思哭。再如，我们可以画画，听歌，去动物园、博物馆，感受大自然。有条件的话，我们可以去旅游散心，可以记日记，把好的或者坏的情绪都记录下来，就像对人倾诉一样。或者，我们可以找一个值得信任的长辈倾诉，也可以给自己制订一个目标，把自己的心思放在奋斗目标上，转移自己的注意力。

亲爱的，塞缪尔在《低俗小说》里有句台词：“世界如一面镜子：皱眉视之，它也皱眉看你；笑着对它，它也笑着看你。”也许调节和管理自己的情绪很难，可我们也要努力尝试，因为只有能调节和管理自己情绪的人才更容易走向成功，让我们把调节和管理情绪当作一个挑战吧！

尊重不同的声音，保留自己的意见

笛卡尔说过：“尊重别人，才能让人尊敬。”

什么是尊重？尊重其实就是在别人付出努力后，不论结果如何，都依旧为别人鼓掌，也是在面对同一件事遇到不同的声音时选择倾听。这看似在服务别人，其实都是在提升自己的修养。

在生活中，我们都听到过跟我们意见不同的想法，或者听到跟我们内心不同的声音。这个时候，你是选择盲目从众还是选择坚持自己内心的意见？我们总喜欢在一件事情上做出选择，其实有些事情不是非黑即白的，也不是非对即错的。我们需要对别人保持尊重，也要坚持自己内心的意见。

说到这个话题，我就想说说我经历过的两件事。第一件是发生在我小学时候的事情。

小时候，写作文时老师一般会给我们留个题目，不是“我的爸爸”，就是“我的妈妈”，再不然，就是“我的一家人”“我的梦想”之类的。

有一次周末，老师给我们留了一篇作文，题目叫“我的妈妈”，并让我们在周一下午的自习课读自己写的作文。

大家的妈妈都是圆圆的脸，长长的头发，还有漆黑的眼睛，都非常温柔，都会在下雨天来接我们，并且为了保护我们，自己会被淋湿。

一圈同学读下来，大家都非常爱自己的妈妈，也都非常感动。反正老师也喜欢这样“声情并茂”的作文，但有一个同学的作文跟我们不一样。

老师让那个同学起来读作文的时候，他黝黑的脸红得不行。我们还是第一次看到他脸红，因为他皮肤黑，一般脸红时也看不出来。

我们见他这么拖沓，就开始起哄，让他快点读。因为我们迫切地想要听完每个人的作文，然后再听听老师对其他人的评价，看看是不是跟对自己的评价不一样。

最后，他还是拿起作文本，硬着头皮把他的作文读了出来——

“我的妈妈，长了一身黝黑的皮肤……”

“哈哈哈……”

他刚念了个开头，我们就忍不住拍着桌子大笑起来。那还是我第一次听到别人用“黝黑”两个字来形容自己的妈妈，虽然他的皮肤确实是遗传自他的妈妈，但他这样写真的可以吗？

当时，我的心底也留下了这样一个疑问。

老师听到他的开头虽然也有点惊讶，但还是制止了同学们的笑声，鼓励他继续读下去。

因为我们的笑声，他羞得脖子都红了。

深吸了一口气后，他接着读下去："她不像其他同学的妈妈那样拥有一头长发。她长得很胖，爸爸常常说妈妈肚子上的肉像一个游泳圈。我的妈妈脾气有点暴躁，她总喜欢高声说话，我有时候很害怕她，但是有时候又很喜欢她，因为她做的菜很好吃。她有时候对我也很温柔，虽然我学习不好，但是我的妈妈总跟我说，只要努力了，对得起自己就行……虽然我的妈妈跟别人的妈妈不太一样，但是我非常爱她。"

当他读完他的作文后，我们都当场怔住了，不知道应该鼓掌，还是应该取笑。后来还是老师带头给他鼓掌，我们才反应过来，一起给他鼓掌。老师给他的评语是：真诚、真挚，情感充沛，令人动容。

后来，总有不懂事的同学用"黝黑"这两个字来取笑他，他也总是黑着脸去争论。直到我们都长大了，我自己也当了老师，现在再想起他的那篇作文，便觉得当时的自己真的很幼稚，也很"固化"。谁说大家的妈妈都是千篇一律的？难道我们每个人的妈妈都没有缺点吗？那些小时候取笑他的同学现在懂得这个道理了吗？如果别人跟我们的想法不一样，别人就一定是错的吗？经历了很多事情，听过很多故事后，我这才发觉，其实那些有所作为的人，在他们的成长经历中，肯定都有一段时间跟大众格格不入，而他们有的人得到了别人的尊重，有的则没有。

我的老师曾经告诉过我们一句话："进入学校后，首先应该学习的不是知识，而是怎样做人。"

我想，学习做人的先决条件，就是学习如何尊重别人，尤其是与众不同的人。

第二件事，是发生在我上大学时的事情了。我的大学同学来自五湖四海，来自不同的民族。有几位来自青海的同学，信奉伊斯兰教。来自青海的女同学几乎每天都戴着头巾去上课，她们走在大学的校园里，真的是一道独特的风景线。虽然我们每天都在一起上课，可是每天仍有不少视线被她们的独特吸引过去。

说起来，大学的同学来自不同的地方，性格迥异，其中特立独行的也不少。虽然我们一个班级只有三十名同学，但一到聚餐的时候，事情就有点难办了。

因为班级里有几名同学只去清真餐馆吃饭，所以大家每次吃饭都要去清真餐馆，久而久之，就有人有了不同的意见。

有同学跟我说过这样的话："虽然我知道应该尊重每个人不同的信仰，但为什么总是我们尊重他们，他们不理解一下我们呢？"

我想了很久，才说道："也许因为他们的信仰要求更苛刻，所以以数学上的集合来说，我们可以包容得了他们，他们却没办法把我们包容进去。你就这么想，是我们大度，不就好了？"

那个同学其实也没什么其他的想法，也许就是想不明白。后来我又说："其实我们什么东西都能吃，在什么场合吃都行，所以我们才要对他们更包容和尊重一些。你想想，他们有很多美食不能吃，你是不是心理平衡了很多？"

那个同学想了想，忽然一乐，然后说道："你这么一说，我确实觉得自己舒服了很多。”

确实，对于不信奉伊斯兰教的人来说，吃一两顿清真食物可以，但是吃多了会觉得寡淡，有同学有意见也是正常的，但是为了整个集体，我们必须照顾好每一个人的情绪。

尊重他人就是尊重自己。人类是群居动物，我们的生活不可能离开群体。我们有了群体，就必然会有人际交往，有了人际交往，就会遇到有独立个性的个体。每个人的爱好和习惯都不一样，你不能因为别人的爱好和习惯跟你不一样，就用自己的标准去衡量和要求别人。如果你的同学喜欢听摇滚，而你喜欢听民谣，你就要说摇滚不好听吗？如果你喜欢看篮球比赛，而你的朋友喜欢看足球比赛，你就要说足球没有篮球重要吗？对于这么浅显的问题，我们当然知道该怎么选择。我们肯定会说，他喜欢他的，我喜欢我的嘛，又不冲突。是啊，尊重别人的喜好，跟我们自己喜欢什么又不冲突，就像尊重不同的声音，跟保留我们自己内心的声音之间，也没有冲突和矛盾。

亲爱的，你要记住，尊重和承认别人，不代表抹杀自己。正如孔子说过的那句话：“三人行，必有我师焉，择其善者而从之，其不善者而改之。”

能控制住自己的人，才能掌握自己的命运

巴菲特说过："我们没有必要比别人更聪明，但我们必须要比别人更有自制力。"

陀思妥耶夫斯基也说："如若你想征服全世界，你就得先征服自己。"

所有人都会告诉我们一个道理：想要成功，就要学会控制自己。那么到底怎样才能拥有自控力？面对现实中这么多的诱惑，手机、电脑、平板电脑，还有朋友间的游戏、交往，偶尔自控一次还可以，每时每刻做到自律可真不是一件容易的事。

其实自控力不是让我们时刻都控制自己，就像雨果说的："知道在适当的时候管制自己的人，就是聪明人。"

所以说，什么时候才是适当的时候？看看我下面要说的这个故事，你就知道了。

小梅跟我是文理分班后的同学，并且还是同一个寝室的室友。别看她长得娇娇小小的，但她总是能成为让我们惊讶的那个人。

分班后的第一次月考，小梅就考了我们班的第一名，而且是

文科班的年级第一名。因为跟她住同一个寝室，我们都觉得与有荣焉。

等下了晚自习，回到寝室，我们都忍不住询问小梅是怎么学习的，为什么能考得这么好。我们都是同一个老师教出来的，怎么差距就这么大呢？

说真的，我们当时真的就是这么想的，我们之间的差距怎么能这么大？我看着自己年级六七十的排名，再看看小梅年级第一的排名，顿时觉得自己的名次非常上不了台面。

小梅看到我们围着她积极地向她求教，红着脸露出可爱的小虎牙，腼腆地说道："都别围着我啦，我没什么诀窍，唯一的诀窍就是好好学习！"

"嘁，说得就像谁没有好好学习似的，我们都好好学习了呀，关键是怎样才能学得像你这样好！"同寝室的同学听到小梅这句很像敷衍的话，都调侃起来。

小梅被缠得没办法，认真地对我们说道："我真的没骗你们，我一点都不比你们聪明，能考出好成绩，真的是因为我勤奋。有句话说得好——'书山有路勤为径'。"

到最后，我们只得了这么一句名言，到了就寝熄灯的时间，我们只得纷纷散了。

其实我们是真的虚心跟小梅请教学习的窍门，小梅也确实没有骗我们。她不是班里最聪明的同学，却是班里最用功的一个，她用功到什么程度呢？

我曾经观察过小梅一段时间，她早上总是第一个起床、洗漱、收拾完毕，冲到教室自习，从来没有我们的起床气。她仿佛一分一秒都不愿浪费，到了教室就开始巩固前一天背过的题。从开始自习到早餐铃声响起，小梅都处在低头写写、画画、背背的状态里。这些有时是我处于背不进书的焦灼状态时看到的；有时是我在终于默写完前一天晚上的背诵内容后，自己给自己的休息时间里看到的；还有终于熬到铃声响起，我兴奋地从座位上站起来准备去吃饭的时候看到的。

上课的时候，小梅总是能保持四十五分钟都处于精神集中的状态。要知道，一般人是做不到的，我们最多能集中精神三十五分钟，然后就会像一根绷紧了的皮筋似的，不自觉地放松下来，开始走神。

我知道小梅能从始至终地保持精神集中，是因为在我时不时走神时，我的思想总是能被小梅响亮的回答问题的声音给拉回来。

我们高中只有周日下午放半天假，所以我们都是卡着上课时间回到教室，可每次我们回到教室的时候，总能看到坐在座位上的小梅，早已进入了学习状态。当我们偶尔因早回教室而偷偷聊天的时候，小梅都没有分过神。这也是小梅最让我佩服的一点。

从小到大，我在各种风格的寝室里生活过，唯独高中时期的寝室风格特点最明显。在高三的最后半个学期，我们仿佛被小梅传染了似的，每个人都买了一个手电筒，在寝室熄灯之后，窝在被窝里继续学习。

也许是当时高考的压力过大，所以时不时就有同学说梦话，有一天我刚要入睡，就听到小梅忽然从床上坐起来，十分大声地说了一句："老师，你这道题讲错了，这个句型的英语句式应该是……"

我被她吓到了，然后就听到小梅十分流利地讲了一句英语。那句话我当时听得很清楚，尽管因为时间久远，我已经忘了她说的是什么，可对于小梅当时的语调和动作，到现在我还记忆犹新。我这辈子虽然听过很多别人说的梦话，甚至听到过睡在我隔壁床上的同学半夜拍我问我问题的梦话，但是最让我震惊的，还是小梅能在梦话里说英语！

这说明小梅的梦中没有其他内容，全都是学习！谁能做到这一点？在我认识的人中，除了小梅，没有一个人能做到，这需要十分强大的意志力，也需要非常强大的自控力。

小梅的成绩不是靠聪明和天赋提升上去的，她真的是一步一个脚印，全靠自己的勤奋和自制力才走到了顶峰。

在我们走神的时候，她在坚持；在我们休息的时候，她在学习；当有同学忍受不住诱惑谈恋爱的时候，她还是在学习。她甚至对班里的男生之间有什么区别这个话题都懒得跟我们"卧谈"，班级里有什么新鲜事，还都是从我们这里听说的。她追逐学习的样子，就像一个饥饿的人扑在面包上一样。

现在想想，如果我当时也像小梅那样有自控力，是不是会考上一所更理想的大学，能更有底气地找一份自己更喜欢的、更自由的工作？

有些事，我不能想，也不敢想，因为这个世界上没有后悔药。所以那些过来人，总是在我们走错路或者不知道该如何选择的时候，在我们耳边不断地絮絮叨叨。对于这些人，我们会觉得厌烦，有时候甚至很想大声吼他们一句：“你这么懂，为什么你自己不去做？”

现在我也成为“过来人”的其中一员，想到自己当初的想法，觉得十分可笑。如果能回到过去重新开始，谁还想当“过来人”？谁想把自己曾经选错的路，甚至可以做得更好的事讲给别人听？

如果想上优秀的大学，想要一份优秀的工作，想有一份不错的收入，想要优秀的朋友和优秀的爱人，那就要让自己先成为优秀的人才行。怎么才能让自己变成更优秀的人？其实这个过程很痛苦，就像一棵树，在变成令人敬畏赞叹的参天大树之前，要不断地承受枝杈修剪，不断地经受风吹雨打。自控是痛苦的，可是我们不经历痛苦和磨难，就不会得到我们期待的结果。

人生最大的敌人不是别人，而是自己，能战胜自己的人，才能掌握自己的命运，主宰自己的人生！

第6章

有出息的女孩才能做自己的女王

成为命运的主人

英国哲学家培根说过:“人的命运，主要掌握在自己手中。”

我们每一个人从出生开始，就是一个独立的个体，当我们拥有了自我意识后，总是根据自己的喜好去做选择。有时候碰壁了，我们会怨天尤人:“命运怎么总是喜欢捉弄我？为什么命运这么不公平？”

亲爱的，命运从来都是公平的，我们的人生其实都是我们自己选择的。举一个特别简单的例子：小时候，在别人都努力的日子里，我们选择了放松，结果导致成绩上不去，随着我们长大，需要学习的东西越来越难，就更加跟不上了。因为我们曾经一时的放松，才导致长大成人后的日子过得不轻松，难道这也怪命运不公平吗？命运明明给过所有人学习的机会，可是有的人抓住了机会，有的人则放弃了机会。正如这句话:“机会从来不会被失去，你放弃的，总有人接着。”

你相信双胞胎也会有不同的人生轨迹吗？

小华和小俊是一对双胞胎兄弟，但是初中的时候，他们没有像其他双胞胎一样选择进入同一个班级。其实小华和小俊在上小学之前都没有在一起生活过，因为小华由爷爷奶奶抚养，而小俊由姥姥姥爷抚养。两人的性格也不一样，小华因为在家里更受宠，有些自我娇惯，不喜欢接受管束，要面子，性格有点内向。小俊算是散养着长大的，抗打击性强，人机灵，有眼色，嘴甜，从来不知道“面子”是什么。

小华因为自己的这种性格，在初中学习的期间，遇到喜欢的学科就学一学，不喜欢的就很少学，甚至不学。他的自制力也不行，所以他时常不完成作业。有一次，因为他一连几天没完成作业，班主任生气了，勒令他将父母请来学校一趟。

当时小华抿着唇倔强地不说话，班主任跟他讲了一堆大道理，都仿佛讲给了木鱼听。下午的时候小俊敲响了班主任办公室的门。小华的班主任一开始并不知道小华和小俊是双胞胎，在看到小俊的瞬间还有点吃惊，觉得这张脸虽然像小华的脸，但那双未语三分笑的眼睛根本就不可能是小华的。

班主任还没开口，小俊就先自我介绍起来：“老师，我是小华的双胞胎弟弟小俊，我在一班读书。听说我哥哥惹您生气了，老师，请您不要生气，我保证从今天开始好好地督促他写作业！”

小华的班主任听到小俊的话笑了：“你能保证他好好写作业？你是弟弟，他能听你的话？”

小俊立马点头，十分认真地说道：“我肯定能，如果他再不写作业，我亲自把我爸爸妈妈带过来，并且把他以前犯的错都告诉他们，绝不姑息。”

小华的班主任被小俊这模样逗得忍俊不禁，看着小俊这么真诚地向她保证，便点头答应了。从那天开始，小华真的没有再在作业上犯错。

可惜一个人的本性很难改变，小华内心没有小俊强大，也没有他开朗。到了初三，两人的成绩泾渭分明，小华的班主任看着小华放任自流的样子很是心痛。她教过很多双胞胎，只有小华和小俊是最不同的。小俊用了两年时间也没能把小华的学习态度扭转过来。初三课业重，小俊有些分身乏术，也没有办法再督促小华学习，而小华从初一到初三一直特别反感老师们对他说教。到最后，小华没有考上高中，小俊却以优异的成绩上了高中。

小华的父母不想让小华这么小就辍学，只好给小华选择了一所职业高中。小华在职业高中可以学习技能，还能考大学。小俊上了高中后，就像鱼游进了大海，不断汲取知识，还交了很多跟他一样正能量的朋友。而小华呢？小华依旧不喜欢学习，对于那些技能，有一搭学一搭，结果没有一门精通的。三年过去，小俊考上了理想的大学，小华选择了实习就业。当他们十八岁的时候，小俊准备了行李去上大学，小华也准备了行李去实习，两兄弟都觉得自己如愿以偿了。

小华准备在小俊出发去大学的前两天和小俊好好地享受一下兄弟时光，可是小俊忽然忙了起来，每天早出晚归，不是跟中学的同学聚会，就是跟高中的同学聚会。用小俊的话来说，他跟这些同学即将各奔东西，这辈子是见一面少一面了，下次见面还不知道会是什么时候呢，所以要在没有分开的时候尽情地疯狂。

小华因为没有上高中，职高毕业也没有那么激动，觉得没什么稀奇的，聚会也是寥寥无几，同学们聚在一起不是吐槽学校，就是吐槽老师，再就是吐槽社会。虽然他们才刚步入社会，可是小华总觉得自己像失去了什么，也觉得自己已经步入社会很久了。

小俊去上大学的时候，小华跟父母一起去送他。小俊看着小华，伸手拍了拍他的肩膀，说道："车间也有危险，实习注意安全，学好了技能不比上大学差。"

小华笑着骂了小俊一句："我才是哥哥，哥哥先比你工作，没钱花了记得告诉我。"

就这样，世界上关系最亲近、长得最像的两个人，走上了两条不一样的路。

小俊在大学学习的四年，小华开始实习，因为在学校学习技能的时候不走心，真正实操时就手忙脚乱，每天都因此而被师傅训斥。虽然小华最不喜欢的就是被人训斥，但师傅根本不跟他讲道理，因为如果他做不好，兴许就会有生命危险，师傅现在不对他严格，就是害了他。

头一个月的时候，小华每天晚上都有打包回家的冲动，但是他转念一想，如果现在不好好实习，这几年的书不就白念了吗？他回家又能做什么呢？就这样，小华咬牙坚持了下来。

最后小华实习得很成功，但在毕业后回家的车上，他忽然有些想念初中老师给他讲道理的那些日子，还有小俊督促他学习的那些日子。自从小俊考上高中，小华读了职高后，不少邻居和父母的朋友都会一边说着恭喜小俊的话，一边说着可惜小华的话。

可惜吗？小华当时并不觉得可惜，可是当他实习过后，忽然觉得挺可惜的。如果现在他跟小俊一样上大学，是不是就不用过早地体验踏入社会的辛酸了？

这几年他听得最多的一句话就是：一对双胞胎，命运怎么就这么不一样呢？！

这是命运搞的鬼吗？

小华在心里想了想，这样的结果不能怪命运，这一路都是他自己选的。小俊在写作业的时候，他在一边玩手机；小俊在背书的时候，他在看小说……第一次成绩比小俊差，被父母说了之后，小华还想着要努努力，但是没多久他就放弃了。后来出现了第二次、第三次，时间一久，次数多了之后，他自己都不在乎了，是他自己没有选择奋起直追，所以这不是命运作怪。

小华下车的时候还在想，也许以后的日子会比小俊过得难，只能怪自己没抓住机会，又能怪得了谁呢？

如果能重来一次……小华叹了一口气，世上又哪来的如果呢？

就像莎士比亚说的这句话一样："人们可以支配自己的命运，若我们受制于人，那错不在命运，而在我们自己。"

说白了，命运又是什么呢？

命运其实就是我们一次又一次的选择，我们只有选择了正确的路，才能掌握自己的命运。

保护好自己的兴趣

你有没有特别喜欢做的事情，并且一直热衷于此，为之废寝忘食？

比如，你喜欢拼乐高或者拼图，一旦一头钻进去，只要不拼好，吃饭都会觉得没有味道；你喜欢弹吉他，每次练习的时候，哪怕指头被吉他弦磨得生疼，甚至出血，还会坚持练习，因为一旦停下来，就会觉得患得患失；你喜欢写作，有什么心事，或者看到什么美景，都想要用文字记录下来，一旦停止写作，就会觉得心里空落落的，像是生命都失去了色泽……你有这种感受吗？

这些让你一做就会集中精神，并且产生愉悦或紧张的心理状态的事情，就叫兴趣。

正如伟大的物理学家爱因斯坦说的："兴趣是最好的老师。"

我们想做好什么，一定是因为兴趣，而不是别人的逼迫。比如现在很多人喜欢玩手机游戏，玩起游戏来就什么都不管不顾，甚至觉得吃饭都是浪费时间，就算通宵也要打到自己想要达到的段位。难道你能说我们不是因为兴趣才玩游戏的吗？

生活也是一样，尤其身为女孩子，一定要有自己感兴趣的事情，并且要努力保护自己的兴趣，不能因为别人说了几句对你的兴趣不友好的话，就放弃自己的兴趣。毕竟你的兴趣和你的人生一样，都是你自己的，是好是坏，是苦是甜，只有你自己知道。

蓓蓓和森森从初中起就是一对好朋友，在别人眼里她们就像一对亲姐妹似的。蓓蓓理智，森森感性，她们两个都特别喜欢文学。两人虽然在同一个班级，但是每天有很多心里话，或者不适合当面交谈的话，都会写在信纸或者笔记本上，第二天再交给对方。她们最常提到的，就是她们以后要做文学家或者是作家。这样的话，她们那些天马行空的故事就会有一个着落，也可以让大家看到并且喜欢上她们的故事。

蓓蓓的语文成绩更优秀，森森的数理化更好一点，可两个人都觉得，喜欢文学跟自己擅长什么科目一点也不冲突。中考过后，两人如愿考上了同一所高中，一年过后，又都面临文理分班。蓓蓓家里人对蓓蓓属于散养，只要蓓蓓喜欢，她的选择就是最重要的。而森森家里人的想法就有点复杂，让森森读文科吧，他们怕她毕业以后找不到合适的工作，而且家里的亲戚也帮不上忙；让她读理科吧，森森心里又有点割舍不下自己的文学梦。所以森森经常在课间休息的时候找蓓蓓出来聊天，说家里人给了她很大的压力，他们想要让她读理科，这样大学毕业后她就可以找一份薪资不错的工作，家里的亲戚也能帮上忙。像蓓蓓和森森这样农村出身的女孩子，在家里人看来，她们上学的最终目的就是能找到一份好工作养活自己。

听到森森的话，蓓蓓知道，森森心里的天平其实已经偏向了家人给她做的决定。而蓓蓓也十分纠结，她还是想跟森森在一起，但是读理科确实会让她更吃力，光是数理化就够让她头疼的了，别说还要再多学一门生物。蓓蓓觉得如果自己选择了理科，肯定会把自己读书的时间都挤没了。

两人在最后日期上交了自己报选文理分科班的表格。

不出蓓蓓所料，森森听从了家人的意见，选择了容易找工作的理科，而蓓蓓按照自己的兴趣选择了文科。

两个好朋友虽然选择了不同的方向，但是感情依旧没变。

只不过到了高三后，森森被理科折磨得欲哭无泪，有一段时间甚至有些自暴自弃。她曾经引以为傲的数学成绩一落千丈，在校名次甚至跌出了五百名，这在高三是十分危险的现象。蓓蓓知道了这件事，找到森森，想跟她谈谈，开解一下她，谁知道森森完全拒绝谈论这件事，总是翻来覆去地说自己很受折磨，老师也总是针对她。

蓓蓓安慰森森说："我们都是成年人了，应该理智地看待问题。老师针对的不是你，而是你的成绩，老师是在担心你。"

森森听到蓓蓓的话，深吸了一口气，不答反问："你现在在文科班成绩怎么样？"

蓓蓓一听森森问这话，顿了一下，说道："我就是一个能考上普通本科的成绩，也没有多好，你知道我数学不太好，英语也一般。"

"但是你学得快乐。"森森看着蓓蓓，表情凄然。

蓓蓓一时不知道说什么来安慰森森了，两人沉默了好一阵，蓓蓓突然开口说道:“森森，振作起来，虽然我没有经历你的那些痛苦，但是你还记得我们以前说要一起当作家吗?你还有要做的事情去做呀，谁说读了理科就不能当作家了?想想你喜欢的东西!”

森森看着蓓蓓，看着她期待的目光，苦笑了一声，点点头。蓓蓓永远不会知道，自从森森选择了理科，就已经放弃了自己的文学梦，但是她舍不得打破蓓蓓的梦。为了好朋友的期待，为了自己的未来，自己选的路，跪着也得走完吧?

自那次谈话后，森森就像变了一个人似的，遇到不会的问题就去问同学、问老师，用功得像是换了一个灵魂，让老师和同学都很吃惊。要知道，森森之前就像是一个叛逆少女。不过，她们的时间本就不多了，在一个月后，迎接她们的便是——高考。

蓓蓓如愿以偿地考入了喜欢的中文系，森森则刚过二本线，只好选择了一所差不多的理科学校，选择了一个家人让她选择的专业。

两人过着大学生活，看似未来都充满了希望，但是森森被高数和其他的科目磨得头发都要掉没了，哪里还有时间去看书、去汲取文学的养分?蓓蓓则因为学的就是中文，所以有很多时间看自己喜欢的书，写自己喜欢的东西，参加自己喜欢的文学社。四年大学生活，蓓蓓过得格外充实和快乐，因为她始终做着跟自己的兴趣有关的事情，所以从来没挂过科目，也没有觉得自己学习的任何一科会让她掉头发。

等到两人毕业了，蓓蓓找了一份跟兴趣有关的工作，通过种种努力，真的成了一名作家。她虽然没有很大的名气，但是也有自己拿得出手的作品，也有一部分忠实的读者。蓓蓓觉得自己每天都生活得很快乐。当然，淼淼也通过亲戚的照顾，找到了一份不错的工作，但是她始终觉得少了点什么，工作于她而言只不过是工作而已，她没有办法从工作上获得那种叫作幸福感的东西。

蓓蓓和淼淼两个人，就是十分明显的两个例子。她们一个坚守了自己的兴趣，所以不管学习和工作，都十分轻松快乐；一个则是因为听从家里人的话放弃了自己的兴趣，所以在求学的过程中没有再感受过那种满足感和幸福感，只是为了读书而读书，为了温饱而工作。

英国有一句谚语："兴趣是不会说谎的。"

如果你对一件事情有兴趣，就会主动去探索。人生只有一次，虽然我们每天都在为了温饱而生活，但有兴趣和没有兴趣的生活是完全不一样的。有兴趣，即使在劳累的时候，也会让我们感觉到幸福；没有兴趣，只会让我们在劳累的时候感觉到痛苦，所以我们才会产生那些抱怨和沮丧。

所以趁着我们还年轻，培养和保护好自己的兴趣吧。因为歌德说过："哪里有兴趣，哪里就有记忆。"

人生犹如白驹过隙，不要让自己在最后的日子里回忆起往昔的时候，没有一个能让我们面带微笑的记忆点。

有出息的女孩迎着梦想飞翔

我特别喜欢威尔逊的一段话——

“我们因梦想而伟大，所有的成功者都是大梦想家：在冬夜的火堆旁，在阴天的雨雾中，梦想着未来。有些人让梦想悄然灭绝，有些人则细心培育、维护，直到安然渡过困境，迎来光明和希望，而光明和希望总是降临在那些真正相信梦想一定会成真的人身上。”

每个人都有追求梦想的权利，可女孩追求梦想的道路似乎更为艰难，因为女孩会长成女人，还会成为别人的妻子、孩子的母亲，这一生消耗在家庭上的时间与精力太多，留给自己的时间又太少。所以我们更应该在还能为自己做出更好的选择的时候，努力地追求梦想，实现自己的人生价值。

仔细想想，我身边真的有很多优秀的女孩，小枫就是其中之一。

小枫的家庭条件不好，她的父母在她很小的时候就离婚了，小枫随母亲生活。那时候小枫还小，需要母亲照顾，而小枫的母亲也没有什么谋生的手段，只是经营了一家小卖铺。跟小枫的父亲离婚后，小枫的母亲不想继续在当地生活，于是把小卖铺转让出去后，就带着小枫直接去了另外一个地方生活。

几年后，家里的人给小枫的母亲介绍了一个男人，小枫的母亲询问了小枫的意见。小枫这几年跟着母亲过了很多颠沛流离的日子，也亲眼看过母亲为了生活艰辛工作的样子，于是懂事的她点头同意了。

从此小枫就多了一个继父，而继父不是一个人来的，还带了一个妹妹。小枫的家里忽然变得满满当当的，继父是一个老实人，也有能力赚钱，小枫的母亲在家照顾小枫和继父的女儿。小枫并没有因为家里多了一个妹妹而觉得怎么样，因为自从他们来了之后，她发现母亲过得很快乐。继父带来的妹妹比小枫小三岁，在小枫要升高中的时候，妹妹忽然在父母都不在的时候对小枫说："你要是考不上高中，就辍学工作吧。"

当时小枫的成绩还不错，而且因为小枫喜欢乐器，小枫母亲一直送小枫去上器乐课，这对四口之家来说是一笔不小的开销。小枫不明白继妹这么说的意思，沉默了两秒钟后，问道："你说这话是什么意思？谁教你这么说的？"

继妹看小枫沉下脸，估计也有点胆怯了，但还是把想说的话说了出来："没人教我，我就是看我爸爸工作太辛苦了。我只需要上学就好了，你还要学乐器，你一年花在学音乐上面的钱就够我读书了，我爸爸能不累吗？"

原来是这样，小枫听到继妹的话，心中一沉，觉得母亲和继父肯定也背着她商量过这件事。而小枫的父亲听说小枫的母亲再婚后，就很少再给小枫生活费了，小枫给父亲打电话要钱的时候，父亲也只是说让她跟母亲要。

摊上一个不负责任的父亲，小枫没有抱怨过，可学乐器是她的梦想，她从来没想过放弃，只是现在这一部分花销已经压得家里快要喘不过气了吗?

小枫对继妹说道:“高中我是一定要上的。以后如果家里有事，你可以直接跟我说，不需要阴阳怪气的，就算你不想承认我是你的姐姐，我们现在也是一家人，不要闹得不愉快。”

小枫说完这话，就出去了。她需要散散心，也好想清楚以后的路要怎么走。就这样走着走着，小枫就走到了上器乐课的地方。小枫站在外面看着橱窗里的乐器，还有在里面上课的老师和学生，眯了眯眼睛，想到了器乐老师曾经对她说过的话。器乐老师说，她有天赋，如果想考音乐学院，肯定能考上一所非常好的学校。

小枫心底是高兴的，可她转瞬又想到，每年学习音乐的学费是一大笔开销，家里可能真的承担不了，到时候她又能怎么办呢? 是放弃音乐，认真学习文化课，还是坚持自己的梦想?

小枫在外面待了很久，没想到她回到家的时候，家里都翻天了。继妹眼睛红红的，明显是哭了一场。站在家门口的母亲看到小枫回来，一把将她拉到怀里，带着哭腔问她去哪儿了。

小枫怔了怔，问道:“你们这是干吗? 我出去散散心，肖叔呢?”

肖叔是小枫的继父，小枫一直没改口。小枫母亲说道:“你肖叔去找你了。”

“找我干吗?”小枫有点蒙，看到旁边“哇”的一声哭出来的继妹，好像明白了，哭笑不得地问道，“你们以为我离家出走了?”

这个时候继父也回来了，看到小枫回来，长长地松了一口气，然后对小枫说道:“小枫，你妹妹不懂事，你别听她的。你想学什么都可以，其他的事你不用操心。”

小枫抬头看着一脸认真的继父，心里其实没有埋怨他。继父其实是个很好的人，对母亲也很好，对她也像亲生女儿一样好，可就算是原生的家庭，也有捉襟见肘的时候，毕竟家家都有本难念的经，再婚的父母每天都要小心翼翼地平衡对待双方子女的问题。

小枫看了看他们的神色，把考虑好的话说出来:“家里有困难，为什么不跟我说呢?我们是一家人啊。”

继父听到小枫这话红了眼睛，想说什么，但是小枫先开了口:“我想说件事。”

“我肯定是要读高中的，你们放心。乐器，我也是要学的。”小枫说完就看到继父和母亲都松了一口气，只有继妹还在旁边抽噎。

“但是，”小枫接着说道，“等我考上大学，我就会半工半读，你们只要帮我把第一年的学费交了就行。”

母亲想说什么，被小枫打断了。小枫说:“家里不止我一个孩子，还有妹妹，妹妹也要上学，难道就为了我读书，全家都要节衣缩食吗?这样我压力也很大。”

小枫说完，拉着母亲的手捏了捏，母亲知道小枫是为了她着想，眼圈一下就红了。

就这样，继父和母亲都争不过小枫，但是想着到时候他们直接帮小枫交学费，小枫还能让学校退回来吗？

后来，小枫如愿地考上了高中。高中三年，她除了在学文化课和乐器上面不节省，其他方面能节省就节省，三年下来考了不少证书，也赚了不少奖金。她把这些奖金和省下来的钱全都存了起来，准备留作上大学的生活费。

高考过后，小枫考上了一所心仪已久的学校，全家都很高兴。小枫也兑现了自己的承诺，只让家里出了大一那年的学费。自从上了大学，小枫就开始打工，参加各种比赛，每天忙得像一个陀螺。但不管怎么忙，到了上课和训练的时候，小枫是最能坐得住的那个，成绩在同学中也是出类拔萃的。

母亲和继父想给小枫打钱，让她不要那么累，但是一到放假，小枫就会把钱原封不动地带回家。继妹也要考大学了，不再像小时候那样不明事理、那么任性了。

继妹考上大学那年，小枫考上了研究生。那年的寒假，两个没有血缘关系的姐妹依偎在一起，继妹终于把一直憋在心里的话说了出来。她对小枫说道："姐姐，对不起。"

小枫知道继妹在说什么。她把自己准备的礼物拿了出来，那是一张银行卡。小枫把银行卡递给继妹的时候，继妹说什么也不肯要。小枫坚持将银行卡塞到继妹手里，对她说道："这里面也只有你大学第一年所需的学费，我希望你可以自己学着独立，如果实在挺不住了，你就跟姐姐说。我们长大了，以后要让父母过上好日子。”

小枫的话刚说完，继妹的眼圈就红了。其实继妹一直没有告诉小枫，在她心里，小枫一直是她学习的榜样。因为她的自信，也因为她的坚定，实现梦想的小枫就像会发光一样，让人向往。

巴尔扎克说过：“一个能思想的人，才真是一个力量无边的人。”

其实我想说，能思想，并且还能迎着梦想飞翔的女孩，才是有出息的女孩。

做一个有出息的女孩，让自己迎着梦想飞翔！

不做他人的公主，只做自己的女王

每个女孩心底深处都有一个公主梦——不管高矮胖瘦，都想被独一无二地对待，也希望拥有身边所有人的爱。可是现实往往跟白日梦相反，尽管小时候我们会被家人当成宝贝，捧成公主，可女孩子终归要长大。我们会长大成人，最终会以多种身份生活下去，比如某人的妻子、宝宝的妈妈、谁谁的儿媳。如果我们选择依附别人生活，那么注定会因为这些身份的束缚，而无法成为一辈子的公主。当我们的生活被柴米油盐围绕，当生活磨灭了我们情感中的浪漫，当天长日久磨灭了当初的甜言蜜语的时候，也是我们公主的皇冠被别人拿下来的时候。

有句话说得好："独立不是女人向男人宣战，而是自我尊重。"

身为一个女孩，本就会遇到许多难处，如果选择依附他人，那就成了经不起风雨，只能缠绕在大树上的菟丝花。而那些坚持走在自己追梦路上的适婚女孩，如果在婚姻和梦想之间选择了后者，那么就要面对一大堆的流言蜚语，还有那些自以为是的劝解和"为你好"。面对这些艰难的选择，我们应该怎么办?

小婷可能是我的同学中活得最任性、最潇洒的一个人了，活成了我们很多女孩所期望的样子。

从高中开始，小婷就是一个特别有主心骨的女孩。比如，文理分科的时候，她就没有跟家人商量。然后，她上了自己喜欢的大学，在大学期间参加了各种社团活动，也谈了一个男朋友。说起来，她的男朋友我也认识，是和我上一个初中的男神级别的同学。

本来我们都觉得，两人在初中是同班同学，感情深厚，简直是“郎骑竹马来，绕床弄青梅”的标配，以后两人毕业了肯定是要结婚的。我们甚至已经在盘算着等他们大摆筵席的时候，要怎么捉弄新郎了。可是在大学毕业后，小婷选择了回家乡发展，而小婷的男朋友选择了留在大学的所在地，因为在那里发展会更好，于是两人异地恋爱了一段时间。

当初我们都以为，小婷最终会选择去她男朋友的工作地找工作，毕竟她男朋友的工作还是挺不错的，两人要想在一起，必定要有一方做一些牺牲。

然而令我们万万没想到的是，小婷跟男朋友交涉了很多次后，最后选择了和平分手，因为谁都无法说服谁。他们分手这件事真挺让我们惊讶的，毕竟他们都已经到了谈婚论嫁的地步，对于这样一段持续多年的感情，不是谁都能说割舍就割舍得掉的。

后来我听说了这件事，还委婉地问过小婷：“你真就这么舍得吗？你们从初中到大学，多少年的感情啊！”

小婷当时也因为分手黯然神伤了一段时间，我没有问过两人分手的经过，但如果是我，我很难割舍这么多年的感情。小婷听到我的问题，苦笑着说道："我爱他，但是我不能因为爱一个人就牺牲自我，失去自我。如果我辞去在家乡的这份工作，去他那儿能不能找到对口的工作另说，万一我们两个再出现什么状况，你让我如何自处，再从他那边辞掉工作灰溜溜地回来吗？"

听小婷这么说，我确实能理解小婷的顾虑，感情是双向的，不能总是以牺牲一方的利益为基础进行下去。我碰到过很多异地且又有稳定感情的情侣，他们虽然不能朝朝暮暮，但也能过得甜甜美美。也许有人能适应这种生活，而有人不能接受，这就正应了那句话："鞋子合不合适，只有脚知道。"

骄傲如小婷，是坚决不会为了爱情而选择牺牲自己的。所以小婷跟男朋友正式分手，结束了多年的恋情，颓废了一段日子，接着又过上了精彩万分的日子。而这段日子，就是我们这些回到家乡或者有稳定工作的人，开始接受家里的安排找男朋友进入人生下一阶段的日子。

就连我都没能幸免。过了二十五岁以后，每次跟亲戚朋友见面，他们问的不再是——"学上得怎么样？""工作找到了没有？"而是——"交男朋友了吗？""给你介绍一个？""谁谁家大姨的儿子就跟你很配，工作好，家庭条件也好的嘞！"

我们认命地接受家庭的安排去"相亲"，如果因为三观不合而提出终止约会，还会被亲戚朋友轮番询问指责一遍——"你到底想要找个什么样的？等年纪大了就嫁不出去了！""哎呀，这男的就是不会说话，但是家庭条件很不错啊，你嫁过去不会吃亏的！"

经历了这些尴尬的时刻，我觉得可笑，难道我们女孩子读这么多年的书，接受高等教育，就是为了这一刻——选择一个家庭条件不错的，不管三观符合不符合自己的男人就随便嫁了？这让我觉得自己像一件任人挑选的廉价商品。

这也让我想到一个曾经与我共事过一两年的同事，她长得很漂亮，她找男朋友的标准不是三观合不合，也不是这个人长得符不符合她的审美，而是这个人的经济条件好不好。她最终按照这个标准找到了一个家庭条件不错的对象，他给她买了很多昂贵的礼物，这也算是求仁得仁了。但是，令人羡慕不起来的是，我偶然从她的嘴里听说，夫妻二人只要吵架拌嘴，男方就会让她把他送过的那些昂贵的礼物还回去。

我不知道她在听到这种话的时候，心情是什么样的，但是我听到她说这些话的时候，总会想起那些依附于其他植物的藤类植物，比如爬山虎、凌霄花、紫藤——不管它们爬得多高，花开得多灿烂，只要它们所依附的墙体或者植物倒下，它们的灿烂也会随之轰然倒塌。

难道我们女孩子生来就是为了依附别人生活的吗？

在被迫多次“相亲”的日子里，我时不时地会看到小婷发的朋友圈。她剪掉了留了很久的长发，变成了一头时尚的短发，看起来精干利索，而且她时不时就会利用小长假出门旅游，爬山看日出、到海边看日落、跟三两好友聚餐，或者是陪着家人一起话家常。她的生活似乎被她自己的事情填充得满满当当的，没有丝毫的缝隙来考虑“成家”这两个字。在我们因为“再过两年单身生活就老了”和“再不成家就找不到好男人了”而焦虑地生活时，小婷仿佛是一股清流，让我们感受到，我们分明还年轻啊，怎么就被家人说得会孤独终老了似的?

看着小婷的朋友圈，我们一边羡慕，一边因为家里人的催婚而忙忙碌碌。不仅仅是家人，好像整个社会都是这样想的。女孩子一旦过了二十五岁，就像一件过了期的商品似的，不仅不会继续升值，反而还会贬值。我也不知道是从谁口中传出来这么一句话，说女人年纪越大，就越找不到好男人。

难道我们女孩子生来就是为了找一个好男人吗?

“我不否认，成家立业是人们的必经之路，但是谁说我们就要凑合，就要依附他人?人和人的选择不一样，你选择依附他人，那必定有一日，这些稳定和光耀会因为各种原因被收回。”这是我们聚会的时候，大家调侃小婷，问她都过了三十岁了，怎么还一副不着急的样子的时候，小婷的回答。

现在我们都过了三十岁，同学们也都陆陆续续地结婚生子，为了工作和家庭忙得团团转，只有小婷还在坚持自我。这一两年她又迷上了拍短视频和跳舞。三十多岁了，小婷还保持着纤细的好身材，让我们这些成天坐办公室把肚子坐成游泳圈，以及因为生孩子而身材走形的人羡慕不已。每次看到小婷发的跳舞视频，我都会觉得我们两个的人生好像在往两个方向走。我最想要干的事情，就是背着电脑去一个自己喜欢的地方，住上十天半个月，哪怕住半年都行，感受其他地方的风土人情，然后再写写自己喜欢的故事。但现实是，我结了婚，得为双方家长考虑，还要为另一半考虑，工作上也离不开，每天都不知道在忙什么。总之，每天下班回到家，就瘫在床上哪儿也不想去，连吃饭都懒得张嘴。反观小婷，她身材保持得当，想去哪儿就去哪儿，事业也蒸蒸日上。前段时间她还换了一辆自己喜欢的车，而在婚姻上，她至今依然选择不将就。

又过了一段时间，我们好不容易又见了面，能好好地坐在一起聊聊天了。我问小婷："怎么着，你还真想孤独终老啊，现在真命天子还没出现？"

小婷用她那双丹凤眼淡淡地瞥了我一眼，笑着说道："都说了是真命天子，哪能那么轻易就降临？"

"那我可得好好祈求，让他快点降临。"我笑着调侃，然后又一本正经地问她，"问你个问题。"

小婷白了我一眼："故弄玄虚，有没有意思？"

我笑着摸了摸鼻子，说道："你还相信真爱吗？"

小婷听到我这个问题，笑得停不下来，笑声引来很多人的侧目。我有点不好意思地看着小婷，问道："你笑什么呀！"

小婷好不容易停下笑声，说道："你是真傻还是假傻啊？我要是不相信真爱，至于单身到现在？"

我点点头，确实是这样。

"而且，过了三十岁之后，我还发现了一件事。"小婷的声音再次响起。我抬眼看向小婷，说道："我洗耳恭听，说吧，你感悟出什么了？"

"女人并不会随着年龄的增长而贬值，你的价值也并不取决于能不能找到一个好男人。只要提高自己的价值，这样你身边的人就不会太差，所以不管到了多大年纪，我都要做自己的主。我要爱情，也要面包。”

这句话我同意。说实话，我当初跟我先生谈恋爱的时候，因为被迫相亲多次，已经对这种搭伙过日子的婚姻失望了，而且我赚的钱也足够养活我自己，能让我自己过上很好的生活。所以我能遇到我先生，并且嫁给他，纯粹是因为我爱他。而我先生也很优秀，他的工资是我工资的三倍多，幸好我还会写故事，所以我们收入差距不是很大。但我先生从来不问我能赚多少钱，我有一次调侃他，问他：“你为什么喜欢我，难道是因为我长得漂亮吗？”

先生知道我在开玩笑，笑着说道：“这是一部分原因吧。”

“还有另外的原因？那是什么，你说说看？”我忍不住好奇地问。

其实从认识我先生，到嫁给他，我从来都没有恋爱中的那种患得患失的感觉，因为我和我先生彼此信任。我先生用他那双韩式帅哥的眼睛看着我，一脸认真地问我：“难道我看起来像是这么肤浅，只看别人的外表的人？”

“那可不一定。”我嘴硬，但是心里已经乐开了花。

我先生看着我的眼睛说道：“那当然是因为你的优秀深深吸引了我。”

那还是我第一次听到我先生对我剖白自己的内心，我听得心跳如擂鼓，心想这就是旗鼓相当的爱情吧。我从没有因为他赚得多，就挥霍无度，因为他有的，我也有；他能给我的，我也能给我自己。这也许就是小婷说的，不依附于别人的爱情，才是有价值的爱情。只有这样，我们才不必因为地位的不平等，害怕别人随时会把给予自己的东西收回去，因为我自己已经拥有足够的物质基础，所以我的爱情也很纯粹且坚固。

说到这些，我忽然想起我另一个朋友，大学的时候，她因为长得好看，被一个富二代追求。她一开始很坚定地没有同意，后来再见的时候，我却发现两人正在交往。我好奇地问她："你一开始不是不中意吗，怎么又答应了？"

我朋友看着买了冰激凌回来的富二代说道："因为他对我太好了。"

我当时一头雾水，这也能成为在一起的理由吗？但当时我们都还是穷学生，遇到出手大方、对自己好的人，真的很容易被诱惑。我大学毕业时，她继续考研，后来我找到了工作，又过了一年，听闻她要和富二代男友结婚了。我当时以为两人是日久生情，终于修成正果，还为朋友高兴了好一阵，转眼又过了几年，我就听朋友说她离婚了。

我当时还是蛮震惊的，从没想过她会离婚，因为他们两人除了家庭条件不太匹配外，其他各方面还都挺般配的。后来我跟朋友聊天，朋友就跟我诉苦，她的婆婆一直不太待见她，总觉得她的家庭条件不好，她像灰姑娘似的，她心里别扭，再加上她内心其实也不是特别喜欢男方，后来男方还出了轨，这就让她坚定了要离婚的决心。

听到这件事，我不知道该怎么回应，因为我觉得婚姻是一件非常神圣的事。

偶然的机会，我跟她见面了，聊到她离婚这件事，我问她：“结婚之前你就没想过会有这些矛盾？”

朋友叹了一口气，说道：“也许我当时被物质生活迷住了双眼，以为自己真的可以被宠成公主，直到经历了这一切，才发现自己错了。现在我很后悔，我明明可以靠自己的努力，为自己争取一份幸福的婚姻，可是现在生活被我弄得一团糟。”

看到朋友沮丧，我于心不忍，毕竟她选择生活的地方是富二代的家乡，她现在的工作也在那边，离婚后什么都得靠自己，真的很不容易。于是我安慰她：“你还有才华、有工作，现在靠自己也来得及，因为我们还年轻。”

朋友听到我说的话，笑着跟我说道：“是呀，不能总幻想着做别人手心里的公主，还是得做自己的女王，这样就不怕失去一切了，活得也潇洒自信！”

这样的故事比比皆是，就好像这句话：“不要企图依附男人生活，没有人会对寄生虫保持永远的热情。”

每次想到这些事，我总是会想起舒婷的《致橡树》：

我如果爱你——

绝不像攀援的凌霄花

借你的高枝炫耀自己；

……

我必须是你近旁的一株木棉，

作为树的形象和你站在一起。
根，紧握在地下，
叶，相触在云里。
每一阵风过，
我们都互相致意，
但没有人
听得懂我们的言语。
你有你的铜枝铁干，
像刀，像剑，
也像戟；
我有我的红硕花朵，
像沉重的叹息，
又像英勇的火炬。
……

女孩子是天底下最可爱的生物。我们温柔、率性、可爱、天真。我们有做公主的先决条件，但是我们可以选择不去做别人的公主，并肩而立总比依附绽放更让人欢喜。所以，就让我们努力做最好的自己，用自己的能力亲手给自己做一顶王冠，做自己的女王！

世界那么大，你可以让父母去看看

前几年有位女老师因为一个辞职理由火遍全网，那句话我到现在还记忆犹新："世界那么大，我想去看看。"

我在看到这句话的时候，仿佛被什么直击心灵。是的，世界那么大，那么美好，我们还没去看过。我十分佩服那位遵从内心的想法，说辞职就辞职的老师。

可同样身为老师、儿女，我总觉得，我们还年轻，如果有能力，为什么不让父母先去看看这个美丽的世界？

我知道有人看到这儿要跟我抬杠，他们要么会说父母年纪已大，现在哪里也去不了，出去了还会让身为子女的我们操心；要么会说，父母自己的人生自己做主，他们有他们的打算，就像我们的人生需要我们做主一样。我们现在已经很累了，压力那么大，哪儿有多余的精力和闲心让父母出去旅游？他们就算想出去，自己也有钱。这样的想法我都同意，可是父母自己拿钱出门，和靠有能力的子女出门，哪一个更让他们幸福呢？

我想大家小时候肯定都经历过叛逆期，有那种非常想要买什么东西，却还得看父母脸色的时候。当父母一句话就可以掐灭我们的希望时，我们心里是愤怒的，时常会想，我也会长大，等我长大赚钱了，想买什么就买什么，你们谁都管不着。实际上，父母对我们的大多数要求都会满足，只是我们从来不记得他们满足我们要求的时候，只会记得他们没有满足我们要求的时候。

我们时常抱着自己要展翅高飞、快快长大的想法，终于有一天，我们真的长大了，而父母也从壮年垂垂老去。不知不觉间，我们常常会感觉到，父母不再像我们小时候那样管我们了，反而有时候父母也会听从我们说的话。我们的人生仿佛跟父母颠倒了，父母慢慢变成了我们的孩子，我们则成为家庭的顶梁柱。父母年轻的时候，因为生活的重担不能肆意地去想去的地方，难道我们还要让他们在将近老年的时候，也没能力出去看看吗？因为有一天我们也会为人父、为人母，也会希望儿女们好好对我们。正如伊索克拉底所说的那句话：“你希望子女怎样对待你，你就怎样对待你的父母。”

姜琳跟我一样，父母离异，她从小就跟母亲一起生活。她属于闷葫芦性格，但她的母亲是一位生活高手，上得厅堂、下得厨房。因为姜琳的父亲不怎么管姜琳，姜琳的妈妈就自己工作养活姜琳。二十世纪六十年代出生的人，基本上没有几个正儿八经读过书的。在那个年代，上过高中的都是了不起的人物。姜琳的妈妈因为姐妹众多，所以只读到初中就不再上学了，跟其他姐妹一起赚钱养家。没跟姜琳的爸爸离婚的时候，姜琳的妈妈还过了几天好日子，离婚后，姜琳的妈妈只得去找活干。为了生活，姜琳的妈妈从不挑剔，哪里有活就去哪里。

我们家乡靠海，所以很多海鲜冷库需要小时工来处理海鲜，然后再把海鲜放进冷库冻好，等着售卖。姜琳的妈妈就跟着大家伙干小时工。这个活很不好干，因为海鲜里有虾也有螃蟹，捡这些海货的时候，就算再小心也会有被螃蟹的两个蟹钳夹到的时候，再小心也会有被虾头刺到的时候。尤其是在旺季，拉海货的船几乎都是半夜靠岸，像姜琳的妈妈这样的小时工，就需要在凌晨一两点到冷库等着分货，从半夜一直干到第二天的傍晚，一站就是十几个小时，干的时间长了，手指头都被扎肿了，而被海鲜扎过的地方，总会因为海里的细菌而不容易愈合，关键是伤口又痒又痛。但是活一多，姜琳的妈妈也顾不上受的这点小伤了。在九十年代，他们的工钱是一个小时十元钱左右，一天下来能赚一百多元。一百多元钱可以给姜琳交半学期的学杂费，也可以给姜琳买两双好点的旅游鞋，更可以让姜琳吃上一个星期的好菜，所以对姜琳的妈妈来说，比起女儿的学习和生活，这点小伤痛简直可以忽略不计。

可姜琳的妈妈站一天的后果，往往就是腿脚水肿，睡觉的时候都觉得自己像是沉在水中的海绵一样，浑身都痛，翻身都翻不动。

这还是在春秋天这样的旺季。而到了夏天，冷库温度如果过高，海鲜就会坏掉、发臭，所以夏天的冷库就得开冷气，在冷库干活的小时工，在大夏天还要穿棉裤，否则会被冻坏。

好在姜琳还算争气，考上了高中，也考上了大学。在高中的时候，姜琳每个月的生活费是两百元。她总会省吃俭用，在每周的购物假里，只是会去校外花八元钱洗个澡，再买五个苹果，一共也花不到二十元钱，然后就会匆匆回学校。如果时间还早，她就在寝室里休息一会儿，然后再到教室里自习。我问姜琳为什么这么省吃俭用，即使是在二十一世纪初，一个月二百元钱的生活费也算得上拮据了。姜琳笑着跟我说："家里全靠妈妈赚钱，我一想到我乱花的每一分钱都是妈妈在冷库站着赚来的，就会有罪恶感。"

我了然，我的母亲也曾在冷库工作过，但是因为她生了我之后月子里没调养好，得了风湿，一遇凉就会膝盖痛，所以干了一段时间后，就放弃了在冷库的工作，去了工地工作。

后来我得知，在高三的上半学期，姜琳用自己攒的钱在她妈妈生日之前给她妈妈买了一件风衣，是她妈妈喜欢已久的款式。刚开始姜琳的妈妈嫌那件风衣贵，不肯买，还是姜琳生了气，姜琳的妈妈才不得已用姜琳给的钱买了下来。从那以后一连三年，我看到姜琳的妈妈在春秋时最常穿的衣服就是那件风衣。她逢人必说这件衣服是姜琳攒钱买的，虽然有点旧了，但料子很好，没穿坏，她也舍不得扔。

那个时候，我看到的姜琳妈妈脸上的笑容，是自豪且幸福的。

我没有问姜琳用两年半攒下来的钱买一件价格昂贵的风衣值不值得，因为这个问题很傻。母亲为了女儿可以忍受所有，女儿拿出所有换母亲高兴，还需要问值得不值得吗？

姜琳上大学的时候，姜琳的妈妈拿出在姜琳小时候给她买的保险。保险上说只要姜琳考上本科，一份保险就有八百元钱的奖励，姜琳的妈妈买了两份，这样就有一千六百元。姜琳报的是师范专业，一年的学费只需要三千五百元，这样就解决了一半的学费。姜琳的妈妈把钱交给姜琳的时候，姜琳的手都是抖的。上大学之前，姜琳觉得自己家的日子太难了，时常在想人为什么要这么卑微地活着。可是看到母亲手指上留下的伤疤后，姜琳在高中就更加努力学习，因为她知道，想要改变母亲和自己的命运，唯有读书，唯有出人头地，只有这样才能让以后的日子好过。

自从姜琳上了大学，姜琳的妈妈就放心地跟着姜琳的小姨去了南方打工。姜琳的小姨嫁给了一个家庭条件不错的男人，在南方开了一个工厂，姜琳的妈妈去帮忙照看，工资比在冷库做小时工赚得多，也不用遭太多的罪。这样的话，姜琳读起书来，也不用担心母亲。

姜琳一路读到大四，在考研和工作之间纠结了很久，然后给我打电话说不考研了。我吃惊地问道："为什么不考了？"

姜琳在电话那头沉默了很久，久到我以为她已经要挂断电话了，她才接着说道："我打听过了，考研需要报培训班，还要报名费，前期大概就需要两万左右，能不能考上理想的专业和学校还不知道。两万元，我赌不起。"

听到这话，我也沉默了。我也不准备考研，不是因为我读够了书，而是我的家庭条件也一般，我跟姜琳的想法不谋而合，与其考研让母亲多辛苦两年，不如读完本科就找工作，减轻家庭负担。

后来我们两个人毕业了都开始找工作，我不得已回到了家乡，这样也可以就近照顾母亲，而姜琳却跟我说她想去南方试试。我有点担忧，对她说："像我们读师范专业的，对口的工作就是老师，去南方还有地域限制，难度肯定会更高。"

姜琳说："我知道，但是我想试试。就算不当老师，我也可以找别的工作，只要有发展。"

其实我知道姜琳是怎么想的，在南方肯定比在我们北方的小县城赚得多，姜琳是想快快长大，好承担起家庭的重担。说实话，当时我很羡慕姜琳，因为当初毕业的时候，我想成为一名编辑，或者一名编剧，但最后我选择回到家乡，成为一名中学老师，只因为母亲觉得老师这个职业很好。她说，一个小姑娘，就应该有一份小姑娘做的工作。母亲很少跟我说这样的话，因为我一直认为母亲是把我当男孩养的，毕竟小时候推着单轮车、抗着五十斤粮袋子的人是我，母亲不在家时洗衣做饭的也是我。家里没有男人，所以我和母亲都把自己活成了男人的模样。

姜琳和她的母亲又何尝不是如此呢？姜琳虽然性格内向，但是她一直憋着一股气，那是一股想要出人头地，想要改变生活的气。

姜琳的妈妈尊重姜琳的选择，但她跟姜琳说了一句话。她告诉姜琳，外面要是不好，就回家。

后来，姜琳在南方的一座大城市里扎了根，虽然没做成老师，却成了一名销售人员。做销售很苦很累，尤其姜琳性子这样要强，穿着高跟鞋站在展厅里，一站就是一天，整天忙忙碌碌的，下班后脚后跟经常是破皮的，腿也经常是肿的。她生病了也不请假，因为请一天假就意味着全勤奖没有了，也意味着她可能会丢掉一个大单子。后来我听姜琳说起她的这些事，都很难想象她一个人是怎么坚持下来的。

就这样，五年过去了，姜琳在大城市站住了脚，也从一名普通销售人员做到了销售部经理，是行业里的金牌销售。年薪就别说了，她的月薪都要比我的年薪多。后来，姜琳贷款在南方买了房子，把她妈妈接了过去。听说她每年不管多忙，都会抽出一段时间陪她妈妈到处走走看看。有一次我听姜琳说，在她小时候，妈妈经常在看电视的时候念叨，以后有了钱、有了时间，一定要到处走走，中国这么大，不能一辈子就待在这么一个小地方。所以姜琳才会不管有多忙，都要陪着妈妈出去走走看看，因为妈妈年轻的时候把时间都奉献给了她，所有的精力和金钱也全都投放在了她的身上。姜琳说，她这样拼命地学习，就是为了有朝一日可以让妈妈想去哪儿就去哪儿，让妈妈不用担心钱够不够，也不用担心女儿过得好不好。

我很佩服姜琳，也有和姜琳一样的想法。我虽然没有姜琳赚得多，但是我也跟我妈妈说过，我们一年出去玩一趟，她想去哪里都可以。因为妈妈已经不再年轻了，趁着她还能自己照顾自己的时候，多让她出去看看，以后也不会有什么遗憾。毕竟我们这些做女儿的，得让父母知道，我们也可以跟男孩一样，成为家里的顶梁柱，可以让他们过上舒服的生活。

百善孝为先，一个不懂得回报的人，不能算一个完整的人。

父母生育了我们，给了我们一个可以依靠的家，给了我们一个可以避风的港湾，让我们不愁吃穿，尽可能地给我们一个舒适幸福的环境成长。他们向我们索取的却很少，他们想要的不过就是我们平安长大，幸福快乐。但我们要懂得报恩，我们回报他们最好的方式就是好好学习，努力向上，成为一个优秀、自信、敢于承担的人。

好好成长吧，成为一个有理想的、优秀的人，然后凭借自己的能力，带着父母去这个美丽的世界走一走、看一看，让父母也为我们骄傲自豪。

致 女 孩 的 成 长 书

给女孩的第一本性格书

李 腾◎著

北京时代华文书局

图书在版编目（CIP）数据

致女孩的成长书. 给女孩的第一本性格书 / 李腾著.
-- 北京 : 北京时代华文书局, 2021.8
ISBN 978-7-5699-4247-7

Ⅰ. ①致… Ⅱ. ①李… Ⅲ. ①女性－成功心理－青少年读物 Ⅳ. ①B848.4-49

中国版本图书馆 CIP 数据核字 (2021) 第 134673 号

致女孩的成长书. 给女孩的第一本性格书

ZHI NÜHAI DE CHENGZHANG SHU. GEI NÜHAI DE DIYI BEN XINGGE SHU

著　　者 | 李　腾

出 版 人 | 陈　涛
选题策划 | 王　生
责任编辑 | 周连杰
封面设计 | 乔景香
责任印制 | 刘　银

出版发行 | 北京时代华文书局 http://www.bjsdsj.com.cn
北京市东城区安定门外大街136号皇城国际大厦A座8楼
邮编：100011　电话：010-64267955　64267677
印　　刷 | 三河市金泰源印务有限公司　电话：0316-3223899
（如发现印装质量问题，请与印刷厂联系调换）
开　　本 | 889mm×1194mm　1/32　印　　张 | 6　字　　数 | 118千字
版　　次 | 2022年1月第1版　印　　次 | 2022年1月第1次印刷
书　　号 | ISBN 978-7-5699-4247-7
定　　价 | 168.00元（全5册）

目录

第1章 锻造美好性格的第一步：找面镜子看自己

002 做情绪的主人，不做情绪的奴隶

006 成为最好的自己，才能遇见更好的人

010 此时的你，真的幸福吗？

014 小蚂蚁也有大能量

019 外表美不如心灵美

023 笑一个吧，功成名就不是目的

第2章 锻造美好性格的第二步：开始吧，就现在

028 从跑步开始，别让生活太安逸

031 坚持做最难的事情，才是成长的开始

034 幸运就藏在日常的努力中

037 删除昨天的烦恼，启动今天的快乐

041 不被一段失败的感情困在原地

044 丢掉“公主病”，造就更好的性格

第3章 锻造美好性格的第三步：多看看身边的风景

050 你忽视的往往都是身边最亲近的人
055 做一个高情商的女孩
058 与其羡慕别人，不如选择成为 ta
061 倾听不是替他人积攒情绪“垃圾”
065 梦想不是氢气球，而是生活中的棉花糖
068 不做拳击手，但也不做“橡皮泥”

第4章 锻造美好性格的第四步：多做，少说

072 扎根地下才能让自己向上生长
076 无效社交只是在浪费我们的时间
079 失去亦是一种得到
083 没有伞的孩子必须努力奔跑
086 不做没有能量的“幻想家”

第5章　锻造美好性格的第五步：修剪自己的枝丫

090　昂头向上，让羽翼舒展

093　自信可以让人生出飞向天空的翅膀

096　不做闭合的含羞草

101　冰山美人会让人敬而远之

105　不做令人皱眉头的“林妹妹”

109　你是乌龟还是兔子？

第6章　锻造美好性格的第六步：保持上升的高度

114　比天空更辽阔的是人的胸怀

118　固执会让人生多出许多条弯路

122　粗心大意事不小，认真对待能提高

127　做个有趣的人

131　自控可以使人登上更高的台阶

135　宽容是最大度的善良

第7章 锻造美好性格的第七步：迈出这一步

140 女生也可以适当主动一些

143 无须给自己建造一座围城

147 “想当然”是蒙蔽人的一层纱

151 人生需要永不落山的太阳

155 请接纳自己并相信自己

159 把焦虑抛在身后再上路

第8章 锻造美好性格的第八步：做个美好的女孩

164 每个心灵上都会开出不一样的花

169 与其做一个好人，不如做一个善良的人

172 友善也是一种温暖的给予

176 别让虚荣害了你

180 忍让使人安静地成长

183 理智让女孩蜕变出翅膀

第1章

锻造美好性格的第一步：找面镜子看自己

做情绪的主人，不做情绪的奴隶

和情绪打交道是人生中一门重要的功课，因为情绪会在很大程度上影响一个人的行为和遇事时所做的选择。那么，如何让自己养成“好性格”，始终拥有稳定的情绪呢？心理学家曾说过：“要想不做情绪的奴隶，就一定要在20岁之前开始关注自己的情绪，进而学会调节负面情绪。”作为成长中重要的一课，学会不做情绪的奴隶，并借助情绪来帮助自己获得更多的力量是十分重要的。

在情绪面前，女孩子遇到的困扰会更多。因为与生俱来的细腻、敏感的性格特征，女孩子很容易将自己的小情绪放大无数倍。但是，生活不就是这样吗？有欢笑，有失落，有许许多多说不清、道不明的情绪，这是我们生而为人的常态。只不过，聪明的女孩子更懂得如何平衡自己的情绪。

不知道你有没有看到过这么一句话：“你不能控制他人，但你可以控制自己；你不能左右天气，但你可以改变自己的情绪。”道理我们都懂，做起来却会有种“知易行难”的感觉。但我们只有成为一个能掌控自己的聪明的女孩子，我们的人生之路才能走得更远。

小雅是一名即将毕业的大学生，前不久，她通过同校学长找到一份实习的工作——某商场奢侈品店员。

小雅原本对这份工作很满意，因为她平时就是一个爱美、有品位、对奢侈品略懂皮毛的女孩子。每天面对琳琅满目的商品，光是欣赏就令小雅很是惬意了。可小雅不知道的是，要想成为一名优秀的奢侈品店员，只懂得其材质、价格是远远不够的。

从象牙塔跳入社会，社会经验基本为零的小雅，每天都要面对同事、主管以及形形色色的客人，便显得有些手足无措。第一天上班时，她觉得自己就像一只掉进了天鹅堆里的丑小鸭。同事们每天化着精致的妆容，踩着8cm的高跟鞋在客人之间穿梭，看起来是那么游刃有余。而自己呢？每天灰头土脸地在货仓理货、调货、背货号、清点库存。刚开始的时候，主管还会耐心地对做不好事情的小雅指点一二，久而久之，总是出差错的小雅就成了例会上重点批评的对象。这一切令小雅烦恼极了，慢慢地，她从努力生长的向日葵变成了霜打的茄子。

1天，一个前辈忙着为客人包货，托小雅为客人端些茶点。在货仓理货正理得极其烦躁的小雅便匆匆跑出去招待客人。

“小姐，拜托你！不想端就别端！耷拉着一张脸！我花钱是为了来这里看你这张不耐烦的脸的吗？”客人看到小雅后，脸色顿时由晴转阴。

“对不起，我理货理得脑子里一团乱麻，不是不想服务您。”小雅连忙解释道。

这时，听到客人大发脾气的主管走过来，一边安抚客人，一边为小雅打圆场：“王小姐，您别生气。这是我们刚招的实习生，经验不多，有些腼腆，还不懂得怎么服务客人。我再帮您拿个您最喜欢的千层蛋糕。”

主管使眼色让小雅回去理货，自己来招待客人。小雅转身跑回货仓时，瞥到镜子中的自己：行色匆匆很是狼狈，表情僵硬得像是失去神采的木偶人。这时，她才知道，消极的情绪对自己的影响有多大。

事后，主管找到小雅，这次，主管一反常态，没有批评小雅，反而跟小雅说自己早就注意到了她的消极情绪，主管耐心地对小雅说：“理货看似辛苦，却是成为一名优秀的奢侈品店员的第一步。如果你真的热爱这份工作，就不能让工作影响自己的情绪，进而再让情绪影响自己的工作状态。这样你只会成为情绪的奴隶，还有可能给自己带来极大的损失。”

小雅听到这番话后长舒一口气，觉得自己确实变成了一个“负气包”，向主管表达完谢意后，终于想通的小雅开开心心地理货去了。

下班回家的路上，小雅为自己买了一束向日葵，她告诉自己：坏情绪只会让自己变成充满负能量的提线木偶，她必须打起精神，让自己每一天都像向日葵一样，活在阳光下！

人很容易被情绪吞噬，我们应该正视自己的负面情绪，然后慢慢梳理，而不是被负面情绪牵着鼻子走。把情绪管理作为毕生的功课，我们要努力做情绪的主人，不做情绪的奴隶。

成为最好的自己，才能遇见更好的人

“物以类聚，人以群分。”若想遇到更好的人，不妨先成为最好的自己，我们常说的“道不同，不相为谋”也是这个道理。

成为最好的自己，才能遇见更好的人。《易经》中有这么一句话：“同声相应，同气相求。”只有相同的人，才有机会成为朋友。如果你待人阳光，那么身边的朋友必然是阳光开朗的人；如果你待人温和，那么身边的朋友必然是善良温和的人；如果你积极进取，那么身边的朋友必然是努力奋进的人。

俗话说得好：“种下梧桐树，引得凤凰来。”自己是怎样的人，吸引到的就是怎样的人，不管是友情还是爱情，都是这个道理。

平日里，下班后的莎莎都会早早回家给自己做饭吃，无论多晚，她都会在睡前看一会儿书来丰富自己的阅历。

莎莎身边的人都非常喜欢莎莎，因为莎莎性格温和，待人真诚，不管是谁，在和莎莎相识后都能因缘际会地和她成为很好的朋友。

在大家眼里，莎莎是一个能设身处地为他人着想的善良的女孩。她每个月会固定地买些猫粮喂小区里的流浪猫，冬天她会给流浪猫做一些简易的窝，帮助它们抵御风寒；当遇到拿着重物的老人时，莎莎会帮老人拿东西，把老人送回家后，她再回自己家。

邻居们都对这个小姑娘的为人处世赞不绝口，莎莎的热心肠就这样一传十、十传百地传开了，大家都知道自己身边有这么一个好女孩。

邻居张奶奶对莎莎的印象很深，因为莎莎曾经帮助过她好几次。一次，张奶奶跟一些老姐妹乘凉时，听说王大妈家的儿子还未婚娶，便把莎莎介绍给了王大妈。王大妈是一名退休教师，她的退休生活就是莳花弄草，和几个老太太坐在一起聊聊天、做做手工。听完张奶奶对莎莎的介绍，王大妈觉得这个女孩子很不错，她对莎莎也有点印象，于是，便安排莎莎和自己的儿子见了一面，没想到两人很是投缘。王大妈的儿子也是一名教师，戴一副眼镜，长相清秀，而且没有不良嗜好。两人接触过几次后，都觉得对方很适合成为自己的人生伴侣。后来，莎莎和王大妈的儿子相处得越来越好，最终两人结婚了。小区里的大妈们都很羡慕王大妈能有这么好的一个儿媳妇，每逢说起这个儿媳妇，王大妈都高兴地合不拢嘴，说儿子能娶到这么一位好姑娘是他天大的福气。

琳琳和莎莎曾经是同学，琳琳是一个性格张扬的人，可以说有些飞扬跋扈，受不了一点儿委屈，做事也不懂得退让，不然就觉得自己吃亏了。因此她经常与人发生矛盾，不是在小区门口因忘拿门禁卡跟保安大闹一场，就是取快递时因为配送员没有送货上门而不依不饶。

好事不出门，坏事传千里，时间长了，大家都知道自己身边有这样一个不能随意招惹、脾气有点坏的姑娘。可琳琳丝毫没觉得自己哪里做错了，她觉得自己舒服就好，不用管别人怎么想。

自从大学毕业后，琳琳每天上午睡觉，晚上就去泡吧，就没有正经工作过。原来还经常联系的朋友因为没有共同语言和作息时间不同慢慢也不再联络了。琳琳的家人对于琳琳的现状也无可奈何，琳琳的父母本想让琳琳考公务员，可琳琳说不喜欢那种朝九晚五的生活，她就要痛快地玩！慢慢地，琳琳的父母也不再管她了，因为琳琳非常自我，听不进他们的意见，管也没用。

家里有人为她介绍男朋友时，也都被她拒绝了，她觉得被家人安排的婚姻是不幸福的，她坚持要自己寻找真爱。可琳琳每每找到的目标对象不是酒吧驻唱歌手，就是没有工作的“啃老族”，因为琳琳每天的活动除了睡觉就是泡吧。眼见女儿每次恋爱对象都不是良人，父母是看在眼里急在心里。

后来，琳琳在酒吧驻唱的男友谎称自己的父母要做手术，从琳琳那里借走10万元后就消失了。直到这时，琳琳才猛然醒悟，男友竟然一直都在欺骗自己！为此，她哭了很久，懊悔自己被骗子蒙蔽了双眼。她把自己关在家里一周，在这一周的时间里，她慢慢想通了，觉得自己不能再这么浑浑噩噩过下去了。这天，琳琳去理发店把自己五颜六色的头发染回黑色，报了一个封闭式的考研班，努力了一年后，琳琳考上了自己心仪的大学，并准备继续提升自己。

在读研一时，她和自己的同门师兄恋爱了。此时，琳琳终于明白，只有自己变好了，才有机会遇到更好的人，如果自己仍是像之前那样自甘堕落、无所事事，那么，优秀的同门师兄也不会被她吸引。

丰富自己，胜过取悦他人。真正的朋友或爱人不是求来的，而是等来的。只有两个人处于同一高度，才能携手同行走得更远。

与其追一匹马，不如用追逐的时间种下一片草原；与其整天浪费时间浑浑噩噩度日，不如默默积蓄力量，努力提升自己。我们要相信，待时机成熟时，我们总会遇到那个更好的人。

此时的你，真的幸福吗？

你幸福吗？如果有人这样问你，你会怎么回答？我认为人的幸福取决于自己内心的感受，而不是外在因素。每天粗茶淡饭未必过得不幸福，而天天大鱼大肉也未必过得很幸福。

人的幸福全在于内心的感受，所以，这个世界上的一草一木都有可能成为我们幸福的源泉。

娜娜的父母在娜娜12岁时就离婚了，离婚时，娜娜的爸爸觉得他有能力给娜娜提供更优越的生活，于是争取到了娜娜的抚养权。从此，娜娜跟着爸爸一起生活，变成了单亲家庭的孩子。

娜娜的爸爸觉得他不能让自己的孩子因为物质条件的限制而普普通通地过完一生，所以从初中开始，娜娜出行就一直是豪车接送，家中有两个保姆负责娜娜的衣食起居。

与同学相比，她的吃穿用度一直都是最好的，而且娜娜的爸爸对娜娜总是有求必应，同学们都非常羡慕娜娜可以拥有那么多的漂亮衣服和发卡。

娜娜的同学小美非常羡慕娜娜的生活，她不止一次跟娜娜说：

“娜娜，你也太幸福了吧！”每次听到小美这么说，娜娜都只是笑笑，并没有多说什么。面对同学的赞美和羡慕，娜娜心中有说不出的苦涩。她虽然拥有优越的物质生活条件，却没有感到一丝幸福。爸爸忙工作的时候，只有空荡荡的房间陪着自己，每次放学后看见别人的妈妈在校门口拿着保温杯等待自己的孩子，娜娜只能装作不经意地瞥一眼，然后快速钻进车里，她不想让别人的幸福刺痛自己的心。

也许是因为母爱的缺失，又或者是因为她身边没有可以让她敞开心扉的人，娜娜逐渐变得内向，而爸爸对她所有的安排，娜娜也从没有反抗过，顺从地照做。

娜娜的爸爸希望娜娜以后成为一名优秀的钢琴家，于是，他花费 10 万元给娜娜购置了一架钢琴；他还想让娜娜有一片更广阔的天空，于是打算送娜娜出国留学，并在娜娜出国留学前，就下功夫给她准备好了一切手续。

出国的事情准备得很顺利，在出国的前一晚，娜娜给爸爸写了一封信。

爸爸：

见字如面，谢谢您这么多年的培养和付出。在出国之前，我提笔写下这封信，是想让爸爸听听女儿的心里话。

爸爸，每次您忙工作的时候，只有家里的那架钢琴陪伴我，为了让这个安静的吓人的房间显得有些生气，我只能一遍遍地弹奏妈妈喜欢的那首乐曲。

有同学对我说非常羡慕我的生活，当时我的心中五味杂陈，我不断地问自己为什么感受不到一丝幸福，后来我才明白，原来是因为我拥有的这一切无法抵达我的内心。

爸爸，希望在今后的日子里，您能照顾好自己的身体，适当地休息，多留点时间给女儿，多和女儿联络，不要再让我那么孤单。

爱您的女儿

娜娜把信放在了爸爸的枕头下，长舒了一口气。她不知道爸爸什么时候会看到这封信，也不知道爸爸看过这封信后会做何感想。之后，她怀着忐忑的心情飞去了大洋彼岸。

两周后的一个午后，娜娜的爸爸打来电话，询问她在做什么，娜娜说在做作业。爸爸让娜娜走到窗口，娜娜疑惑地走过去，在看到爸爸妈妈就站在她的窗外时，娜娜瞪大了眼睛，不敢相信这一切都是真的。她流下了激动的泪水，飞快地跑到门外，扑进爸爸妈妈的怀里。

娜娜的妈妈觉得非常对不起女儿，虽然她跟娜娜的爸爸离婚了，但是没有给予女儿想要的陪伴；娜娜的爸爸看到娜娜写的那封信后感慨万千，他一直以为娜娜是幸福的，因为她什么都不缺，却不知道内心贫瘠的娜娜从来没有感受到“幸福”。

娜娜的妈妈决定放下国内的工作，在国外陪伴娜娜度过这几年的求学时光，虽然她和娜娜的爸爸离婚了，但她还是娜娜的妈妈，她不忍心看到自己的女儿孤独、不幸福。娜娜的爸爸也答应娜娜每两个月至少飞来一次陪娜娜待几天，娜娜觉得自己的心里暖暖的、满满的，再也没有孤单寂寞的感觉了。此刻，她终于明白了，自己想要的幸福就是爱的人在自己身边。

有时，我们会抱怨为什么父母没有给我们提供更好的生活，而让自己生活得这么不幸福，可我们往往忽略了自己内心深处的感受。下课回家能吃上一口热饭就是最简单的幸福；生病时能被父母细心照顾也是一种幸福；朋友和家人都陪在我们身边也是一种幸福。

希望我们都不会因为执着于对物质的追求而忽略了内心的幸福，记住，幸福就在我们的心里。

小蚂蚁也有大能量

很多时候，我们会因为无法拒绝别人的请求，说不出那句“不好意思，我帮不了你”，而觉得自己太懦弱。我们宁愿违背自己的内心，使自己被他人支配，也不愿理智地回绝他人；我们或许会觉得自己过于优柔寡断，像重度“拖延症患者”一样，初一能做完的事情一定要拖到十五；又或者总在艳羡其他女孩子可以勇敢地做自己，而我们身上总被贴着各种各样的标签，如“乖乖女”“老好人”“包子脾气”“隐形人”。

有时候，我们会觉得自己就像这个巨大世界中的一只小蚂蚁，但是小蚂蚁就没有思想吗？不，小蚂蚁也可以勇敢拒绝他人。

每个女孩子都是造物主给予这个世界的恩赐，不要总觉得自己很渺小，渺小到可以被领导忽略、被朋友支配、被家人左右。如果你想被身边的人认可，那么就努力发光、发热，总缩在自己的蜗牛壳里是无法被人注意到的；如果你不想帮朋友做某件事，就拒绝得干脆一点，比如：“不好意思，我真的帮不了你。”如果你不想被人贴上各种各样的标签，就勇敢地活出自我吧！

活出自我可不是让你去模仿谁或者成为谁，看完下面这个真实的案例，相信你就会明白了。

ViVi觉得自己最近“水逆”到了极点，各种烦心事排着队找上门来，她好想向蜗牛借个壳躲在里面一辈子不出来。

最近，ViVi的妈妈因为出车祸做了手术，爸爸去医院陪护，只留ViVi自己在家。爸爸走之前还很担心ViVi能不能照顾自己，ViVi觉得自己已经长大了，便信心满满地保证自己可以照顾好自己。

爸爸走的第一天，ViVi就因不会使用洗衣机而不停挠头，但她又不想让爸爸妈妈知道，怕他们担心，于是她在家里翻看了好久的说明书，这才弄明白洗衣机的工作原理。成功洗完一桶衣服并把它们晾好后，ViVi觉得自己的骨头都快散架了，但她心里还是很有成就感的，想着终于搞定了，开心地舒了一口气。

这时，晶晶打来电话让ViVi帮她打印学习资料。晶晶现在还在美丽的三亚，暂时回不来，所以才想着让ViVi帮忙打印，这样，等她她度假回来就可以直接用了。虽然ViVi现在已经很累了，但还是答应了晶晶，并说会在晶晶回来之前帮她打印好学习资料。说好打印资料的事，晶晶又在电话那头滔滔不绝地说起自己去哪里玩了，完全没有考虑ViVi最近过得好不好、累不累。ViVi也不好打断晶晶，就一直等晶晶说得尽兴了才挂断电话。

之后，ViVi胡乱在外卖软件上点了份吃的，等吃的送来，她扒拉了几口。午睡前，ViVi想着可不要忘了下午还要帮晶晶打印学习资料，但是午睡醒来后，ViVi把这件事情忘得干干净净。

一周后，晶晶度假回来了，她来到ViVi家问她要学习资料。ViVi这时才想起晶晶拜托自己的事，她一再道歉，说自己最近这段时间脑子忙乱了，竟把这事给忘了。哪知晶晶根本没有注意ViVi严重的黑眼圈和凌乱的头发，一再责怪ViVi怎么把这么重要的事情给忘了，还问她有没有把自己当朋友。

此时，ViVi也不想再争辩什么，面对只在乎学习资料有没有打印好的晶晶，她再没有把自己的烦恼倾吐给对方的想法了。

“那你先拿我的用吧，我自己再打印一份。”ViVi只得把自己打印好的学习资料给对方了。

这时，晶晶的脸上才有了喜色，她开心地说：“好吧，那我就不跟你计较了。”

晶晶拿走了ViVi的学习资料，但是她看不懂ViVi在一旁的标注，每天七八个电话打给ViVi问这个是什么意思，那个又是什么意思，ViVi除了照顾自己外还要应付大小姐晶晶随时随地打来的电话。

这天，ViVi想为妈妈煮个粥送到医院去，在网上查好食谱后她就开始实践。在煮粥的间隙，晶晶的电话又打来了，ViVi只好不厌其烦地替这位大小姐答疑解惑。等她挂了电话才想起来锅里还在煮着的粥，她跑到厨房一看，粥已煳在锅底了，散发着浓浓的煳味。

此情此景，ViVi 不断责怪自己，竟连这点小事都做不好，她只想为妈妈做锅粥，结果却变成现在这样。ViVi 站在厨房里难过地直想掉眼泪，而晶晶不合时宜地又打来了电话，ViVi 虽然沮丧但还是接听了。电话一接通，晶晶上来就说："你看你，又画了一处我看不懂的，我看着像是在看天书！" ViVi 这时强压心中的怒火，说："晶晶，如果这份学习资料你看不懂的话，你可以还给我，自己再打印一份新的。" 晶晶在电话里摸不着头脑，不知道 ViVi 为什么突然会生气，但她也不甘示弱："是你没有帮我打印，我才被迫看这份'天书'的好吗！" 此时，ViVi 再也压制不住愤怒的情绪，生气地说："晶晶，帮你不是我的义务，我没有责任把自己的资料给了你以后还要负责售后工作。学习本来就是自己的事情，学习资料是因为我忘了给你打印，觉得不好意思才让给了你，可是帮你打印学习资料并不是我分内的事情。" ViVi 说完就把电话挂了，她调整好心态，把锅里的粥倒掉，洗干净后又加好水，准备为妈妈再煮一碗粥。

做完这一切后，ViVi 感到前所未有的轻松，自己之前到底在怕什么呢？不敢拒绝晶晶，结果使自己越来越疲惫，想说的话说不出来，始终打腹稿，简直太懦弱了！通过这些事，ViVi 明白了：面对不想做的事情，就要干脆一点、直接一点，这样才能快刀斩乱麻，事情才能顺利解决，也不会因此而为自己带来更多的烦恼。

在日常的生活中，我们也会遇到 ViVi 这样的困境，有时干脆一点、直接一点、酷一点，大胆地说出“不”，便会让自己变得更轻松。相反，不好意思拒绝别人反而会给自己选择一条弯路，一条让自己不快乐的路。所以，想说什么就勇敢地说吧，想做什么就勇敢地做吧，不要畏畏缩缩，更不要唯唯诺诺，直接是最好的表达方式。

“两点之间直线最短”，能让自己轻松的办法总是藏在最简单的道理中。

外表美不如心灵美

白雪公主的后妈常常问魔镜："魔镜魔镜，谁是这个世界最美丽的女人？"用一句开玩笑的话来说，白雪公主的后妈是陷入了"容貌焦虑"。

那么，什么是"容貌焦虑"呢？现代人给出的解释是：在放大颜值作用的环境下，很多人对于自己的外貌不够自信。

2021年2月，中青校媒面向全国2063名高校学生就容貌焦虑话题展开问卷调查，结果显示，59.03%的大学生存在一定程度的容貌焦虑。其中，男生（9.09%）严重容貌焦虑的比例比女生（3.94%）要高，而女生（59.67%）中度容貌焦虑的比例则高于男生（37.14%）。

当今社会，层出不穷的选秀节目和网络红人，让男男女女对自己的外貌越来越在意，要求也越来越高，对五官不满意就开刀。还有许许多多的明星甚至为了避免自己脸上出现皱纹而频繁打针。可是，人的价值绝不单单体现在自己的脸上。年轻人时常被不正确的心理暗示左右，花在脸上的费用比花在提升自身技能上的费用要多上数十倍，有些商家甚至还故意给人制造"容貌焦虑”，让原本没有定力的年轻人更加容易动摇。久而久之，人的审美观、价值观都被扭曲了。

不得不说，医美行业是当今社会中向年轻女性贩卖“容貌焦虑”的主力军。

YoYo是一名高三学生，学习之余特别爱看一些杂志，除了学习明星的穿搭外，偶尔还会化妆。每次看到美丽的女明星，YoYo都会感叹，漂亮女生太多了，多得让人看得眼花缭乱。那些拍画报的女明星和拍杂志的女模特无数次让YoYo感到女娲造人的鬼斧神工，怎么就有人生得那么360度无死角呢?

在明星的影响下，YoYo对自己的要求也很高，化妆是最起码的，想要变成杂志上的女明星必须具备的一点就是要时尚。

YoYo算不上多漂亮，她还曾被人说成是“土包子”，站在一群漂亮的女孩中间，YoYo常常想把自己的头埋进沙子里。没有出众的外表，YoYo全靠优秀的学习成绩和良好的人缘赢得大家的喜爱。

最近，YoYo试穿了很多衣服，都是以前自己从未尝试过的风格，美丽给人的冲击性是巨大的，YoYo下定决心要让自己也成为一个令人第一眼就觉得惊艳的女孩。YoYo给自己制定了一套变美的流程：第一步，YoYo决定从学习化妆技巧开始，每天在自己的脸上尝试化三种妆容，仅一周时间，YoYo便找到了适合自己的化妆方法。第二步，改变自己的穿衣风格。YoYo买了些以往的几期杂志，学习模特们的穿衣风格，用服饰来掩盖身材上的短处，衬托自己的长处。毕竟，自己的目标就是成为一个时尚达人，万万不能再像以前那样土里土气。开始的画风都还算正常，慢慢地，YoYo不再满足于成为一个漂亮女孩，她要成为人群中最漂亮的女孩。

YoYo家附近的商业圈有一家美容整形机构，YoYo跟妈妈去做过几次皮肤护理，一来二去跟店里的店员熟悉了。在做脸部护理时，店员会时不时地建议YoYo做一个鼻综合整形手术，说YoYo的五官都很好，唯独鼻子有些塌，鼻头有点肉。五官之中如果鼻子长得不好，整张脸看起来就不够立体，要是能整一下鼻子，就会变得很完美。一开始，YoYo并没有心动，也没有觉得自己的鼻子特别难看，但是在店员的几次建议之后，YoYo每次化妆时都会格外在意自己每天的阴影打得好不好，够不够立体。渐渐地，她觉得自己的鼻子好像看起来确实有些塌。她下定决心，绝不能让有些塌的鼻子影响了自己在外人眼中的美丽形象。最终，YoYo决定在大学开学前的暑假，瞒着妈妈偷偷做这个手术。

与医生确定好日期后，YoYo进行了鼻综合整形手术。术后，在纱布的遮盖下，YoYo还看不出有什么变化，过了一段时间摘下纱布后，YoYo发现自己的鼻子歪了，而且歪得很明显。YoYo气极了，她找美容整形机构讨要说法，当时那个极力推荐她做手术的店员，这时却用“手术有风险”这几个字来搪塞。YoYo悔不当初，心想，都怪自己太贪心了！明明已经通过努力使自己变得很美了，为什么还这么贪心非要做这个手术，这下好了，机构不认账，自己的鼻子也歪了。这件事情后来被妈妈发现了，YoYo 的妈妈看着女儿的鼻子变成了现在这个样子，既生气又心疼。之后，在律师的帮助下，美容整形机构与 YoYo 达成协议，免费帮 YoYo 取出鼻子里的假体，并赔偿她一定的精神损失费。

事情就此告一段落，有了这次的教训，YoYo 再也不敢尝试靠医美整容来改变自己的样貌了。

美貌搭配上某些优势，可能会让我们更加自信。但如果只有美貌而没有其他优势，意义就不大了。人的底气来自无法消失的内在，而不是惧怕时间的外表。对于人来说，能力是立身之本，美貌只是锦上添花。由内而外的自信更能吸引人，如果我们只有人工雕琢的外表，那也只能说是空有一副躯壳。容貌如同食物，都有保鲜期，但是内在美会伴随我们走过一生。

笑一个吧，功成名就不是目的

“笑一个吧，功成名就不是目的，让自己快乐快乐，这才叫作意义。”

对于这句歌词，相信有很多人都很熟悉。在我们小的时候，就开始模糊有了功成名就的英雄梦，我们会在作文本上写下“我的梦想是……”，我们想让自己成为一个厉害的大人，也说过“我要当科学家”“我要当老师”“我要当警察”等一些话，向爸爸妈妈说，向老师说，向同学说，成为一个伟大的人是小时候的我们觉得自己一定会完成的事情。

随着时间的流逝，我们的目标从拿一百分卷子，到成为小班长戴上红领巾，再到学科状元、年级第一，我们的成长轨迹就是要让自己成为一名优秀的学生，继而再成为一个优秀的人。从拿到第一张奖状，到拿到第一笔奖学金，我们前进的步伐不曾停下来，父母对我们期望也越来越高，我们对自己的要求也越来越严格。

于是，我们看到，每一个少年的身上都背着一个重重的壳，这个壳让人走得很吃力。在前行的路上，我们要学会给自己减负，人生不只有一种色彩，人也不是只有成功了才能感觉到快乐。

乐乐马上就要升入高中了，近来的她就像一个转个不停的陀螺，练习册写完一本又一本，习题解了一道又一道。每次模拟考之后，乐乐都会焦急地等待公布成绩，每次公布成绩前的那几天，她就经常吃不好，也睡不好。乐乐的妈妈不止一次宽慰她，人生中有许多次考试，还会有许许多多的经历，我们不必把每次的考试和经历都看得那么重要，允许自己偶尔失败一次，没什么大不了的。乐乐却不同意妈妈的说法，她绝不允许自己失败，她要一直稳坐第一名的宝座，只有这样才能按部就班地实现自己的人生理想，取得自己想要的成功。乐乐认为妈妈根本不懂，还老说那些令人泄气的话。

乐乐埋头苦读还有一个原因，那就是她跟同桌佳佳打赌，在升入高中之前她一定会一直是第一名，如果她成功了，佳佳就要送给她一个礼物。

平时在学业上，乐乐跟佳佳就你追我赶的，谁也不肯松懈哪怕一分，如果佳佳做完一本练习册，乐乐就会让妈妈给自己买两本练习册，她可不能让佳佳默默地超越自己。

冬天的寒风吹得人直打哆嗦。乐乐为了不让自己懈怠，穿着单薄的衣服坐在宿舍楼的楼梯间打着手电筒学习，第一天，乐乐就被寒风吹得发抖，第二天，她就有了咳嗽的症状，到了第三天，她还是不肯放弃，依然坚持在楼梯间学习。乐乐单薄的身体哪里经得住寒风的考验，最终她病倒了，高烧不退。

老师让乐乐的妈妈把乐乐接回家看病，都这个时候了，乐乐还想着不能因为生病而耽误了学习，她一边咳嗽一边往书包里装课本。佳佳见状劝她回家安心养病，学习就先放一放，乐乐依然逞强地说没事。

乐乐的妈妈接到乐乐以后，看到一边咳嗽一边背着书包的女儿心疼不已，生气地让她把书包放回教室，回家好好休息一下。乐乐拗不过妈妈，只带了一本练习册回家。

在家中休息的这段时间，乐乐每天都睡不醒似的，她知道这是自己的身体在向她抗议，要她把之前欠下的睡眠都还回来。乐乐感到前所未有的轻松，妈妈在喂药的时候苦口婆心地跟乐乐说，爸爸妈妈不要求她今后有多大的作为，只要她照顾好自己的身体，健康地长大，就是最成功的事情。听完妈妈的话，乐乐哭着点了点头，她也明白自己太急于求成了，生命里的成功不是只有考第一名、成为优秀者才可以彰显。

在看到返校的乐乐后，佳佳开心极了，她拿出早早准备好的芭比娃娃送给了乐乐，笑着打趣道："我的同桌可以成为努力第一名呢，这个礼物送给你了。"

听完佳佳的话，乐乐甜甜地笑了，是啊，除了成为第一名，自己的生命中还有这么多宝贵的东西呢。朋友、家人、老师、同学的关爱一直围绕着自己，这些快乐的小事，之前都被她忽视了。

原来成功与否，快乐与否，全在于能否换个角度看问题，适当地给自己减负，给身边的人减负，我们就能收获意想不到的快乐。

许多人并没有别人眼中看到的那样轻松，可生活不就是苦中作乐吗？学会转换思维，把自己的情绪放一放，多出去走一走，你会发现，原来这个世界很大，自己的小烦恼完全不值一提。

快乐的定义和功成名就并无多大关联，每个人都能定义自己快乐的意义。女孩子们活得独立一些、自爱一些，又有什么好自卑的呢？事实上，我们当下的生活已经很好了，所以适当地停下脚步歇一歇、看一看，即使不能成为百分百女孩也无所谓，因为快乐就在自己心中。

第2章

锻造美好性格的第二步：开始吧，就现在

从跑步开始，别让生活太安逸

“生命在于静止”，这是新一代部分年轻人对于生命的诠释。若将现代人的周末生活拍成如今流行的 Vlog，恐怕还要在旁白上注明“非静止画面”五个大字。

周日的时候，如果你走进学生公寓区，就会像走进无人区。人呢？怕是在照顾自己“生病的被子”吧，就连健身房发传单都会专门增派几个人去大学校园门口，试图带动这些“静止画面”中的人动起来。常言说，“生命在于运动”，看看公园里五六点钟起来“大显身手”的老年人，你会不会觉得甘拜下风、面红耳赤？所以，年轻人，不要赖在床上了，从跑步开始让自己动起来，别让生活太安逸。

科学研究表明，于人体最有益处的有氧运动就是跑步，无论是慢跑还是快跑，无论是在跑步机上还是在户外，都有利于女孩们塑造曼妙的身材。

如今，追求“A4 腰”的年轻女孩比比皆是，但我们万万不能以节食为捷径，以“病态瘦”为美，用健康的跑步方式，提高自身代谢，久而久之，我们就能看到身体上的变化。

节食会影响女性的内分泌功能，催吐更是一种不可取的方法，胃容物倒流会灼烧气管，若是一不小心发展成厌食症，后悔都来不及。女孩们一定不能拿自己的身体开玩笑，走捷径来达到体重秤上的理想数字好比掩耳盗铃，对于身体的损耗是不可逆的。运动是为了让我们的身心能够得到由内而外的改变，而不仅仅是为了让我们得到一个发朋友圈的数字。

或许有人会说跑步太累了！一天可以跑下来，三天可以跑下来，谁要是能做到一个月跑下来那简直不是寻常人！可是，跑步是运动中最优质的一种训练方式，场地有限可以原地跑，天气不好可以在室内的跑步机上跑，跑步难吗？跑步其实并没有我们想象中的那么难。跑步不难吗？跑步也难，难就难在你能否坚持下来。

小雅一向不爱运动，她觉得跑步是世界上最难的苦差事，别人即使送钞票给她让她陪跑，她也坚持不下去。但是在大学第二学期，被室友激励后的小雅从此爱上了跑步。

原来，因为学校食堂里好吃的东西太多了，小雅在大学第一学期买的衣服，到第二学期时就穿不下了。每天懒懒地躺在床上追剧固然很安逸，但是每次想起自己那些漂亮的衣服，小雅就会又悔又恨。

小雅的室友小语是个很自律的人，从上大学开始，她每天都会去操场跑步锻炼一个小时。小雅萌生出跑步的念头后就去求助小语，想让她带着自己开启训练之路。

两人第一次相约跑完步后，小雅觉得自己的五脏六腑都快要跳出来了，两腿发酸根本不听使唤，缺乏锻炼的小雅此刻觉得生不如死，途中她曾无数次想要放弃。小语看到小雅痛苦的样子不禁笑起来，走过去递给小雅一瓶水，嘱咐她要小口喝，等她喝完，小语带着她做了一套舒展训练。小雅跟着小语动动脚踝，揉揉发酸的小腿，休息片刻后两人慢走一圈，小雅虽然累得气喘吁吁，但是身体已经轻松许多，而且运动后大汗淋漓的感觉真是让人身心愉快。后来，小雅慢慢找到了呼吸的诀窍，感觉跑步也没那么痛苦，而且跑起来也越来越轻松。

小雅终于明白，原来做一件事最难的是开始，其次才是坚持。

美好生活从跑步开始，运动可以帮助你找到快乐。运动可以带给人快乐是经科学家肯定的有依据的说法，因为运动可以帮助大脑分泌多巴胺，而多巴胺就是人的快乐来源。

有人说，跑步有神奇的力量，与其说跑步神奇有神奇的力量不如说是你的坚持迸发出了神奇的力量。改变是日积月累才能看到的，当你的身体发生变化时，内心也会悄悄发生改变。生活中有很多比跑步还难的事情，看似困难，但总有办法攻破，所以，不要被未知的困难吓得不敢开始。

人生就是一场马拉松，把困难的事坚持下去，就一定会看得到改变。

在奔跑中收获快乐，在坚持中收获精彩。你不对自己苛刻一些，世界就会对你百般挑剔。戒了懒惰，丢掉安逸，从跑步开始，从现在开始，从小事开始，让我们都争做行动派！

坚持做最难的事情，才是成长的开始

《警世通言·玉堂春落难逢夫》有云："吃得苦中苦，方为人上人。"《生于忧患，死于安乐》一文又告诉我们："故天将降大任于斯人也，必先苦其心志，劳其筋骨，饿其体肤，空乏其身，行拂乱其所为，所以动心忍性，曾益其所不能。"

课堂上的无数名人名言我们都背得滚瓜烂熟，但直至长成大人才懂得，你坚持不下来的事情，有人能坚持下来；你背不下来的单词，有人能背得下来；你成为不了的那个人，有人最后就成了他。

坚持做最难的事，才是成长的开始。

心理学将人的思维方式分为六种，其中有一种叫作深井思维。深井思维是指低头坚持做难事，就如工人挖井一样，挖得越深才能取得最甘甜的井水。大部分的人之所以很难坚持下来，就是因为遇到难事就要退缩，挖井挖至一半遇到困难就停止了，不断辗转其他地方，挖到最后只是在地面挖出许多洞，却没有挖出一口井。其实，井就在我们的脚下，无法坚持才是人最大的通病。生活也是这样，你换了一个又一个地方，人生并不会因此而变为成功模式。有人觉得自己在这个工作领域没有取得成功是因为这个地方并没有深井，于是，不断地换工作。殊不知，井在地下而非地表。有人到了不惑之年还没有什么成就，有人年纪轻轻就有了一番作为。只有一直坚持挖那口井的人才能打出水来，如若我们没有苦学钻研的精神，是永远也无法看到取水口的。孟子曾说：“有为者辟若掘井，掘井九轫而不及泉，犹为弃井也。”所有的成就都是坚持下来才能有所收获的。

“只要功夫深，铁杵磨成针。”铁杵都可磨成针，何愁挖不出一口井呢？一条直线的人生固然顺利，攻克一个个难关才有趣。能决定我们这一生的不是分数或原生家庭，任何人、任何事都无法决定我们的一生，一切都在我们自己，路在人走，事在人为。

近日，一篇博士学位论文《致谢》红遍全网。《致谢》中讲道，读书对于黄博士来说是很苦的一件事，不是因为读书这件事苦，而是因为人生苦。与鼠同眠，风雨皆可摧毁一屋一瓦，食不果腹，徒步走出人生之路，是他人生的真实写照。如若他甘愿向命运低头，将自己的半生困在一个小山坳里，在困难面前低头，想必今日我们也看不到这篇激励寒门学子的论文了。

“不叹命运悲，不坠青云志，不枉青春勇”就是坚持的意义，于苦难之中开出花来才算扼住命运的咽喉。如果你也从中得到了些许力量，那么就把眼前难做的事情坚持下去，因为风雨过后，皆是坦途。

“做难事必有所得”，越是困难，我们就越要咬紧牙关坚持下去，朝着心中的方向和目标继续前行。面对困难时，成功往往就来自坚持不懈和咬紧牙关。正是这些“所得”，才会使我们长大成人，使我们能够坦然地面对前行道路上更大、更多的困难，才会使我们的生活更加精彩，使我们的人生更加充实和丰富。

这个世界上一蹴而就的事情少之又少，所有的收获皆来自我们脚踏实地的坚持。优秀的女孩都懂得一个道理：坚持很苦，坚持却很酷。

幸运就藏在日常的努力中

游手好闲是万恶之源，懒惰易让人走下坡路，即使现在我们做着一份无关紧要的工作，也不可碌碌而为。每个人都是潜力无限的“待开发区”，切不可让游手好闲将我们的生活变成一潭死水。

幸运藏在努力中，美好生活要靠自己的双手去创造。

吕吕在大一暑假的时候找了一份兼职，吕吕的家境并不差，但父母为锻炼她，总是会帮她寻找一些可以提高交际能力的工作。

吕吕这个暑假找的兼职工作不算辛苦，每天打扫柜台，整理化妆品，接待来购买产品的顾客就是她一天的全部工作内容。吕吕当初是带着极大的热情来应聘的，就职后她发现原来这份工作这么无趣！因为现在80%的消费群体都在网购了，光顾实体店的年轻女性越来越少，渐渐地，身边的店员开启了“当一天和尚撞一天钟”的生活。行业的不景气渐渐让人也变得沉闷起来。

吕吕本也提不起兴趣，可是一想到这是自己的工作，即使再枯燥乏味，她也依然扎扎实实地充实自己。培训一次不落，每个产品背后的故事她都背得滚瓜烂熟，回家后也会在晚上抽出时间看一些博主测评，了解顾客的使用感受，会有哪些不足。例如，产品使用起来是否肤感黏腻或者香味不适宜，这些情况她都会记录下来，等下次开会的时候跟领导汇报，并讨论是否要向上级反映产品的市场情况。

吕吕默默地做着这一切，店长对于吕吕的用心看在眼里。相比之下，实体经济优于电商的一点就在于店员的服务，实体店的店员可以通过对产品的介绍，让顾客了解哪种产品更适合自己，而不是跟风买一些热门产品。

一天，一位40岁左右的女士走进店里，吕吕远远地观察到这位女士保养得很好：梳着整齐的发型，戴着珍珠耳饰，举手投足优雅大方。吕吕待她走过来后主动上前询问她需要什么，并表示自己可以向她推荐适合她这个年龄段使用的产品。这位女士莞尔一笑，说："朋友快过生日了，我想送朋友一瓶香水，但是不知道哪种香味比较淡雅。"

这位女士告诉吕吕，她平日对香水的了解也不多，希望吕吕给自己推荐一瓶味道不那么浓烈的香水。吕吕听完后拿起手边的一瓶香水，开始向这位女士介绍："这个牌子的香水最近很火，而且正好也有折扣，这瓶香水是这个系列的淡香水，前调是铃兰香，后调是佛手柑，味道不浓郁，闻起来也不甜腻，给人的感觉很清新，非常适合40岁左右的女性使用。不仅如此，这瓶香水的寓意也很好，铃兰的花语是'历经艰难困苦后的幸福归来'，送给您的朋友非常合适。”

这位女士试喷了一下，感觉很适合自己的朋友，当即决定就要这款香水。买单时她还对吕吕的服务赞不绝口：“小姑娘对待工作很认真啊，有时候我遇到一些销售一问三不知，太影响品牌形象了。”

吕吕谦虚地笑着回答道：“工作嘛，都是我应该做的，专业知识也是需要掌握的一部分。”

女士带着心仪的产品满意地离开了，吕吕突然从平淡的工作中获得一丝成就感，自己每天加班学习的知识总算派上用场了。吕吕决定，即使只有一个顾客，也要为她提供最好的服务，只有这样才能配得上自己为此付出的所有努力。

慢慢地，吕吕变得越来越成熟，在工作中褪去了稚气，她不仅懂得如何与老师同学更好地交往，也明白了努力向上可以给人带来惊喜。

这个世界上从来没有不劳而获。

人们常说“越努力就会越幸运”，你的好运就藏在你的实力和你的努力中，想要得到回报、得到收获，就需要日复一日地付出。生活的馈赠，也藏在你的实力和你的努力中，“所有看似从天而降的幸运，都不过是厚积薄发的结果”。

删除昨天的烦恼，启动今天的快乐

“昨日之日不可留”，昨天的烦恼就留在昨天吧，人不能一直活在过去。人生就像一本书，每天都是崭新的一页，我们要懂得“翻篇”。沉浸在过去的烦恼之中，只会让自己被往事困扰，而无法拥抱明天。人要尽可能生活得自由，不要那么执着才是。

昨天已经成为昨天，可今天的快乐还等待着你去发掘，不必回头看，相信今天会是美好的一天。

摸底考试成绩一出来，黛黛觉得天都要塌了！这次怎么会考得这么差啊，回家可怎么跟妈妈交代。

放学后，黛黛一直坐在教室里，看着自己的试卷，她终于忍不住趴在桌子上放声大哭起来。这样的成绩还怎么考自己心仪的大学？怎么对得起妈妈的付出？黛黛觉得自己太差劲了，这个成绩就像是一个晴天霹雳，否定了她这么久以来的努力。

接下来的日子里，黛黛不断地回想那次摸底考试。同桌觉得黛黛这几天心情不是很好，关心地问她怎么了，黛黛只是淡淡地回了一句“没什么”。可是，黛黛从此变得闷闷不乐的，下课后也不跟同学们说说笑笑了，课间不是想事情呆坐着，就是懒懒地趴在课桌上。

黛黛的变化引起了班主任李老师的注意，原来是李老师拿着课本打算回办公室时，看到了一向笑容满面的黛黛无精打采地趴在课桌上。起初，李老师以为黛黛是身体不舒服，可接连几天，李老师发现黛黛都是这种情况，也没见她的课桌上有药物，想来黛黛是有什么“心病”了吧。联想到距离上次考试的时间不是很久，黛黛的成绩也不是很理想，李老师觉得黛黛的“心病”八成是“考试后遗症”。

这天快下课时，李老师把黛黛叫到办公室。正趴在课桌上的黛黛听到李老师找她时还有些摸不着头脑，心想：李老师找我干吗？虽有疑问，但黛黛还是起身前往办公室。

到了办公室后，黛黛看到只有李老师一人在办公室备课。

“老师，您找我吗？”黛黛不解地问。

“黛黛，来。”李老师亲切地把黛黛叫过去。

黛黛坐下后，李老师没有开门见山直接戳穿黛黛的心事，而是和她闲聊了起来。

“黛黛，老师不懂你们这些新奇玩意儿，你看我这做的是不是太不好看了。”李老师拿出一个手工毡，原来是上次手工课上，班里的女同学做了很多，还送给李老师几个。李老师很感兴趣，自己也学着做起了手工毡。

“哈哈，老师，是这样戳，您方向弄错了。”

“那你来帮老师弄几下，我还真搞不懂这个。哈哈，老师太笨了。”李老师笑着把手工毡递给黛黛。

“黛黛，最近是不是不太开心呢？老师今天才看见你的笑脸。”李老师试探着问道。

“老师，被您看出来了啊。”黛黛停下了手中的动作，泄气地说。

“黛黛，可以跟老师说说吗？是因为上次的摸底考试成绩吗？”

“老师，我不知道为什么上次的成绩会考得这么差，我太苦恼了。”黛黛多日积攒的烦恼瞬间化作眼泪，一滴一滴像断线的珠子似的砸在手工毡上。

“黛黛，一次考不好代表不了什么，成绩有好有坏很正常，还有一年时间可以让你去调整自己，努力追赶，不过在努力追赶之前，我们要先学会调整自己的心态。”

“老师，我就是打不起精神来，一想到上次的成绩，我脑子里就对什么都提不起劲来。”

“黛黛，老师也有过你这样的感受，当局者迷，旁观者清。你被成绩所扰情有可原，但是你要让这次的失败影响你接下来的每一次的成绩吗？”

“老师，我明白了，之前是我太愚蠢了。”黛黛被老师的话一下子点醒了。是啊，要让一次的成绩影响自己今后的每一次的成绩吗？

“不，黛黛，有烦恼很正常，学会把烦恼留在昨天才是明智之举，如果让烦恼像滚雪球似的往前越滚越大，那么你的生活里还有其他，还有快乐吗？”

“我知道了，老师。”黛黛的语气里轻松了许多。

“明白就好，黛黛，你是个努力的孩子，昨天的失败不会永远追随你。这个手工毡老师送给你了，希望老师的话能帮助到你。”李老师说完，轻轻地拍了拍黛黛的肩膀。

回教室的路上，黛黛的烦恼已经烟消云散了，昨天的烦恼不能带到今天，黛黛此时已经完全把它甩在身后了。之后，黛黛恢复了以往的生活，上课认真听讲，课外劳逸结合。

某天课上，老师讲到“昨日之日不可留”时，黛黛觉得心中更是豁然开朗。是啊，昨天的烦恼就留在昨天吧，乱我心者不可留。

人之所以会烦恼，是因为没有学会遗忘，将许多过往堆积在记忆深处，心中装得越来越多，脑子里的负荷就越来越重。

“记住该记住的，删除该忘记的，改变能改变的，接受不能接受的。”我们若想洒脱一些，必然得轻装上路。

开启明天的快乐，意味着按下重启键，无须烦恼什么，即刻开启自己的快乐！

不被一段失败的感情困在原地

爱情是生命中最美的际遇，但不是人生的全部，比爱情重要的事情太多了，让自己变得更好才是人生中最重要的事情，而且，我们更应该做好现阶段该做的事。

我身边有个这样的朋友，她的性格很小女生，喜欢依附另一半，一旦陷入爱情，就会毫无保留地把一切都给对方，全身心投入，当她男朋友提出分手时，她觉得天塌了，感觉自己的世界变成了灰色。

分手后的她每天都会给我打电话倾诉自己有多么心痛，有多么不舍。她说自己一个人没有办法生活，恋爱时的场景在她的脑海中如幻灯片般上演，她想不通为什么曾经对自己那么好的人说不爱就不爱了。她向我细数他们恋爱时的甜蜜：男生会细心地帮她把粥吹凉，然后一羹匙一羹匙地喂她吃；在她生病的时候，男生不管工作多忙都会为她药，给她送过去，看着她吃下才放心，好像她是个没长大的孩子需要被人小心呵护一般。他们一起走过许多地方，留下许多美好的回忆，身边的朋友也很看好他们，多年来的感情让她认为他就是自己人生中的那个对的人。然而，分手并不是因为产生了什么大的矛盾，事情的导火线也只不过是一次不开心的旅行。男生觉得女友太过自我，而且不管是在旅行还是生活中都很依赖他，这让男生觉得越来越疲惫，越来越无法忍受，不想再继续下去了，于是便提出大家都冷静一下！而我朋友却从中嗅到了危险的气味。她不断逼问男生是不是想要分手，男生受不了她的歇斯底里，一气之下便把分手说出了口："对，分手吧，我实在无法忍受你了。"可是他不知道我朋友在工作上也是一个能独当一面的女汉子，与朋友交往时她也是合则聚，不合则散。正因为"爱"才让她变得脆弱，甚至失去了自我。

很多女生都容易把爱情和生活融合在一起，觉得失去爱情就失去了生活。当对方从这段关系中抽离的时候，仿佛自己的生活也被带走了。又有谁能不会因此感到痛苦呢？可再不想失去的爱情，也不该成为我们压力的枷锁，所以，在失去时，请直接转身。

分手后的她渐渐走了出来，一次吃饭时她提起这段恋爱，惋惜的同时又很释怀。是啊，谁能忍受和另一个人的生活绑在一起呢，情侣之间都会从热恋期走到摩擦期，摩擦不好则一拍两散，离开他让她懂得谁也不能为别人而活，自己的人生才是真正属于自己的全部。

慢慢地，她开始提升自己，去上插花课、油画课，把更多的时间用在尽心工作和陪伴家人上。生活渐渐变好了，她也渐渐阳光起来，她想，生活中还有这么多的事情值得自己去努力呢。

最近很火的一部电视剧《司藤》中的两个女主角就存在很大的差别。剧中的司藤数年来为自己而活，即使有了爱人也只是想让他过得快乐。而白英却爱得糊涂，爱得卑微，她不断地追问邵琰宽爱不爱自己，总是追问就会让另一方心生厌恶。白英觉得爱情就是她的全部，为了和自己所爱的人结婚，她可以伤害他人，可最终的结果却是被爱人抛弃，这让她陷入崩溃、绝望中。或许她应该像邵琰宽说的那样，做一个大度从容的女子。什么叫大度从容呢？不害怕得到或失去，不在爱里迷失自我。

爱情或酸甜或苦辣都只是生活的调味剂，而亲密关系也只是人生的附加品。

如果你真的想从一段亲密关系中有所收获、有所成长，只有情感独立才能达成所愿，合理地管理你的生活和情绪，不必将生活的重心放在他人身上。更何况，我们现在的重点应该是努力提升自己，充实自己，未来要做的事情还有很多，爱情不是爱与幸福的唯一来源。

悦人不如悦己，爱人之前先爱己。

丢掉“公主病”，造就更好的性格

“公主病”实际上是“彼得潘症候群”（不愿长大的大男孩）的女孩版。一些女孩子从小到大自信心过盛，不管处于哪种场合都要求获得公主般的待遇。她们的特质有显著的自恋倾向：心理年龄小，对自我评价失衡，过高地膨胀自我角色，或超出实际放大自己的优势，以自我为中心，意志力和耐受力较弱，出现问题经常归于外因，遇到困难往往选择逃避或抱怨，做错了事希望别人为自己买单，由于动手能力差，眼高手低缺乏责任感，感受他人情绪及控制自己情绪的能力弱，导致人际关系紧张。

得了公主病就能成为公主吗？许多小女孩都希望在父母的怀抱里渐渐长大，长大后被身边的朋友偏爱，谈恋爱时被另一半捧在手心里，她们总是极力地吸引他人的注意，刻意放大自己的感官感受来令身边的人注意到自己，以自己为中心。可童话故事只是童话，现实生活中并不存在公主，也没有唯命是从的仆人和遮风挡雨的城堡。

得了公主病的人有什么特征呢？第一，要求别人对自己百般迁就，自理能力差，总想让别人帮助自己，即使是力所能及的事也要指使他人完成。第二，娇生惯养，不喜欢做家务，讨厌劳动，即使是公共环境也没有去维护的意识。第三，极度情绪化，一旦有不顺心的地方便以大吵大闹来表达自己的不满，即使错不在他人也要推卸责任，怪罪他人。第四，肆意妄为，无视规矩和道德标准。例如，随意欺负同学朋友或欺负比自己年幼的弟弟妹妹，在家中唯我独尊，同时有攻击他人的倾向。第五，特别以自我为中心。认为自己是最珍贵的存在，别人都有缺点，只有自己很完美，认为自己说的话就是真理，所有人都必须听从她的安排，自己永远都是正确的，千错万错都是别人的错。第六，不关注时事，以无知为天真，永远活在自己的世界里。只关心自己感兴趣的事，认为自己的偶像就是最棒的，诋毁他人的偶像或信仰。第七，无病呻吟，装模作样。喜欢在大家面前故意展现自己柔弱的一面，哪怕只是划伤手指也要哭得惊天地泣鬼神，仿佛受了多大的伤一样。第八，故意营造爱护小动物的人设。利用小动物摆拍向大家展示自己有爱心的一面，其实私下嫌弃小动物麻烦，不尽心照顾它们，只把它们当作自己在陌生人面前增加好感的工具。第九，说话不经过大脑，把口无遮拦当作心直口快，标榜自己没有心机所以才不懂得委婉，打着为人直接的旗号做出令人下不来台的事情。第十，不懂得尊敬比自己年长的人，不仅目中无人还极度没有礼貌。以上种种皆为“公主”的通病。

瑶瑶作为一个独生女，从小在爸妈的宠爱下养成了唯我独尊

的性格，不仅无法和室友好好相处，而且在外人面前也是如此。她讨厌的东西也不允许别人喜欢，只要因别人不如意就会非常直接地指出来，从来不顾及身边人的感受。对于校园里的流浪猫她也非常讨厌，但是对于猫宠咖啡馆里的宠物猫她却可以抱着它们合照，并发在朋友圈里以此展示自己“有爱心”的一面，但是每每拍完照后，瑶瑶又会嫌弃猫毛粘在自己的裙子上，久而久之，连猫宠咖啡馆的老板都不太欢迎她了。可是瑶瑶却对此一无所知，因为她永远都只活在自己的世界里。

在家中，瑶瑶更是一个衣来伸手、饭来张口的小公主，从没有做过家务，而且妈妈要根据瑶瑶的喜好来安排饭菜，瑶瑶稍不满意，就会开启“绝食模式”来表达自己的不满。家人可以给瑶瑶无尽的包容，可是在与他人交往时，他人很难长久地包容她。瑶瑶与身边的人常常是小摩擦不断，但是她从来不从自身找原因，而是把所有问题都归结到别人身上。瑶瑶特别爱在寝室内播放电视剧，她追什么剧，所有人都会被动地跟着她把那部电视剧从头到尾地看完，偶尔有人觉得太吵，要求瑶瑶戴上耳机，瑶瑶却大发脾气，以戴耳机伤耳朵为由拒绝佩戴。室友很无奈但又不想与她争吵，便只好躲去图书馆求个清静。诸如此类的小事每天都在不断发生，大家住在同一屋檐下都不想对瑶瑶太过于针锋相对，但这更助长了瑶瑶的唯我独尊。

一位转学生住进了她们的寝室，通过几日的相处，转学生知道瑶瑶这个人是典型的“公主病”重度患者，但是她实在无法忍受和这样的人朝夕相处，于是她和瑶瑶爆发了一场激烈的争吵。瑶瑶不甘示弱还动手打人，把事情闹到了辅导员那里。

辅导员听说这件事后觉得是瑶瑶理亏，但瑶瑶并不觉得自己理亏，还像受了天大的委屈一样非要求一个说法。辅导员劝说她冷静下来，因为辅导员也不能只听瑶瑶的一面之词，还要听听大家的描述。寝室里的同学把事情的经过如实完整地讲述了一遍，对瑶瑶没有包庇也没有指责，瑶瑶见状却觉得室友们都不偏向自己，不依不饶地认为大家都在针对她。

辅导员心中自有一杆秤，可也不能直接地指责瑶瑶，怕伤害她的自尊心，辅导员让大家都坐下来，冷静地谈一谈，过错在谁她自有定夺。这一次，大家委婉地指出了瑶瑶的问题，被打的转学生虽然觉得委屈，但也承认自己有不对的地方。瑶瑶听完大家的话虽有不服气，但也知道自己确实不应该动手打人，可她还是不情愿就这么低头。转学生并没有因此事而为难瑶瑶，辅导员训诫了瑶瑶几句，劝瑶瑶为了同学情谊与大家和谐相处。

回到家后，瑶瑶还是觉得有些委屈，她跟妈妈讲了这件事，说大家都不喜欢她，明明她长得漂亮又能歌善舞，为什么大家都不喜欢她。妈妈是最了解自己的女儿的，她知道瑶瑶被自己惯坏了，以前她出于爱护，不愿事事都苛求瑶瑶，一切都由着瑶瑶的性子来。可是瑶瑶已经长大了，她还不会和人好好相处，这会让她吃亏的。瑶瑶的妈妈抱着瑶瑶说：“在家中，你是爸爸妈妈的小公主，可是你有没有想过，每个孩子都是爸妈手心里的宝贝，她们也是被呵护着长大的，与人相处不能只在乎自己的感受肆意妄为。步入社会以后，你就会知道这个世界上根本没有公主，有的只是能包容你的人。”

听完妈妈的话后，瑶瑶认真地想了想，好像一直是别人包容自己比较多，而她总在刻意放大自己的情绪，给他人造成困扰，这样的自己怎么能被他人喜欢呢？

尽早认识到自己的问题，勇于改正，才能造就更好的性格。

世界上本没有公主，有的只是爱你的人，如果我们无法认识到这一点，就会慢慢失去他人对我们的爱和包容。

第3章

锻造美好性格的第三步：多看看身边的风景

你忽视的往往都是身边最亲近的人

生活中总会有这样的情况发生：越是在自己亲近的人面前，我们说话、做事越是肆无忌惮、无所顾忌，常常忽略了最亲近的人的感受。而这种无所顾忌，却可能会给身边的人带去许多的伤害，我们往往很难意识到这一点。

我们很容易忽视亲近之人的付出，好像他们为我们所做的一切都是理所应当，我们总是把最坏的脾气留给最亲近的人，因为我们知道他们会回以包容和理解。我们犯的最大的错误就是总是照顾他人的感受，却没有给亲近之人更多的关心和耐心。

处于青春期的我们，更愿意把自己心底的秘密分享给朋友，而对父母却三缄其口。因为我们总觉得父母无法理解我们的想法，他们只会坚持自己的那套理论来要求我们。年少时的我们不理解父母的唠叨和陪伴，正如那句话所说："我们最大的错误就是把最坏的脾气和最糟糕的一面展现给最亲近的人，却把耐心和宽容留给了陌生人。"别再施加情绪暴力给你爱的人或爱你的人，非暴力沟通才是绝佳的沟通方式。

安妮拒绝与父母沟通，因为她觉得父母永远只是无止境地指责自己。服饰不满意他们要指责自己，生活不规律也要被父母唠叨，她觉得自己耳边充满嘈杂的声音，这令她感到很痛苦，一度想要离家出走，甚至干脆一走了之。

安妮的种种做法以及拒绝沟通的态度令她的父母大伤脑筋，他们不明白为什么乖巧的女儿长大后变成了这样。父母很想像朋友一样与女儿进行沟通，就比如现在，他们觉得安妮的穿着一再挑战他们保守的观念，大大的破洞裤以及肚脐装，父母真的无法想象自己的女儿走在街上要面对多少异样的目光。而安妮却认为父母小题大做，穿着的服饰风格决定不了她的品格，特立独行不代表她就是一个坏女孩。

思想上的碰撞让双方都不肯让步，针尖对麦芒的结果就是冷战。安妮彻底不再与父母进行沟通了，每天只用“嗯”“哦”来回应父母的唠叨，她觉得即使自己说再多也都是无效沟通，倒不如省些力气。父母一面想要关心女儿，不敢松懈，一面又不知如何关心女儿，他们想不通，女儿怎么就不懂得他们的良苦用心呢。

乌云密布，一场暴风雨悄悄来临。这天，安妮回家后发现自己的破洞裤全都不见了，取而代之的是安静躺在衣柜里的几条连衣裙。安妮瞬间爆发了，她觉得父母怎么能如此不尊重自己。

安妮的妈妈此时正在厨房准备晚饭，她知道今天家里免不了要有一次火山爆发，可她打定主意必须要让女儿变回曾经乖巧的样子。

安妮拿起连衣裙冲出来把它们丢在妈妈面前，还恶狠狠地踩了几脚，说："不要决定我的穿衣风格！更不要不经过我的同意就丢掉我的东西！"

妈妈努力克制自己，平静地说："安妮，你知道你现在很奇怪吗？妈妈根本搞不懂你在想什么。"

安妮不甘示弱地回答道："不需要你理解我！也不要试着改变我！"说完，安妮转身回了自己的房间，结束了这场对话。

半个小时后，安妮的爸爸下班回来，看到被丢弃在地上的连衣裙，又看到坐在沙发上黯然神伤的安妮的妈妈，他似乎明白家里发生了什么。他没有像往常一样去洗手吃饭，而是径直敲开了安妮卧室的门，走入安妮的房间，喊她出来好好谈一谈。

安妮并不想跟他们沟通，戴着耳机无动于衷。安妮的爸爸摘下她的耳机，说道："安妮，是时候该好好谈谈了，你要一直跟爸妈这样吗？"这时，安妮才跟着爸爸走出房间，坐在爸爸妈妈的对面而不是跟他们坐在一起。

"安妮，你为什么总让自己看起来那么古怪？那样并不好看。"安妮的爸爸说道。

"爸爸，你无法欣赏不代表这就是奇怪的、古怪的，你这样很不可理喻，像个老古板！"安妮看着爸爸一字一句地强调道。

父母没再说话，因为不管说什么，他们与女儿都像是两个对立面。

最终，这场谈话并没有一个好的结局。直到几年后安妮上了

大学，她跟父母的关系才开始渐渐缓和。再次回忆起跟父母之间的冲突时，安妮很后悔自己当初采取了一种暴力的沟通方式。

冷暴力是最伤害感情的一种沟通方式。有时候事情看似很糟，可能仅仅是因为没有清楚地表达自己内心深处真正的感受和需要，只是用愤怒来表达自己不想要的，发泄自己的坏心情，导致对方也不知道你想让他做什么。

如何和亲近之人好好说话是一门学问，当你懂得那些愤怒背后的原因后，或许能让自己冷静下来换种方式再沟通，或许会减少一些对亲近之人的伤害。

当代著名学者周国平曾说："对亲近的人挑剔是本能，但克服本能，做到对亲近的人不挑剔是种教养。"一个人是否有教养，看他对亲近之人的态度便可知晓。一个对自己身边的人都不好的人，也经不起人性的考验。

北京师范大学教授于丹曾在一场讲座中说："儿女有了钱很容易做到给父母买车、买房，但是最难做到的是不给父母脸色看。"即便我们能够使他们过上物质条件优越的生活，若一旦对其流露出不耐烦的情绪，就会令他们心生不安。

我们常常会忽略亲近之人对我们的包容，在他们面前控制不住自己的情绪，不管是对家人还是对亲密的朋友，越是懂得包容你的人，我们越是应该善待他们。

不要把身边人对我们的好当成习惯，把父母对我们的好当作理所当然。当你无法控制自己时，多想想斯科特·派特在《少有人走的路》中说的:“一辈子真的很短，远没有我们想的那么长，永远真的没多远，所以不妨对爱你的人好一点。”

做一个高情商的女孩

情商是一门学问，它决定了我们在人际交往这条道路上能走多远。所谓高情商，即待人有分寸，自己有底线。人和人的相处之中，需要找到一个合适的距离，情商高的人更懂得尊重和体谅他人。

做一个高情商的人，其实就是做一个懂得尊重和理解他人的人。人很难站在别人的角度考虑问题，所以也很难得到一个两全其美的解决办法，但如果我们拥有高情商，我们就能更全面地考虑问题，同时也能更好地修行自己。

生活中有很多行为是高情商的表现，值得我们学习并运用。例如，有分寸感，不把自己的观点强加给别人，即使争执也不揭短，不评头论足，不在言语上分毫必争。

做一个有分寸感的人很难，因为一不小心就会过线，不由自主地参与到别人的生活中。什么是分寸感呢？即与人交往时的安全距离，只要超过这个安全距离就会使对方感到不自在。现代人很难活得有分寸感，总是一不小心就跳入了他人的生活圈，不自知地给他人造成困扰。

做一个有分寸感的人，别人的事情让别人做主，不要超越朋友的界限，彼此留有空间反而能让双方都很轻松。

不要把自己的观点强加给别人，这一点应该是最容易做到的高情商行为，只要在不该开口的时候懂得闭嘴就可以了。生活不是辩论赛，要允许别人有自己的思想，更要懂得尊重他人的选择。正如那句话说的，“一千个人心中有一千个哈姆雷特”。

即使争论也不揭短是最高级的情商行为，在盛怒之下我们很难控制自己，从而靠揭别人的短力争使自己处于上风，表面看似获胜，其实早已输得一败涂地。切记“祸从口出”四个字，给别人留面子，就是给自己留后路。拿别人的短处说事，给他人徒增尴尬，只能让我们一时得到满足，而不能一直得到满足。久而久之，只有一种结果，那就是树敌无数，自己堵死自己的路。

不评头论足是一个人最高的修养。可以不理解别人，但必须对别人予以尊重，尊重就是不评头论足，不指手画脚。做好自己，他人与我们无关。你无法改变别人，也不要颇多议论。一个爱评头论足的人只会增添他人对你的微词。与人相处，切不可丢了分寸、失了风度。

不在言语上分毫必争，即不逞一时口舌之快。大多数时候，好胜心会驱使我们做出许多不理智的事情，不甘示弱，在言语上占领高地并以此作为我们胜利的筹码。可是长此以往，不知不觉中我们就会变成锱铢必较、撒泼打滚的低情商的人。情商低的人只会让人敬而远之、退避三舍，很难得到一个真心的朋友或亲密的爱人。

做一个高情商女孩不仅会让自己看起来大方得体，更会让身边的人感到舒适。随时随地给别人制造尴尬或发生争执的人只会让别人远离。不要认为性子直就可以口无遮拦，不要认为亲密就是毫无边界感，更不要认为胜利就是时时刻刻压人一头。

不要让自己变成蠢女孩还不自知，做一个高情商的女孩可以让你的成长道路走得更顺畅一些。知深浅、懂进退，没有什么人际关系是我们搞不定的。“你让人舒服的程度，决定着你所能够抵达的高度。”

与其羡慕别人，不如选择成为ta

我们总是很容易羡慕别人，羡慕别人的家庭、容貌、性格和人际关系，而自己就像一只丑小鸭，只能仰着头羡慕地看着拥有洁白翅膀的天鹅们展翅高飞的样子。

中国现代著名作家冰心曾说：“成功的花，人们只惊羡她现时的明艳，然而当初她的芽儿，浸透了奋斗的泪泉，洒遍了牺牲的血雨。”我们不知道我们所羡慕的人究竟做了多少努力才取得了成功。既然内心深处有羡慕的人和想过的生活，就不要再放任自己，因为与其羡慕别人，不如充实自己。

放学回家的路上，莎莎看见一名街头画家正在作画，想到自己曾经也学习过绘画，但没有坚持下来，她不禁觉得有些可惜。她很羡慕那名街头画家的自由，羡慕她能把时间花费在做自己热爱的事情上。莎莎在心里想，给许许多多的人画像是多么美好的一件事情呀。

机缘巧合，莎莎家门口的画室近日正在招聘一名画手，莎莎想起了那名街头画家，便想自己或许也能成为一名画手，她想尝试一次，哪怕失败了也不可惜。于是，莎莎开始在网上学习简笔画的技巧，买了许多纸张在家努力练习。不仅如此，莎莎还请了专业的老师来指导自己。种种努力过后，莎莎决定是时候一试了。

一天，莎莎走进了画室，在她说明来意后，主管表示很意外。莎莎是一名学生，她还可以在学习之余再做一名画手吗？这不是一般人可以做到的。可莎莎铁了心要做，她告诉主管自己很羡慕可以画画的人，用五颜六色的画笔画出自己的世界，是自己所追求的事情。莎莎曾经为了考试放弃了画画，而后她无数次走在街头，都会羡慕那些自由的艺术家可以用画笔为别人画一幅画。这是自由又浪漫的一件事，莎莎为此学习准备了很久，她不想再轻易放弃自己的爱好而活在羡慕中，她相信自己可以做到的。主管给了莎莎一次机会，让她和许多应聘者参加面试，最终，莎莎的努力没有白费，她画了一幅令大家惊艳的作品，成功地成为一名业余的画手。

此后的学习中，莎莎也越来越觉得有了为之努力的方向，她不仅没有因画画而荒废学业，反而因为日益精进的绘画水平成功考取了中央美术学院，实现了那个她曾经认为不可能实现的梦想。因为自己努力过，莎莎不后悔而且感谢那个勇敢的自己做出了不一样的选择。从此，她不用再羡慕其他画家，因为她也可以拿起画笔描绘出自己美丽的人生了。

大学毕业后，莎莎从一名小画手逐渐成了一位小有名气的画家，她画了许多的作品，参加了许多场比赛。某天，和朋友聊起当时迈出那一步时，莎莎无比庆幸自己是个勇敢的女孩，正因为最开始的那个选择，她才有机会在之后拥有自己想要的一切。

因此，与其羡慕别人，不如做出改变，努力成就自我。

我们之所以常常羡慕他人，是因为我们常常认为自己无法成为那样的人。但是，我们应该知道，羡慕别人是没用的，肤浅的羡慕只会让自己整天活在他人的影子下。盲目的攀比不会带来快乐，只会带来烦恼；不会带来幸福，只会带来痛苦。我们每个人都应当认清目前的自己，找到属于自己的位置，走自己的路。勇敢地迈出第一步，就是成为你想成为的人的起点。

改变自己，才能改变我们的未来，羡慕造就不了更好的你。如果不想做那个只会羡慕厉害之人的人，就努力成为那个厉害的人吧。

倾听不是替他人积攒情绪“垃圾”

我们身边或许有几个爱抱怨的朋友，从小事到大事，他们都会发出一些抱怨，例如“今天的午餐不好吃，侍应生的态度也差”“今天我太倒霉了……”“这鬼天气哪儿也去不了，害我心情不好”。当你听到这样的抱怨时，你会不会默默地替朋友接收这些负面的情绪“垃圾”，扮演好一个倾听者的角色呢?

很多人认为接收朋友的负面情绪是与人交往的其中一部分。若你是“左耳朵进右耳朵出”倒也无伤大雅，可如果你心思敏感、容易受人影响，那就要注意了。及时停止接收情绪“垃圾”，可以避免让自己也被影响，变成一个浑身“负能量”的人。所谓“近朱者赤，近墨者黑”并不是毫无道理的。

也许你认为自己还算一个理智的人，抵抗力也不错，可以自动过滤情绪“垃圾”；也许你觉得自己是个充满“正能量”的人，不仅不会被朋友影响，反而能给她们带去好心情。那如果有一天，你遇到一个一天到晚总在抱怨的硬核攻击者，你还笃定你不会受到影响吗？快乐是会传染的，抱怨同样也会，学会倾听不是让我们做一个情绪的“垃圾”桶。在遇到源源不断地向我们输出“负能量”的人时，我们要学会处理。

七七特别喜欢把自己的大事小事讲给别人听，大部分都是一些让人并不感兴趣的事情，“吐槽”占据了她生活的全部。

今天买了一条新裙子觉得不好看，她要第一时间讲给朋友听；昨天吃了一顿不合胃口的晚餐，她又要吐槽半天；同学之间发生小摩擦，她也要一吐为快；就连路上看到一个小水坑，她都要愤愤地说上一句“真烦人！”久而久之，身边的朋友看到皱着眉头的七七就想绕道走，生怕又被她拉住絮絮叨叨一阵子，跑也跑不了，走也走不掉。

七七在瑜伽社团新交的朋友艾莎平时是一个包容度很高的人，每当课后七七向她吐槽时，她总是礼貌地面带微笑听七七说完，偶尔还会附和、宽慰几句。但随着两人关系的拉近，七七吐槽的频率越来越高，慢慢地，艾莎受到七七的影响也变成了一个浑身充满“负能量”的人。

上课时，艾莎只要听到外面传来微弱的噪声，就会变得烦躁不安；回到小区之后，如果电梯迟迟不来，她也会急得直跺脚；就连不小心在回家的路上掉了一件东西，她也会觉得自己最近倒霉透顶。而她每天还要听七七与日俱增的吐槽。

终于有一天，艾莎觉得自己简直快要疯了，再这样下去她都没办法正常生活和学习了，她觉得自己心中就像装了个随时都会爆炸的定时炸弹。感到无路可退、无法排解的艾莎只好求助专业

的心理咨询师，心理咨询师听完艾莎的讲述后，告诉她许多来求助的人也有和她一样的经历。

我们总在不经意间就照单全收别人的负面情绪，继而让自己成为一个情绪垃圾桶，变得充满“负能量”。人是有共情力的，我们总以为倾听别人的表达是一种礼貌，接收朋友的负面情绪是一种友谊。殊不知，情绪“垃圾”也在慢慢侵蚀你的大脑，它就像一个隐藏的炸弹，如果我们把它抱在怀中，不仅不知道它何时会爆炸，也会触及埋藏在心中的负面种子。

友情、亲情、爱情都是如此。我们都不想成为谁的单向情绪“垃圾桶”，好的感情流通，一定是正向、双向的，即使我们不是人人都能成为心理咨询师，也要有让自己的情绪保持正常的能力。

如果你的身边有极爱抱怨的朋友，那么你可以帮助她一起求助心理咨询师。抱怨不仅会让我们变成一个糟糕的人，也会伤害到我们的家人、朋友或同事。没有人有义务终日照顾我们的坏情绪，如果因此而伤害到了身边的人，就请及时停下来吧。

抱怨是一味毒药，有时候我们想把内心的不悦一吐为快，但我们每次这么做的时候，对别人而言都是一种二次伤害，并且会导致自己的状态更差。抱怨会消磨人的意志，控制人的情绪，到头来负能量越来越多，使我们整个人都陷入痛苦中无法自拔。

这个世界上没有不带伤的人，无论什么时候都应相信，真正能治愈我们的，只有自己。

我们应该学会控制自己的负面情绪，并合理排解负面情绪，如果这样做仍无法改变我们的情绪，我们可以选择求助专业的心理咨询师。总之，抱怨只会让我们的负面情绪越来越严重，甚至影响别人，却解决不了任何问题，让我们一起试着治愈自己吧。

“凡遇牢骚欲发之时，则反躬自思，吾果有何不足，而蓄此不平之气，猛然内省，决然去之。”放平自己的心态，别焦躁，平和的人最可爱。

梦想不是氢气球，而是生活中的棉花糖

大多数人很难找到自己的出口，因为我们不知道自己的明天在哪里，大部分人都只是在追逐日落，而不是追寻明天。迷茫是很多人的现状，我们不知道自己该干什么，可以干什么，所以碌碌而为地过着一天又一天，安于现状。

小 S 觉得欣赏美景就是一种享受，虽然旅途中要面对形形色色的人，但静下来时她觉得内心很平静，有那么多的美景陪伴着自己，无趣的生活也变得生动起来。

曾几何时，小 S 不知道自己究竟想要一种什么样的生活，高三的备考生活于她而言是迷茫的。于是国庆节的时候，她选择出去走走，让自己紧绷的神经松弛一下，也趁机陪陪家人，感谢他们在自己高中这几年一直的陪伴。

小 S 和家人选择了美丽的圣托里尼作为旅行的目的地。在圣托里尼走走停停，拍些好看的照片分享至朋友圈。淡季的圣托里尼游客并不多，走累了，小 S 便选择一家咖啡馆坐下来，看着远方的天空放空自己。

这家咖啡馆是由一位老奶奶经营的，老奶奶坐在前台，闲暇时就插插花，来客人了就放下手中的活儿，亲手为每一位光顾的客人研磨一杯好喝的咖啡。小S品尝着咖啡，注意到了老奶奶正在插花，于是用英文向老奶奶询问这家店里是否还有其他人。老奶奶告诉小S目前只有她自己，因为现在是旅行淡季，游客不多，她自己忙得过来，所以她给两个员工放假了，让他们去感受一下工作以外的生活。小S笑了笑，跟老奶奶说自己也是一个放假的人，来找寻忙碌以外的生活。老奶奶的眼神很慈祥，说："享受吧，女孩！"小S说自己不知道在学习以外还可以做些什么，像这样走走停停也还不错。老奶奶说她年轻时除了学习、工作就是和自己的恋人去很多美丽的地方体验浪漫的人生，随着时间的消逝，工作会变化，爱人会远去，最后只会剩下自己。所以她开了一家咖啡馆，因为开一家属于自己的小店，慢下来过自己的人生就是她的梦想。

她原以为自己会在高楼大厦中一直工作直至退休，或者在钢筋水泥的城市中过着朝九晚五的生活，可是她庆幸自己某一天终于做出了改变。她来到圣托里尼用自己的全部积蓄开了这家小店，而后认识了当地的一位年轻人，他们相爱、结婚、生子，最后孩子学有所成奔赴自己的人生。

不幸的是，爱人被疾病夺去了生命，如今只剩她自己留在了这里。但是她没有觉得生活亏待了她，反而觉得人生很有意义。她可以随意地安排自己的时间，在自己喜欢的地方听风吹、看花落，为客人提供一杯亲手煮的香浓咖啡或用一下午的时间插一瓶花送给自己。生活除了工作还有慢下来的时光，只要你愿意，在哪里都可以实现自己的人生，找寻自己的梦想。

喝完咖啡和老奶奶告别后，小 S 觉得自己也可以在忙碌的生活之外实现自己的小心愿。回国后，小 S 和妈妈在小区里一起为“毛孩子”打造了一个梦幻家园。当学习学累了的时候，小 S 就会带上一包猫粮，去看这些小可爱，在楼下抚摸一会儿小猫令小 S 既平静又满足，嘴角也会忍不住带上笑意，这时她再上楼学习，紧绷的神经也会得到释放。

小 S 为冬天无家可归的“毛孩子”营造了一个温暖的家，“毛孩子”们则抚慰了她的心灵。

长大后的小 S 和妈妈一起开了一家宠物店，也有亲戚好友会说：“做什么不好，做宠物店，又累又没钱赚，宠物店挣的钱都去贴补流浪猫了。”但妈妈和小 S 都觉得，即使没有什么收益，能完成自己的心愿也是好的。梦想不管大小，能帮助到别人或动物，就可以称得上伟大。

梦想的价值不应该用赚钱多少来衡量，在实现自己的小心愿的同时，踏实地过着属于自己的每一天也是一个了不起的梦想，与此同时，能让他人感受到一些小幸运就更好了。梦想不需要很伟大，不需要惊天动地，只要是自己喜欢的、想做的，哪怕是平淡生活中最无趣的小事，也同样值得我们为之努力。

不做拳击手，但也不做“橡皮泥”

每个人都有自己的形状，但不能让身边的人来定义你的形状。我们不能做任人摆布的橡皮泥，或是做别人口中万事皆可的老好人，更不能做大家眼里息事宁人的烂好人，或父母心中言听计从的乖乖女。在塑造自我性格的过程中，不要让别人的想法来定义或塑造我们，不要活成别人眼中想要的样子。不懂得适当地拒绝，不是善良，而是愚蠢和软弱。没有限度地忍让，只会惯坏他人，给自己增添不必要的麻烦。

学会拒绝别人，便是善待自己；懂得适度善良，才会赢得尊敬。

丽丽与人交往时一直是个没脾气的老好人形象，无论是在家中还是在外面，丽丽都是一个极其随和的人。无底线的善良对于丽丽来说是一场灾难，她的好脾气渐渐在周围人的反复揉搓中变成了没脾气，平常挂在嘴边的话只有“都可以”“怎么都行”“好的，按你说的来”。

世界上 1% 的人是吃小亏占大便宜，大多数成功人士属于所谓的1%，而99%的人普遍都是占小便宜吃大亏，然而还有一种是大亏小亏都吃的老好人，比如丽丽。丽丽的朋友们可以任意指使丽丽去做任何事，对她呼之即来，挥之即去，因为她们知道丽丽不会拒绝人。同学们也总是把社团的工作分给丽丽来做，比如画黑板报、招新。对于朋友和同学的要求，丽丽一向有求必应，从来不开口拒绝，哪怕她内心里并不想答应他们，更不想做这些。

大家都喜欢老好人，但是没人会尊重老好人，想要通过讨好别人去换取平等是根本行不通的。时间久了，丽丽就变成了一个“负气包”，在同学们的推脱下做着自己不想做的事，例如负责打扫社团场地、负责一版黑板报、帮同学丢垃圾、带饭等。有些请求任谁看来都是非常不合理的，甚至有些提要求的人和丽丽完全没有交集，可丽丽还是得硬着头皮做。

我们会看到，在许多电视剧里，没有性格的人一般不会被善待，因为对方知道你没有性格、没有棱角、没有脾气，所以就把你当作一块没有形状的橡皮泥，任意塑造你。绝大多数情况下，你越软，人们越是欺负你，你越硬，人们越是怕你。你越是不讲理，就越是没人敢牺牲你的利益。不仅如此，我们还要远离那些打着为你好的旗号，满嘴仁义道德的人，因为他们就像毒蛇，在左右你的同时，趁你不防备还会咬你一口。

成为“橡皮泥”的后果就是身心俱疲，因为你要揣测自己这样做能不能令对方感到满意，如果能令对方感到满意，势必要付出自己的时间和精力去完成对方下达的“任务”。这些“橡皮泥”宁愿舍弃自身的利益也要去成全他人，喜欢顺着对方说话，担心这个担心那个，怕自己即使这么做也不能令对方满意，甚至委曲求全还碰一鼻子灰。“橡皮泥”意识不到这其实是一种错误，会让善良和随和成为自己的心理包袱，进而影响自己的生活。

所以，没有性格的人并不是我们要成为的那种人。我们在保持善良的同时还要带一点锋芒，给柔软的内心穿上一层坚硬的外衣，这样便可以避免使自己受到伤害。

第4章

锻造美好性格的第四步：多做，少说

扎根地下才能让自己向上生长

小树苗之所以能长成枝干粗壮、枝繁叶茂的参天大树，是因为它的根扎得深、扎得稳，能抵挡狂风暴雨的袭击。其实，人也一样，一个人要想飞得高，走得远，有所成就，有所作为，也要学会扎根，且也要扎得深、扎得稳。

什么时候才是我们扎根的最合适时机呢？我认为，人在低谷时，是扎根的最好时机，因为此时的我们，经历了人生的大起大落、大风大浪，从而大彻大悟，对现实有了一个更清楚的认识，同时也更加地明白自己。俗话说“顺境出庸才，逆境出人才，绝境出天才”，低谷是人生的另一个起点，这个时候，只要我们把自己的根深深地扎在地下，那么，在以后的人生道路中，即便遇到再大的困难，我们也能勇敢地面对。

扎根需要时间，需要积蓄力量，需要不断努力、不断坚持，这个过程很难熬，可能会伴随着诸多痛苦，但它却可以让我们快速地成长。竹子用很长的时间扎根，然后再向上生长，人也一样，给自己沉淀的时间才能积攒更多的力量。在扎根的过程中，即使埋在土里看不到阳光也没关系，破土而出之后，以惊人的速度生长，便能完美地诠释厚积薄发的力量。

人在低谷期，就像埋在土里的竹子，看不到阳光，甚至感受不到温暖。但冰冷的环境最能磨炼人，也最适合积蓄成长的力量。低谷是人生的重大机遇，当你处于低谷时，这里面一定有你不知道的真相，当你弄明白了，人生就会快速反弹。在人生低谷时的跋涉实际上是人生里最短的一条捷径，能带你通往任何你想去的地方。

春秋时期，吴国和越国发生了战争。越国被吴国打败，越国勾践被吴国夫差俘虏。后来，吴王夫差释放了勾践，让他回到了越国国都会稽。勾践在坐卧的地方吊了个苦胆，夜里躺在柴草上，面对苦胆。

每天吃饭时，勾践都会尝尝苦胆，扪心自责。就这样，勾践跟士兵们同甘共苦。经过十年的发展生产，积聚力量，又经过十年练兵，越国终于由弱国变成了强国，最终在公元前 473 年打败夫差，灭掉了吴国。

在现实生活中，如果你认真观察过就会发现，那些能成就一番丰功伟业的人，大都经历过人生的大起大落。而且，在身处低谷的时候，他们也一直默默无闻地努力着、坚持着，从没有放弃过，也没有退缩过。跌倒了，就爬起来。失败了，就重新再来。越挫越勇，屡败屡战，和自己的命运抗争，直至走出人生的低谷。其实，这个过程就是扎根，也只有这样做，才能把根扎深，然后努力向上，活出属于自己的精彩。

人生总是充满坎坷和风雨，我们难免会一不小心跌至谷底。当我们跌入谷底时，不要害怕，更不要放弃，努力调整好自己的心态，用这段时光来沉淀自己，努力扎根，积蓄力量，然后给自己的人生来一次绝地反击。而且，这段时光也会成为我们生命中最有意义、最有价值的时光。低谷并不可怕，可怕的是自己放弃自己。

人这一辈子，难免会遇到挫折，没有谁的人生一路平坦，成年人的生活，都是在负重前行。面对人生的低谷时刻，如何能让自己淡然度过是一门功课，面对难题时的解决办法与应对态度决定了我们今后的生活。有些人遇到困难的时候，消极面对，自暴自弃，从此一蹶不振，那么后半生也就只有得过且过了。而另外一些人，人生其实也并不顺利，可是他们在困难面前从不低头，一方面把自己的心态调整得非常好，另一方面也会积极查找问题的根源，想办法去解决。

面对人生的低谷，我们一定要相信自己，勇敢地去面对，努力扎根。在人生的至暗时期积蓄力量是智者的行为，因为我们已经处在了人生的最低处，这个时候扎的根最深、最稳，也最牢靠，不是吗？

如果此刻的你正身处人生低谷，一无所有，请不要放弃自己，你已经没什么可失去的了，所以也没什么好怕的了。勇敢一点，大胆往前走，希望就会出现。人生都是熬出来的，就像竹子一样，只要熬过了扎根的那段时期，就能不断向上生长。

人生不如意之事十有八九，但我们要知道，危机亦是转机，能不能转危为安，取决于我们面对低谷时的态度。任何时候，积极向上的心态和自律高效的行动力，都是治愈自己最好的解药。

无效社交只是在浪费我们的时间

有时，我们会在与他人交往的过程中戴上“面具”，用四个字来概括就是进行“无效社交”。情绪上的消磨往往比身体上的劳累更加折磨我们，我们总认为人脉关系对于自己未来的发展很重要，所以甘愿在百忙之中抽出时间去参与各种场合的社交活动，赶赴各种聚会，为的就是打造一个良好的社交关系网。可当今社会中，有些无效社交反而会对我们起到反作用。

为了别人口中的“合群”而强迫自己参与无效的社交活动，并不会使自己开心，反而会令自己陷入一种深深的疲惫且不断自我怀疑的状态。人与人之间的羁绊恰恰是非常消耗能量的事情，低质量的交往无形之中还可能给我们带来各种意想不到的麻烦。

乐乐非常注重维持良好的人际关系，她努力地给所有认识自己的人留下名片，为的就是有朝一日自己可以利用这些辛苦打造的人脉关系网。在大学里，乐乐加入了好几个社团，除了上课时间，她其他的业余时间都被各种社团活动占据了。她不光是忙于社团活动，还要努力维持与同学们的关系，不管哪个同学过生日，她都会早早为其订一束花，然后化着美美的妆容出现在同学的生日宴上，为其送上祝福。她认为，要想维持好与同学之间的亲密关系，不做些努力是不行的。

某天有位同学生病，乐乐宁肯自己不吃饭也要空出午休的时间为其端茶倒水、嘘寒问暖，照顾得无微不至。一些不了解内情的人以为乐乐和这个同学关系很好，然而乐乐只和那个生病的同学接触过一次，还是大家一起聚餐吃饭的时候接触的，严格来说，两人连朋友都称不上。

虽然乐乐的热心肠让那个同学觉得很受宠若惊，但因为两人并不熟，其中的尴尬自然不必多说。但是对于乐乐而言，让每个人都能感受到自己的温暖就是她与别人成为密友的第一步，所以她根本不在乎别人尴尬与否，经常想当然地做着一些为了维持朋友关系而低到尘埃里的事情。

没过多久，社团换届选举的时间到了，乐乐每天更是忙着奔走于各个寝室之间为自己拉票，偶尔送些水果、清补凉，或主动邀请一些关系不近不远的同学出去聚餐、远游。聚餐时乐乐有意无意地说到自己想要竞选舞蹈社的社长，希望大家可以帮帮忙为她投上一票，她认为自己热爱跳舞且外形出众，未来可以带领社员们更好地开展社团活动，所以她觉得自己是舞蹈社社长的不二人选。前来赴宴的同学们听她提到这些时，没有表现出太大的迎合，她们说乐乐这么漂亮即使不拉票应该也会被选上的，三言两语便将此事打混过去了，乐乐见状也只好不再继续这个话题，以免这顿饭吃得令在场的人感到尴尬。

结果不出乐乐所料，换届选举中，乐乐并没有得到她想要的职务，同学们也没有帮助乐乐赢得更多的选票。而且，在知道乐乐跟人交往是有目的的之后，一些同学主动和乐乐减少了来往。乐乐这下弄巧成拙，有苦难言。

乐乐想当然地认为只要自己能维持好跟同学们的关系，就能得到他们的支持和自己想要的好人缘。可是她不知道，当今社会中最不缺少的就是无效社交，最没用的也是无效社交，尤其在交朋友这件事上，我们不能指望吃几次饭、送几件礼物、说几句好话便能得到一个真心的朋友或一个梦寐以求的职务。只有优秀的人才能获得自己想要的，而不是靠无效的人脉。过分急于建立自己想要的人脉，常会落得被别人扣上“谄媚”“巴结”“卑微”等标签的下场。

如果你是一个优秀且有价值的人，那么就会有很多优秀且有价值的人为你提供帮助。到那时候，这样的帮助往往是“无私”的，并不需要靠无效社交来获得。

成为一个值得交往的人，而不是做一个只热衷于交往的人很重要，无效社交只是在浪费我们的时间和生命，与其花费很多的时间去赢得别人的好感，不如把这些时间用来丰富自己的内在。你若盛开，蝴蝶自来。

失去亦是一种得到

有失必有得，有得必有失。在得到的同时总会伴随失去，人生处处充满选择题，可在失去的同时，未尝不会收获另一种意想不到的惊喜。就像这个世界上没有人能同时拥有春花和秋月，也没有人能同时拥有繁花和硕果，但失去夏天的绚烂，可以在秋天收获结果；失去冬天的纯洁，可以在春天收获生机。失去有时也是得到的开始。

我们经常在取舍中做出自己的选择，越想拥有快乐，越容易不快乐。我们之所以不快乐，是因为我们渴望拥有的东西太多了。可是，得到和失去是相伴相随的，有所得必有所失。得亦是失，失亦是得。得到了，也无须沾沾自喜，没有得到，也无须灰心丧气。不要带着太多的忧虑过每一天，要学会正确地对待人生中的得与失。面对得到或失去，最好的做法就是一切随缘，学会平衡生命中的得与失，可以让我们生活得更加轻松，在得到中学会谦虚，在失去中学会珍惜，不为拥有而欢喜，不为失去而悲伤。得失是生命的常态，看淡一切才是人生的大智慧。

梅丽最近很难开心起来，接连发生的几件事令她沮丧极了，她总觉得自己付出了十倍的努力，却唯独少那么一丝运气。对于一些想得到的东西，自己费尽全力也难以收获一个满意的结局，而别人不费吹灰之力就可以让一切尽在掌握之中。她在感叹命运的不公时，也懊恼自己是如此倒霉，为什么永远都无法得到应有的一切。面对打击，梅丽内心感到无比痛苦。她决定趁寒假出去走走，放松一下心情。她选择了一座千年古刹作为旅行的目的地，她想让钟磬声敲打自己不安的心灵，用檀香味来厘清自己凌乱的思绪。

经过一间禅室时，梅丽走了进去，禅室中一位僧人正在敲打手中的木鱼，梅丽坐在一旁听僧人边敲打木鱼边念经。她想，走累了，不如在这里歇歇脚。

听着僧人口中的经文，梅丽忍不住叹了一口气，她不知道自己的疲惫该如何释放。

梅丽的叹气声使僧人发现了她的存在。僧人睁开眼睛，看到梅丽，便问她："阿弥陀佛，不知施主为何叹气？"

梅丽回答道："大师，我想不通人生中为什么有那么多求而不得。"

"施主，世间所有的事情都是一分做一分得，一分得一分失。"僧人宽慰道。

"大师，可我并未得到什么，反而一直在失去。"说到这里，梅丽不禁潸然泪下。

“施主，无法得到的是人的欲望，失去的就随缘吧。”僧人道，“得到是缘聚，是一种自在，失去是缘散，亦是一种解脱。”

僧人随即送给梅丽一本自己抄录的心经，让她在静不下心时读一读，参悟人生。梅丽走在禅寺中，听着木鱼声声，内心感到很平静。她带着僧人赠予的心经踏上了返程的路，旅途中梅丽看到车窗外山林里的落叶参悟到人生就是一个不断循环的过程，落叶归根，来年又是一片生机，绿叶片片次年又会回归大地。

世间万物皆有一种平衡，失去和得到亦是一种平衡。

回去后不久，梅丽就开始为脱离困境做出改变，她开始试着与家人和同学进行友好的沟通，把内心的想法大胆地说出来，试着为彼此的关系找到一种平衡。经过沟通，梅丽的父母才知道梅丽最近的压力有多大，并且不再因为一次月考成绩而责备她，反而鼓励她尽人事听天命，努力了就可以，得到或失去都不重要，重在过程。

听完父母的一席话后，梅丽不再把得失看得那么重，反而坚信“尽人事听天命”。两个月后，梅丽的成绩渐渐地提上去了。梅丽对自己说，不要把结果看得那么重，一切尽力而为，失去得到会循环往复，得到的会失去，失去的也会回来，得失随意，聚散随缘。

后来，每当在生活中遇到想不通的事情时，梅丽就会想起大师的话，从中参透生命的真谛。

人生就是这样，你以为失去的或许就在来的路上。你以为得到的，或许就在失去的途中。失去本身亦是一种获得。接受命运的安排，不强求、不抱怨，一切事物无时无刻不在发生变化，我们失去的，上天正在以另一种形式给予。

没有伞的孩子必须努力奔跑

如今网购为我们带来了许多便利，“直播”“带货”成为时代的流行词汇，带货女王薇娅曾写过一本书，书名叫作《人生是用来改变的》。她在书中这样写道：“我生于一个平凡的家庭，与含着金钥匙出生的人相比，我更相信奔跑中的汗水和泪水。”没有伞的孩子，在人生的道路上，除了努力奔跑别无选择。成功的位置永远都是处在失败大山的顶端，能否看到成功的曙光，决定权往往都是掌握在自己的手中。

薇娅之所以能成为直播带货女王，这不是一个偶然的机遇，而是用汗水和泪水换来的结果，三百六十五天的付出和精心准备，才能呈现出一场场完美的直播。天上不会掉馅饼，你若想取得成功，必然得自己伸手去够。没有伞的孩子也没有通往成功的梯子，除了自己伸手去够外，还要努力去攀登。

“没有伞的孩子必须努力奔跑”，以前我觉得这句话很矫情，现在觉得它矫情得似乎有那么一些道理。我们若不坚强，谁又能为我们抵挡风雨的袭击？在现实生活中，绝大多数人都很平凡甚至可以称得上很普通，我们都是没有伞却刚好碰到大雨的孩子。

我们都很平凡，平凡到这个世界根本感觉不到我们的存在，不是我们低调，而是我们在这个世界没有站稳脚跟的资本。我们没有可以拼来拼去的父母，没有脱颖而出的学历，也没有出众的外貌，人生路上只有数不尽的风雨。有人会因此垂头丧气，有人却越挫越勇，努力奔跑追寻自己美好的明天。

懂得想要的一切必须通过自己的努力去获得的女孩子才是聪明的女孩子，因为“天将降大任于斯人也，必先苦其心志，劳其筋骨，饿其体肤，空乏其身，行拂乱其所为，所以动心忍性，曾益其所不能”。所以，女孩们，努力奔跑起来，成功就会出现。

伊朗有一部影片叫《小鞋子》，主要讲述了贫苦家庭的孩子的人生有多么艰难。影片中有一幕给我留下了深刻的印象，是弟弟努力追鞋子的情景，没有伞的孩子除了努力奔跑外还要在水沟里追自己的鞋子。为鞋奔跑的童年，夹杂了无奈与苦涩，但在小主人公纯真的眼中，贫穷有失望但没有绝望，为了坚持自己小小的梦想，宁愿光着脚奔跑也不愿放弃上学的机会，更不愿放弃出人头地的可能，可以哭泣但永远不会放弃。

没有伞的孩子并不代表他今后的人生就一定是失败的，没有伞的孩子也可以努力奔跑，在风雨中抓住一切成功的可能。没有伞的孩子，唯一的筹码就是靠自己，梦想让我们与众不同，奋斗让我们改变人生。没有伞的孩子如若不努力奔跑，那就只能淋雨了。

某卫视曾有过一档“交换人生”的节目，形式是让城市中的孩子回归自然，让大山中的孩子走出去看看。第一次看到这个节目时，我们也许都会像主人公一样发出感叹，两种家庭条件的孩子虽然共同生活在同一片天空下，却拥有不一样的人生和境遇。在我们原本以为生活已经如此幸福的时候，还有那么多小朋友为了生活而努力奔跑，他们没有漂亮的衣服，也没有许许多多的玩具，甚至连读书这件事都无法继续。上山割猪草，照顾年幼的弟弟妹妹或年迈的爷爷奶奶，也是大山中的孩子生活的一部分。虽然我们可能无法选择环境和出身，但是至少，我们可以选择奔跑。

努力奔跑吧，没有伞的女孩们！

虽然人生有时会给我们很多挑战，设置许多的路障，但只要我们坚强一些，勇敢地大步向前，就一定会看到不一样的风景。与其被性格中的软弱打败，不如迎难而上，练就一身刚强和勇气。虽然我们生来柔弱，但可以渐渐成长，变得坚强，变得璀璨。

蝴蝶破茧后方可展开自己美丽的翅膀，愿我们都可以以坚韧和勇气作为自己柔软身体下的盔甲，战胜所有艰难和险阻。

不做没有能量的“幻想家”

每个人都有扎根于心底的梦想，有些人终其一生都在为自己的梦想努力，而有些人却终日活在自己的幻想里。梦想不是头脑风暴，也不是所谓的天马行空，而是脚踏实地一步一耕耘。

不要让幻想使你距离梦想越来越远，终日只靠想象是无法收获结果的。

爱丽丝从小就想当一名话剧演员，她喜欢站在镁光灯下受万众瞩目、闪闪发光的感觉。爱丽丝每周都会央求妈妈带自己看一出话剧，起初，爱丽丝只有欣赏和羡慕，后来，她开始模仿话剧演员的神态，假装自己此时也是一名正站在舞台上的话剧演员。

爱丽丝的妈妈见女儿对话剧如此痴迷，便帮她报了一个小小话剧演员辅导班。起初，爱丽丝激情四射，但半个月后，她便觉得背台词太麻烦了，自己根本背不下那么厚的一本台词。

爱丽丝决定不背台词，只凭临场发挥，但这种做法在老师那里根本就过不了关，因为要想成为一名优秀的话剧演员，背台词可是一项基本功。当同班的小伙伴背台词时，爱丽丝只顾在镜子前转几个圈，欣赏自己华丽的服装，完全沉浸在自己的想象中。

冬天天冷，爱丽丝为了逃掉一周两次的小演员早功课，找各种理由不去，要么说肚子疼，要么说头疼，就是不起床。当考核来临时，老师为了了解每个学员的学习程度，需要每组出一个话剧节目。当别人都在更加勤奋地练习时，爱丽丝只想知道自己是不是女主角，当老师宣布每个小组自己决定角色时，爱丽丝又因为争角色跟小伙伴起了一点小风波。

考核之日很快来临了，爱丽丝化好妆换好服饰就在镜子前等待上场，她丝毫不慌，觉得不需要准备，自己就是最美丽的女主角。

节目上演时，爱丽丝不是忘词了，就是忘了肢体动作，整场演出都被她搞砸了。此时的爱丽丝发现自己什么也不会。

在舞台上，话剧演员不只是美美地站在台上就可以了，他们还需要给观众呈现一场又一场精彩的表演，因为没有哪个观众是为了欣赏换装秀而去观看的，他们想要欣赏的是演员的表演，是剧情。

爱丽丝的妈妈观看完节目后表示很失望，这样下去，爱丽丝是无法成为一名优秀的话剧演员的。于是，爱丽丝的妈妈勒令爱丽丝退出话剧演员班，因为她认为爱丽丝没有以一个好的态度来对待自己的梦想，继续在话剧演员班待下去也没有意义。爱丽丝此时已经知道错了，她央求妈妈不要扼杀她的梦想，再给她一次机会，并承诺下次的考核表演她会认真对待。爱丽丝的妈妈答应了，她要求爱丽丝必须做出改变，不能再终日幻想成为一名优秀的话剧演员而什么都不做。

从此以后，爱丽丝努力背台词，练习肢体动作，努力配合同组学员，不管是配角还是主角，她都尽全力演到最好。多年以后，爱丽丝通过自己的努力成了一名优秀的话剧演员。在接受采访时，爱丽丝给主持人讲述了这个故事，曾经，她不懂得梦想和幻想的区别，总是想象自己会成为一名话剧演员而什么都不做。妈妈的鞭挞使她懂得了：如果不去行动，不积蓄能量，是无法实现自己的梦想的。

锻造美好性格的区别就在于，你是否会为之努力。

能看得远，未必能走得远。“千里之行，始于足下”，要想实现自己的梦想，必须抬腿走路而不是站在原地想象自己能走多远。要做有行动力的“梦想家”，不做没有能量的“幻想家”，心中的目标就会离我们越来越近。

第5章

锻造美好性格的第五步：修剪自己的枝丫

昂头向上，让羽翼舒展

年轻就是要用全部的努力去实现自己的人生理想。青春充满活力和激情，睁开眼的每一天都应该充满希望，拥有满满的正能量。爱因斯坦曾说过："真正的快乐是对生活的乐观，对工作的愉快，对事业的兴奋。"

随着自媒体时代的发展，个性化和碎片化成了潮流，更多的人跟着这波潮流，开启了另一种生活。

互联网时代的到来改变了我们的生活，在这个全民带货的时代，一部手机或一台摄像机就可以改变一个人的生活，当我们在享受互联网带来的便利时，还有许许多多的幕后人物在为我们服务。记得有这样一个新闻报道，说某网络平台上的客服有近一半都是残疾人，如果不是新闻媒体的报道，我们可能无法相信网络背后，竟然还有这么多身残志坚的人；如果不是记者的走访，我们也不敢相信，在每年的大促销期间，那些聋哑人甚至脑瘫患者能扛起客服部的一片天……

这世间有许多折翼的天使在昂头努力飞翔，把爱和温暖带给每一个人。而与此不同的是，还有许许多多身体健康的年轻人在网络中迷失自己，另一个名词我们应该都不陌生——“主播”。主播可以说是网络直播间的主导者，带货需要有主播来“控场”，这让主播们看起来十分光鲜亮丽。所以现在越来越多的女孩儿做着“主播梦”，她们觉得自己既年轻又漂亮，可以在成功的道路上走出一条捷径。但是，她们没有想过的是，许多主播在网络上只是昙花一现，瞬间璀璨，转眼淹没在人海里。经纪公司的造星计划一天可以提出成千上万个，每天都有成千上万的女孩儿做着“主播梦”“明星梦”。她们或许穿着高跟鞋，化着与年龄不符的妆容，正在任经纪公司挑选，想借此机会成为靠妆容或搞怪“出圈”，这样就可以逃避写不完的卷子和听不懂的课了。但我们应该知道，成功并没有捷径可走，想要成功，我们就必须付出比别人多千百倍的努力，使我们成为一个优秀的有知识有能力的人。

小雅在上高二的时候，有一天，她从电视节目上看到某购物平台在招聘带货主播，她觉得自己形象好、气质佳，而且也喜欢播音主持这个职业，她认为自己现在就可以朝这方面发展。拿定主意后，小雅当即拨通了招聘电话，但是对方表示她还是一名高中生，年龄太小，所以拒绝了她的求职。小雅说自己可以在暑假的时候去实习，当作锻炼自己的一个机会，对方被小雅缠得没办法，只好先答应了她，让她暑假过去试一下。

高二放暑假后，小雅兴致勃勃地来到了经纪公司，当面试人员拿着一款产品问小雅，“你有什么优势或者说有什么办法可以使这款产品畅销”时，小雅顿时哑口无言，她认为自己年轻就是优势，虽然她还没有接受正规的培训，但是假以时日，她一定可以成为一个火遍全网的主播。

面试人员看到小雅的窘态，拍了拍她的肩膀，告诉她：“小姑娘，我们这里每天都会来很多像你一样有明星梦的同龄人，但是你们需要明白的是：美貌不是成功的秘诀，知识与美貌并存才能凸显出美貌的价值。如果脑袋空空，说出的话令人笑掉大牙，大家就会说这个人不过就是个花瓶。现在无论你想做什么，先充实自己，汲取知识，这才是你这个年龄段最要紧的事，不要急切地追求与你这个年龄不符的东西。”

小雅听完这番话后，脸红到了耳朵根儿。出了经纪公司的大门，小雅暗自责怪自己太莽撞了，与应聘失败相比，一问三不知更令人难堪。于是，小雅踏实地回到了校园，继续做自己目前这个阶段该做的事。

互联网可以为我们提供便利的获取知识的渠道，但也很可能让我们迷失在渴望成功的陷阱里。在这种情况下，我们应当谨慎地使用互联网，杜绝不良诱惑，凡事三思而后行，利用好网络这个快捷的工具。

自信可以让人生出飞向天空的翅膀

人的性格大致会决定一个人的选择，人的性格有很多种类型，这些类型又可以归纳为内向型和外向型。

性格内向的人给他人的第一感觉是安静、离群，喜欢独处而不喜欢过多地与人接触，容易情绪化，让人捉摸不透，且自尊心强，做事严谨、可靠。性格外向的人乐观、开朗，非常有自信，感情丰富，善于交际，适应环境能力强。但无论哪种性格的人，只要拥有自信，就能插上成功的翅膀，展翅高飞！

欣欣是我的大学同学，个子高高的，看起来壮壮的，一双圆圆的大眼睛，给人的第一感觉是内向冷漠的，让人不太想靠近。

刚入学的时候，我就记住了这个漂亮又有点内向的女孩，虽然她外表看起来冷冷的，但我还是不自觉地想要认识她。缘分就是这么奇特，后来我们被分到了同一个宿舍，就这样开启了我们的大学生活。

一个月的军训生活结束后，我和欣欣也熟识了起来。欣欣学习态度认真，而且特别努力，上课期间，因为个别老师松懈，同学们都在“打发”时间，只有欣欣在认认真真地学习，这简直就是我的榜样。

当时班级里刮起一股“兼职风”，欣欣和我商量：“我们休课的时候也去打工吧。”我想了想，同意了。然而，求职过程并不顺利，但每当我想要放弃的时候，欣欣总会鼓励我：“继续加油，说不定下一次兼职就有了。”苍天不负有心人，我们终于找到了人生中的第一份兼职——一家自助餐厅抛出橄榄枝，要我们去上班。

自助餐厅的营业时间是从下午到晚上，下班时间很晚，但我们要赶在宿舍门禁关闭之前回去，所以每次工作完赶回宿舍时，我们都已经筋疲力尽，甚至连说话的力气都没有了，可是我们累并快乐着。而且每当我想退缩的时候欣欣都会鼓励我，她就像我的人生导师，让我充满了正能量。

时光如梭，转眼间一个月的兼职生活过去了，我们也收获了“第一桶金”，我选择去大吃一顿，欣欣却做了一个让我瞠目结舌的大胆决定，那就是用这笔钱做电子商务。正是这次勇敢的决定，让欣欣在以后的日子里更加自信了，而我也成为第一批电商平台的参与者。与其他推销员不同的是，欣欣从网上订购产品的同时还采购了很多用于赠送顾客的小礼品。不得不说，欣欣的眼光还是很独特的，她成功抓住了女生爱美的特征，送的小礼品精致可爱，很好地拉近了与顾客之间的距离。经过一系列的宣传和赠送小礼品，大家都认识了欣欣。

每天，欣欣都在学业、兼职、电商创业之间忙碌、努力，她变得更加优秀了。俗话说得好，越努力越幸运，欣欣就是一个活榜样，她还挤出时间考了很多证书。这也足以证明，人只要勇敢自信地做事，生活就会给予肯定，无关这个人性格内向还是外向。

欣欣三年如一日地努力学习、工作，转眼间，临近毕业，大家都要各奔东西。虽然我在大学有很多朋友，但只有欣欣这个特别的女孩会让我时不时地想起当年一起努力奋斗的日子。感谢欣欣当年勇敢的决定，兼职虽然不能带来丰厚的报酬，但让我们的生活滋润了许多，这也成了我们人生历练中一段特别的日子。

离开校园，我们都褪去了青春的印记，变得更加成熟稳重。当我再见到欣欣的时候，她已经成了孩子的妈妈，她看起来还是那样腼腆，这大概就是天生的气质，我还是能够感受到她对生活的热爱。每每不太如意的时候，我总会想起当年她的鼓励，我就会告诉自己，自信点，坚持下去，一定会成功的！

人的一生中会经历许多的事，当你拥有了自信，你会不自觉地散发出一种蓬勃向上的朝气，使你看上去更加坚定，拥有力量。而且，勇敢与自信并不是每个人的天性，也不是一成不变的。当我们遇到困难和问题时，要勇敢面对，努力学习，只有我们具备了一定的能力和技能时，才能更好地解决问题，从而变得越来越勇敢，越来越自信。

对于我们的生活、事业、爱情……不管是哪个方面，勇敢与自信都是非常重要的，可以让我们变得更加优秀。我们只有勇敢、自信，再加以努力、拼搏，才会让我们变得更好，让我们的人生更加绚丽多彩，才能搏出一个精彩的人生。

生活处处都是舞台，勇敢自信的人必定会闯出属于自己的新天地。

不做闭合的含羞草

女孩子害羞起来是很可爱的一种表现，害羞使人看起来更加可人，自然而然的害羞有时会在不经意间帮我们表达自己的内心，但是过分害羞往往会给人留下扭扭捏捏、不好相处的负面印象。

大自然中有一种植物叫作含羞草，含羞草是一种豆科多年生草本植物，它的叶子能对热和光产生反应，受到外力触碰会立即闭合。与动物不同，植物没有神经系统，没有肌肉，一般感知不到外界的刺激。而含羞草与一般植物不同，当它受到外界的触碰时，叶柄会慢慢下垂，小叶片会慢慢闭合，此动作被人们理解为“害羞”的表现，故又称其为知羞草、怕丑草。

关于含羞草还有一个美丽的传说，传说杨玉环初入皇宫时，因为见不到皇上而终日愁眉不展。有一天，她和宫女们一起在宫苑赏花，不小心碰着了含羞草，含羞草的叶子立马就卷了起来。宫女们认为是因为杨玉环貌美，使得含羞草自惭形秽，羞得都不好意思抬起头来。唐玄宗听说宫中竟有个“羞花”的美人，便立即召见了她，封其为贵妃。从此之后，“羞花”就变成了杨贵妃专有的雅称。

现代社会中有许多人就像含羞草一样，受一点刺激就羞得抬不起头。害羞是人的一种正常的生理反应，但在社交中，过分害羞就会使我们看起来有些扭捏，给别人一种矫揉造作的感觉，引起别人的反感。

盈盈是一个独生女，从小就在父母的保护下长大。她有一个特点，就是特别容易害羞。她不敢在外面跟别人有过多的交流，一旦别人想了解更多，她就会紧张得不知如何是好，轻则脸红、心跳加速，重则手心和额头出汗，然后飞速跑开。盈盈的妈妈在家中不会给女儿过多的压力，所以盈盈从小就在妈妈柔声细语的教导中长大。但是盈盈在成长过程中会与很多人接触，有些人喊盈盈的嗓门过大，或者开盈盈的玩笑，她就会低下头脸红得不敢正视别人，四目相对之际更是觉得分外尴尬。盈盈并不是胆小的姑娘，她热爱大自然，了解许多昆虫的生长习性。或许是因为盈盈是独生女，又或许与她父母的教育方式太过温和有关，盈盈在外人面前总是很容易脸红，很容易心跳加速。

在学校的一次演讲比赛中，盈盈被老师点名代表班级参加比赛，盈盈扭扭捏捏地站起来摇摇头说自己胜任不了，老师看到盈盈的这种反应，更坚定了要帮盈盈克服她这种容易产生害羞心理的想法，于是再三强调，让盈盈一定要好好准备。回家后，盈盈跟妈妈讲了这件事，妈妈表示她会帮助盈盈一起准备这次的演讲比赛，让盈盈不要太担心，并告诉她这是一个机会，同时也是一种锻炼自己的方式。盈盈只好硬着头皮从网络上选了一篇演讲稿。

每天吃完晚饭，盈盈都会在妈妈的帮助下大声练习，一开始，她念演讲稿的时候总是低着头，声音也很小，妈妈提醒盈盈很多次，如果像这样对着演讲稿低头小声念跟读课文有什么区别呢?

妈妈叹口气，盈盈一如既往，容易害羞，没有抬头对视、大声朗读的勇气，现在在家中就这样，到时在演讲台上，面对台下那么多的人，恐怕更不知如何是好了。妈妈耐心地指导盈盈，让盈盈抬起头来带有感情的大声的朗诵。

一段时间后，盈盈的紧张程度已经从用手指拧着衣角慢慢变成了手臂自然下垂，虽然手心还是会出汗，但是跟以往相比已经有了很大的进步。

临近比赛之际，盈盈已经可以脱稿大声朗诵了，她觉得自己应该没问题了。盈盈的妈妈在赛前最后一周时对盈盈建议，以后朗诵的地点由家中改为附近的公园里，可以当作最后的练习。听完妈妈的建议，盈盈的内心十分抗拒，附近的小公园里每天下午都有很多散步的行人以及玩耍的小孩，要在那么多人面前演讲，盈盈感觉自己是万万做不到的。

这时，盈盈的妈妈语重心长地说:“宝贝，公园里的人还没有你们全校师生的人数多，如果你连这些人都不敢面对，比赛又怎么面对全校师生呢?但如果你现在能去小公园里当着众人的面多加练习，等到真正考验你的那天，你就可以勇敢、自信地站在大家面前演讲了。”

盈盈觉得妈妈说得有道理，而且已经坚持这么久了，不可能半途放弃，于是点头同意了，拿起演讲稿跟妈妈一起去了附近的小公园。起初，盈盈紧张得根本不敢睁大眼睛，只敢盯着面前的一棵小树朗诵。一遍又一遍，随着她朗诵时音量的提高，她旁边聚集的人也越来越多，有些小朋友拉着父母的手过来说要看大姐姐演讲。眼看周围的人越来越多，盈盈有些紧张，脸不由得发红、心跳加速，但是她告诉自己现在不是该害羞的时候，要给小朋友们做个好榜样。慢慢地，盈盈的动作越来越从容，演讲越来越流畅，等演讲完毕，周围响起了阵阵掌声。

比赛那天，盈盈戴好红领巾大步走向主席台，她出色地完成了这场演讲，连同学们都惊叹于盈盈的改变，忍不住交头接耳地说这还是曾经那个动不动就害羞的盈盈吗？

比赛结果出来了，盈盈获得了一等奖，连老师都向她投来赞许的目光。盈盈已经不是那个容易害羞的盈盈了，有了这次的成功，盈盈变得自信了许多，也敢与别人对视了，更多的时候她会选择用笑容回应别人。大家都夸盈盈越来越落落大方了，曾经那个容易害羞，低着头的“鸵鸟”盈盈变成了自信的“丹顶鹤”。为了让自己变得更从容自信，盈盈还参加了学校的英语角和许多其他的比赛。害羞固然可爱，但是从容自信的人更有吸引力。

太害羞的人在人际交往中吃不开，不利于开拓“人脉”，太害羞也会影响找寻另一半。害羞的人更害怕别人的批评和拒绝，严重害羞的人甚至连上学、上班都不敢去，往往导致内心苦闷，总是感觉自己被别人孤立，久而久之就会让自己变成回避型人格障碍。

当你觉得自己有这方面的问题时，要及时找寻解决的办法，不做敏感的含羞草，在关键时刻敢于露出自信的脸庞！

冰山美人会让人敬而远之

现在流行一种时代病，叫作情感冷漠症。什么是情感冷漠症呢？情感冷漠症常表现为对身边的事物没有兴趣，对亲友的态度也非常冷淡。内心缺乏情感体验，面部表情往往看起来很呆滞，或者是内心的情感丰富，但是基本上不会外露出来。情感冷漠症还表现为没有责任心，不会关心人，对周围的弱者也没有同情心，常常表现出对任何事物都无动于衷。

我曾看过一部电视剧，剧中的男主角只对自己的鱼有感情，对身边人却冷漠至极。情感冷漠症“患者”常常存在两个特征：第一，对自己周围的事情毫无责任感，不懂奉献，不会对任何事情产生兴趣，不喜欢和陌生人打交道，更不会与之建立感情，他们也不会和自己的家人建立真诚的感情，更不会在感情上依赖自己的家人；第二，情感冷漠症“患者”性格很极端，喜欢折磨人是他们的主要特点，而且当他们折磨人的时候，他们不会对被折磨者有愧疚或者羞耻的心理，会表现出一点点的反社会人格的特征。

为什么说情感冷漠症是一种时代病呢？当今社会，人与人的交流更多的是靠电子产品。曾经，如果我们想见一个人或者想要与谁联系，会写信或者长途跋涉去见对方一面。而现在，手机让人们可以用各种社交软件轻松进行联络，如果想见面更不用长途跋涉穿越千山万水，视频通话便可以一键帮我们解决难题。电子产品的出现使我们跳入了网络的旋涡，在一定程度上影响了我们对身边发生的事情的态度，我们开始变得对事物漠不关心，即使和朋友面对面，或与家人相处的时候，人也懒得说话，不用语言交流而用软件取而代之。慢慢地，我们从懒得说话变成了拒绝沟通，沉浸在手机给我们打造的世界中，不愿跳出来。

有人说，读别人的故事时忍不住落泪的人都是心软的人，我小的时候对这个观点没有太在意亦不是很相信，甚至还认为那些读书、看电影从不会被感动或者伤心而哭的人是因为他们坚强。随着岁月的流逝，我们都长大了，从前的时光变成了回忆，眼下的生活各有各的狼藉，那些曾经容易心软落泪的人在生活中更容易念旧情、重感情，那些我认为是坚强的人则越发显得冷漠。情感冷漠者往往十分理性，对待任何事物几乎不掺杂感情，讲理是他们最大的特征，同时也因为过于讲理而失了几分温情，相处起来显得冷冰冰。

醒醒总是告诉自己要做一个内心强大的人，她不喜欢向人展现自己柔弱的一面，看到感动的电影时她也总会忍着不流泪，她觉得流泪是最懦弱的一种表现，不仅如此，她还不允许自己身边的人成为那种“懦弱的人”。比如，周末醒醒在街心公园跑步时，看到小孩子摔倒就会想“要自己爬起来，不要哭哭啼啼的，小孩子要想长大都得摔几次”；坐公交去图书馆看到公交车站上的老人“哎哟哎哟”慢腾腾地上车的样子，她不禁撇嘴在心里想“老年人也得多锻炼身体，不然一不小心就会变成社会的累赘”。

每个人的性格是不一样的，内心柔软的人会觉得醒醒没有共情力，不懂得换位思考，情感冷漠，只一味讲大道理，对别人的需要视而不见。而性格和醒醒一样的人会觉得，是的，人就是独立的个体，我们不能麻烦别人，给他人造成困扰才不好呢。但是生活在这个世界上，我们不可能与所有人都没有交集，也不可能一辈子都不需要他人的帮助，在我们需要他人的帮助时，别人的善意会让我们的内心感到温暖。换言之，当别人需要帮助时，我们也不能做冷漠的旁观者，用冷冰冰的言语为自己的情感冷漠辩解，那些冷漠的语句看似有理，实则不近人情。

2020 年对所有的中国人来说都是非常具有考验的一年，更是一个让人感到温暖的年。新冠肺炎疫情暴发让我们措手不及，在党和人民反应过来后，共克时艰成为 2020 年的主旋律。在大的考验面前，无数平凡的人民给我们带来许多感动。

快递小哥吴勇用一个善意的谎言瞒住了家人，看到朋友圈里一位护士发的一句“想回家”，他义无反顾地开启了接送医护人员的征程，从一天到十天再到一个月。为避免交叉感染保护家人，他在寒冷的冬天睡在仓库里。有人会问，那位护士跟他有什么莫大的交情吗？他是为了报恩吗？并不是，他做出了这样的选择只是因为他骨子里的大勇大义和共情力。

当然，除了吴勇，还有无数个这样令人感动的事迹，温暖了那个寒冷的冬天。如果有一个人始终把自己作为一个个体，把自己伪装起来，把别人拒之门外，对于他人的困境和低谷视而不见、置若罔闻，这个人就是一个情感冷漠的人。

情感冷漠的人无法给予温暖，所以也无法收获温情。

情感冷漠的人不懂得考虑别人的感受，不是因为性格高冷，而是源于骨子里的淡漠，内心冷漠的人很容易将自己的生活过成一潭“死水”，而内心幸福的人无论何时都能给别人带去阳光与温暖，温暖的性格不光能成就自己，还可以给身边的人带来莫大的幸福。

最真挚、最纯粹的情感也最为打动人心。种什么因得什么果，给予安慰便会得到安慰，给予帮助便会得到帮助，给予温暖便会得到温暖，让我们以自身言行成为温情的人，不光温暖自己，更要温暖他人。

不做令人皱眉头的“林妹妹”

提到林黛玉，我们首先会想到林妹妹的泪花，多愁善感、心思敏感的林妹妹在《红楼梦》中让宝玉好生苦闷。曹雪芹笔下的林妹妹是一个才女，但同时也是一个敏感、细心、聪明伶俐、悟性极高但总是泪水涟涟、弱风扶柳的女子，她在贾府中生活时表现得太过自卑，多疑又忧郁。林黛玉不相信自己，更不相信别人，常常在不经意间伤害了自己，也让身旁的人像丈二的和尚摸不着头脑。

如今，人们爱称呼有些小脾气或爱哭鼻子的女孩子为“林妹妹”，还常以此称呼来打趣心思细腻的“娇气包”。虽说“女人是水做的”，但经常哭哭啼啼的女生在与人相处时，很容易让人产生压力。总是梨花带雨的女孩，虽然也惹人怜爱，使他人产生保护欲，可是爱哭恰恰是缺爱的一种表现，当我们不断用哭作为武器来向身边的人索取爱时，总有一天会适得其反。一次两次或许会达到目的，久而久之，哭就失去了效力，让人厌烦。脆弱爱哭的人恰恰应该不断提升自己，让自己变得坚强，让自己学会面对，学会经营感情，让身边的人在与我们相处时，能感到轻松自在，进而增加彼此的好感。

很多事情都是掌握在我们自己手中的，只要我们学会从实际出发，学习时努力上进，工作时多学习本职技能，自己的内心会因此更有底气，也就有了安全感，不需要再用哭去向他人索取什么。

哭解决不了任何问题，只会让事情变得更糟糕，还不如勇敢一些，果断一些。与其哭不如行动起来，找到问题的根源所在，这样问题才能迎刃而解。我们可以用哭来宣泄自己的内心，释放自己的情感压力，但不应该用哭给他人带去困扰与麻烦。有些女孩子很享受被人哄着的感觉，所以总是动不动就哭泣，这种行为就如同“狼来了”，慢慢地，别人都不会太在意你的感受，想要用哭来吸引他人的注意力，只能奏效一时，而不能奏效一世。

有人说自己天生就是“泪崩体质”，总是欲语泪先流，想要改变自己都无从下手，认为哭是一种正常的生理反应，难不成还能去做手术摘掉自己的泪腺吗？当然不用了，我们可以从很多方面入手，让自己变得既开朗又坚强，比如，我们可以先让自己变得快乐起来。

让自己快乐的方式有很多，比如，我们可以约上三五个好友去吃一顿美食；或坐在沙发上看一部喜剧；或选择大睡一觉，醒来便忘记了烦恼，让自己的身心得到缓和；再不济，我们向他人倾诉，有些人的自尊心很强，不愿向他人倾诉，这时可以选择逛街或做家务，为自己买两件漂亮的连衣裙或者把家里收拾得干干净净也会让心情好起来，不用哭泣绑架自己和他人。

很多时候，哭泣是因为我们无法达成某件事，或者遇到困难，又或者一点小挫折就让我们忍不住号啕大哭，解决的根源在于，我们要戒掉依赖他人的心理，遇事试着靠自己解决，提高我们解决事情的能力。等到我们完全可以依靠自己解决很多事的时候，内心也会变得坚强起来，这时候，“林妹妹”就离我们很远了。

乔乔是一个经常掉眼泪的女孩子。刚开始的时候，身边的人看到她哭泣还会花心思哄她，但她遇事动不动就哭，却不知道解决问题，时间一长，身边的人也只能无奈地随她去了。

有些性子直爽的同学不喜欢爱哭鼻子的乔乔，背后总会说乔乔是一个随时都能掉眼泪的“好演员”，即便她是真的很伤心。有时班里一些讨厌的男生在乔乔哭泣的时候还会落井下石，从其身旁经过时丢下一句“最讨厌动不动就哭的女生了，麻烦！”

乔乔听到同学这样说就更委屈了，瞬间哭得梨花带雨的。有时跟乔乔要好的几个同学还会安慰她一番，但随着她哭泣次数的增多，同学们也不知道该如何安慰她了，车轱辘话来回说渐渐地也起不了什么作用了。

后来，心理承受能力差的乔乔最终成了大家口中的“林妹妹”，谁也不敢去招惹。

虽说哭是人类表达情绪的一种方式，但很多时候在外人面前，我们还是要尽量克制自己的情绪，特别是面对他人的批评时，哭只是一种无用的表现，解决不了任何问题，这时候我们就要努力忍住眼泪，正确看待问题、解决问题。

虽说“会哭的小孩有糖吃”，但哭得次数多了，小孩免不了要挨一顿打。

用哭闹或自暴自弃的方式道德绑架他人，即使他人因此而妥协，也并不代表他们的认可，也许别人只是为了避免造成更大的麻烦，与此同时，我们在他人心里的印象也会大打折扣。因此，请改掉动不动就哭的毛病，让自己坚强起来，做一个开心果而不是终日泪水涟涟的“林妹妹”。

你是乌龟还是兔子？

《龟兔赛跑》的故事教导我们不要做那只傲慢的兔子，因为傲慢往往会使人找不准自己的定位，从而惹出许多笑话，变成一个跳梁小丑。“人外有人，天外有天”，过分傲慢的人犹如井底之蛙，看到的只有水井上方的那一丁点儿天空，却不知道外面还有更广阔的天空。

狂妄自大的人，往往会忽视或者丧失对自身能力的准确衡量和正确判断，这其实是一种自我认知上的障碍。这样的人往往心比天高，常表现出一副自命不凡、目中无人的样子。在工作中，他们自视甚高，常常认为别人处处不如自己，不积极寻求工作的创新与挑战，从而丧失工作的积极性，由狂妄导致懈怠，因自大导致停滞，最终导致自己慢慢走向平庸。

狂妄自大的第一明显特征就是不尊重朋友或长辈，甚至藐视别人或对别人冷嘲热讽，这种轻视的态度是一种无礼、没有风度的表现。所以，现实生活中，人们常常将“狂妄”与“无礼”捆绑在一起来形容一个人有多傲慢。在人际交往中，任何一种不礼貌、自大的行为都不会得到别人的友善对待。

如果一个人总是用粗俗、无礼的态度对待他人，那么久而久之，他身边的人也一定会用同样的眼光与态度对待他，从而形成一种恶性循环。慢慢地，他的人际关系也一定会受到影响，他将无法收获别人的真诚。

狂妄自大的人只会看到他人的缺点，因为认知障碍，他们常常会刚愎自用。由狂妄自大导致的愚蠢表现一般有以下几种：

一是与身边的人相处不和谐、不融洽。和谐的人际关系是现代社会所必备的生存条件，许多工作都是在团队基础上完成的，有时还需要进行资源共享。如果他们因狂妄自大而处理不好人际关系，他们的工作自然也就无法顺利完成。

二是缺乏客观的分析与判断。狂妄自大的人往往高估自己的能力，这就导致他们不能客观准确地分析问题，处理事情武断草率、办事不牢靠或者过分吹嘘自己的能力，最后反而有可能会将事情搞砸。

三是用狂妄掩盖内心的自卑。这是一种错误的方法，更是一种错上加错、火上浇油的行为，因为这样做，既掩盖不了问题，又会增加新的问题。

在同学眼里，蕊蕊一直犹如一只骄傲的孔雀。她一贯以打压别人抬高自己为乐，时常一副沾沾自喜的模样。

这个学期班里转来一位女生，她是跟着打工的妈妈从偏远的地方过来的，刚来的时候，她做自我介绍还有浓浓的乡音。当时，蕊蕊笑得最开心，她觉得这个同学太搞笑了，像个土包子，同桌迎迎碰碰她的胳膊告诉她这样不好，应该给予别人最大的善意，不应该嘲笑别人，这种做法是不对的。对此蕊蕊不以为意，她觉得自己长得漂亮，从小到大都是众人眼中的花骨朵，那个土包子有什么可在意的。

蕊蕊第一天参加开学典礼时，表现得很随意，她觉得退休的老校长说着一口浓浓的南方方言真是让人笑掉大牙了，于是在老校长讲话的时候，蕊蕊频频发笑，连旁边的老师都忍不住用胳膊肘碰她，让她不要再笑了。面对老师的好心提醒，蕊蕊非但不领情，还认为老师会这么做是因为怕老校长，真是一个胆小鬼，蕊蕊美滋滋地沉浸在自己的优越感之中。

随后，一年一度的歌咏比赛要开始了，这让蕊蕊萌生出了“斗志”，她势必要把这次的奖杯抱回家，而且还认为这个奖杯非自己不可。歌咏比赛当天，本以为胜券在握的蕊蕊，却连三等奖都没有拿到，拿了一等奖的反而是那个她曾经看不起的土包子转校生。

听到结果的蕊蕊火冒三丈，觉得大家眼拙，竟然有眼不识泰山。她不服气地来到老师的办公室，看到老师后直接问道：“我明明唱得不差，为什么没有奖杯！”

老师听到蕊蕊如此不可一世的话，倒也没有生气，反而耐心地劝她要冷静。

而对于蕊蕊没有拿奖的结果，同学们并没有感到诧异，因为那个转学来的同学真的非常努力。她在老家上学的时候就经常和小伙伴跑到村子后面的大山前冲着大山唱歌，父母不在身边的时候，唱歌成了她唯一的喜好与追求，虽然她知道自己有点口音，但她也没有放弃，反而更加努力地请同学一遍遍地纠正自己的发音。同学看到她这么努力也不禁对她产生钦佩之情，先天音色加上后天努力，她拿这个奖杯实至名归。但蕊蕊呢，平时自认为自己很优秀，所以对于歌咏比赛并没有用心准备，转学过来的同学在努力的时候，她还对此嗤之以鼻，觉得山鸡是变不成凤凰的。每天放学后，蕊蕊还是经常跟同学们去滑冰，开心地做自己想做的事情，所以蕊蕊拿不到奖杯也在大家的意料之中。

有时候，人的傲慢会助长其自大的心态，令其渐渐迷失自我，真正有本事和有能力的人反而不显山不露水。一个人如果越谦虚，就越知道自己的不足在哪里，越会主动弥补自己的不足，从而变得更好。而井底之蛙，他们只会觉得天只有一个小井口那么大，不求上进，最终因为怠惰被市场淘汰。

第6章

锻造美好性格的第六步：保持上升的高度

比天空更辽阔的是人的胸怀

在生活中，我们要避免让自己成为一个小心眼的女生。所谓小心眼并不单指想得多，有时也指小气、格局小。格局小不小，聪明人往往一眼便知，因为小心眼的人即便尽力伪装也会在不经意间露出马脚。所以，让自己成为一个真正心胸开阔的人，而不是披着心胸开阔的外衣，内里却小肚鸡肠、事事计较。

小心眼的人往往都很爱记仇，因一点点小事得罪了他，他就会记在心里，只要找到机会，绝对睚眦必报。小心眼的人嫉妒之心特别强烈，看到别人比自己好，比自己成功，心里就特别不是滋味。当嫉妒的火焰旺盛到一定程度时，他就会想办法给别人设置障碍，通过伤害别人来满足自己不平衡的心理。小心眼的人特别容易斤斤计较，因为认知有限，心胸狭隘，所以对于一些蝇头小利就特别在意，事事精打细算，不让自己吃半分亏。小心眼的人还特别喜欢为难别人，更多的时候是为难比自己优秀的人。

所以，我们不能让自己成为小心眼的人，端正自己的态度，做一个心态平和、心胸宽广的女生。

我们都听过一个词语叫“伪佛系”。什么是“伪佛系”呢？

就是形容内心不甘心却又不得不假装无所谓的一种心态。不只是心胸狭隘的人才有这种“伪佛系”心态，只要我们不是心无旁骛或天生乐观的人，或者还没有功成名就、占领制高点，都会有让我们不甘心的事情，甚至会不由自主地羡慕或者是嫉妒那些比我们优秀的人。每当我们觉得自己内心阴暗、心胸狭隘的时候，或许都是因为我们把目光一直聚焦在那些比自己过得好的人身上，也许我们还会在心里忍不住说一句“凭什么！”如果我们不收敛这种心态，就会走进心胸狭隘的死胡同里，何况当我们过多地把目光放在他人身上时，往往就看不到自己的优点，滋生更多的嫉妒心，让我们越来越“小心眼”，我们的心理也会越来越扭曲。

古往今来，成大事者，必然心胸宽广。而心胸狭隘的人难成大事，自私自利的人往往交不到真心的朋友。一个人心胸宽广，能够为身边的人着想，不计较个人得失，与这样的人交朋友是人生一大幸事。小心眼的人，经常习惯性地把个人利益放在首位，与这样的人交朋友，往往会被算计得很惨。

某大学图书馆有两位图书管理员，管理员小 A 为人随和，工作兢兢业业。管理员小 B，锱铢必较，生怕自己比小 A 干得多。两个人就在小 A 的退让中暂且可以配合完成工作。

某天，小 A 在登记图书信息时，发现有本书还没有归还，是小 B 登记借出的，于是，小 A 便问小 B，那本图书是否还未归还。小 B 听到小 A 这么问，顿时一副很不耐烦且生气的样子，说：“每天借出那么多图书，我怎么记得！”小A等了一周也没有人来归还这本图书，于是她就按照处理流程上报了。

在月末总结工作时，馆长特地指出以后借出图书要留好借书人的个人信息，谁负责借出图书就一定要本着负责的态度提醒借书人按时归还。小B听到馆长在大会上这么说便怀恨在心，觉得小A在领导面前告了自己一状，其实小A并没有背地里煽风点火，她只是按照流程提交了工作日志。小B一心觉得是小A在工作上给自己使绊子，便处处跟小A过不去，还把本属于她的工作故意推给小A，原本该两个人共同完成的事，却要小A自己一个人完成。

小A知道小B对自己有偏见，但她没有跟小B一般见识，而是和原来一样，本分地做事，即使两个人的工作变成了她一个人的工作，导致她加班才能完成，她也毫无怨言。小B看到小A对于自己的刁难无动于衷，她觉得很不解气，就故意给小A设计圈套，把借书人跟图书编号修改了一通，甚至连时间也对不上。

一天，小A看到有一本图书快超过借书期限了还没有归还，便向借书人打去电话，意欲提醒借书人按时还书。可是，借书人生气地说自己前天才借的这本书，借书的时间是一个星期，现在就打来电话催促她，这让她很生气。小A再次看了一遍借书时间，告知借书人登记的还书时间就是明天，还问她是不是记错了。借书人责怪小A工作做不好还质疑自己，第二天便到图书馆投诉了小A。馆长找小A了解事情的原委，小A说登记的借书期限确实已经过了，还让馆长看登记单。细心的馆长发现小A的登记单上有修改过的痕迹，虽不是很明显，但细心一点还是能看出来。馆长以为是小A记错了时间，就问她是不是修改过时间，小A说她没有改过时间。

这下事情搞不清楚了，那边借书人的投诉还在，小A这边说不是自己的错。没办法，馆长只好查了一下借书当天的监控记录，原来在小A填好登记单后，小B趁没人的时候偷偷改了她的登记单。于是，馆长把小B叫到办公室，问她为什么这样做，小B还自以为有理地说是小A先给自己使绊子。馆长听完后替小A解释说小A从来没有对他说过她的不好，工作失误不是针对她一个人提出的，开会提出的问题只是为了让大家把工作做得更细致而已，论事不论人。

这时，小B才发现是自己的小心眼害了自己，小B觉得羞愧难当，最终辞去了工作。

“小心眼”作为一种性格缺陷，包含很多复杂的心理要素，比如嫉妒、偏执。如果凡事计较过度，则会成为一种心理疾病。从心理学的角度来分析，过度“小心眼”是一种异常的心理状态，会导致我们把一些本来十分细小的事情过度放大，看得十分严重，让正常的事情变得不正常，让正常的自己也慢慢变得不正常起来。

为人处世，我们应该端正自己的心态，不要让“小心眼”影响了我们，使我们做出一些无法补救的错事。

固执会让人生多出许多条弯路

我们常常会遇到这样一种人：死鸭子嘴硬，不肯或者害怕承认自己错了，坚持自己就是没错，错的都是别人。圣人云："人非圣贤，孰能无过""知错能改，善莫大焉"。勇于承认自己的错误是一种担当，能够改正自己的错误是一种勇气，但往往很多人连承认自己的错误都很难做到。

一些人认为，承认自己错了就是打自己的脸，是一种伤害自己、侮辱自己的行为。他们往往觉得承认错误就是默认自己是一个失败的人，这绝对是不被接受的，所以他们往往很难说出"我错了"，宁肯无理辩三分地推卸责任，也不愿大大方方地承认错误。

对于一个心态平和的人来说，承认错误并道歉只是一种纠错方式，是出于自己的内疚而不是一种掩饰自己的行为。对于性格固执的人来说，承认错误就是击破自己的防御系统，还有一种想法是怕得不到他人的原谅，反而让自己的自尊被踩在脚底。这样的想法是不对的，承认错误是一种对自己负责、对他人负责的做法，而不是为了求得他人的原谅而做出的挽救举动，承认自己的错误代表的是我们对这件事的态度，固执的性格并不能掩盖错误的真相。

错就是错，对就是对。人非圣贤，谁都会犯错。如果硬是把错误当成对的事情，那么就是“自甘堕落”，自己把自己推进固执的深渊。

大智若愚的人往往很谦卑，哪怕是自己很有把握的事情，做对了的事情，也愿意听取别人的建议，也许别人指出来的问题能够让自己掌握更多“诀窍”。做对了的事情，其实依旧有改进的余地。谁都不是“完美无缺”的。犯错误是人生的重要经历，是增长经验的好时机。比如，上学时，我们总是会做错题目，在老师的指导下，我们会及时改正错误，在改正错误的过程中，我们会有一种恍然大悟的感觉。固执的人就像成语故事“南辕北辙”里那个赶马车的人，越“努力”，梦想越遥不可及，最后“努力”变成了“费力”。

如果一个人一辈子都坚持一个错误的方向，那么他注定一事无成。固执会让我们活得很累，而且这种累毫无意义，并不能让我们收获快乐、收获成功。

乐乐是一个坚持己见的女孩。坚持己见在大多数人的认知里并不是一个贬义词，充其量算是一个中性词，但是过分的坚持己见就成了固执。

乐乐在课上与同学讨论习题时从不肯让步，坚持自己推算出来的得数才是正确的，同学即使指出了她的解题步骤不对，乐乐仍觉得自己才是对的，自己做了这么多的习题根本不会错！在平时的户外活动课上，乐乐也是坚持自我，不懂得变通，不懂得与同学友好相处。打排球时，乐乐不仅不能与队友很好地配合，还责怪他人拖了自己的后腿。她坚持自己设计的路线就是对的，可是排球不会按照乐乐规划好的线路运动，打排球最重要的是队员随机应变的能力和队友之间的配合。

大一的第一个暑假，乐乐决定学游泳，因为她很羡慕海洋馆里表演节目的美人鱼。游泳教练跟乐乐说，成年人学游泳有些难度，所以乐乐还是需要听教练的指导先在浅水区学习，乐乐答应了。

之后，学会蛙泳的乐乐有些沾沾自喜，觉得自己已经学会游泳了，但是，教练说乐乐还需要多加练习，因为她的动作还不够标准，游起来能不呛水就很好了。乐乐固执地认为教练只是想让自己多花钱买课，她说："我怎么觉得自己会了呢，教练，你在一旁看肯定和我自己游起来的感觉不一样。"

乐乐当众让教练下不来台，还觉得自己的想法是对的。她坚持只练蛙泳，觉得其他的都没有必要学。而教练再三强调的新学员不可以去深水区活动的叮嘱，乐乐也不听，她觉得自己可以去。当她游到深水区时，发现蛙泳在深水区好像失去了"魔力"，乐乐努力地扑腾着，这时，她的腿抽筋了，要不是教练及时赶到，乐乐恐怕凶多吉少。

乐乐把固执当成一种张扬自我的个性，仿佛如果哪天自己变得不固执了，就是随波逐流，变得毫无特点可言了。其实这是一种错误的想法。乐乐错在把固执当成了个性，其实，有些阻碍成长的棱角是应该被慢慢磨平的，即使这些棱角被磨得更加圆润了，也不会影响每个人自身个性的形成。

一个真正优秀的人，会保持其独特的个性，但并不是固执己见，因为固执并不是独特的个性，从某种程度来说更像一种性格缺陷。有时，人如果过分固执也只会如乐乐一般，因为没有足够的智慧，又或者说见识不够，而让自己陷于危险中。

许多知识和人生中的大智慧需要我们用一生的时间去学习，夜郎自大只会让自己变成一个无知又固执的人。

如果我们已经意识到自己是一个固执的人，但又不知道如何去改变，那么，除了刻意提醒自己及时反省外，最有效、最直接的办法就是多学习、多思考、多提高自己的认知。坚持一段时间之后，我们就会发现自己的心态得到缓和了，可以从别的角度去思考问题了，也不会再执着于坚持己见了。经历得多了，知道得多了，认知能力提升了，固执的性格自然会朝着好的方向改变。

越是固执的人最后犯的错误越大，智慧的人选择让自己适应世界，而固执的人只想让世界适应自己。固执在很多时候都会将我们的人生打成一个死结，既伤害自己，又伤害他人。固执的人即使可以凭借一己之力说服他人，也很难从内心出发说服自己。不做固执、愚笨的人，这是一种大智慧。

粗心大意事不小，认真对待能提高

粗心大意的人往往性格比较单纯，但是太过于粗心大意便会让他们在小事上失分，慢慢地，失的分多了，粗心大意在别人的心中就不再是一种单纯，而是“马大哈”。

我们经常会听到有人说粗心并不是能力不够、智商不够的体现。小学时，我们每个人肯定都被外人这样“夸赞”过，无论是老师、家长，还是自己，面对不尽如人意的考试成绩，最能化解尴尬的说辞就是“这孩子挺聪明的，就是有些粗心而已”。简简单单的一句话，成了解决一切问题的良药。

面对焦急的家长，老师一句“粗心”就能让双方感到不那么紧张：原来孩子并不是欠缺智商，而是细心度不够；虽然成绩不好，但都是“粗心”造成的。家长在亲朋好友面前也不会觉得没面子。而当我们听到老师给家长说的话时，便天真地以为我们就是因为粗心所以才没有考好，因为有了“粗心”给我们做挡箭牌，我们便会经常性地认为不用反省自身出错的原因以及自己的不足之处在哪里。

作为趋利避害的生物体，我们无时无刻不在为自己开脱，如果自己连“粗心大意”这一点都改了，那么下次随堂测验还是没考好，就只能承认自己的智商不如好学生了。那时候的我们，常常寄希望于长大之后，觉得我们长大了就会变得细心，但长大了我们才发现，原来，粗心大意也伴随我们长大了。不过，长大后，我们又为自己找到了新的由头。在一些小事上掉链子是因为自己“性子直”“记性不好”“不拘小节”而已，觉得自己正是因为性子直，不拘小节，才会粗心犯错。而那些细心的人都是些没什么作为的人。因此，在下次犯错时，我们还是会一次次地为自己的粗心大意找一个完美的借口，在一次次犯错中错失了让自己可以变得更优秀的机会。

素素是一个性格开朗的女孩，给人感觉就是外向、不拘小节、大大咧咧的，身边的人都很喜欢她的这种性格。但是素素记性不好，这一点令大家觉得很头疼。因为“记性不好”，素素把妈妈嘱咐的关火忘记了，差点酿成大错，因为“记性不好”，素素没有记住自己最好的朋友的生日，当好朋友过完生日了她才送上一句抱歉。每次妈妈都会因为她的“记性不好”而大发脾气，让她细心一些，不要因为粗心大意而接二连三地犯错误。

素素明明学习能力还行，智商也不低，但总是丢三落四，粗心大意，经常在生活和学习中因为不仔细造成一些小失误，干什么都是费力不讨好。

如果一个人在日常生活中没有什么缺点，却总在工作中犯错，那这个人的性格也是很令人头疼的。粗心大意并不只是在生活中马虎，容易忘事，经常找不到东西或者不记得自己的东西放在哪里。它很有可能会在一个重要的事情上毁掉我们长久以来为之付出的努力，让我们在失败之后一蹶不振，难以承受这一沉重的打击。可能我们还要在心里发问："为什么我会败在这一点上呢？"如果等失败之后才能反省自己，才能意识到粗心大意给我们造成了什么样的后果，但这时已经追悔莫及了。

有些工作看起来含金量很低，也没什么技术难度，但如果粗心大意就会造成无法挽回的后果。有时还存在另一种情况，就是在面对较难完成的工作时，人们反而能够完成得很好。这是为什么呢？我们或许可以用四个字来概括："得意忘形"。一些简单的事情，我们从心里打包票觉得自己肯定不会出现失误，但这种心理也往往很容易造成无法挽回的错误；而在一些较难的事情上，因为我们让自己的神经时刻保持高度紧张，所以反而没有那么容易出错。如果一个人总是在一些无关紧要的事情上出现失误，就没人会给予他重要的任务和宝贵的机会，所以，与其把自己的成功寄托在丰功伟业之上，不如在点滴小事上努力，做到尽善尽美，切记不要让粗心大意折断自己可以翱翔于蓝天中的翅膀。

若想改变粗心大意的习惯，可以从以下几个方面做出改变：

首先，我们要先学会整理自己的东西，改掉乱扔乱放的坏习惯，粗心大意往往会让人丢三落四，所以让自己变得有条理性，可以间接地为我们改掉粗心大意的毛病。

其次，养成良好的行为习惯，只有形成自己固定的习惯模式和行为模式，我们才能按部就班地做事，不至于因粗心大意而漏掉哪个步骤，从而出现错误。

再次，锻炼自己的注意力，很多时候，做事粗心大意往往是因为我们自身的注意力不够集中，很容易在做事情的时候造成失误，所以锻炼自己的注意力还是非常有必要的。

最后，学会鼓励自己，粗心大意的习惯不是一两天就养成的，所以想要改掉这个坏习惯，也不是一两天就可以改掉的，最重要的还是要坚持，并在坚持的过程中学会鼓励自己。

从行动上做出改变很容易，需要做某件事情，我们就去做，但是从思想上做出改变却很难。不认真、不重视的思想是我们不断出现失误的重要原因之一。也许这项工作在所有人看来都是“小菜一碟”，没有什么挑战性，所以我们也就想当然地觉得这件事是很容易完成的，不需要在这件事上过多地费心、费神、费力。而如果我们经常这样暗示自己，就很有可能养成做事时粗心大意的毛病。

过于高估自己的能力很容易使自己做事不认真、不用心。如果不用心做事，那么这件事一定不会完成得很圆满，因为我们把汗水撒在哪里，收获就在哪里。如果我们想当然地随随便便去完成一件事，最后出现因为粗心大意而犯错的结果也就不足为奇了。

每个人都想得到他人的赞美和肯定，但关键在于我们是否可以圆满地完成自己应该要完成的事情。如果一个人犯错的次数太多，而且总是在一些无关紧要的小事和不该出现失误的事情上摔跟头，即使平时偶尔能取得一些小成绩，也会给别人留下粗心大意、做事不认真仔细的坏印象。没有人会从始至终地给我们提供不断试错和大展拳脚的机会。所以，如果想从此刻就做出改变，让自己不断进步，就要以认真的态度来完成每一件不起眼的小事。

粗心虽然看起来无伤大雅，但不容小觑，切不可因大意造成不可挽回的结果。拥有良好的性格和态度，可以让我们在人生道路上更加勇往直前、所向披靡。

做个有趣的人

俗话说："好看的皮囊千篇一律，有趣的灵魂万里挑一。"我们都喜欢跟有趣的人交往，因为有趣的人会用自己的方式感染身边的人，给别人带去快乐，让人不由自主地想要靠近。一个有趣的人，他的朋友一定遍布天下，做伴侣也会让彼此觉得轻松、舒畅。有趣可以让我们的生活越来越美好，有趣的生活也会让我们的人生更加绚丽多彩。

我想，有趣的女生一定是开朗的。有趣并不是说这个女生跟谁都能合得来，跟谁都能够在一起疯玩，只是说在与人相处时，她会给人乐观开朗的感觉；无论做什么事情，她都不容易产生消极的心态，也不会做作、扭捏，令人感到不舒服。

有趣的女生在与人交谈时一定是让人感到舒服的，而不是以"毒舌"著称，以取笑人为乐的讨厌鬼。她们的说话方式一定很有趣，也很懂得语言的技巧，她们能很融洽地跟人沟通、交流，在交流过程中会穿插一些幽默的笑话，不会冷场。她们比较善于调动气氛，尤其是当场面很尴尬的时候，她们总是有办法让气氛或场面活跃起来。她们还懂得说话的分寸，不会说一些让大家讨厌的、尴尬的话，十分注意把握语言的度，更不会用难听的词语或低俗的语言来博人眼球。

有趣的女生通常很善于结交朋友，无论是同性还是异性，且这些朋友都能与其相处得很好。对于异性朋友，她们能很好地把握交往的距离，不会打着外向开朗的旗号做一些过分亲密的事情，可以很好地维持这段友谊。有趣的女生不光在语言上能让人感到幽默风趣，在行为上也能让人感到轻松自在。热门韩剧《请回答 1988》中的女主角成德善就是一个十分有趣且善良的女孩子，她能让身边的所有人感到温暖、开心。

一个女孩是否有趣，最直接的判断方法就是看她自己和她身边的人是否开心。幽默有趣且性格更偏向于乐观派的人，可以乐观地面对不幸，懂得安慰自己和他人，懂得化解生活中的不开心。也许有人偏爱美丽的皮囊，但日久天长容颜迟暮，美丽并不会为我们赢得更多的赞美和长久的陪伴，而有趣的灵魂可以给人一种愉悦的精神享受。这是一种长久的吸引力，不会随着时间更改、消失。

有趣的人就像行走在身边的小太阳，在给我们带来欢乐的同时也会带来温暖和能量。

婧婧的爸爸妈妈在城里工作，由于他们没有时间照顾婧婧，所以婧婧从小跟奶奶在乡村过着和小伙伴们下河摸鱼、上树摘桃的生活，身上没有一丝娇气，乡村的淳朴风气将婧婧也感染成了一个纯朴的人。婧婧就像奶奶一样，幽默、风趣、乐观地过着自己的人生，她总是能让自己过得很开心，也能让身边的人开心。

上小学时，婧婧回到了爸爸妈妈的身边。初入筒子楼，婧婧就被住在里面的叔叔阿姨们注意到了，因为她的脸上总是带着笑容，笑的时候还会露出若隐若现的梨涡和小小的虎牙，婧婧很快便赢得了大家的喜爱。而且婧婧还是一个“双商”很高的女孩，当爸爸妈妈吵架的时候，婧婧说：“两个大人吵架看起来真像两小儿辩日，爸爸妈妈真是活成古人了，让我这个‘孔子’来给你们调停吧！”

爸爸妈妈听到婧婧嘴里说出的话不禁笑了出来，真是个机灵鬼，竟然充当大人。爸爸妈妈被婧婧逗得一点儿脾气也没有了，也忘记了两人刚刚还在争执，接着，两人相视一笑，一起去厨房商量中午给这个小大人做什么好吃的去了。

不仅如此，婧婧还能为同学们带来欢乐，每次开班会，老师都要让婧婧演讲，每次演讲完，婧婧还会给同学们讲两个幽默的小故事来活跃气氛。

一次，班里的小雅被小星惹哭了，小星怎么哄她也哄不好，婧婧看到后走过来说：“大胆泼猴，又惹你师傅生气了，还不快快赔罪！”小星在班上本就是个活泼的孩子，一听婧婧这么说，他立刻模仿起了孙悟空的招牌动作，成功惹得小雅破涕为笑，周围的同学们也笑了起来。

这样一个幽默又懂得安慰人，替人解围的婧婧，靠自己的有趣和高情商拥有了很多好朋友。

我们都喜欢和有趣的人做朋友，每个人都喜欢能给自己带来欢乐的朋友，而不是每天发脾气的“小公主”。与此同时，每个人都有自己的烦恼，能让别人暂时忘却烦恼重拾笑脸的人就好比生活中的医生，她无须开出药方便能轻松为人赶跑坏情绪，她没有架子，还让人感到舒服。

一个有趣的人，说话总是富有趣味、使人发笑，又意在言外、引人深思；一个有趣的人，不仅能使身边的人感受到愉悦和安适，而且更容易融入人际交往中；一个有趣的人，会拥有蓬勃的朝气，更容易表现出自己的胸怀和能力，从而获得别人的认可。

幽默感甚至可以说是一个人智慧的象征，幽默的人往往可以轻易地使人摆脱烦恼。做人越有趣，人生就越有意义，让我们做个有趣的人，创造自己有趣的人生吧。

自控可以使人登上更高的台阶

有人说，自制力可以决定你今后会成为谁。善于自控的人会不断进取，而没有自控力的人容易被命运左右。我们常常以为只有成功的人才能成功自控，恰恰相反，应该是只有能成功自控的人才能取得成功。

自控不光体现在大事上，从一些小事上寻求改变也能帮助我们成为善于自控的人，从而成就成功的人生。

要想成为一个自控的人，首先在时间上要学会自控。一天只有 24 个小时，还要留出至少 6 个小时睡觉，所以，如果我们不合理利用睡觉以外的时间做一些有意义的事情，那这一天，可就白白流逝了，何况，一天之中有那么多事情值得我们去做。如果我们认真观察，就会发现有些人用一天的时间可以完成别人需要两天才能完成的事情，甚至更多。

时间就是生命，不懂得珍惜时间的人，就是在浪费自己的人生。真正自律的人懂得合理利用时间，把时间掌控在自己手中，而不是被时间所控制。不要做被时间“牵着鼻子走”的人，也不要只想着“做一天和尚撞一天钟，得过且过”。

在我们身边，有很多人都喜欢过吃吃喝喝的生活，以为跟朋友过悠闲的生活，就是过上了好日子，就能拓展自己的人脉资源。还有一些人，宁愿和别人闲聊，也不愿意埋头苦干；宁愿发牢骚，抱怨生活，也不愿意积极行动。当你把时间当成最贵的财富，你就会发现，时间和金钱是可以对等的，工作效率越高，时间越值钱。严格掌控自己的时间，放弃无用的社交，学会规划人生，把时间变成很多的碎片，再把每一块碎片都利用起来。

萱萱常常把"明天我要去健身房锻炼身体"挂在嘴边，但是等到真要去的时候，她又会说好累，不想去了，明天再去好了。时间一天天过去，萱萱还是没有迈进健身房的门，有时以自己学业太忙为由，有时又说妈妈上班没时间，没人陪自己去，她的锻炼计划也就这样不了了之了。

其实，有锻炼身体这个意识是一件好事，久坐可能会导致我们的身体出现许多疾病的症状，而萱萱虽然有了要去健身房锻炼身体的意识，却一直没有行动，她嘴里的明天就等于是没有那一天。

类似的情况还有很多，例如，随便给朋友下约定，"改天我请你吃饭""改天我专门拜访你""以后我会多读书"，总是把自己的想法寄托在以后，却不会立刻去做。这样的生活习惯其实是在"拒绝做某件事"，光有想法，没有行动，而不良的生活习惯可以毁掉一个人。比方说，如果有人常常炫耀自己，吹捧自己，过着

穷日子，却不思进取还心安理得。那么这个人会越来越迷茫，这样的生活其实是心穷的征兆。

良好的生活习惯可以使我们自觉做某件事，当然，这也需要有很强的自控力。

真正善于自控的人更懂得控制自己的生活，每天好好吃饭，准时起床，锻炼身体，挤出时间读书。

俗话说："人心不足蛇吞象。"很多富有的人过得并不快乐，不是因为吃不饱穿不暖，而是内心感受不到人生的丰盈，而且普遍还有一种通病叫"这山望着那山高"。其实，生活得好不好，不是生活本身好不好，而是人心是否知足。一个人如果控制不住自己的欲望，就会一直觉得自己过得不好，幸福一直发生在别人身上，距离自己很远。比上不足比下有余是生活的真相，可惜很多人知道这样的道理，却难以真正做到。

善于自控的人可以控制内心的欲望，在索取利益的时候，有一种满足感。与人争取利益的时候，懂得让一让。人与人交往，让别人赢，其实就是让自己赢。人生大部分的烦恼是因为没有钱，但是对于有钱人来说，大部分的烦恼是对"钱够不够花"的担忧。控制住对利益的欲望，内心会更加富足，生活会更加安宁。

最没有自控力和最不求上进的人是终日为自己的现状感到焦虑，却没有毅力践行，决心改变自己的人。他们做事通常只有三分钟热度，偶尔也会打心底里恨自己不争气，坚持最多的事情就是坚持不下去。他们终日混迹于社交网络中，打游戏、刷视频，一无所成，每天对着手机和电脑屏幕，在现实中很难找到几个真心朋友，可以说上几句话的人也寥寥无几。

没有自控力的人总是以最普通的身份被埋没在人海中，却过着最煎熬、最没出息的生活。没有自控力还会摧毁我们的相貌、身材，甚至人生轨迹。

当我们失去自控力时，就会发觉腰上的游泳圈又厚了几厘米，身材逐渐走样，曾经的漂亮衣服拿出来也穿不上了。这不是在给人制造容貌焦虑，而是鼓励大家要拥有更健康的身体和生活方式。

没有自控力是一切痛苦的来源，当懒散和随波逐流成为我们的习惯时，不自律便成了生活的常态，许多痛苦也就随之而来。

有一本书中写道："自律，是解决人生问题的首要工具，也是消除人生痛苦的重要手段。"善于自控，能帮助我们找到人生的价值和良好的生活方式。自我控制不是做给别人看，而是改变自己的人生，不要把迷茫当成混吃等死的借口，而要把自律当成命运的盾牌。

自控能力强的人都是有主见的人，不会轻易地随波逐流，任何时候都清楚自己内心想要的是什么，知道自己该怎么做，不会贪图一时的安逸，更不会轻易地被别人改变自己的坚持。

只有拥有良好的自控能力，我们才能跳出平庸，才有可能成就更好的自己。

宽容是最大度的善良

俗话说“海纳百川，有容乃大。”在日常生活中，我们常常遇到一些和我们观点不同的人，这些人往往会与我们发生摩擦甚至冲突。我们往往改变不了大环境，也改变不了他人的本性，我们唯一能做到的就是改变自己的心态。在对待他人的时候，记得要常怀一颗宽容的心，能够宽容待人是一种胸襟。

宽容是一种处世的智慧。以宽容的胸襟待人，是我们每个人都应该学习的。有人说，宽容他人会使自己变得越来越容易妥协，其实这种观点并不正确。所谓宽容是对他人的释怀，我们要用宽容的眼光看待世界，一个人的胸怀能容纳多少人和事，恰恰也是一种豁达境界的体现。比如，夫妻间的感情一般以始于爱情终于亲情的情况比较多见，在日复一日柴米油盐酱醋茶的生活中，宽容是夫妻间必不可少的相处之道。如果夫妻常常为一些鸡毛蒜皮的小事吵得不可开交，那么两人很可能不会白头偕老。

当宽容成为习惯，我们才会真正懂得包容，才更容易感受到幸福。

有一次，理发师在给周总理刮胡子时，周总理突然咳嗽了一下，导致理发师不小心把他的脸刮破了，理发师十分紧张，不知所措地看着周总理。周总理没有责怪他，反而对他说："这不怪你，是我咳嗽前没跟你打招呼，你怎么会知道我要动了呢？"

这虽然是一件小事，却足以让我们感受到周总理的宽容之心。能够包容他人的过失是一种善良。

生活并不总是一帆风顺的，每个人的为人处世也不可能做到极致完美，生活中的小摩擦才是生活的真谛。凡事留一线，是一种善良。

海纳百川，有容乃大，胸怀宽广之人，因为能容人之失，在生活中也会省去很多不必要的争端。遇事少计较，放宽心，心宽一寸，路方能宽一丈。你宽容了别人，自己人生的道路也会更加宽敞。宽容别人，其实就是宽容自己。多一点对别人的宽容，我们生活中就多了一点空间。多宽容别人，生活才会少一点风雨，多一点温暖和阳光。

宽容大度是一种美德，更是一种境界。法国著名的文学家雨果曾说过："世界上最宽阔的东西是海洋，比海洋更宽阔的是天空，比天空更宽阔的是人的胸怀。"一个人能有足够大的胸怀，懂得以己度人，才能宽容别人。

通常我们所说的宽容是原谅他人一时的过错，对过往不耿耿于怀，大大方方做人。有时我们在生活中遇到一些困难，和他人产生摩擦，往往会钻进死胡同，任凭身边的朋友怎么劝导都无济于事，虽然想着要让自己释怀，但还是走不出阴影。这时候不妨出去走一走，转一转，多体会一些风土人情，增加人生的阅历，体会人生百态，多品尝一些人生的酸甜苦辣。

小学语文课本中有一篇文章《画杨桃》，就是告诉我们做事或者看问题应该实事求是，学会从不同的角度看问题；当自己的看法与他人的看法不一致的时候，应该多观察、多包容，而不是与人争吵，发生语言冲突。

在我们的生活中，存在着无限的可能和意外，多包容他人，从多角度看问题，才能发现生活的诗意。

学会宽容，宽容那些无关紧要的事情；学会宽容，宽容他人无意的冒犯；学会宽容，宽容生活中的不愉快。宽容是一种谅解，是谅解自己，也是谅解他人。

真正接受思想文化精华的熏陶可以使人变得宽容，这是使一个人从生物人转变成社会人的重要过程。得放手时需放手，得饶人处且饶人。宽容并不意味着过去的事不再重要，而是自己愿意放下折磨自己和报复他人的动机，学会让痛苦成为过去，而又缅怀过去，学会发现别人的闪光点，而不是放大别人的缺陷。

宽容是一种风度，也是一种洒脱，更是一种成熟。每个人的生活都有压抑的时候，若是处处与他人斤斤计较，就是不断地消耗自身，最终令自己心力交瘁。人的一生很短暂，在这趟生命的旅程中不妨让自己学会宽容一些，与亲人、孩子、同事相处能将心比心，不计较得与失，不过分要求他人做更多的事情。

宽容也不是绝对的。若是一味地退让，也就失去了宽容真正的意义。“孰可忍，孰不可忍”是我们需要辨别的一个标准。当我们遇到人格侮辱或者侵犯国家主权时，就不必容忍了，这时我们要有绝不宽容的意识，社会才能变得更加和谐与美好。

在当今社会，竞争和冲突并存，我们要用一种善良的方式去处理人际关系，而宽容便是人际交流中的橄榄枝，所以我们一定要学会宽容。

第7章

锻造美好性格的第七步：迈出这一步

女生也可以适当主动一些

当我们想要什么却又不敢主动争取时，我们总是会在心里告诉自己：“想要什么就要主动去争取。”在日常生活中，很多女生都会把这句话奉为真理，从而大胆地去追求自己所喜欢的事物。但是过于主动往往会给别人留下激进的印象。

如果我们过分主动，可能会让别人觉得这是个目的性很强的人，但如果我们太过腼腆，让别人不断猜测我们的想法又很容易使人疲惫。所以女生不可不主动，也不可过于主动。适当地主动可以让自己迈出第一步，或许这就是好结果的开始呢。

贤贤是个外向的女孩，平时和同学、朋友们都相处得很好，大大咧咧的性格为她赢得不少好人缘。无论在长辈还是街坊邻里的言谈中，贤贤都是一个很优秀的姑娘。

进入大学校园，第一天报到的时候，辅导员在第一节班会上通知大家说要先选一个学委，帮助大家在之后的学习生活中尽快熟悉新的环境。

大学时期的少男少女都很羞涩，他们大多以旁观者的态度看待某些与自己无关的事情。辅导员说完后，大家都沉默了。这时，贤贤在心里想，如果没人当那就自己来，小菜一碟，有什么呀，总要有一个人站出来嘛。等了一会儿，见没人举手，贤贤便举起手示意辅导员，辅导员看到贤贤高高举起的手点点头，示意她发表自己的意见。

贤贤站起来后落落大方地说："同学们，我愿意做这个学委！今后和大家一起学习，大家有什么问题我也愿意协助辅导员一起解决。"

面对如此主动的贤贤，有人觉得她真勇敢，而有人却觉得她这么主动就是想出出风头，第一天就这样，以后还不事事都要争个头彩。在贤贤发言结束后，辅导员向贤贤投去赞许的目光，他觉得这位同学瘦瘦小小的，没想到这么有勇气，不在意大家的目光，坦然表达心中所想，勇于展示自己。于是，贤贤就在各种目光中成为这个班级的学委。

在之后的学习生活中，贤贤也做到了自己当初承诺过的，事事带领大家前进，主动站在队伍中的最前面。在大家都不想负责难清理的垃圾桶时，贤贤再次主动挽起袖子，拿起水桶和扫帚，第一个走向难闻的垃圾桶，利落地清洗了起来。看到贤贤的动作，又有人挽起袖子，加入了清洗垃圾桶的行列。

当初对于贤贤的主动存有质疑的同学们，也渐渐明白了贤贤的主动完全是源于她内心的善良与责任。

很多时候，我们想帮助别人却不好意思主动伸出援助之手，总会想别人会不会觉得我多管闲事，会不会觉得我只是想出风头，觉得我只是想塑造善良的人设……

我们或许都会遇到这么一件事，在公交车满座的情况下，上来一位需要座位的老人，有些人是很想帮忙的，但就是不好意思主动去拍拍他的肩膀，告诉他“您可以坐我这儿”，在是否要主动中犹豫不决，最后当那个需要帮助的人到站下车了，也没有让出一个座位，然后开始懊悔自己为什么就做不到这一点呢？

什么时候做好事也需要主动来加持了？我们也无法解答这个问题，但我们需要明白一点，那就是在决定是否要主动时，其实就丧失了主动。

我们中的一些女孩子从小接受的教育就是说话要委婉，做事要温婉，万事不可太主动，也不可太出风头，在外人面前更是要站在靠边的位置，不然就会被视为不礼貌。但是，如今这个现代社会告诉女孩儿们的是，想做什么就去做，想说什么就勇敢说，想得到就努力争取，想表达就去变现。对于女孩儿来说，没有一成不变的理念，也没有四四方方的围墙，女孩子也可以很主动，也可以很勇敢，也可以大胆尝试、勇敢表达。

主动不是男孩子的特权，外向也不是男孩子的代名词。身为女孩，只要你想，只要你认为自己有能力完成，你就可以去争取。所以，请不要给自己设限，要勇于打破以往固守的观念，在自己的心田上播撒勇敢的种子。

“天高任鸟飞，海阔凭鱼跃”，主动一点儿，一切就都会不一样，主动一点儿，一切都会越来越棒！

无须给自己建造一座围城

孤僻与孤独不同。孤独是指孤单寂寞的心态，孤独的人通常渴望与人交往，也不存在厌烦他人、对他人有戒备的心理，在与人交际时一切如常，不会有使人感到不舒服的表现；而孤僻则是一种人格表现缺陷，尽管孤僻的人总会用自傲来伪装自己，常表现出一副瞧不起别人的样子，但其内心是很脆弱的，害怕被人刺伤，因而不愿与人交往，在不得不与人交际时，其行为看起来怪僻、奇特，常会给人一种神经质的感觉。

在日常生活中，我们经常会遇到喜欢独来独往的人，我们总会用“孤僻”这个词语来形容这种性格的人。孤僻的性格常表现为独来独来、离群索居，他们对身边的人总是抱有厌烦、戒备或鄙视的态度，觉得身边的任何事都和自己没有关系，共情能力差，总是将自己包裹在自己的茧里。当不得不与别人交谈或交往时，他们也会给人一种缺少热情和活力的感觉，总是漫不经心地敷衍别人。

孤僻常在以下几种情景中表现得更为突出：自身不受别人理睬而不得不独处时，常会有失落感和自尊心受伤的感觉，这时，他们就会显得更加孤僻，更不愿与人交往；当与别人交往而当众受到讥讽、嘲笑、侮弄和指责时，常会导致他们认为别人都瞧不起自己，这时他们就会变得闷声不响、郁郁寡欢，或者恼怒异常、甩手离去；当遇到各种挫折时，他们常会产生虚弱感和自卑感，继而心灰意冷，这时他们就会自我孤立，拒人于千里之外。

如果在这些情景中他们对于孤僻的表现不明显或不存在这些表现，那么他们可能未必有明显的自我感觉，即自己未必会意识到有孤僻人格表现缺陷，尽管他们时不时也会流露出一些孤僻的征兆。

东东每天都戴着一顶帽子，走路也总是低着头，独来独往，也没有好朋友，这样的东东在别人的眼中一直都是一个另类的存在。

每每有邻居跟东东打招呼，他心情好时就“嗯”一声，心情不好时就装作没听见。不仅如此，东东跟家人的关系也不亲近，爸爸妈妈的细心叮嘱只会让他觉得他们很唠叨。下雨天出门时，妈妈提醒他记得带雨伞，他非要反着来就是不带，妈妈叮嘱得让他感到厌烦了，他就怒吼一句“我就喜欢淋雨不行吗?”妈妈看着又急又气的东东，心里难过地想：这个孩子总是把别人的好意当作是害他，不管做什么都由着自己的性子来，谁说也不听，以后可怎么办呀!

1天，东东在超市里买酸奶。这时迎面走来一个男子，东东只顾着低头走路，完全没有注意到对面来人了，他直直地撞到了男子的身上。男子看见东东一脸冷酷的样子很生气，而东东也没有说对不起。东东想直接走掉，哪承想对方不干，男子拽住东东的领子要求他向自己道歉。这下，东东被拽急了，他一挥手将男子推倒在地，男子被他这么一推更是气不打一处来，起身跟东东扭打在一起。俩人被闻声赶来的保安拉开，并被叫到了保安室。

保安大叔一面平息男子的怒火，一面看着东东摇摇头直说："现在的年轻人啊，撞到人也不肯认个错。"

东东站在一边戴着耳机，一副不可一世的样子，他不觉得自己这么做有什么问题，法律也没有规定撞到人必须要说对不起，自己凭什么要跟他道歉！

东东这种孤僻的性格，让他在生活上吃了很多亏，得罪了很多人，身边没有一个朋友，发生什么事情也无法获得他人的帮助，而且在与外人交往时也很吃亏。

性格有时候可以决定很多，永远活在自己世界里的东东在人际交往方面被绊倒了一次又一次，现实生活里，他不仅无法结识知心朋友，走入社会也无法跟同事很好地配合工作。孤僻性格的人就犹如走在一架独木桥上，身边没有一个人，还会时刻担心自己会不会掉入深渊。

我们不要把冷漠当作自己的保护色，将孤僻当作自己的防护甲，试着敞开内心可以收获朋友和意想不到的温暖。人生不是孤军奋战，更不是一叶扁舟，当我们走在人生的道路上时，需要有志同道合的朋友与我们同行，一同欣赏四下的风景。所以改变孤僻的性格吧，你将重新走上一条绚丽多彩的人生之路！

“想当然”是蒙蔽人的一层纱

社会中的每个人都是一个独特的存在，而独特正是因为大家的性格不同。相信大家在日常生活中接触过许多不同性格的人，例如活泼开朗、内向寡言、优柔寡断等性格的人。不同性格的人给我们的感觉也是不同的，我们也会根据这个人的性格选择是否要与其深交。

小雨是个性格内向、比较腼腆的姑娘，平时总是沉默寡言，平日里，同学们也都不太喜欢跟她交流，因为不管别人跟她说什么，她都只会点点头来表示回应，一度让大家以为她是个聋哑人。其实不然，小雨她听得见，也讲得出。

某天，发生了一件让大家都意料不到的事情。小雨像往常一样坐到了自己的座位上，可是她的衣服却沾满了泥土，这让大家以为她遭遇了不好的事情，猜测着是不是发生过车祸或者是在路上跌了一跤。

同学们关心地询问小雨，而小雨只是摇摇头说“没什么，只是一不小心弄脏了衣服”。小雨的反应让大家也不好再多问些什么了，大家只好安安静静地回到了自己的座位上。

就在快放学的时候，教导员找到小雨，让她去一下门卫室。原来，学校里来了一位男士，指名要找小雨。校门口的门卫大爷看到男士是一个生面孔，于是便问他找小雨干什么。这位男士说是来向小雨道谢的，门卫大爷虽然很疑惑，但还是联系了小雨的教导员。

小雨看到这位男士时也十分疑惑，就在这时，男士自我介绍道："您上午在地铁旁救了我的父亲，我是来感谢您的，要不是您及时拨打120，我的父亲恐怕是凶多吉少了。"

这时，小雨明白了，她说："原来您就是那位老人家的儿子啊，不用谢，我只是尽我所能，况且换作任何一个人碰到那种情况都会出手相助的。"

这位男士又说道："虽然是这么说，但我还是很感激您，在这里我再次向您表示感谢！"二人又说了会儿话，男士再三对小雨表示感谢。等男士走后，大家开始议论纷纷，向小雨询问早上发生了什么。

见此，小雨也不好隐瞒了，便向同学们说："也不是什么大事，只是在地铁旁碰到一位发病的老人，我就帮他打了个120，并等到救护车来把老人拉去救治而已。"

大家纷纷露出震惊的表情，他们觉得小雨平常看起来就是一个文文静静的女生，甚至可以说有些孤僻，所以班里能主动跟小雨来往的人并不多，想不到看起来如此孤僻的一个女生竟然这么热心肠。

在众人震惊的眼神中，小雨不禁回想起早上的情形。这天像往常一样，小雨路过地铁3号线时，就看到前面地铁旁发生了一阵骚动，小雨一脸疑惑地看着周围，不自觉地向骚动处走去。透过人群，小雨看到了一位躺在地上的老人，一动不动，不知道是什么情况。小雨看周围的人并没有做出反应，她本能地拿出手机拨打了120，并疏导人群散去，保持老人周围的空气流通。打完电话，小雨能做的也只是安静地守在旁边等待救护车的到来。

等到救护车赶到，医护人员把老人抬到了救护车上，小雨还一直跟在旁边，医护人员误以为她是家属便让她上车跟着去医院。小雨解释不清，只得照办。到了医院，小雨帮老人办好了住院手续，就先行离开了。事后想起，小雨虽然觉得有些后怕，万一被讹上了就不好了，但是小雨不后悔她当时的做法，何况周围有那么多人，即使真发生这种情况，她还可以找人做证。所以，如果再来一次，她依然会选择救那个老爷爷，因为她知道，这才是正确的事情。

可见，人不可貌相，海水不可斗量。我们看人不应该只看外表，而应该多关注其为人处世的一面。我们可以从以下几个方面了解他人的性格。第一，看他做事的方式。如果一个人做事光明正大，不干一些见不得人的事情，那么可以跟这个人有交集。如果在前面的基础上，他还可以在做事的时候顾及身边同事的感受，那么此人一定值得深交。第二，看他与身边人的关系。如果他对父母十分尊敬，对朋友仗义，那么此人也是值得深交的。而如果遇到的人与此相反，那么尽量不要与他有交集。这条意见的参考性较小，因为我们很有可能看不到他与父母的关系，所以这条要灵活运用。第三，看他对服务行业工作人员的态度，去饭店吃饭时，如果此人表现出比服务员高一等的态度，那么也不用和此人深交。他没有任何的资本瞧不起服务员，毕竟工作不分贵贱，大家只是分工不同，更何况现在是人人平等的社会。

当然，跟人交往时，还有其他参考的意见，上面提到的这些只是其中的一小部分，我们可以将自己的感受融入其中再去判断此人是不是值得交往。毕竟有些人是非常擅长演戏的，但戏演多了就容易露出马脚，所以说跟人有交集时，我们一定要深思熟虑。而且仅靠自己的想法想当然地判断一个人是怎样的人，也是一种非常不理智的行为，万万不可让我们的性格缺陷影响我们的判断能力。

人生需要永不落山的太阳

拥有积极乐观的人生态度对我们来说是很重要的，积极乐观的态度会让我们的生活与人生都朝着好的方向前进。

我们可以多跟身边积极乐观的朋友接触，使我们对待生活的态度变得更加阳光。

玛丽是一名外国交流生，是个积极乐观、生性开朗，每天都充满正能量的姑娘，同学们都很喜欢跟她接触，一些看起来没有活力，比较内向的同学，跟她在一起都会变得开朗很多。

同学们也喜欢跟玛丽组成学习小组，因为在完成作业的过程中，假如碰到困难，她会用积极乐观的态度调动大家的情绪，让大家迎难而上。

我和玛丽都是英语专业的学生，我对她印象最深的是每一次老师留了什么作业，她都能大声地高喊："Yes，I can do it。"

每次听到她说这句话的时候，我心中都会有一丝羡慕，也有一丝不相信她说的话，因为不论课题的难易程度，她总会说出这句话。而我却不一样，每次被老师问到的时候，我总是很保守地说出："I will try to do it。"当然，我的这句话并不是老师想听到的，也不是我们这个年龄所应说出的话，我们这个年龄段的人在别人看来应当是充满热血、充满活力的，应当是积极的、阳光的，所以老师不太喜欢我，无论我的课题做得多么漂亮，老师总会对我说一句：要善于表达自己，要善于为自己争取机会，要积极乐观地对待每一次的课题，要对自己充满信心。

起初我并不以为然，我认为每个人都有自己的脾气和性格，我们不应该给自己画上圈，告诉自己朝着这个方向发展，那样的我们活得也太累了。可遇见玛丽以后，我觉得我们应该怀有积极乐观的态度，因为积极乐观会给我们带来很多很多的好处，其中就包括会让我们的生活变得多姿多彩。

玛丽是我很好的朋友，同时也是使我变得积极乐观的人生导师。有一次，老师留了一个英语课题，要搜寻身边每个同学的爱好。我不喜欢和别人打交道，也不太愿意主动打开心扉，我当时就想看看书，看看小说中人物的爱好，当然这与课题是不相符的。

当玛丽问我进展如何时，我把我的想法告诉了她。她很吃惊地望着我，然后大声地对我说："No！你不应该这样，我们应该付诸实践，应该真正地去了解人们的爱好，而不是在书中去复制作者笔下的人物。总是复制书中的内容，不与别人交流，我们就与社会脱节了。我们应该积极乐观地去对待每一次的课题，应该去认识更多的新朋友，对待任何事情我们都应该积极面对，而不是拒绝与别人沟通、交谈，这样你的论文只能是纸上谈兵。"

说实话，看到这个论题的时候，我确实有消极的想法，心想着我能混过去就混过去吧。还没有等我反驳，玛丽就拉着我去校园里做调查问卷去了。我感觉把我人生中说过的所有的话加起来，都没有这一上午做调查问卷说得多，通过做调查问卷，我还认识了很多人，可能我之前的两三年都没认识过这么多人。这一上午的时间我过得很充实，而且效率也确实比我在宿舍看书查资料要快得多，我第一次感觉到原来积极地面对、积极地解决事情是这样的心情，我觉得无比轻松，甚至心里还美滋滋的。

回到宿舍后，玛丽对我说："怎么样？这一上午是不是收获挺多的？是不是比你消极地看待这个课题要开心很多？事实上，只要你积极地去了解，你的课题就一定会做得很漂亮。"

确实如玛丽所说，我这次的课题分数比以前的课题分数高了很多，导师对我的进步给予了很大的认可，也给了我很大的鼓励。

通过这件事情，我觉得积极乐观真的很重要，无论是学习还是生活，我们都应该积极面对，不应该一味地消极对待。因为积极也好，消极也罢，我们总要完成这件事情，既然都要完成，我们为什么不能积极认真地去把它完成好呢？当我们能把这件事完成得很漂亮的时候，也会生出一种自豪感与成就感，这不仅能增强我们在现阶段的自信心，还能使我们对未来充满信心。

越长大，我们面临的事情越多，遇到的不好的人、不好的事情也就越多，在家的时候，我们有爸妈来给我们撑腰，可总有一天，我们要自己面对。在面对这些问题的时候，不同的人有不同的态度。有的人遇到困难后郁郁寡欢，甚至有了轻生的念头；而有的人遇到了困难，会迎难而上，用积极的态度去面对问题，去解决问题。显而易见，你越是积极乐观地面对，事情就解决得越快，就越会往好的方向发展，而你越是逃避或消极面对，困难就会越积越多。

在遇到问题的时候，我们要记住三个原则。第一，告诉自己必须去面对，不能逃避问题，不能把问题无限放大。第二，我们应该用积极的态度去看待问题，告诉自己任何事情都会变好，否极泰来。第三，要付出行动，不能空想，不能让思想困住脚步。

最后，我想告诉大家的是，人生不如意之事十有八九，有些事情的发展是我们不能预料到的，所以当我们遇到问题时，我们要积极面对，要乐观面对，生活总会好起来的！

请接纳自己并相信自己

生命不息，奋斗不止。人的潜能是无限的，并且往往都是在困境中被激发出来的。所以，人不能总是畏畏缩缩，不敢正面面对现实，但我们很清楚，逃避现实是没有用的，我们应该直面生活中好的一面，接受生活中不好的一面。在遇到困难的时候，要勇于奋斗，突破自己。

进入大三后，洛洛总是一副眉头紧锁的样子。原来，洛洛发现同学们都对自己的人生有了下一步的规划，有的同学打算考研，有的同学打算参加工作，还有的同学已经开始准备出国留学了。

自从进入大学以后，洛洛自由了太久，高中时的规划早已抛在了脑后。放纵了太久，她已经忘记大学四年的时光马上就要结束了。走在校园的林荫小道上，洛洛不知不觉陷入了沉思：自己接下来该作何打算呢？未来应该准备些什么呢？现在规划还来得及吗？

在接下来的一段时间里，洛洛总是一脸闷闷不乐。这天，高中同学糖糖通过微信告诉洛洛说:“洛洛，我准备考新闻学的研究生！你呢?”

“我应该会找个工作吧。”洛洛思考了一下回答道。

“什么？洛洛，你还记得高中的时候，我们躺在操场的草坪上，望着星空畅想大学的生活，还做了进入大学后的规划，那时候我们信誓旦旦地说一定要考研，你忘了吗?”糖糖不解地问。

洛洛思考了一下说:“嗯……有吗，真的吗？我感觉这些话很耳熟，却又很陌生。”

糖糖接着说:“对呀，那时候咱们可是满怀壮志呢！怎么你现在要放弃了吗？不要放弃啊！跟我一起考研吧！我们一起试试。”

“糖糖，谢谢你，我会考虑的。”洛洛愉快地回答。

躺在床上，洛洛不禁回想起高中的青葱岁月，仿佛又回到了那个教室。可是，洛洛愁眉不展地想，因为自己高考成绩不理想，上的是一所三本的大学，肯定没有名牌大学的学生学习到的知识多、学得好。想到这里，洛洛不自觉地又开始退缩了。

洛洛这几天的反常情绪引起了辅导员璐璐老师的注意，璐璐老师问清来龙去脉后，鼓励洛洛说:“人生啊，并不总是一帆风顺的，有梦想是好事，但我们更应该有行动力，然后只管跟着自己的内心走，先苦后甜，方能成功。”洛洛点了点头，顿时豁然开朗起来。

接下来的时间，洛洛开始咨询学长学姐一些关于考研相关的信息，经过慎重的思考与分析，洛洛确定了自己想要报考的专业和学校。

考研的路注定是孤独的，同寝室的同学没有考研的，只有洛洛一个人孤军奋战，就这样，她开始了漫长的考研时光。洛洛清楚自己想要得到什么，为了这些，自己需要付出怎样的努力，她从早上 6 点开始背专业课，下午又留出一部分时间学习政治和英语。

自从开始学习政治和英语后，洛洛又愁眉不展了，因为她每次做完英语和政治选择题对照答案时，就会发现自己的答案几乎都是错的，这一次，洛洛并没有因此泄气，反而越挫越勇。但看到目标学校的招生简章时，洛洛突然慌神了，因为她只有 3 个月的时间了，有一瞬间，她竟然产生了想要放弃的想法，接着她又想起了璐璐老师说的话，这时，洛洛又鼓足干劲，继续钻入题海，为梦想拼搏。

之后，洛洛过上了自习室、食堂、宿舍三点一线的生活，虽然也曾因学不会题目而哭泣，但最终她还是坚持了下来，她想要挑战自己，想要完成自己的梦想。考试结束后，洛洛就开始焦灼地等待着考试成绩。等成绩出来时，洛洛盯着自己的考试成绩，眼泪模糊了双眼，努力了大半年的时间没有白费。

紧接着，洛洛又开始为复试做准备。每每想要放弃的时候，洛洛都会想起璐璐老师说过的话，为了梦想，要突破自我。最终，洛洛成功了，她考上了研究生！

人生的道路，没有谁是一帆风顺的，不论在学习上、生活中，还是在工作中，我们总会遇到这样或者那样的困难和挫折。这种时候，就需要我们挑战不可能，把不可能变成可能。人生本就不是定义好的，所有结果在于自己有没有努力奋斗。我们要勇于挑战自我，突破自我。在成功的道路上，需要自律，没有人会一直跟你同行，也不可能有人会永远当你的闹钟，一直叫醒你。当你处在人生的低谷时，要相信，每个人都有解决困难的能力，我们要努力克服消极心理，以积极的态度应对各种困难。

成功绝对不是偶然的，是需要付出努力的，而人的潜能是无限的，需要被激发出来，而安于现状，一切都不会改变。所以我们要不断攀登，不断突破自身，不逼自己一把，怎么知道自己行不行呢？人生本来就应永不言弃，不要拘泥于一时的困境，也不要被一时的荣誉冲昏头脑。想赢就去拼，爱拼才会赢。多尝试一些新鲜的事物，突破自己，跳出自己的舒适圈。

每天突破一点点，积少成多，就会形成大的进步。向困难挑战，不抛弃不放弃，超越自我，这才是生命的真谛。一成不变的生活就像温水煮青蛙，会慢慢把自己废掉。人生之路，道阻且长，生命的意义不是要超越别人，而是要超越自己，突破自我！

把焦虑抛在身后再上路

随着经济的快速发展，人们对各种事物有了新的认识，有了更高的追求，同时也对周围的一切感到越来越焦虑，例如对学习的焦虑、对金钱的焦虑、对生活水平的焦虑等。这些焦虑有的能促使我们取得更大的成功，而有的却会使人变得盲目。比如现在很多人都对容貌感到焦虑，这种焦虑就会让人们不顾一切去追求所谓的“美”，最后越陷越深，掉入爱美的无底洞。

现在各种视频 App 的崛起，让我们认识了各种各样的人，但当我们见的人多了，就会产生对比，就会发现自己身上的各种缺点，为什么人家的眼睛那么大，为什么人家的脸那么小，为什么人家的腿又细又长，这些所谓的“美”，成了我们追求美的标准。

我们的“美”被规范在一种标准里，好像只有长着一双双眼皮才是美的，只有腿又细又长才是美的。甚至很多主播都在无形地告诉我们，这样就是“美”的，告诉我们她们是如何变美的，或者说做了哪种手术才让她们变美的。这些人及这些标准的存在，无形中带给了我们一种容貌焦虑。于是，受到所谓的“美”的影响，有一些人就开始为了变“美”不惜一切代价，可她们却忘了真正的美该是什么样的。

我的朋友小冉原本生活得非常幸福。她家的经济条件很好，就是大家经常说的小康家庭。小冉的脾气也很好，平时非常喜欢小猫小狗，对老师同学也很好，我们一帮朋友都很喜欢她，用人美心善形容她再合适不过了。

有一天，她告诉我们有一个视频平台聘请她当主播，但是平台上的其他主播都长得特别“好看”，她觉得自己比不过她们。我们看了之后，觉得她所谓的“好看”是畸形的，放在一般人里太过火了。小冉却不以为然，她觉得只有这样才是美的，所以她不顾所有人的反对，把她原本很有个性的单眼皮变成了千篇一律的欧式双眼皮。本来我们就认为她够美了，现在又做了双眼皮，这下她应该满足了吧，可没想到的是，她并没有就此收手，她觉得自己的鼻子不够高，羡慕别人的鼻子都是高高的、挺挺的，所以，她又一次踏进了整形医院。这次，小冉要把她的鼻子弄得又高又挺。

后来，我们有好长一段时间没有见过她。有一天，她突然打电话给我们，说她因整容而毁容了。虽然我们听得心惊，但面对痛苦的小冉，我们只得先安慰她，并劝告她让她以后不要再去整容了，可是她却坚决地拒绝了，她说她要再整一次，她这个回答令我们目瞪口呆。而且据我们了解，小冉还因此与她的父母闹掰了，她的父母都不同意她整容，并且她也因为整容花掉了很多钱，每整容一次都要10万元起步。我们告诉小冉她很漂亮，没必要再去整容了，她却说我们不懂。而她父母因为执迷不悟的她天天以泪洗面，她却觉得一次次整容就是她追求梦想的脚步。

再一次看到小冉时，我们都惊呆了，这一次，她的脸因整容而变得很精致。我们一块吃饭的时候，看着她那张精致的“网红脸”，觉得这次她应该满意了吧。她却说：“你们可能不太懂，我觉得我的脸型不太好看，离巴掌脸还差很多。”我们问她还要整吗，她说：“对啊，我现在还是不够漂亮，我要那种巴掌脸，还需要把我的颧骨磨平，把两腮的骨头削掉。”

听完，我们都有些瞠目结舌，这太可怕了，我们还是无法理解她认为的“美”，甚至再次劝导她：“真正的美不是这样的，而且每个人都有每个人不同的美，我们不用追求千篇一律的美。”然而，她对我们的想法完全不认同，就像我们不认同她的想法一样。我们也不明白她本来就很美，为什么会有容貌焦虑呢？

我们很想告诉小冉，胖有胖的美，这是一种可爱的美；瘦有瘦的美，这是一种骨感的美。双眼皮是美，但单眼皮也别有韵味，小脸有小脸的美，大脸也有大脸的美，我们不应该用外表来定义美。真正的美是心里的美，是从内而外散发出来的美，比如，我们在路边扶老奶奶过马路、随手捡起地上的垃圾、照顾流浪猫狗等。这些小事时时刻刻都让你散发着美、散发着光，让你自带光环。如果一个人看到老奶奶过马路，不但不帮忙反而嫌弃她走得慢，或者坐公交车时不给老奶奶让座，那么，不论这个人打扮得或长得多美，她的这种美都会大打折扣，这样的人在我们的眼里是欠缺教养的，更是丑陋的。真正的美和容貌无关，它其实就在善良的人心中，由内而外地闪着耀眼的光芒。

最近市面上又流行了一种“精灵耳”的整容方法，通过医学手段把人的耳朵支棱起来。对此，网友们众说纷纭，有的网友感叹：现在的“美”这么畸形了嘛？究竟什么才是真正的美？在网上、现实中有那么多整容失败的例子，整容者们为什么还充耳不闻，“前仆后继”呢？

在这里我想告诉大家，千万不要有容貌焦虑，我们虽然只是普普通通的平常人，却也各有各的美，各有各的魅力。如果有人在背后议论甚至当面指出你容貌上的缺陷，你一定要记得反击，这是“评论者”的错而不是你的错，他在评论你的容貌时就错了，而且随意评论别人，是一种很不礼貌的行为，也是没有教养的表现。所以，我们不必因为这些评论产生任何自卑和焦虑心理，而应该为“评论者”感到可悲。因为在他的眼中，看到的只有不足，这难道不可悲吗？

最重要的是，在我们觉察到自己有焦虑的情绪时，一定要转移注意力，多看看自己的优点，放大自己的优点，因为这世上，本就人无完人，每个人都会有或大或小的缺点，只不过有一些是我们所不知道的。

我们要时刻相信，自己是美丽的，是值得被珍惜的。要相信，自信的女孩最美丽！

第8章

锻造美好性格的第八步：做个美好的女孩

每个心灵上都会开出不一样的花

在当今社会中，每种性格、每类人、每个职业的存在都有其独特的意义，因为有各种性格的人承担各种各样的工作，才能让社会得以运转下去。例如，服务行业的存在让我们的消费有了人性化的服务；公检法行业的存在让那些坏人最终受到法律的制裁；医疗行业的存在让每个深受病痛折磨的人的症状得以缓解，甚至远离病痛。

小姝是一名医生，在她身上，有着医生这个职业该有的认真严谨、温柔体贴、吃苦耐劳等性格特点。在小姝刚进入医院实习时，她那张带有婴儿肥的圆脸收获了一部分人的喜爱，后来通过深入了解，同事们发现小姝的性格与她这张可爱的脸截然相反，她是那种表面冷静，内心十分火热的人，只不过她不愿向大家表现出来。

小姝还是实习医生时，她掌握的医疗技能就比同届的实习医生更加精细、深入，所以她获得了师兄师姐、主治医师以及患者的认可及喜爱。时光易逝，转眼几年过去了，小姝从一名实习医生一步步升到主治医师，并且还顺利地留在了她热爱的儿科。虽然小姝的性格看起来有点“冰冷”，但是她对待小朋友还是十分有耐心的，她会细心地留意每个小患者的需求，以及他们的情绪变化，及时为他们准备所需的物品，也会为孩子们疏导情绪。

虽然作为一名医生已经对生死习以为常，但每当有患者去世的时候，小姝还是做不到平静对待。只要小姝想到他们还那么小，却还没来得及好好看看这个世界，就走完了生命的旅程，她的心里就十分难过。

这天，小姝像平常一样在医院工作，快下班时来了一名患者，是个小女孩，患者家属一脸难过的表情不禁让小姝倒吸一口凉气，直觉告诉她，这个小女孩估计病得不轻。小姝连忙让护士为小女孩安排床位，等他们安顿好以后，小姝简单地询问了病情，这才知道小女孩得了恶性肿瘤，而且无法开刀。可是小女孩的父母不信，于是带着小女孩来到小姝所在的医院，希望这个医院能有办法救救他们的女儿。了解完患者病情的小姝也清楚地知道，小女孩这种情况想要治愈是很难的，但小姝还是尽力安慰小女孩的父母，在跟小女孩的父母交代好后就下班了。

回家的路上，小姝一直在想自己做医生的意义是什么呢，不就是为了治好病人吗？可是当她自己真正地做了医生以后，才知道有些事情医生也无能为力，这带来的挫败感一度让她产生了想要后退的想法。可是在她想通之前，她只能像往常一样按时上班完成工作。

第二天，等她来到医院跟主任一起查房时，她发现同事里多了一位陌生面孔，她不免有一些疑惑，但她并没有问他是谁。等查房结束后，小姝来到了小女孩的病房，这时她看到那位陌生面孔此时也在病房向小姑娘的父母询问着病情。她止住了想要问他是谁的想法，待他们都从病房出来以后，小姝才打听到，原来他是另一个医院的医生，叫梁穆，专门为了小女孩的病过来的。小姝赶紧追过去询问小女孩的病情有没有治愈的希望，梁医生表情严肃、声音低沉地说："希望不大。"小姝不禁有些难过。梁医生叮嘱小姝不要在患者家属面前表现出来，以免家属担心。

接下来的日子，小姝跟梁穆因为小女孩的病情有了越来越多的交集。小女孩的病情并没有恶化，所以小姝以为小女孩不久就可以出院了。好像所有的事情都经不住念叨，临近下班时，小女孩的家属一脸焦急地赶到护士站叫医生。小姝跟梁穆连忙赶到病房查看小女孩的病情，做了检查以后，小姝把小女孩的家属叫了出来，告诉他们小女孩的病情恶化了，然而后面的话她实在说不出来，梁穆见状便建议他们带小女孩出院享受最后的时光。小女孩的父母最终抑制不住痛哭起来。第二天，小女孩的父母带着小女孩出院了。

时间慢慢流淌，就在小姝快要忘记这位小女孩时，有一天她刚到医院，便看见了小女孩的父母。小女孩的父母说小女孩已经离开了，但他们依然很感谢小姝和梁医生在他们女儿最后的日子里对她用心的照顾与治疗。他们还给小姝带来了小女孩临走前写给小姝的一封信。

下班后，小姝拆开了那封信。

谢谢小姝姐姐跟梁穆哥哥的照顾，我转院到这里的时候就知道了我的病是治不好了，我只是不想看到爸爸妈妈那么痛苦，所以也想为他们活下去，可还是不行。

在医院有小姝姐姐跟梁穆哥哥的照顾我好幸运啊，小姝姐姐，我悄悄跟你说，梁穆哥哥肯定是喜欢你的，他的目光总是追随着你的身影，根本挪不开。

最后，小姝姐姐，即使我到了另一个世界，我也会想你的。

小姝看完信后忍不住哭了起来，她多希望医疗水平可以越来越好，没有那么多患者离世，可是这需要一个漫长的过程，她现在能做到的就是尽自己全力为患者提供治疗。

一个人的性格决定她今后会走什么样的路，看似冷漠的小姝在对待患者时也会流露出温柔的那一面。也许我们总以为自己只有绝对的一种性格，内向或外向，但无论怎样，请相信自己，一定能成为一个温暖的人。内向的人的表达方式或许会略微含蓄，外向的人或许活泼爽朗叽叽喳喳，但无论哪种性格的人，都有温柔的一面，在他们的心灵深处，都能孕育出美好。

每个人的性格决定了他以后的发展道路，但是每个心灵上都能开出一朵绚烂的花，人生如梦，人生如花。

人生的路如何走下去取决于我们每个人对性格的修炼，所以，从现在开始，请修炼你的性格，让未来的人生之路走得更顺畅！

与其做一个好人，不如做一个善良的人

做一个好人很容易，做一个善良的人却很难。善良是一种难能可贵的品质，也是很多人性格中的闪光点。

从小我们就听妈妈说“长大后，你一定要做一个善良的人。”那究竟什么样的人才可以称得上善良呢?《礼记·学记》中说:“发虑宪，求善良，足以谀闻，不足以动众。”孔颖达疏:“良亦善也。又能招求善良之士。”这句话是说：古时的统治者发出谋虑计划和颁布法令政策的时候，能够先广泛地征求德行高尚人士的体验，来辅助自己，这仅是个人的善行，只能做到小有声誉而已，但不足以鼓动群众。孔颖达补充解释：良也是善。又可以解释为招求善良的人。正所谓良也是善，善良是说一个人心地好，对他人没有恶意，可以友善地对待其他人。

有一首歌想必我们都不陌生，“只要人人都献出一点爱，世界将变成美好的人间”。汶川大地震时，一方有难，八方支援让我们明白了何为善良，中国人与生俱来的善良和凝聚力帮我们挺过了许许多多的天灾人难，我们会在电视报道或一些视频软件中看到一些画面，就如，侧翻的小汽车把人压在车底，周围的陌生人便会自发上前争分夺秒地救助那个被压在下面的人。类似的故事还有许多，这些故事告诉我们善良是什么。善良是在他人甚至小动物面临危难之际不假思索地伸出援助之手，善良是能够为他人设身处地地着想而不是只考虑自己的利益得失，善良是植根于每个人心底的那盏明灯，可以照亮前方的路。

小花从小就很善良。当小区里的流浪猫饿得不停叫唤的时候，她会拿出自己的零花钱为它们购买猫粮。有许多的邻居很不理解小花，因为大家都觉得流浪猫很讨厌，流浪猫的死活跟自己无关，更不用说给流浪猫买猫粮了，他们恨不得流浪猫立刻就消失在自己的眼前。可小花不理会别人的看法和做法，她认为万物都有生命，没有高低卑贱之分，流浪猫也是无辜的小生命，它们也可以拥有人类的爱。

当然，也有一些人赞同小花的做法，他们也觉得万物都有其存在的道理和意义，不能因为自己的好恶就剥夺其存在的权利。如今社会上出现许多起虐猫、虐狗事件，视频在网络上发酵后，网友们都在谴责那些坏人的种种行径。虐猫、虐狗的做法在挑战公序良俗的同时，也冲破了人们可以容忍的道德底线，可以不爱但别伤害，人和动物虽有区别，但也不代表人可以随便对待动物，对于每一个生物体来说，生命都是宝贵的。人是如此，小猫小狗亦如此。

虽然我们不能要求每个人都怀着一颗爱心去保护小动物，但是对每一个生命保持尊重是心地善良的人应有的素质，一个人对待小动物生命的态度同样能映射出他对于人命的态度。极端恶劣的人是不会对生命常怀善良之心的。成为一个善良的人，一个心理健康的人，虽然每个人都有其阴暗的一面，但黑暗无法战胜光明，阴暗永远代替不了善良。不要挑战生而为人的底线，也不要让阴暗面吞噬心中的阳光，更不要让自己失去善良的权利而成为一个恶毒的、可怕的人。善良会传染，善良的人也可以感染身边的人，使身边的人变得积极向上，做一个追逐光明的人而不是生活在黑暗里的人。尽管有时候，没人理解我们的善良，但我们依然要选择做内心善良的人，而内心的善良取决于我们自己的选择，而选择做什么样的人，是为了自己，不是因为别人。

人生中最好的选择就是说善言，行善事，佛语有云："种善得善，种恶得恶，有因便有果，善恶终有报。"

做一个善良的人吧。做好事能给人带来最愉悦的内心感受，因为我们的善良，别人的心中多了一些温暖；因为我们的善良，别人的困境得以化解；因为我们的善良，这个世界会有一点点不一样。

做一个善良的人，温暖自己，也照亮别人！

友善也是一种温暖的给予

在日常生活中，友善待人十分重要。友善是人们之间传递善意的重要方式，它可以传递人与人之间的情感和思想。而良好的沟通方式恰好是待人友善的体现。不管在生活还是学习中，我们每时每刻都需要和他人建立联系，每时每刻都需要与他人进行沟通。掌握良好的沟通方法，建立健康和谐的关系，能够使我们积极成长。

在大学的宿舍中，305 宿舍的成员脸上总是阴沉沉的，往日的欢声笑语荡然无存，原本同去上课、吃饭的四人，现在也变成了两两分组。究其原因，就要从前段时间 305 宿舍的小玉开始打游戏说起了。

有一次，小琦气冲冲地说:“好烦啊，小玉天天晚上到了熄灯时间还在打游戏，键盘声噼里啪啦的，并且还一直小声地跟别人聊天，吵得我根本睡不着。”

“我也是，一天两天还可以，每天都这样，我的睡眠质量也有点下降了。”欣欣接着说道。

“那要不我们跟小玉讲一下这个事情，这样也方便我们能按时休息。”小琦想了想，和大家商量道。

欣欣高兴地说：“好呀，大家都是好朋友，说一下肯定没问题的。”

欣欣和小琦准备和小玉沟通，可还没走到小玉身边，就听见小玉很生气地在跟游戏里的好友聊天，于是，欣欣和小琦不约而同地放弃了同她交流的想法。

日子慢慢地过去，小玉一如既往，丝毫不考虑室友的感受。作为“报复”，小琦买了一张床上桌放在床上，桌面刚好卡住了小玉爬梯子上床的着力点，小玉要想回自己的床上会很费劲。一来二去，宿舍里的气氛变得有些不对劲。

某天，宿舍里最终爆发了一场激烈的争吵。

小玉怒吼道：“小琦你什么意思，你怎么这么自私，你放了这个我还怎么爬床梯？”

小琦也不甘示弱地回道：“那你晚上打扰别人睡觉就不自私了吗？”

吵完以后，小琦找到了辅导员肖老师，向肖老师哭诉道：“老师，小玉每天晚上打扰大家睡觉！”

肖老师说：“小琦，发生了什么事？你先别哭，把事情跟我好好聊一聊，我们想办法解决问题。”

小琦把来龙去脉讲了一遍，肖老师笑笑说：“没事，小琦，宿舍室友之间有点小摩擦是很正常的事情，有矛盾就要说出来呀。”

小琦点点头，过了没多久，肖老师把小玉也叫到了办公室，对着小琦和小玉说道：“你们两个是因为什么事情闹得不愉快的，今天咱们就在这里解决了，毕竟大家还要在一起生活四年呢，对不对？”肖老师温和地说道。

于是，小琦、小玉把各自的不愉快都说了出来，通过肖老师在中间调解，加上两个人的沟通，小玉向小琦承诺，以后晚上十一点就不用电脑了，保证不打扰室友休息。而小琦也答应把床上桌换到另一边没梯子的地方。

之后，305 宿舍又恢复了往日的欢声笑语。

读到这里，不知道大家有没有发现，我们生活中的摩擦，多数发生在自己与他人的人际交往中。我们每天都要与形形色色的人打交道，处理各种人际关系，时间久了，我们就可以发现，无论是在学习、生活，还是工作中，最受大家喜欢的人往往是那些能够友善待人的人，而这些人在遇到问题时，能够第一时间与他人进行有效沟通。如果你的沟通能力强，那么事情就会有很大可能朝着你预期的方向发展。

友善待人是发自内心的行为。在日常交往中，我们应该诚心诚意地把话说到对方的心坎里，这样才能获得好人缘，及时处理所遇到的不愉快。在交往时，我们首先应该找到适合自己的说话方式，掌握好分寸感和距离感，增强说服力，让别人喜欢听我们说话，喜欢与我们交往。

友善待人应该是相互的，需要双方都参与其中，如果只是一方唱独角戏，这样根本收获不了美好的友情。要想建立一段良好的关系，我们需要适度地展现自己心中的善意。每个人都有自己的社会网络系统，社会网络系统由正式的网络系统和非正式的网络系统组成。而每个人最依赖的还是亲人、朋友、邻居，我们可以先与最依赖的人进行良好的交往，互相带给对方欢乐，进而使自己找寻到在人际交往中友善待人的方式。

友善待人是充满智慧的行为。友善待人可以消除自己与他人之间的隔阂和猜忌，进一步加深彼此的了解。试着友善地对待家人，你就会明白父母的良苦用心，而不是每天与父母争吵；试着友善对待自己的老师，也许困扰着你的学业就会变得轻松许多；试着友善对待自己的朋友，就能一扫情绪的阴霾。友善待人是通往他人心灵的一扇门，友善待人是建立和谐关系的钥匙，友善待人是连接着每个人感情的一座桥。

现代社会在高速发展，时代也在不断进步，如何友善地对待身边的人也是每一个人成长中的必修课。掌握友善待人的方式，可以令自己摆脱孤独。性格中的友善可以开启心与心的对话，无须烦琐的语言，只要我们敞开心扉，传达善意，也许只需要一个眼神，就能让他人感觉到温暖。

在人生的道路上，我们难免会遇到各种各样的困难与阻碍，而培养性格中友善的部分可以消除很多不愉快的经历，塑造友善的性格也能够让我们身边的人如沐春风。

别让虚荣害了你

虚荣是诸多灾祸的根源。

虚荣心其实是每个人都会有的心理，无论男女老少，多多少少都会存在虚荣心。大多数情况下，虚荣心强的人总是喜欢与人盲目攀比，过分看重他人的评价，有时候这种虚荣心也会转变为不正当的竞争，同时还会使人产生强烈的嫉妒心。

虚荣心往往与自卑相生相伴，它更像是人类的一种防御机制，人在受到伤害时，就会本能地产生虚荣心来保护心中那个脆弱的部分，使其不受到外界的伤害。

小朱最近有一件烦心事。这还要从前几天说起。前几天的一个中午，小朱在跟朋友吃饭，突然她的手机响起来，小朱心想，这个电话号码昨天也打来过，应该不是骚扰电话吧，但是她实在想不起来这是谁的电话号码。

想了想，小朱还是接了起来，电话接通后，就听对方问道：“你是小朱吗？晶晶是你的朋友吧？”

“是啊，你有什么事情吗？”小朱疑惑地问道。

“是这样的，您的朋友晶晶在我们平台进行了网络贷款，现在我们这边联系不到她，您能帮我们联系一下吗？”电话那边的人问道。

小朱疑惑地问道：“你们怎么会有我的联系方式？”

“您朋友把您写成紧急联系人了，所以，麻烦您帮我们联系一下她。”电话那边的人继续说道。

“好的，我尽量，但我不保证能联系到她。”小朱挂了电话。

傍晚，小朱回到家以后，越想越不对劲，“这真的是诈骗电话吗？如果是诈骗电话也没骗我的钱。对方说联系不到晶晶，难道晶晶真的借了网络平台的钱？”想到这里，小朱给晶晶发了消息：“晶晶，今天有个电话打给我，说你在网络平台借钱了，我不知道是不是诈骗电话，如果他也给你打电话的话，你不要被骗哦，当心！”

“嗯？骗子吧。我没有借款啊，我会留意这个电话的。”片刻后，晶晶回了消息。

就这样又过了两天，那个熟悉的号码又打来了。“您联系到您朋友了吗？”电话那边的人问道。

小朱更疑惑了，但还是硬着头皮答道：“抱歉，我再联系一下。”

挂断电话后，小朱生气地给晶晶打过去，问道：“晶晶，你到底有没有在网络平台上贷款啊？”

晶晶回答道：“我就一张信用卡啊，你上次给我发了消息以后，我给他们回电话了啊，我警告他们了。”

小朱说道：“你超前消费多少，拿这些钱买什么了？你怎么这么傻？”

“我新配了一台高配置的电脑。”晶晶回答说。

“你不是有电脑吗？你怎么还买，还是高配的，你这明显就是被一时的虚荣蒙蔽了双眼，就因为你游戏好友的电脑比你的好吗？你怎么做超出消费能力的事？还有，要是我再接到电话我就报警了，我的正常生活已经受到了影响。你赶紧向你爸爸妈妈承认错误，让家人帮你还上这笔钱，不要因为虚荣心影响自己一辈子。”小朱气冲冲地说道。

是啊，人生在世，虚荣是在所难免的，但是虚荣心一不小心就会把你推下万丈深渊，甚至会让你误入歧途。你穿名牌衣服，只是因为名牌衣服比较舒适吗？对于一部分人来说并不是这样，而是虚荣心在作怪、在炫耀、在比较的结果。

那虚荣到底好不好？答案肯定是弊大于利。虚荣会模糊我们的双眼，做出一些超出我们能力范围内的事，使我们分不清什么是现实，什么是梦境。有些东西，我们明明知道自己不应该去重视它，但是在虚荣心的作祟下，我们就有可能过分追求这些物质。

虚荣心很可怕，会悄悄在我们心中埋下嫉妒的种子，但任何事都是对立统一的，并不是说“虚荣心”在任何情况下都不好，又或者说，我们在学校期间应该追求优异的成绩，这是虚荣吗？不是的，这仅仅是为了让我们成为更好的自己。适当的“虚荣”可以促使我们健康成长，给生活增加快乐的元素。这时候，“虚荣”就是发愤图强的动力了。

虚荣掩盖不了真实。一个虚荣的人就好像戴上了一张面具，将个人的喜怒哀乐全压在了这张假面之下，真实的情绪得不到释放，伴随着虚荣造成的痛苦，他的内心一定是阴暗和无助的。世界上没有免费的午餐，天上也不会掉馅饼，他人的鲜花和掌声都是他人用辛勤的努力与付出换来的，这世上没有白白供人消遣的虚荣。虚荣是吸血鬼，会偷偷地吸光你的精气神，只有通过自己的努力创造出来的成果，才是真正属于自己的东西。人生匆匆而逝，我们不能被华而不实的虚荣心蒙蔽双眼而做出让自己追悔莫及的事。

放下自己的虚荣心，脚踏实地才是正确的选择。做人要务实，不能只夸夸其谈，自我炫耀，逞一时之快；放下虚荣，用理性和智慧来展示自尊心和上进心；放下虚荣，用坚定果敢来实现梦想。

在当今多元化的社会中，我们与形形色色的人交往，人心也越发地浮躁，越发追求物质上的满足，贪图享受。在这种情况下，我们只有坚守本心，拒绝诱惑，放下虚荣心，才能真正获得成功。

虚荣是白纸中的一个黑点，是破坏思想的蛀虫。时刻提醒自己戒骄戒躁，切勿虚荣，拒绝虚荣。去留无意，望天空云卷云舒。不要因为一时的虚荣心而误入歧途，切记保持一颗平常心。

过度的虚荣心虽然可怕，但只要我们乐观、理智地面对自己的虚荣心，就可以战胜它，抛弃华丽的外表，充盈内在。

忍让使人安静地成长

“忍一时风平浪静，退一步海阔天空。”这是一种做人的智慧，很多人喜欢事事讲对错，遇事非要分出个胜负，从来不肯低头，觉得低头就是输给了别人。殊不知做人的智慧老祖宗早就告诉了我们。俗话说“宰相肚里能撑船”，学会忍，懂得让，有时就是解决问题的最好办法。

忍让看似受了委屈，实则福报很大，忆古怀今，无数英雄豪杰都是在忍让中开辟了一片广阔天地，例如：勾践卧薪尝胆、韩信胯下之辱等。忍让有时也是一种积蓄力量的办法。有句话说得非常好，“小不忍则乱大谋”，如果无法忍耐眼前的考验是无法吃到甜美的果子的。

周末的超市人来人往，大家都趁休息日来超市采购。

突然，人群中传来一阵嘈杂的声音，闻声望去，原来是蔬菜区的两位老大爷因为排队的事情吵了起来，只见那二人如斗鸡般你一言我一语，若不是旁人在一旁劝阻，两位老人恐怕已经动起手来了。

“你去后面排队去，休想插我的队！”一位满头白发、身穿蓝色衬衫的老人怒气冲冲地冲对面那位同样满头白发的老人吼道。

“你刚才在排队不假，可你中途去拿茄子了你以为我没看见，推车走了回来还想站在这里称重，让大家评评理，我们两个究竟是谁插谁的队！”另一位老人也不甘示弱地回答道，他觉得自己才是被插队的那一方。

“我排了一上午队，就因为刚才去拿了两个茄子，你就要站在我这里，坐收渔翁之利，我告诉你休想！我排的队，我去拿菜不假，但这还是我的位置。”穿蓝色衬衫的老人也觉得自己蛮有道理。

见两位老人争执不下，人群中有一位年轻人开始劝说两位老人，这么大的年纪了，千万不要因为这么一件小事大动肝火，要是气出个好歹来就得不偿失了。旁边的人也连连点头附和，劝导两位老人都冷静一下，实在不行，他们可以让出一个位置给那位穿蓝色衬衫的老人。可那两位老人谁也不肯退让，依旧争执不休，两人都坚持自己的立场，觉得自己没有错，超市的蔬菜区也因为两位老人争执不下而不能正常排队称重。

两位老人的斤斤计较不仅让自己生了一场没必要的气，还耽误了大家的时间。这时，其中一位老人越说越激动，高血压竟然犯了，扶着手推车晃了晃，跌坐在地上，吓得旁边的小伙子赶快拿出手机拨打 120 叫来了救护车。待那位犯病的老人被救护车拉走后，刚才那位不肯退让的老人也没有了买菜的兴致，愤愤地扔下手推车离开了杂乱的人群，想必这位老人此时也很后悔。

如果一开始的时候，他们其中一人肯退一步，是不是就不会造成这样的结果了？

很多时候，我们在与别人发生争执或者面对一些糟心事时的表现就如同上述的两位老人，一味地执着于对与错，不懂得忍让。我们每个人都应该时刻保持理智和冷静，遇事要三思而后言，三思而后行。在采取某个重大行动之前，必须反复告诫自己千万不能感情用事。感情用事常常是不会有好结果的。

人贵有自知之明，我们要知道太阳不是为某一个人而升起的，地球不是单独为某一个人而转动的。合理地、适当地、理智地让步，有助于消除矛盾、解决事情。生活中没有那么多的对与错需要我们时刻去分辨，有时退一步求得圆满恰巧是做人的智慧。生活中很多时候都需要我们尽量地忍一忍，很多时候我们都会因为自己的一时冲动，伤害到自己，或者伤害到别人。如果我们多忍一忍，这些鸡毛蒜皮的小事就可以“化干戈为玉帛”了。

忍让是人生中的一种豁达态度，是一个人有涵养的重要表现。在许多情况下，我们没有必要和别人斤斤计较，更没有必要争强好胜。有时，一些根本没有必要的事情会绊住我们的脚步，如果这些事情绊住了你的脚步，那么请多多提醒自己，给别人让一条路，就是给自己留一条路。

理智让女孩蜕变出翅膀

我们通常认为“窈窕淑女，君子好逑”。诚然，美丽的外表充满了吸引力，但是容貌会随着时间发生改变，真正能够长久吸引伴侣、使爱情甜蜜、婚姻幸福的是人的内在美。在考量人的内在美时，性格占据相当大的比重。或许每个懵懂的少女都会有心头悸动的一天，当心动的感觉向你奔来时，请正确地看待它。

“不要早恋”是老师和家长经常挂在嘴边的一句话，什么叫“早恋”呢，举个简单的例子，就像在初春摘下一枝还未绽放的花，那么这枝被早早采下的花会绽放吗？我想大概是不会的，它的生命在被摘下的那一刻就已经结束了，没有了赖以生存的土壤和守护者的浇灌，这枝花可能也无法成为更好的自己了。

女孩子们天生的敏感与细腻使她们早早就明白一种不一样的感情。或许在某个人打篮球时，你总会装作不经意地经过，然后偷偷瞥上几眼，外表风平浪静心中却已波涛汹涌；又或许在上课时，你总会特别关注一个人的一举一动，一堂课下来看似在认真听讲，却一点儿都没听进去，反而他打了几次瞌睡你清清楚楚。当你有了这种特别的感情时，无须太恐惧也无须太敏感，在这个年纪，对异性产生好感是很正常的。但是有的人会认为，早恋是一种风气，当别人都在早恋而自己没有一个喜欢的人时，与同学们就没有了共同语言，或者觉得自己没有喜欢的人或没有喜欢自己的人是一件丢脸的事情。在这里我想说，早恋不是一件可怕的事情，如果能正确地对待早恋，或许它会变成我们人生中最美好的一段回忆和前进的动力。

恋爱应该是一件特别美好的事情，应该生长在阳光下，而早恋却像是盛开的牵牛花，一旦太阳出来就会迅速蔫掉，这样的感情也不会长久。因此，我们需要确定的是，这样的感情真的是自己想要的吗？有许多同学会说初中阶段或高中阶段的恋爱是最美好的，因为它单纯没有任何附加条件，但是我们往往忘了，中考、高考等升学考就是筛选一批优秀的人继续完成学业从而成为更加优秀的人。吃不了学习的苦，那又如何谈及未来发展呢？或许我们应该思考一个问题，如果我们有好感的人或者说我们自己被中考或高考无情地筛选下来了，而一方考了一所特别好的学校，有了更好的发展，那时，我们要怎么办？

时间会推着人不断向前走。在还没成为更好的自己之前，每个人都是一条奔流不息的小河，有些小河会朝着正确的方向汇入大海，最终在浩瀚的大海中相遇、汇合，而有些小河却因为不断地走弯路，或许到达不了大海就被困在一方小小的泥塘里。因此，如果我们想在大海中相遇，就应理智地选择那条正确的路。

或许有些女孩儿正在为这种感情而烦恼，不知该如何是好。如果当前你正深陷于这种令人痛苦的纠结中，你就要用自己的理智来帮助自己尽快走出这个死胡同。我们可以从以下几个方面来看待这个问题：第一，观察一个人不仅要发现他的闪光点，也可以观察他不完美的地方。人无完人，我们大概率是不会包容所有人的所有缺点的。所以从一些小缺点入手，如果此时你有好感的人身上恰好存在一些你无法接受的小缺点，那么当你回过神来，这个人和其他同学或朋友相比，就没什么两样了，你仍可以像之前那样，按照对待普通朋友或同学的方式与其相处，而不是过分追求两个人之间的互动与亲密。第二，问问自己为什么会对他产生好感，其实许多人都会自然而然地想亲近内心善良或者脾气好的人，与这样的人相处起来会给人一种如沐春风的感觉，但是喜欢与这类人做朋友并不代表是某些特殊的情感在起作用，正确地看待内心的感觉，不要为其增添更多复杂的东西。第三，试着拉开距离，用第三者的视角观察让你产生好感的这个人，也许在理智占上风的时候，主角光环会渐渐暗淡下来。不久之后你就会发现，啊，原来这个人和其他人没有什么不同啊。所以，在不理智的时候，一定要提醒自己理智地看待问题。有些青春期女孩儿恰恰会因为不理智而做出许多无法挽救的事情，例如过早地初尝禁果，或因为捍卫自己所谓的“爱情”一哭二闹三上吊，伤了父母的心，走错了路，也让自己在之后悔不当初。人生没有重来的机会，每个人生下来都是一张白纸，无论你用什么颜色的画笔在上面作画都会留下痕迹。所以，在做出什么决定之前，一定要理智一些，给自己一些考虑的时间，确信未来不会后悔再做出选择。

在做选择这件事上，没有什么固定的标准和模式可以让我们套用，同样，在对待自己的人生时也没有什么模板可供我们学习和参考，万事三思而后行，不要让一时的冲动与莽撞控制了我们的行动。理智地做选择，若做出的是正确的选择，一切都会水到渠成。但如果做出不恰当的选择，未来的某一天，我们可能会因此而悔不当初，甚至永远无法释怀。对待任何事情，保持头脑清醒，做个理智的女孩儿，未来一定会给你意想不到的惊喜。